雷达技术丛书

雷达馈线系统技术

张德斌　周志鹏　凌天庆　朱兆麒　编著

電子工業出版社
Publishing House of Electronics Industry
北京 · BEIJING

内 容 简 介

馈线系统是指微波/毫米波频段传输网络，是雷达的重要分系统之一，用以实现高频段信号传输、天线波束扫描与极化、阵列天线波束形成、能量的分配合成等特定功能。本书围绕微波馈线设计原理和关键技术展开，结合技术先进性和工程实用性，力求深入浅出、工程实用，着重介绍雷达常用无源器件、电控器件、铁氧体器件、旋转关节、综合母板及延迟线等众多关键部件，以及面天线、阵列天线馈电网络的特点、功能、指标、原理和设计方法，还结合一些特种器件来介绍相控阵幅相监测校正的原理和应用。针对毫米波雷达应用广泛的现状，本书详细介绍了毫米波馈线系统的种类、典型应用及多种毫米波无源器件。本书在提供典型设计公式、图表曲线的同时，尽量给出模型及软件操作界面，以便读者可以快速、准确地进行分析设计。

本书可作为雷达馈线工程师和高校微波专业学生的参考用书。

图书在版编目（CIP）数据

雷达馈线系统技术 / 张德斌等编著. -- 北京 : 电子工业出版社, 2024. 12. -- (雷达技术丛书).
ISBN 978-7-121-49386-7

Ⅰ. TN95

中国国家版本馆 CIP 数据核字第 2024GZ4582 号

责任编辑：缪晓红　　　　文字编辑：赵娜
印　　刷：河北迅捷佳彩印刷有限公司
装　　订：河北迅捷佳彩印刷有限公司
出版发行：电子工业出版社
　　　　　北京市海淀区万寿路 173 信箱　邮编 100036
开　　本：720×1 000　1/16　印张：32.75　字数：697 千字
版　　次：2024 年 12 月第 1 版
印　　次：2024 年 12 月第 1 次印刷
定　　价：195.00 元

凡所购买电子工业出版社图书有缺损问题，请向购买书店调换。若书店售缺，请与本社发行部联系，联系及邮购电话：（010）88254888，88258888。

质量投诉请发邮件至 zlts@phei.com.cn，盗版侵权举报请发邮件至 dbqq@phei.com.cn。

本书咨询联系方式：（010）88254760。

“雷达技术丛书”编辑委员会

总　序

雷达在第二次世界大战中得到迅速发展，为适应战争需要，交战各方研制出从米波到微波的各种雷达装备。战后美国麻省理工学院辐射实验室集合各方面的专家，总结第二次世界大战期间的经验，于 1950 年前后出版了雷达丛书共 28 本，大幅度推动了雷达技术的发展。我刚参加工作时，就从这套书中得益不少。随着雷达技术的进步，28 本书的内容已趋陈旧。20 世纪后期，美国 Skolnik 编写了《雷达手册》，其版本和内容不断更新，在雷达界有着较大的影响力，但它仍不及麻省理工学院辐射实验室众多专家撰写的 28 本书的内容详尽。

我国的雷达事业，经过几代人 70 余年的努力，从无到有，从小到大，从弱到强，许多领域的技术已经进入国际先进行列。总结和回顾这些成果，为我国今后雷达事业的发展做点贡献是我长期以来的一个心愿。在电子工业出版社的鼓励下，我和张光义院士倡导并担任主编，在中国电子科技集团有限公司的领导下，组织编写了这套“雷达技术丛书”（以下简称“丛书”）。它是我国雷达领域专家、学者长期从事雷达科研的经验总结和实践创新成果的展现，反映了我国雷达事业发展的进步，特别是近 20 年雷达工程和实践创新的成果，以及业界经实践检验过的新技术内容和取得的最新成就，具有较好的系统性、新颖性和实用性。

“丛书”的作者大多来自科研一线，是我国雷达领域的著名专家或学术带头人，“丛书”总结和记录了他们几十年来的工程实践，挖掘、传承了雷达领域专家们的宝贵经验，并融进新技术内容。

“丛书”内容共分 3 个部分：第一部分主要介绍雷达基本原理、目标特性和环境，第二部分介绍雷达各组成部分的原理和设计技术，第三部分按重要功能和用途对典型雷达系统做深入浅出的介绍。“丛书”编委会负责对各册的结构和总体内容进行审定，使各册内容之间既具有较好的衔接性，又保持各册内容的独立性和完整性。“丛书”各册作者不同，写作风格各异，但其内容的科学性和完整性是不容置疑的，读者可按需要选择其中的一册或数册阅读。希望此次出版的“丛书”能对从事雷达研究、设计和制造的工程技术人员，雷达部队的干部、战士以及高校电子工程专业及相关专业的师生有所帮助。

“丛书”是从事雷达技术领域各项工作专家们集体智慧的结晶，是他们长期工作成果的总结与展示，专家们既要完成繁重的科研任务，又要在百忙中抽出时间保质保量地完成书稿，工作十分辛苦，在此，我代表“丛书”编委会向各分册作者和审稿专家表示深深的敬意！

本次“丛书”的出版意义重大，它是我国雷达界知识传承的系统工程，得到了业界各位专家和领导的大力支持，得到参与作者的鼎力相助，得到中国电子科技集团有限公司和有关单位、中国航天科工集团有限公司有关单位、西安电子科技大学、哈尔滨工业大学等各参与单位领导的大力支持，得到电子工业出版社领导和参与编辑们的积极推动，借此机会，一并表示衷心的感谢！

中国工程院院士
2012 年度国家最高科学技术奖获得者 王小谟
2022 年 11 月 1 日

前　言

雷达馈线是雷达的重要组成部分之一，其主要功能是微波信号传输、天线波束扫描与极化、阵列天线波束形成、能量分配合成等。雷达馈线由传输线、元器件与电路组成，不仅有微波无源电路与网络，还包括有源天线阵面中的收发组件等。后来，波控信号电路和电源信号电路与微波电路一起集成设计，形成阵面综合网络。

不同的雷达阵面对应不同的馈线系统，研制工作复杂，频率跨度甚广，频率覆盖从短波到太赫兹频段，涉及射频、微波、毫米波技术，因微波频段用得多，故常称为微波馈线。

本书为“雷达技术丛书”的一个分册，主要面向从事雷达馈线、微波元器件与电路及雷达阵面综合网络的设计师、相关专业的本科生、研究生及雷达使用人员，需要读者具有一定的电磁场理论与微波技术基础知识。本书着重介绍雷达馈线、综合网络设计技术，给出了相关器件与系统的组成原理、设计原则、方法和典型案例；以典型实例为取材背景，提供了相关公式、图表、模型及分析设计软件界面，便于读者入门和发展，尽量反映出雷达馈线技术的最新进展，结合技术先进性和工程实用性进行编著。

本书偏重于工程设计，为避免与类似题材书籍重复，我们尽量补充了馈线设计技术的新概念、新进展，对已经应用的和将会应用的新技术作了较为全面的介绍，将微波理论技术与馈线工程实际相结合，系统地介绍了馈线技术在各种雷达中的设计应用。除了基础知识，本书还融入了作者们近十多年来的科研成果，内容有实践依托和先进性。由于本书内容涉及面广，而篇幅有限，故对能在参考资料中找到详细推导过程的计算公式，本书只给出结论，介绍其思路和使用方法，而简化其详细推导过程，在每章最后都列出相关参考文献，便于读者引申查证、追踪发展。

本书共 14 章，编写遵循从基础理论到元器件、系统的过程，融入了编著者们的经验体会。第 1 章为概论，主要介绍馈线在雷达中的基本特性、技术特点、设计基础、馈电方式和馈线发展趋势等；第 2 章主要介绍雷达所需的微波传输线；第 3 章介绍微波网络基础，涵盖了对雷达馈线网络的测试、修正与评估内容；第 4 章介绍雷达常用的微波无源器件的设计；第 5 章介绍电控微波元器件的设计、T/R 组件的设计思路及微系统技术的发展；第 6 章介绍雷达系统新型微波特种元器件设计，包括近年来兴起的 MEMS、左手媒介等器件，重点介绍了特殊的谐波滤波器设计，而略去了常规、成熟的滤波器；第 7 章介绍雷达系统中的微波旋转关节；第 8 章介绍天馈系统中的微波铁氧体器件；第 9 章和第 10 章分别介绍了面天线、阵列天线雷达中的微波馈线系统；第 11 章介绍有源阵面微波系统监测的设计思路和应用举例；第 12 章介绍毫米波雷达的微波馈线系统；第 13 章介绍馈线系统中的综合母板设计；第 14 章介绍馈线系统中的延迟线组件设计。

本书是在前人和编著者们多年实践经验基础上编写成的，第 1 章由张德斌、孙红兵撰写；第 2 章由曾贵炜、张德斌撰写；第 3 章、第 10 章由张德斌撰写；第 4 章、第 12 章、第 13 章由凌天庆等撰写；第 5 章由陈立翔、盛世威等撰写；第 6 章由张德斌、崔文耀撰写；第 7 章由周志鹏、张华林撰写；第 8 章由朱兆麒撰写；第 9 章由卫健等撰写；第 11 章由周志鹏撰写；第 14 章由王琦撰写。全书第二版由周志鹏、凌天庆拟定编写提纲，凌天庆统编全稿。

在本书编写过程中，有许多科技工作者都提供了宝贵的意见。馈线专家杨乃恒研究员仔细审阅了全部书稿，提出许多修改意见。中国电子科技集团公司第 14 研究所的领导们给予了大力支持；刘宪兰编辑对本书进行了编校把关；还有许多科技工作者也提供了不少帮助，在此表示诚挚的谢意。

雷达馈线的研制开发是一项复杂的系统工程，涉及新材料、新器件、新工艺、新检测技术。随着雷达阵面对馈线技术要求的不断提高，馈线技术也在不断进步。馈线与天线、电源、控制、通信传输线一体化集成设计已经取得了不少成果，馈线系统的多功能化、集成化、芯片化已成为趋势。由于许多馈线新技术正在研发过程中，无法详细介绍。作者水平有限，书中难免存在疏漏，甚至错误，恳请读者批评指正。

目　录

第1章
概　　论

馈线经历了由简单到复杂的发展过程，已经成为雷达的重要组成部分。本章介绍了馈线在雷达中的作用、功能、雷达对馈线性能指标的基本要求，以及不同馈电方式、组成的特点。为了简化后面各章的描述，还简单介绍了馈线设计基础——传输线方程、微波等效网络及微波 CAD，最后简述了馈线发展趋势。

1.1 馈线的基本特性

1.1.1 作用

雷达馈线是天线与发射机和接收机之间传输和控制电磁信号的传输线、元器件与网络的总称。由于大部分雷达工作在微波频段，雷达馈线常常又被称作微波馈线（简称馈线）。馈线通常由能量传输、信号分配/合成、波束形成与扫描、变极化、监测控制等功能模块组成，主要作用是将发射机发出的导波场能量按特定方式分配给天线并辐射到指定空域，再将天线收到的目标回波信号按特定方式合成后送给接收机进行处理。在发射机与接收机中，馈线也起重要作用，如在固态发射机中，通过多路功率分配/合成器来组合多个放大模块，实现大功率输出；接收机各通道中也包含了各种滤波器、隔离器、电桥、耦合器、功分器等馈线器件。

馈线在雷达中的重要性随历史发展而不断提升。在雷达发展的最早期，天线曾有收、发分置方式，如 1935 年英国布设在英吉利海峡的 L36 型连续波雷达，馈线主要作用是传输，仅用来连接天线与发射机、天线与接收机。随着雷达技术的进步，馈线的作用逐步增强，表现形式由简到繁，从高指标收发通道发展到复杂的相控阵多波束赋形与电扫网络。在有源相控阵中，接收机前置低噪放大器和发射机末级放大器紧靠天线单元，由馈线集成为 T/R 组件，在雷达中所占成本比例加大，馈线作用日益重要，已成为雷达不可或缺的分系统之一。

1.1.2 功能

馈线的功能与雷达体制和天线形式密切相关。

在面天线雷达中，馈线通常为单脉冲网络，基本功能是实现高效率传输与信道分集，要求耐功率高、损耗和驻波极小，并在天线转动状态下提供高功率、多状态、高精度的微波/毫米波信号通道。在空间馈电相控阵雷达中，馈源以下的馈线部分与面天线雷达的类似，功能也相同。

在阵列天线雷达中，馈线的基本功能是以单层或多层的馈线网络形成单波束或多波束。在相控阵雷达中，馈线为实现波束快速扫描增加了重要的电控移相器，将发射功率分配到每个单元进行波束赋形和电扫，并在空间合成大功率。对于无源相控阵，馈线实现收发天线的扫描波束，要提供小损耗、大功率的馈电网络和电控移相器；对于有源相控阵，馈线与 T/R 组件交织在一起形成有源阵面，馈线作为有源阵面的信号传输层，具有发射能量分配与接收信号合成、电扫、实时监测和变极化等功能。

1.2 技术特点

1.2.1 频率特性

雷达馈线的工作频率覆盖了中波、短波（波长大于 10m）、超短波（波长在 10～1m）、微波/毫米波（波长在 1m～1mm、频率在 300MHz～300GHz）、亚毫米波（波长在 1～0.1mm、频率在 300～3000GHz）和红外线（波长小于 0.1mm、频率大于 3000GHz）的几乎全部无线电频谱。目前大多数雷达的工作频率是微波频率，雷达从早期的低频段、窄带雷达，逐步发展到高频段、宽带雷达，并进一步向亚毫米波频段扩展。与全部无线电频谱相比，每种雷达只占用一小部分频谱资源，为便于使用，在微波工程应用中，将频谱划分为若干频段（也称波段），美国、英国、俄罗斯等国家标准不尽相同，但表 1.1 是在雷达界公认的频段命名法，并被电气和电子工程师协会（IEEE）所接受，可依此微波/毫米波特性和雷达总体需求进行馈线系统的选型。

表 1.1 频段命名法

波段名称	频率范围	据国际电信联盟规定的 2 区的雷达频段
HF	3～30MHz	—
VHF	30～300MHz	138～144MHz/216～225MHz
UHF	300～1000MHz	420～450MHz/890～942MHz
P	230～1000MHz	—
L	1000～2000MHz	1215～1400MHz
S	2000～4000MHz	2300～2500MHz/2700～3700MHz
C	4000～8000MHz	5250～5925MHz
X	8000～12500MHz	8500～10680MHz
K_u	12.2～18GHz	13.4～14.0GHz/15.7～17.7GHz
K	18～27GHz	24.05～24.25GHz
K_a	27～40GHz	33.4～36.0GHz
V	40～75GHz	59～64GHz
W	75～110GHz	76～81GHz/92～100GHz
毫米波	110～300GHz	126～142GHz/144～149GHz/231～235GHz/238～248GHz

需说明的是表 1.1 中，HF 为高频，VHF 为甚高频，UHF 为超高频（早期称为 P 波段）。

1.2.2 性能指标要求

不同雷达对馈线有不同的性能指标要求，最基本的要求如下。

（1）工作频率：需给定具体范围；

（2）传输功率：峰值功率/平均功率；

（3）插入损耗：发射网络、接收网络、监测网络等部件分别给出指标；

（4）端口驻波：发射网络、接收网络、监测网络等各端口的电压驻波比；

（5）隔离度：端口之间与网络之间的隔离度；

（6）极化形式：水平/垂直/圆极化。

对于阵列天线，还要考虑如下要求。

（1）馈线网络的组成布局：如分解成行、列馈结构；

（2）幅相分布：满足接收与发射波束数量及赋形（增益、波束宽度、最大副瓣电平等）的要求；

（3）幅相误差：发射网络、接收网络、监测网络的幅相误差分解指标。

对于有源相控阵，馈线系统包含大量 T/R 组件，其由发射支路、接收支路、波控驱动、冷却、控保、收发电源等模块电路组成，主要完成发射信号的传输和末级放大、接收信号的前端放大与传输、波束扫描控制、收发转换控制、功放监控、幅相监测信号的获取与控制。T/R 组件的主要指标有工作频率、T 通道输出驻波、T 通道输出功率、T 通道输出功率带内起伏、T 通道发射幅度一致性、T 通道发射相位一致性、R 通道净增益、R 通道噪声系数、R 通道带内起伏、R 通道各路幅度一致性、R 通道各路相位一致性、R 通道动态范围、R 通道电控衰减器、移相器位数与移相精度等。

1.2.3 关键特性分析

馈线的关键特性往往是雷达的亮点，与雷达技术的进步相得益彰。

馈线最基本的技术特性是稳定、抗干扰地收发传输，此外，针对雷达不同功能、指标要求，馈线有不同的实现方式和关键特性。

1）高功率

对于远程雷达，要求馈线对集中式发射机的高功率进行高效率传输。当发射机在天线转台下面时，还要实现天线旋转时的高功率传输。馈线的高功率设计要考虑到各种约束：首先是由耐功率来选型传输线及接口，再开展元器件高功率设计（合理充气加压与散热等）；对于机载、星载雷达，要考虑极低气压环境下馈线的耐功率因素，结合体积、质量、结构与散热限制，从传输线到电路器件都要合理选型、设计，并对工艺制造过程进行严格控制。

2）传输效率

高传输效率包括低损耗、小驻波与耐功率，这些要求都与雷达威力有关。馈线损耗包含有功损耗与无功损耗，有功损耗主要包括导体的电阻损耗、介质损耗，无功损耗则主要由各种不连续性、失配产生。几乎所有雷达都要求位于天线与收发之间的馈线做到低损耗，优点是明显的：对于发射通道，可减少发热、降低能耗、简化热设计，耐功率相应提高；对于接收通道，可减少热噪声，减轻放大器的增益压力，提高接收系统信噪比。驻波小即无功损耗小，不仅可以避免能量反射与浪费，保护发射机、接收机，还可减小网络内部多点反射造成的对幅度相位传输系数的干扰，改善频响特性。

3）馈电精度

对于面天线，波束馈源网络的精度决定了天线和差波束赋形精度、极化隔离度与和差隔离度。

对于阵列天线，由馈线网络实现天线波束的幅相分布，馈线网络包括功分器/合成器、耦合器、电桥等，因天线辐射单元众多，馈线网络庞大复杂，各元件的幅度、相位分布及其精度直接影响天线波束赋型与精度。对于相控阵，移相器与衰减器的位数及精度对馈电精度也有影响，有源相控阵 T/R 组件的误差进一步影响了幅相加权，既要分别控制精度，又要系统控制、修正与评估。

4）扫描精度

对于机械扫描天线，馈线网络的旋转关节在转动时的驻波、幅度与相位稳定度等决定了机械扫描天线的扫描精度。

对于电扫描天线，移相器的位数及精度决定了天线波束的扫描精度。

5）抗干扰性

在馈线网络里提供的抗干扰措施如下。

（1）自适应阵列天线馈线网络

通过实时自适应控制、调整微波馈线网络中的电控移相器、衰减器，可以灵活地降低阵列天线波束的副瓣、改变阵列天线波束的零点，可直接在微波频域应对电子干扰，并减小从副瓣进入雷达接收机的地面、海浪杂波。实战雷达通常都加装了各种带通、带阻及带有不同开关选择的滤波器，在微波频域抑制电子干扰。

（2）低副瓣、超低副瓣天线馈线网络

低副瓣、超低副瓣天线可大大抑制电子干扰机从副瓣方向对雷达的干扰效果，抑制地面、海浪杂波从副瓣进入雷达接收机，使雷达仍可探测与分辨目标。对于阵列天线馈线网络幅度、相位，经精确控制调整，甚至使用电控移相器、衰减器的实时自适应调整，可实现低副瓣、超低副瓣指标。对于面天线，馈线网络与面天线的馈源一起决定了天线和差波束之间的精度关系，共同确保低副瓣指标的实现。

1.3 设计基础

馈线的设计基础是电磁场理论与微波/毫米波技术，与天线同宗同源，但主要偏重器件内场的分析设计。用经典的麦克斯韦方程，可分析边界条件下的场型结构及空间传输特性，但对任意复杂边界场型的元器件就很难直接得到解析公式。为解决工程实现问题，可将麦克斯韦方程转换到传输线和微波网络理论，再结合电磁场数值计算分析方法，合理建模，做到快速分析、精确设计。

1.3.1 传输线基本理论

传输线是指传输微波/毫米波能量的导体和介质系统。研究传播特性可用“场”或“路”的方法，前者从麦克斯韦方程出发，在边界条件下求解波动方程，将在第 2 章详细介绍；后者是把传输线看成一个具有分布参数的电路，用电路理论分析微波/毫米波传输线上电压、电流的分布规律，用到本节介绍的传输线方程，可简化剖析复杂问题，使概念更加清晰。

传输线具有长线效应和分布参数效应。长线效应是指所用线长度和传输电磁场的波长相比甚至还要长。分布参数效应是相对集总参数而言的。集总参数电路中电场、磁场能量的储存和损耗分别集中在电容、电感和电阻三种元件中，电压和电流不随空间坐标而变，仅随时间变化。当频率升高到微波波段后，由于长线效应，在任一时刻线上各点的电压、电流都不同，与时间和位置有关，其等效的电阻、电导、电容和电感沿着长度方向交互变化。

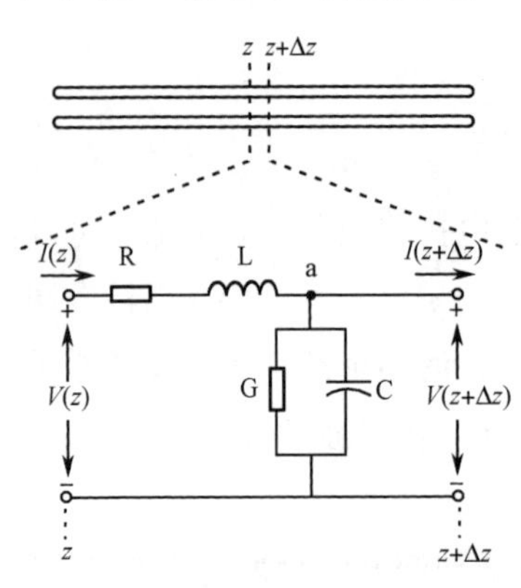

图 1.1 平行双线及其等效电路

1）传输线方程及其解

传输线方程是研究传输线的电压、电流及它们之间关系的方程，对应平行双线模型。对于均匀传输线，参数沿线均匀分布，可只考虑线元 dz 来分析，因 dz 远远小于工作波长，所以可看成集总参数电路，长线的分布参数电路可视为众多小线元的集总参数电路级联，平行双线及其等效电路如图 1.1 所示。

由基尔霍夫电压定律分析推导，可得传输线方程（也称电报方程）[7-8]

$$\frac{\mathrm{d}V(z)}{\mathrm{d}z} = -(R + \mathrm{j}\omega L)I(z) \tag{1.1a}$$

$$\frac{\mathrm{d}I(z)}{\mathrm{d}z} = -(G + \mathrm{j}\omega C)V(z) \tag{1.1b}$$

经过求导、代入，计及时间因子 $\mathrm{e}^{\mathrm{j}\omega t}$，整理得

$$V(z) = [V^{+}\mathrm{e}^{\mathrm{j}(\omega t - kz)} + V^{-}\mathrm{e}^{\mathrm{j}(\omega t + kz)}] \tag{1.2a}$$

$$I(z) = \frac{1}{Z_0}[V^{+}\mathrm{e}^{\mathrm{j}(\omega t - kz)} - V^{-}\mathrm{e}^{\mathrm{j}(\omega t + kz)}] \tag{1.2b}$$

式（1.2）为传输线方程的等效电压、等效电流通解，式中第一项代表波沿 $+z$ 方向传播，而第二项代表波沿 $-z$ 方向传播，呈现分布参数长线的波动性。

式（1.2）中，$Z_0 = \sqrt{\frac{(R + \mathrm{j}\omega L)}{(G + \mathrm{j}\omega C)}}$，为特性阻抗，不是低频电路意义上的阻抗，是以正向和反向行进的电压和电流为基础定义的，而用于常规电路的阻抗则是用总的电压和电流表示的。系数 k 为已知的复传播常数

$$k = \alpha + \mathrm{j}\beta = \sqrt{(R + \mathrm{j}\omega L)(G + \mathrm{j}\omega C)} \tag{1.3}$$

式中，α 为衰减常数；β 为相位常数。

2）传输线常用特性参数

当传输线终端接负载 Z_L 时，以负载处为坐标原点，负载的电压记为 V_2、电流记为 I_2，传输线方程的电压、电流特解为

$$V(z) = V_2 \operatorname{ch} kz + I_2 Z_0 \operatorname{sh} kz \tag{1.4a}$$

$$I(z) = V_2 \operatorname{sh} kz / Z_0 + I_2 \operatorname{ch} kz \tag{1.4b}$$

传输线上功率分布为 $P(z) = \mathrm{Re}\left[V(z)I^{*}(z)\right]/2$。

在不同负载 Z_L（短路、开路等）、不同线长时，可得不同的结果，如无耗传输线的 $\lambda/4$ 变换性、$\lambda/2$ 重复性。均匀传输线上常用的特性参数如表 1.2 所示，其中 λ_g 为传输线上的导波波长。

表 1.2　均匀传输线上常用的特性参数

特性参数	一般有耗传输线	无耗传输线
传播常数 $k = \alpha + \mathrm{j}\beta$	$k = \sqrt{(R + \mathrm{j}\omega L)(G + \mathrm{j}\omega C)}$	$k = \mathrm{j}\beta = \mathrm{j}\omega\sqrt{LC}$
相位常数 β	$\mathrm{Im}(k)$	$\beta = \omega\sqrt{LC} = 2\pi/\lambda_g$
衰减常数 α	$\mathrm{Re}(k)$	$\alpha = 0$
特性阻抗 Z_0	$Z_0 = \sqrt{\frac{R + \mathrm{j}\omega L}{G + \mathrm{j}\omega C}}$	$Z_0 = \sqrt{\frac{L}{C}}$
输入阻抗 Z_{in}	$Z_{\mathrm{in}} = Z_0 \frac{Z_L + Z_0 \operatorname{th} kz}{Z_0 + Z_L \operatorname{th} kz}$	$Z_{\mathrm{in}} = Z_0 \frac{Z_L + \mathrm{j}Z_0 \tan \beta z}{Z_0 + \mathrm{j}Z_L \tan \beta z}$

续表

特性参数	一般有耗传输线	无耗传输线
终端短路线的输入阻抗 Z_{in0}	$Z_{in0}=Z_0\,\text{th}\,kz$	$Z_{in0}=\text{j}Z_0\tan\beta z$
终端开路线的输入阻抗 $Z_{in\infty}$	$Z_{in\infty}=Z_0\,\text{cth}\,kz$	$Z_{in\infty}=-\text{j}Z_0\cot\beta z$
$\lambda/4$ 线的输入阻抗 Z_{in}	$Z_{in}=Z_0\dfrac{Z_L+Z_0\,\text{cth}\,\alpha z}{Z_0+Z_L\,\text{cth}\,\alpha z}$	$Z_{in}=\dfrac{Z_0^2}{Z_L}$
$\lambda/2$ 线的输入阻抗 Z_{in}	$Z_{in}=Z_0\dfrac{Z_L+Z_0\,\text{th}\,\alpha z}{Z_0+Z_0\,\text{th}\,\alpha z}$	$Z_{in}=Z_L$
Z_L 的反射系数 Γ_L	$\Gamma_L=\dfrac{Z_L-Z_0}{Z_L+Z_0}$	$\Gamma_L=\dfrac{Z_L-Z_0}{Z_L+Z_0}$
Z_L 的电压驻波系数 ρ	$\rho=\dfrac{1+\|\Gamma_L\|}{1-\|\Gamma_L\|}$	$\rho=\dfrac{1+\|\Gamma_L\|}{1-\|\Gamma_L\|}$
Z_L 的行波系数 K	$K=\dfrac{1-\|\Gamma_L\|}{1+\|\Gamma_L\|}$	$K=\dfrac{1-\|\Gamma_L\|}{1+\|\Gamma_L\|}$
传输功率 $P(z)$	$P(z)=\dfrac{1}{2}\text{Re}\left[V(z)I^*(z)\right]$	$P(z)=\dfrac{1}{2}\dfrac{\|V\|^2_{\max}}{Z_0}K=\dfrac{1}{2}\|I\|^2_{\max}Z_0K$

1.3.2 微波等效网络概念

馈线系统是传输线与元器件的集合，可用微波网络来抽象描述。微波网络理论的基本思想：将分布参数的电磁场问题，在一定条件下转化为与之等效的电路问题。微波网络视馈线系统为“端口长线+不均匀区”，其中端口对应于单模均匀传输线代表的长线，是分布参数电路；不均匀区等效为电路网络，对应于网络参数。

1）端口对应单模传输线

网络端口界面距离不均匀区要足够远，使端口上为单模传输，有特定的端口阻抗，进而可转化成测试仪表的 50Ω或 75Ω连接器。同轴、带线是典型的双导体 TEM 模传输线，为单模；波导虽没有确定的电压、电流，但其电场、磁场沿波导轴向波动分布，与长线的电压电流沿轴向的分布特性类似，故可引入等效电压、电流参量，在端口界面一般也为单模。

2）不均匀区等效为电路网络

当不均匀区为线性介质时，可用线性方程求解多端口之间的电压、电流，如

$$V=Z\cdot I \tag{1.5}$$

网络参量为阻抗参数 Z，工作量为 V、I。网络方程有多种表达式，对于微波/毫米波特性馈线，常用散射方程来表达

$$b=S\cdot a \tag{1.6}$$

网络参量为散射参数 S，工作量为入射电压波 a、出射电压波 b。散射参数没有奇异点问题，也便于转换成其他网络参数，现代的微波网络分析仪基于对被测件入射波、出射波的分析，可以实测出不均匀区的基本散射参数，所以馈线系统

常用 S 参量来描述。

当不均匀区为非线性介质时，如铁氧体元器件，分析设计详见第 8 章。

3）非归一化与归一化电压波、电流波

微波网络散射参数源于传输线理论，传输线上的电压 v 和电流 i 可分解为入射波和出射波：

$$v(z) = v_{\mathrm{i}} + v_{\mathrm{r}} \tag{1.7a}$$

$$i(z) = i_{\mathrm{i}} + i_{\mathrm{r}} = (v_{\mathrm{i}} + v_{\mathrm{r}})/Z_0 \tag{1.7b}$$

式中，v_{i}、v_{r} 分别为入射电压波、出射电压波；i_{i}、i_{r} 分别为入射电流波、出射电流波；Z_0 为长线特性阻抗，实际输入阻抗 $z_{\mathrm{in}} = v(z)/i(z)$，都是非归一化量。

归一化电压波有多种定义，常用的有阻抗归一化、功率归一化，电压波对应普通散射参数，功率波对应广义散射参数，本书采用的是普通散射参数，与微波网络分析仪测量的结果也一致。对同一测量值，本书用小写字母表示非归一化参量，用大写字母表示归一化参量。归一化的电压、电流、入射电压波、出射电压波、入射电流波和出射电流波为

$V = v/\sqrt{Z_0}$，$I = i\sqrt{Z_0}$

$V_{\mathrm{i}} = v_{\mathrm{i}}/\sqrt{Z_0}$，$V_{\mathrm{r}} = v_{\mathrm{r}}/\sqrt{Z_0}$，$I_{\mathrm{i}} = i_{\mathrm{i}}\sqrt{Z_0}$，$I_{\mathrm{r}} = i_{\mathrm{r}}\sqrt{Z_0}$，$V_{\mathrm{i}} = I_{\mathrm{i}}$，$V_{\mathrm{r}} = I_{\mathrm{r}}$

对于常用的散射方程式（1.6），有 $a = V_{\mathrm{i}}$、$b = V_{\mathrm{r}}$，量纲都为 $\sqrt{W}$，进入网络的实际功率由 $|a|^2$ 给出。

归一化电压 $V(z)$、电流 $I(z)$ 与未归一化电压 $v(z)$、电流 $i(z)$ 各自计算的传输功率都相等，为功率量纲；各自计算的阻抗也都相等，可得归一化电压、电流与非归一化电压、电流的对应关系为

$$V(z) = v(z)\big/\sqrt{Z_0} \tag{1.8a}$$

$$I(z) = i(z)\cdot\sqrt{Z_0} \tag{1.8b}$$

在归一化电压波定义下进而可得归一化散射参数。由上述微波等效概念和定义入门，可进一步分析评估微波网络特性，详见第 3 章。

1.3.3　微波 CAD 的应用

雷达馈线系统的早期设计过程是用近似解、查表、查曲线、反复试验修正的方法，其研制周期、达到水准和成本都不尽如人意。随着微波/毫米波馈线系统越来越复杂，指标要求越来越高，功能越来越多，而设计周期却要求越来越短，传统的设计方法已经不能满足系统设计的需要，在掌握理论的基础上，充分使用微波 CAD 软件进行开拓性建模设计工作已成为必然趋势。通常采用全波电磁仿真

技术来分析电路结构，通过电路仿真得到准确的 S 参数。这些仿真软件与电磁场的数值解法密切相关，不同的仿真软件根据不同的数值分析方法进行仿真。

（1）Agilent ADS。涵盖了小至元器件、大到系统级的设计和分析，可在时域或频域内实现对数字或模拟、线性或非线性电路的综合仿真分析与优化，并可对设计结果进行成品率分析与优化，从而提高复杂电路的设计效率。

（2）Ansoft HFSS。基于有限元算法，可分析仿真任意三维无源结构的高频电磁场，从而直接得到特征阻抗、传播常数、S 参数及电磁场、辐射场、天线方向图等结果。

（3）CST Microwave Studio。基于时域有限积分法等多种算法，应用在仿真电磁场领域包括大多数的高频电磁场问题上，可快速、精确解决设计、信号完整性和电磁兼容（EMC）等问题。

（4）Microwave Office。通过两个模拟器来对微波平面电路进行模拟和仿真：对于集总元件及电路，用 VoltaireXL 的模拟器来处理；对于由具体的微带几何图形构成的分布参数微波平面电路，则采用 EMSight 模拟器来处理。

本书在传输线与各种器件章节的设计中结合微波 CAD，会尽量给出一些软件操作界面参考示例，希望可起到抛砖引玉的作用。

1.4 馈电方式

雷达馈线的共同组成是发射馈线、接收馈线，有时还有监测馈线及辅助天线馈线。按照给天线馈电的方式可分为强迫馈电、空间馈电；按照所属雷达和所处平台，可分为地面雷达馈线、机载雷达馈线等。

1.4.1 强迫馈电

强迫馈电简称强馈，面天线馈线与相控阵天线的大部分馈线都是强馈，电磁场能量的传输、波束形成与扫描控制、变极化、监测等都在封闭场内完成。强馈系统有多个连接点，对于高性能的低副瓣天线系统，要求馈线的每一环节都在频带内匹配良好，以保证传输幅相频响曲线平坦，并减小反射。

强馈的优点是给天线馈电的方法灵活、组成多样，波束赋型精度高，天线系统纵向尺寸小，适合于高集成阵面结构设计，缺点是馈电网络复杂，成本偏高。

强馈大量应用于相控阵天线的无源馈电与有源馈电，对雷达而言，无源馈电比有源馈电设备量少、成本低。有源相控阵的馈线虽然复杂、成本高，但实现的功能与指标远比无源相控阵的先进。

强馈用于相控阵天线时，可进一步分为串联馈电（也称级联馈电）、并联馈电，其示意图如第 10 章的图 10.1～图 10.8 所示。

1.4.2 空间馈电

空间馈电简称空馈，是针对相控阵天线的一种馈电方式，因其具有几何光学特性，也称为光学馈电，电磁场能量传播、波束形成等在开放场完成。空馈天线阵列可以采用透镜式，也可以采用反射镜式，图 1.2（a）、图 1.2（c）与图 1.2（d）为透镜式，天线阵面的两面各有一个天线阵，一个天线阵与馈源相作用，另一个天线阵与自由空间相作用，都要求匹配。天线阵面的中间为移相器或加上有源放大器；图 1.2（b）为反射镜式，雷达发射或接收时，移相器都经历两次传输，损耗影响是双倍的，馈源应尽量偏馈以减小对天线阵面的遮挡。

空馈中的馈线主要由馈源波束形成网络与天线阵面中的移相器组成。空馈用馈源的空间特性完成功率分配/合成，用移相器扫描和修正波束。空馈的馈线简洁，省去了许多复杂的微波元器件。波束形成网络与面天线的馈线相同，有关设计详见第 9 章。相对强馈而言，空馈的波束形成网络简单、损耗小、成本低，但天线系统纵向尺寸大，而且幅度分布较难控制。

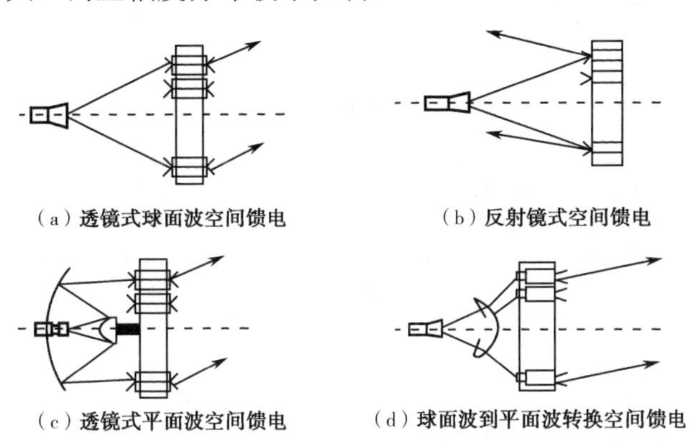

（a）透镜式球面波空间馈电　（b）反射镜式空间馈电

（c）透镜式平面波空间馈电　（d）球面波到平面波转换空间馈电

图 1.2　空间馈电系统

1.4.3 不同平台的雷达馈线

1）地面雷达馈线

地面雷达的种类繁多，功能多、指标高，馈线技术最复杂庞大，如天波、地波雷达的天馈线可铺设延绵数千米。

对于面天线雷达，远程大功率情况下对馈线的耐功率及损耗、驻波、极化度、通道隔离等要求都很严格，要高精度设计加工，典型的单脉冲雷达五扬声器馈源圆极化和差馈线网络如图 1.3 所示，中间的扬声器收发共用，收、发信号通过环行器或正交模得到和信号，对上、下和左、右 4 个扬声器的回波信号进行差运算得到俯仰差、方位差信号。

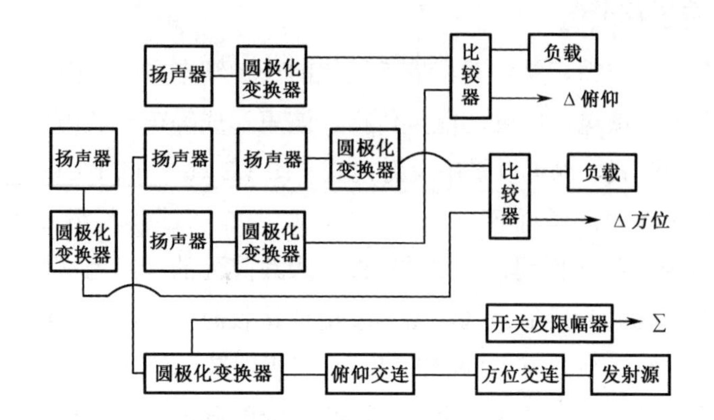

图 1.3　典型的单脉冲雷达五扬声器馈源圆极化和差馈线网络

对于相控阵雷达，馈线除了实现单脉冲与信号分集，还要实现波束赋型和扫描，馈线结构特点是多端口网络，包括多状态，构成复杂，典型的相控阵天线雷达馈线系统如图 1.4 所示。

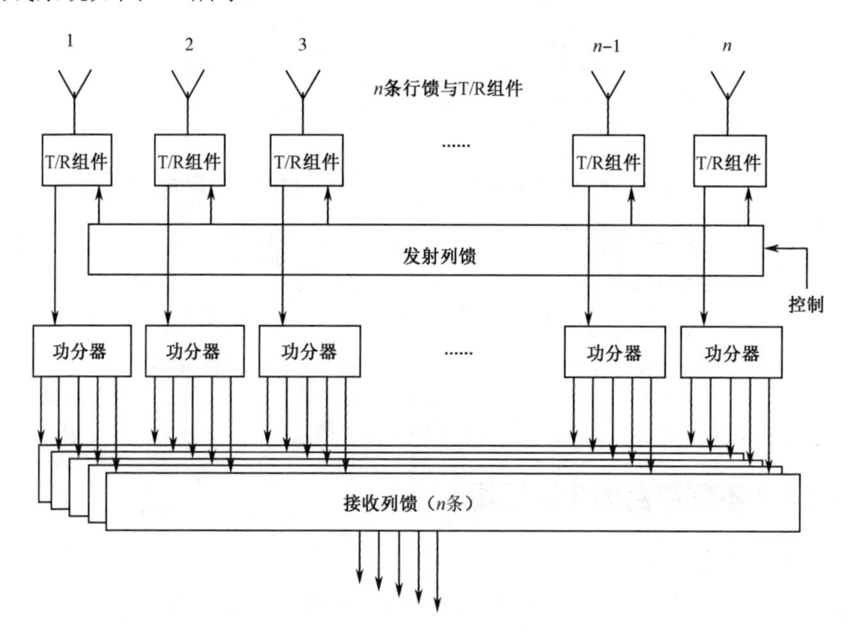

图 1.4　典型的相控阵天线雷达馈线系统

2）舰载雷达馈线

舰载雷达馈线和地面雷达相似，种类也繁多，大部分频率的雷达可上舰船，不同之处除抑制海杂波、船体摆动外，因一艘舰上往往装备多部雷达和多种电子对抗、通信等电子设备，相距很近，还存在大功率、多频谱干扰严重问题，即电磁兼容环境很差；长期在海洋环境下工作，馈线面临的潮湿盐雾环境很差，极易因腐蚀受损。因此，在设计、工艺制造和使用时，要有微波电磁兼容、密封防护等可靠性措施。

由于舰上对各种电子设备体积、质量的限制，舰载雷达正向电子战一体化和多功能发展，一部雷达代替多部设备，馈线也由各个独立馈线向宽带多功能方向发展，要满足系统集成、综合孔径平面化要求，最终将形成高集成的多功能射频系统。

3）机载雷达馈线

机载雷达因受体积、空间和环境限制，相应使用的火控雷达频率大都选择在微波或更高波段，预警机的频率在高低频段都有，馈线都比地面雷达的紧凑，要求更苛刻。机载雷达馈线往往工作在舱外环境，经历剧烈的温度、气压变化，在高空低气压时局部往往还有高温情况，馈线系统需耐受的外部温度梯度大。在高空低气压的条件下，为确保馈线系统正常工作、不出现打火等现象，需对耐功率低的部分充气加压，高空低气压环境设计要求与可靠性设计要求均很高。

由于机载雷达装机的特殊性，要求天线系统体积小、质量小、厚度薄，因此，馈电网络设计时处处都要考虑到空间约束，传输线形式多为波导或平面印制电路，波导常用于集中式发射机雷达中的能量传输与分配/合成，平面印制电路常用于有源天线阵面。对集中式发射机和阵列天线的情况，馈线比面天线的情况复杂，馈线按天线幅相加权要求将电磁能量分配到各天线单元或子阵端口，实现接收和、方位差及俯仰差的波束形成。机载脉冲多普勒火控雷达馈线系统如图 1.5 所示。对波导馈线，往往采用半高波导来减小体积，但系统耐功率性能也会因此降低。

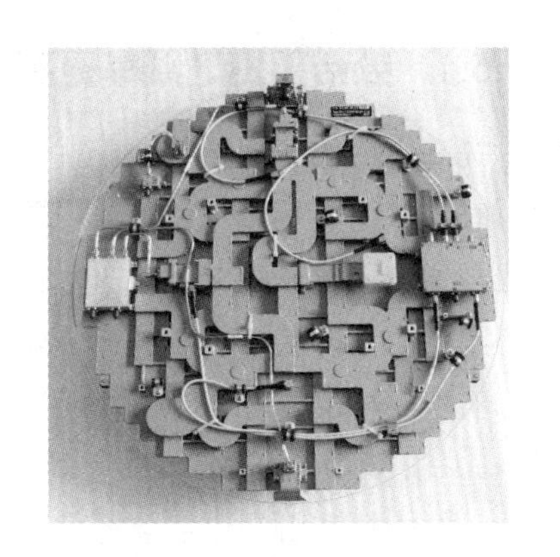

图 1.5 机载脉冲多普勒火控雷达馈线系统

4）星载雷达馈线

星载雷达从面天线发展到了有源相控阵，星载有源馈电网络收发系统工作原理如图 1.6 所示。

星载雷达天馈线体积空间非常狭小，工作环境恶劣，电信、结构设计、工艺与可靠性设计难度与质量控制比机载的更高，要严格按照航天设计标准备份通道，解决太空环境下馈线的介质材料抗辐照、抗微放电、抗空间静电传导放电等问题。

抗辐照与选择保护材料有关；可根据二次电子倍增效应的机理和电磁场仿真进行抗微放电分析，预知容易发生微放电的部位并采取相应措施，主要是要尽量避免出现缝隙，或使缝隙足够大：微波电路板介质可错层拼接（见图 1.7），还可在印制板的表面真空镀 PARYLENE 膜，降低微带传输线的微放电阈值。

抗空间静电传导放电，可在 T/R 组件的前端设计抗静电放电回路，使 T/R 组件对静电的敏感度大大降低，且该回路不能影响 T/R 组件输入端的微波信号阻抗，微波传输损耗不能过大。

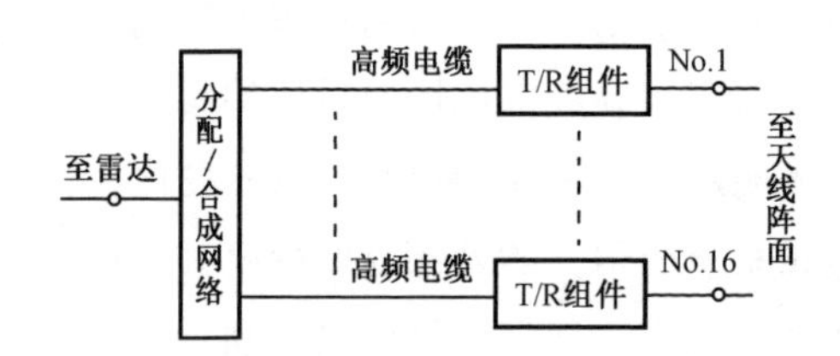

图 1.6　星载有源馈电网络收发系统工作原理

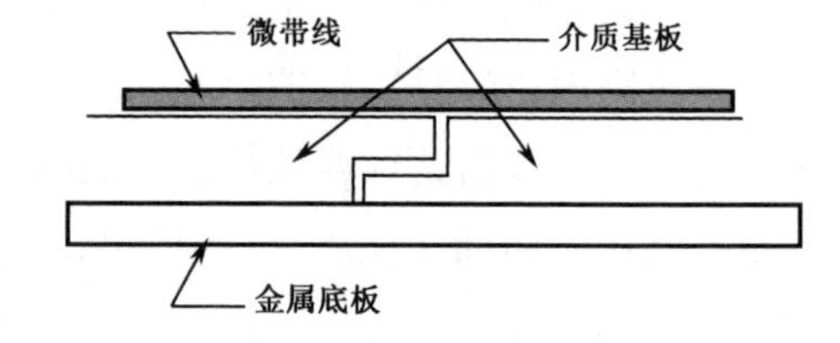

图 1.7　微波电路板介质错层拼接示意图

1.5　馈线发展趋势

1.5.1　频带更宽、频率更高

为提高雷达的捷变频等抗干扰性，雷达频带要尽量宽；为提高目标分辨率，雷达瞬时带宽也要尽量宽，馈线内要采用实时延时器、均衡器等补偿器件。当雷达天线与通信、电子战一体化时，馈线至少要提供几倍于带宽的资源，而频率通带之外则要尽量抑制，以便进行带外抑制干扰。

为实现各种工作环境下的高功率，从系统设计到器件制造的每一环节都要精益求精。

为了抗干扰和解决电磁兼容问题，雷达中已经大量应用常规的带通、带阻滤波器。现在，雷达需求正向多样化发展，如通带内小损耗、通带外高抑制度滤波器，已发展到超导滤波器，该滤波器已经在移动通信基站上得到应用，明显改善了信号串扰，现在开始了超导在雷达前端的应用，可进一步减少接收损耗及其相应噪声，提高探测距离与抗干扰能力。为解决雷达发射对其他电子设备的干扰问题，还要进行谐波频谱滤波。

随着雷达向毫米波/亚毫米波发展，馈线压力也随之增大，带来的益处和问题如下。

（1）极宽的带宽。毫米波带宽是直流到微波全部带宽的 10 倍，在大气中传播的总带宽也可达 135GHz，为直流到微波全部带宽的 5 倍。这在频率资源紧张的今天极具吸引力。

（2）波束窄。在相同天线尺寸下，毫米波的波束要比微波的波束窄得多，因此可以分辨相距更近的小目标或更为清晰地观察目标的细节。

（3）小型化。比微波尺寸小得多，因此馈线容易小型化，可和微波系统做成双频系统。微波频段的作用距离远但跟踪精度较差，毫米波频段跟踪精度高但作用距离较短，毫米波频段可作为隐蔽频率使用，以提高雷达的抗干扰能力，双频互补可取得较好的效果。

（4）存在功率容量和损耗限制问题。8mm 波段的波导尚能传输 50kW 的功率，到 3mm 波段就只能传送约 10kW 的功率，远小于回旋管 200kW 的输出功率。损耗也随频率上升很快，在 8mm 波段约为 0.6dB/m，3mm 波段就上升到了 4dB/m，到 1mm 波段则达到 14dB/m。因此，人们一直在寻找适合毫米波使用的新型元件，如使用过模波导技术，包括模式变换器的理论和技术、过模传输中抑制低阶模激发技术和圆波导中高阶模的识别技术等。大功率毫米波还可用波束波导传输，利用毫米波的准光学特性，将发射机功率传输至天线反射器，要突破宽带波束波导馈电系统的设计技术。在非大功率场合，比较成熟的有槽线和介质波导传输线。前者体积较大，适合于 3mm 波段和更高频率使用，后者则有多种形式。目前用得最多的是镜像介质波导，可制成定向耦合器、谐振器、滤波器、移相器、混频器和振荡器等元件，进而集成为毫米波接收前端、表面波天线和表面波天线阵等毫米波集成电路。

1.5.2　一体化设计制造

馈线和天线经常紧密相连，和工艺制造的关系也很密切，为了优化系统，现在越来越多地强调一体化设计制造，如天馈一体化的制造，可以减少接口不连续性。由馈线网络实现低副瓣天线时，要实现高精度馈电分布，一方面对设计、工艺制造有要求，另一方面要求馈线与天线、阵面共同完成多路幅相测量、控制与修正。

第二次世界大战以后，在微波/毫米波理论方面没有特别的突破，但工程技术上的进展却很多。微波集成电路（MIC）、单片微波集成电路（MMIC）是微波设计与工艺制造的结晶，雷达中不仅大量用到 MIC、MMIC 单元，还要从各系统上进一步集成设计，馈线系统出现了多层低温共烧陶瓷 LTCC、微波多层介质板电路，使单块电路板的功能更多。

毫米波技术的发展需要两方面支持：一是理论的发展，无论是系统构成还是元器件的设计制造，都出现了许多新概念和新思想，需要进行理论研究，给出新的设计方法；二是材料科学与工艺技术的发展，毫米波元器件的发展需要更好的材料、工艺和计算机辅助设计手段支持。

1.5.3 高集成度有源阵面中的馈线

微波天线技术的发展态势表明，固态有源相控阵天线系统将成为下一代微波天线系统发展的主流。该系统将集成应用平台内的所有微波系统功能（包含探测、数据通信、导航、隐身等），新型相控阵天线系统采用开放式结构，有源阵面分为三个层次：数据交互层、传输层和物理实现层。馈线位于传输层位置，馈线范畴进一步扩大，一体化综合网络用于实现各类信号的大容量、高效率传输，基本功能模块则在受控条件下完成对信号的发射或接收。

为满足发展要求，馈线正向集成化、轻量化、共形化发展。传统的馈线波束网络和电缆等是独立结构的部件，随着阵面的复杂度和集成度的提高以及工艺水平的进步，这些部件需要组合在一起，构建高集成多层网络。例如，Globalstar Satellite Phased Array Antennas[11]中含有 L、S 波段的两套集成网络，每个波段网络电路板为 32 层，如图 1.8 所示。集成化的进一步发展是馈电网络与波控网络、电源网络一体化设计制造，扩展为高集成度综合网络。图 1.9 为瑞典 Linkoping 大学研制的 10 层综合电路[12]，包含天线单元、馈电网络、直流电源分配电路及数字控制信号传输电路等。阵面中的 T/R 组件和子阵等直接和高集成度综合网络盲插，形成无引线阵面，在提高阵面集成度的同时，可以简化阵面连接关系、提高可靠性。

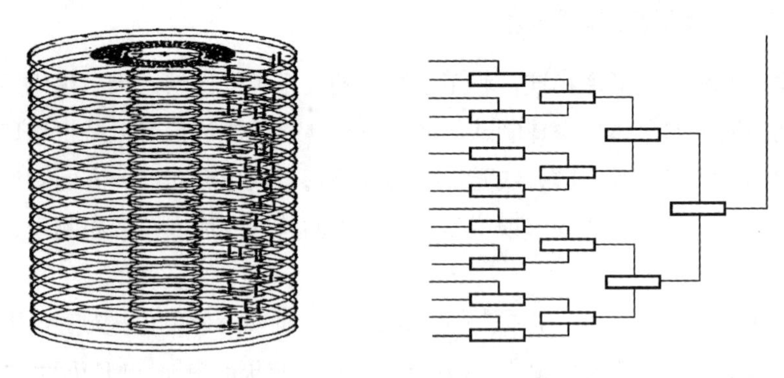

图 1.8 Globalstar Satellite Phased Array Antennas 中的 32 层波段网络电路板与每层电路拓扑图

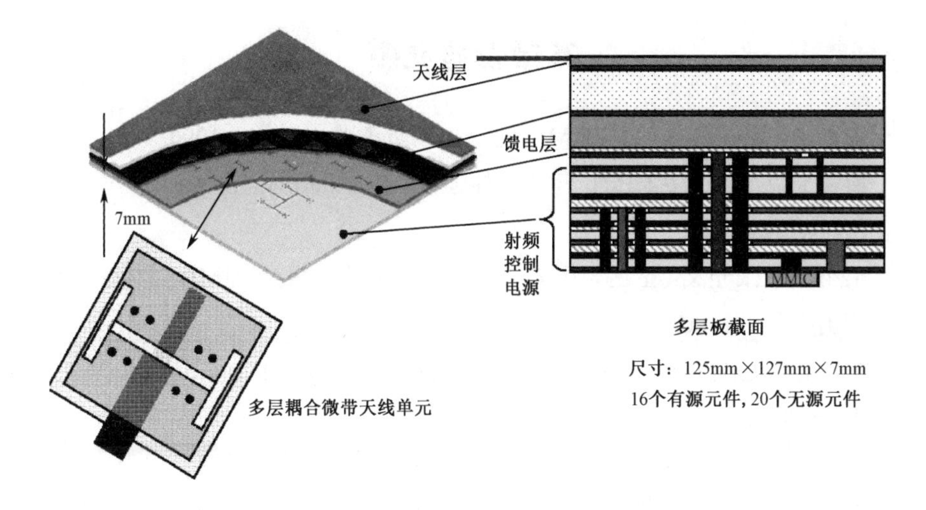

图 1.9　瑞典 Linkoping 大学研制的 10 层综合电路

高集成度综合网络对设计、工艺和测试提出了很高的要求。

（1）综合仿真技术。分别从时域、频域上对高集成网络和相连组件进行仿真设计，优化电路性能，提高电磁兼容性能；从阵面系统角度上进行优化设计，实现网络高集成度和最优化。

（2）精密工艺技术。电信设计和工艺实现紧密结合，在设计时就对各种工艺误差进行修正；对高集成多层网络，往往需要采用埋电阻刻蚀、高精度层压定位、反钻等先进的工艺技术进行加工。

（3）特殊的测试技术。为了对设计进行测试验证，需要对高集成网络和组件的时域延迟与反射特性、频域特性、信号完整性和电磁兼容性等进行高精度的测试。

1.5.4　新型元器件对馈线水平的推动

常规元器件在往精益求精的方向发展，新的设计理念、新材料、新工艺也在推动微波技术进步。例如，微电-机械系统（MEMS）技术正从试验阶段走向商品化，在相控阵天线中，MEMS 可用于移相器和开关中，MEMS 的优点是具有极宽的频带，插入损耗小、驱动功率小、质量小，成本也逐步降低，对改进相控阵天线的性能、降低成本等具有潜在的应用意义。随着光电子技术的进步，微波信号的光传输和分配网络技术正处于研发阶段，其应用之一是微波接口的光纤延迟线正在逐步完善。

此外，随着左手材料、电磁带隙（EBG）、缺陷地结构（DGS）、超导和纳米材料等概念的出现与应用，微波/毫米波器件的实现正更具创新性、多样性，为雷达馈线提供了更多的选择。

本章参考文献

[1] 张光义. 相控阵雷达系统[M]. 北京：国防工业出版社，1994.

[2] 斯科尼克. 雷达手册[M]. 王军，林强，米慈中，等译，北京：电子工业出版社，2003.

[3] 王小谟，张光义. 雷达与探测——现代战争的火眼金睛[M]. 北京：国防工业出版社，2000.

[4] Bahl I, Bhartia P. Microwave solid state circuit design[M]. 2nd ed, New York John Wiley & Sons, Inc，2002.

[5] 廖承恩. 微波技术基础[M]. 北京：国防工业出版社，1984.

[6] 南京十四所. 雷达馈线系统（下册）[M]. 南京：十四所印刷厂，1972.

[7] 朱瑞平，何炳发. 一种新型有限扫描空馈相控阵天线[J]. 现代雷达，2003(6): 49-53.

[8] 沈金泉，高原. 多普勒天气雷达微波系统技术体系综述[J]. 现代雷达，2007(10): 12-15.

[9] 朱兆霞. 机载雷达一体化天线中馈电网络的设计[J]. 现代雷达，2008(8): 517-519.

[10] 邓云伯. 星载大功率有源馈电网络收发系统[J]. 现代雷达，2007(6): 84-86.

[11] METZEN. P. L. Globalstar satellite phased array antennas[J]. IEEE MTT-S Digest., 2000: 207-210.

[12] A Gustafsson, R Malmgvist, L Pettersson. A very thin and compact smart skin x-band digital beamforming antenna[C]. European Radar Conference 2004, Amsterdam, 313-316.

第 2 章
传输线

雷达馈线中的传输线用来传递微波/毫米波信号或能量，还可作为滤波器、阻抗变换器、耦合器和延迟线等器件的基本元件。根据雷达频率、功率、损耗、结构和环境等要求而选择相应的传输线，是雷达馈线方案论证的基本步骤之一。本章介绍了雷达常用微波传输线的相关工作原理、等效电路、特性参数、设计公式、数据表格与曲线，还给出了微波仿真软件操作界面的多个示例，以便于读者快速分析和设计，对雷达馈线的传输与接口选型有所帮助。

2.1 概述

本章主要从“场”的角度给出工程常用传输线的相关内容。传输线定义为支持 TEM 波或非 TEM 传播模式的各种多导体和介质结构，工作在微波/毫米波频段上。传输线常用基本参数有特性阻抗、相速、衰减常数和峰值功率容量等，它们与所用的导体和/或介质材料的物理参数及性质有关。

传输线的种类繁多，按传输线上传输的电磁波形式，大致可分为三类：

（1）横电磁波（TEM 波）传输线，如双导线、同轴线、带状线、微带（准 TEM 波）等，它们属于双导线系统；

（2）波导传输线（TE 和 TM 波），如矩形、圆形、脊形和椭圆形波导等，它们属于单导线系统；

（3）表面波传输线，如介质波导、共面波导、槽线等，其传输模一般为混合波型。

下面在传输线基本理论的基础上简单介绍各种形式的传输线，其中同轴线和波导常用于雷达馈线，故介绍较多，其余传输线主要给出结果，详情可见相关参考文献。

2.2 同轴线及同轴电缆

同轴线是一种由内外导体构成的双导线传输线，其结构如图 2.1 所示，内外导体半径分别为 a 和 b。同轴线及同轴电缆的频带最宽，可在短波至厘米波乃至毫米波范围内广泛用作传输线，它由两个同心的金属导体组成，其间用绝缘物体支撑，保证同心及隔开，电磁波就在内外导体间传播，所以无电磁波辐射出去。同轴线一般指机加工的硬线，同轴电缆一般指编织或皱纹

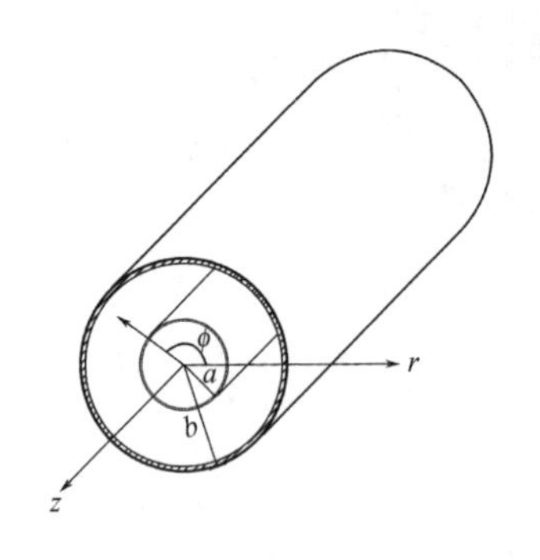

图 2.1　同轴线结构

式制作外导体的软线。

同轴线中可能存在一系列波型。TEM 波是同轴线中的基本波型，称为主模，其截止频率 $f_c=0$，则 λ_c 变为无限长，所有其余的波型（TE 和 TM 波）统称高次模。在几乎所有的实际应用中，同轴线都工作在主模，因此必须选择合适的同轴线尺寸，使高次模都被抑制。

2.2.1　同轴线中 TEM 模的特性参数

表 2.1 给出了同轴线特性参数，图 2.2 所示为同轴线中 TEM 模的场结构。

表 2.1　同轴线特性参数

参　数	表 达 式
电　容	$C=\dfrac{2\pi\varepsilon}{\ln(b/a)}$
电　感	$L=\dfrac{\mu\ln(b/a)}{2\pi}$
特性阻抗	$Z_0=60\sqrt{\dfrac{\mu_r}{\varepsilon_r}}\ln\left(\dfrac{b}{a}\right)$
传播常数	$\beta=\omega\sqrt{\mu\varepsilon}$
相速度和群速度	$v_p=v_g=\dfrac{c}{\sqrt{\mu_r\varepsilon_r}}$
导体衰减常数	$\alpha_c=\dfrac{R_s}{2\eta\ln(b/a)}\left(\dfrac{1}{a}+\dfrac{1}{b}\right)$
介质衰减常数	$\alpha_d=27.3\sqrt{\varepsilon_r}\dfrac{\tan\delta}{\lambda_0}$
最大峰值功率	$P_c=\sqrt{\varepsilon_r}\dfrac{a^2E_c^2}{120}\ln\left(\dfrac{b}{a}\right)$

注：E_c 为击穿电场强度；$\tan\delta$ 为介质的损耗角正切；R_S 为表面电阻；c 为光速，$\eta=\sqrt{\mu/\varepsilon}$，$\eta$ 表示介质的本征阻抗。

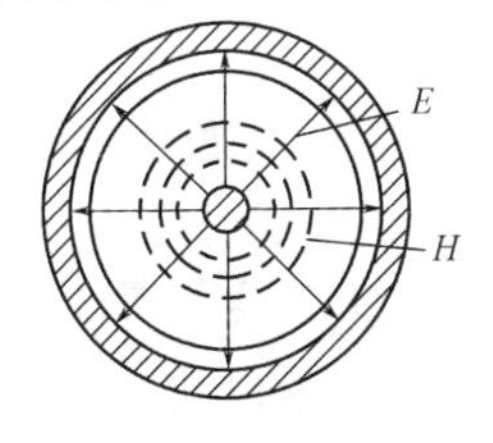

（a）电磁场在横截面上的分布

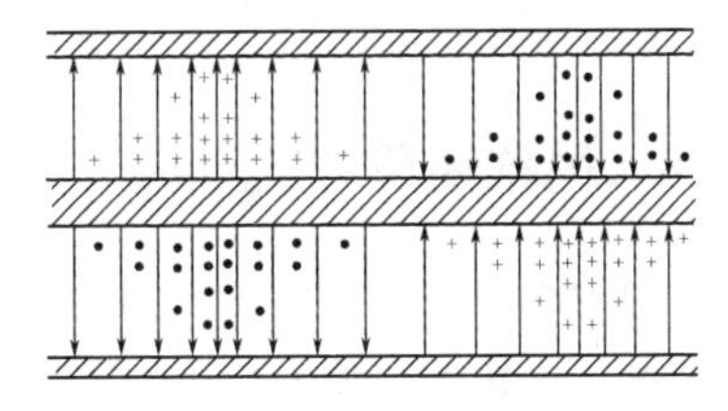

（b）电磁场在轴向上的分布

图 2.2　同轴线中 TEM 模的场结构

2.2.2　同轴线中的高次模

在同轴线中，除截止波长没有限制（$\lambda_c\to\infty$，$f_c=0$）的横电磁波外，当尺寸和波长相比足够大时，还可能存在一系列的高次模——TE 和 TM 模。实际系统中并不利用同轴线高次模来传输功率。因而，研究高次模的实际意义在于确定了高次模的截止波长，就能在给定频率上选择合适的同轴线尺寸，使同轴线中只有横电磁波传输，而所有高次模都被截止。同轴线高次模的截止波长如图 2.3 所示。

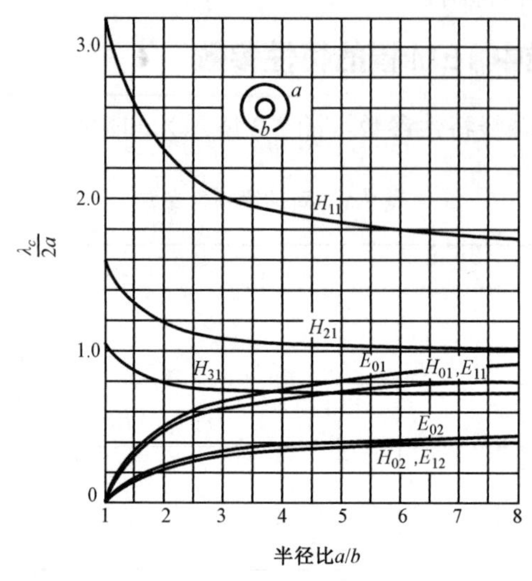

图 2.3　同轴线高次模的截止波长

同轴线中最低的（即截止波长最长的）高次模是 TE_{11} 模。为避免高次模出现，同轴线的尺寸和工作波长应该满足下列条件

$$b + a < \frac{\lambda_0}{\pi\sqrt{\varepsilon_r}} \tag{2.1}$$

这就说明了为什么随着波长的缩短不得不减小同轴线导体的尺寸，但是，同轴线尺寸的减小使得允许的传输功率下降。因此，对于 3cm 波及更短的波，除低功率反射速调管的能量输出外，很少采用同轴线。

2.2.3　同轴线尺寸的选择

在同轴线中，高次模几乎没有实际应用，通常不希望高次模在同轴线中存在，同轴线的尺寸应该满足式（2.1），但式（2.1）只决定了 $b+a$ 的数值范围。为了确定最后的尺寸，必须有一定的 a 与 b 比值的关系。此关系可根据耐压最高原则来确定，也可根据功率容量最大原则来确定，还可以根据损耗最小原则来确定。

1）耐压最高时的尺寸

当同轴线内外导体有一定电压时，在 $r=a$ 处内导体表面的场强最大，当电压

提高时，首先会在内导体表面发生击穿。内导体表面的电压为

$$V_c = E_c a \ln\left(\frac{b}{a}\right) \tag{2.2}$$

求 V_c 的极值，即令 $\frac{\mathrm{d}V_c}{\mathrm{d}x} = 0\left(x = \frac{b}{a}\right)$，可得

$$\frac{b}{a} = x = \mathrm{e} = 2.72 \tag{2.3}$$

这时，固定外导体的半径同轴线达到最大耐压值。当同轴线中填充大气时，相应的耐压最大的特性阻抗为 $Z_0 = 60\ \Omega$。

2）传输功率最大时的尺寸

同轴线中传输的功率为

$$P_c = \sqrt{\varepsilon_r}\frac{a^2 E_c^2}{120}\ln\left(\frac{b}{a}\right) \tag{2.4}$$

为求 $P_{\max}$ 的极值，即令 $\frac{\mathrm{d}P_{\max}}{\mathrm{d}x} = 0$，可得

$$\frac{b}{a} = x = \sqrt{\mathrm{e}} = 1.65 \tag{2.5}$$

当同轴线中填充大气时，相应的传输功率最大的特性阻抗为 $Z_0 = 30\ \Omega$。

3）衰减最小时的特性阻抗

不考虑介质损耗，只考虑导体损耗时，衰减常数为

$$\alpha_s = \frac{R_s}{2\eta\ln(b/a)}\left(\frac{1}{a} + \frac{1}{b}\right) \tag{2.6}$$

由 $\frac{\mathrm{d}\alpha_s}{\mathrm{d}x} = 0$，可得

$$\frac{b}{a} = x = 3.59 \tag{2.7}$$

当同轴线中填充大气时，相应的衰减最小时的特性阻抗为 $Z_0 = 76.7\ \Omega$。若用同轴线作振荡回路，则此时回路的品质因素 Q 值最高。

由上面分析可以看出，获得最大功率和最小衰减的条件是不一致的。如对两者都有要求，一般考虑折中的办法，如取 $b/a = 2.3$，此时衰减比最佳值（$b/a = 3.59$ 时）大约 10%；功率容量比最大值（$b/a = 1.65$ 时）小约 15%，相应的特性阻抗为 50 Ω。通常同轴线的特性阻抗选用标准值，最常采用的是 50 Ω 和 75 Ω 两种，使用者根据自己的需求进行选取。在具有同样的截止波长时，50 Ω 同轴线的内导体直径比 75 Ω 同轴线要大。为便于准确制造，精密元器件偏重用 50 Ω 同轴线。75 Ω 同轴线由于衰减小，主要用于信号传输。

和矩形波导一样，同轴线的尺寸也已标准化。如常用的 50 Ω 硬同轴线外导体内径有 16mm 和 7mm 两种。表 2.2 为常用的硬同轴线常数。

表 2.2 常用的硬同轴线常数

型号	参数					
	特性阻抗（Ω）	外导体内直径 D（mm）	内导体外直径 d（mm）	衰减 α (dB/m) $\sqrt{\text{Hz}}$	理论最大允许功率（kW）	最短安全波长（cm）
50-7	50	7	3.04	$3.38\times10^{-6}\sqrt{f}$	167	1.73
75-7	75	7	2.00	$3.08\times10^{-6}\sqrt{f}$	94	1.56
50-16	50	16	6.95	$1.48\times10^{-6}\sqrt{f}$	756	3.9
75-16	75	16	4.58	$1.34\times10^{-6}\sqrt{f}$	492	3.6
50-35	50	35	15.2	$0.67\times10^{-6}\sqrt{f}$	35555	8.6
75-35	75	35	10.0	$0.61\times10^{-6}\sqrt{f}$	2340	7.8
53-39	53	39	16	$0.6\times10^{-6}\sqrt{f}$	4270	9.6
50-75	50	75	32.5	$0.31\times10^{-6}\sqrt{f}$	16300	1.855
50-87	50	87	38	$0.27\times10^{-6}\sqrt{f}$	22410	21.6
50-110	50	110	48	$0.22\times10^{-6}\sqrt{f}$	35800	27.3

注：1. 本表数据均按 $\varepsilon_r=1$ 计算，以纯铜计算；

2. 最短安全波长取 $\pi=1.1x(a+b)$ 。

2.2.4 同轴电缆

同轴电缆是同轴线的一种实现形式，其损耗较低、传输幅度较稳定，尤其是安装使用方便，广泛应用于短波至毫米波范围内。图 2.4 为典型编织式同轴电缆外导体结构，主要由中心导体、电介质、内屏蔽层、外屏蔽层及外层护套组成。中心导体有单芯和多芯两种结构，在直径尺寸相同的情况下，单芯中心导体电缆具有更低的衰减和更好的弯曲情况下的幅度稳定性，多芯中心导体具有更好的弯曲情况下的相位稳定性和柔韧性；电介质决定了电缆的传输速率、温度范围、功率容量、幅度和相位稳定性，对电缆的柔韧性也有很大影响，并且电缆的大部分传输损耗直接或间接由电介质产生；内屏蔽层保证电缆特性阻抗的一致性和保持屏蔽层间的理想接触；外屏蔽层主要用来增大电缆的强度和提升射频屏蔽效果；外层护套用于保护电缆，改善电缆的温度性能和抗化学稳定性。

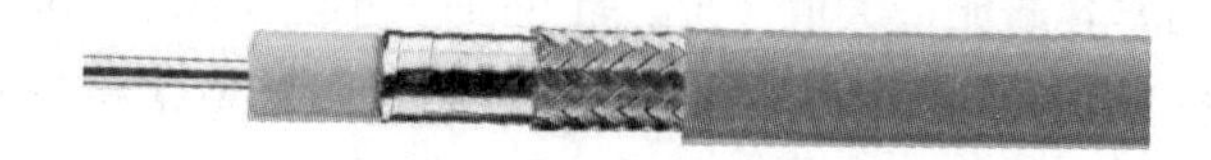

图 2.4 典型编织式同轴电缆外导体结构

外导体为封闭金属时有螺纹铜管和半刚电缆，半刚电缆的外导体有铜管、铝管，甚至不锈钢管。

选择电缆主要考虑的参数有频率范围、插入损耗、幅度和相位稳定性、功率容量、温度范围、最小外径尺寸、质量、抗拉强度、弯曲性、柔韧性、屏蔽性和密封性等，这些参数直接影响电缆的价格和性能。电缆的国内外生产厂家很多，技术和标准相对成熟，在工程应用中应根据实际需要综合考虑。

2.2.5　射频同轴连接器

射频同轴连接器是指安装在同轴电缆或安装在仪器和设备上的一种元件实现信号传输过程中的连接与分离。同轴连接器具有良好的宽带传输特性及多种方便的连接方式，已得到越来越广泛的应用，并朝标准化、系列化和通用化方向发展，其广泛采用的标准有美军标 MIL-C-39012 及国军标 GJB 681A—2002。表 2.3 给出了常用射频同轴连接器的频率范围、介质耐压及特点。

表 2.3　常用射频同轴连接器的频率范围、介质耐压及特点

型号	频率范围	介质耐压	特点
SSMB	DC～3GHz	500V	微型推入式射频同轴连接器，结构特点与 SMB 类似，比 SMB 体积更小
SMB	DC～4GHz	750V	小型推入式射频同轴连接器
BNC	DC～4GHz	1500V	卡口式射频同轴连接器
CC11	DC～6GHz	1500V	具有推入锁紧机构的中等功率同轴连接器，是 N 型的推入锁紧式变形
L29	DC～7.5GHz	2700V	较大型螺纹同轴连接器，具有坚固、低损耗、工作电压高等优点，且大部分都有防水结构，可用于户外中、高功率传输
TNC	DC～11GHz	1500V	具有螺纹连接机构的中小功率连接器，是 BNC 的螺纹式变形
N	DC～11GHz	1500V	具有螺纹连接机构的中小功率连接器，是国际上最通用的射频同轴连接器之一
SMA	DC～18GHz	1000V	具有螺纹连接机构，是应用最广泛的射频同轴连接器
BMA	DC～18GHz	1500V	一种盲插射频同轴连接器，结构上是 SMA 系列的推入式变形，接口为空气界面
SBMA	DC～23GHz	670V	一种新型小功率盲插式连接器，具有浮动安装机构，体积小于 BMA
SSMA	DC～40GHz	750V	结构特点与 SMA 相似，但体积更小，是毫米波首选的连接器
SMP	DC～40GHz	500V	小型推入式射频同轴连接器
K	DC～40GHz	1000V	在 SMA 的基础上发展起来的精密毫米波连接器，可与 SMA 系列产品对接互换，采用空气作为传输介质
2.4mm	DC～50GHz	500V	精密同轴连接器，通常用于测试系统及毫米波系统

射频同轴连接器应根据工作频率、连接方式、功率容量、安装形式等因素进行选择，国内外都已实现批量化生产，可查阅相关公司的产品手册。

2.3 带状线

带状线由三层导体构成，也称为“三板线”。带状线具有低辐射和低损耗等特点，广泛应用于宽带电路和系统中。带状线的几何结构及电磁场分布如图 2.5 所示，一条宽度为 W 的薄导体放置在两块相距为 b 的宽导体接地平面之间，两个接地平面之间的整个空间填充介质。通常，可在厚度为 $b/2$ 的微波印制板上蚀刻出中心导体，然后覆盖上另一个相同厚度的微波印制板，构成介质带状线。

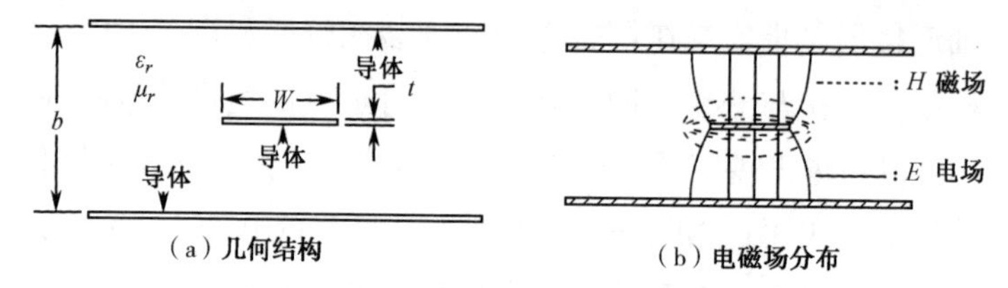

（a）几何结构　（b）电磁场分布

图 2.5　带状线的几何结构及电磁场分布

带状线两接地导体间填充均匀介质时的工作模式是 TEM 模。与同轴线相似，带状线也能产生高阶 TE 模和 TM 模，这些模式在实际中经常要避免。常用的是带状线的 TEM 模，采用静电场能分析出带状线的传播常数和特性阻抗，但其过程和结果相当复杂。表 2.4 给出了带状线特性参数的闭合表达式，它是精确解的良好近似，但表达形式简单。

表 2.4　带状线特性参数的闭合表达式

参　数	闭合表达式
特性阻抗	$Z_0=\dfrac{30\pi}{\sqrt{\varepsilon_r}}\dfrac{b}{W_e+0.441b}$，其中 $\dfrac{W_e}{b}=\dfrac{W}{b}-\begin{cases}0, & \dfrac{W}{b}>0.35\\ (0.35-W/b)^2, & \dfrac{W}{b}<0.35\end{cases}$
导体损耗	$\alpha_c=\begin{cases}\dfrac{2.7\times10^{-3}R_s\varepsilon_r Z_0}{30\pi(b-t)}A, & \sqrt{\varepsilon_r}Z_0<120\\ \dfrac{0.16R_s}{Z_0 b}B, & \sqrt{\varepsilon_r}Z_0>120\end{cases}$ 其中，$A=1+\dfrac{2W}{b-t}+\dfrac{1}{\pi}\dfrac{b+t}{b-t}\ln\left(\dfrac{2b-t}{t}\right)$ $B=1+\dfrac{b}{0.5W+0.7t}\left(0.5+\dfrac{0.414t}{W}+\dfrac{1}{2\pi}\ln\dfrac{4\pi W}{t}\right)$
介质损耗	$\alpha_d=27.3\sqrt{\varepsilon_r}\dfrac{\tan\delta}{\lambda_0}$
相速及传播常数	$v_p=c/\sqrt{\varepsilon_r}$，$\beta=\dfrac{\omega}{v_p}=\dfrac{\omega\sqrt{\varepsilon_r}}{c}$
高次模截止频率	TE 模：$f_{c,\mathrm{TE}}=c/(2W+0.5\pi b)\sqrt{\varepsilon_r}$，TM 模：$f_{c,\mathrm{TM}}=c/2b\sqrt{\varepsilon_r}$

随着各种微波 CAD 的广泛应用，ANSOFT、ADS 和 MICROWAVE OFFICE 等商用软件均可方便地计算带状线各种参量。例如，ANSOFT 公司的 Serenade 软件就包含一个 Transmission Lines 的工具，可由已知尺寸、介质计算出带状线的阻抗和电长度（即相应的物理长度），反之亦然，其界面如图 2.6 所示，本章介绍的平面传输线将都以此软件界面给出示例。

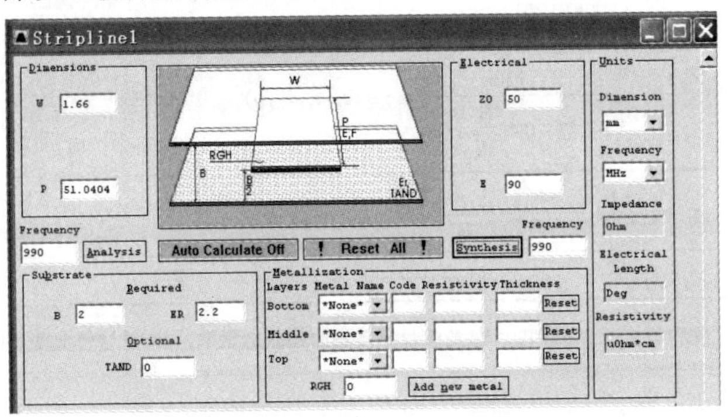

图 2.6　Serenade 软件计算带状线参数的界面

2.4　微带线

微带线的结构较特殊，图 2.7 所示为微带线横截面，其边界条件极为复杂，既有金属与介质基片的边界，又有介质基片与空气的边界，因此要从理论上严格分析微带线电磁波的传输特性是比较困难的。严格地讲，微带线中并不存在纯横电磁波，在近似的条件下，大家认为微带中能够传输一种只具有横向电场和横向磁场（纵向分量很小）的“准 TEM”波。

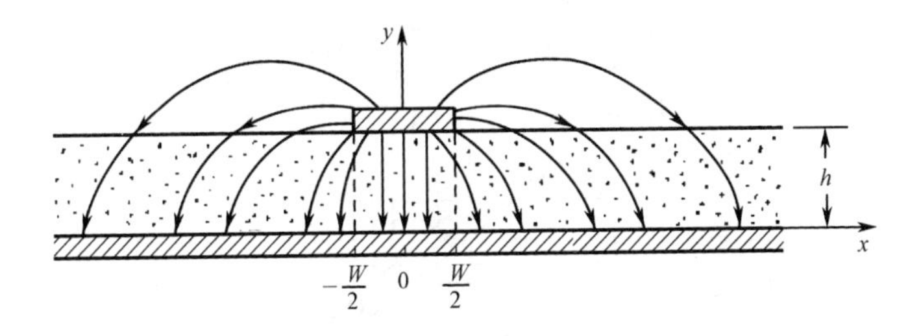

图 2.7　微带线横截面

微带中的工作波形“准 TEM”波，它是一种 $E_z \neq 0$、$H_z \neq 0$ 的混合波形，可以同时满足微带的导体边界和不同介质界面的边界条件，能在任何频率下传播。但“准 TEM”波是有色散的，而且其纵向场分量的大小也随工作频率而变，当工作频率较低时，这种混合波形的纵向场分量小，其色散减弱，这时传输波形接近 TEM 波，这就是“准 TEM”波名称的由来。

有大量文献通过解析法和数值法对微带线进行了研究，求解微带线特性参数需要大量计算，微带线特性参数的闭合表达式汇总在表 2.5 中。

表 2.5　微带线特性参数的闭合表达式

参　数	闭合表达式
特性阻抗	$Z_0=\begin{cases}60\ln\left(\dfrac{8h}{W}+\dfrac{W}{4h}\right), W/h\leqslant 1\\ \dfrac{120\pi}{\dfrac{W}{h}+2.42-0.44\dfrac{W}{h}+\left(1-\dfrac{h}{W}\right)^6}(0.35-W/b)^2\;, W/h\geqslant 1\end{cases}$
有效介电常数	$\varepsilon_e=\dfrac{\varepsilon_r+1}{2}+\dfrac{\varepsilon_r-1}{2}\left(1+10\dfrac{h}{W}\right)^{-1/2}$
相　速	$v_p=c/\sqrt{\varepsilon_e}$
导体损耗	$\alpha_c=\dfrac{8.68R_s}{Z_0W}$，其中，$R_s$ 是微带导体表面趋肤电阻率，W 是导带宽度，单位为 cm
介质损耗	$\alpha_d=27.3\dfrac{\varepsilon_r}{\varepsilon_e}\left(\dfrac{\varepsilon_e-1}{\varepsilon_r-1}\right)\dfrac{\tan\delta}{\lambda_0}$，其中，$\tan\delta$ 是介质的损耗正切
色　散	波导波型截止波长：$(\lambda_c)_{\text{TE}_{10}}=\sqrt{\varepsilon_r}(2W+0.8h)$，$(\lambda_c)_{\text{TM}_{01}}=2\sqrt{\varepsilon_r}\times h$ 表面波型截止波长：$\lambda_{\text{TE}}\approx\dfrac{8h\sqrt{\varepsilon_r-1}}{3\sqrt{2}}$，$\lambda_{\text{TM}}\approx\dfrac{4h\sqrt{\varepsilon_r-1}}{\sqrt{2}}$

表 2.5 中计算微波参量的公式较繁杂，可查阅参考文献[4]，它们对各种不同的介电常数 ε_r 和 W/h，计算出微带线各参量的数值结果后，列成表格或给出曲线。

图 2.8 给出了微带线衰减常数曲线，图中选取了 3 个不同的 t/h 值，纵坐标为 $\alpha_c Z_0 h/R_s$。α_c 为归一化衰减常数。用曲线对 α_c 进行估算，其误差小于 9%。

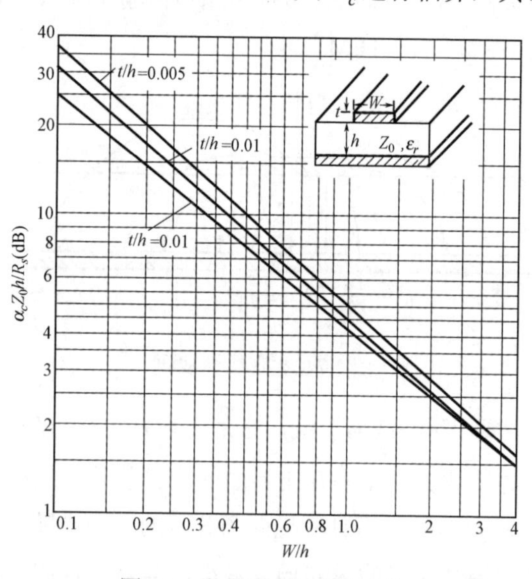

图 2.8　微带线衰减常数曲线

ANSOFT 公司的 Serenade 软件可由任何尺寸计算出微带线的阻抗和电长度（即相应的物理长度），反之亦然，其界面如图 2.9 所示。

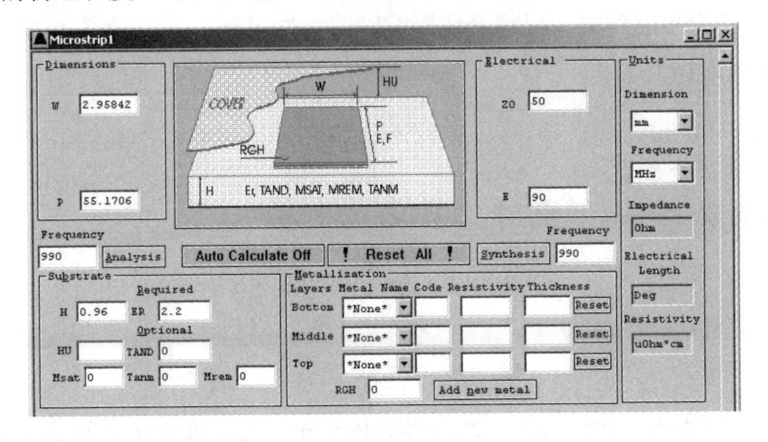

图 2.9　Serenade 软件计算微带线参数的界面

2.5　耦合带状线和耦合微带线

两条或多条微带（带状线）彼此靠得很近，其间必有电磁能量耦合，把这种结构的微带线（带状线）传输线称为耦合微带线（耦合带状线），图 2.10 所示即为耦合微带线，用它可以组成各种振荡回路、滤波器、定向耦合器等元件。

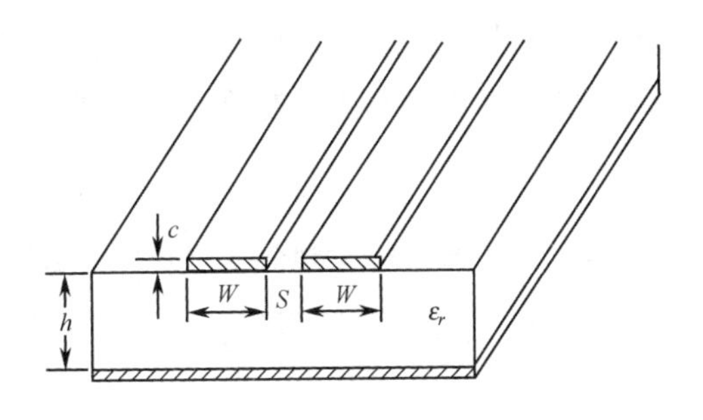

图 2.10　耦合微带线

分析耦合微带线（耦合带状线）时，和单根微带线（带状线）一样，适当选取微带线（带状线）的参量，使高次模不能存在，则耦合线的工作波型仍是“准 TEM 模”。因此，两线之间的耦合也是 TEM 模的耦合，即类似于静电和静磁的耦合。

为了使问题简化，常用奇偶模参量法[4]分析耦合微带线（耦合带状线），下面给出均匀介质耦合微带线（带状线）常用的公式。

耦合带状线的公式与此类同，只需把相应的微带线的参量换成带状线的参量就可以了。

定义Z_0'为考虑到另一根耦合线影响时的特性阻抗，Z_0为孤立单根线的特性阻抗，两者有如下关系：

$$Z_0' = Z_0\sqrt{1-K^2} \tag{2.8}$$

式中，K为耦合系数。

则耦合微带线的奇偶模阻抗Z_{0e}、Z_{0o}分别为

$$Z_{0e} = Z_0'\sqrt{\frac{1+K}{1-k}} = Z_0(1+K) \tag{2.9}$$

$$Z_{0o} = Z_0'\sqrt{\frac{1-K}{1+K}} = Z_0(1-K) \tag{2.10}$$

以上分别得出了Z_0、Z_0'、Z_{0e}、Z_{0o}四个不同的特性阻抗之间的关系。

将式（2.9）、式（2.10）联立求解，得

$$K = \frac{Z_{0e}-Z_{0o}}{Z_{0e}+Z_{0o}} \tag{2.11}$$

$$Z_{0e}Z_{0o} = Z_0'^2 \tag{2.12}$$

式（2.11）和式（2.12）说明了Z_0'、Z_{0e}、Z_{0o}及耦合系数K之间的关系。

耦合微带线的基本参量Z_{0e}、Z_{0o}可采用保角变换法和格林函数的方法进行计算，但因为边界条件复杂，求解很烦琐，目前大部分都利用计算机进行数值计算，利用求得不同的曲线与图表供设计选用，可查阅相关的文献和设计手册。表2.6为对称结构的耦合微带线和耦合带状线的特性参数的表达式，可作为初步设计的参考数据。

表2.6　对称结构的耦合微带线和耦合带状线特性参数的表达式

参　数	表　达　式
特性阻抗	耦合微带线 $Z_{0i} = \left[c\sqrt{C_i C_i^a}\right]^{-1}$ $i=e$ 或 o，C^a 为空气填充时的电容，有效介电常数 $\varepsilon_e^i = C_i/C_i^a$ $C_e = C_p + C_f + C_f'$，$C_o = C_p + C_f + C_{ga} + C_{gd}$ $C_p = \frac{\varepsilon_0\varepsilon_r W}{h}$，$2C_f = \sqrt{\varepsilon_e}/(cZ_0) - C_p$，$C_f' = \frac{C_f\sqrt{\varepsilon_r/\varepsilon_e}}{1+\exp[-0.1\exp(2.33-2.53W/h)](h/S)\tanh(10S/h)}$ $C_{ga} = \varepsilon_0\frac{K(k')}{K(k)}, k = \frac{S/h}{S/h+2W/h}, k' = \sqrt{1-k^2}$，$K(k)$ 是以 k 为模数的第一类完全椭圆积分 $C_{gd} = \frac{\varepsilon_0\varepsilon_r}{\pi}\ln\left[\coth\left(\frac{\pi S}{4h}\right)\right] + 0.65C_f\left[\frac{0.02}{S/h}\sqrt{\varepsilon_r} + 1 - \varepsilon_r^{-2}\right]$

续表

参　数	表　达　式
特性阻抗	耦合带状线 $Z_{0e}=\frac{30\pi K(k_e')}{\sqrt{\varepsilon_r}K(k_e)}$，　$Z_{0o}=\frac{30\pi K(k_o')}{\sqrt{\varepsilon_r}K(k_o)}$ $k_e=\tanh\left(\frac{\pi}{2}\frac{W}{b}\right)\tanh\left(\frac{\pi}{2}\frac{W+S}{b}\right)$，$k_e'=\sqrt{1-k_e^2}$，$k_o=\tanh\left(\frac{\pi}{2}\frac{W}{b}\right)\coth\left(\frac{\pi}{2}\frac{W+S}{b}\right)$，$k_o'=\sqrt{1-k_o^2}$ 当 $t/b<0.1$，$W/b\geqslant 0.35$ 时有下列闭合式解 $Z_{0e}=\frac{30\pi(b-t)}{\sqrt{\varepsilon_r}\left(W+\frac{bC_f}{2\pi}A_e\right)}$，　$Z_{0o}=\frac{30\pi(b-t)}{\sqrt{\varepsilon_r}\left(W+\frac{bC_f}{2\pi}A_o\right)}$ 式中，$A_e=1+\frac{\ln(1+\tanh\theta)}{\ln 2}$，$A_o=1+\frac{\ln(1+\coth\theta)}{\ln 2}$，$\theta=\frac{\pi S}{2b}$ $C_f=2\ln\left(\frac{2b-t}{b-t}\right)-\frac{t}{b\ln}\left[\frac{t(2b-t)}{(b-t)^2}\right]$
导体损耗	耦合微带线 $\alpha_c^i=\frac{8.686R_s}{120\pi Z_0}\frac{1}{h}\frac{1}{c(C_i^{at})^2}\times\left[\frac{\partial C_i^{at}}{\partial(W/h)}\left(1+\delta\frac{W}{2h}\right)-\frac{\partial C_i^{at}}{\partial(S/h)}\left(1-\delta\frac{S}{2h}\right)+\frac{\partial C_i^{at}}{\partial(t/h)}\left(1+\delta\frac{t}{2h}\right)\right]$ 式中，$\delta=\begin{cases}1 & \text{只考虑微带损耗}\\ 2 & \text{考虑微带和接地板的损耗}\end{cases}$，$C_i^{at}$ 为有限厚度带在空气条件下的电容
	耦合带状线 $\alpha_c^e=\frac{0.0231R_s\sqrt{\varepsilon_r}}{30\pi(b-t)}\times\left\{60\pi+Z_{0e}\sqrt{\varepsilon_r}\left[1-\frac{A_e}{\pi}\times\left(\ln\frac{2b-t}{b-t}+\frac{1}{2}\ln\frac{t(2b-t)}{(b-t)^2}\right)+C_f\frac{(1+S/b)}{4\ln 2}\frac{\mathrm{sech}^2\theta}{1+\tanh\theta}\right]\right\}$ $\alpha_c^o=\frac{0.0231R_s\sqrt{\varepsilon_r}}{30\pi(b-t)}\times\left\{60\pi+Z_{0o}\sqrt{\varepsilon_r}\left[1-\frac{A_o}{\pi}\times\left(\ln\frac{2b-t}{b-t}+\frac{1}{2}\ln\frac{t(2b-t)}{(b-t)^2}\right)-C_f\frac{(1+S/b)}{4\ln 2}\frac{\mathrm{cosech}^2\theta}{1+\coth\theta}\right]\right\}$
介质损耗	耦合微带线：$a_d^i=27.3\frac{\varepsilon_r}{\sqrt{\varepsilon_e^i}}\left(\frac{\varepsilon_e^i-1}{\varepsilon_r-1}\right)\frac{\tan\delta}{\lambda_0}$ 耦合带状线：$a_d^e=a_d^o=27.3\sqrt{\varepsilon_r}\tan\delta/\lambda_0$，其中，$\tan\delta$ 是介质的损耗正切

可使用 CAD 软件方便、快速地计算耦合微带线和耦合带状线的 Z_0'、Z_{0e}、Z_{0o}、W/h、s/h、电长度和物理长度等参量，如 ANSOFT 公司的 Serenade 软件，其界面如图 2.11 和图 2.12 所示。

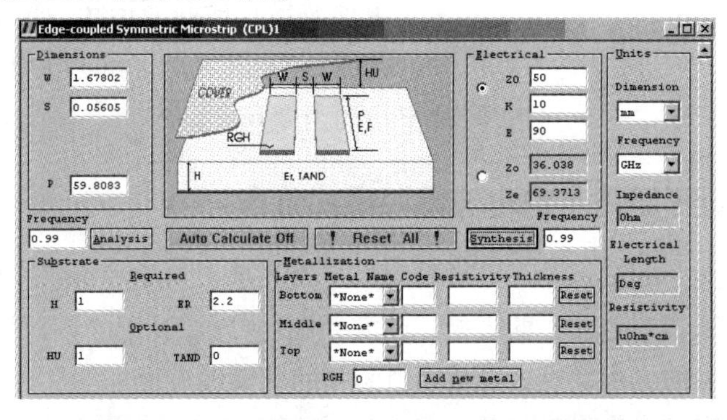

图 2.11　Serenade 软件计算耦合微带线参量的界面

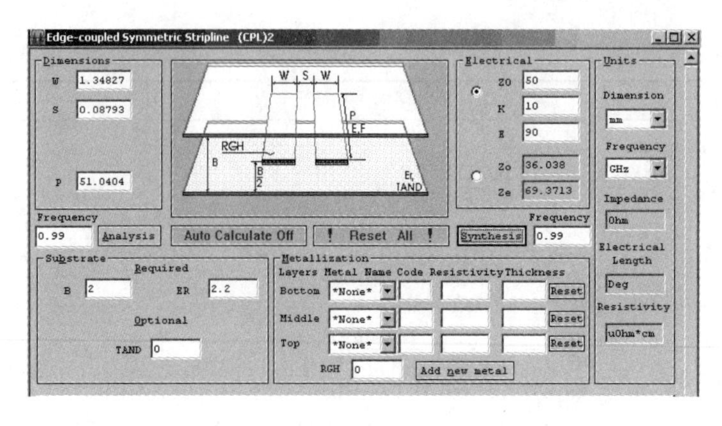

图 2.12　Serenade 软件计算耦合带状线参量的界面

2.6　矩形波导

金属波导是一根光滑、均匀的金属空管，它可以看作抽去内导体的封闭传输线。

同轴线中传输的主模是 TEM 模，横向电、磁场的存在与内导体密切相关。波导中没有内导体，在金属波导中不能存在 TEM 模，但无论 TE 模或 TM 模都能满足金属波导的边界条件，因而都能独立存在。既有 E_z 又有 H_z 的电磁波可看作 TE 模和 TM 模的线性叠加。

由于波导是由单根金属管构成的，它不像 TEM 模传输线那样可以严格定义电压和电流，因此无法用电路的方法进行分析，而只能用电磁场的方法求解。对于最简单的矩形波导，可以把其中的波看成两个或两个以上的均匀平面波（部分波）叠加而成，这种方法叫作部分波法；另一种方法是严格地求解电磁场方程。对于其他型的波导，则只能用求解电磁场的方法。

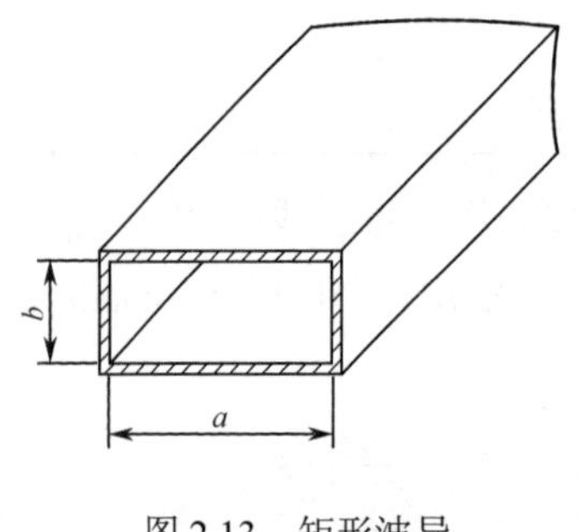

图 2.13　矩形波导

矩形波导是横截面形状为矩形的空心金属管，如图 2.13 所示，a 和 b 分别表示波导宽边和窄边的内壁尺寸。

2.6.1　矩形波导中的电磁场和模式分布

如果将波导中的场按 TE、TM 模分解，并将横向场量表示成模式函数与其幅值（模式电压或模式电流）的乘积，则波导中场分量的求解归结为求解模式函数满足的二维矢量波方程及模式函数幅值满足的传输线方程。

求解过程[8]从略，结果如下：

TE 模的场可表示为

$$E_x' = \sum_{m,n} A_{mn} \frac{n\pi}{b} \cos\frac{m\pi}{a} x \sin\frac{n\pi}{b} y \mathrm{e}^{\mathrm{j}(\omega t - k_z z)} \tag{2.13}$$

$$E_y' = \sum_{m,n} - A_{mn} \frac{m\pi}{a} \sin\frac{m\pi}{a} x \cos\frac{n\pi}{b} y \mathrm{e}^{\mathrm{j}(\omega t - k_z z)} \tag{2.14}$$

$$E_z' = 0 \tag{2.15}$$

$$H_x' = \sum_{m,n} A_{mn} \frac{k_z}{\omega\mu} \frac{m\pi}{a} \sin\frac{m\pi}{a} x \cos\frac{n\pi}{b} y \mathrm{e}^{\mathrm{j}(\omega t - k_z z)} \tag{2.16}$$

$$H_y' = \sum_{m,n} A_{mn} \frac{k_z}{\omega\mu} \frac{n\pi}{b} \cos\frac{m\pi}{a} x \sin\frac{n\pi}{b} y \mathrm{e}^{\mathrm{j}(\omega t - k_z z)} \tag{2.17}$$

$$H_z' = \sum_{m,n} - \mathrm{j}A_{mn} \frac{\pi^2}{\omega\mu} \left(\frac{n^2}{b^2} + \frac{m^2}{a^2} \right) \cos\frac{m\pi}{a} x \cos\frac{n\pi}{b} y \mathrm{e}^{\mathrm{j}(\omega t - k_z z)} \tag{2.18}$$

不同的 m,n 表示 TE 模的一组解，称为 TE 模的一种模式，记为 TE_{mn} 模。其中，m,n 为 0, 1, 2⋯，但 m,n 不能同时为零，否则所有场量均为零。

TM 模的场可表示为

$$E_x'' = \sum_{m,n} - B_{mn} \frac{k_z}{\omega\varepsilon} \frac{m\pi}{a} \cos\frac{m\pi}{a} x \sin\frac{n\pi}{b} y \mathrm{e}^{\mathrm{j}(\omega t - k_z z)} \tag{2.19}$$

$$E_y'' = \sum_{m,n} - B_{mn} \frac{k_z}{\omega\varepsilon} \frac{n\pi}{b} \sin\frac{m\pi}{a} x \cos\frac{n\pi}{b} y \mathrm{e}^{\mathrm{j}(\omega t - k_z z)} \tag{2.20}$$

$$E_z'' = \sum_{m,n} B_{mn} \frac{\pi^2}{\mathrm{j}\omega\varepsilon} \left(\frac{n^2}{b^2} + \frac{m^2}{a^2} \right) \sin\frac{m\pi}{a} x \sin\frac{n\pi}{b} y \mathrm{e}^{\mathrm{j}(\omega t - k_z z)} \tag{2.21}$$

$$H_x'' = \sum_{m,n} B_{mn} \frac{n\pi}{b} \sin\frac{m\pi}{a} x \cos\frac{n\pi}{b} y \mathrm{e}^{\mathrm{j}(\omega t - k_z z)} \tag{2.22}$$

$$H_y'' = \sum_{m,n} - B_{mn} \frac{m\pi}{a} \cos\frac{m\pi}{a} x \sin\frac{n\pi}{b} y \mathrm{e}^{\mathrm{j}(\omega t - k_z z)} \tag{2.23}$$

$$H_z'' = 0 \tag{2.24}$$

注意，对于 TM_{mn} 模，下标 m 和 n 均不能为零，否则所有场量均为零，这是与 TE_{mn} 模不同的地方。

波导中有哪些模式的场存在取决于边界条件。TE 模、TM 模的场都满足矩形波导的边界条件，它们都可以独立存在。不同的一组数(m, n)就表示不同结构的场，这无穷多个模式中任何一个都满足矩形波导的边界条件，它们都可以独立存在。实际波导中究竟存在多少个模式的电磁场，对于纵向均匀的波导，取决于工作频率与各模式截止频率的关系及波导的激励方式。矩形波导中各模式传输的功率彼此独立，不发生耦合。

波导中截止波长最长（或截止频率最低）的模称为主模（或称基模），其他的模称为高次模。矩形波导中的主模是 TE_{10} 模（如果 $a > b$），其截止波长最长，等于 $2a$ 。

截止波长或截止频率是波导最重要的参数之一。由上面的分析可知，对于一定的波导模式，只有$\lambda < \lambda_c$（或$f > f_c$）的波才能在波导中传播。所以矩形波导具有“高通滤波器”性质。

截止波长不仅与模式有关，还与波导尺寸有关，各模式截止波长的次序不是固定的，与b/a大小有关。标准矩形波导各模式截止波长的分布如图2.14所示。

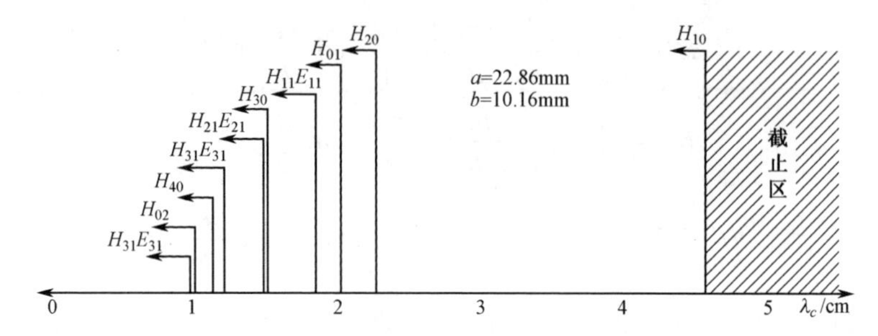

图2.14　标准矩形波导各模式截止波长的分布

在波导中，不同模式电磁场的分布规律是不同的。但只要k_t相同，其截止波长就相同，色散特性、导波波长与自由空间波长的关系也相同。总之，只要k_t相同，传输特性就完全相同。

波导中不同模具有相同截止波长的现象，称为波导模式的“简并”。一般情况下，矩形波导TE_{mn}模和TM_{mn}模（$m,n \neq 0$）是简并的。

2.6.2　矩形波导的特性参数

矩形波导的特性参数汇总在表2.7中。

表2.7　矩形波导的特性参数

参　数	表 达 式
传播常数	$k_z = \sqrt{k^2 - k_t^2} = \sqrt{\omega^2 \mu\varepsilon - \left(\frac{m\pi}{a}\right)^2 - \left(\frac{n\pi}{b}\right)^2}$
截止波长	$\lambda_c = \frac{2}{\sqrt{\left(\frac{m}{a}\right)^2 + \left(\frac{n}{b}\right)^2}}$　　TE10模：$\lambda_{c\mathrm{TE10}} = 2a$
导波波长	$\lambda_g = \frac{\lambda}{\sqrt{1-\left(\frac{\lambda}{\lambda_c}\right)^2}}$　　TE10模：$\lambda_{g\mathrm{TE}_{10}} = \frac{\lambda}{\sqrt{1-\left(\frac{\lambda}{2a}\right)^2}}$
相　速	$v_p = \frac{\omega}{k_z} = \frac{c}{\sqrt{1-\left(\frac{\lambda}{\lambda_c}\right)^2}}$　　TE10模：$v_{p\mathrm{TE}_{10}} = \frac{c}{\sqrt{1-\left(\frac{\lambda}{2a}\right)^2}}$　　c为光速
群　速	$v_g = \frac{\mathrm{d}\omega}{\mathrm{d}k_z} = c\sqrt{1-\left(\frac{\lambda}{\lambda_c}\right)^2}$　　TE10模：$v_{g\mathrm{TE}_{10}} = c\sqrt{1-\left(\frac{\lambda}{2a}\right)^2}$

续表

参　数	表 达 式
波阻抗	$Z_{\mathrm{TE}}=\omega\mu/k_z=\dfrac{\eta}{\sqrt{1-\left(\dfrac{\lambda}{\lambda_c}\right)^2}}$　　TE10 模：$Z_{\mathrm{TE}_{10}}=\dfrac{\eta}{\sqrt{1-\left(\dfrac{\lambda}{2a}\right)^2}}$ $Z_{\mathrm{TM}}=k_z/\omega\varepsilon=\eta\sqrt{1-\left(\dfrac{\lambda}{\lambda_c}\right)^2}$ 其中，$\eta=\sqrt{\mu/\varepsilon}$ 是介质中的波阻抗。如果介质是空气，则 $\eta_0=\sqrt{\mu_0/\varepsilon_0}\approx 377\Omega$
衰减常数	$\alpha_{\mathrm{TM}_{mn}}=\dfrac{2R_S}{ab\eta_{\mathrm{TM}}}\dfrac{m^2b^3+n^2a^3}{m^2b^2+n^2a^2}$　　TE10 模：$\alpha_{\mathrm{TE10}}=\dfrac{8.686R_S}{b\eta\sqrt{1-\left(\dfrac{\lambda}{2a}\right)^2}}\left[1+\dfrac{2b}{a}\left(\dfrac{\lambda}{2a}\right)^2\right]$ $\alpha_{\mathrm{TE}_{mn}}=\dfrac{R_S}{ab\eta_{\mathrm{TE}}}\left[\dfrac{k_c^2}{\beta^2}(N_n a+N_m b)+\dfrac{N_m N_n}{2k_c^2}(k_x^2 a+k_y^2 b)\right]$　$N_m=\begin{cases}1 & (m=0)\\2 & (m\neq 0)\end{cases}$　$N_n=\begin{cases}1 & (n=0)\\2 & (n\neq 0)\end{cases}$
功率容量	$P_{\mathrm{TE}_{10}}=\dfrac{ab}{4}\lvert E_m\rvert^2\sqrt{1-(\lambda/2a)^2}/\eta$

表 2.7 中，R_S 为导体的表面电阻，不同导体的表面电阻如表 2.8 所示。

表 2.8　不同导体的表面电阻

材　料	σ(s/m)	δ(m)	$R_S(\Omega)$
银	6.17×10^7	$0.0642/\sqrt{f}$	$2.52\times10^{-7}\sqrt{f}$
铜	5.80×10^7	$0.0660/\sqrt{f}$	$2.61\times10^{-7}\sqrt{f}$
铝	3.72×10^7	$0.0826/\sqrt{f}$	$3.26\times10^{-7}\sqrt{f}$
黄铜	1.57×10^7	$0.127/\sqrt{f}$	$5.01\times10^{-7}\sqrt{f}$
焊锡	0.706×10^7	$0.185/\sqrt{f}$	$7.73\times10^{-7}\sqrt{f}$

注：其中，f 为频率，单位为 Hz。

2.6.3　矩形波导结构、材料和尺寸的选择

在确定波导的结构、材料和尺寸时，需要考虑的主要因素如下。

（1）保证给定频率范围内的电磁波在波导中能以单一的 TE_{10} 模传播，一切高次模都应截止，即波导的频宽问题。

（2）在传播所需要的功率时，波导中不致发生击穿，即波导的耐功率问题。

（3）通过波导后的微波信号不能损失太大，即波导的衰减或损耗问题。

（4）信号通过波导时不能发生太大的畸变。因为波导是一个色散传输系统，不同的频率成分以不同的相速通过波导时就会发生相位畸变，即波导的色散问题。

对于不同的使用场合，以上几个要求并不是同等重要的，必须根据实际情况，抓住重点，保证最关键的要求得到满足。

1）波导结构和材料的选择

波导可分为硬波导和软波导两种，其中应用最广泛的是硬波导。

（1）硬波导。

硬波导中最常用的一种是拉制的矩形黄铜管。我国已经根据使用要求制定了标准系列，可参见 GJB/Z 60.1—1994，使用者只需根据要求进行选用。普通拉制波导的壁厚是根据黄铜材料的强度选择的。

航空设备的波导常采用纯铝制造，以减小质量。在小功率的情况下，为减小体积、减小总质量，有时也选用 $b < a/2$ 的波导，这种波导称为扁波导。

（2）软波导。

软波导主要用在需要移动的场合。目前使用的软波导主要是波纹管形，即利用薄的金属材料制成矩形截面的波纹管。软波导的管壁为波纹状，很不平滑。事实证明，只要波纹的间距远小于工作波长，则软波导的指标（如衰减、反射、击穿功率）仍可以达到一定的要求，但比硬波导差。

2）波导尺寸的选择

根据工作频率（波长）选择合理的尺寸是波导设计和选用的主要问题。

（1）宽边尺寸 a 的确定。

主要考虑 TE_{10} 模的临界频率和它最靠近 TE_{10} 模的高次模的临界频率，对 $b \leqslant a/2$ 的波导而言，最低的高次模为 TE_{20} 模，它的临界频率是 TE_{10} 模的 2 倍。因此，保证单一波型的范围可以达到倍频程。考虑到接近临界频率时波导性能显著恶化，以及接近高次模临界频率时可能出现高次模的干扰，两端要留有余地。所以，实际上波导的工作带宽达不到倍频程。

除 f/f_c 这个关键因素外，波导的相对相速 v_p/c、相对群速 v_g/c、击穿功率 $P_{\max}$、衰减 α 都和 f/f_c 有关。在 $f/f_c < 1.25$ 的范围内，当 f 下降时，击穿功率迅速下降，衰减迅速上升，色散也变得十分剧烈，因此虽然仍能保证单一波型传输，但波导特性变得很差，所以一般不用这个区域。在 $f/f_c > 1.9$ 的范围内，虽然上述性能都很好，但这时太接近 TE_{20} 模的截止频率，容易产生 TE_{20} 模的干扰，因此，一般波导也不用在这个范围。

由于以上原因，在波导的宽边尺寸确定后，就知道了波导的工作频率范围，即

$$\frac{f}{f_c}=1.25\sim1.9 \text{ 或 } \frac{\lambda}{\lambda_c}=0.525\sim0.8 \tag{2.25}$$

也即

$$0.95\left(\frac{c}{a}\right) > f > 0.625\left(\frac{c}{a}\right) \text{ 或 } 1.05a < \lambda < 1.6a \tag{2.26}$$

中心频率及中心波长分别为（用几何中值）

$$f_0 = 0.77\left(\frac{c}{a}\right),\quad \lambda_0 = 1.3a \tag{2.27}$$

根据这个关系计算波导的宽边尺寸，然后对照标准系列进行选用，标准波导就是根据以上原则设计的。我国已经根据使用要求制定了标准系列，参见 GJB/Z 60.1—1994。

（2）窄边尺寸 b 的确定。

一般选择波导的窄边尺寸 b 大约等于宽边尺寸 a 的一半，即 $b = a/2$ 。

$b > a/2$ 会使波导的工作频率范围变窄。反之，当 $b < a/2$ 时，波导的工作频率范围并不会增加，却降低了击穿功率。所以 $b = a/2$ 的波导是在保证频带宽度条件下达到最大击穿功率的一种选择。这种波导为标准波导（BJ 系列）。

在大功率情况下，为提高击穿功率，如果传输的频率范围不是很宽，有时也选择 $b > a/2$ 的波导。这种波导为加高波导。

在小功率情况下，为了减小体积、减小质量，或为了满足器件结构上的特殊要求，有时选用 $b < a/2$ 的波导。这种波导为扁波导（BB 系列）。

2.7　圆波导

除矩形波导外，圆波导也是波导的一种重要形式，同样有着广泛的应用。通常，圆波导是指圆形截面的金属管。

圆波导虽然不常用作传输系统，但由一段圆波导构成的微波元件在微波技术中有很多用处，如圆柱形谐振腔、旋转关节、微波管的输出窗、旋转式衰减器和移相器等；在远距离传输微波信号时，圆波导 TE_{01} 模具有特别低的损耗；同时圆波导具有双极化特性，得到了广泛应用。

2.7.1　圆波导中的电磁场和模式分布

圆波导中电磁场一般在圆柱坐标系下求解，先求出场的纵向分量 E_z（对于 TM 模）、H_z（对于 TE 模）的解，再通过 E_z 、H_z 得出场的其他分量，求解的详细过程及圆波导的各模式场分布可查阅参考文献[5]和[8]。

与矩形波导不同，圆波导中各模式的截止顺序是固定的，各模式的截止波长分布如图 2.15 所示。

圆波导各模式的截止波长与 a 的比值如表 2.9 和表 2.10 所示。

在圆波导中有两种简并，一种是 TE_{0n} 模和 TM_{1n} 模简并，这是因为贝塞尔函数

具有 $J_0'(x)=-J_1(x)$ 的性质，一阶贝塞尔函数的根和零阶贝塞尔函数导函数的根相等，从而形成 TE 模和 TM 模之间的简并。

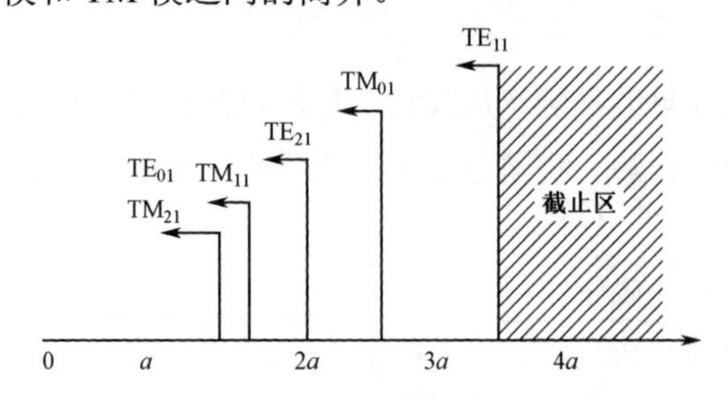

图 2.15　圆波导中各模式的截止波长分布

表 2.9　TM_{mn} 模的截止波长 $\lambda_c/a(=2\pi/p_{mn})$

m	*n*					
	0	1	2	3	4	5
1	2.612735	1.639788	1.223452	0.984800	0.828005	0.716320
2	1.138242	0.895604	0.746466	0.643702	0.567856	0.509230
3	0.726067	0.617605	0.540729	0.482757	0.437166	0.400198
4	0.532856	0.471580	0.424656	0.387290	0.356676	0.331040

表 2.10　TE_{mn} 模的截止波长 $\lambda_c/a(=2\pi/q_{mn})$

m	*n*					
	0	1	2	3	4	5
1	1.639788	3.412586	2.057201	1.495573	1.181594	0.979357
2	0.895604	1.178516	0.936932	0.783905	0.676892	0.597267
3	0.617065	0.736053	0.630243	0.553785	0.495445	0.449210
4	0.471580	0.536749	0.477069	0.430774	0.393582	0.362921

另一种是极化简并，因为场分量沿 φ 方向分布有 $\cos m\varphi$ 和 $\sin m\varphi$ 两种可能性，这两种分布模的 m,n 和场结构完全一样，只是极化面相互旋转了 $90°/\mathrm{m}$，故称为极化简并。除 TE_{0n} 和 TM_{0n} 模外，每种 TE_{mn} 和 TM_{mn} 模（$m,n\neq 0$）本身都存在这种简并现象，由于圆波导加工总不可能保证完全是一个正圆，另外圆波导中总难免出现不均匀性，都会导致模的极化简并，从而很难实现单模传输，故圆波导通常不宜用作传输系统。

在矩形波导中，如果截面是正方形，则 TE_{mn} 和 TM_{nm} 的场结构相同，只是极化方向不同，所以正方形截面的矩形波导也存在极化简并。

2.7.2　圆波导的特性参数

圆波导的特性参数汇总在表 2.11 中。

表 2.11　圆波导的特性参数

参　数	表 达 式
截止波长	$\lambda_{c\mathrm{TM}_{mn}}=\dfrac{2\pi a}{p_{mn}}$　　$\lambda_{c\mathrm{TE}_{mn}}=\dfrac{2\pi a}{q_{mn}}$，$p_{mn}$ 和 q_{mn} 值见表 2.9 和表 2.10，a 为圆波导半径
波导波长	$\lambda_g=\dfrac{\lambda}{\sqrt{1-\left(\dfrac{\lambda}{\lambda_c}\right)^2}}$
相　速	$v_p=\dfrac{c}{\sqrt{1-\left(\dfrac{\lambda}{\lambda_c}\right)^2}}$，$c$ 为光速
波阻抗	$Z_{\mathrm{TM}_{mn}}=\eta\sqrt{1-\left(\dfrac{\lambda}{\lambda_c}\right)^2}$　　$Z_{\mathrm{TE}_{mn}}=\dfrac{\eta}{\sqrt{1-\left(\dfrac{\lambda}{\lambda_c}\right)^2}}$ 其中，$\eta=\sqrt{\mu/\varepsilon}$ 是介质中的波阻抗。如果介质是空气，则 $\eta_0=\sqrt{\mu_0/\varepsilon_0}\approx 377\Omega$
衰减常数	$\alpha_{\mathrm{TE}_{mn}}=\dfrac{R_S}{a\eta\sqrt{1-\left(\dfrac{\lambda}{\lambda_c}\right)^2}}\left[\left(\dfrac{\lambda}{\lambda_c}\right)^2+\dfrac{m^2}{q_{mn}^2-m^2}\right]$　　$\alpha_{\mathrm{TM}_{mn}}=\dfrac{R_S}{a\eta\sqrt{1-\left(\dfrac{\lambda}{\lambda_c}\right)^2}}$

图 2.16 为圆波导常用的 3 种模式的衰减常数曲线。从图中可以看出，除 TE_{01} 模外，圆波导中所有波型的衰减特性都和矩形波导相似。当频率逐渐提高时，衰减在开始时有下降的趋势，但当达到某一最低值时，衰减又随着频率的提高而增加。但圆波导中 TE_{01} 模却具有独特的衰减特性，即这种波型的衰减随着频率的提高而不断降低。这种低衰减特性使 TE_{01} 模可用于远距离波导传输及一系列其他要求低损耗的微波系统。

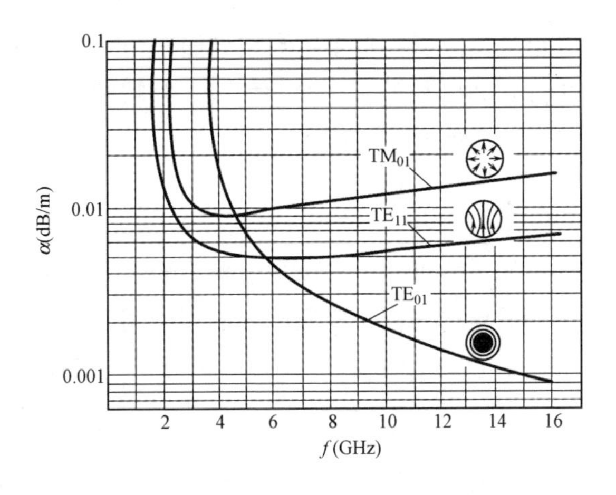

图 2.16　圆波导常用的 3 种模式的衰减常数曲线

2.7.3 圆波导尺寸的选择

圆波导尺寸选择就是确定半径 a。在圆波导中截止波长最长的主模是 TE_{11} 模，为了实现单模传输，第一个高次模 TM_{01} 模必须截止，圆波导的尺寸就应根据下列条件来选择

$$\frac{\lambda}{3.41} < a < \frac{\lambda}{2.62} \tag{2.28}$$

一般选择 $a = \dfrac{\lambda}{3}$。

圆波导中除主模 TE_{11} 模外，常用的模还有 TM_{01} 模和 TE_{01} 模。如果选用 TM_{01} 模，则应满足

$$\frac{\lambda}{2.62} < a < \frac{\lambda}{2.06} \tag{2.29}$$

当 TM_{01} 模工作时，主模 TE_{11} 模也会出现，为保证只传 TM_{01} 模，需采取措施消除 TE_{11} 模。

2.7.4 圆波导中 3 个常用模式

圆波导中实际应用较多的是 TE_{11}、TM_{01} 和 TE_{01} 模。利用这 3 个模式场结构和管壁电流分布的特点可以构成一些特殊用途的波导元件。

1）TE_{11} 模

TE_{11} 模是圆波导的主模，它存在极化简并，而圆波导加工时总难免出现一定的椭圆度，会使模的极化面发生旋转，分裂成极化简并模，所以不宜采用 TE_{11} 模来传输微波能量，这也是实际应用中不用圆波导而采用矩形波导作传输系统的根本原因。然而，可以利用 TE_{11} 模的极化简并构成一些特殊的波导元器件，如极化衰减器、极化变换器、微波铁氧体环形器等。

2）TE_{01} 模

TE_{01} 模的场结构有如下特点：①电场和磁场均沿 φ 方向无变化，具有轴对称性；②电场只有 E_{φ} 分量，电力线都是横截面内的同心圆，且在波导中心和波导壁附近为零；③在管壁附近只有 H_z 分量，因此只有 J_{φ} 分量管壁电流。

TE_{01} 模有个突出的特点，就是由于它没有纵向管壁电流，所以当传输功率一定时，随着频率的升高，其功率损耗反而单调下降。这一特点使 TE_{01} 模适用于高 Q 谐振腔的工作模式和远距离毫米波传输。但 TE_{01} 模不是主模，因此在使用时需要设法抑制其他模。

3）TM_{01} 模

TM_{01} 模是圆波导中的最低型横磁模，并且不存在简并，TM_{01} 模的场结构有如下特点：①电场和磁场均沿 φ 方向无变化，具有轴对称性；②电场最大值不在波导壁上，而在 $r=0.765a$ 处；③磁场只有 H_φ 分量，因而管壁电流只有纵向分量。

由于 TM_{01} 模场结构具有轴对称性，且只有纵向电流，适用于旋转关节工作模式。

2.8　槽线

槽线是在介质基片的导电覆盖层上开一条槽形成的，在介质基片的另一表面没有导电层，如图 2.17 所示。

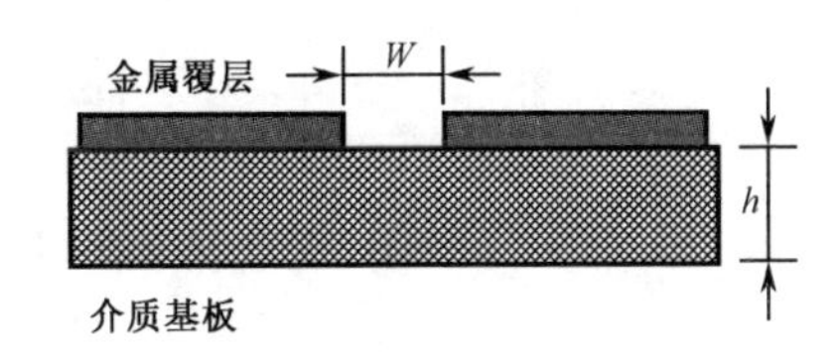

图 2.17　介质基片上的槽线

槽线可用作辐射天线，当用作微波传输线时，为了使其辐射减至最小，须采用高介电常数的基片，此时，槽线上的波长 λ' 比自由空间波长 λ_0 要小很多，从而可以保证场集中在槽的附近，故辐射损耗不大。

槽线的基本电性能参数是 Z_0 和 v_p 等，因为槽线中的传播模式并不是 TEM 模，所以其 Z_0 和 v_p 均随频率变化。这是槽线与准 TEM 波不同的地方，后者的 Z_0 和 v_p 可以认为是与频率无关的。另外，槽线与波导也不同，它没有下限截止频率，电磁波沿槽线的传播在所有频率下进行。

分析和试验表明，当槽线上 λ' 为 λ_0 的 30%～40%时，槽线的场就被紧紧地约束在槽的附近（这可以通过采用高介电常数的基片来实现）。试验还证明，当槽线置于屏蔽匣中，金属盖板离基片 6～7mm 时，其影响可以忽略。

槽线的相对波长近似表达式为

$$\frac{\lambda'}{\lambda}=\sqrt{\frac{2}{\varepsilon_r+1}} \tag{2.30}$$

式（2.30）可用于计算大多数实际应用的槽线，其误差在 10%以内。

采用二阶近似理论可比较精确地计算槽线的基本参数，但推导过程比较复杂，且给出的公式计算很费时间，Gupta 采用曲线拟合的方法得到槽线的特性阻抗和波长的闭式解[6]，其精度在一定的参数范围内约为 2%，具体可查阅相关文献。

ANSOFT 公司的 Serenade 软件可根据任何槽线尺寸计算出阻抗和电长度（即相应的物理长度），其界面如图 2.18 所示。

槽的两边缘间存在电位差，电力线横跨过槽，因而有可能简便地拼接一些集中参数元件，如二极管、电阻和电容；磁力线垂直于介质基片面，在槽线的纵截面方向的半波长内形成方向交替的闭合线，存在磁场的椭圆极化区，这可用于设计非互易铁氧体器件。

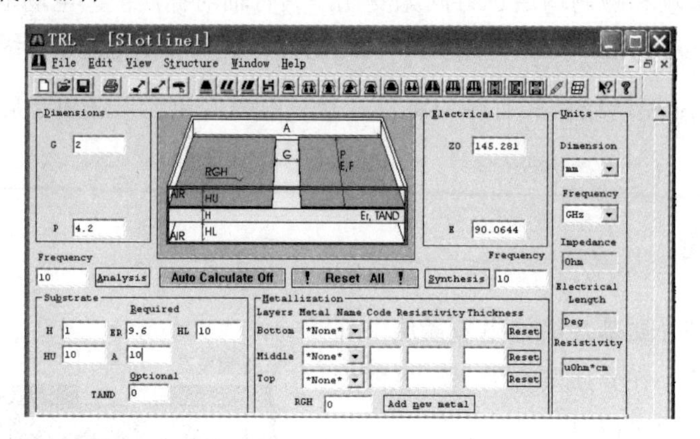

图 2.18　Serenade 软件计算槽线各项参数的界面

2.9　共面波导

共面波导（CPW）是一种表面带条传输线，它是由金属薄膜带条和两条位于其紧邻两侧的平行延伸的接地电极（接地面）组成的，带条和接地电极均在介质基片的同一个表面上，如图 2.19 所示。

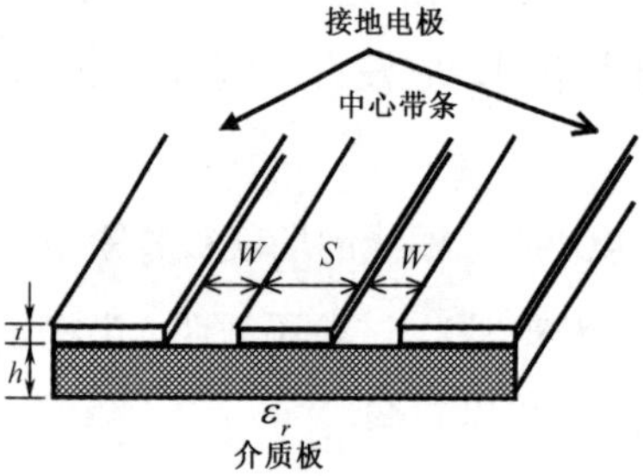

图 2.19　共面波导的结构

与槽线一样，共面波导也采用高介电常数的基片，以保证波导内的波长 λ_g 小于自由空间波长 λ_0，从而使场集中在空气和介质的分界面附近。共面波导与普通波导不同，它传播的是准 TEM 波，故没有下限截止频率。但是，共面波导中的波（虽然可近似地认为是 TEM 波）与真正的 TEM 波不同。其位于中心导电带条和接地电极之间，具有与空气-介质界面相切的射频电场，使交界面上的位移电流中断，从而产生了纵向和横向的射频磁场分量。这些分量可为非互易旋磁微波器件提供所需的椭圆极化磁场。

共面波导的特性阻抗为

$$Z_0 = \frac{30\pi}{\sqrt{\varepsilon_e}} \frac{K'(k)}{K(k)} \tag{2.31}$$

其中

$$k = \frac{S}{S + 2W} \tag{2.32}$$

通过曲线拟合得到的 ε_e 的闭式解[6]为

$$\varepsilon_e = \frac{\varepsilon_e + 1}{2}\left\{\tanh\left[0.775\ln\left(\frac{h}{W}\right) + 1.75\right] + \frac{kW}{h}\left[0.04 - 0.7k + 0.01(1 - 0.1\varepsilon_r)(0.25 + k)\right]\right\} \tag{2.33}$$

ANSOFT 公司的 Serenade 软件可通过尺寸计算出阻抗和电长度（即相应的物理长度），其界面如图 2.20 所示。

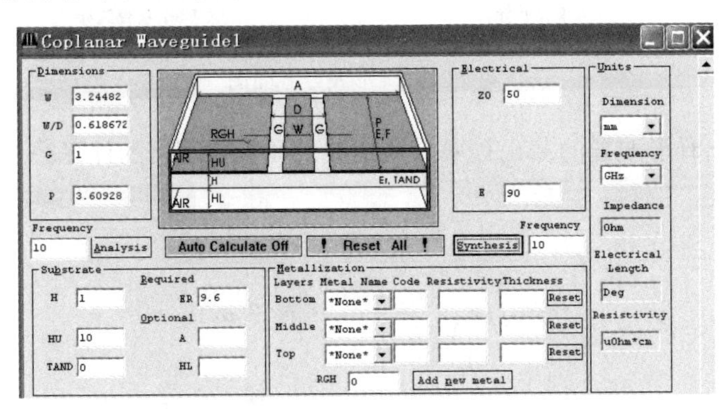

图 2.20　Serenade 软件计算共面波导各项参数的界面

共面波导有许多特点与槽线相同，如具有固有的圆极化射频磁场，带条导体与接地电极平面位于同一平面上，安装集中参数的无源、有源器件方便，不需要通过基片打孔接地。此外，共面波导还有一个独特的性质，即其特性阻抗与基片的厚度几乎无关，因此可以利用低损耗高介电常数的材料作基片来减小电路的纵向尺寸，这对于低频段的微波集成电路是特别重要的。它的缺点是功率容量小，容易激励寄生模，此外占用基片的面积也比较大。

2.10　脊形波导

传输 TE_{10} 模的波导，如想在保持外截面尺寸不变的前提下降低截止频率，可沿波导的纵轴方向在电场最大点处使宽边向内凸起，得到如图 2.21 所示的脊形波导。

由于宽边凸起，电容加大，波导的等效阻抗、相速和截止频率将减小，同时 TE_{20} 和 TE_{30} 模的截止频率比矩形波导相应模的截止频率大，因此脊形波导的带宽比较宽。此外，由于主模的截止频率降低，对于同一工作波长，脊形波导的尺寸比同频段矩形波导的尺寸小。同时，等效阻抗减小，易于与低阻抗的同轴线相匹配。以上都是脊波导的优点，其缺点是衰减加大，功率容量减小。

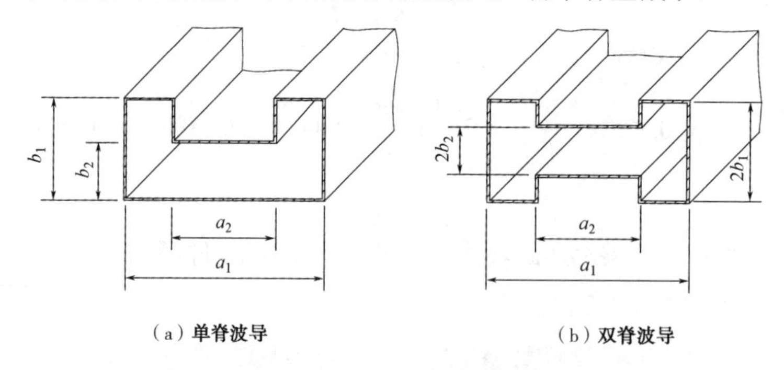

（a）单脊波导　　（b）双脊波导

图 2.21　脊形波导截面图

下面给出脊形波导的截止频率、截止波长和等效阻抗的计算公式。

截止频率：

$$f_c' = \frac{1}{\pi\sqrt{\mu\varepsilon}\sqrt{\left(\dfrac{a_2}{b_2}+\dfrac{2C_d}{\varepsilon}\right)(a_1-a_2)b_1}} \tag{2.34}$$

截止波长：

$$\lambda_c' = \frac{1}{f_c'\sqrt{\mu\varepsilon}} \tag{2.35}$$

等效阻抗：

$$Z_0 = \frac{Z_{\mathrm{TE}}}{\dfrac{2C_d}{\varepsilon}+\dfrac{a_2}{b_2}+\dfrac{1}{2}\dfrac{a_1}{b_1}\left(1-\dfrac{a_2}{a_1}\right)} \tag{2.36}$$

式（2.34）和式（2.36）中 C_d 由下式计算：

$$C_d = \frac{\varepsilon}{\pi}\left[\frac{x^2+1}{x}\operatorname{arc\,cosh}\left[\frac{1+x^2}{1-x^2}\right]-2\ln\frac{4x}{1-x^2}\right] \quad (x=b_2/b_1) \tag{2.37}$$

本章参考文献

[1] R. E. 柯林. 微波工程基础[M]. 吕继尧，译. 北京：人民邮电出版社，1981.

[2] 姚光圻. 微波技术基础[M]. 成都：西南交通大学出版社，1993.

[3] 顾茂章，张克潜. 微波技术[M]. 北京：清华大学出版社，1989.

[4] 清华大学《微带电路》编写组. 微带电路[M]. 北京：人民邮电出版社，1975.

[5] 黄宏嘉. 微波原理[M]. 北京：科学出版社，1964.

[6] 梁昌洪. 计算微波[M]. 西安：西北电讯工程学院出版社，1985.

[7] 鲍家善. 微波原理[M]. 北京：高等教育出版社，1985.

[8] 陈抗生. 微波与光导波技术教程[M]. 杭州：浙江大学出版社，2000.

[9] 廖承恩. 微波技术基础[M]. 北京：国防工业出版社，1984.

[10] 谢处方. 电波与天线修订本（中册传输线与波导）[M]. 北京：人民邮电出版社，1964.

[11] JOHNSON. R C. Antenna engineering handbook[M]. New York: The Kingsport Press, 1984.

[12] DAVID M. POZAR. 微波工程[M]. 3 版. 张肇仪，等译. 北京：电子工业出版社，2006.

第 3 章
微波网络基础

用微波网络理论研究馈线，可由抽象模型得到重要的系统特征。针对馈线的特点，本章介绍的微波网络主要是线性无源网络，给出了常用网络矩阵、基本特性、若干一般关系式、应用举例等。由于馈线网络的分析设计需要测量，所以本章还介绍了有关测量评估的工作特性参量、对反射系数的预测及网络外接失配负载时测试误差的修正方法。

3.1　概述

微波网络是对馈线传输线与元器件集合抽象出的物理模型，馈线的功能指标即为所需的网络特征。馈线系统庞大复杂、多端口、多状态，而多状态也可抽象为多端口，所以微波网络可归纳为多端口网络。如果要在所有边界条件约束下求解分布系统的电磁场方程，由精确的场分量来分析研究其工作特性，显然很费力、费时，即便使用最先进的微波 CAD 软件，也不一定能快速、精确地解出复杂馈线系统的所有场分量。在雷达馈线工程研制的初期论证中，往往需要用概念性、系统性的简易方法来抽象出事物的本质及特点，从宏观上把握研制方向、少走弯路，这就需要研究微波网络理论。

微波网络理论是借助成熟的低频电路网络理论基础来研究雷达微波馈线系统的一套理论，但微波网络特性与低频电路不同，低频电路可以明确定义阻抗、电压、电流。在微波频率，既不便采用高频探头，也不便采用低阻抗电流测量，因为无法将测试探头的寄生参数设定得足够小，并且微波网络的物理尺寸不再是远小于波长，因此在很多情况下采用等效电压和等效电流，可测试量为功率或电压波、电流波，测试方法与低频电路也不同。当工作频率退化为零频、低频时，微波网络理论与电工电路和低频电路的网络理论有相同的结论。微波网络与低频网络既有上述相同点，也有表 3.1 所描述的不同点。

表 3.1　微波网络与低频网络的不同点

微波网络	低频网络
网络内部网络出口间的连接线专门称为微波传输线，为分布参数。微波网络由分布参数元器件与集总参数元器件组成。网络参数与端口参考面有关	连接线没有元件参数。低频网络只由集总参数元件组成。网络参数与端口参考面无关
有工作波型问题，不同波型有不同的等效网络结构与参数。一般都工作在主模波型	没有工作波型问题
网络参数与频率有关，往往会剧烈变化，从量变到质变	电工电路和低频网络与频率关系一般较弱
可直接测量的网络参数类型有限	可直接测量的网络参数类型较多

3.2 常用网络矩阵

3.2.1 定义、相互关系

常用的网络参数有阻抗参数 Z、导纳参数 Y、转移参数 A、散射参数 S 及传输参数 T，对应的网络矩阵有阻抗矩阵[$\boldsymbol{Z}$]、导纳矩阵[$\boldsymbol{Y}$]、A 矩阵[$\boldsymbol{A}$]、散射矩阵[$\boldsymbol{S}$]及传输矩阵[$\boldsymbol{T}$]，有归一化与非归一化关系、不同网络参数之间转化关系。

3.2.1.1 二端口网络的常用网络参数矩阵

图 3.1 为一个典型的二端口网络示意图。网络的电压、电流、电压波、电流波这些实际物理量（非归一化物理量）的方向如图 3.1 所示，网络中端口电压、电流关系可由下面的线性方程给出：

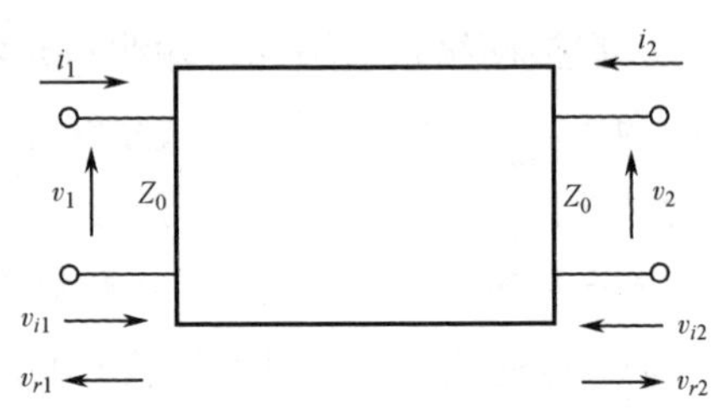

图 3.1 典型的二端口网络

$$v_1 = z_{11}i_1 + z_{12}i_2$$
$$v_2 = z_{21}i_1 + z_{22}i_2$$

用矩阵方程表示，即

$$\begin{bmatrix} v_1 \\ v_2 \end{bmatrix} = \begin{bmatrix} z_{11} & z_{12} \\ z_{21} & z_{22} \end{bmatrix} . \begin{bmatrix} i_1 \\ i_2 \end{bmatrix} \tag{3.1}$$

或简写成

$$\boldsymbol{v} = \boldsymbol{z} \cdot \boldsymbol{i}$$

其中

$$\boldsymbol{v} = \begin{bmatrix} v_1 \\ v_2 \end{bmatrix}，\quad \boldsymbol{i} = \begin{bmatrix} i_1 \\ i_2 \end{bmatrix}，\quad \boldsymbol{z} = \begin{bmatrix} z_{11} & z_{12} \\ z_{21} & z_{22} \end{bmatrix}$$

$\boldsymbol{z}$ 为开路阻抗矩阵，简称阻抗矩阵，矩阵中的元素 z_{ij} 为阻抗参量。类似可得

$$\begin{bmatrix} i_1 \\ i_2 \end{bmatrix} = \begin{bmatrix} y_{11} & y_{12} \\ y_{21} & y_{22} \end{bmatrix} . \begin{bmatrix} v_1 \\ v_2 \end{bmatrix} = \boldsymbol{y} \cdot \begin{bmatrix} v_1 \\ v_2 \end{bmatrix} \tag{3.2}$$

$$\begin{bmatrix} v_1 \\ i_1 \end{bmatrix} = \begin{bmatrix} a_{11} & a_{12} \\ a_{21} & a_{22} \end{bmatrix} . \begin{bmatrix} v_2 \\ i_2 \end{bmatrix} = \boldsymbol{a} \cdot \begin{bmatrix} v_2 \\ i_2 \end{bmatrix} \tag{3.3}$$

$$\begin{bmatrix} v_{r1} \\ v_{r2} \end{bmatrix} = \begin{bmatrix} s_{11} & s_{12} \\ s_{21} & s_{22} \end{bmatrix} . \begin{bmatrix} v_{i1} \\ v_{i2} \end{bmatrix} = \boldsymbol{s} \cdot \begin{bmatrix} v_{i1} \\ v_{i2} \end{bmatrix} \tag{3.4}$$

$$\begin{bmatrix} v_{i1} \\ v_{r1} \end{bmatrix} = \begin{bmatrix} t_{11} & t_{12} \\ t_{21} & t_{22} \end{bmatrix} . \begin{bmatrix} v_{i2} \\ v_{r2} \end{bmatrix} = \boldsymbol{t} \cdot \begin{bmatrix} v_{i2} \\ v_{r2} \end{bmatrix} \tag{3.5}$$

其中，$\boldsymbol{y}$ 为短路导纳矩阵，简称导纳矩阵；$\boldsymbol{a}$ 为转移矩阵，也称电压传输矩阵；$\boldsymbol{s}$ 为电压波散射矩阵，简称散射矩阵；$\boldsymbol{t}$ 为电压波传输矩阵，简称传输矩阵。还有电流波散射矩阵、电流波传输矩阵等。

上述 $\boldsymbol{z}$ 、$\boldsymbol{y}$ 、$\boldsymbol{a}$ 、$\boldsymbol{s}$ 、$\boldsymbol{t}$ 都是非归一化矩阵，为便于分析微波网络，应该对端口的特性阻抗进行归一化处理，经归一化后，式（3.1）～式（3.5）可写成

$$\begin{bmatrix} v_1 \\ v_2 \end{bmatrix} = \begin{bmatrix} Z_{11} & Z_{12} \\ Z_{21} & Z_{22} \end{bmatrix} . \begin{bmatrix} I_1 \\ I_2 \end{bmatrix} = [Z].[I] \tag{3.6}$$

$$\begin{bmatrix} I_1 \\ I_2 \end{bmatrix} = \begin{bmatrix} Y_{11} & Y_{12} \\ Y_{21} & Y_{22} \end{bmatrix} . \begin{bmatrix} v_1 \\ v_2 \end{bmatrix} = [Y].[v] \tag{3.7}$$

$$\begin{bmatrix} v_1 \\ I_1 \end{bmatrix} = \begin{bmatrix} A_{11} & A_{12} \\ A_{21} & A_{22} \end{bmatrix} . \begin{bmatrix} v_2 \\ I_2 \end{bmatrix} = [A] \begin{bmatrix} v_2 \\ I_2 \end{bmatrix} \tag{3.8}$$

$$\begin{bmatrix} b_1 \\ b_2 \end{bmatrix} = \begin{bmatrix} S_{11} & S_{12} \\ S_{21} & S_{22} \end{bmatrix} . \begin{bmatrix} a_1 \\ a_2 \end{bmatrix} = [S] \begin{bmatrix} a_1 \\ a_2 \end{bmatrix} \tag{3.9}$$

$$\begin{bmatrix} a_1 \\ b_1 \end{bmatrix} = \begin{bmatrix} T_{11} & T_{12} \\ T_{21} & T_{22} \end{bmatrix} . \begin{bmatrix} a_2 \\ b_2 \end{bmatrix} = [T] \begin{bmatrix} a_2 \\ b_2 \end{bmatrix} \tag{3.10}$$

其中，为了和习惯用法相一致，已经令

$$a_1 = v_{i1} \qquad a_2 = v_{i2} \qquad b_1 = v_{r1} \qquad b_2 = v_{r2}$$

归一化与未归一化参数关系有

$$S_{ij} = s_{ij} \qquad T_{ij} = t_{ij} \qquad Z_{ij} = z_{ij} / Z_o \qquad Y_{ij} = Z_o y_{ij}$$

$$\boldsymbol{A} = \begin{bmatrix} \sqrt{Y_o} & 0 \\ 0 & \sqrt{Z_o} \end{bmatrix} . \begin{bmatrix} a_{11} & a_{12} \\ a_{21} & a_{22} \end{bmatrix} . \begin{bmatrix} \sqrt{Z_o} & 0 \\ 0 & \sqrt{Y_o} \end{bmatrix}$$

由于阻抗参数 Z、导纳参数 Y 是在端口开路电压或短路电流下定义的，因此不是所有网络都存在阻抗参数 Z、导纳参数 Y，有奇异点问题，而散射参数 S 是在各端口具有稳定负载条件下定义的，对所有非病态的线性、无源和时不变网络总是存在的。

3.2.1.2 常用 *n* 端口网络的转换关系

n 端口网络参数的定义与二端口的相同，相互转换关系也相同，主要有

$$\boldsymbol{Z} = \boldsymbol{Y}^{-1}$$

$$\boldsymbol{Y} = \boldsymbol{Z}^{-1}$$

$$\boldsymbol{S} = (\boldsymbol{Z} - \boldsymbol{E})(\boldsymbol{Z} + \boldsymbol{E})^{-1} = (\boldsymbol{Z} + \boldsymbol{E})^{-1}(\boldsymbol{Z} - \boldsymbol{E})$$

$$\boldsymbol{S} = (\boldsymbol{E} - \boldsymbol{Y})(\boldsymbol{E} + \boldsymbol{Y})^{-1} = (\boldsymbol{E} + \boldsymbol{Y})^{-1}(\boldsymbol{E} - \boldsymbol{Y})$$

$$\boldsymbol{Z} = (\boldsymbol{E} + \boldsymbol{S})(\boldsymbol{E} - \boldsymbol{S})^{-1} = (\boldsymbol{E} - \boldsymbol{S})^{-1}(\boldsymbol{E} + \boldsymbol{S})$$

$$\boldsymbol{Y}=(\boldsymbol{E}-\boldsymbol{S})(\boldsymbol{E}+\boldsymbol{S})^{-1}=(\boldsymbol{E}+\boldsymbol{S})^{-1}(\boldsymbol{E}-\boldsymbol{S})$$

其中，$\boldsymbol{E}$ 为单位矩阵。而 $\boldsymbol{S}$ 与 $\boldsymbol{T}$ 之间、$\boldsymbol{T}$ 与 $\boldsymbol{A}$ 之间则要用分块矩阵来表达，可参考文献[1]～文献[4]。

3.2.2 几种基本电路单元的网络矩阵

串联阻抗、并联导纳、无耗传输线段、理想变压器是基本二端口网络，一般微波线性无源网络或等效网络大都由这些基本网络组成，又由于 a、T 分析级联网络很方便，S 在微波/毫米波频率的物理意义清晰、测量方便，故表 3.2 给出这些二端口网络的 a、T、S 参数。具体推导过程可参考文献[1]～文献[4]，其中，设各二端口网络两端的特性阻抗相同，为 Z_o，而 $Y_o=1/Z_o$，Z、Y 对 Z_o 归一化为 $Z_e=Z/Z_o, Y_e=Y/Y_o=Y\cdot Z_o$，$n$ 为变压比，$\theta=2\pi l/\lambda_g$。

表 3.2 基本二端口网络 a、T、S 参数

电路形式	a	T	S
串联阻抗 Z Z_0 Z_0	$\begin{bmatrix}1 & -Z\\0 & -1\end{bmatrix}$	$\begin{bmatrix}1+Z_e/2 & -Z_e/2\\Z_e/2 & 1-Z_e/2\end{bmatrix}$	$\begin{bmatrix}\frac{Z_e}{2+Z_e} & \frac{2}{2+Z_e}\\\frac{2}{2+Z_e} & \frac{Z_e}{2+Z_e}\end{bmatrix}$
并联导纳 Z_0 Y Z_0	$\begin{bmatrix}1 & 0\\Y & -1\end{bmatrix}$	$\begin{bmatrix}1+Y_e/2 & Y_e/2\\-Y_e/2 & 1-Y_e/2\end{bmatrix}$	$\begin{bmatrix}\frac{-Y_e}{2+Y_e} & \frac{2}{2+Y_e}\\\frac{2}{2+Y_e} & \frac{-Y_e}{2+Y_e}\end{bmatrix}$
无耗传输线段 l Z Z_0 Z_0	$\begin{bmatrix}\cos\theta & -\mathrm{j}Z\sin\theta\\\mathrm{j}\frac{1}{Z}\sin\theta & -\cos\theta\end{bmatrix}$	$\begin{bmatrix}\mathrm{e}^{\mathrm{j}\theta} & 0\\0 & \mathrm{e}^{-\mathrm{j}\theta}\end{bmatrix}$	$\begin{bmatrix}0 & \mathrm{e}^{-\mathrm{j}\theta}\\\mathrm{e}^{-\mathrm{j}\theta} & 0\end{bmatrix}$
理想变压器 Z_0 Z_0 $1:n$	$\begin{bmatrix}1/n & 0\\0 & -n\end{bmatrix}$	$\frac{1}{2n}\begin{bmatrix}1+n^2 & 1-n^2\\1-n^2 & 1+n^2\end{bmatrix}$	$\frac{1}{1+n^2}\begin{bmatrix}1-n^2 & 2n\\2n & n^2-1\end{bmatrix}$

3.3　微波网络的一些特性[1]

对于集总参数的线性元件，其电阻、电感、电容参数与外界施加的电压、电流无关；对于分布参数的线性元件，其电阻、电感、电容参数与外界施加的电场、磁场无关。馈线系统一般涉及的是微波线性无源系统，对应的微波网络为线性网络。

线性元件必然组成线性网络，但线性网络未必全由线性元件组成，若非线性元件搭配得当，可在整体上表现为线性网络。线性元件要看线性到何种程度，没有完全理想的线性元件，它们或多或少有些非线性成分，当这些非线性成分在一定程度可忽略时就可在工程上使用，如天馈线的三阶交调就要求对无源系统弱非线性影响的控制度，以满足传递信息质量的要求。

3.3.1　微波无耗网络

微波无耗网络无论可逆与否，其 $\boldsymbol{S}$ 矩阵都为酉矩阵，表现出一元性

$$\sum_{k=1}^{n}\boldsymbol{S}_{ki}\boldsymbol{S}_{kj}^{*}=\begin{cases}1 & ,i=j\\0 & ,i\neq j\end{cases} \tag{3.11}$$

1）二端口的网络特性

由式（3.11）得

$$\left|\boldsymbol{S}_{11}\right|^{2}+\left|\boldsymbol{S}_{12}\right|^{2}=1 \tag{3.12}$$

$$\left|\boldsymbol{S}_{21}\right|^{2}+\left|\boldsymbol{S}_{22}\right|^{2}=1 \tag{3.13}$$

$$\boldsymbol{S}_{11}\boldsymbol{S}_{21}^{*}+\boldsymbol{S}_{12}\boldsymbol{S}_{22}^{*}=0 \tag{3.14}$$

由式（3.12）～式（3.14）得

$$\left|\boldsymbol{S}_{11}\right|=\left|\boldsymbol{S}_{22}\right|,\left|\boldsymbol{S}_{12}\right|=\left|\boldsymbol{S}_{21}\right| \tag{3.15}$$

$$\theta_{11}+\theta_{22}=\theta_{12}+\theta_{21}+\pi \tag{3.16}$$

$$\boldsymbol{S}_{11}\boldsymbol{S}_{22}-\boldsymbol{S}_{12}\boldsymbol{S}_{21}=\mathrm{e}^{\mathrm{j}(\theta_{11}+\theta_{22})} \tag{3.17}$$

式中，$\theta_{ij}=\arg\boldsymbol{S}_{ij}$。由式（3.12）、式（3.15）和式（3.16），二端口网络的散射矩阵可写成

$$\boldsymbol{S}=\begin{bmatrix}\left|\boldsymbol{S}_{11}\right|\mathrm{e}^{\mathrm{j}\theta_{11}} & \sqrt{1-\left|\boldsymbol{S}_{11}\right|^{2}}\mathrm{e}^{\mathrm{j}\theta_{12}}\\ \sqrt{1-\left|\boldsymbol{S}_{11}\right|^{2}}\mathrm{e}^{\mathrm{j}\theta_{21}} & \left|\boldsymbol{S}_{11}\right|\mathrm{e}^{\mathrm{j}(-\theta_{11}+\theta_{12}+\theta_{21}\pm\pi)}\end{bmatrix} \tag{3.18}$$

所以，二端口网络各散射参数的关系与特性如下。

（1）$\boldsymbol{S}_{11}$ 和 $\boldsymbol{S}_{22}$ 绝对值相等，$\boldsymbol{S}_{12}$ 和 $\boldsymbol{S}_{21}$ 绝对值相等。当一个端口匹配时，另一

个端口必同时匹配，且传输系数绝对值等于 1。反之，传输系数绝对值等于 1，网络必匹配。

（2）网络只能实现不可逆相移，不能实现不可逆隔离。网络理想隔离，就退化成两个一端口网络。

（3）4 个散射参量的相角，只有 3 个是独立的。

（4）散射矩阵的行列式绝对值等于 1，相角为$\theta_{11}+\theta_{22}$。

2）三端口的网络特性

（1）三端口网络任一端口本身反射系数（$\boldsymbol{S}_{i1}$）的绝对值，等于它的余子行列式的绝对值。

（2）三端口匹配，必有理想的环行传输性能和隔离性能，环行方向不限。反之，有理想的环行传输性能和隔离性能，必三端口匹配。

（3）二端口匹配而第三端口不匹配，则第三端口与第一、二端口间环行传输性能下降，但不影响其隔离性能；第一与第二端口间隔离性能下降，但不影响其环行传输性能。

（4）一端口匹配，则各端口间均不可能有理想的环行传输性能和理想的隔离性能。若第一端口匹配，则第二、三端口间的隔离性能较好而环行传输性能较差。

（5）三端口均不匹配，则各端口间均不可能有理想的环行传输性能和理想的隔离性能，而网络本身的反射系数决定网络性能的极限值。

（6）三端口对称的环行器，其本身反射系数基本决定环行器的传输性能和隔离性能。

3）n 端口（$n\geqslant 4$）的网络特性

因网络参数的自由度很大，没有很多简明有用的结论。

（1）理论上可实现 n 端口理想环行器。

（2）有理想的隔离性能，必各端口匹配，且有理想的环形传输性能，或退化成 n 个一端口网络。

（3）各端口匹配，不一定是理想环形器。

3.3.2 微波无耗可逆网络

1）二端口的网络特性

（1）不可逆二端口网络的特性（1）和（4）仍然有效。

（2）4 个散射参量的相角，只有两个是独立的。

（3）对称或反对称网络，只有两个独立实参量和一个待定符号。

2）三端口的网络特性

（1）三端口匹配的无耗网络是不可能实现的。

（2）二端口匹配，则第三端口就与第一、二端口完全隔离，退化成一个匹配的二端口网络和一个一端口网络。

（3）一端口匹配则相当于一个输出端不隔离的功率分配器，输出功率大的端口驻波小，输出功率小的端口驻波大，且输出端间的耦合系数不大于 1/2。

（4）全对称时，最小本身反射系数的绝对值为 1/3，最大传输系数绝对值为 2/3，且两者反相。

3）四端口的网络特性

（1）三端口匹配，则第四端口也匹配，且为一理想定向耦合器。

（2）二端口匹配且互相隔离，必为一理想定向耦合器。

（3）两对端口互相隔离时，不一定四端口匹配。故四端口匹配是具有理想隔离的充分条件，而非必要条件。如不匹配，则四端口驻波相同。还有如下几种情况：

① 若有一端口匹配，则四端口匹配，为一理想定向耦合器；

② 若 $\boldsymbol{S}_{11}=\boldsymbol{S}_{22}=\boldsymbol{S}_{33}=\boldsymbol{S}_{44}$，就是一个不匹配的 180° 电桥；

③ 若 $\boldsymbol{S}_{11}=-\boldsymbol{S}_{22}=-\boldsymbol{S}_{33}=\boldsymbol{S}_{44}$，就是一个不匹配的 90° 电桥；

④ 若互相隔离的端口之间有一个对称面，则四端口匹配，且为一理想 90° 电桥或定向耦合器。

（4）有两个对称面的三分贝电桥，必为 90° 电桥，且电桥的驻波系数决定其隔离度和偏离 90° 的程度。

4）多端口功分器特性

输入端匹配、输出端全对称的非隔离的 1 分 n 路功分器（$n+1$ 端口网络），由一元性可知，其 $\boldsymbol{S}$ 矩阵内各参数为

$$[\boldsymbol{S}]=\begin{bmatrix} 0 & T & T & T & \cdots & T \\ T & \varGamma & C & C & \cdots & C \\ T & C & \varGamma & C & \cdots & C \\ \vdots & \vdots & \vdots & \ddots & \vdots & \vdots \\ \vdots & \vdots & \vdots & \vdots & \ddots & C \\ T & C & C & \cdots & C & \varGamma \end{bmatrix}$$

式中，$|T|=\sqrt{1/n}$，$|C|=1/n$，$|\varGamma|=(n-1)/n$，且 C 与 $\varGamma$ 反相。

隔离的 1 分 n 路功分器（$n+1$ 端口网络）在理想匹配、隔离时，其 $\boldsymbol{S}$ 矩阵为

$$[\boldsymbol{S}]=\begin{bmatrix} 0 & \sqrt{1/n} & \cdots & \sqrt{1/n} \\ \sqrt{1/n} & 0 & \cdots & 0 \\ \vdots & \vdots & \ddots & \vdots \\ \sqrt{1/n} & 0 & \cdots & 0 \end{bmatrix}$$

5）信号对网络的共轭匹配输入

信号对网络的共轭匹配输入是可逆网络的重要特性之一，适合分析网络内部信号能量的相干相消、合成效率问题。

（1）无耗可逆网络情况。

① 一个端口有入射波。

对于 n 端口网络，当端口 k 接信号源、其余端口接负载时，端口 k 的入射波为 a_k，其余端口的出射波为

$$b_i = \boldsymbol{S}_{ik} a_k (i = 1,2,\cdots,n) \tag{3.19}$$

网络无耗，则总出射功率等于入射功率，即

$$\Sigma|b_i|^2 = |a_k|^2 \quad (i = 1,2,\cdots,n) \tag{3.20}$$

或总输出功率等于输入功率，即

$$\Sigma|b_i|^2 = |a_k|^2 - |b_k|^2 = |a_k|^2 (1 - |\boldsymbol{S}_{kk}|^2) \quad (i = 1,2,\cdots,n, i \neq k) \tag{3.21}$$

② n 个端口有入射波。

当各端口同时有入射波时，若入射波正比于 $\boldsymbol{S}_{ik}$ 的共轭值，即

$$a_i = K\boldsymbol{S}_{ik}^* \tag{3.22}$$

其中，K 为常数，此时总入射功率为

$$\Sigma|a_i|^2 = \Sigma|K|^2 |\boldsymbol{S}_{ik}^*|^2 = |K|^2 \tag{3.23}$$

各端口出射波为

$$b_k = K$$
$$b_j = 0$$

表明全部入射功率无耗地从端口 k 出射，其他端口均无出射（反射或互耦）。因此满足式（3.22）的关系时，称之为信号对网络端口 k 匹配。

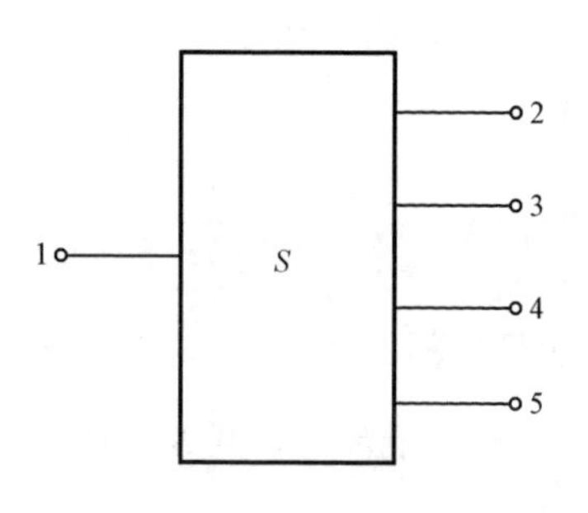

图 3.2　1 分 4 功分器

例 1：假定图 3.2 所示的 1 分 4 功分器为等分的，端口 2、3、4 和 5 端口的功率分配比为 1∶1∶1∶1，输入端口 1 匹配，选择合适的参考面后，其散射参量为

$$\boldsymbol{S}_{11}=0，\boldsymbol{S}_{21}=\boldsymbol{S}_{31}=\boldsymbol{S}_{41}=\boldsymbol{S}_{51}=\sqrt{\frac{1}{4}}=\frac{1}{2}$$

当各端口输入信号正比于 $\boldsymbol{a} = [0 \ 1 \ 1 \ 1 \ 1]^{\mathrm{T}}$ 时，全部输入功率将从端口 1 输出。

等分情况，虽然端口 2、3、4 和 5 都不匹配，能量却可无耗合成。

（2）有耗可逆网络情况。

① 一个端口有入射波。

对于 n 端口网络，当端口 k 接信号源，其余端口接匹配负载时，端口 k 的入射波为 a_k，则总出射功率为

$$\Sigma|b_i|^2=|a_k|^2\Sigma|\boldsymbol{S}_{ik}|^2=|a_k|^2\alpha_K\leqslant|a_k|^2 \tag{3.24}$$

其中

$$\alpha_K=\Sigma|\boldsymbol{S}_{ik}|^2$$

为端口 k 输入信号时网络的功率损耗系数，即总出射功率小于或等于入射功率。

对于有耗网络，α_K 不一定总是小于 1，对于理想隔离式功分器，α_K 则可以等于 1。

② n 个端口有入射波。

当各端口同时有入射波时，若入射波正比于 $\boldsymbol{S}_{ik}$ 的共轭值，即满足式（3.22），则总入射功率为

$$\Sigma|a_i|^2=|K|^2\Sigma|\boldsymbol{S}_{ik}|^2=|K|^2\alpha_K$$

而端口 k 出射波为

$$b_k=K\alpha_K$$

可知端口 k 出射功率与总入射功率之比（网络的功率损耗系数）仍为 α_K，即满足式（3.22）时，仍称为总入射功率信号对网络端口 k 匹配。

当信号与网络端口 k 不匹配，同样的总入射功率时，端口 k 出射功率更小。

例 2：假定图 3.2 所示的 1 分 4 功分器为不等分的，端口 2、3、4 和 5 端口的功率分配比为 1∶2∶2∶1，输入端口 1 匹配，则其散射参量为

$$\boldsymbol{S}_{11}=0，\boldsymbol{S}_{21}=\boldsymbol{S}_{51}=\sqrt{\frac{1}{6}}，\boldsymbol{S}_{31}=\boldsymbol{S}_{41}=\sqrt{\frac{1}{3}}$$

当各端口输入信号正比于 $\boldsymbol{a}=\begin{bmatrix}0 & 1 & \sqrt{2} & \sqrt{2} & 1\end{bmatrix}^{\mathrm{T}}$ 时，全部输入功率将从端口 1 输出。反之，当各端口输入信号等幅度输入时，全部输入功率不能全从端口 1 输出，该功分器若是隔离的，就被隔离电阻吸收一部分；若是非隔离的，各输入端口就会有反射。

隔离功分器与非隔离功分器的不同之处：当信号与网络端口 1 不匹配时，前者部分功率被隔离电阻吸收，后者则在端口 2～5 产生反射或互耦。

3.4 微波网络的互连组合

3.4.1 矩阵计算式

如图 3.3 所示，若干任意端口网络相互连接，将未连接前各网络的各端口进

行统一编号（共为 n 个端口），端口 1 至 m 为非互联端口，端口 $m+1$ 至 n 为互连端口。在未连接前，将所有网络看作一个假想的 n 端口网络，其散射矩阵称为全矩阵。通常全矩阵阶数较高，但往往是稀疏矩阵，全矩阵也可写成分块矩阵的形式，即

$$\boldsymbol{S}_n=\begin{bmatrix}\boldsymbol{S}_{\mathrm{I\,I}} & \boldsymbol{S}_{\mathrm{I\,II}}\\ \boldsymbol{S}_{\mathrm{II\,I}} & \boldsymbol{S}_{\mathrm{II\,II}}\end{bmatrix}$$

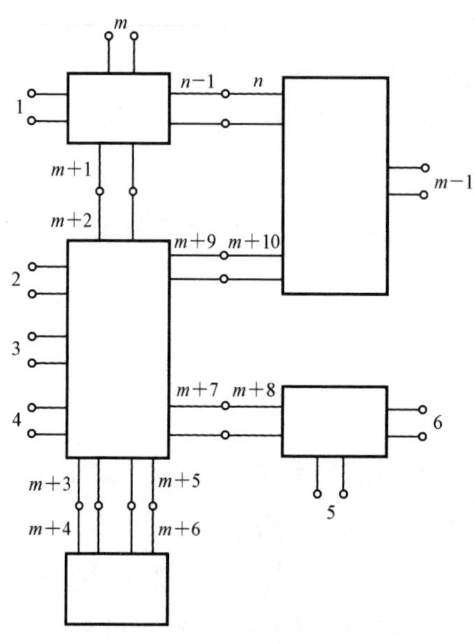

图 3.3　任意端口网络相互连接

由于端口 $m+1$ 至 n 相互连接，且其端口编号顺序如图 3.3 所示，即端口 $m+1$ 与 $m+2$ 相联，端口 $m+3$ 与 $m+4$ 相联，直至端口 $n-1$ 与 n 相联（$n-m=p$ 必为偶数），故

$$V_{\mathrm{II}}^{+}=\boldsymbol{\varepsilon}V_{\mathrm{II}}^{-}\tag{3.25}$$

式（3.25）中 $\boldsymbol{\varepsilon}$ 为 p 阶分块对角方阵，即

$$\boldsymbol{\varepsilon}=\begin{bmatrix}0 & 1 & & & & & \\ 1 & 0 & & & \mathbf{0} & & \\ & & 0 & 1 & & & \\ & & 1 & 0 & & & \\ & & & & \cdots & & \\ & \mathbf{0} & & & & 0 & 1\\ & & & & & 1 & 0\end{bmatrix}$$

可以推得，各网络连接后形成的 m 端口网络的散射矩阵为

$$\boldsymbol{S}_m=\boldsymbol{S}_{\mathrm{I\,I}}+\boldsymbol{S}_{\mathrm{I\,II}}\boldsymbol{\varepsilon}(1-\boldsymbol{S}_{\mathrm{II\,II}}\boldsymbol{\varepsilon})^{-1}\boldsymbol{S}_{\mathrm{II\,I}}$$

由于 $\boldsymbol{\varepsilon}=\boldsymbol{\varepsilon}^{-1}$，故

$$\boldsymbol{S}_m=\boldsymbol{S}_{\mathrm{I\,I}}+\boldsymbol{S}_{\mathrm{I\,II}}(\boldsymbol{\varepsilon}-\boldsymbol{S}_{\mathrm{II\,II}})^{-1}\boldsymbol{S}_{\mathrm{II\,I}}\tag{3.26}$$

网络串联、并联、级联或派生时，也可应用式（3.26），但计算比较烦琐。

3.4.2　单参量计算式

如果只需求得各网络连接后形成的 m 端口网络的一个或少数几个散射参量，则可推得单参量计算式。由式（3.26）可得 m 端口网络散射矩阵第 i 行、j 列的参量为

$$(\boldsymbol{S}_{ij})_m={}_j^i\boldsymbol{S}_m={}_j^i\boldsymbol{S}_{\mathrm{I\,I}}+{}^i\boldsymbol{S}_{\mathrm{I\,II}}(\boldsymbol{\varepsilon}-\boldsymbol{S}_{\mathrm{II\,II}})^{-1}{}_j\boldsymbol{S}_{\mathrm{II\,I}}\tag{3.27}$$

$$(i=1,\cdots,m;j=1,\cdots,m)$$

令，$\boldsymbol{F}=\boldsymbol{\varepsilon}-\boldsymbol{S}_{\mathrm{II\,II}}$，$\boldsymbol{F}$ 中各元素的编号如下

$$\begin{bmatrix} \boldsymbol{F}_{m+1,m+1} & \cdots & \boldsymbol{F}_{m+1,n} \\ \cdots\cdots & \cdots & \cdots\cdots \\ \cdots\cdots & \cdots & \cdots\cdots \\ \cdots\cdots & \cdots & \cdots\cdots \\ \boldsymbol{F}_{n,m+1} & \cdots & \boldsymbol{F}_{n,n} \end{bmatrix}$$

又令，$\Delta = \det \boldsymbol{F}$，而 $\Delta_{i'j'}$ 为其代数余子行列式 $(i' = m+1 \cdots n, j' = m+1 \cdots n)$，因此式（3.27）可写成

$$(\boldsymbol{S}_{ij})_m = (\boldsymbol{S}_{ij})_n + {}^{i}S_{\text{I II}} \frac{[\Delta_{j'i'}]}{\Delta} {}_{j}S_{\text{II I}} \tag{3.28}$$

式（3.28）中 $[\Delta_{j'i'}]$ 为 $[\Delta_{i'j'}]$ 的转置矩阵，即

$$\begin{aligned}(\boldsymbol{S}_{ij})_m &= \frac{1}{\Delta}\left\{(\boldsymbol{S}_{ij})_n \Delta + {}^{i}S_{\text{I II}}\left[\sum_{j'=m+1}^{n} \Delta_{j'm+1}(\boldsymbol{S}_{j'j})_n \cdots \sum_{j'=m+1}^{n} \Delta_{j'n}(\boldsymbol{S}_{j'j})_n\right]^{\text{T}}\right\} \\ &= \frac{1}{\Delta}\left[(\boldsymbol{S}_{ij})_n \Delta + \sum_{i'=m+1}^{n} (\boldsymbol{S}_{ii'})_n \times \sum_{j'=m+1}^{n} (-1)^{i'+j'-2m} \det {}^{-j'}_{-i'}\boldsymbol{F}(\boldsymbol{S}_{j'j})_n\right] \\ &= \frac{1}{\Delta}\left[(\boldsymbol{S}_{ij})_n \Delta - \sum_{i'=m+1}^{n} (\boldsymbol{S}_{ii'})_n (-1)^{i'-m} \times \sum_{j'=m+1}^{n} (\boldsymbol{S}_{j'j})_n (-1)^{i'-m+1} \det {}^{-j'}_{-i'}\boldsymbol{F}\right] \\ &= \frac{1}{\det \boldsymbol{F}}\left\{(\boldsymbol{S}_{ij})_n \det \boldsymbol{F} - \sum_{i'=m+1}^{n} (\boldsymbol{S}_{ii'})_n (-1)^{i'-m} \det\left[{}_{j}\boldsymbol{S}_{\text{II I}}, {}_{-i'}\boldsymbol{F}\right]\right\}\end{aligned} \tag{3.29}$$

式（3.29）中，矩阵外符号外左上标 $-j'$ 表示去掉第 j' 行，左下标 $-i'$ 表示去掉第 i' 列；$\left[{}_{j}\boldsymbol{S}_{\text{II I}}, {}_{-i'}\boldsymbol{F}\right]$ 表示由 $n-m$ 个元素的列矩阵 ${}_{j}\boldsymbol{S}_{\text{II I}}$ 和 $n-m$ 行、$n-m-1$ 列的矩阵 ${}_{-i'}\boldsymbol{F}$ 所组成的 $n-m$ 阶方阵。式（3.29）也可写成

$$(\boldsymbol{S}_{ij})_m = \frac{\det\begin{bmatrix} (\boldsymbol{S}_{ij})_n & -{}^{i}\boldsymbol{S}_{\text{I II}} \\ {}_{j}\boldsymbol{S}_{\text{II I}} & \boldsymbol{\varepsilon} - \boldsymbol{S}_{\text{II II}} \end{bmatrix}}{\det(\boldsymbol{\varepsilon} - \boldsymbol{S}_{\text{II II}})} \tag{3.30}$$

式（3.29）或式（3.30）就是单参量计算式。

3.5　*n* 端口网络的工作特性参量

仪表测量一般是两两端口测量，对于 n 端口网络，如果其余端口外部都匹配，只考虑其中某两个端口之间的特性参量，其表达式与二端口网络的工作特性参量相同，如果其余端口外部失配，就要考虑这些失配的影响，要用到复杂些的 n 端口网络工作特性参量的表达式。

应当指出，有关损耗和相移工作参量的术语（无论是中文还是英文）有很多，在各种文献中并没有完全统一，本节只介绍常用的定义和表达式。

3.5.1 二端口网络的工作特性参量[1,3]

1）几种有关损耗的工作特性参量

（1）替代损耗 L_s（Substitution Loss）。

如图 3.4 所示，记上面的网络为初始网络 S_0，下面的网络为被比较网络 S。S_0 的散射参量下标均增加“0”，为 S_{110}、S_{120}、S_{210}、S_{220}；S 的散射参量为 S_{11}、S_{12}、S_{21}、S_{22}。信源的反射系数记为 Γ_G，负载的反射系数记为 Γ_L。在相同的信源和负载的情况下，比较经过初始网络输至负载的净功率 P_{20} 和被比较网络输至负载的净功率 P_2，其比值称为替代损耗，用分贝表示为

$$\begin{aligned}L_s &= 10\lg(P_{20}/P_2)\\ &= 20\lg\left|\frac{S_{210}[(1-S_{11}\Gamma_G)(1-S_{22}\Gamma_L)-S_{12}S_{21}\Gamma_G\Gamma_L]}{S_{21}[(1-S_{110}\Gamma_G)(1-S_{220}\Gamma_L)-S_{120}S_{210}\Gamma_G\Gamma_L]}\right|\end{aligned}$$

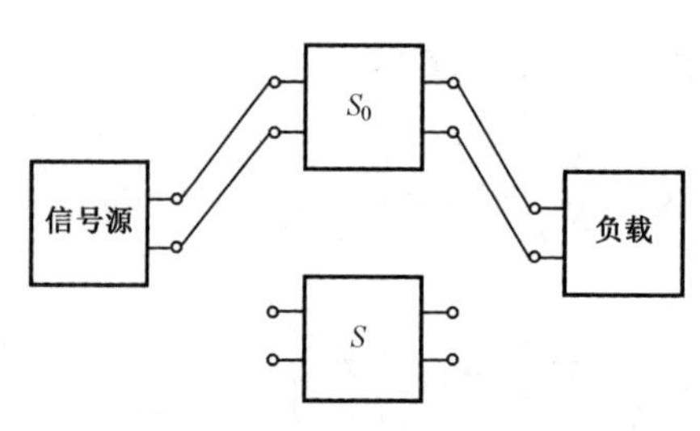

图 3.4 有关损耗和相移的工作参量

该表达式为二端口损耗定义中最基本的表达式，除了二端口网络本身，还考虑到了信源与负载的反射系数影响。

（2）插入损耗 L_I（Insertion Loss）。

若图 3.4 中初始网络为电长度为 $2n\pi$ 的理想变换器，即 $S_{110}=S_{220}=0$，$S_{120}=S_{210}=1$，此时替代损耗称为插入损耗，即

$$L_I = 20\lg\left|\frac{(1-S_{11}\Gamma_G)(1-S_{22}\Gamma_L)-S_{12}S_{21}\Gamma_G\Gamma_L}{S_{21}(1-\Gamma_G\Gamma_L)}\right|$$

（3）衰减 A（Attenuation）。

当图 3.4 中信源和负载均匹配，即 $\Gamma_G=0$，$\Gamma_L=0$，此时插入损耗称为网络本身的衰减（也称为特征衰减），这是表征二端口网络本身特性的简单常用度量值，表达式为

$$A = -20\lg|S_{21}|$$

（4）效率 L_E（Efficiency）。

效率由比较同一网络参考面 1 的净功率 P_1 和参考面 2 的净功率 P_2 而得

$$\begin{aligned}L_E &= -10\lg\eta = 10\lg(P_1/P_2)\\ &= 10\lg\frac{|1-S_{22}\Gamma_L|^2-|(S_{12}S_{21}-S_{11}S_{22})\Gamma_L+S_{11}|^2}{|S_{21}|^2(1-|\Gamma_L|^2)}\end{aligned}$$

上述有关损耗的工作参量中，效率仅包含有功分量，而插入损耗的有功分量等于效率。对无源网络，衰减为非负值，而替代损耗和插入损耗可正可负；对无

源、无耗网络，效率为零。

2）有关相移的 2 种工作特性参量

波相移 φ 是比较同一网络两个参考面的入射波 a_1 与出射波 b_2 的相位关系，为

$$\varphi = \arg\frac{b_2}{a_1} = \arg\frac{S_{21}}{1 - S_{22}\Gamma_L}$$

当负载匹配时的波相移称为网络本身的相移 $\Delta\varphi$（也称为特征相移），为二端口网络本身特性的基本特性，表达式为

$$\Delta\varphi = \arg S_{21}$$

3.5.2 *n* 端口网络的工作特性参量

下面先介绍微波等效源定理结论，然后给出一些常见损耗、相移在失配 n 端口网络下的表达式。

1）微波等效源定理结论

由微波网络的等效源定理[11]，图 3.5（a）所示 n 端口网络在 j、i 端口的等效电路分别如图 3.5（b）和图 3.5（c）所示，其中 Γ_j 为看向信号源的反射系数，$\overline{a_g}$ 为电源波，$\boldsymbol{D}_{(isj)}$ 是将行列式 $\boldsymbol{D} = \det([\boldsymbol{I}] - [\boldsymbol{S}][\boldsymbol{\Gamma}])$ 中第 i 列换为 $[\boldsymbol{S}]$ 的第 j 列后的行列式，$\boldsymbol{D}_{(ii)}$ 是将 D 中删掉第 i 行、i 列后得到的行列式，依此类推，且有关系式 $\boldsymbol{D} = \boldsymbol{D}_{(ii)} - \boldsymbol{\Gamma}_i \boldsymbol{D}_{(isi)}$。由此得

$$\overline{b_i} = \frac{\boldsymbol{D}_{(isj)}}{\boldsymbol{D}_{(ii)}}\overline{a_g}$$

$$\overline{\Gamma_i} = \frac{\boldsymbol{D}_{(isi)}}{\boldsymbol{D}_{(ii)}}$$

$$\overline{\Gamma_j} = \frac{\boldsymbol{D}_{(jsj)}}{\boldsymbol{D}_{(jj)}}$$

$$b_i = \frac{\overline{b_i}}{1 - \Gamma_i\overline{\Gamma_i}} = \frac{\boldsymbol{D}_{(isj)}}{\boldsymbol{D}}\overline{a_g}$$

$$a_j = \frac{\overline{a_g}}{1 - \Gamma_j\overline{\Gamma_j}} = \frac{\boldsymbol{D}_{(jj)}}{\boldsymbol{D}}\overline{a_g}$$

负载 $\boldsymbol{\Gamma}_i$ 吸收的净功率 P_{id} 为

$$P_{id} = |b_i|^2 - |a_i|^2 = |b_i|^2(1 - |\Gamma_i|^2) = \frac{|\boldsymbol{D}_{(isj)}|^2}{|\boldsymbol{D}|^2}(1 - |\Gamma_i|^2)|\overline{a_g}|^2$$

由信源进入网络的净功率 P_{id} 为

$$P_{jd}=\left|a_j\right|^2-\left|b_j\right|^2=\left|a_j\right|^2(1-\left|\overline{\Gamma}_j\right|^2)=\frac{\left|\boldsymbol{D}_{(jj)}\right|^2-\left|\boldsymbol{D}_{(jsj)}\right|^2}{\left|\boldsymbol{D}\right|^2}\left|\overline{a_g}\right|^2$$

利用上述基本关系，可导出 n 端口网络在外接失配负载时的蜕化单端口，二端口下的常用损耗、相移表达式。

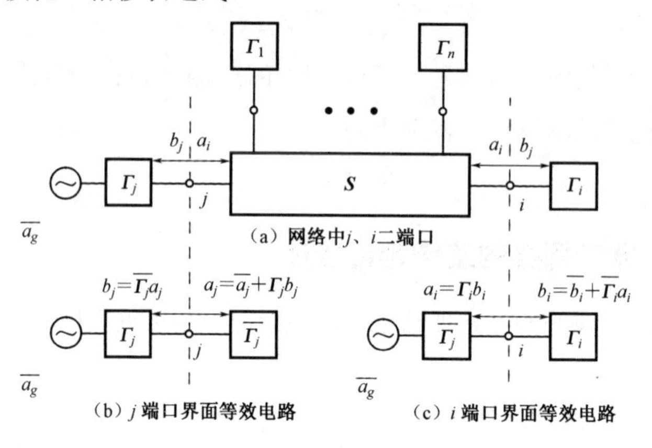

图 3.5　微波网络的等效源定理示意图

2）回波损耗 L_R

如图 3.6 所示，定义入射至退化单口网络的入射功率与反射功率之比为回波损耗

$$L_R=10\lg\left|\frac{a_j}{b_j}\right|^2=10\lg\frac{1}{\left|\overline{\Gamma}_j\right|^2}=20\lg\left|\frac{\boldsymbol{D}_{(jj)}}{\boldsymbol{D}_{(jsj)}}\right|$$

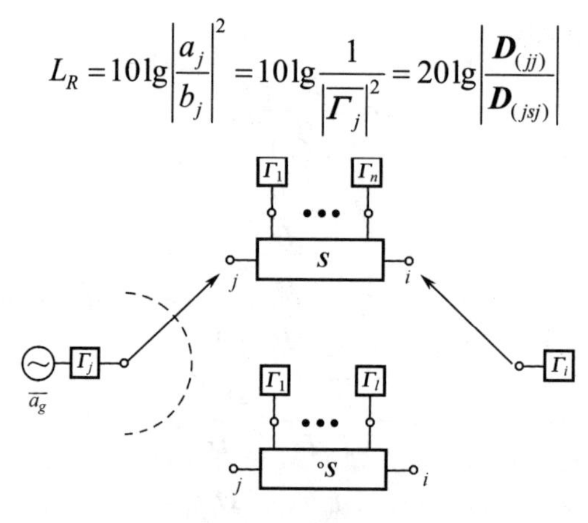

图 3.6　回波损耗

3）替代损耗 L_s

如图 3.7 所示，用被比较网络[$\boldsymbol{S}$]代替初始网络[$^\circ\boldsymbol{S}$]，考虑退化 i、j 二端口网络，源和负载 Γ_i 保持不变，定义通过这两个网络输至 Γ_i 的净功率之比为替代损耗

$$L_s=10\lg\frac{\boldsymbol{P}_{ido}}{\boldsymbol{P}_{id}}=20\lg\left|\frac{\boldsymbol{D}^o\boldsymbol{D}_{(isj)}}{{}^o\boldsymbol{D}\boldsymbol{D}_{(isj)}}\right|$$

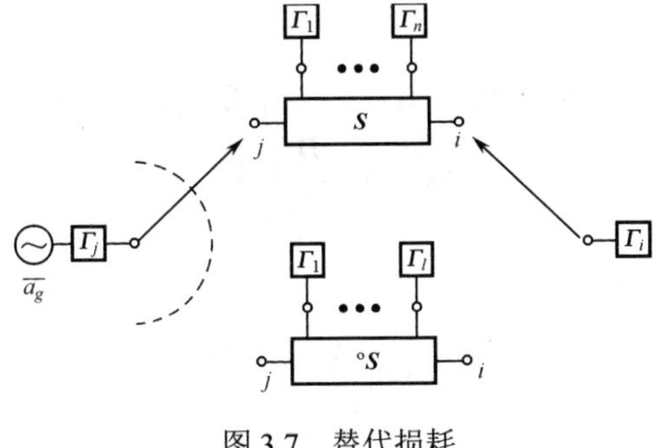

图 3.7　替代损耗

4）插入损耗 L_I

取初始网络为电长度等于 $2m\pi(m=0,\pm1,\pm2,\cdots)$ 的无耗传输线

$$[{}^{\circ}\boldsymbol{S}]=\begin{bmatrix}0 & 1\\ 1 & 0\end{bmatrix}=\begin{bmatrix}{}^{\circ}\boldsymbol{S}_{jj} & {}^{\circ}\boldsymbol{S}_{ji}\\ {}^{\circ}\boldsymbol{S}_{ij} & {}^{\circ}\boldsymbol{S}_{ii}\end{bmatrix}$$

则有 ${}^{\circ}\boldsymbol{D}_{(isj)}={}^{\circ}\boldsymbol{S}_{ij}=1$、${}^{\circ}\boldsymbol{D}=1-\boldsymbol{\Gamma}_i\boldsymbol{\Gamma}_j$，定义此时的 L_s 为插入损耗

$$L_I=20\lg\left|\frac{1}{1-\boldsymbol{\Gamma}_i\boldsymbol{\Gamma}_j}\frac{\boldsymbol{D}}{\boldsymbol{D}_{(isj)}}\right|$$

5）衰减 A

若源、负载 $\boldsymbol{\Gamma}_i$ 和传输线匹配，即 $\boldsymbol{\Gamma}_j=\boldsymbol{\Gamma}_i=0$，初始网络与定义 L_I 时相同，但有 ${}^{\circ}\boldsymbol{D}_{(isj)}=1$、${}^{\circ}\boldsymbol{D}=1$、$\boldsymbol{D}=\boldsymbol{D}_{(ii)(jj)}$，此时的 L_I 定义为衰减

$$A=20\lg\left|\frac{\boldsymbol{D}_{(ii)(jj)}}{\boldsymbol{D}_{(isj)(jj)}}\right|$$

6）替代相移 $\Delta\varphi_s$

定义条件与替代损耗的相同，被比较网络与初始网络指定某端口上出射波的相位之差为替代相移

$$\Delta\varphi_s=\arg\frac{b_i}{{}^{\circ}b_i}=\arg\frac{\boldsymbol{D}_{(isj)}\,{}^{\circ}\boldsymbol{D}}{{}^{\circ}\boldsymbol{D}_{(isj)}\boldsymbol{D}}$$

7）插入相移 $\Delta\varphi_I$

定义条件与插入损耗的相同，此时的替代相移退化为插入相移

$$\Delta\varphi_I=\arg\frac{(1-\boldsymbol{\Gamma}_i\boldsymbol{\Gamma}_j)\boldsymbol{D}_{(isj)}}{\boldsymbol{D}}$$

8）波相移 φ_{bi-aj}

波相移为网络某一端口向负载的出射波 b_i 与源端入射波 a_j 之相位差

$$\varphi_{bi-aj}=\arg\frac{b_i}{a_j}=\arg\frac{\boldsymbol{D}_{(isj)}}{\boldsymbol{D}_{(jj)}}$$

9）本身相移$\Delta\varphi$

由衰减定义条件下的插入相移退化得到本身相移

$$\Delta\varphi = \arg\frac{\boldsymbol{D}_{(isj)(jj)}}{\boldsymbol{D}_{(ii)(jj)}}$$

10）b_i与$\overline{a_j}$之间的相移$\varphi_{bi-\overline{ai}}$

$$\varphi_{bi-\overline{ai}} = \arg\frac{b_i}{\overline{\overline{a_j}}} = \arg\frac{\boldsymbol{D}_{(isj)}}{\boldsymbol{D}}$$

11）电压相移φ_V

电压相移为同一网络某一负载与源端的电压相位差

$$\varphi_V = \arg\frac{V_i}{V_j} = \arg\frac{a_i + b_i}{a_j + b_j} = \arg\frac{b_i(1+\boldsymbol{\Gamma}_i)}{a_j(1+\overline{\overline{\boldsymbol{\Gamma}_j}})} = \arg\frac{(1+\boldsymbol{\Gamma}_i)\boldsymbol{D}_{(isj)}}{\boldsymbol{D}_{(jj)} + \boldsymbol{D}_{(jsj)}}$$

12）电流相移φ_I

电流相移为同一网络某一负载端与源端的电流相位差

$$\varphi_I = \arg\frac{I_i}{I_j} = \arg\frac{a_i - b_i}{a_j - b_j} = \arg\frac{b_i(1-\boldsymbol{\Gamma}_i)}{a_j(1-\overline{\overline{\boldsymbol{\Gamma}_j}})} = \arg\frac{(1-\boldsymbol{\Gamma}_i)\boldsymbol{D}_{(isj)}}{\boldsymbol{D}_{(jj)} - \boldsymbol{D}_{(jsj)}}$$

上面给出了若干损耗、相移定义关于n端口网络S的表达式，但在微波网络的测试、计量工作中，损耗、相移定义繁多，还有些不常见的损耗、相移定义，可用类似的方法推导。

3.6 长馈线系统总反射系数的计算

反射系数（或驻波比）是馈线系统的重要指标之一。当系统很长、连接点较多时，即使每个元器件的驻波都调配到很小，累加到系统总端口的反射系数仍可能很大。输入端口的反射是该系统中各部件反射的矢量和，如若知道每个元器件的完整S参数，用各S参数矩阵的连接可计算出总端口的反射系数，但这要有每个元器件的S参数仿真结果或测量结果，工作量大，周期也长，与事后实测的总端口反射系数还会有一定的误差。为了简便预测，采用概率统计方法。下面分单、多通道馈电网络进行介绍。

对长馈线系统输入端反射系数的评价，下面以一个反射系数和在频带Δf内不超过此值的概率$P\left(|\Gamma| \leqslant |\Gamma_p|\right)$来描述。

3.6.1 单通道馈电网络总反射系数的计算

1）极值情况估计

单通道馈电网络是由$N-1$个二端口网络（其本身反射系数为Γ_i）和一个终端

负载（通常为天线）级联而成，如图 3.8 所示。在计算波束端驻波时，就可看作单通道馈电网络。

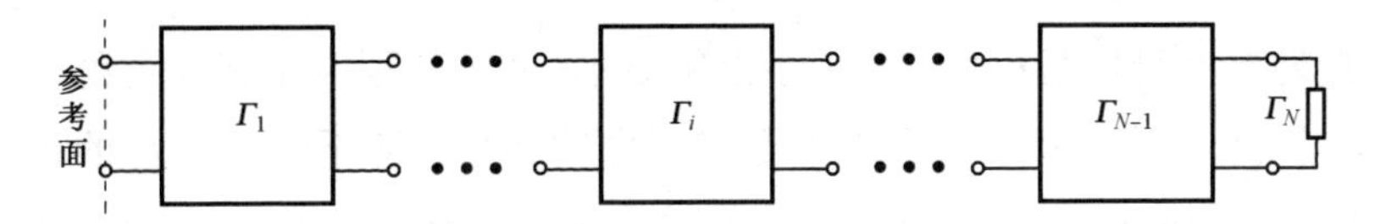

图 3.8　单通道馈电网络

由文献[1]及其参考文献推导，图 3.8 所示网络的最大、最小驻波分别为

$$\rho_{\max}=\prod_{i=1}^{N}\rho_i \tag{3.31}$$

$$\begin{cases}\rho_{\min}=\dfrac{\rho_M}{\prod\limits_{\substack{i=1\\ i\neq M}}^{N}\rho_i}, & \rho_M>\prod\limits_{\substack{i=1\\ i\neq M}}^{N}\rho_i\\ \rho_{\min}=1, & \rho_M\leqslant\prod\limits_{\substack{i=1\\ i\neq M}}^{N}\rho_i\end{cases} \tag{3.32}$$

式（3.32）中 ρ_M 为 $\rho_i(i=1,2,\cdots,N)$ 中最大的一个。若图 3.8 所示网络有不可忽略的损耗，则其最大驻波小于由式（3.31）所计算的值。上述计算驻波的方法只是给出驻波的最大、最小值，但由于频段内只有极小频率可能出现最大驻波，其值往往小于最大驻波。

为了对长馈电网络有一个比较实际的估算，采用如下估算公式：

$$\rho\approx\bar{\rho}^{\sqrt{N}} \tag{3.33}$$

$$|\Gamma|\approx\sqrt{1-\mathrm{e}^{-4t}} \tag{3.34}$$

式中，ρ 为馈电网络的估算驻波；$\bar{\rho}$ 为 N 个二端口网络本身驻波的算术平均值；Γ 为馈电网络估算的反射系数模值。

$$t=\frac{1}{2}\sum_{i=1}^{N}|\Gamma_i|^2$$

式（3.33）和式（3.34）在工程上有一定的实用价值，但较粗糙，实际上只相当于某一给定概率下的驻波或反射系数模值。上述公式没有考虑网络的损耗，而实际网络的损耗有时是不可忽略的。

2）小失配情况下的概率计算

如图 3.8 所示，所有的二端口网络均是无源的。当所有 $|\Gamma_i|$ 都很小且满足

$$\sqrt{\sum_{i=1}^{N}\xi_i^2|\Gamma_i|^2}\ll 1 \tag{3.35}$$

可得馈电网络输入端反射系数为

$$\Gamma \approx \sum_{i=1}^{N} \xi_i |\Gamma_i| \mathrm{e}^{\mathrm{j}\theta_i} \tag{3.36}$$

式中，ξ_i 为参考面与第 i 个二端口网络输入端之间的双程电压衰减系数，ξ_i 为实数，$0 < \xi_i \leqslant 1$，而 $\xi_1 = 1$；θ_i 为折算到参考面的相角，即不仅包含 Γ_i 的相角，而且包含参考面与第 i 个二端口网络输入端之间双程相移角，而 θ_1 只包含 Γ_1 的相角。

式（3.36）又可写成

$$\begin{aligned} \Gamma &\approx \sum_{i=1}^{N} \xi_i |\Gamma_i| \cos\theta_i + \mathrm{j}\sum_{i=1}^{N} |\Gamma_i| \sin\theta_i \\ &= \sum_{i=1}^{N} w_i + \mathrm{j}\sum_{i=1}^{N} v_i = w + \mathrm{j}v \end{aligned} \tag{3.37}$$

若馈电网络有足够的电长度，则可认为各 θ_i 在 Δf 内是不相关的，且在 $-\pi$ 到 π 内是等概率分布的。暂假定 $\xi_i |\Gamma_i|$ 在 Δf 内为常数，则 w_i 和 v_i 的概率密度函数为

$$p(w_i) = \begin{cases} \dfrac{1}{\pi\sqrt{\xi_i^2 |\Gamma_i|^2 - w_i^2}} & , |w_i| \leqslant \xi_i |\Gamma_i| \\ 0 & , |w_i| > \xi_i |\Gamma_i| \end{cases}$$

$$p(v_i) = \begin{cases} \dfrac{1}{\pi\sqrt{\xi_i^2 |\Gamma_i|^2 - v_i^2}} & , |v_i| \leqslant \xi_i |\Gamma_i| \\ 0 & , |v_i| > \xi_i |\Gamma_i| \end{cases}$$

w_i 和 v_i 的数学期望和方差分别为

$$E(w_i) = E(v_i) = 0$$

$$\sigma^2(w_i) = \sigma^2(v_i) = \frac{1}{2}\xi_i^2 |\Gamma_i|^2$$

由中心极限定理可知，当 N 足够大时（实际上只要大于 5），w 和 v 均趋近于正态分布，其概率密度函数为

$$p(w) = \frac{1}{\sqrt{2\pi}\sigma(w)} \exp\left\{-\frac{[w - E(w)]^2}{2\sigma^2(w)}\right\} \tag{3.38}$$

$$p(v) = \frac{1}{\sqrt{2\pi}\sigma(v)} \exp\left\{-\frac{[v - E(v)]^2}{2\sigma^2(v)}\right\} \tag{3.39}$$

式中，$E(w) = E(v) = \sum_{i=1}^{N} E(w_i) = 0$，$\sigma^2(w) = \sigma^2(v) = \sum_{i=1}^{N} \sigma^2(w_i) = \frac{1}{2}\sum_{i=1}^{N} \xi_i^2 |\Gamma_i|^2 = \sigma^2$

由式（3.37）可得 w 和 v 的相关系数为

$$\mu = \frac{1}{\sigma^2}E(w\cdot v) = \frac{1}{\sigma^2}\times E\left[\left(\sum_{i=1}^{n}\xi_i\left|\Gamma_i\right|\cos\theta_i\right)\left(\sum_{j=1}^{n}\xi_j\left|\Gamma_j\right|\sin\theta_j\right)\right]$$

$$= \frac{1}{\sigma^2}\sum_{i=1}^{N}\sum_{j=1}^{N}\left[\xi_i\xi_j\left|\Gamma_i\right|\left|\Gamma_j\right|E(\cos\theta_i\cdot\sin\theta_j)\right] = 0$$

故由式（3.37）～式（3.39）可得$|\Gamma|$的概率密度函数为

$$p\left(|\Gamma|\right) = 2\pi|\Gamma|p(w)p(v) = \frac{|\Gamma|}{\sigma^2}\exp\left(-\frac{|\Gamma|^2}{2\sigma^2}\right) \tag{3.40}$$

在计算过程中令 w 和 v 处在以$|\Gamma|$为半径的圆周上。式（3.40）即瑞利分布，其概率密度函数为

$$P\left(|\Gamma| \leqslant \left|\Gamma_p\right|\right) = \int_0^{|\Gamma_p|} p\left(|\Gamma|\right)\mathrm{d}|\Gamma| = 1 - \exp\left(-\frac{\left|\Gamma_p\right|^2}{2\sigma^2}\right) \tag{3.41}$$

即馈电网络输入端反射系数$|\Gamma|$小于$\left|\Gamma_p\right|$的概率为 P。式（3.41）可改写成

$$|\Gamma| \leqslant \left|\Gamma_p\right| = \sqrt{2\ln\frac{1}{1-p}}\cdot\sigma = \sqrt{\ln\frac{1}{1-p}}\sqrt{\sum_{i=1}^{N}\xi_i^2\left|\Gamma_i\right|^2} \tag{3.42}$$

式（3.42）即为关于用概率统计的方法来计算级联微波系统总反射系数的常用公式。式（3.41）用来在已知级联系统中各部件反射系数 Γ_i 的前提下，计算出系统总反射系数不超过 Γ_p 的概率 P；式（3.42）用来在已知级联系统中各部件反射系数 Γ_i 和概率 P 的前提下，计算出系统总反射系数 Γ_p。

例： 2 段微波部件与 3 根电缆进行级联，每段微波部件驻波系数为 1.2，每段电缆驻波系数为 1.15。由式（3.41），对级联后的总驻波系数预计结果如表 3.3 所示，给出了概率意义上的可能。由式（3.31）计算得到最大驻波为 2.19。

表 3.3　总驻波系数预计结果

		P				
		50%	60%	70%	80%	90%
行馈	Γ_p	0.157	0.181	0.207	0.239	0.287
	驻波	1.37	1.44	1.52	1.63	1.8

3.6.2　多通道馈电网络总反射系数的计算

多通道馈电网络如图 3.9 所示，为并馈加级联网络。馈电网络输入端为一功率分配器，暂假定分配器输入端本身反射系数为零。图中 α_j 为分配器输入端第 j 个输出端之间的双程电压衰减系数，α_j 为实数，$0 < \alpha_j < 1$。各元件 Γ_{ij} 应不受端

口高次模的相互影响，如有影响，则要将有影响的两个或两个以上相距很近的元件合成一个元件并求出其总反射系数。

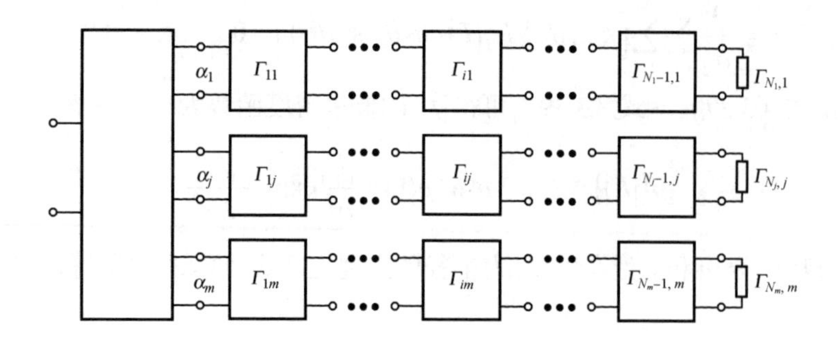

图 3.9　多通道馈电网络

当所有$\left|\Gamma_{ij}\right|$都很小且满足式（3.43）时

$$\sqrt{\sum_{j=1}^{m}\left(\alpha_j^2\sum_{i=1}^{N_j}\xi_{ij}^2\left|\Gamma_{ij}\right|^2\right)}\ll 1 \tag{3.43}$$

馈电网络输入端反射系数为

$$\Gamma\approx\sum_{j=1}^{m}\left(\alpha_j\sum_{i=1}^{N_j}\xi_{ij}\left|\Gamma_{ij}\right|\mathrm{e}^{\mathrm{j}\theta_{ij}}\right) \tag{3.44}$$

式中，ξ_{ij}为分配器第j个输出端（相应于第j通道）与该通道第i个二端口网络输入端之间的双程电压衰减系数，ξ_{ij}为实数，而$\xi_{1j}=1$；θ_{ij}则为折算到分配器输入端的相角。

因此，对应的式（3.42）可写成

$$|\Gamma|\leqslant\left|\Gamma_p\right|=\sqrt{\ln\frac{1}{1-p}}\sqrt{\sum_{j=1}^{m}\left(\alpha_j^2\sum_{i=1}^{N_j}\xi_{ij}^2\left|\Gamma_{ij}\right|^2\right)} \tag{3.45}$$

若馈电网络中各通道完全相同，且功率分配器是无耗的，即$\xi_{ij}=\xi_i$，$\left|\Gamma_{ij}\right|=\left|\Gamma_i\right|$，$\theta_{ij}=\theta_i$，$N_j=N$，$\sum_{i=1}^{m}\alpha_j=1$，则馈电网络输入端反射系数为

$$\Gamma\approx\sum_{j=1}^{m}\left(\alpha_j\sum_{i=1}^{N}\xi_i\left|\Gamma_i\right|\mathrm{e}^{\mathrm{j}\theta_i}\right)=\left(\sum_{j=1}^{m}\alpha_j\right)\left(\sum_{i=1}^{N}\xi_i\left|\Gamma_i\right|\mathrm{e}^{\mathrm{j}\theta_i}\right)=\sum_{i=1}^{N}\xi_i\left|\Gamma_i\right|\mathrm{e}^{\mathrm{j}\theta_i}$$

因此，式（3.45）变成

$$|\Gamma|\leqslant\left|\Gamma_p\right|=\sqrt{\ln\frac{1}{1-p}}\sqrt{\sum_{i=1}^{N}\xi_i^2\left|\Gamma_i\right|^2} \tag{3.46}$$

式（3.46）在形式上与式（3.42）完全相同。

实际遇到的网络，功率分配器输入端的本身反射系数不为零，且在分配器前还有若干元件（设为 N_0-1 个），合成馈电网络输入端反射系数为

$$\Gamma \approx \sum_{i=1}^{N}\left(\xi_i\left|\Gamma_i\right|\mathrm{e}^{\mathrm{j}\theta_i}\right)+\xi_{N_0}\mathrm{e}^{\mathrm{j}\theta_{N_0}}\sum_{j=1}^{m}\left(\alpha_j\sum_{i=1}^{N_j}\xi_{ij}\left|\Gamma_{ij}\right|\mathrm{e}^{\mathrm{j}\theta_{ij}}\right) \tag{3.47}$$

式（3.47）中的符号可参见式（3.1）和式（3.9），但应注意其中下标为 N_0 的参数与功率分配器输入端有关。在此种情况下，对应的式（3.42）可写成

$$\left|\Gamma\right| \leqslant \left|\Gamma_p\right| = \sqrt{\ln\frac{1}{1-p}} \times \sqrt{\sum_{i=1}^{N_0}\left(\xi_i^2\left|\Gamma_i\right|^2\right)+\xi_{N_0}^2\sum_{j=1}^{m}\left(\alpha_j^2\sum_{i=1}^{N_j}\xi_{ij}^2\left|\Gamma_{ij}\right|^2\right)} \tag{3.48}$$

在 $\left|\Gamma_{ij}\right|$ 取 Δf 内最大值时将使计算值偏大。对于由许多线性无源元件组成的线性无源微波网络，其系统反射系数、电压驻波比还可依据各元件反射系数的最大/最小值按分布概率估计。实际上，$\left(\partial_i,\xi_{ij},\left|\Gamma_{ij}\right|\right)$ 在 Δf 内往往有起伏，可假定 $\left(\partial_i,\xi_{ij},\left|\Gamma_{ij}\right|\right)$ 在 Δf 内为一随机变量，随机变量等概率分布时，测得 Δf 内 $\Gamma_{ij\max}$ 和 $\Gamma_{ij\min}$，当 n 足够大时，由文献[1]及其引用的参考文献推导可得较精确的计算式

$$\left|\Gamma\right| \leqslant \left|\Gamma_P\right| = \sqrt{\ln\frac{1}{1-P}} \times \left\{\frac{1}{3}\sum_{j=1}^{m}\sum_{i=1}^{N_j}\left[\left(\alpha_j\xi_{ij}\left|\Gamma_{ij}\right|\right)_{\max}^2+\left(\alpha_j\xi_{ij}\left|\Gamma_{ij}\right|\right)_{\max}\times\left(\alpha_j\xi_{ij}\left|\Gamma_{ij}\right|\right)_{\min}+\left(\alpha_j\xi_{ij}\left|\Gamma_{ij}\right|\right)_{\min}^2\right]\right\}^{\frac{1}{2}} \tag{3.49}$$

在单通道情况下，式（3.49）退化为常用的较准确的计算式：

$$\left|\Gamma_P\right| = \sqrt{\frac{1}{3}\ln\frac{1}{1-P}} \cdot \sqrt{\sum_{i=1}^{n}\xi_i^2 \cdot n \cdot (\left|\Gamma_i\right|_{\max}^2+\left|\Gamma_i\right|_{\max}\cdot\left|\Gamma_i\right|_{\min}+\left|\Gamma_i\right|_{\min}^2)} \tag{3.50}$$

$$\rho_P = \frac{1+\left|\Gamma_P\right|}{1-\left|\Gamma_P\right|} \tag{3.51}$$

式中，

Γ_P——估计点处的系统反射系数；

ρ_P——估计点处的系统电压驻波比；

ξ_i——从第 i 个元件到反射计算位置的双程电压衰减系数；

Γ_i——第 i 个元件的反射系数；

P——$\left|\Gamma\right| \leqslant \left|\Gamma_p\right|$ 的概率，通常取 80%；

n——同类元件个数。

3.7　*n* 端口 *S* 参数测量中外接失配误差的修正方法

现在微波/毫米波矢量网络分析仪在微波工程中使用得越来越广泛，对该类仪

表本身误差的校准方法研究使用已经很成熟了，仪表校准用的基本校准元件有同轴或波导型的短路器、开路器、匹配负载，精密诊断还要添加伸缩延迟线。一般仪表测量通道为 2 通道，每次只能测一个或一对端口，用 12 项误差法修正校准仪表后可得准确的测量结果。用网络分析仪测量 n 端口网络 S 参数时，要求没接仪表测试电缆的网络端口接负载，如果所接负载都匹配，每次测得 n 端口网络中的一对端口间 S 参数。轮流测各对端口，得到 n 端口网络 S 参数矩阵。实际上负载难免失配，所以测量结果需要校正，才能得到 S 参数的真值或近似到满意程度。修正方法可分为两类，一类是迭代解，由测量值直接迭代以求近似值，一般只适合各端口所接负载反射系数很小的情形[5-8]；另一类是闭式解，先定义一个中间参量，由测量值与各端口负载反射系数先转换到中间参量，再由中间参量去求 S 参数，下面介绍两种典型的闭式解的思路与结果。公式的推导参见文献[6]～文献[10]。

设被测 n 端口网络的 S 矩阵为 $\boldsymbol{S}$，各端口传输线特性阻抗都是 Z_0，(i)、(j)端口为测量端口。当其他端口（k）$(k \neq i, j)$都接匹配负载 Z_0 时，这个双端口网络的 2×2 的 $\boldsymbol{S}$ 矩阵的元素即是 $\boldsymbol{S}_{ii}$、$\boldsymbol{S}_{jj}$、$\boldsymbol{S}_{ij} = \boldsymbol{S}_{ji}$。各端口实接负载 Z_k 相应的反射系数为 Γ_k，此时双端口网络 S 矩阵为 ${}^2\boldsymbol{S}$，它的元素未必是 $\boldsymbol{S}$ 的元素。

3.7.1 视在 S 参数修正方法

一对电压波的定义为

$$a_i = \frac{V_i + Z_0 I_i}{2},\quad b_i = \frac{V_i - Z_0 I_i}{2} \tag{3.52}$$

由于 $V_k = -Z_k I_k (k \neq j)$，所以 a_k / b_k 即（k）端口负载相应的反射系数。由补偿原理可知，a_j 是射入网络的电压波，b_i 和 b_j 是射出网络的电压波。定义视在 S 参数为

$$\boldsymbol{S}'_{jj} = (b_j / a_i)_{a_k = \Gamma_k b_k (k \neq j)},\quad \boldsymbol{S}'_{ij} = (b_i / a_j)_{a_k = \Gamma_k b_k (k \neq j)} \tag{3.53}$$

当所有 $\Gamma_k = 0$ 时，$\boldsymbol{S}'_{ij} = \boldsymbol{S}_{jj}$，$\boldsymbol{S}'_{ij} = \boldsymbol{S}_{ij}$。

根据网络的基本关系和以上定义，可以推得 $\boldsymbol{S}'$ 和 $\boldsymbol{S}$ 的关系为

$$\boldsymbol{S} = \boldsymbol{S}' \cdot (\boldsymbol{I} + \boldsymbol{\Gamma} \cdot \boldsymbol{S}'_d)^{-1} \tag{3.54}$$

式中，$\boldsymbol{I}$ 为单位矩阵；$\boldsymbol{\Gamma}$ 为由 Γ_k 构成的对角矩阵；$\boldsymbol{S}'_d$ 为在 $\boldsymbol{S}'$ 中将主对角线元素改为 0 的矩阵。

将以上公式用于双端口网络，即得 ${}^2\boldsymbol{S}$ 与 $\boldsymbol{S}'$ 元素之间的关系

$$\boldsymbol{S}'_{jj} = {}^2\boldsymbol{S}_{jj} + \frac{{}^2\boldsymbol{S}_{ij}\,{}^2\boldsymbol{S}_{ji}\Gamma_i}{1 - {}^2\boldsymbol{S}_{ii}\Gamma_i},\quad \boldsymbol{S}'_{ij} = \frac{{}^2\boldsymbol{S}_{ij}}{1 - {}^2\boldsymbol{S}_{ii}\Gamma_i} \tag{3.55}$$

对于图 3.10 所示测试系统测得的 S''_{ij}、S''_{jj} 即 $^2S_{ij}$、$^2S_{jj}$，一般情况下，S'_{ij} 未必等于 S'_{ji}。

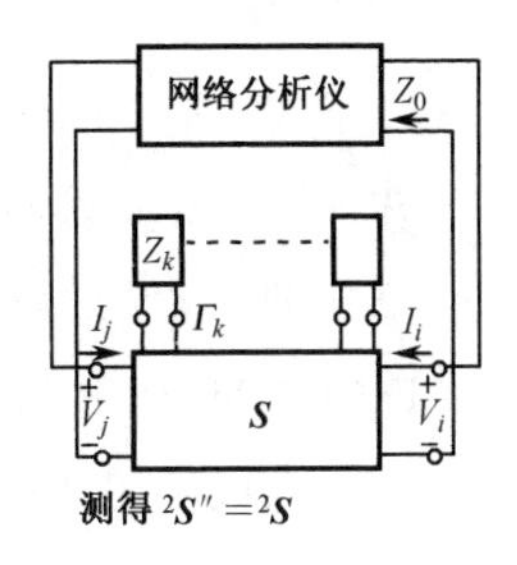

图 3.10　双端口自动网络分析仪测试系统

该修正方法可以简述为：依次测得 n 端口网络中各双端口网络，即各 ^2S，代入双端口自动网络分析仪下的式（3.55）算得 S' 的元素（S'_{jj} 将重复算出，在测准确各 ^2S 时，在第 j 端口和其他 $n-1$ 个端口组合的 $n-1$ 个双端口所算得的 S'_{jj} 都一样），代入式（3.54）得到 n 端口网络 S 元素。

3.7.2　Γ-R 参数 R 修正方法

对式（3.52）的 a_i、b_i 进行组合

$$\alpha_i = a_i - \Gamma_i b_i,\ \ \beta_i = \Gamma^*{}_i a_i + b_i \tag{3.56}$$

$\Gamma^*{}_i$ 是 Γ_i 的共轭数。在负载阻抗为 $Z_k(k \neq j)$ 的情况下，$\Gamma - R$ 参数定义为

$$R_{jj} = (\beta_j / \alpha_j)_{a_{k=0,(k\neq j)}},\ \ R_{ij} = (\beta_i / \alpha_j)_{a_{k=0,(k\neq j)}} \tag{3.57}$$

R 与 S 及 ^2S 与 ^2R 的关系已由文献[6]给出，为

$$S = (I + R\cdot\Gamma)^{-1}\cdot(R - \Gamma^*) \tag{3.58}$$

$$^2R = (^2S + {}^2\Gamma^*)\cdot(^2I - {}^2\Gamma\cdot{}^2S)^{-1} \tag{3.59}$$

该修正方法可以简述为：测得 n 端口网络中各双端口网络的 ^2S，代入双端口自动网络分析仪下的式（3.59）得到 R 的元素，代入式（3.58）得到 n 端口网络 S 元素。

3.7.3　数值验证

选用文献[1]设定的一个三端口网络的 S 矩阵，任意设定 $\Gamma_1 = 0.0984 + \text{j}0.0820$，$\Gamma_2 = 0.1667$，$\Gamma_3 = -0.0976 + \text{j}0.122$，用图 3.10 所示系统测得数据，再用上面两种修正方法推得 S。取小数点后四位数，所得结果与原来设定的 S 矩阵元素，最多是在第四位数字上差 1，表明以上修正公式是可靠的。对于图 3.10 所示系统，另设了一个 Γ，其中 $\Gamma_2 = 2.9 + \text{j}1.4$，即第 2 端口接有源负载，用视在 S 参数法推得的 S 也达到了相同的精度。

上面两种闭式解的中间参量不同，计算思路、公式不同，公式中需要求逆的矩阵也互不相同，这样矩阵求逆时不会因同时奇异而导致同时失效，即增加了解决问题的自由度。

本章参考文献

[1] 林守远. 微波线性无源网络[M]. 北京：科学出版社，1987.

[2] 章文勋. 微波二路网络分析[J]. 南工学报，1963(3): 53.

[3] D.M.克恩斯，R.W.贝提. 波导接头理论和微波网络分析[M]. 陈成仁，译. 北京：人民邮电出版社，1982.

[4] 吴培亨. 微波电路[M]. 北京：科学出版社，1980.

[5] 张德斌. 失配 *n* 端口网络散射参数的研究[J]. 凯山计量，1986(1): 1-27.

[6] RAUTIO. J. C. Technique for Correcting Scattering Parameter Date of an Imperfectly Terminated Multiport When Measured with a Two-port Network Analyzer IEEE Trans.Vol. (MTT-31): 1983, 407-412.

[7] 张德斌，林守远，杨奔疾. *n* 端口 *S* 参量测量修正失配误差的闭式解[J]. 电子学报，1991(2): 44-47.

[8] ZHANG DB. Proceedings of APMC'88. 403-404.

[9] TIPPET J.C, Speciale. R.A. A Rigorous Technique for Measuring the Scattering Matrix of a Multiport Device with a z-port Network Analyzer[J]. IEEE Trans.,Vol. (MTT-30): 1982, 661-666.

[10] TIPPET. J.C. Reply to the comment to loc cit[J]. IEEE Trans. 1983, Vol. (MTT-31): 287.

[11] NEMOTO T. Wait D.F. Microwave Circuit Analysis Lising the Equivalent Generator Concept. IEEE Trans.,Vol. (MTT-16): 1968, 10.

[12] G.M.菲利普斯，P.J.泰勒. 数值分析的理论及应用[M]. 焦西文，译. 上海：上海科技出版社，1980.

[13] 黄香馥，王兆明，朱雄国. 宽带匹配网络[M]. 西安：西北电讯工程学院出版社，1986.

[14] 汤世贤. 微波测量[M]. 北京：国防工业出版社，1981.

[15] 林为干. 微波网络[M]. 北京：国防工业出版社，1978.

[16] 李嗣范. 微波元件原理与设计[M]. 北京：人民邮电出版社，1982.

第 4 章

雷达常用微波无源器件

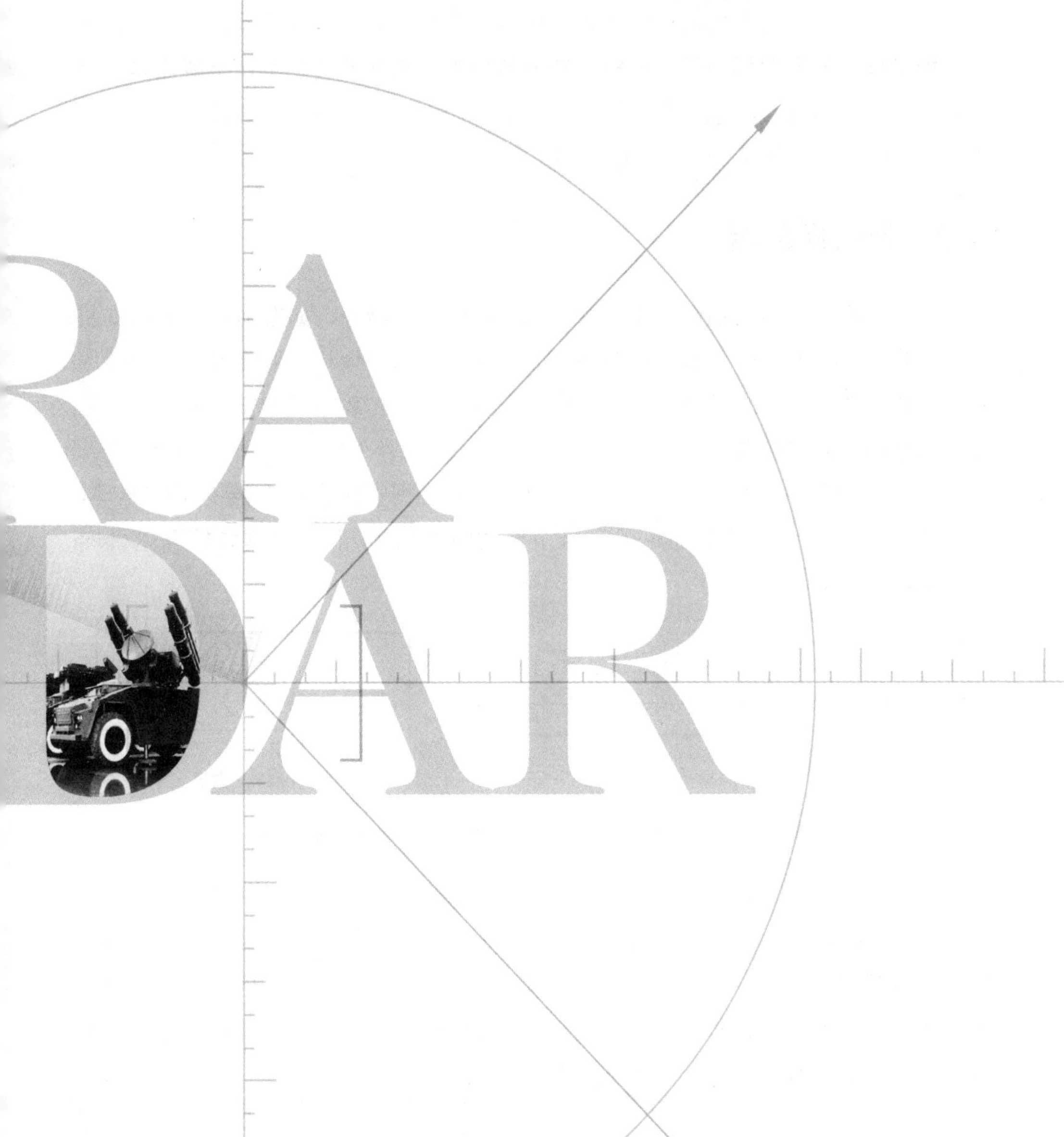

本章描述了雷达馈线系统中常用的微波无源器件的基本模型、工作原理、基本结构功能、用途和特点，包括定向耦合器、阻抗变换器、电桥、功率分配合成器、单T、双T、衰减器、均衡器和密封窗等器件，简述了这些元器件的分析设计方法，并给出了部分元器件的设计实例。

4.1 概述

设计微波元器件时，常考虑的技术指标有带宽、输入/输出驻波、插入损耗、相移、稳定性，还要考虑器件的体积、成本及寿命。对于具体的器件还有其特定的性能指标（如定向耦合器、电桥、功分器要考虑它们的隔离度，衰减器要考虑衰减精度及温漂特性，均衡器要考虑器件的均衡幅度等）。微波元器件应用的场合不同，关心的技术指标侧重点也会不同。

4.2 定向耦合器

在雷达系统中定向耦合器是一种用途广泛的微波器件，如发射机中的监视装置和接收机中的混频器及自动增益控制、平衡放大器、调相器等测量仪器都要应用定向耦合器。在雷达天线测量系统中，为方便监测T/R组件的发射和接收信号都可以采用定向耦合器。

定向耦合器可由同轴线、带状线、波导构成。根据定向耦合器的工作原理，可将它分为平行耦合微带定向耦合器［见图 4.1（a)］和小孔耦合定向耦合器［见图4.1（b)］等。

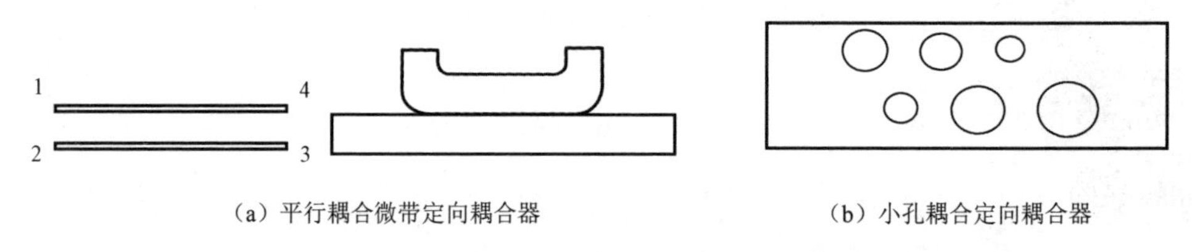

（a）平行耦合微带定向耦合器　　（b）小孔耦合定向耦合器

图4.1　平行耦合微带定向耦合器和小孔耦合定向耦合器

从微波网络的观点看，任何一种定向耦合器都是一个八端网络（见图4.2），假定1路和2路在主线上，3路和4路在副线上。因为不同的耦合结构隔离端口可能不同，所以假定4路与1路隔离。若输入端1路输入功率为P_1，其他端口接匹配负载，并令直通端2路输出功率为P_2，耦合端3路输出功率为P_3，隔离端输出功率为P_4。定向耦合器的技术指标可表示如下。

（1）耦合度：符号 C_{dB}，它等于输入功率与耦合端功率之比，单位为分贝，即

$$C_{\mathrm{dB}}=10\lg\frac{P_1}{P_3} \tag{4.1}$$

（2）隔离度：符号 D_{dB}，它等于输入功率与隔离端功率之比，用分贝作单位，即

$$D_{\mathrm{dB}}=10\lg\frac{P_1}{P_4} \tag{4.2}$$

（3）定向性：它等于隔离度与耦合度的差，即

$$\text{定向性}=D_{\mathrm{dB}}-C_{\mathrm{dB}}=10\lg\frac{P_3}{P_4} \tag{4.3}$$

（4）输入驻波比：当其他端口都接匹配负载时，输入端口的驻波比。

（5）频宽：指当耦合度、隔离度及输入驻波比都满足指标要求时定向耦合器的工作频带宽度。

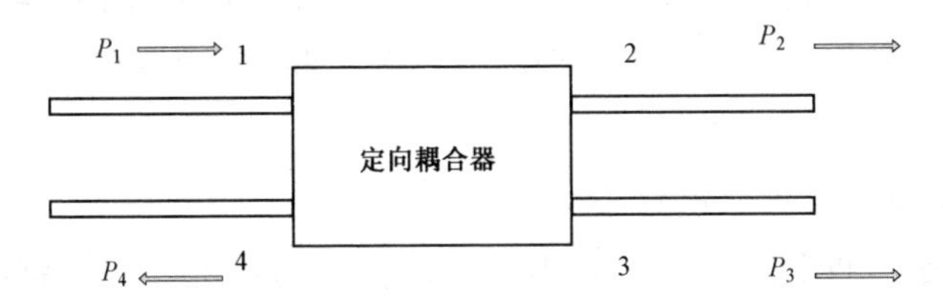

图 4.2　定向耦合器的原理图

4.2.1　平面电路定向耦合器

4.2.1.1　带状线定向耦合器

如图 4.3 所示，若在 2、3、4 端都接有特性阻抗为 50Ω的负载，耦合线定向耦合器的四端口网络问题即简化为奇、偶模的两口网络问题，可以先求出奇、偶模两口网络的解，再将其叠加。

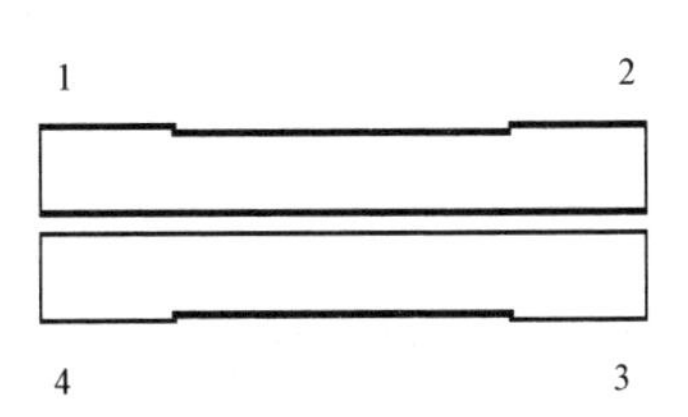

图 4.3　带状线定向耦合器

在中心频率时，若 $\theta=90^{\circ}$ 则 $\boldsymbol{S}_{21}=K$，即正好等于耦合线的耦合系数。此时，传输臂输出信号相位比耦合臂要落后 $\pi/2$。

在设计带状线定向耦合器时，要充分利用下面 3 个公式：

$$Z_0=\sqrt{Z_{\mathrm{oe}}Z_{\mathrm{oo}}} \tag{4.4}$$

$$Z_{\mathrm{oe}}=Z_0\sqrt{\frac{1+K}{1-K}} \tag{4.5}$$

$$Z_{oo} = Z_0\sqrt{\frac{1+K}{1-K}} \tag{4.6}$$

式（4.4）、式（4.5）和式（4.6）中 Z_0、Z_{oe}、Z_{oo} 分别为 50Ω带状线阻抗、耦合器的偶模阻抗、耦合器的奇模阻抗。

4.2.1.2 微带定向耦合器[1]

对于微带定向耦合器，由于电场分别处在空气和介质中，故其奇、偶模相速不相等，即耦合段对奇、偶模分别有不等的电长度，此时 S_{41e} 和 S_{41o} 不再相等。因此，在隔离端，奇、偶模系数不能相互抵消，理想方向性条件不再维持。

为提高微带定向耦合器的方向性及工作带宽，不少科技工作者提出了多种切实可行的改进方法。为改善微带耦合器的定向性，Podell[2]提出将微带定向耦合器传输线的耦合边缘锯齿化；Schaller[3]和 Kajfez[4]提出在微带定向耦合器的两端分别接相同的集总参数电容；Dydyk[5, 6]提出用单个补偿电容接在耦合器的中心或一端的方法。

1）耦合边缘锯齿化微带定向耦合器

这种方法是由 Podell 于 1970 年提出用来提高耦合器定向性的，锯齿线定向耦合器如图 4.4 所示。

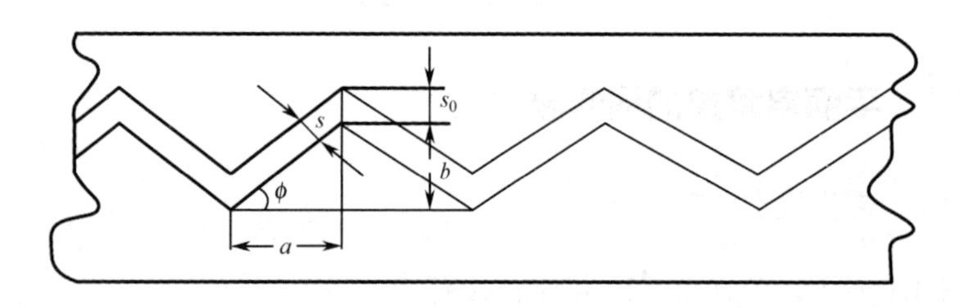

图 4.4 锯齿线定向耦合器

奇模将沿曲折的锯齿状缝隙传播，偶模基本上仍按直线传播，因而通过耦合区时奇模的途径增长，它的平均相速变慢；偶模的相速没有明显的变化。适当选择锯齿的形状（即 a 和 b 的大小），可以使奇、偶模的相速接近相等，从而获得高方向性的定向耦合器。

2）覆盖介质的微带定向耦合器

这种耦合器实际上就是在普通的微带定向耦合器的耦合区上再覆盖一层介质，并在此介质层上敷一段导电带条，如图 4.5 所示。

在这种结构中，耦合微带线的奇模电场几乎均处于高介电常数的介质空间中，从而使奇模的有效介电常数增大，奇模的相速变慢，但对偶模的影响较小，因而起到均衡奇、偶模相速的作用，耦合器的定向性就可以得到提高。

这种定向耦合器的耦合区的设计还没有系统的资料，一般都是通过实验进行调整。

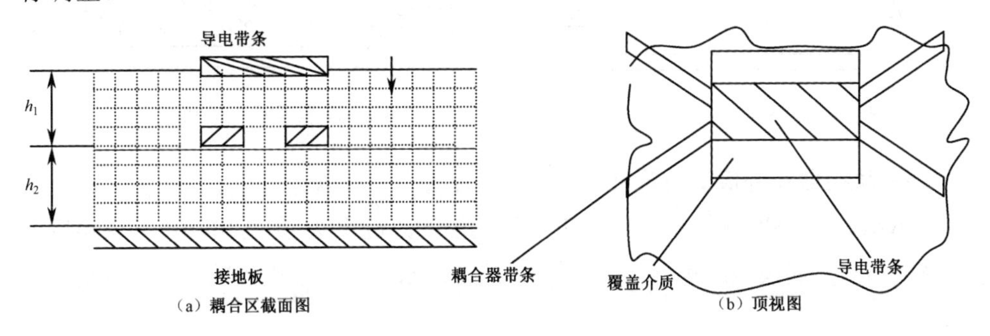

图 4.5　覆盖介质的微带定向耦合器

3）两端外接集总参数电容的微带定向耦合器

1978 年，Kajfez 提出用两个相同容值的集总参数电容外接于微带定向耦合器两端的方法来提高其定向性，如图 4.6 所示。在偶模激励时，电容可视为几乎不存在，且一对电容有效地增加了奇模的电长度。

笔者论证了通过端接补偿电容可使耦合器的奇偶模电长度近似相等，并推出了在强耦合（c<10）情况下，补偿电容的容值［见式（4.7)］。研究发现该式求得的中心频率比想要的偏低，通过式（4.7）计算出需要的电容值之后，耦合器的长度必须缩短一附加量，见式（4.8）。

式（4.7）对于弱耦合的情况是不适用的。

$$c_{12} = \frac{1-\sqrt{\dfrac{\varepsilon_{ro}}{\varepsilon_{re}}}}{8f_0 Z_{oo}} \tag{4.7}$$

$$\Delta\theta_e = \arctan(\pi f_0 c Z_{oe}) \tag{4.8}$$

ε_{ro} 表示奇模介电常数；ε_{re} 表示偶模介电常数。

4）准悬浮基片带状线定向耦合器

March 于 1982 年提出了在微带基片下面加一段空气层补偿相速的方法来提高耦合器的定向性。

该结构类似于准悬浮基片带状线（见图 4.7）。对于特定的介质基片，可编写程序，用在傅里叶变换域内的 Galerkin 方法求这种结构的传播性质，可求得使得奇、偶模相速相等的基片下面的空气区域的厚度。由于该厚度不仅与介质性质有关，还与频率有关，而且这种形式的电路和单面微带电路不便于直接连接，所以其应用不广。

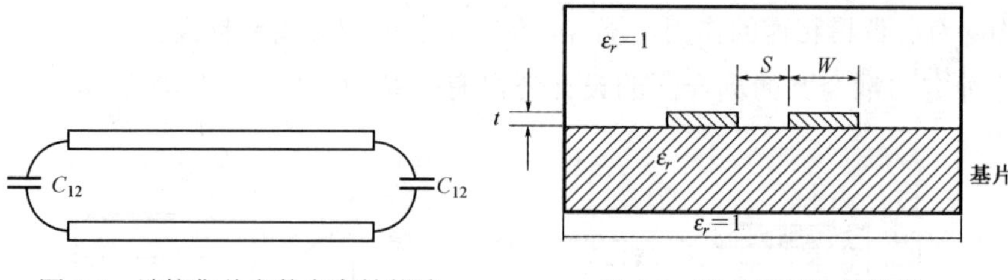

图 4.6　端接集总参数电容补偿法　　　　图 4.7　准悬浮基片带状线

5）端接电容补偿法的改进

Dydyk 在 1990 年提出了端接电容补偿法的改进方法。他运用加接补偿电容的奇模电路与原偶模电路等效（见图 4.8）的方法求出了补偿电容的容值，并给出了容值公式：

$$c=\frac{\cos\left(\dfrac{\pi}{2}\sqrt{\dfrac{\varepsilon_{\text{effo}}}{\varepsilon_{\text{effe}}}}\right)}{2Z_{\text{ooi}}w} \tag{4.9}$$

式中，$\varepsilon_{\text{effo}}$ 和 $\varepsilon_{\text{effe}}$ 分别表示奇、偶模有效介电常数。

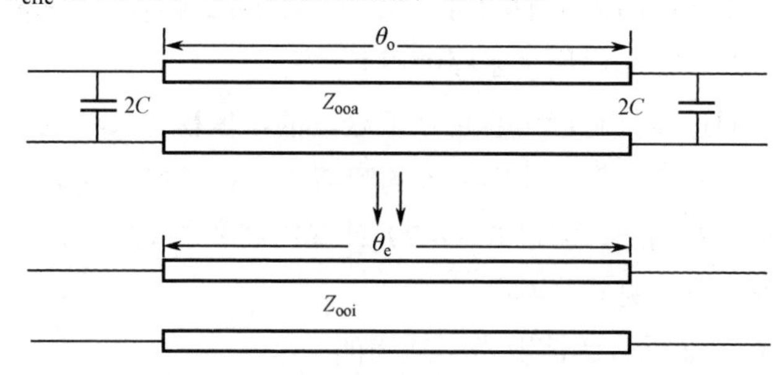

图 4.8　实际的和理想的奇模电路的等效

图 4.8 中，Z_{ooa} 表示实际的奇模特性阻抗；Z_{ooi} 表示理想的奇模特性阻抗；θ_{e} 表示实际的奇模电长度；θ_{o} 表示实际的偶模电长度。

Dydyk 于 1999 年提出了用单个集总参数元件补偿的方法，如图 4.9 所示，他从反射系数入手进行网络分析。下面的公式给出了分别用单个电容进行中心、边缘补偿时的电容值。

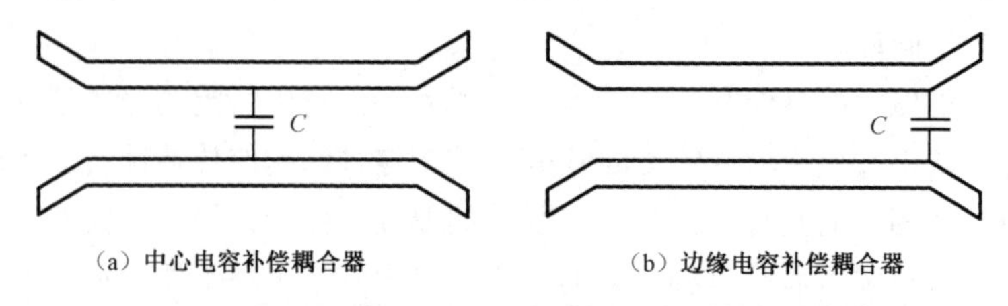

图 4.9　两种单个集总参数元件补偿的耦合器

图 4.9（a）的电容值为

$$2\omega CZ_{\text{ooa}}=\frac{\cos^2\dfrac{\theta_{\text{o}}}{2}-\sin^2\dfrac{\theta_{\text{o}}}{2}}{\sin\dfrac{\theta_{\text{o}}}{2}\cos\dfrac{\theta_{\text{o}}}{2}} \tag{4.10}$$

图 4.9（b）的电容值为

$$2\omega C=\left(\frac{2k}{1+k}\right)\frac{\cot\theta_{\text{o}}}{Z_{\text{ooa}}} \tag{4.11}$$

6）交指微带定向耦合器

用交指法实现微带定向耦合器，它的定向性也可提高。具体做法是将耦合的两条带条导体分裂成指状，交替安置，如图 4.10 所示，其结构和工艺较复杂，不能一次生产定型，还需金属丝跨接球焊。

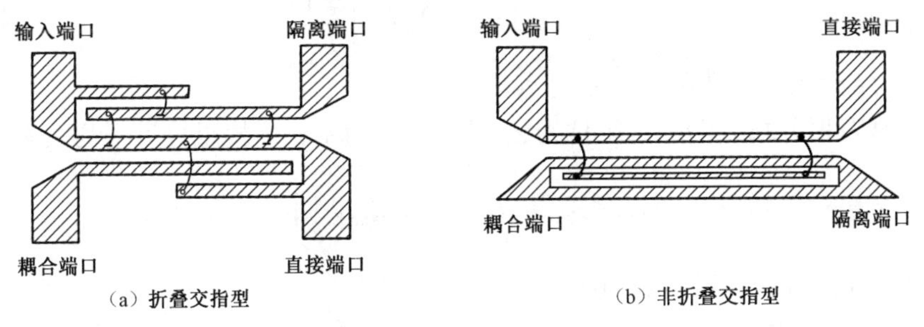

（a）折叠交指型　（b）非折叠交指型

图 4.10　交指微带定向耦合器

关于这种形式的耦合器目前在各种设计软件（如 ADS、Serenade 等）中的应用比较多。用这种方法可以设计 18GHz 以下的耦合比较强的耦合器（如 3dB 电桥）。该耦合器交指线的宽度及间隙大小与耦合度有关。

7）耦合带条开槽及耦合边锯齿化微带定向耦合器

耦合带条开槽法结合耦合边锯齿化的结构如图 4.11 所示。一般减小耦合间距可增强耦合，但耦合缝不可能无限制地减小。通过在带条的外侧开横向槽和纵向槽的方法可使耦合器在宽的频带上具有高的方向性，这些纵横条必须沿着带条周期性分布。

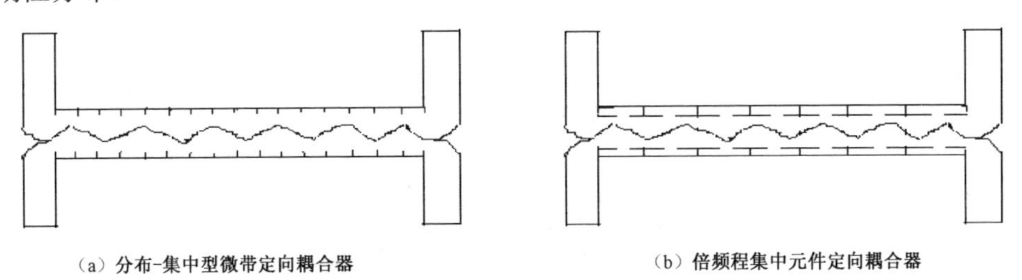

（a）分布-集中型微带定向耦合器　（b）倍频程集中元件定向耦合器

图 4.11　耦合带条开槽法结合耦合边锯齿化的结构

8）渐变线定向耦合器

这种方法可设计长度合适的非对称性高通型宽频带定向耦合器，它包括沿耦合区中不均匀耦合的两条传输线，如图 4.12 所示。其耦合系数 k 沿纵向连续变化。

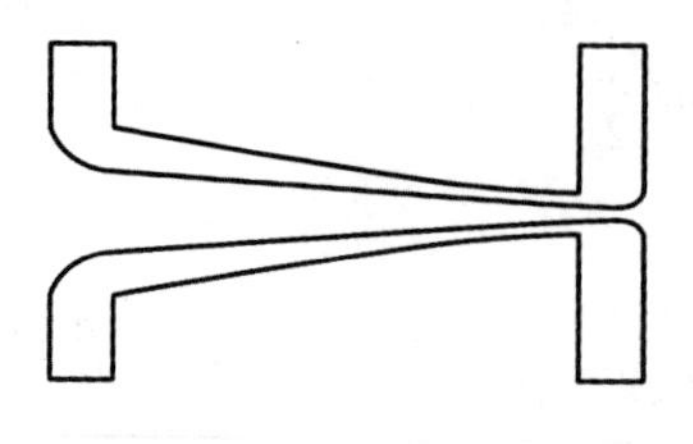
图 4.12　渐变线定向耦合器

这种耦合器的耦合系数可表示为

$$k\left(\frac{z}{l}\right)=\frac{Z_{\mathrm{oe}}\left(\frac{z}{l}\right)-Z_{\mathrm{oo}}\left(\frac{z}{l}\right)}{Z_{\mathrm{oe}}\left(\frac{z}{l}\right)+Z_{\mathrm{oo}}\left(\frac{z}{l}\right)} \tag{4.12}$$

在给定的截止低频条件下它有最佳的耦合区长度。其耦合系数可以用等波纹近似多项式进行估算。

$$k\left(\frac{z}{l}\right)=\sum_{m=0}^{M}K_m\left(\frac{z}{l}\right)^m \tag{4.13}$$

式中，K_m 为耦合系数因子，M 为点数。

当耦合器各端口的端接阻抗为 Z_0 时，耦合的奇、偶模阻抗有下列关系：

$$Z_0=\sqrt{Z_{\mathrm{oe}}\left(\frac{z}{l}\right)\cdot Z_{\mathrm{oo}}\left(\frac{z}{l}\right)} \tag{4.14}$$

当选 M=6 时，最大的误差为10^{-5}。

确定各点的耦合系数后，就可以算出耦合长度，若所要求的最大工作波长为 $\lambda_{\max}$，则

$$l=\left(\frac{l}{\lambda}\right)_c\cdot\frac{\lambda_{0\max}}{\sqrt{\varepsilon_{\mathrm{e}}}}$$

式中，$\lambda_{0\max}$ 为自由空间中的最大波长；ε_{e} 是有效介电常数；$\left(\frac{l}{\lambda}\right)_c$ 为耦合长度与截止波长的比值。

为了增强定向耦合器的耦合性能，通常在带条的外侧开横向槽，在近耦合区采用锯齿形缝隙，这些横向槽和锯齿形缝隙均是渐变的。用这种方法甚至可以设计 10 倍频程的高定向性耦合器。

9）高定向性宽频带多节微带定向耦合器

采用多级中心电容补偿耦合器相互串联，可以实现一种宽频带、高方向性微带定向耦合器，其结构如图 4.13 所示。

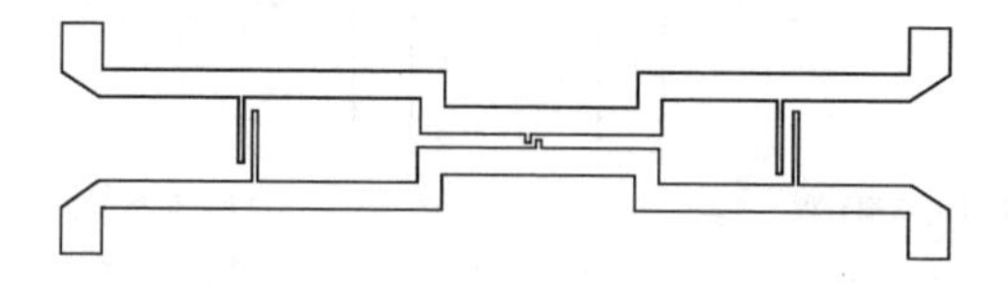
图 4.13　多级中心电容补偿耦合器模型的结构

图 4.14 所示为中心接补偿电容 C 的$\lambda/4$ 微带定向耦合器，其偶模、奇模归一化转移矩阵分别为

$$\begin{bmatrix} a_{\mathrm{e}} & b_{\mathrm{e}} \\ c_{\mathrm{e}} & d_{\mathrm{e}} \end{bmatrix}=\begin{bmatrix} \cos\theta_{\mathrm{e}} & \mathrm{j}\sqrt{Z_{\mathrm{oe}}/Z_{\mathrm{ooi}}}\sin\theta_{\mathrm{e}} \\ \mathrm{j}\sqrt{Z_{\mathrm{ooi}}/Z_{\mathrm{oe}}}\sin\theta_{\mathrm{e}} & \cos\theta_{\mathrm{e}} \end{bmatrix} \tag{4.15}$$

$$\begin{bmatrix} a_{\mathrm{o}} & b_{\mathrm{o}} \\ c_{\mathrm{o}} & d_{\mathrm{o}} \end{bmatrix}=\begin{bmatrix} \cos\theta_{\mathrm{o}}-\omega cZ_{\mathrm{ooa}}\sin\theta_{\mathrm{o}} & \mathrm{j}\dfrac{Z_{\mathrm{ooa}}}{Z_0}\left[\sin\theta_{\mathrm{o}}-2\omega cZ_{\mathrm{ooa}}\sin^2(\theta_{\mathrm{o}}/2)\right] \\ \mathrm{j}\left[Y_{\mathrm{ooa}}\sin\theta_{\mathrm{o}}+2\omega c\cos^2(\theta_{\mathrm{o}}/2)\right]Z_0 & \cos\theta_{\mathrm{o}}-\omega cZ_{\mathrm{ooa}}\sin\theta_{\mathrm{o}} \end{bmatrix} \tag{4.16}$$

式(4.15)和式(4.16)中，Z_{ooi} 为等效理想奇模电路的特性阻抗，$Z_{\mathrm{ooi}}=\sqrt{(1-k)/(1+k)}Z_0$；$Z_{\mathrm{oe}}$ 为偶模特性阻抗；Z_{ooa} 为实际的奇模特性阻抗；Z_0 为耦合器的特性阻抗。

根据在中心频率处耦合器实际的奇模等效电路（见图 4.15）与理想的奇模等效电路（见图 4.16）求得补偿电容的值为

$$c=\cot\left\{(\pi/2\cdot\sqrt{\varepsilon_{\mathrm{ee}}/\varepsilon_{\mathrm{eo}}})/[\omega_0 Z_{\mathrm{ooi}}\cot(\theta_0/2)]\right\} \tag{4.17}$$

式（4.17）中，θ_0 为中心频率时耦合器的奇模电长度。

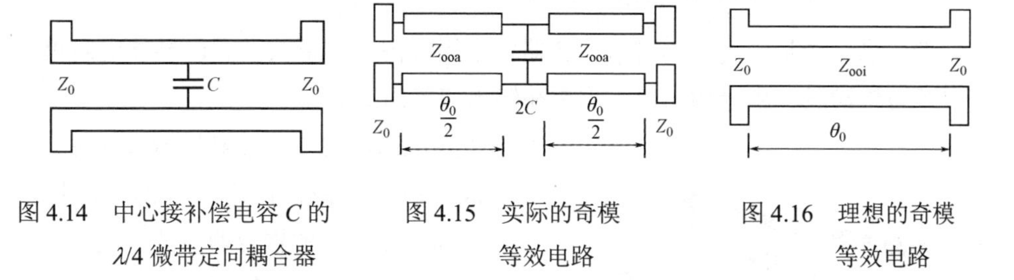

图 4.14　中心接补偿电容 C 的 $\lambda/4$ 微带定向耦合器

图 4.15　实际的奇模等效电路

图 4.16　理想的奇模等效电路

图 4.17、图 4.18 分别显示了耦合度为 20dB 单节$\lambda/4$ 耦合器中心接补偿电容和不接补偿电容时的隔离度。从图 4.17 中可以看出在中心频率处耦合器的定向性很大，达到了补偿的目的。

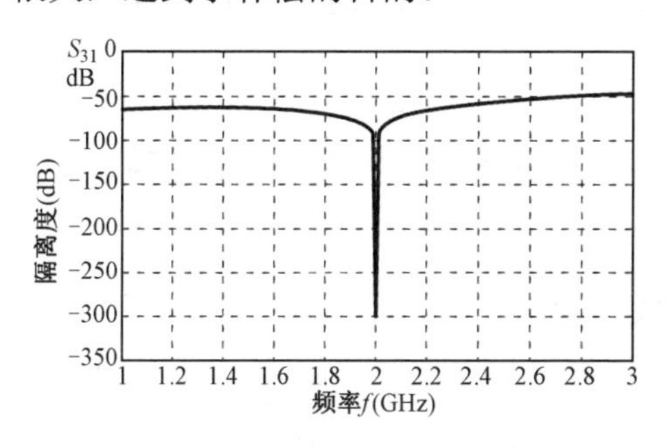

图 4.17　接补偿电容的$\lambda/4$ 耦合器的隔离度

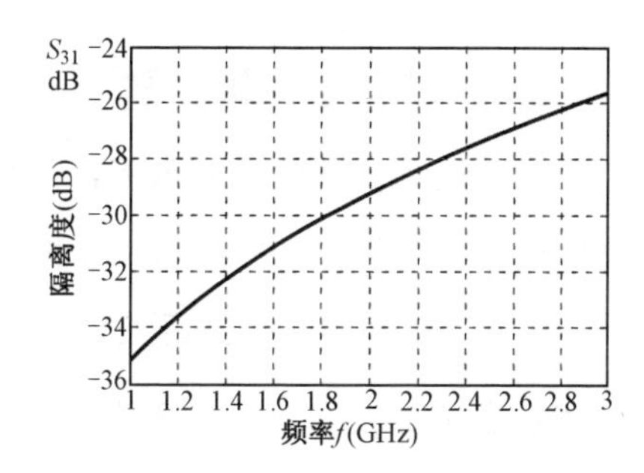

图 4.18　不接补偿电容的$\lambda/4$ 耦合器的隔离度

三节中心接补偿电容的$\lambda/4$ 微带耦合器级联后，可画出在特定耦合系数 k 和中心频率 f_0 情况下，三节$\lambda/4$ 耦合器级联后的 S_{31} 随频率变化的曲线。图 4.19 给出了中心频率为 2GHz、耦合度为 20dB 时的耦合器隔离度曲线，可见耦合器的定向性超过了 20dB。图 4.20 给出了带状线耦合器、无补偿微带耦合器及中心接补偿电容的微带耦合器的耦合度频响曲线。

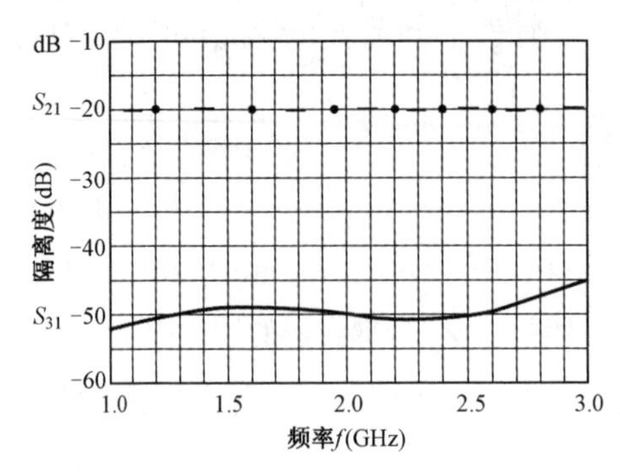

图 4.19　三节带补偿电容的耦合器 s_{21} 和 s_{31} 隔离度曲线

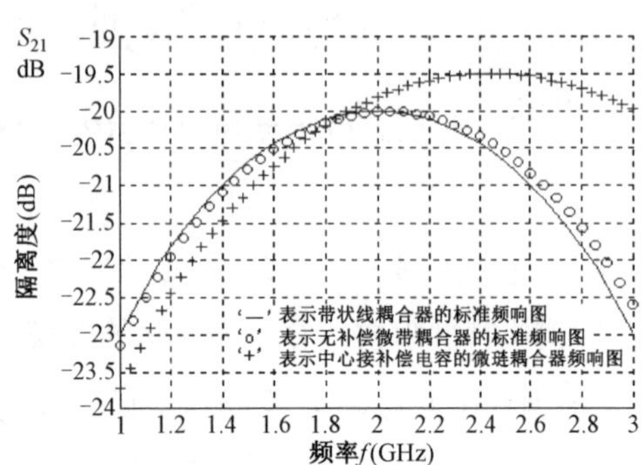

图 4.20　不同情况下三节耦合器的耦合度频响曲线

4.2.2　圆内导体定向耦合器

当传输信号是中等功率时，耦合器常采用圆内导体形式。圆内导体定向耦合器由直通传输线、耦合输出口、隔离端输出口等组成。

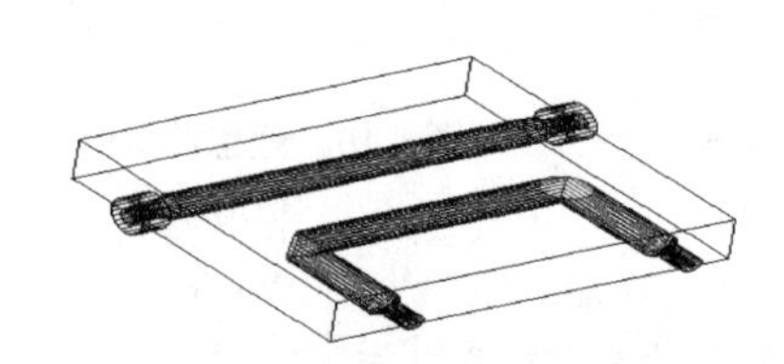

图 4.21　HFSS 软件仿真的圆内导体定向耦合器模型

工程应用时可以直接利用微波软件，计算出满足驻波、隔离度等要求的不同耦合度、不同工作频率的耦合器性能参数。

图 4.21 为 HFSS 软件仿真的圆内导体定向耦合器模型。在工作频率为 0.85～1GHz、耦合度为 45 dB 时可仿真设计出方向性大于 20 dB、各个端口的驻波小于 1.1 的耦合器。

4.2.3　波导定向耦合器[7]

波导定向耦合器的形式很多，有单孔的、多孔的；有十字槽的、斜缝的、T 形缝的；还有宽壁耦合的、窄壁耦合的。

4.2.3.1　宽对宽正交波导双斜十字缝定向耦合器

宽对宽正交波导双斜十字缝定向耦合器如图 4.22 所示。假定缝长用 L 表示，缝宽用 W 表示，缝倾角用 θ 表示，场的平行分量用 A 表示，则

$$A^{+}=\frac{\mathrm{j}\beta}{ab}\left[F_1(t)M_1'\right]\left[\left(\frac{\lambda_g}{2a}\right)^2\cos^2\frac{\pi x_0}{a}+\sin^2\frac{\pi x_0}{a}\right]\sin\beta d \tag{4.18}$$

$$A^{-}=0$$

式中，$F_1(t)=10\exp\left[-\frac{1.37t\sqrt{1-(2L/\lambda_0)^2}}{L}\right]$；$M_1=\frac{\pi}{3}\frac{L^3}{8}\left(\frac{1}{\ln\frac{4L}{w}-1}\right)$。

考虑大孔效应，则

$$M_1'=M_1\frac{1}{1-(2L/\lambda_0)^2} \tag{4.19}$$

由于图 4.22 所示形式的定向耦合器在工程上广泛采用，而且要求耦合量起伏较小，故斜十字缝的位置选择特别重要。

根据式（4.18）和式（4.19）推导得式（4.20），由该式可求得单缝的位置 x_0。

$$\tan\frac{\pi x_0}{a}=\left\{\frac{-\frac{8\lambda L^2}{\lambda^2-4L^2}\frac{\lambda_g}{4a^2}+\left(\frac{\lambda_g}{2a}\right)^2\left[1-\left(\frac{\lambda}{2a}\right)^2\right]}{\left[1-\left(\frac{\lambda}{2a}\right)^2\right]^{-1/2}+\frac{8\lambda L^2}{\lambda^2-4L^2}\frac{1}{\lambda_g}}\right\}^{1/2} \tag{4.20}$$

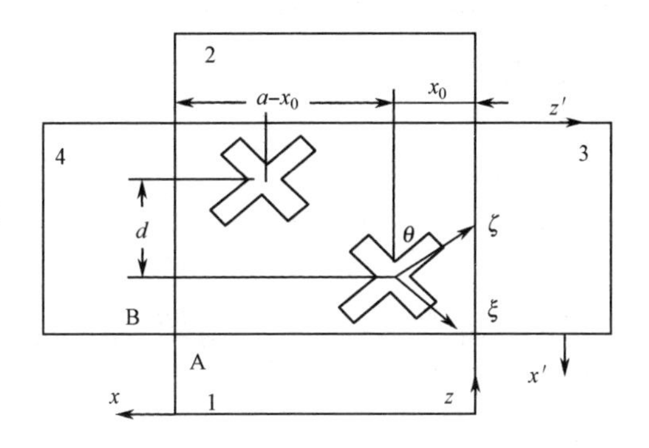

图 4.22　宽对宽正交波导双斜十字缝定向耦合器

4.2.3.2　波导宽窄边正交放置双平行缝定向耦合器

图 4.23 为波导宽窄边正交放置双平行斜缝定向耦合器示意图，两波导正交放置，耦合器通过宽窄公共壁上的斜缝耦合信号。

当波在主波导 F 正 z 方向传播时，耦合到副波导 G 中的场为

$$A^{(\pm)}=\frac{\mathrm{j}\pi}{\lambda s}M_1H_{\mathrm{o}1}H_e^{(\pm)} \tag{4.21}$$

式中，$H_{\text{ol}}=H_{0z}\sin\theta+H_{0x}\cos\theta=\cos\dfrac{\pi x}{a}\sin\theta+\text{j}\dfrac{2a}{\lambda_g}\cos\theta$。

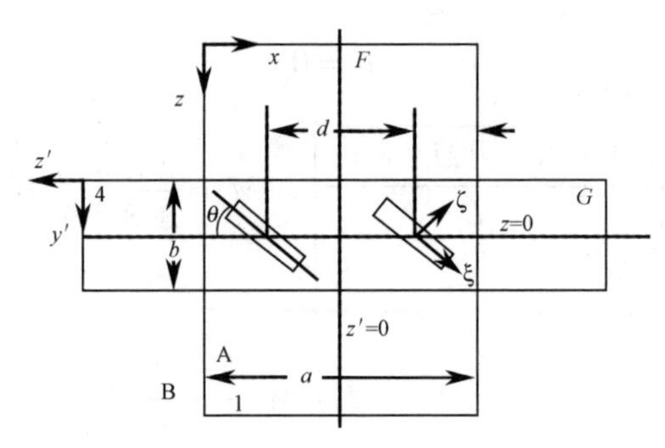

图 4.23　波导宽窄边正交放置双平行斜缝定向耦合器

假如两缝隙取 $z=0$ 为参考面；两缝隙取 $z'=d/2$ 和 $z'=-d/2$，忽略缝隙之间的互耦，总的耦合系数在 z' 正方向为

$$
\begin{aligned}
A^{(+)}&=A_1^{(+)}+A_2^{(+)}\\
&=-\frac{\text{j}\pi M_1}{\lambda s}\left\{\sin\frac{\pi d}{2a}\sin\theta+\text{j}\frac{2a}{\lambda_g}\cos\frac{\pi d}{\lambda_g}\cos\theta\right\}\cos\theta\text{e}^{-\text{j}\beta\frac{d}{2}}-\\
&\quad\frac{\text{j}\pi M_1}{\lambda s}\left\{-\sin\frac{\pi d}{2a}\sin\theta+\text{j}\frac{2a}{\lambda_g}\cos\frac{\pi d}{2a}\cos\theta\right\}\cos\theta\text{e}^{\text{j}\beta\frac{d}{2}}
\end{aligned}
\tag{4.22}
$$

总的耦合系数在 z' 负方向为

$$
\begin{aligned}
A^{(-)}&=A_1^{(-)}+A_2^{(-)}\\
&=-\frac{\text{j}\pi M_1}{\lambda s}\left\{\sin\frac{\pi d}{2a}\sin\theta+\text{j}\frac{2a}{\lambda_g}\cos\frac{\pi d}{\lambda_g}\cos\theta\right\}\cos\theta\text{e}^{\text{j}\beta\frac{d}{2}}-\\
&\quad\frac{\text{j}\pi M_1}{\lambda s}\left\{-\sin\frac{\pi d}{2a}\sin\theta+\text{j}\frac{2a}{\lambda_g}\cos\frac{\pi d}{2a}\cos\theta\right\}\cos\theta\text{e}^{-\text{j}\beta\frac{d}{2}}
\end{aligned}
\tag{4.23}
$$

假定 $A^{(-)}=0$，则有

$$\sin\frac{\pi d}{2a}\sin\theta\sin\frac{\beta d}{2}+\frac{2a}{\lambda_g}\cos\frac{\pi d}{2a}\cos\theta\cos\frac{\beta d}{2}=0$$

或

$$\tan\theta=\frac{2a}{\lambda_g}\cot\frac{\pi d}{2a}\cot\frac{\beta d}{2}\tag{4.24}$$

当缝隙间距 d 给定后，上面的方程式有可能得到最佳方向性的 θ 值，当 θ 值给定后，最佳耦合系数为

$$A_{\text{OPT}}^{(+)}=-\frac{2\pi M_1}{\lambda s}\sin\frac{\pi d}{2a\sin\dfrac{\beta d}{2}}\sin 2\theta$$

或
$$A_{\mathrm{OPT}}^{(+)}=-\frac{8\pi aM_1}{\lambda\lambda_g s}\left[\frac{\cos\frac{\pi d}{2a}\cos\frac{\beta d}{2}}{1+\frac{4a^2}{\lambda_g^2}\cot^2\frac{\pi d}{2a}\cot^2\frac{\beta d}{2}}\right] \tag{4.25}$$

到目前为止，我们并不需要选取缝间距 d 任意特定的值，但当给定缝隙的尺寸后，取接近最佳耦合系数极大值$\left|A_{\mathrm{OPT}}^{(+)}\right|_{\max}$是合理的。$d$ 的最佳值取决于 a 和 λ_g 或相当于这些量的比值，为了便于分析，假定这些比值 $a/\lambda_g=1/2$，对应值选用的波导非常接近它的中心标准工作频率范围，最佳 $d/a\approx 0.57$，方便起见，假定 $d/a\approx 0.5$。

现在假定缝间距 $d=\frac{a}{2}\approx\frac{\lambda_g}{4}$，$L$ 为缝隙长，w 为缝隙宽，于是得

$$\begin{aligned}\left|A_{\mathrm{OPT}}^{(+)}\right|&=\frac{\pi L^3}{24a^2b}\frac{1}{\left(\ln\frac{4L}{w}-1\right)}\frac{\cos^2\frac{\pi}{4}}{\left(1+\cot^2\frac{\pi}{4}\right)}\\&=\frac{\pi L^3}{24a^2b}\frac{1}{\ln\frac{4L}{w}-1}\cdot\frac{1}{4}\end{aligned} \tag{4.26}$$

4.2.3.3　波导宽对宽平行放置双平行斜缝定向耦合器

图 4.24 为波导宽对宽平行放置双平行斜缝定向耦合器，两波导靠宽边平行放置，耦合器通过宽边公共壁上的斜缝耦合信号。

斜缝倾斜角的计算公式如下：

$$\tan\theta=-\frac{2a}{\lambda_g}\cot\frac{\pi d}{2} \tag{4.27}$$

该式能使我们在缝间距 d 确定后，便可确定定向耦合器斜缝倾斜角 θ 的最佳值。现假定确定了 θ 值，计算正 z' 方向的 A^+。在该最佳值条件下：

$$A_{最佳}^{+}=-\mathrm{j}\frac{4\pi M_1F_1(t)}{\lambda s}\times\left[\cos\sec^2\left(\frac{\pi d}{2a}\right)+\frac{\lambda_g^2}{4a^2}\sec^2\left(\frac{\beta d}{2a}\right)\right]^{-1} \tag{4.28}$$

4.2.3.4　两波导相交成特定角单缝定向耦合器

图 4.25 表示两波导宽边相交成特定角单缝定向耦合器。

主波导的电分量耦合到辅波导的相对幅值：$\frac{A_E}{A_\lambda}=\frac{\pi\mathrm{j}}{\lambda s}(E_1E_2)\frac{2r^3}{3}F_E(t)$

当两波导相同时，则　　$E_1=E_2$

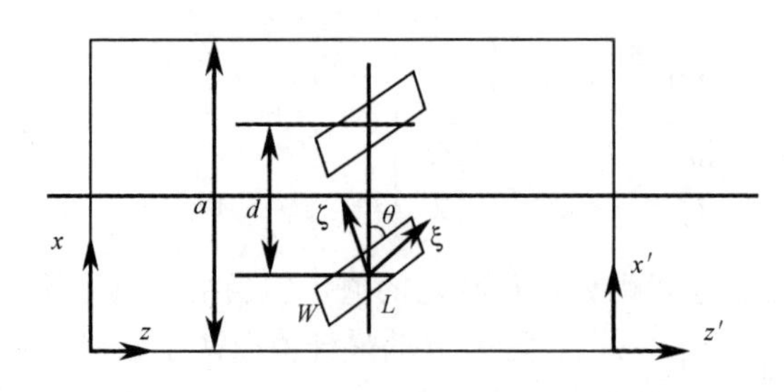

图4.24　波导宽对宽平行放置双平行斜缝定向耦合器

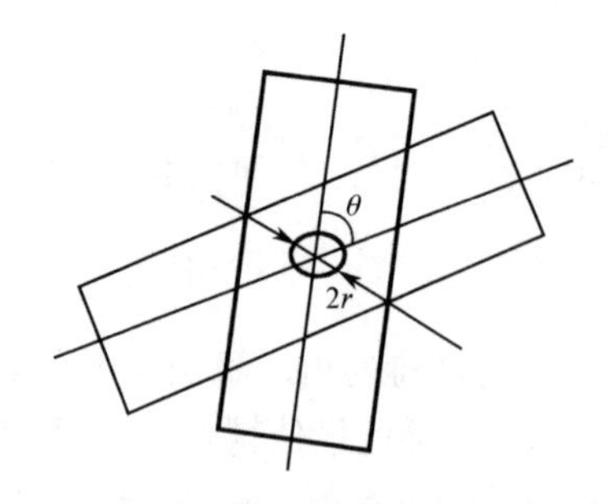

图4.25　两波导宽边相交成特定角单缝定向耦合器

$$s=\frac{\lambda_g ab}{2\lambda}H_1^2=\frac{\lambda_g ab}{2\lambda}E_1^2\left(\frac{\lambda}{\lambda_g}\right)^2$$

最后给出：$$\frac{A_E}{A_\lambda}=\frac{4\pi \mathrm{j} r^3}{2\lambda_g ab}\left(\frac{\lambda_g}{\lambda}\right)F_E(t)$$

对于磁分量有相似情况：$$\frac{A_{(H_-)}}{A_\lambda}=\frac{8\pi \mathrm{j} r^3}{3\lambda_g ab}\cos\theta F_H(t)$$

总的耦合量：$$\frac{A_E+A_H}{A_\lambda}=\frac{8\pi \mathrm{j}\lambda^3}{3ab\lambda_g}\left[\cos\theta F_H(t)+\frac{1}{2}\left(\frac{\lambda_g}{\lambda}\right)^2 F_E(t)\right]\tag{4.29}$$

耦合衰减：$$C=-20\lg\left\{\frac{\pi d^3}{3ab\lambda_z}\left[\cos\theta+\frac{1}{2}\left(\frac{\lambda_g}{\lambda}\right)^2\frac{F_E}{F_H}\right]F_H\right\}\tag{4.30}$$

式中，d 为孔的直径，F_E 为电场力，F_H 为磁场力。

对于最佳定向性，$$\cos\theta=\frac{1}{2}\left(\frac{\lambda_g^2}{\lambda}\right)^2\frac{F_E}{F_H}$$

$$C=-20\lg\left(\frac{2\pi d^3}{3ab\lambda_g}\cos\theta F_H\right)$$

定向性：$$D=20\lg\frac{\cos\theta+\frac{1}{2}\left(\frac{\lambda_g^2}{\lambda}\right)^2\frac{F_E}{F_H}}{\cos\theta-\frac{1}{2}\left(\frac{\lambda_g^2}{\lambda}\right)^2\frac{F_E}{F_H}}\tag{4.31}$$

其中：

$$F_E=\exp\left[-2\pi\sqrt{\left(\frac{1}{2.62r_0}\right)^2-\frac{1}{\lambda^2}t}\right]\tag{4.32}$$

$$F_H = \exp\left[-2\pi\sqrt{\left(\frac{1}{3.42r_0}\right)^2 - \frac{1}{\lambda^2}}t\right] \tag{4.33}$$

4.2.3.5　宽边正交波导谐振缝耦合器

宽边正交波导谐振缝耦合器与前面各节描述的定向耦合器有本质的差别，前面的耦合器都属小孔和非谐振耦合，具有很强的方向性，而大孔和谐振耦合不具有方向性，它广泛应用在平板缝隙天线阵的设计领域，是人们熟知的一种耦合器。

宽边正交波导谐振缝耦合器的耦合缝形状可以任意（如矩形或哑铃形），如果需要也可以用膜片来增大耦合，缝隙对于每个波导而言可以是串联或并联的。

4.2.3.6　设计实例

下面通过实例来分析计算一个宽边正交耦合器的参数。设计工作带宽为 10～11GHz 的一对正交孔耦合器的基本步骤如下。

（1）在 HFSS 软件中绘制宽边正交耦合器的模型如图 4.26 所示，所有输出、输入波导的尺寸应该确定，并赋予其他尺寸初始值，公共壁厚度为 0.5mm。

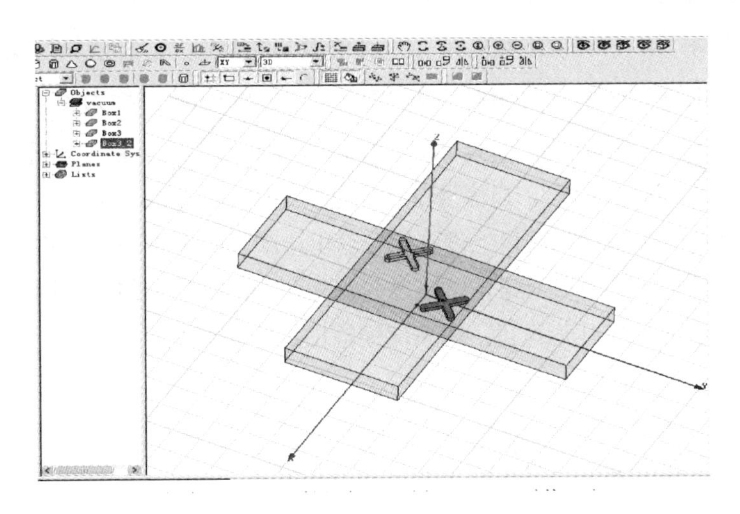

图 4.26　在 HFSS 软件中绘制宽边正交耦合器的模型

（2）根据初始值计算一次。然后将可以变化的值设为变量，给定变化范围。

（3）设置求解参数，如迭代次数、两次 S 参数的变化允许最大值、频率等。

（4）参数扫描。

（5）比较扫描结果，求得最好的器件性能，如图 4.27 所示。

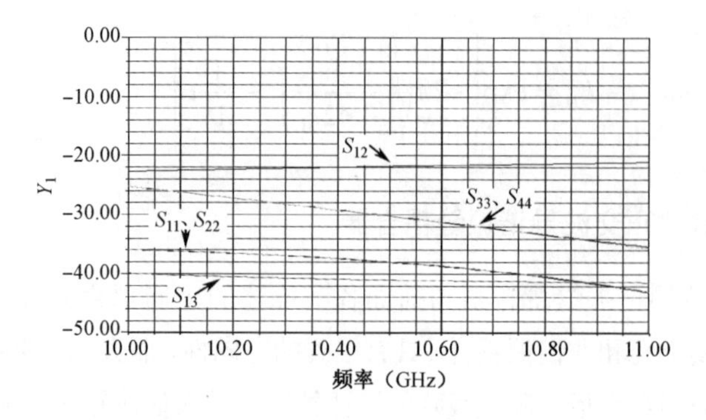

图 4.27　耦合器的 S 参数仿真曲线

4.3　电桥

电桥能够产生和信号及差信号，主要用于雷达接收系统。通常有环形电桥、分支线电桥和波导电桥等。

4.3.1　环形电桥

环形电桥[8]顶视图如图 4.28 所示，环的全长为$1.5\lambda_{g0}$，各段长度及归一化特性导纳如图 4.28 所示，与环相接的 4 个分支特性导纳相等，都为Y_0。当信号自 1 端口输入，其他端口接匹配负载，此时 2 端口、4 端口的输出信号相等，3 端口没有输出，1、3 两端口隔离。当信号自环形电桥的端口 4 输入时，信号从端口 1、端口 3 等分输出，端口 2 理论上没有信号输出，端口 2 和端口 4 是隔离的。

环形电桥是个八端口网络，可将它分解为两个四端口网络，采用奇、偶模法分析。对于理想 3dB 环形电桥：隔离端无输出、输入端无反射、等功率输出。

最后解得

$$a = b = c = 1/\sqrt{2} \tag{4.34}$$

不等分比环形电桥如图 4.29 所示，假设信号从 1 路输入，现要求端口 3 和 4 的输出功率比为 p_3/p_4，则环形电桥的设计公式为

$$Y_1 = \frac{Y_0}{\sqrt{1 + p_3/p_4}} \tag{4.35}$$

$$Y_2 = \frac{Y_0}{\sqrt{1 + p_4/p_3}} \tag{4.36}$$

式中，Y_0 为标准传输线的特性导纳；Y_1、Y_2 分别为两条分支线的特性导纳。

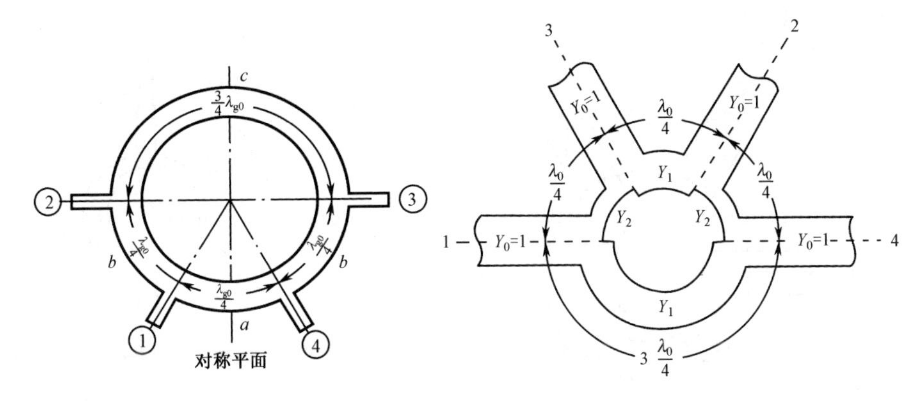

图 4.28　环形电桥顶视图　　　　图 4.29　不等分比环形电桥

工艺上可以实现的常用微带环形电桥的功率分配比为 4∶1，即−6dB 环形电桥，分配比大的就只能采用改进型不等分环形电桥（见图 4.30），这种电桥的功率分配比可达−10dB 左右，它在结构上将四分之三波长的传输线分成三段。假设信号从 1 路输入，现要求端口 3 和 4 的输出电压比为b_3/b_4，则这种环形电桥的设计公式为

$$\frac{b_3}{b_4}=-\frac{2Y_2}{Y_1(1+Y_1/Y_2)} \tag{4.37}$$

$$Y_2^2+\frac{Y_1^3}{Y_2}=1 \tag{4.38}$$

在 1.5λ混合环中[9]，内部环形电路的阻抗都为$\sqrt{2}Z_0$。事实上，优化环形电路中各段$\lambda/4$ 的阻抗，可以得到更优的频带宽度。

在环形电桥的理论分析中，通常是以在中心频率 f_0 处，驻波、隔离、幅相一致性等指标最佳为前提。然而，在实际设计中，可以损失 f_0 处的部分指标来达到拓展频带宽度的目的。选取目标函数 M：

$$M=\sum_{j=1}^{N}\left[a_{j1}|S_{11}|^2+a_{j2}|S_{22}|^2+a_{j3}|S_{33}|^2+a_{j4}\left(|S_{12}|-\frac{1}{\sqrt{2}}\right)^2+a_{j5}\left(|S_{14}|-\frac{1}{\sqrt{2}}\right)^2+a_{j6}\left(|S_{23}|-\frac{1}{\sqrt{2}}\right)^2\right]_{f_j}$$

式中，N 为采样点数；f_j 为采样频率；a_{ji} 为设计中各指标的权值。当选取合适的 f_j 与 a_{ji}，可以优化上式，使 M 取得最小值时得到各段$\lambda/4$ 的阻抗值和工作带宽[21]。表 4.1 给出了三分支电桥、1.5λ环形电桥和经过优化的宽频带环形电桥的仿真结果。而在各端口加入四分之一波长变换，则能更好地拓宽带宽（见图 4.31）。优化后的环形电桥实物照片如图 4.32 所示，在 40%带宽内实测的幅度不平度为±0.32dB、相位不平度为±7°。

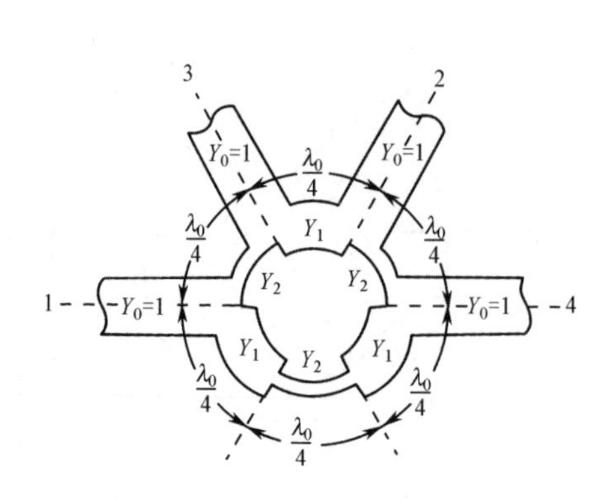

图 4.30　改进型不等分环形电桥

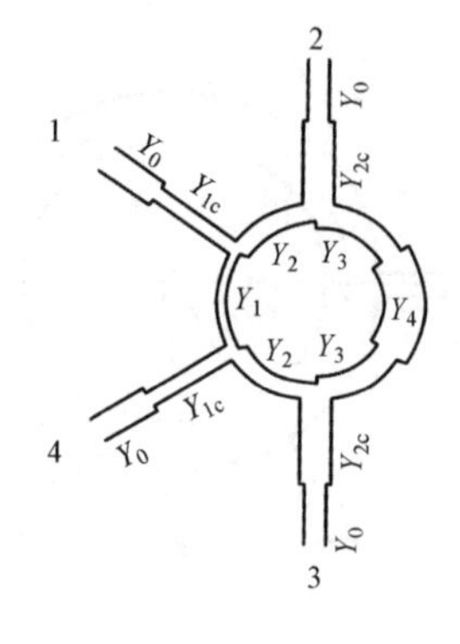

图 4.31　优化后的环形电桥

表 4.1　三种不同电桥的性能比较

项目	带宽（%）	同相输出		反相输出		驻波比	隔离度（dB）
		幅度不平度（dB）	相位不平度（°）	幅度不平度（dB）	相位不平度（°）		
三分支电桥	24.5	±0.252	±5.08	±0.226	±5.041	1.24	20
1.5λ环形电桥	26.6	±0.304	±3.846	±0.299	±3.939	1.184	21.67
宽频带环形电桥	44.0	±0.305	±6.2178	±0.301	±6.479	1.25	18.776
	35.33	±0.28	±5.05	±0.289	±4.996	1.18	21

优化后的环形电桥带宽增加，但仍达不到倍频程，特别是当用在反相时，信号所经过的路程不对称，对频率更加敏感。在图 4.33 所示的倍频程环形电桥中，各段传输线长度相等，因此随频率变化相同。它可以在倍频范围内实现（3±0.3)dB 的功率分配，并保持 20dB 的隔离度和较低的驻波比。

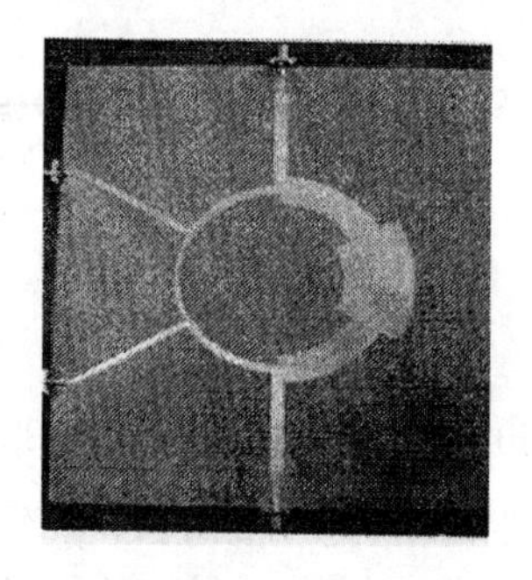

图 4.32　优化后的环形电桥实物照片

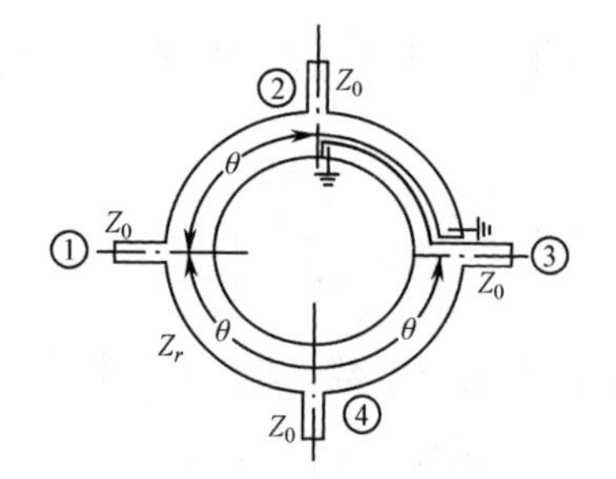

图 4.33　倍频程环形电桥

4.3.2　分支线电桥

在微波电路中，分支线电桥特别是等功率输出的支线电桥应用比较广泛，由于它的输出端口位于同一侧，因而容易构成平衡混频器、移相器和开关等集成电路。在中心频率上，当信号由支线电桥的一个端口输入时，其他三个接匹配负载的端口，一个没有信号输出，还有两个端口的输出信号无论其功率分配比值如何，其理论相位总是相差 90°。

常见分支线电桥的结构如图 4.34 所示，各段分支线的中心长度都是中心频率下的 1/4 导引波长。

端口的信号幅度与输入信号幅度比：

$$C = 20\log\frac{\sqrt{b^2-1}}{b} \tag{4.39}$$

主线和支线之间归一化特性阻抗的关系：$1+a^2=b^2$。

因而，在设计支线电桥时，根据信号分配比，再结合式（4.39）可以确定电桥的结构形式。

这种电桥不能实现较大功率不平衡度输出，具体取决于所采用微波板材性能和加工工艺水平。

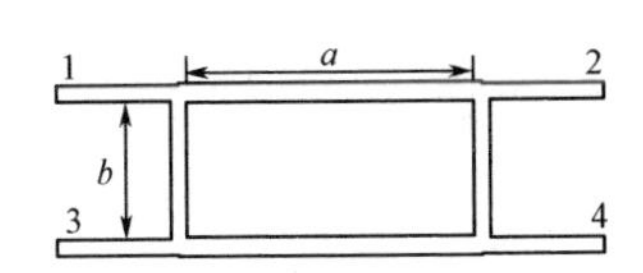

图 4.34　常见分支线电桥的结构

在分支线电桥中，常用的一种是 3dB 电桥。表 4.2 给出了二分支、三分支和四分支 3dB 电桥的各部分归一化导纳值，还给出了当频率变化时，输入驻波比、隔离度和耦合度的变化范围。分支节数越多，电桥的工作频率越高。

从表 4.2 中看出，当分支线的节数增多时，分支线的阻抗变大，实现微带电路的工艺难度就会增大。工程应用时通常选用 3 节。

表 4.2　3dB 微带分支电桥数据

归一化特性导纳	$f=f_0$			$f=1.06f_0$			$f=1.13f_0$		
	ρ	D_{dB}	C_{dB}	ρ	D_{dB}	ΔC_{dB}	ρ	D_{dB}	ΔC_{dB}
（a）	1	∞	3	1.26	19.0	0.24	1.57	13.8	0.74
（b）	1	∞	3	1.08	27.4	0.18	1.20	20.5	0.60
（c）	1	∞	3	1.01	45.0	0.10	1.05	32.0	0.45

表中，ΔC_{dB} 为 2、3 两路输出功率的不平衡度。

$$\Delta C_{\text{dB}} = 10\lg\frac{P_2}{P_3}$$

4.3.3 波导电桥

波导电桥[10]用途广泛，可用于多波束形成网络、电子直线加速器中行波反馈电路、单脉冲雷达馈电系统中的高频加减器、四端口环流器、变极化器、频率分集和极化分集等电路，也可用于高功率移相器及收发开关（平衡式收发开关）中。

波导电桥可分为窄边耦合（H_{10} 模与 H_{20} 模耦合）、宽边窗口耦合（H_{10} 模与 $H_{11}+E_{11}$ 模耦合）、宽边裂缝耦合（H_{10} 模与 TEM 模耦合），如图 4.35～图 4.37 所示。

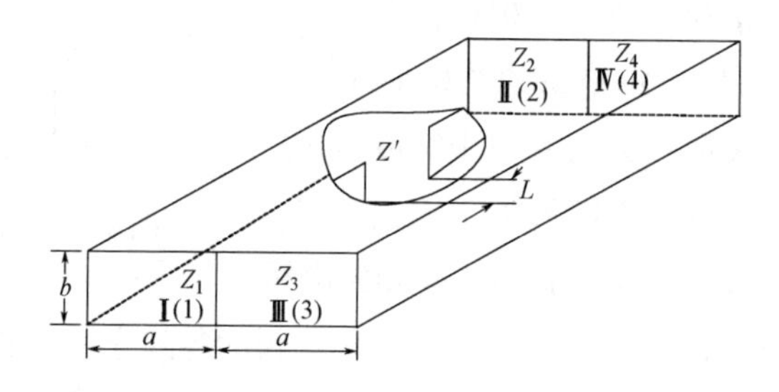

图 4.35　H_{10} 模与 H_{20} 模窄边耦合波导电桥

从图 4.35 中的端口 1 输入功率，经过耦合裂缝后，3 端口隔离，2 端口和 4 端口输出功率。定义 1 端口输入的功率为 P_1，经过耦合裂缝后，3 端口输出功率为 P_3，2、4 端口输出功率分别为 P_2、P_4。

在调试中隔离度、驻波系数是很重要的参数，对电桥各端口的功率输出、功率耦合、方向性有很大影响。

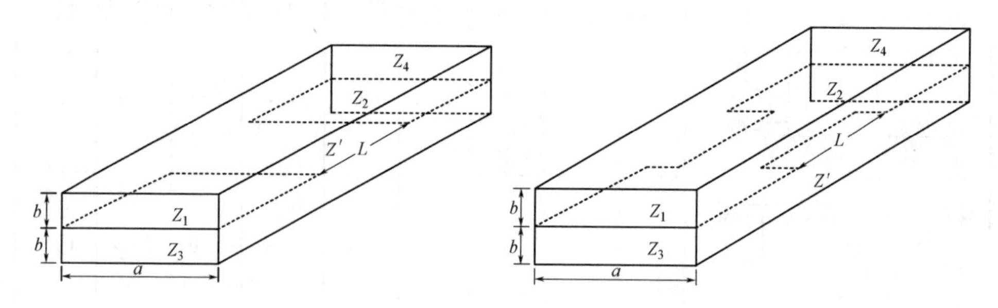

图 4.36　H_{10} 模与 $H_{11}+E_{11}$ 模宽边窗口耦合器　　图 4.37　H_{10} 模与 TEM 模宽边裂缝耦合器

图 4.35 的等效网络如图 4.38（在交界处）所示。

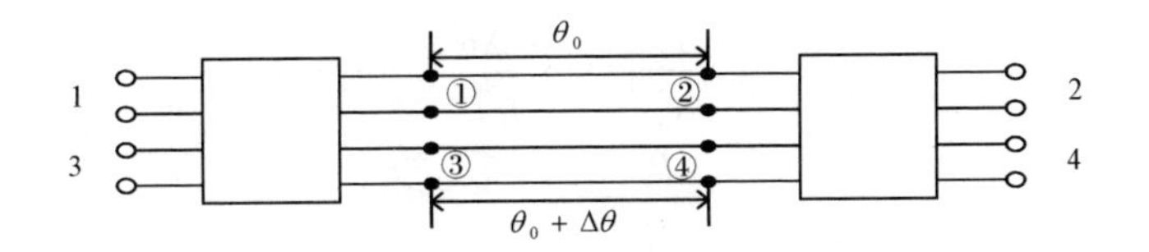

图 4.38　裂缝耦合波导电桥的等效网络

$$\Delta\theta = 2\pi L\left(\frac{1}{\lambda_{gH_{10}}^{V}} - \frac{1}{\lambda_{gH_{20}}^{V}}\right) + 2\phi_{0H_{10}} + 2\phi_{TH_{10}}^{V} \tag{4.40}$$

式中，$\lambda_{gH_{10}}^{V}$——波导 V 中 H_{10} 波的波导长度；

$\lambda_{gH_{20}}^{V}$——波导 V 中 H_{20} 波的波导长度；

$\phi_{0H_{10}}^{V}$——加入匹配元件引起的相移角；

$\phi_{TH_{10}}^{V}$——公共壁引起的相移角；

$\lambda_{gH_{10}}^{V}$，$\lambda_{gH_{20}}^{V}$——波导 V 中 H_{10} 波和 H_{20} 波的波导波长；

L——耦合缝长度。

引入上面的关系式后，再研究各端口之间的关系，并进一步找出裂缝耦合波导电桥的计算公式。

若从图 4.38 的 1 端口输入信号 $E_{H_{10}}^{I}$，2、4 端口是匹配的，在交界处①～②端将同相激励 H_{10} 波和 H_{20} 波，到达交界处②～④端时，相位分别为-（$\phi_{H_{20}}^{V}+\Delta\theta$）和 $-\phi_{H_{20}}^{V}$，如果在波导V中已加有匹配元件，且忽略波导损耗，前进的 H_{10} 波进入 2 端口、4 端口的幅值均为$\frac{1}{2}E_{H_{10}}^{I}$，相位均为-（$\phi_{H_{20}}^{V}+\Delta\theta$）；前进的 H_{20} 波进入 2 端口和 4 端口均为 H_{10} 波，其幅值也均为$\frac{1}{2}E_{H_{10}}^{I}$，且相位分别为-$\phi_{H_{20}}^{V}$和-（$\phi_{H_{20}}^{V}+\pi$），于是在 2 端口的合成电场为

$$|E_2| = |E_{H_{10}}^{I}|\cos\frac{\Delta\theta}{2} \tag{4.41}$$

在 4 端口的合成电场为

$$|E_4| = |E_{H_{10}}^{I}|\sin\frac{\Delta\theta}{2} \tag{4.42}$$

在 3 端口的合成电场为

$$|E_3| = 0 \tag{4.43}$$

相应的功率比为

$$\frac{P_2}{P_1} = \cos^2\frac{\Delta\theta}{2} \tag{4.44}$$

$$|\frac{P_4}{P_1}|=\sin^2\frac{\Delta\theta}{2} \tag{4.45}$$

$$|\frac{P_3}{P_1}|=0 \tag{4.46}$$

$$|\frac{P_4}{P_2}|=\tan^2\frac{\Delta\theta}{2} \tag{4.47}$$

当$\Delta\theta=\frac{\pi}{2}$时，式（4.44）和式（4.45）变成：

$C=10\lg\frac{P_2}{P_1}=10\lg\frac{P_4}{P_1}=3\text{dB}$，称为三分贝电桥。

式（4.40）变成：

$$L=\left(\frac{\pi}{2}-2\phi_{0\text{H}_{10}}^{\text{V}}-2\phi_{\text{TH}_{10}}^{\text{V}}\right)\Bigg/2\pi\left(\frac{1}{\lambda_{\text{gH}_{10}}^{\text{V}}}-\frac{1}{\lambda_{\text{gH}_{20}}^{\text{V}}}\right) \tag{4.48}$$

式（4.48）就是计算三分贝电桥耦合度的公式。在 2 端口合成的电场矢量 $\boldsymbol{E}_2$ 的相位超前 4 端口合成的电场矢量 $\boldsymbol{E}_4$ 的相位 90°。

当$\Delta\theta=\pi$时，从式（4.44）和式（4.45）可以看出$P_1=P_2$，此为零分贝电桥。

当$\Delta\theta$为任意角度时，即任意功率分配比时，都可从式（4.40）推出耦合裂缝的长度。

关于 H_{10} 模与 $\text{H}_{11}+\text{E}_{01}$ 模裂缝耦合器，H_{10} 模与 TEM 模裂缝耦合器的有关分析见参考文献[12]。实际工作中，应根据工程所需承受的功率带宽及结构形式选用不同形式的波导裂缝电桥。

对于波导电桥的工程计算，可选用阻抗圆图方法确定匹配的位置与插棒（或螺钉）直径，目前多采用 HFSS 仿真软件进行设计。

4.4 单 T、双 T

单 T、双 T 分为同轴单 T、双 T 及波导单 T、双 T。

4.4.1 同轴单 T、双 T

同轴单 T、双 T 由同轴线通过阻抗变换实现，可用于中等功率微波分配网络中。

4.4.1.1 同轴单 T

图 4.39 为同轴单 T 结构示意图，其 3 个端口的阻抗均为 50Ω，分析时可将输出口 2、3 近似为两臂并联，采用两节切比雪夫变换实现与 1 口的阻抗匹配。同轴

单 T 可以看作一分二功率分配器，但两分配端相互不隔离。

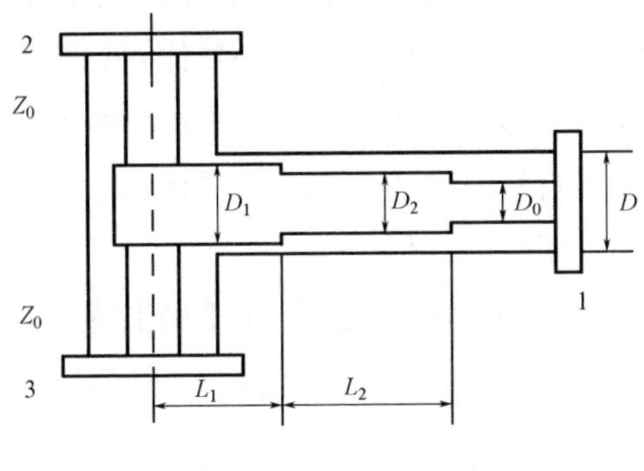

图 4.39　同轴单 T 结构

同轴单 T 的设计可根据阻抗变换比、带宽等通过查表的方法求出变换段的长度和阻抗，再根据同轴线的阻抗公式求出它的尺寸。通过 HFSS 仿真软件可以优化它的尺寸，使设计更加准确。

4.4.1.2　同轴双 T

同轴双 T 为一种同轴式接头，可用于雷达馈线系统的和差网络或功率分配网络，它可以产生等幅、同相的分配信号，并且输出端口间隔很远。

1）并联臂

并联臂可以看成一个短截线支撑的 T 形接头，内导体双向开槽，当并联臂被激励时，对称开槽的同轴线内导体可以看作两个导体并联，此时在并联臂内传输的是准 TEM 模，在两内导体的缝隙间没有电位差。此时可以认为没有能量进入槽内到串联臂的传输线中，因此并联臂和串联臂隔离。

两个侧臂并联，由 1/4 波长阻抗变换器变换到并联臂的阻抗。因此有

$$Z_{\mathrm{T}} = Z_0 / \sqrt{2}$$

由于单节阻抗变换器的频带较窄，所以用一个 1/4 波长短路器支撑，增加带宽。当短路器的特性阻抗与变换段的特性阻抗相等时，带宽特性最好。

2）串联臂

同轴双 T 结构示意图如图 4.40 所示，从串联臂看进去，有一内导体和对称开槽的同轴线外导体，此开槽外导体有一半在侧臂轴线处被一短路柱短接，使内导体和一半外导体短路，另一半外导体未被短接。槽长为 L_1+L_2。L_1、L_2 各为 1/4 波长。

当不接短路柱时，TEM 模在对称双向开槽外和内导体构成的同轴线中传输，

由于开槽线的槽间无电位差，所以无法使侧臂被激励。当加接短路柱时，在槽间产生电位差激励起侧臂，当 L_1 为 1/4 波长时，槽间电压最大，此电位差向起始端减弱，在起始端减为零。此时内导体、上半外导体和短路柱构成一并联在串联臂输入端的短路线，由于分布电容减小一半，分布电感增大一倍，其特性阻抗约为原内外导体构成的同轴线特性阻抗的 2 倍。内导体和下半导体构成另一传输线，其阻抗亦为原同轴线特性阻抗的 2 倍。

负载 Z_L 跨接在短路柱和下半导体之间。由于槽上感应器的电压激励侧臂的对应面建立的电场是反相的，因而两个侧臂可看成串联的，若侧臂特性阻抗为 Z_0，则有 $Z_L=2Z_0$。

为使串联臂匹配，则有 $Z = Z_0/\sqrt{2}$ 。

从图 4.40 可以看出，有两个短路线并联在串联臂的输出端，即 Z_L 两端。一个短路线是开槽线的 L_1 段和外筒，另一个短路线由开槽线的 L_2 段和外筒构成。

同轴双 T 一般按如下过程设计：

（1）并联臂变换段的特性阻抗为 $Z_T = Z_0/\sqrt{2}$ 。

（2）并联臂最佳短路线支撑有 $Z_T=Z_S$。

（3）L_S 和 L_T 各为中心频率的 1/4 波长。

（4）中间导体要开槽，槽长一般为自短路柱起 1/4 波长，设槽宽为 t、中间导体内径为 D、内导体直径为 d 、槽宽为 2α。

由双向开槽同轴线阻值近似公式

$$Z = \frac{60}{\sqrt{\varepsilon_r}}\ln\frac{D}{\alpha\sqrt{\cos\alpha}} \tag{4.49}$$

已知 Z、D、选定角度，可求出 d，然后得到 t。

（5）并联臂的特性阻抗为 $Z_0/\sqrt{2}$ 。

（6）短路柱其直径只要比串联臂内导体稍小即可。

图 4.41 所示为同轴双 T 仿真模型。可算出该同轴双 T 的和口、各分支口的驻波在 0.85～1GHz 时小于 1.2、幅度误差小于 0.3dB、隔离度大于 20dB，实物与仿真结果很接近。

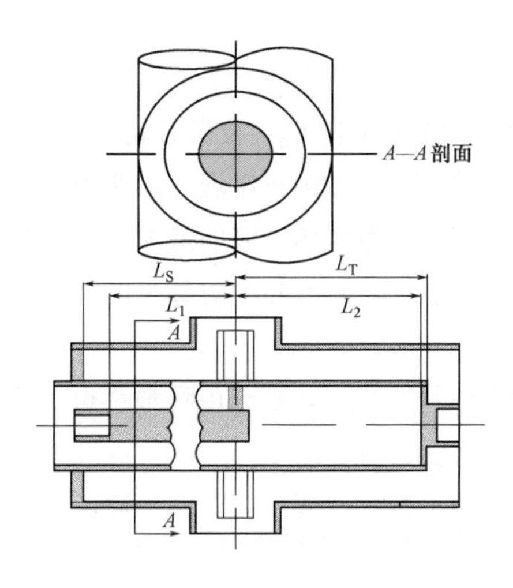

图 4.40　同轴双 T 结构

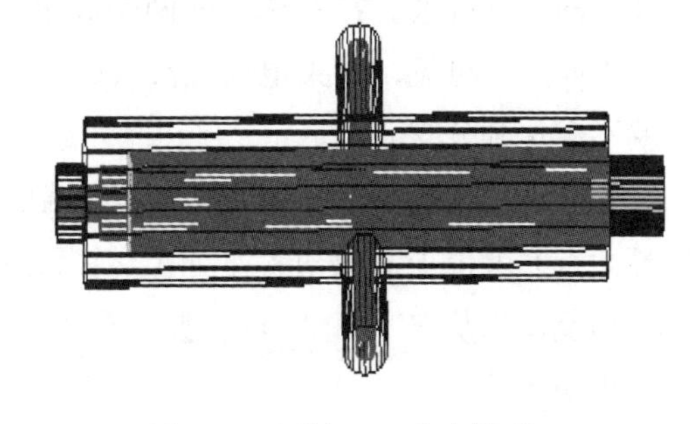

图 4.41　同轴双 T 仿真模型

4.4.2　波导单 T、双 T

波导单 T 一般由 E 面单 T 和 H 面单 T 组成。

4.4.2.1　单 T

1）E 面单 T

在矩形波导 TE_{10} 模 E 面上的分支，称为 E 面 T 形接头，简称 E 面单 T，其外形如图 4.42 所示。其中 1、2 称为平分臂，3 称为 E 臂。

图 4.43 和图 4.44 所示为 TE_{10} 波分别从平分臂 1、2 输入的电场分布图，二者坐标方向一致，忽略分支中的高次模。由于 1、2 臂关于分支中心线对称，从 1 臂输入平面波的传输情况与从 2 臂输入时相似，仅分支 E 臂中的电场方向相反。

假定激励 TE_{10} 波从 1 臂 *A-A* 平面输入。在图 4.43 中，波前与 ***E*** 矢量一致。根据惠更斯原理，把原先波前上的每个点当作球形波的源，并对所有基本球形波找到其包线平面，就可得到分支中波前的传输情况。

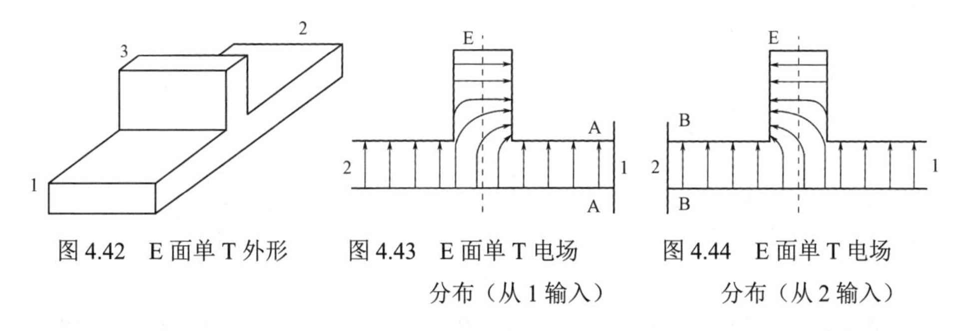

图 4.42　E 面单 T 外形　　图 4.43　E 面单 T 电场分布（从 1 输入）　　图 4.44　E 面单 T 电场分布（从 2 输入）

当激励 TE_{10} 波从 2 臂 *B-B* 平面输入时，在 E 臂中波前方向与 1 臂输入 TE_{10}

波时则相反。

假定 1、2 臂到 E 臂的距离相同，则从 1、2 臂输入的 TE_{10} 波在 E 臂中反相，电场矢量彼此抵消，功率不分配到 E 臂中。这时，在 E 臂中将出现正反两个方向的波，即出现驻波。在对称平面两个波永远同相，因而电场驻波的最大点在这个对称平面上。可见，如果电场驻波（磁场驻波最小点）位于 E 臂对称平面上，功率就不会传到分支。

若从 1、2 臂输入的 TE_{10} 波在输入端反相（反相激励），那么电场最小点（磁场最大点）就位于 E 臂对称平面上，E 臂就得到最大功率。

相反，当从 E 臂输入 TE_{10} 波，在 1、2 臂即可得到等幅反相的输出波，即实现反相功率等分。

2）H 面单 T

在矩形波导 TE_{10} 模 H 面上的分支，称为 H 面 T 形接头，简称 H 面单 T，其外形如图 4.45 所示。其中 1、2 称为平分臂，3 称为 H 臂。

图 4.46 所示为 TE_{10} 波从平分臂 1 输入的电场分布图，黑点表示垂直于纸面的电场矢量，图中分别表示出了不同时刻的波前分支区域中波前的传输情况。图 4.47 为 TE_{10} 波从平分臂 2 输入的电场分布图，输入相位与图 4.46 输入反相。

如果在 1、2 臂的对称位置上同时输入反相的入射波，传输到分支 H 臂中的两个波也是反相的，因而 H 臂中无功率。这时，电场驻波的波节或磁场驻波波腹位于 H 臂对称平面上。如果平分臂 1、2 同相激励，传输到分支 H 臂中得到最大合成功率。这时，电场波腹或磁场波节位于 H 臂对称平面上。

4.4.2.2 双 T

双 T 又称魔 T，是一种四端口器件，在波导系统中常用作功率分配器、和差器，其理论比较成熟，常用网络理论分析其四端口特性和匹配特性，可参考各种微波理论教材。

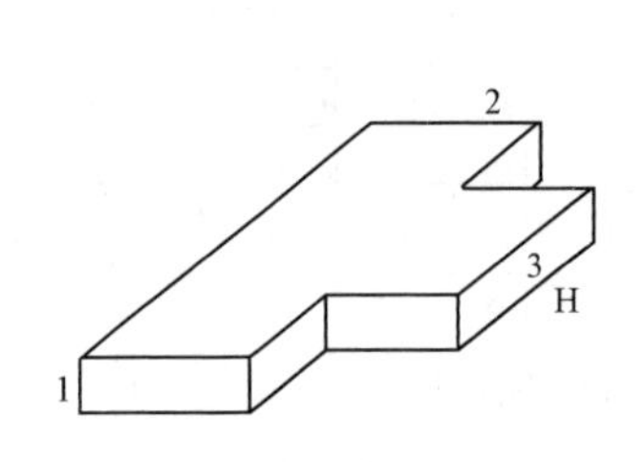

图 4.45 H 面单 T 外形

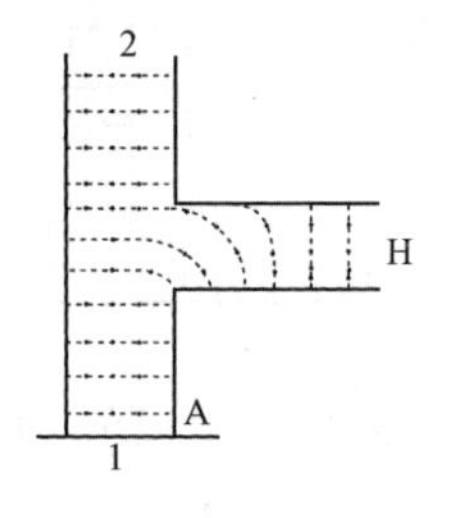

图 4.46 H 面单 T 电场分布（从 1 输入）

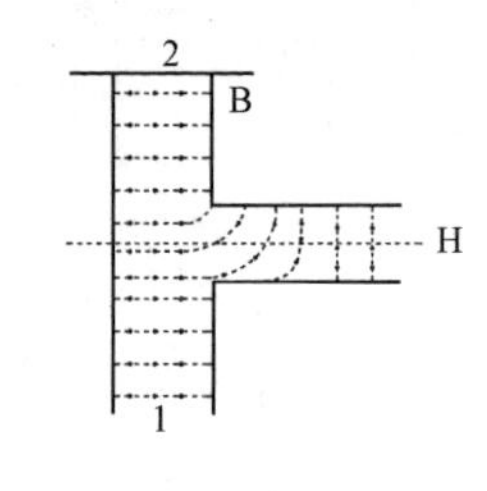

图 4.47 H 面单 T 电场分布（从 2 输入）

双 T 由具有共同对称平面的 E 面单 T 和 H 面单 T 组成，其外形如图 4.48 所示。通常称端口 1、4 分别为 H 臂、E 臂，端口 2、3 为平分臂。

当同频、等幅、同相的信号由两个平分臂 2、3 输入时，双 T 的 H 臂输出合成功率，E 臂无输出；当同频、等幅、反相的信号由两个平分臂输入时，双 T 的 E 臂输出合成功率，H 臂无输出；当同频、同相，但幅度为 E_1 和 E_2 的两个信号，分别从双 T 的两个平分臂 2、3 输入时，则 E 臂输出为（E_1-E_2），H 臂输出为（E_1+E_2）。

从另外的角度分析，当 2、3 臂接上匹配负载，由 H 臂输入信号时，在双 T 的平分臂输出同频、等幅、同相的信号，E 臂是隔离端，H 臂有反射；当信号由 E 臂输入时，在双 T 的平分臂输出同频、等幅、反相的信号，H 臂是隔离端，E 臂有反射。

当从平分臂 2 输入信号时，1、4 臂输出等幅同相信号，3 臂也有输出；当从平分臂 3 输入信号时，1、4 臂输出等幅反相信号，1 臂也有输出。

当双 T 内部未加匹配装置时，即使其余各臂接上匹配负载，从另外一臂看依然不匹配。若在 E、H 臂加入匹配元件，从 E 臂输入的信号在平分臂反相等功率分配，E 臂无反射；从 H 臂输入的信号在平分臂同相等功率分配，H 臂无反射；从平分臂 2 输入的信号在 E、H 臂同相等功率分配，3 臂无输出功率，且 2 臂无反射；从平分臂 3 输入的信号在 E、H 臂反相等功率分配，2 臂无输出功率，且 3 臂无反射。因而，匹配好 E、H 臂后，2、3 臂自然也就匹配好了，并且也是相互隔离的。

匹配双 T 是指包含了匹配元件的双 T。图 4.49 所示是加入了圆锥和金属棒的匹配双 T，通过改变圆锥和金属棒的尺寸、位置，可以改善双 T 的端口特性。

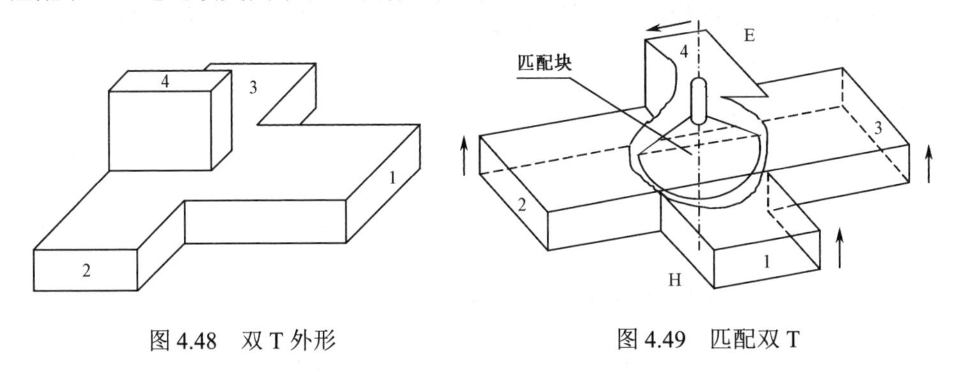

图 4.48　双 T 外形　　　　图 4.49　匹配双 T

在设计匹配双 T 中，直接根据理论计算双 T 的各项内部参数还有些困难，目前一般采用 HFSS 软件仿真的方法，通过不断改变匹配元件的尺寸和安装位置、经历多次优化来取得满意的效果。

选取圆锥体的尺寸[11]主要根据中心工作波长λ_0考虑直径L_ϕ和高度h。

（1）直径的选取范围是$L_\phi:\dfrac{L_\phi}{\lambda_0}=0.8\sim1.1$；

（2）高度的选取范围是$h:\dfrac{h}{\lambda_0}=0.2\sim0.3$；

（3）如图 4.48 所示，安装圆锥体的位置应考虑相对 H 臂的对称性；

（4）调整圆锥体的尺寸使 H 臂的驻波达到要求；

（5）调整圆柱的长度使 E 臂的驻波达到要求。

在三维仿真软件 HFSS 中通过改变这些尺寸，经过仿真优化取得最好的效果。

4.5 功分器与功分网络[11-13]

功率分配器（简称功分器）是根据需要将微波功率进行分配或相加的器件。根据输出功率的比例，可将功分器分为等分功率分配器和不等分功率分配器两类。多个一分二或一分三功分器相互级联和并接就形成了功分网络。

在微波天线的馈线系统和微波仪表中，功率分配器和功分网络得到了广泛应用。大功率微波功率分配器采用同轴线、波导结构，中小功率分配器采用带状线或微带线结构。

4.5.1 威尔金森功分器

下面以不等分功率分配器为例讲述威尔金森功分器的设计方法。等分功率分配器是它的特例。

图 4.50 为不等分功分器示意图。3 端口输出功率是 2 端口的k^2倍，2 端口、3 端口输出电压等幅同相，因此有$Z_{i3}/Z_{i2}=k^2$（Z_{i2}、Z_{i3}分别是从 1 端口看到的 2、3 端口的输入阻抗）。

为了 1 端口的阻抗匹配，要求

$$Z_{i2}=(1+k^2)Z_0 \tag{4.50}$$

$$Z_{i3}=\left(\frac{1+k^2}{k^2}\right)Z_0 \tag{4.51}$$

设从 2 端口、3 端口分别向 4 端口、5 端口看进去的阻抗分别为R_2、R_3，为满足功率分配比，可令

$$R_2=kZ_0\text{；}\quad R_3=Z_0/k$$

为使阻抗匹配，有

$$Z_{02}=Z_0\sqrt{k(k^2+1)} \tag{4.52}$$

$$Z_{03}=Z_0\sqrt{\frac{k^2+1}{k^3}} \tag{4.53}$$

隔离电阻为

$$R=\frac{1+k^2}{k}Z_0 \tag{4.54}$$

在实际应用中，不等分功分器要加上一节 1/4 阻抗变换段，将阻抗变换到 Z_0，这段变换的特性阻抗为

$$Z_{04}=Z_0\sqrt{k} \tag{4.55}$$

$$Z_{05}=Z_0/\sqrt{k} \tag{4.56}$$

当 k=1 时即为等分功率分配器。

将上述分配器经过修改，在输入端加一节 1/4 波长阻抗变换段，如图 4.51 所示，使原分配器频带边缘的电压驻波比降低，增加分配器的工作频带。它的设计公式为

$$\frac{P_2}{P_1}=k^2 \tag{4.57}$$

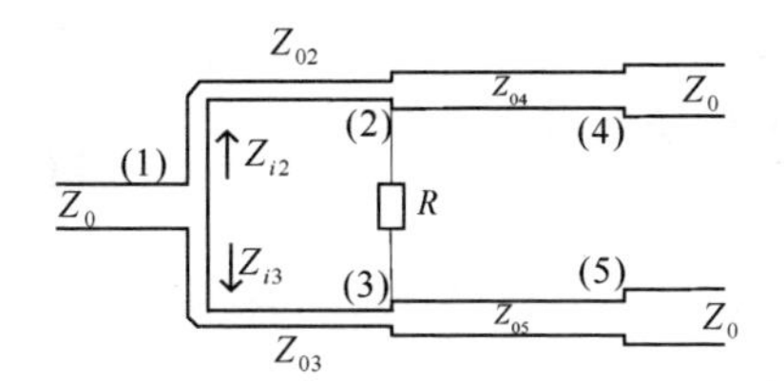

图 4.50　不等分功分器

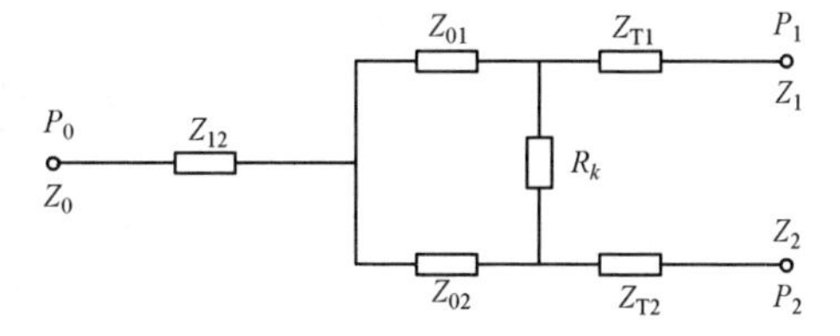

图 4.51　修正型 2 路功率分配器

$$Z_{12}=\left(\frac{k}{1+k}\right)^{1/4}Z_0 \tag{4.58}$$

$$Z_{01}=k^{3/4}(1+k^2)^{1/4}Z_0 \tag{4.59}$$

$$Z_{02}=\frac{(1+k^2)^{1/4}Z_0}{k^{5/4}} \tag{4.60}$$

$$Z_{T1}=\sqrt{kZ_0Z_1} \tag{4.61}$$

$$Z_{T2}=\sqrt{Z_0Z_2/k} \tag{4.62}$$

$$R_k=Z_0\frac{1+k^2}{k} \tag{4.63}$$

图 4.52 所示为 n 路功率分配器结构示意图。信号自 T 路输入，经 n 路传输线分成 n 路输出，每条传输线长度相等，在中心频率时电长度为 $\pi/2$，特性阻抗不等，分别为 $Z_{01},Z_{02},\cdots,Z_{0n}$。各路输出端负载阻抗为 $R_1,R_2,\cdots,R_n$。假设各路输出功率比为 $P_1:P_2:\cdots:P_n=k_1:k_2:\cdots:k_n$。下面给出这种多路不等分功率分配器

的设计公式。

$$
\begin{aligned}
R_1 &= Z_0 / k_1 \\
R_2 &= Z_0 / k_2 \\
&\vdots \\
R_n &= Z_0 / k_n
\end{aligned}
\tag{4.64}
$$

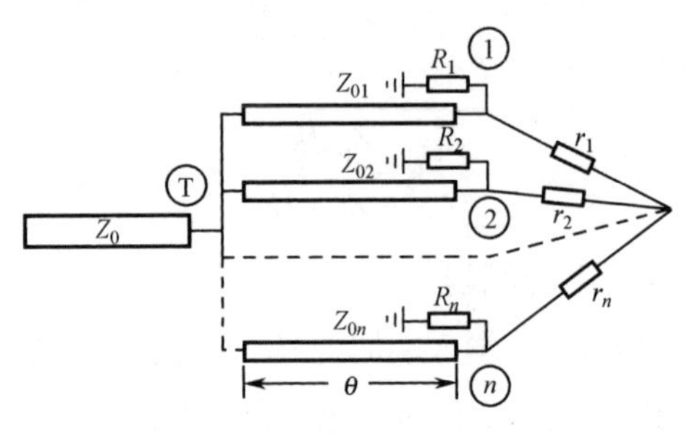

图 4.52　n 路功率分配器结构

$$
\begin{aligned}
Z_{01} &= Z_0 \sqrt{\sum_{i=1}^{n} k_i / k_1} \\
Z_{02} &= Z_0 \sqrt{\sum_{i=1}^{n} k_i / k_2} \\
&\vdots \\
Z_{0n} &= Z_0 \sqrt{\sum_{i=1}^{n} k_i / k_n}
\end{aligned}
\tag{4.65}
$$

$$
r_i = Z_0 / k_i = R_i \tag{4.66}
$$

4.5.2　渐变线功分器

通常设计功率分配器是按照要求的隔离度、驻波等性能指标，在偶模等效电路中根据阻抗变换器理论设计出偶模阻抗 Z_e，在奇模等效电路中求出奇模阻抗 Z_o 及隔离电阻 R，然后综合得出整个功分器的外形尺寸。在这里宽带功分器[14-17]的偶模阻抗分布 $Z_e(x)$ 按切比雪夫渐变线阻抗变换特性设计，奇模阻抗分布按 $Z_o(x)$=50 设计，再应用带状线特性阻抗近似计算表达式[17]综合算出两条支路的横截面线宽 $W(x)$。

这里以两路不等分功率分配器为例介绍隔离电阻的求解。首先单独分析奇模等效电路图的一个小单元模型，如图 4.53 所示，假设模型中奇模特性阻抗和隔离电阻都是归一化值，得单元模型传输（***ABCD***）矩阵如下：

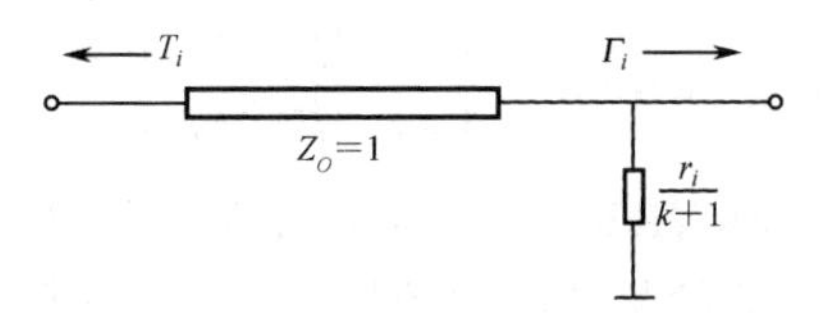

图 4.53　奇模等效电路的一个小单元模型

$$
\begin{aligned}
[F_i]=\begin{bmatrix} A_i & B_i \\ C_i & D_i \end{bmatrix}&=\begin{bmatrix} 1 & 0 \\ (k+1)/r_i & 1 \end{bmatrix}\begin{bmatrix} \cos\beta d_i & \mathrm{j}\sin\beta d_i \\ \mathrm{j}\sin\beta d_i & \cos\beta d_i \end{bmatrix} \\
&=\begin{bmatrix} \cos\beta d_i & \mathrm{j}\sin\beta d_i \\ (k+1)/r_i\cos\beta d_i+\mathrm{j}\sin\beta d_i & (k+1)\mathrm{j}/r_i\sin\beta d_i+\cos\beta d_i \end{bmatrix}
\end{aligned}
\tag{4.67}
$$

进而可得单元模型的反射系数 $\varGamma_i$ 和传输系数 T_i：

$$
\varGamma_i=\frac{A_i+B_i-C_i-D_i}{A_i+B_i+C_i+D_i}=-\frac{(k+1)}{2r_i+(k+1)} \tag{4.68}
$$

$$
T_i=\frac{2}{A_i+B_i+C_i+D_i}=\frac{2r_i}{2r_i+(k+1)}\mathrm{e}^{-\mathrm{j}\beta d_i} \tag{4.69}
$$

再由小反射理论[18]近似可得奇模等效电路的总反射系数 $\varGamma_o$ 为

$$
\varGamma_o=\varGamma_1\cdot\sum_{n=1}^{N+1}\left[\left(\prod_{i=1}^{n}K_i\right)\cdot\mathrm{e}^{-2\mathrm{j}\,(n-1)\beta d_n}\right] \tag{4.70}
$$

方便起见，假设传输线上这 N+1 个等距离的反射点的反射系数都相等，则

$$
K_i=\frac{(2r_{i-1})^2}{(2r_i+k+1)(2r_{i-1}+k+1)}=1
$$

于是，奇模电路的反射系数可以转化为

$$
\begin{aligned}
\varGamma_o&=\varGamma_1\sum_{i=1}^{N+1}\mathrm{e}^{-2\mathrm{j}(i-1)\beta d} \\
&=\varGamma_1\left\{1+\frac{\cos[(N+1)\beta d]\cdot\sin(N\beta d)}{\sin(\beta d)}-\mathrm{j}\frac{\sin[(N+1)\beta d]\cdot\sin(N\beta d)}{\sin(\beta d)}\right\}
\end{aligned}
\tag{4.71}
$$

则有

$$
|\varGamma_o|^2=\varGamma_1^{\,2}\left\{\sin[(N+1)\beta d]\right\}^2\left\{1+[\cot(\beta d)]^2\right\} \tag{4.72}
$$

再根据如下关系式，可以得到性能参数：

$$
I=-20\lg_{10}\frac{|\varGamma_e-\varGamma_o|}{1+k}-10\lg_{10}{}^{k} \tag{4.73}
$$

$$
D_{12}=-10\lg_{10}\frac{k\left(1-|\varGamma_e|^2\right)}{1+k} \tag{4.74}
$$

$$
\mathrm{VSWR1}=\frac{1+|\varGamma_e|}{1-|\varGamma_e|} \tag{4.75}
$$

$$
\mathrm{VSWR2}=\frac{1+k+|k\varGamma_e+\varGamma_o|}{1+k-|k\varGamma_e+\varGamma_o|} \tag{4.76}
$$

$$\text{VSWR3}=\frac{1+k+\left|\Gamma_e+k\Gamma_o\right|}{1+k-\left|\Gamma_e+k\Gamma_o\right|} \tag{4.77}$$

VSWR1、VSWR2、VSWR3 分别为总口和两个分口的驻波。

由此，可以按照要求的频带范围内的性能参数确定隔离电阻的初值和个数，再结合仿真软件进行适当的调整和优化。

选用带状线制作功分器[18]，在上面理论分析的基础上分别设计了两路等分和不等分渐变线功分器，选用 Rogers 公司 RT/duroid 6002 介质板，相对介电常数为 2.94，上下介质盖板的厚度为 2mm，电阻层的面电阻率为 50Ω方阻。图 4.54 所示为带宽为 2～6GHz 的二等分功率分配器，用基于矩量法的 Ansoft Designer 软件对其进行仿真，用矢量网络分析仪对其进行实测，实测结果如图 4.55 所示，验证了上述设计方法的正确性。此外，还仿真、设计和制作了不等分功率分配器（见图 4.56），用 Ansoft 公司基于矩量法的 Ansoft Designer 软件对其进行仿真，用矢量网络分析仪对其进行实测，实测结果如图 4.57 所示。

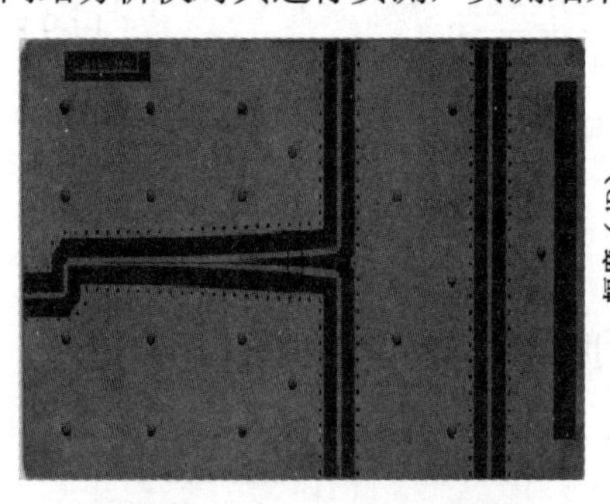

图 4.54　二等分功率分配器

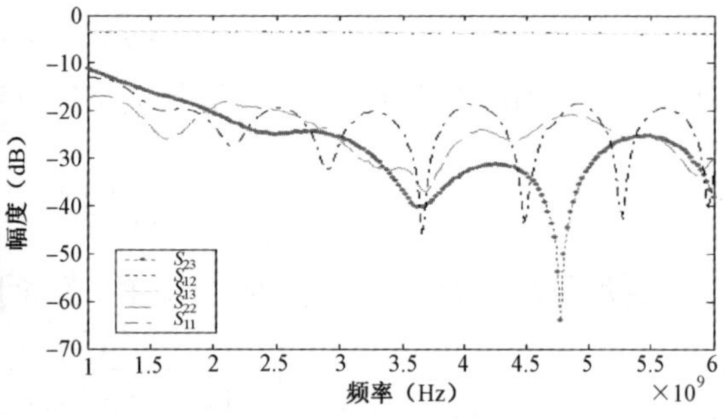

图 4.55　等分功率分配器的实测结果

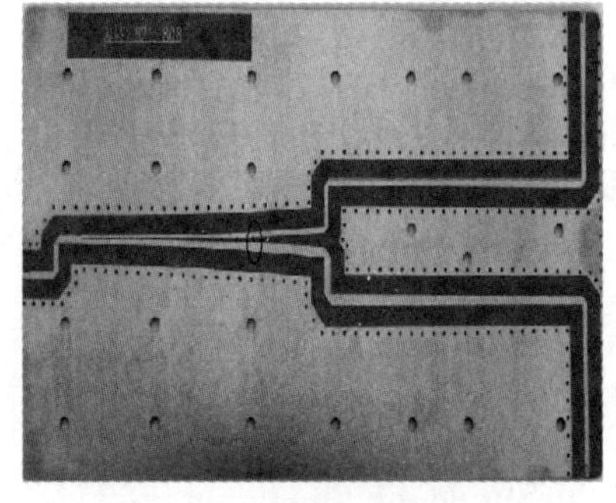

图 4.56　不等分功率分配器

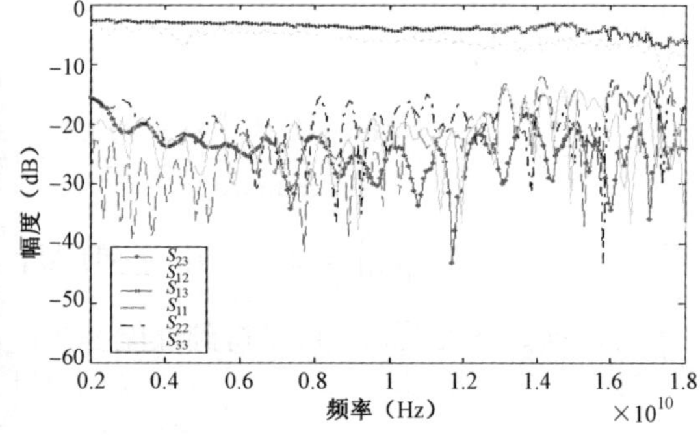

图 4.57　不等分功率分配器的实测结果

4.5.3　径向功分器

图 4.58 所示为常规径向功率分配器。总口从介质板的另一面通过金属化过孔连接到功分网络层。总口信号通过 1/4 波长阻抗变换段分成 N 路等分信号。图 4.59 所示为改进型径向功率分配合成器，这种形式不需要总口垂直过孔，但当采用一

节隔离电阻时，其中没有连接隔离电阻的两路端口，隔离度较差。

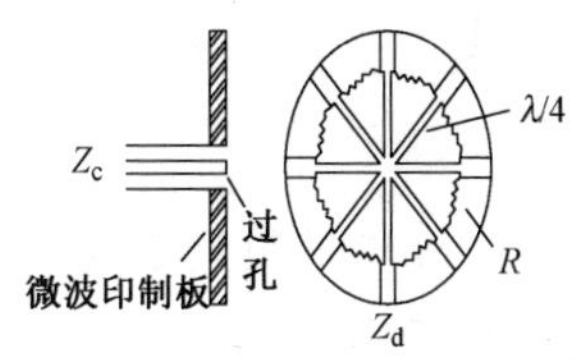

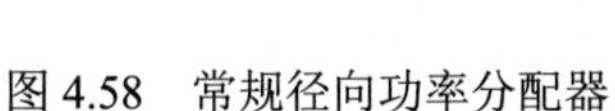
图 4.58　常规径向功率分配器

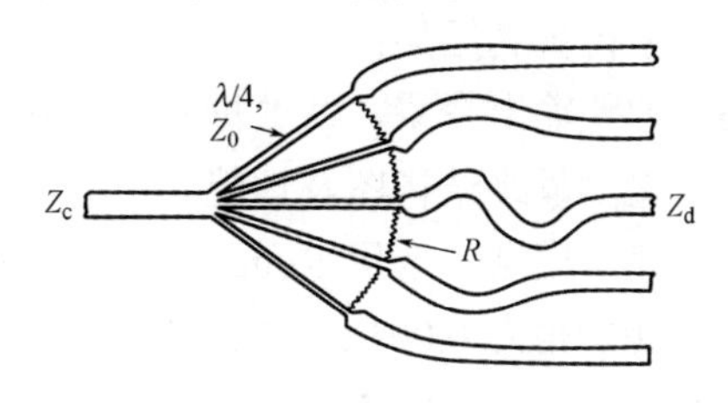

图 4.59　改进型径向功率分配合成器

隔离电阻可以看成多端口电阻网络，如图 4.60 所示。电阻网络有 3 种连接方式，如图 4.61 所示。按照一般功分器的设计理念，通常采用图 4.61 中的（a）和（b），这样才能保证设计的径向功率分配合成器的端口隔离度达到较高值。但这两种连接方式必须通过三维途径实现，在常用电路中很不方便。因此，设计者一般采用图 4.61（c）的电阻连接形式，该形式与 1 分 n 功分器类似，可以由平面电路实现，同时还必须考虑增加端口隔离度的有效方法。

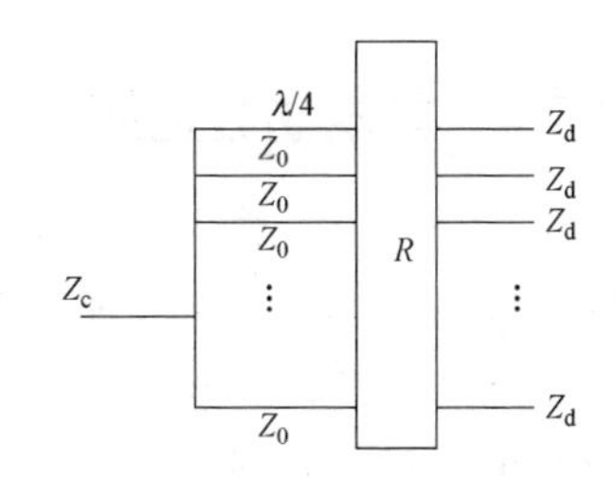

图 4.60　径向功率分配合成器原理图

为提高分口之间的隔离度并增加器件的工作频带，通常可以采用多节电阻隔离的方法，如图 4.62 所示。利用软件可以优化出各段线路的参数及隔离电阻值。

下面以 Serenade 软件为例，建立一个电阻 C 型连接方式的一分 3 径向功率分配器。

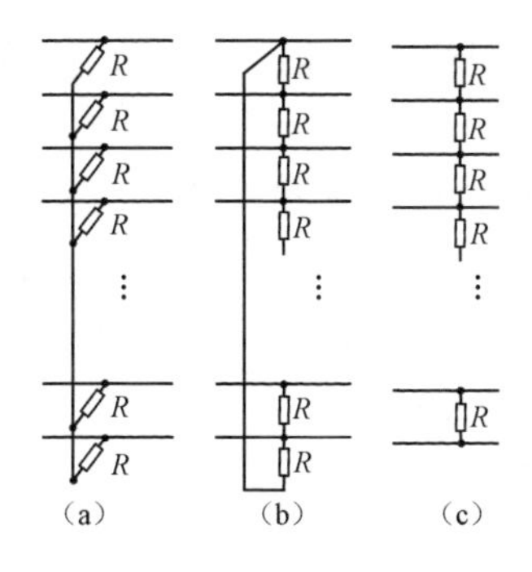

图 4.61　径向功率分配合成器电阻的连接方式

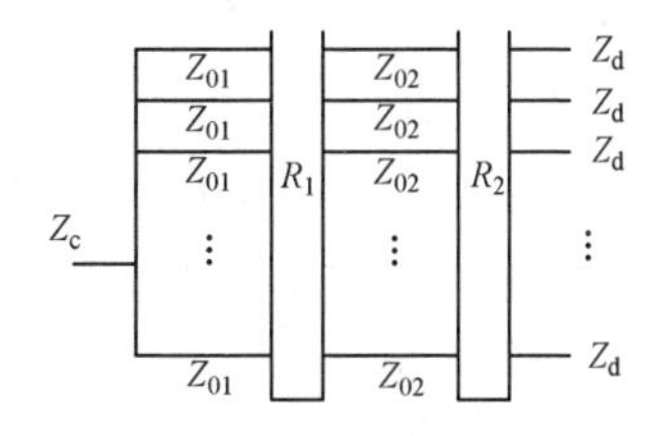

图 4.62　多节电阻隔离形式的径向功率分配合成器

具体步骤如下：

（1）在 Serenade 环境下建立要仿真的器件模型；

（2）设置采用的板材、器件的工作频带；

（3）设置要求优化的变量、优化的目标；

（4）优化；

（5）分析仿真结果；

（6）调整输出变量，使数据易于结构实现；

（7）输出最终结构图及性能。

首先建立模型。选用 Rogers 公司的 6002 微波板，介电常数为 2.94，厚度为 1mm，损耗切角为 0.0012。器件的工作频带设置为 1.7～2.2GHz。

设置优化变量时将 50Ω线之外的所有微带线的长度、宽度及电阻值都设为变量。优化目标可以为输出幅度的平衡度、端口之间的隔离度、端口驻波等。

4.5.4 常规功分网络

通常功分网络是由几个独立的一分为二的功率分配器（简称 2 路功分器）级联构成，其中每个 2 路功分器都是按端阻抗 Z_0 设计的，而 2 路分配器之间是通过特性阻抗为 Z_0 的传输线连接的。组合后的功分网络性能可以满足日常要求，但总的电路长度较长。这种功分网络的设计步骤如下：

（1）根据端口的功率进行功分器组合，使每一个独立的 2 路功分器的功率比小于 5 dB，易于 2 路功分器的实现。

（2）选择印制板材料型号。

（3）根据功分比求出每个独立 1 分 2 或 1 分 3 功分器的传输线阻抗。

（4）根据所用印制板材料特性，用软件（如 Serenade）计算对应不同阻抗的传输线的线宽和 1/4 波长长度。

（5）根据结构要求对功分器进行印制布线，功合器之间用特性阻抗为 Z_0 的传输线连接。

（6）根据所计算的数值，用微波仿真软件分析仿真结果，对未达指标的技术参数（如总口驻波）进行优化。

下面设计一个 1 分 5 微波功分网络。该网络的输出幅度分布：2 路−5.7 dB，3 路−8.9 dB，工作频率 1.85～2.05 GHz。要求每个端口的驻波均小于−20 dB。

首先将功率较高的 2 路和 3 路分别用 1 分 2 和 1 分 3 等功率功分器实现。用 2 路不等分功分器实现 1 分 2 和 1 分 3 的输入功率分配。

采用 F4B-2 印制板，厚度为 1mm，介电常数为 2.5。

根据功率要求，计算出 3 种独立功分器各段的特性阻抗。

利用 Serenade 软件，根据线路的特性阻抗、工作的中心频率分别计算出每段线路的长度、宽度。

建立网络的仿真模型，同步考虑器件结构尺寸限制及端口输出相位要求。用 50Ω线路连接各个功分器。

针对图 4.63 所示的模型，仿真后将部分参数设置为变量。之后，建立优化目标，给出变量范围，并进行优化。

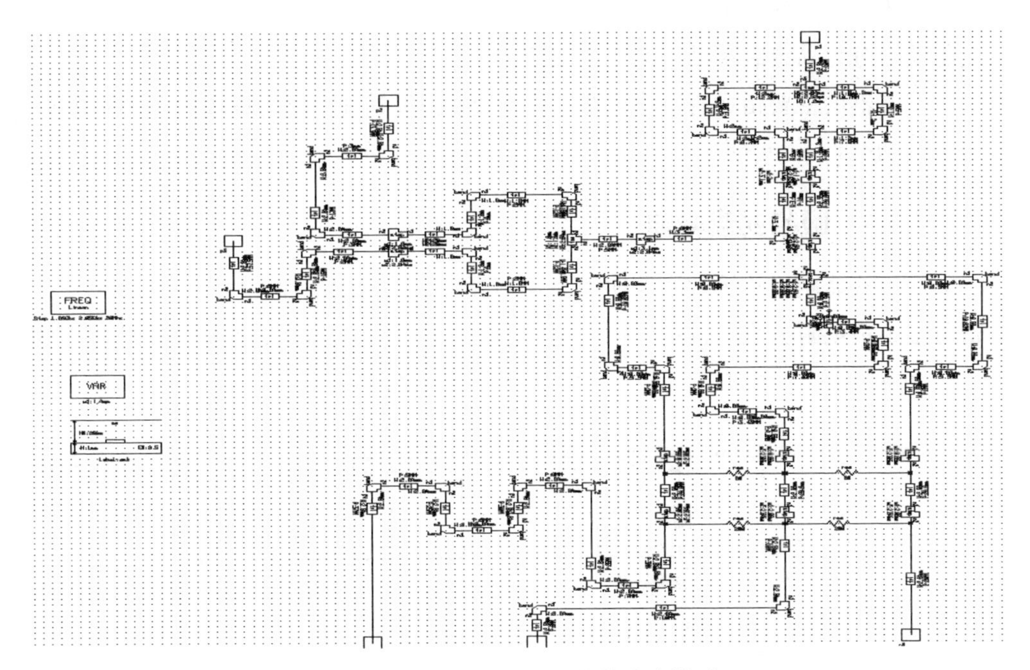

图 4.63　1 分 5 微波功分网络的仿真模型

当优化目标达到后，输出结构尺寸用以生产。

从图 4.64 中的仿真数据可以看出，在工作频率内，端口驻波小于−20 dB，输出幅度在允许范围之内。图中各输出端口的 50Ω线路用于调整输出端口相位一致性。图 4.65 所示为网络输出线路结构图。

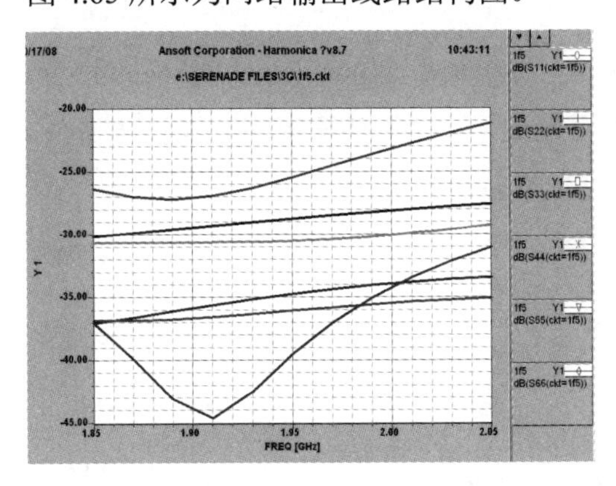

图 4.64　1 分 5 微波功分网络的驻波曲线

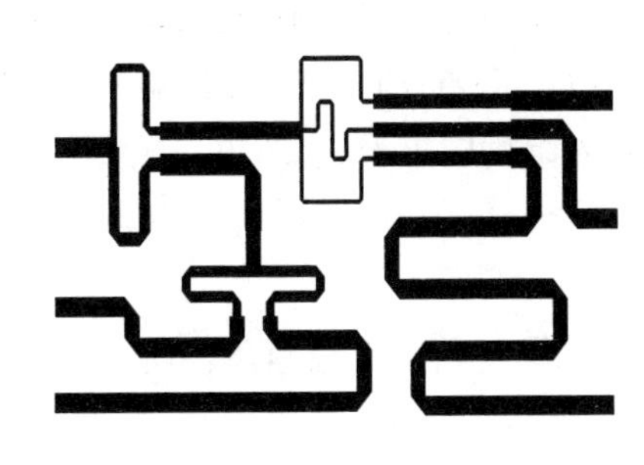

图 4.65　1 分 5 微波功分网络输出线路结构图

4.6　衰减器

衰减器是用来降低传输线上信号功率电平的，电磁波功率衰减主要是因为截止反射或吸收损耗。衰减器按衰减原因可分为截止式衰减器和吸收式衰减器，按功能又可分为固定衰减器和可变衰减器。

衰减器的主要指标有工作频带、输入或输出驻波比、起始衰减量、衰减范围、最大耐功率。

4.6.1 吸收式衰减器

吸收式衰减器的等效原理图如图 4.66 所示，其实质是通过电阻分压网络使一部分能量被电阻吸收，以达到损耗信号功率的目的。其特点是使频带内的输入和输出保持匹配。一般用 T 形电阻网络或π 形电阻网络实现。

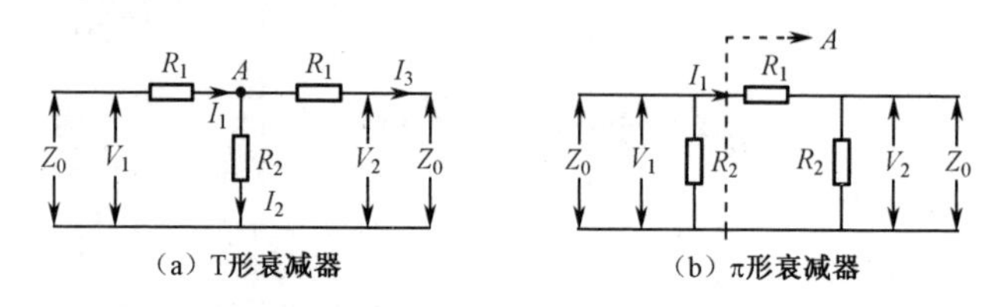

图 4.66　吸收式衰减器的等效原理图

衰减量的定义为：信号给匹配负载的最大功率和接入被测件后在匹配负载上得到的最大功率之比取对数乘以 10，即

$$A = 10\log\frac{p_1}{p_2} \tag{4.78}$$

式中，p_1 为信号给匹配负载的最大功率；p_2 为接入被测件后信号给匹配负载的功率。

衰减量的计算根据电路理论就可推出，这里不作详细推导。

以图 4.66 中的π 形衰减器为例，为了匹配，A 右边的网络阻抗（Z_A）与 R_2 并联后的阻抗应等于 Z_0，即

$$\frac{1}{Z_0} = \frac{1}{R_2} + \frac{1}{Z_A} \tag{4.79}$$

式中，$Z_A = R_1 + R_2 Z_0/(R_2 + Z_0)$。因为 $V_1 = I_1 Z_A$，$V_2 = I_1 R_2 Z_0/(R_2 + Z_0)$，衰减系数 V_1/V_2 为

$$\frac{V_1}{V_2} = \frac{Z_A}{R_2 Z_0/(R_2 + Z_0)} \tag{4.80}$$

将式（4.79）代入式（4.80），整理后得到电压比 K

$$K = \frac{V_1}{V_2} = \frac{R_2 + Z_0}{R_2 - Z_0} \tag{4.81}$$

电阻 R_1 和 R_2 用特性阻抗 Z_0 和电压比 K 表示为

$$R_1 = \frac{Z_0(K - 1/K)}{2} \tag{4.82}$$

$$R_2 = \frac{Z_0(K+1)}{K-1} \tag{4.83}$$

对于 T 形网络，在图 4.66（a）中，$I_1 = I_2 + I_3$，$I_2R_2 = I_3(R_1 + Z_0)$，衰减系数 V_1/V_2 为

$$\frac{V_1}{V_2} = \frac{I_1Z_0}{I_3Z_0} = \frac{I_1}{I_3} = 1 + \frac{I_2}{I_3} = \frac{R_1 + R_2 + Z_0}{R_2} \tag{4.84}$$

要求输入、输出端都匹配，得到

$$R_1 + \frac{R_2(R_1 + Z_0)}{R_2 + R_1 + Z_0} = Z_0 \tag{4.85}$$

整理后得到

$$R_2 = \frac{Z_0^2 - R_1^2}{2R_1} \tag{4.86}$$

将式（4.86）代入式（4.81）后得到

$$K = \frac{V_1}{V_2} = \frac{Z_0 + R_1}{Z_0 - R_1} \tag{4.87}$$

电阻 R_1 和 R_2 用特性阻抗 Z_0 和电压比 K 表示为

$$R_1 = Z_0 \frac{K-1}{K+1} \tag{4.88}$$

$$R_2 = \frac{2Z_0K}{K^2 - 1} \tag{4.89}$$

4.6.2　截止式衰减器

截止式衰减器是利用当 $\lambda \gg \lambda_c$（截止波长）时，电波在波导内按指数下降的特性制成的。

截止式衰减器的衰减量为

$$A = 8.69\beta l \tag{4.90}$$

$$\beta = \frac{2\pi}{\lambda_c}\sqrt{1 - \left(\frac{\lambda_c}{\lambda}\right)^2} \tag{4.91}$$

式中，l 为波导的长度。

因而，这种衰减器的优点有频带宽、衰减量准确（不用校准）。

4.7　微波幅度均衡器

幅度均衡器[19-21]可以补偿发射系统中的功率放大器、宽带行波管放大器本身

的增益频响特性变化。对于固态相控阵雷达，发射放大链的各级固态功率放大器点频工作时可以用不同衰减来调整放大器的幅频响应特性，但为满足瞬时大宽带的要求，当调整微波管不够用时，通过接入均衡器，可使馈线网络传输分配后的激励推动信号在宽带范围内幅度平坦。如图 4.67 所示，设曲线 a 为激励信号频响、曲线 b 为均衡器传输幅度频响，激励信号经幅度均衡器传输后总的频响曲线合成为平坦的曲线 c。

幅度均衡器还可以补偿瞬时大带宽雷达发射通道、接收通道的宽带信号频响特性。在瞬时大带宽雷达的延时线中，对于高位的延时路与基准路的损耗频响不一致，在基准路用衰减器和均衡器来配平延时路大损耗位的幅度频响，提高延时线的总传输频响质量，如图 4.68 所示。

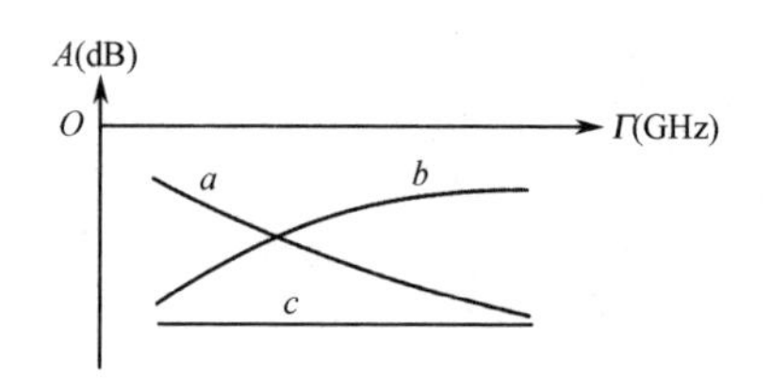

图 4.67　频响曲线补偿示意图

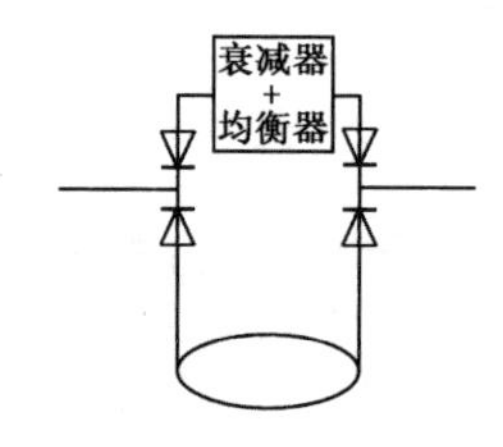

图 4.68　幅度频响配平宽带信号

下面给出几种微波幅度均衡器的设计模型与实现方式，根据需求选取幅度均衡器类型，再利用微波软件进行优化。

4.7.1　集总式幅度均衡器

集总式幅度均衡器主要是指平面电路，低频情况下已有的典型均衡器电路为无源元件制作的 X 形、桥 T 形和 Γ 形拓扑电路网络，其中 X 形结构的均衡器为相移网络，相位幅度频响相关性大，不便于微带电路下的高频制作，不宜做微波幅度均衡器。可拓展到微波频段最实用的集总式电路结构是桥 T 形，典型的电路形式如图 4.69 所示；简化型有 Γ 形幅度均衡器，典型的两种电路形式如图 4.70 所示。

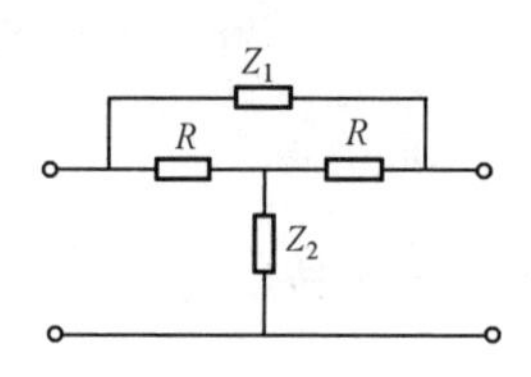

图 4.69　桥 T 形幅度均衡器电路形式

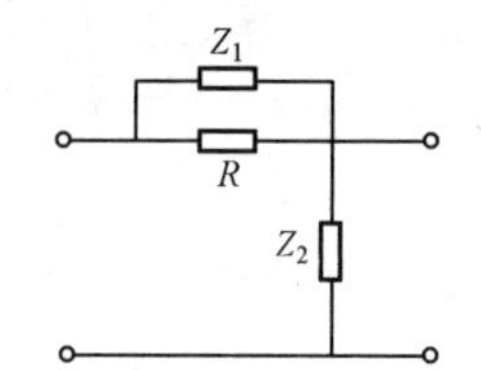

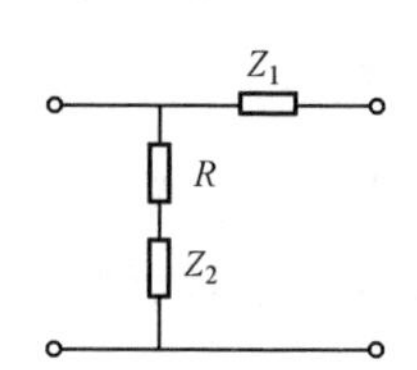

图 4.70　Γ 形幅度均衡器电路形式

对于桥 T 形幅度均衡器，在满足倒量关系

$$Z_1 \times Z_2 = R^2 \tag{4.92}$$

时（其中 R 等于特性阻抗，Z_1、Z_2 为选取的阻抗），从两端口看入的阻抗都为 R，即都匹配，桥 T 形具有对称特性阻抗 R。而 Γ 形是桥 T 形的简化，只是从一端向另一端匹配，等效于桥 T 形单向传输情况，而不能反向匹配传输，故常应用的是桥 T 形幅度均衡器。图 4.71 和图 4.72 给出了两种典型桥 T 形幅度均衡器模型及幅度频响。

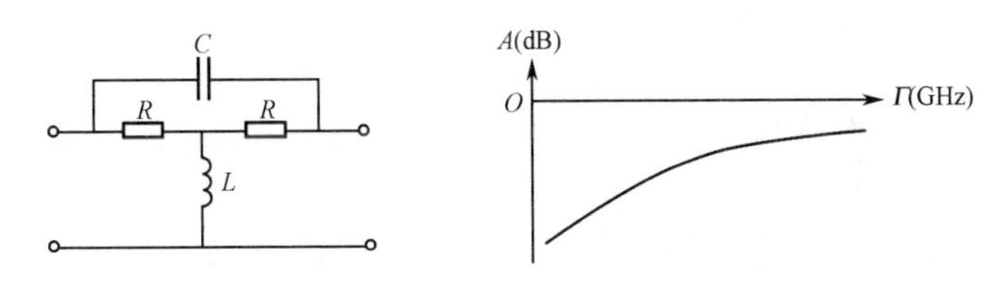

图 4.71　正斜率幅度频响的桥 T 形幅度均衡器模型及幅度频响

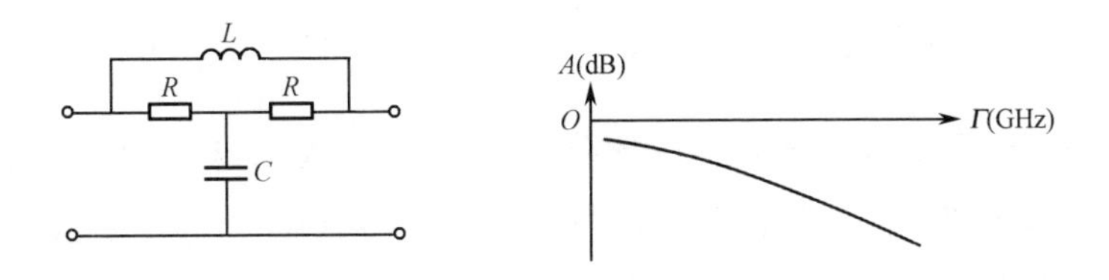

图 4.72　负斜率幅度频响的桥 T 形幅度均衡器模型及幅度频响

集总式微波幅度均衡器优点：体积小、适用于集成电路设计制造（用薄膜电阻、贴片电容、电感）；缺点：起始损耗大（此特点也可利用，如延迟线的高位损耗频响配平）、频率高时耐功率小。

4.7.2　分布式幅度均衡器

最简单的均衡器可通过传输线上增加调配块来实现；此外，通过改变滤波器的传输频响，也可实现幅度均衡器的作用。

4.7.2.1　分器组合式均衡器

图 4.73 为一个简单的微波均衡器，由两个等分功分器和一段长为 L 的传输线组成，其工作衰减可随频率变化。设输入端口输入信号 i，输出端口响应信号为 e，推得工作衰减 L_a 为

$$L_a = 20\lg\left|\frac{e}{i}\right| = 10\lg(1+\cos\theta) - 10\lg 2 \tag{4.93}$$

式中，L_a 的单位为 dB；传输线相移量 $\theta = 1.2 fL\sqrt{\varepsilon_r}$，单位为°；$f$ 是频率，单位为 GHz；L 是传输线长度，单位为 mm；ε_r 是传输线介质相对介电常数。图 4.74 显示了式（4.93）给定的 L_a 与 θ 关系曲线。显然，简单均衡器在 $180° < \theta \leqslant 360°$ 内具有频率升高、工作衰减减小的电平均衡器频响。

图 4.74 所示曲线表明，图 4.73 给出的均衡器工作带宽小于一个倍频程，频率响应是弧形线。相关网络型电平均衡器是通过控制两路微波信号的幅度及相角之差，来获得不同校正频率响应的。据此，可推导给出 3 种均衡器的工作衰减表达式，以供实际设计分析计算使用。

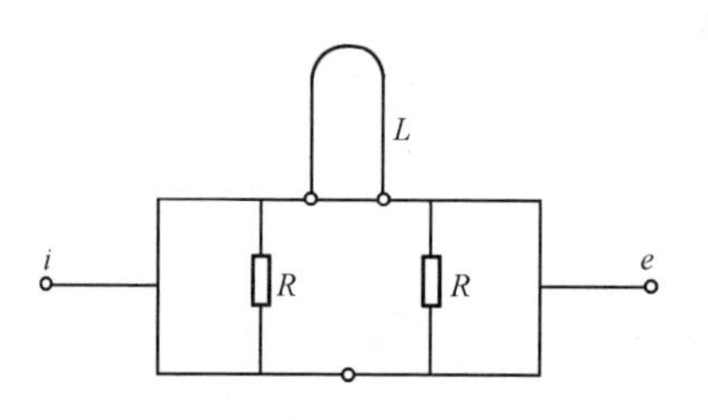

图 4.73 简单的微波均衡器

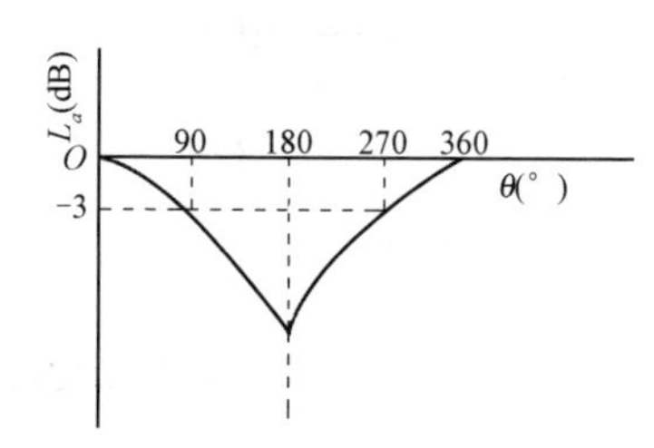

图 4.74 L_a 与 θ 关系曲线

图 4.75 给出了由两个电压分配比分别为 $K_1/\sqrt{1-K_1^2}$，$K_2/\sqrt{1-K_2^2}$ 的功分器，一个差相移移相器 ϕ，一段长为 $L+L'$ 的传输线段构成的 I 型均衡器，L' 为差相移移相器的参考线长，传输线段的插入相移 $\theta = 1.2f\sqrt{\varepsilon_r}(L+L')$，推得其工作衰减如下：

$$L_a = 10\lg[K_1^2K_2^2 + (1-K_1^2)(1-K_2^2) + 2K_1K_2\sqrt{1-K_1^2}\sqrt{1-K_2^2}\cos\phi\cos\theta + 2K_1K_2\sqrt{1-K_1^2}\sqrt{1-K_2^2}\sin\phi\sin\theta] \tag{4.94}$$

图 4.76 给出了由一个电压分配比为 $K/\sqrt{1-K^2}$ 的功分器，一个电压耦合系数为 C 的正交耦合器、一个移相器 ϕ 和一段传输线 $L+L'$ 组成的Ⅱ型均衡器，推得其工作衰减如下：

$$L_{a1} = 20\lg\left|\frac{e_1}{i}\right| = 10\lg[K^2C^2 + (1-C^2)(1-K^2) - 2KC\sqrt{1-C^2}\sqrt{1-K^2}\sin\phi\cos\theta - 2KC\sqrt{1-C^2}\sqrt{1-K^2}\cos\phi\sin\theta] \tag{4.95}$$

$$L_{a2} = 20\lg\left|\frac{e_2}{i}\right| = 10\lg[K^2C^2 + (1-C^2)(1-K^2) + 2KC\sqrt{1-C^2}\sqrt{1-K^2}\sin\phi\cos\theta + 2KC\sqrt{1-C^2}\sqrt{1-K^2}\cos\phi\sin\theta] \tag{4.96}$$

图 4.77 给出了由两个电压耦合系数分别为 C_1 和 C_2 的正交耦合器、一个移相器 ϕ、一段传输线 $L+L'$ 构成的Ⅲ型均衡器，推得其工作衰减如下：

$$L_{a1}=10\lg[C_1^2C_2^2+(1-C_1^2)(1-C_2^2)+2C_1C_2\sqrt{1-C_1^2}\sqrt{1-C_2^2}\sin\phi\sin\theta-2C_1C_2\sqrt{1-C_1^2}\sqrt{1-C_2^2}\cos\phi\cos\theta] \tag{4.97}$$

$$L_{a2}=10\lg[C_1^2+C_2^2-2C_1^2C_2^2-2C_1C_2\sqrt{1-C_1^2}\sqrt{1-C_2^2}\sin\phi\sin\theta+2C_1C_2\sqrt{1-C_1^2}\sqrt{1-C_2^2}\cos\phi\cos\theta] \tag{4.98}$$

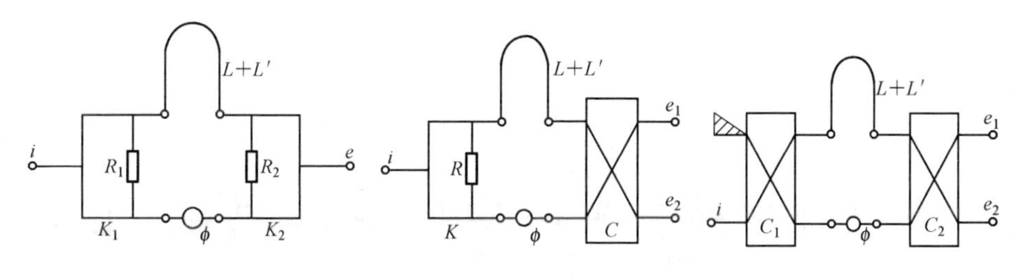

图 4.75　I 型均衡器　　图 4.76　II 型均衡器　　图 4.77　III型均衡器

4.7.2.2　分支线均衡器

一个均衡器一般由多级子网络组成，每级子网络可用波的反射或吸收特性构成一个窄带的反射或吸收子均衡器。反射式均衡器需要兼顾各级子网络之间的隔离，因而体积较大；吸收式均衡器在集成电路里用得多些，经常是微带线加接片状电阻（简称加载分支线），将片状电阻加在微带线谐振器与主传输线之间（见图 4.78 和图 4.79），形成一定品质因数的谐振曲线进行补偿均衡用。调节电阻 R 值可改变谐振器的品质因数，谐振器长度可以改变谐振频率，宽度可作辅助调节。

利用加载不同阻值的加载分支线可实现幅度均衡器。加载分支线终端最简单的为开路，如图 4.78 所示。在设计该均衡器时，要考虑微带线终端的不连续性，这一效应可以等效为一段长为 Δl 的开路线。

为解决耐功率的散热问题，图 4.79 给出了短路加载分支线方式的模型，用不同阻值加载分支线的多种组合模型可实现较复杂频响的微波幅度均衡器。

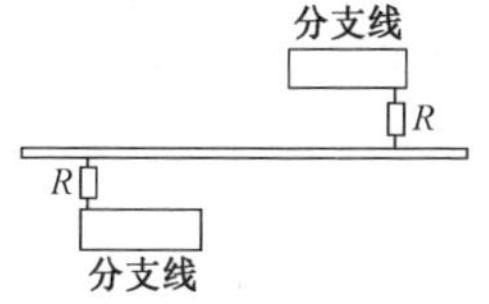

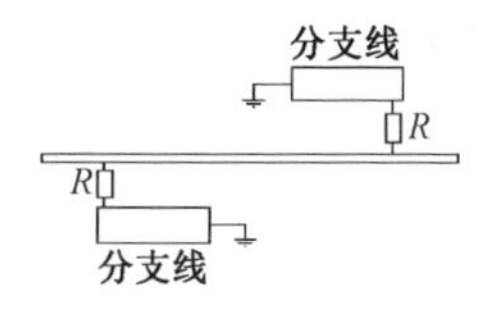

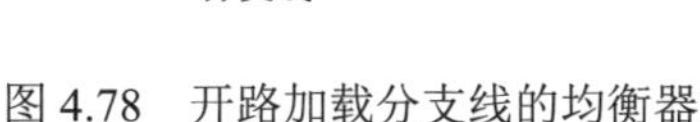

图 4.78　开路加载分支线的均衡器　　图 4.79　短路加载分支线的均衡器

图 4.80 为工作于 L 波段分布式幅度均衡器的微波软件仿真设计及结果，采用 2 级短路加载分支线，短路接地有利于功率散热。图 4.81 所示为其仿真曲线。

分布式幅度均衡器优点：起始损耗小，可适用频带宽、频率高，可耐一定的大功率；缺点：低频时体积较大、不便于集成电路制造。

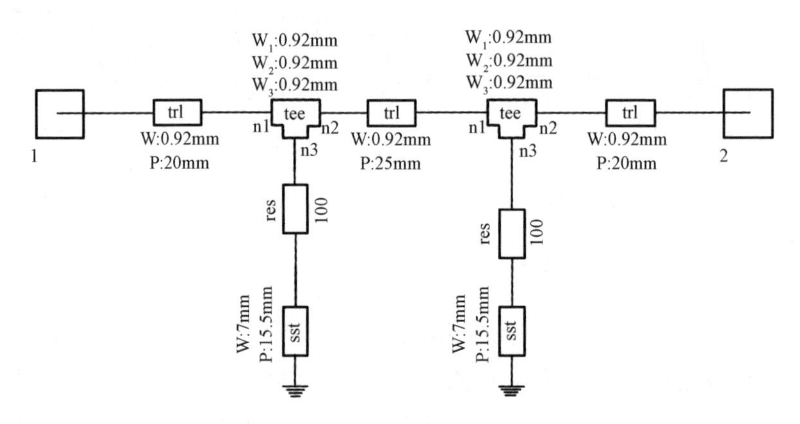

图 4.80　仿真设计及结果

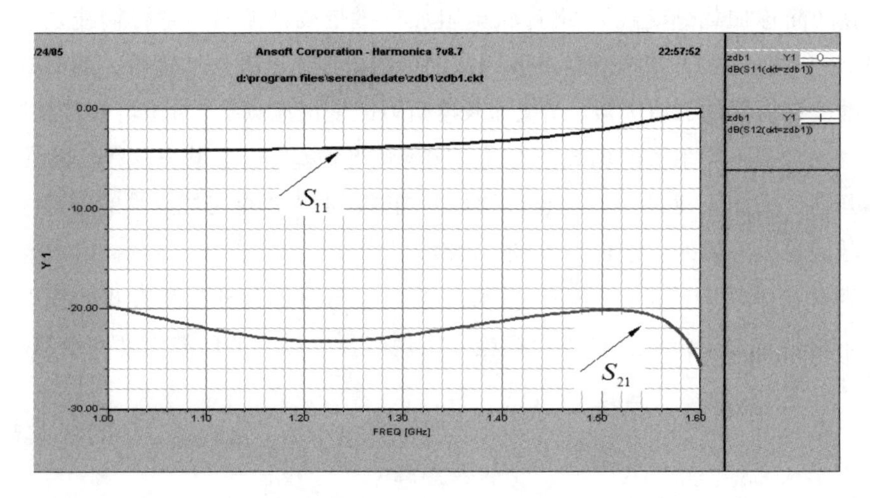

图 4.81　仿真曲线

4.7.2.3　同轴谐振腔式均衡器

大功率行波管增益波动比较大，输出功率曲线通常可认为由数个呈抛物线型的曲线叠加而成，均衡这种曲线的方法是使用数个可调的、抛物线型的（半正弦）均衡器。

吸收型谐振腔可实现这种大功率抛物线型的微波均衡器。每个单腔的衰减可调，采用频率控制与腔内吸收衰减控制两种相互独立的结构形式。同轴式谐振腔结构简单、调节方便。由单腔级联到多腔，采用多级子结构级联，实现大功率和宽带微波均衡器，不仅用于大功率行波管输出功率频响均衡，还可用于雷达收发通道波动频响的均衡。

图 4.82 是基于同轴谐振腔的均衡器单元结构，谐振腔一端为可调短路活塞，另一端与主传输线耦合相连，内导体是可调探针，此结构也是一种加载式均衡器，为 $\lambda/4$ 型电容加载式同轴谐振腔。通过调节可调活塞改变同轴谐振腔的腔长 L_c，调节可调探针的插入深度 L_s 从而改变耦合电容，谐振腔的频率主要由腔长和探针插入深度确定。外导体侧壁放置一个或两个微调螺钉，由微扰理论，介质或金属产生的腔体变形可以微调谐振频率，还可以形成吸收损耗。

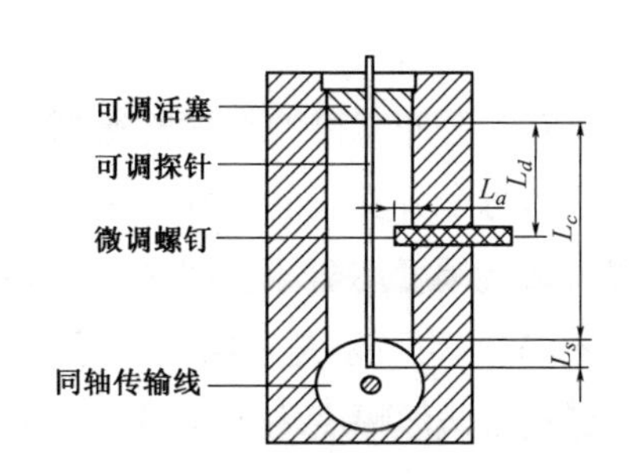

图 4.82　同轴谐振腔的均衡器单元结构

$\lambda/4$ 同轴谐振腔可用长为 L_c、一端短路一端开路的传输线来等效，其输入阻抗为

$$Z_{\text{in}} = \text{j}Z_0 \tan\frac{2\pi L_c}{\lambda} \tag{4.99}$$

谐振时 $Z_{\text{in}} = \infty$，谐振条件为

$$\frac{2\pi L_c}{\lambda_0} = (2n-1)\frac{\pi}{2}，\quad L_c = (2n-1)\frac{\lambda_0}{4}，\quad n = 1，2，\cdots \tag{4.100}$$

可见，腔长 L_c 一定时，每个 n 对应一个谐振波长。

对图 4.82 所示模型，可以用 HFSS 仿真得到谐振腔内的细致电场分布图，使微调螺钉的位置确定在电场最大或磁场最大时的位置，可以根据需要选择使用微调螺钉的数量。在电场占优的地方旋入微调螺钉时，谐振频率将降低，相当于腔体等效电容增大，此时为容性微扰；同理，在磁场占优的地方旋入微调螺钉，谐振频率将升高，相当于感性微扰。

微调螺钉材料可以有效减小或补偿温度对谐振频率的影响。当均衡器的工作温度发生改变时，根据频率漂移的方向，选择合适材料的微调螺钉，在电场最强处或磁场最强处旋入或旋出微调螺钉，来抑制或补偿频率漂移的幅度。同时，调节微调螺钉可以有效抑制寄生模的产生。

4.7.3 宽带微波幅度均衡器

对于集总式微波幅度均衡器，在大功率下不易做到高频，但在低频段内可实现宽带。

利用 4 个加载了不同阻值的加载分支线可实现高达 12GHz 的超宽带微带均衡器[23-25]，且仿真结果表明这种加载电阻的分支线结构很适合宽带微带均衡器设计。

对于分布式微波幅度均衡器，一般采用多个频率、多种可调整加载分支线参数，即每个分支线的尺寸、每个加载电阻的阻值都可不同，并联在传输线上构成宽带微波幅度均衡器，即多级一体化设计方案，加载分支线既可以是开路式（见图 4.83），也可以是短路式（见图 4.84），在此建模基础上用微波软件仿真设计可得到宽带微波幅度均衡器。

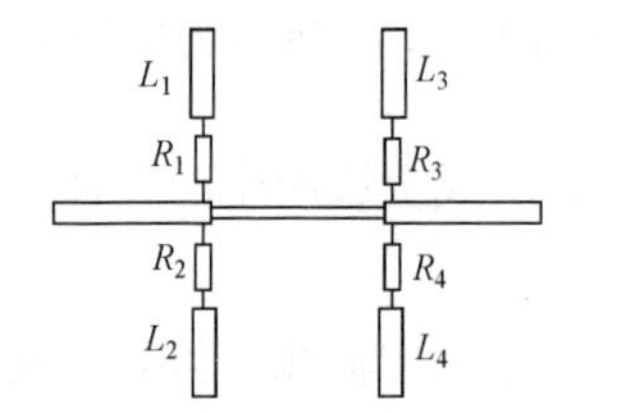

图 4.83 开路加载线宽带分布式幅度均衡器

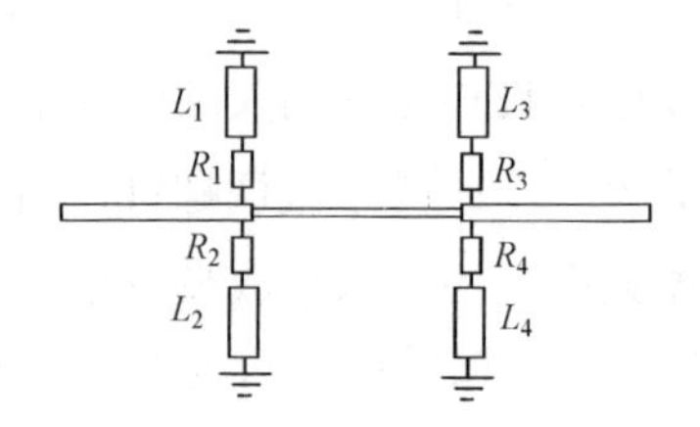

图 4.84 短路加载线宽带分布式幅度均衡器

现在国内外还有介质谐振器结构均衡器，可以实现比较复杂频响的微波幅度均衡器，补偿发射系统宽带行波管放大器的增益频响特性变化。

介质谐振器结构可放在同轴线或波导主传输线上，由介质和铁氧体构成介质谐振器，级联可达 8～14 级，采用一体化设计。级数多了驻波会变差些，外部还要加隔离器。

该类均衡器的起始损耗小，耐功率大，频率还可做高些。

4.8 密封窗[26]

高功率密封窗在微波系统中有着广泛的应用。在高功率雷达系统中，需要在天馈系统内部抽真空或充干燥绝缘气体来提高天馈系统的传输功率密度；在机载雷达中，由于天馈系统处于高空低气压状态，系统中必须充干燥绝缘气体才能正常工作；在电真空微波器件中，需要将电真空器件与外界波导相耦合。所有这些都需要用密封窗来实现。

由于雷达的作用距离越来越远，发射机的峰值功率和平均功率越来越高，对密封窗的功率容量和性能提出了更高的要求。同时，随着雷达和电子对抗技术的发展，雷达的带宽也越来越宽，对密封窗的带宽要求也越来越高，因此，研制高功率、宽带密封窗具有重大的意义。

密封窗的常用形式有谐振式密封窗、$\lambda_g/2$ 介质密封窗、盒式密封窗三种。文献[11]详细介绍了谐振式密封窗的原理和设计方法，这种密封窗由于采用电感膜片和电容膜片的组合形式，因此功率容量低，带宽窄，一般只适用于窄带低功率条件。文献[27]和[28]介绍了一种$\lambda_g/2$ 矩形陶瓷密封窗的设计和制作，其设计原理是利用均匀传输线阻抗周期性变化的特点，当在均匀传输线中间插入一段特性阻抗不同的传输系统时，若其长度为$\lambda_g/2$ 的整数倍，则不发生反射。这种密封窗的特点是带宽窄、损耗较大，当频率较低时，这种密封窗体积大、结构工艺复杂，一般适用于窄带、平均功率较低的情况。文献[29]介绍了盒式密封窗的设计，这种密封窗功率容量较大，带宽适中。但由于存在矩形波导到圆波导的模式转换，比较难以匹配，同时结构尺寸较大，一般不适合机载雷达用。

结合谐振式密封窗与盒式密封窗的特点，图 4.85 给出了一种新型的矩形波导密封窗结构形式，将盒式密封窗中的圆波导部分改成矩形波导，形成一个矩形波导谐振窗，相当于在主波导中级联一小段横截面为 $a' \times b'$ 的放大尺寸介质波导，同时在标准波导中增加一对长度为 L、波导口径为 $a_1 \times b$ 的波导阻抗变换来改善密封窗的带宽特性。图 4.86 所示为试验密封窗的外形。

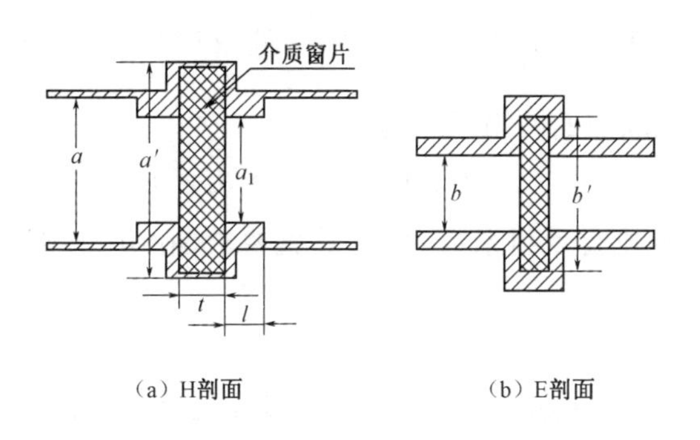

图 4.85　新型的矩形波导密封窗结构形式

密封窗的等效电路如图 4.87 所示。它是由 5 个单元网络级联组成的，其中第 1 和第 5 个网络为两端特性阻抗不等的并联电纳（矩形波导宽边变化过渡电纳），第 2 和第 4 个网络各为一段传输线，其特性阻抗为矩形波导（口径为 $a_1 \times b$ ）的特性阻抗，第 3 个网络为谐振窗的等效并联电纳。它们的归一化转移矩阵分别为

$$A_1=\begin{pmatrix}\sqrt{k} & 0\\ \mathrm{j}b_1\sqrt{k} & \dfrac{1}{\sqrt{k}}\end{pmatrix} \tag{4.101}$$

$$A_2=A_4=\begin{pmatrix}\cos\beta l & \mathrm{j}\sin\beta l\\ \mathrm{j}\sin\beta l & \cos\beta l\end{pmatrix} \tag{4.102}$$

$$A_3=\begin{pmatrix}1 & 0\\ \mathrm{j}B_2Z_{C2} & 1\end{pmatrix}=\begin{pmatrix}1 & 0\\ \mathrm{j}b_2 & 1\end{pmatrix} \tag{4.103}$$

$$A_5=\begin{pmatrix}\dfrac{1}{\sqrt{k}} & 0\\ \mathrm{j}b_1\sqrt{k} & \sqrt{k}\end{pmatrix} \tag{4.104}$$

式中，$\mathrm{j}b_1$为不连续电纳对矩形波导 1（口径为$a\times b$）的归一化值；$\mathrm{j}b_2$为谐振窗片对矩形波导 2（口径为$a_1\times b$）的归一化值；$k=Z_{C2}/Z_{C1}$为矩形波导 2 与矩形波导 1 特性阻抗之比；β为矩形波导 2 的相移常数。

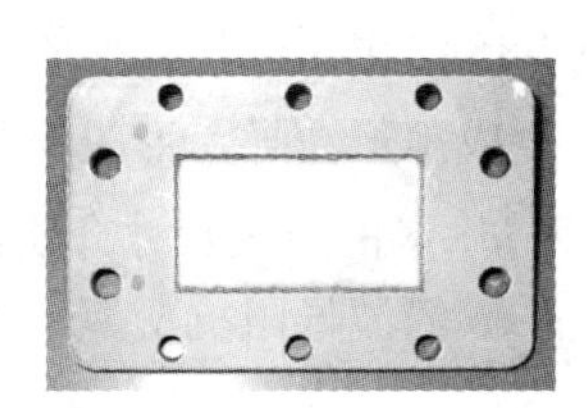

图 4.86　试验密封窗的外形

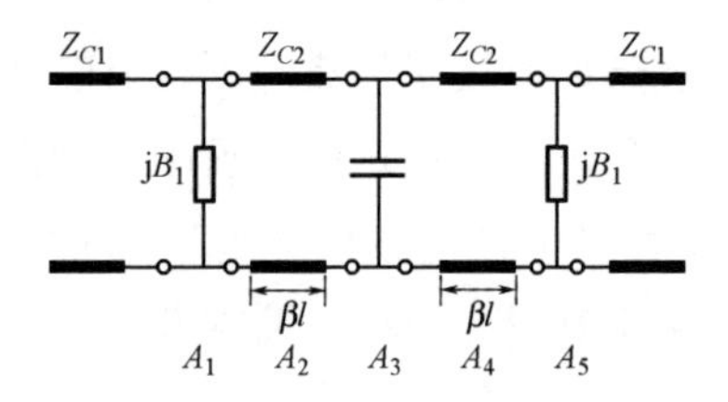

图 4.87　密封窗的等效电路

5 个单元网络级联后的网络矩阵为

$$\boldsymbol{A}=A_1\times A_2\times A_3\times A_4\times A_5 \tag{4.105}$$

设计密封窗的原则是反射系数为零，这就要求S_{11}=0，根据归一化转移矩阵和散射矩阵的关系，即

$$(a+b)-(c+d)=0 \tag{4.106}$$

由于密封窗是对称结构，因此它是一个对称网络，所以a=d。而为了满足式（4.106），就要求

$$b=c$$

从而求出b和c，代入上式，得到

$$(kb_2+kb_2b_1^2-2b_1)\tan^2\beta l+\left(2b_1+\frac{b_2}{k}\right)-2\left(k-\frac{1}{k}+kb_1^2+b_1b_2\right)\tan\beta l=0 \tag{4.107}$$

在设计密封窗时，工作频率和矩形波导的尺寸是给定的，窗片厚度t根据介质材料的特性一般事先确定，而介质窗片的长度a'、宽度b'及波导阻抗变换的宽

边尺寸 a_1、长度 l 四个变量都是未定的。其余参数与上述四个变量相关，只需对这四个变量进行优化设计，就可得到满意的结果。

下面给一密封窗设计实例，设计步骤如下：

首先通过工作频率或系统要求确定矩形波导口径；然后根据需要选择介质窗片的材料，根据材料特性确定介质窗片的厚度；最后对 a'、b'、a_1、l 四个变量进行优化计算，得出各变量的最佳尺寸。

由于在密封窗的设计中引入了一小段阻抗变换，将波导宽边进行了相应的压缩，为使其对密封窗的功率容量的影响尽量小，波导宽边的压缩量不能太大。为减小密封窗的损耗，在兼顾机械强度、密封性和封接工艺的前提下，介质窗片的厚度应该尽量小。

通过上述分析，采用 HFSS 软件对 S 波段的密封窗进行仿真计算。根据工程需要，波导口径选用 BJ-40 标准波导，介质材料选用聚四氟乙烯板材，考虑到系统中要充 1.5Pa 干燥空气，介质窗片的厚度取 1.5mm。图 4.88 和图 4.89 所示为该密封窗 S 参数的仿真数据。

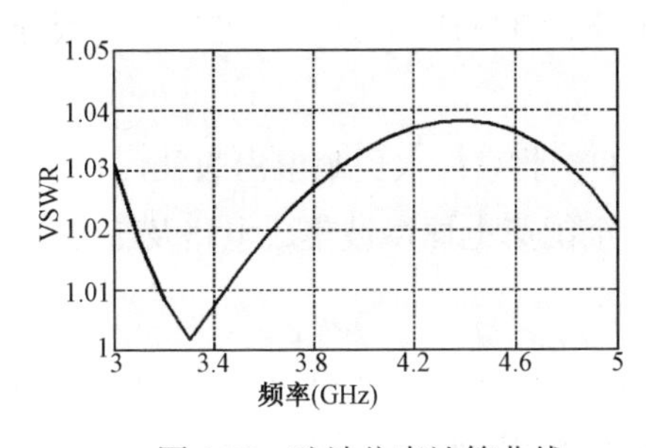

图 4.88　驻波仿真计算曲线

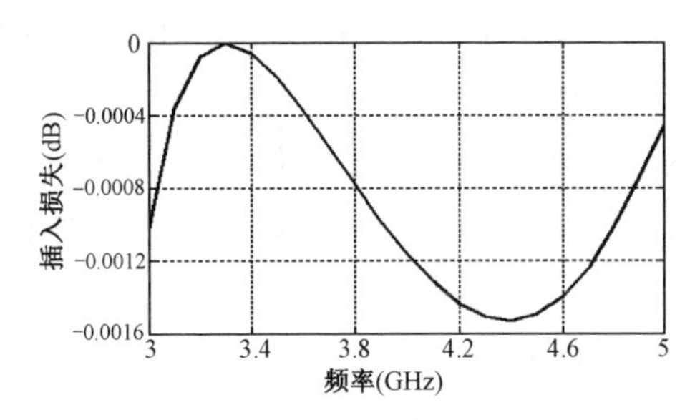

图 4.89　损耗仿真计算曲线

根据上述仿真计算的数据，波导密封窗的金属外壳为铝材，介质片为聚四氟乙烯板材，聚四氟乙烯介质片与铝的胶接工艺要满足高低温条件下的气密要求，为减小体积，该密封窗中省略了标准波导段。实测带内驻波小于 1.05，损耗小于 0.1 dB。

本章参考文献

[1] 凌天庆，张德斌. 一种高定向性宽频带微带定向耦合器[J]. 微波学报，2001(4): 85-91.

[2] PODELL. A. A High Directivity Microstrip Coupler Technique[J]. 1970 MTT Symposium Digest, 1970(5): 33-36.

[3] SCHALLER. G. Optimization of Microstrip Directional Couplers with Lumped

Capacitors[J]. July-Aug. 1977, 31: 301-307.

[4] KAJFEZ. D. Raise coupler directivity with lumped compensation[J]. Microwaves, 1978, 27: 64-70.

[5] DYDYK. M. Accurate design of microstrip directional couplers with capacitive compensation[J]. IEEE MTT-S Symp. Dig., 1990(5): 581-584.

[6] DYDYK. M. Microstrip directional couplers with ideal performance via single-element compensation[J]. IEEE MTT. 1999, 47(6): 956-964.

[7] 王典成. 波导元器件讲义. 2002.

[8] 清华大学《微带电路》编写组. 微带电路[M]. 北京：人民邮电出版社，1976.

[9] 周志鹏. 一种实用微波宽频带和差网络的研制[J]. 微波学报，1998(4): 319-323.

[10] 刘星明，沈金泉. HSR-1125 型船舶交通管制雷达的馈线系统[J]. 现代雷达，1990(2).

[11] 吴万春，梁昌洪. 微波网络及其应用[M]. 北京：国防工业出版社，1980.

[12] 顾其诤，项家桢，袁孝康.微波集成电路设计[M]. 北京：人民邮电出版社，1978.

[13] 李嗣范. 微波元件原理与设计[M]. 北京：人民邮电出版社，1982.

[14] 刘武华. 超宽带 MIC 功率分配器[C]//全国第七届微波集成电路及工艺学术会议论文集，1998.

[15] GOODMAN. P. C. A wideband stripline matched power divider. IEEE G-MTT International Microwave Symposium Digest, 1986(5): 16-20.

[16] 刘涓，吕善伟. 一种实现宽频带功分器的新方法[J]. 电子学报，2004(9):3.

[17] PERLOW MS. S. M Analysis of edge-coupled shielded strip and slabline structures[J]. IEEE Trans on microwave theory and techniques, 1987, MTT-35: 522-529.

[18] 李静，虞萍，孙红兵. 基于渐变线的宽带功率分配器[C]// 2007 年全国微波毫米波会议，宁波，2007: 1107-1110.

[19] NARAYANA. MS. Gain equalizer flattens attenuation over 6-18GHz[J]. Applied Microwave & Wireless. 1998: 74-78.

[20] SADHIR. V. Broadband MIC Equalizes TWTA Output Response[J]. Microwave & RF.October 1993: 102-105.

[21] 金宝龙. 相关网络新用途——电平均衡器[J]. 现代雷达，1990(3): 105.

[22] 杨明珊，等. 微波均衡器中微调螺钉的作用研究[J]. 河南师范大学学报，2006(2): 51-53.
[23] 赵瑛，等. 12GHz 多节匹配宽带微带均衡器[J]. 现代雷达，2007(2): 70-72.
[24] 张德斌. 微波幅度均衡器及其在雷达中的应用[C]// 2007 年全国微波毫米波会议，宁波，2007.
[25] 王忠勋，贾宝富. 电阻加载在宽带均衡器中的应用[J]. 现代雷达，2008(9): 77-79.
[26] 张华林. 宽带高功率矩形密封窗的工程设计[J]. 现代雷达，2005(4): 64-66.
[27] 玉胡民，等. 微波矩形陶瓷密封窗[J]. 原子能科学技术，1994, 28(5).
[28] 张荣华. 宽带高功率矩形陶瓷密封窗封接结构及工艺[J]. 真空电子技术，2003(3).
[29] 顾茂章，张克潜. 微波技术[M]. 北京：清华大学出版社，1989.

第5章 电控微波元器件与T/R组件

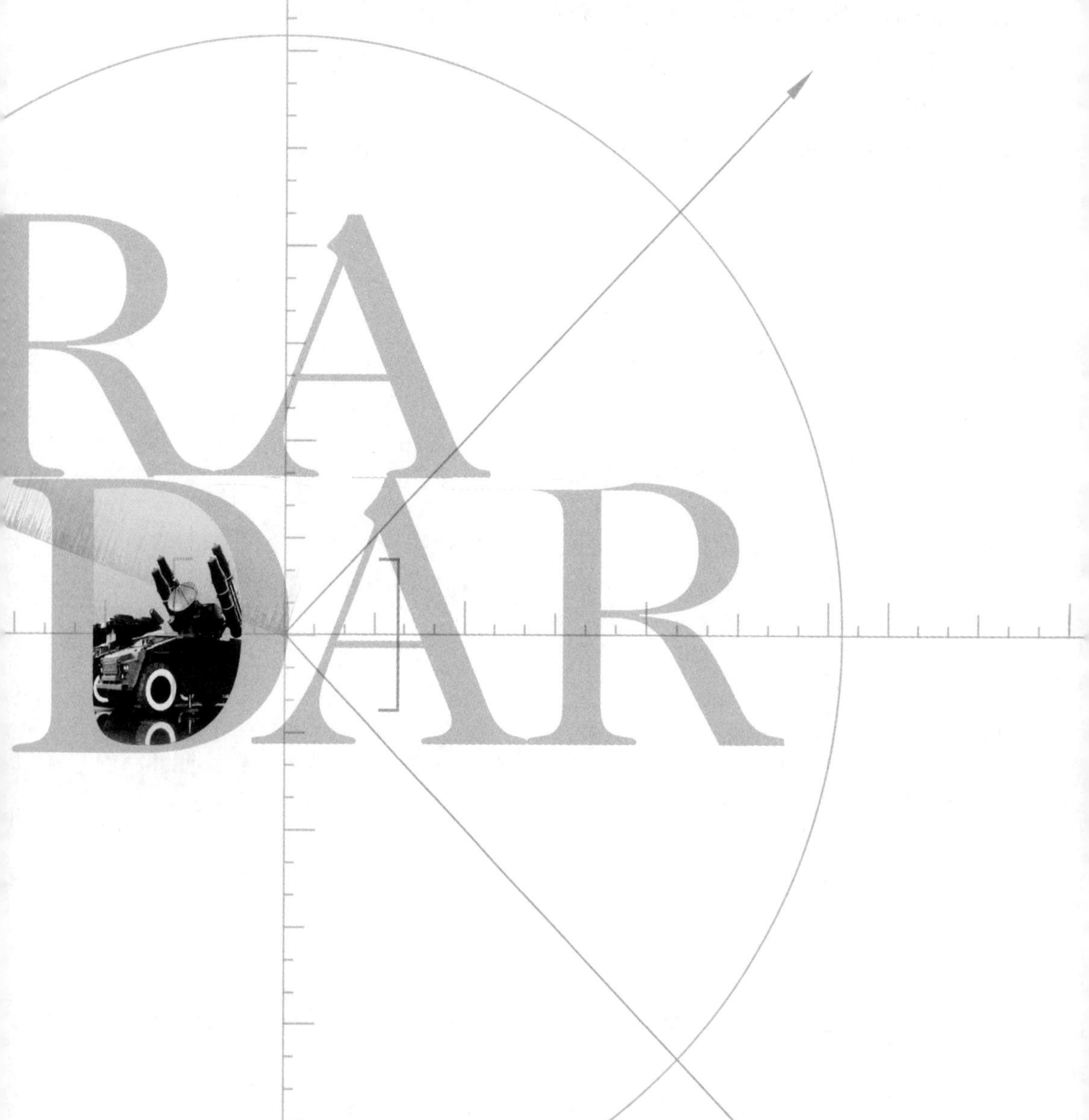

第 4 章介绍了雷达系统中常用的一些无源微波器件，本章将讨论用于相控阵雷达的电控微波器件的设计，其中的微波开关普遍用于馈线系统中功能切换、通道切换等，是最常用的基本器件；而电控移相器、衰减器和变极化器则是将雷达发射信号、接收回波信号按一定要求进行天线口径幅度、相位加权时实现阵面波束扫描的重要器件；实时延迟线则是保证大瞬时信号带宽和宽角扫描时补偿天线口径渡越时间和频率特性的重要器件。有源相控阵雷达将大量电控器件与有源器件集成到 T/R 组件中，高效率地实现了阵面分布式信号放大、加权及波束控制等功能。

5.1　PIN 开关

5.1.1　开关基本单元与设计方法

5.1.1.1　单刀双掷开关

一般的单刀双掷开关示意图如图 5.1 所示，其中图 5.1（a）为并联型，二极管与传输线并联，两只二极管距离分支接头都为 1/4 波长；图 5.1（b）为串联型，两只二极管直接与分支接头连接。

分析模型结构可知，串联结构较易实现，并且频带较宽，随着频率的增高，对 PIN 管的电参数要求也不断提高，如结电容及正向微分电阻等，这些参数直接影响到隔离度及插损，如果是功率型的还要考虑热阻。在同等 PIN 管参数条件下，并联结构的耐功率等微波性能优于串联结构，但由于并联结构与导波长有关，所以其弱点是频带比较窄。

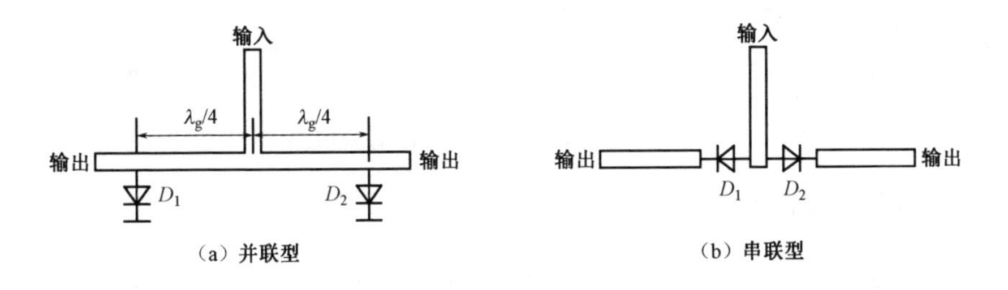

图 5.1　单刀双掷开关

下面分析并联单刀双掷开关的插入损耗和隔离度，其等效电路如图 5.2（a）所示，其中 R_f 和 R_r 分别为 PIN 二极管正、反向电阻，C_j 为反向结电容，L_S 为引线电感，X_S 和 X_P 为调谐电抗，用串联容抗 X_S 调谐引线电感 L_S，用并联感抗 X_P

调谐结电容和管壳电容，则串联谐振电阻为R_f，并联谐振电阻为X^2/R_r，X为反偏结电容的容抗。

在图5.2（b）中，归一化矩阵$[a]$为

$$[a]=\begin{bmatrix}1 & 0\\ \dfrac{R_f}{Z_0} & 1\end{bmatrix}\begin{bmatrix}0 & j\\ j & 0\end{bmatrix}\begin{bmatrix}1 & 0\\ \dfrac{R_rZ_0}{X^2} & 1\end{bmatrix}=\begin{bmatrix}j\dfrac{R_rZ_0}{X^2} & j\\ j\left(1+\dfrac{R_fR_r}{X^2}\right) & j\dfrac{R_f}{Z_0}\end{bmatrix} \tag{5.1}$$

则开关的插入损耗为

$$L=10\lg\frac{1}{|S_{21}|^2}=20\lg\left(1+\frac{R_rZ_0}{2X^2}+\frac{R_fR_r}{2X^2}+\frac{R_f}{2Z_0}\right) \tag{5.2}$$

一般情况下，$R_fR_r \ll X^2$，$\dfrac{R_rZ_0}{2X^2}+\dfrac{R_f}{2Z_0}\ll 1$，则式（5.2）可以简化为

$$L=20\lg\left(1+\frac{R_rZ_0}{2X^2}+\frac{R_f}{2Z_0}\right)\approx 4.34\left(\frac{R_rZ_0}{X^2}+\frac{R_f}{Z_0}\right) \tag{5.3}$$

用同样的方法分析图5.2（c），得到并联单刀双掷开关的隔离度为

$$D=20\lg\left[1+\frac{Z_0}{2R_f}+\frac{X^2Z_0}{2R_f\left(R_rZ_0+X^2\right)}+\frac{X^2}{2\left(R_rZ_0+X^2\right)}\right] \tag{5.4}$$

一般情况下，$X^2 \gg R_rZ_0$，则式（5.4）可以简化为

$$D=20\lg\left(1.5+\frac{Z_0}{R_f}\right) \tag{5.5}$$

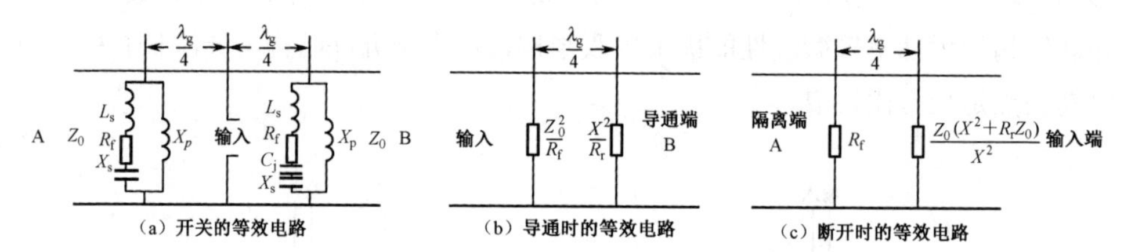

图5.2　并联单刀双掷开关的等效电路

5.1.1.2　串并联形式开关

在开关电路中，串联和并联二极管同时使用可以更好地实现开关性能，串并联形式开关及其等效电路如图5.3所示，当D_1为低阻抗、D_2为高阻抗时，开关连通；当D_1为高阻抗、D_2为低阻抗时，开关断开。在等效电路中，Z_1表示串联二极管的低阻抗，Z_h表示并联二极管的高阻抗。

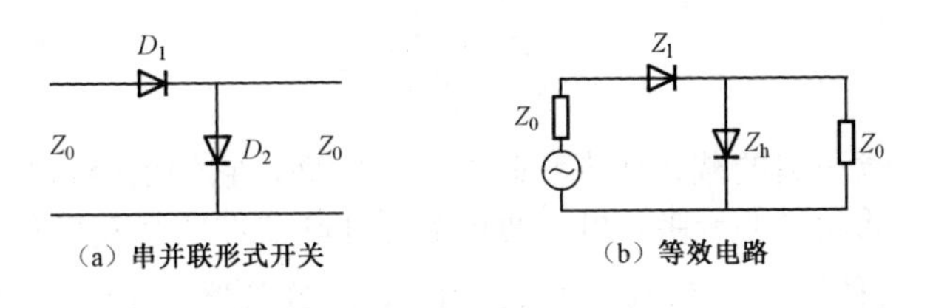

（a）串并联形式开关　　（b）等效电路

图 5.3　串并联形式开关及其等效电路

通过分析，得到插入损耗为

$$L=\left|\frac{1}{2}+\frac{(Z_0+Z_h)(Z_0+Z_1)}{2Z_0Z_h}\right|^2 \tag{5.6}$$

隔离度表示为

$$D=\left|\frac{1}{2}+\frac{(Z_0+Z_1)(Z_0+Z_h)}{2Z_0Z_1}\right|^2 \tag{5.7}$$

串并联形式开关的隔离度较串联开关或并联开关有显著改善，插入损耗比串联形式好，比并联形式差。

5.1.1.3　滤波器式宽带开关

用 PIN 二极管代替滤波器中的元件可以构成滤波器式宽带开关，如图 5.4 所示，图中的 3 只二极管有两只串联，一只并联，当 D_1、D_3 导通，D_2 截止时，类似于一个低通滤波器；当 D_1、D_3 截止，D_2 导通时，类似于一个高通滤波器。

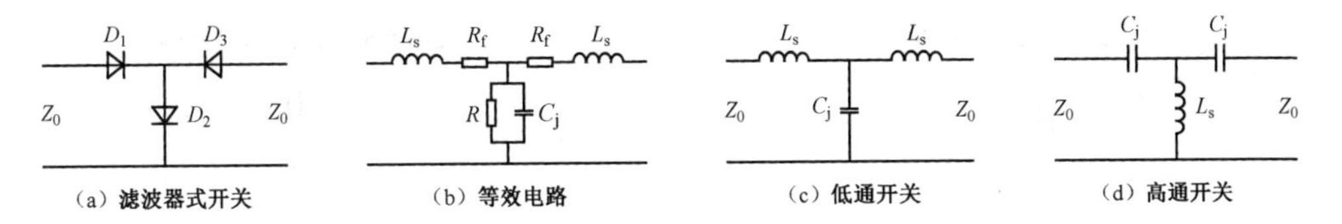

（a）滤波器式开关　　（b）等效电路　　（c）低通开关　　（d）高通开关

图 5.4　滤波器式宽带开关

图 5.4（c）所示的低通滤波器，截止频率和阻抗为

$$\omega_c=\sqrt{\frac{2}{L_sC_j}} \tag{5.8}$$

$$Z_0=\sqrt{\frac{2L_s}{C_j}} \tag{5.9}$$

图 5.4（d）所示的高通滤波器，截止频率和阻抗为

$$\omega_c=\sqrt{\frac{1}{2L_sC_j}} \tag{5.10}$$

$$Z_0=\sqrt{\frac{2L_s}{C_j}} \tag{5.11}$$

比较高低通滤波器的截止频率和阻抗可以发现，它们的阻抗相同，但高通时的截止频率只有低通时的一半，可以通过选择并联器件使其 $L_Z C_j$ 的乘积为串联器件的 1/4，而在两种情况下 L_Z/C_j 的比值相等，这样就增加了开关的带宽。

5.1.2 PIN 管芯的安装与影响

随着频率的升高，PIN 管封装的寄生效应对开关性能有显著影响。因此，在 X 频段或更高频段，经常采用无封装的 PIN 管芯，如台面 PIN 管芯。

台面 PIN 管芯实际应用到开关上时，是通过金丝焊接到微带的中心导体上，如图 5.5 所示。组成并联型开关时，等效电路如图 5.6 所示，金丝电感与管子的结电容构成低通滤波器，可实现比较好的开关性能。

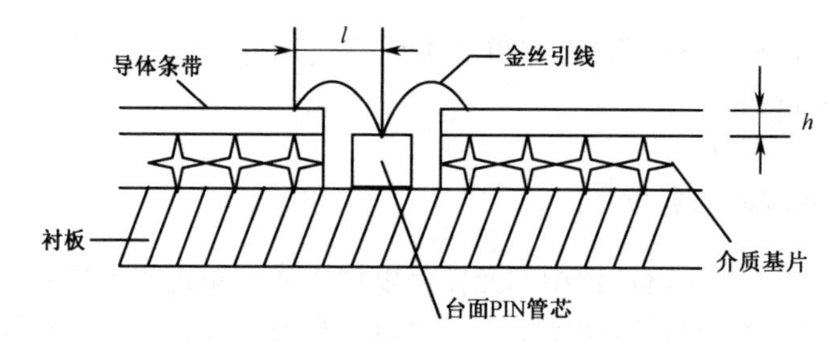

图 5.5　台面 PIN 管芯的并联安装

图 5.6　并联型开关正反偏等效电路

正反偏下等效电阻相差甚小，可视其为 R_S 。由网络理论推得衰减为

$$L_{正}=10\lg\left[\left(1+\frac{Z_0}{R_s}-\frac{\omega^2L^2}{2Z_0R_s}\right)^2+\omega^2L^2\frac{(R_s+Z_0)^2}{{R_s}^2{Z_0}^2}\right] \tag{5.12a}$$

$$L_{反}=10\lg\left\{\begin{aligned}&\left[1+2{Z_0}^2\omega^2{C_j}^2R_s-2Z_0\omega^2C_j-\frac{\omega^4L^2{C_j}^2R_s}{2Z_0(1+R_s\omega C_j)^2}\right]^2+\\&\left[\omega^2L{C_j}^2R_s+\frac{Z_0\omega C_j}{1+(R_s\omega C_j)^2}+\omega L(1+{R_s}^2{C_j}^2)-\frac{\omega^2L^2C_j}{2Z_0(1+R_s\omega C_j)^2}\right]^2\end{aligned}\right\} \tag{5.12b}$$

一般地，可以将引线当作周围是空气的微带线，在已知 l 和 h 的情况下，可算出其特性阻抗，再利用集总电感与一小段高阻抗传输线之间的等效关系，在所需频率上估算出 L 值。

组成串联型开关时，随着频率升高，金丝电感的影响远比管子本身的要大，开关性能会变劣；梁式引线管由于其结电容很小，工作频带可至 40GHz，但其热阻太大，不适合用作功率型开关，只适合作连续波 0.5W 以下的小功率开关；如果功率超过 0.5W 则应该选择击穿电压高、结电容大（单位面积电流小）的 PIN 管芯。当结电容大时，PIN 开关的频率无法升高，所以要折中地选择，如在优化电路形式的同时也考虑结构的优化。串联型开关的安装与正反偏置等效电路如图 5.7 所示。

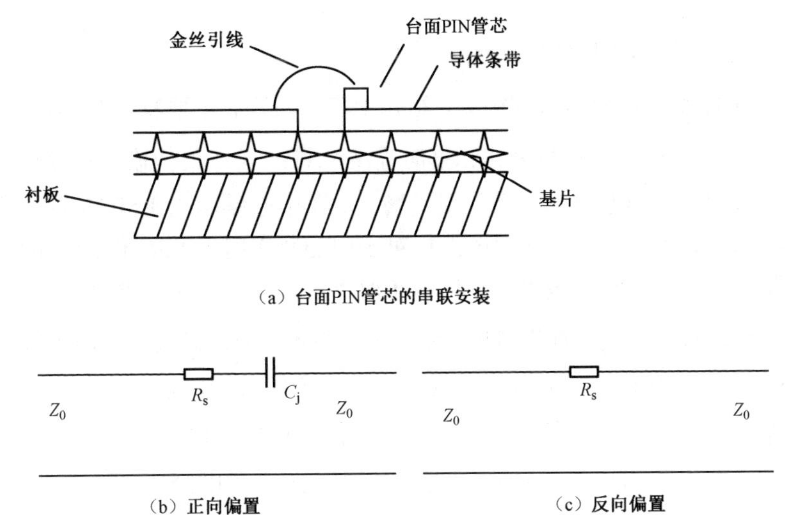

图 5.7　串联型开关的安装与正反偏置等效电路

同样，由网络理论推得衰减为

$$L_{正} = 10\lg\left(1 + \frac{R_s}{2Z_0}\right)^2 \tag{5.13a}$$

$$L_{反} = 10\lg\left[\left(1 + \frac{R_s}{2Z_0}\right)^2 + \left(\frac{1}{2Z_0\omega C_j}\right)^2\right] \tag{5.13b}$$

5.2　电控移相器

相控阵天线阵面的波束扫描主要通过阵面中的大量移相器实现。目前主要采用数字式移相器，实现形式有开关线式、反射式、加载线式、高低通网络式等。

相控阵面对移相器的要求主要有频率特性、耐功率、移相位数、移相精度、控制接口、一致性、小型化等，在设计中需综合考虑。

5.2.1 开关线式数字移相器

开关线式数字移相器的基本电路单元如图 5.8 所示，也称路径线式移相器，用两个单刀双掷开关使信号在传输路径l_1和l_2之间转换，l_1和l_2的长度不同，二者之差即为移相量。当信号从l_1换到较长的路径l_2时，相位移为

$$\Delta\phi = \beta(l_2 - l_1) = \frac{2\pi}{\lambda_g}(l_2 - l_1) \tag{5.14}$$

式中，$\Delta\phi$——移相量；

β——相位常数；

λ_g——传输线中的波长。

开关线式数字移相器原理简单，结构上容易实现，主要特点是其移相量$\Delta\phi$正比于频率。设计开关线式数字移相器时需要注意：当开关传输线长度达到某个频率的半波长时，将引起谐振，插入损耗增大。在中心频率为 1.5GHz 时，考虑设计一位 45° 的移相器，l_1和l_2分别选为相对于中心频率时的160°和205°的电长度，单刀双掷开关中，PIN 二极管在正向偏置时$R_j = 1\Omega$，反向偏置时$C_j = 0.2\text{pF}$。l_1接通、l_2断开时的等效电路如图 5.9 所示，在中心频率时工作正常，但当频率变化到 1.25GHz 时，l_2的电长度为170.8°，0.2pF 的电容等效的附加长度为4.5°，这样就构成了半波长谐振电路，使插入损耗出现峰值，相移变化很陡，同样，当l_1断开、l_2接通时，在 1.58GHz 时由l_1引起谐振，其变化曲线如图 5.10 所示。

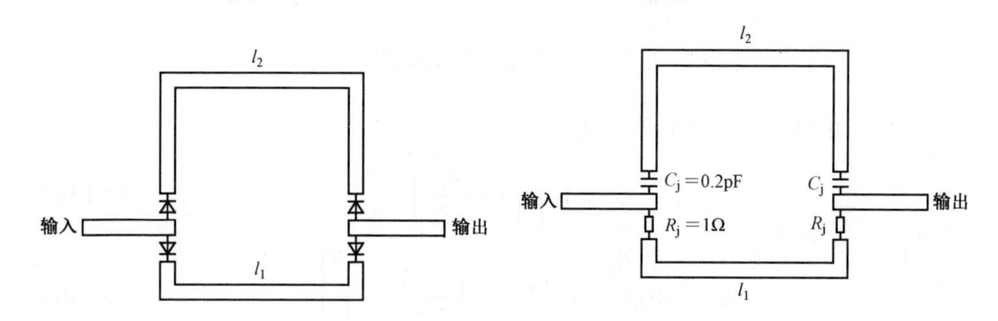

图 5.8 开关线式数字移相器的基本电路单元　　图 5.9 开关线式数字移相器的等效电路

为了使谐振点远离工作频率，开关线长度应尽量短，也可以对断开的支路增加匹配负载，如图 5.11 所示，但这样做的缺点是开关元件数量增多。

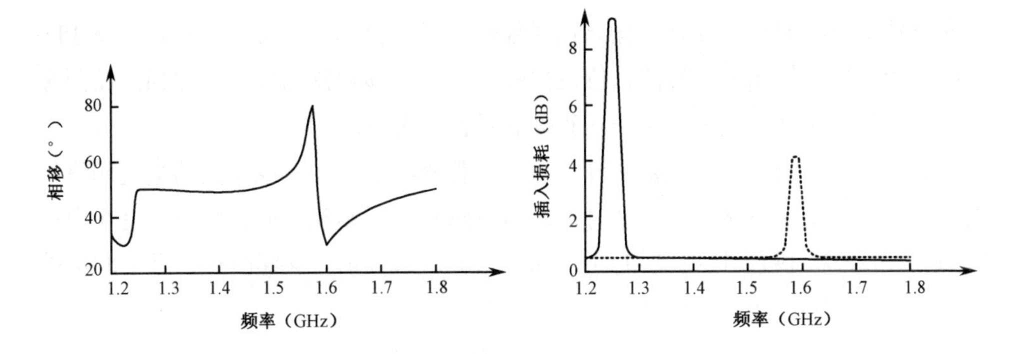

图 5.10　开关线式数字移相器的频率特性变化曲线

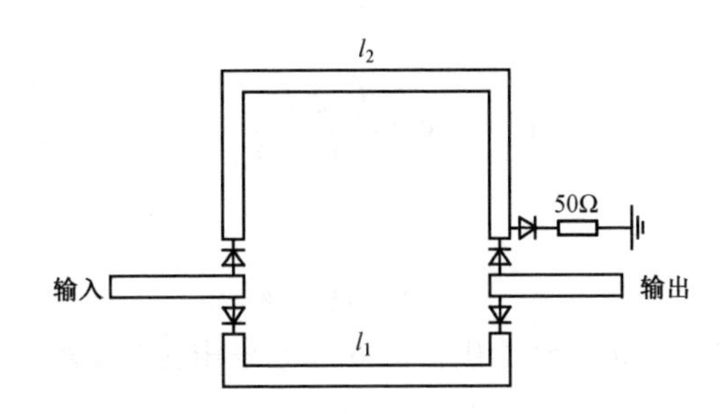

图 5.11　加负载的开关线式数字移相器示意图

5.2.2　反射式数字移相器

在传输线终端接有可变反射系数的元件就能构成移相器。当终端元件的反射系数从 $\Gamma_1=|\Gamma_1|e^{j\phi_1}$ 转换到 $\Gamma_2=|\Gamma_2|e^{j\phi_2}$ 时，反射信号的相移就是 $\Delta\phi=\phi_2-\phi_1$，如果能保持 $|\Gamma_1|=|\Gamma_2|=1$，则移相损耗将为零。为了把输入信号和输出信号分开，可采用环行器或 3dB 电桥，由于 3dB 电桥易于和微波电路集成在一起，因此较为常用。

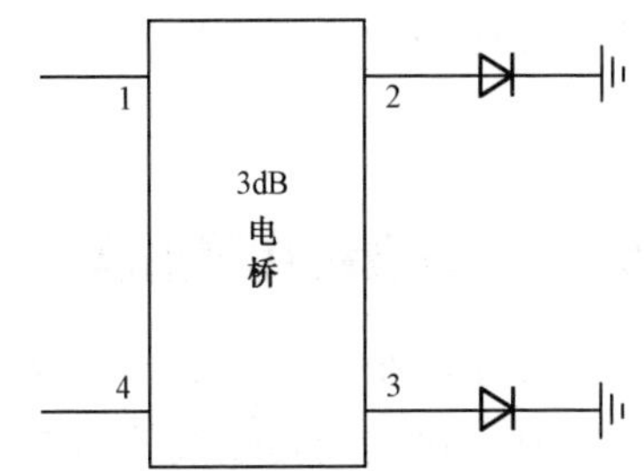

图 5.12　电桥反射式移相器基本电路单元

电桥反射式移相器基本电路单元如图 5.12 所示，其中 3dB 电桥的类型很多，一般采用分支线或耦合线，其两平分臂等幅输出，相位差为 90°，在图 5.12 中，1 端口为输入端，2 端口为耦合端，3 端口为直通端，4 端口为隔离端，2、3 端口接 PIN 二极管。当信号从 1 端口输入时，进入 2、3 端口，被反射回来，重新进入 1、4 端口，进入 1 端口的信号等幅反相，相互抵消，进入 4 端口的信号等幅同相，相互叠加，其幅度与 1 端口输入信号相同，因此 1 端口的输入信号经过反射，全部从 4 端口输出，改变 PIN 二极管的电抗可使输出信号的相位发生改变。由于移相器的每一位移相需要两种状态，因此只要 PIN 二极管工作在正偏和反偏状态下即可。

为了得到不同的，必须将 PIN 二极管与传输线组合，形成不同的电抗网络，电抗网络常用微带电路，频率低时可以用电感和电容实现。如果电抗网络在电桥 2、3 端口呈现的归一化电纳为 $\mathrm{j}B_{\pm}$（$\mathrm{j}B_{\pm}$ 表示二极管正、反偏两种状态下的电纳值），则两种状态下的反射系数为

$$\Gamma_{\pm} = \left|\Gamma_{\pm}\right| e^{\mathrm{j}\phi_{\pm}} = \frac{1-\mathrm{j}B_{\pm}}{1+\mathrm{j}B_{\pm}} = \frac{1-B_{\pm}^{2}-2\mathrm{j}B_{\pm}}{1+B_{\pm}^{2}} \tag{5.15}$$

由式（5.15）可得

$$\phi_{\pm} = \arctan\left(\frac{2B_{\pm}}{B_{\pm}^{2}-1}\right) \tag{5.16}$$

相移量为

$$\Delta\phi = \phi_{-} - \phi_{+} \tag{5.17}$$

在设计移相器时，$\Delta\phi$ 已经给出，因此需要导出 $\Delta\phi$ 与 B_{+}、B_{-} 的直接关系：

$$\Delta\phi = 2\arctan\left(\frac{B_{+}-B_{-}}{1+B_{+}B_{-}}\right) \tag{5.18}$$

由上式可以得出，当 $\Delta\phi$ 分别为 $45°$、$90°$、$180°$ 时，B_{+} 和 B_{-} 必须满足下列关系式：

$$\frac{B_{+}-B_{-}}{1+B_{+}B_{-}} = 0.414 \quad (\Delta\phi = 45°) \tag{5.19}$$

$$\frac{B_{+}-B_{-}}{1+B_{+}B_{-}} = 1 \quad (\Delta\phi = 90°) \tag{5.20}$$

$$B_{+}B_{-} = -1 \quad (\Delta\phi = 180°) \tag{5.21}$$

根据以上对 B_{+}、B_{-} 的不同要求来选择不同的电抗网络，可以实现所需要的相移量。

5.2.3 加载线式移相器

在移相量较小时，如 $22.5°$ 和 $45°$ 相移位，可采用加载线方法设计。这种移相的方法是在一段均匀传输线的输入和输出端处各加载一个小电纳，当电纳发生变化时，传输信号的相位也发生改变，利用这个原理做成的移相器称为加载线式移相器。

加载线式移相器的基本电路单元如图 5.13 所示，主传输线的长度为 θ，特性

导纳为Y_1，两端用并联分支微带和 PIN 二极管开关进行加载，分支微带的长度为θ_2，特性导纳为Y_2。PIN 二极管在正偏和反偏时，主传输线两端的并联电纳分别为$\mathrm{j}B_+$和$\mathrm{j}B_-$，移相器等效为特性阻抗Y、长度ϕ_+和ϕ_-的传输线。如图 5.14 所示，移相器的移相量为$\Delta\phi=\phi_+-\phi_-$。

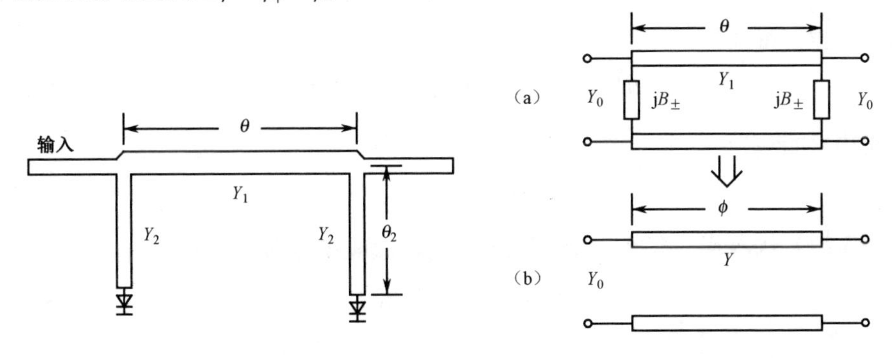

图 5.13　加载线式移相器的基本电路单元　　图 5.14　加载线式移相器等效电路图

在图 5.14（b）中，为了满足匹配要求，应该有$Y=Y_0$，Y_0是系统的标准导纳，则等效电路对Y_0的归一化矩阵$[a]$为

$$[a]=\begin{bmatrix}\cos\phi & \mathrm{j}\sin\phi\\ \mathrm{j}\sin\phi & \cos\phi\end{bmatrix}\tag{5.22}$$

在图 5.14（a）中，级联后的$[A]$矩阵为

$$[A]=\begin{bmatrix}1 & 0\\ \mathrm{j}B & 1\end{bmatrix}\begin{bmatrix}\cos\theta & \mathrm{j}\dfrac{\sin\theta}{Y_1}\\ \mathrm{j}Y_1\sin\theta & \cos\theta\end{bmatrix}\begin{bmatrix}1 & 0\\ \mathrm{j}B & 1\end{bmatrix}\tag{5.23}$$

将上式相乘后，再用Y_0归一化得

$$[a]=\begin{bmatrix}\cos\theta-\dfrac{B}{Y_1}\sin\theta & \mathrm{j}\dfrac{Y_0}{Y_1}\sin\theta\\ \mathrm{j}\dfrac{Y_1\sin\theta+2B\cos\theta-\dfrac{B^2}{Y_1}\sin\theta}{Y_0} & \cos\theta-\dfrac{B}{Y_1}\sin\theta\end{bmatrix}\tag{5.24}$$

对于式（5.22）和式（5.24），根据相同矩阵中元素相等的原则，可以得到

$$\cos\phi=\cos\theta-\frac{B}{Y_0}\sin\theta\tag{5.25}$$

$$\sin\phi=\frac{Y_0}{Y_1}\sin\theta\tag{5.26}$$

$$\frac{Y_0}{Y_1}\sin\theta=\frac{Y_1\sin\theta+2B\cos\theta-\dfrac{B^2}{Y_1}\sin\theta}{Y_0}\tag{5.27}$$

由式（5.24）得到

$$\phi_{\pm}=\arccos\left(\cos\theta-\frac{B_{\pm}}{Y_1}\sin\theta\right) \tag{5.28}$$

$$\Delta\phi=\phi_{+}-\phi_{-} \tag{5.29}$$

由式（5.27）得到

$$B^2-\left(2Y_1\mathrm{ctg}\theta\right)B+\left(Y_0^2-Y_1^2\right)=0 \tag{5.30}$$

式（5.30）的解为

$$B_{\pm}=Y_1\mathrm{ctg}\theta\pm\sqrt{Y_1^2\csc^2\theta-Y_0^2} \tag{5.31}$$

将式（5.27）代入式（5.29），并利用式（5.26）简化得到

$$Y_1=Y_0\sec\frac{\Delta\phi}{2}\sin\theta \tag{5.32}$$

将式（5.32）代入式（5.28）得到

$$B_{\pm}=Y_0\left(\sec\frac{\Delta\phi}{2}\cos\theta\pm\mathrm{tg}\frac{\Delta\phi}{2}\right) \tag{5.33}$$

一般情况下，选择主线电长度$\theta=\pi/2$，则式（5.33）和式（5.32）分别变为

$$B_{\pm}=\pm Y_0\mathrm{tg}\frac{\Delta\phi}{2} \tag{5.34}$$

$$Y_1=Y_0\sec\frac{\Delta\phi}{2} \tag{5.35}$$

按上述公式设计的移相器，由于$B_{\pm}$是频率的函数，因此带宽较窄，进一步分析表明，移相器带宽与θ有关，$\theta=90^\circ$时带宽最宽，θ增大或减小时带宽都变窄。另外，随着相移量的增大，频带也变窄，例如，同样要求相移误差小于2°，输入驻波比小于1.2，对于22.5°的相对带宽为43%，而45°的相对带宽为20%，90°和180°带宽更窄，因此，加载线式移相器都用于相移量较小的移相位。

5.2.4 高低通网络式数控移相器

高低通网络式移相器由开关线式移相器的概念演变而来，用移相网络来代替传输线，目的是改变移相网络的移相特性，获得较宽的频带或所需的频率响应，常用的网络是三级元件高低通滤波器，如图5.15所示。

在图5.15中，滤波器为T形网络，低通网络的归一化级联$[a]$矩阵为

$$[a]=\begin{bmatrix}1 & \mathrm{j}X_n\\0 & 1\end{bmatrix}\begin{bmatrix}1 & 0\\\mathrm{j}B_n & 1\end{bmatrix}\begin{bmatrix}1 & \mathrm{j}X_n\\0 & 1\end{bmatrix}=\begin{bmatrix}1-B_nX_n & \mathrm{j}\left(2X_n-B_nX_n^2\right)\\\mathrm{j}B_n & 1-B_nX_n\end{bmatrix} \tag{5.36}$$

式中，X_n和B_n为归一化电抗和电纳，由$[a]$矩阵可以得到S_{21}为

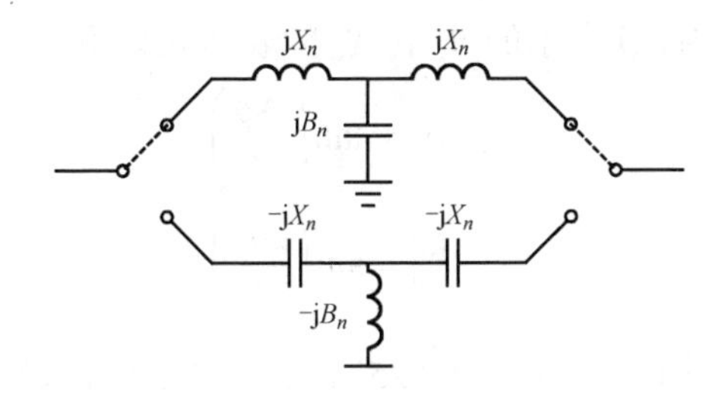

图 5.15 T 形网络移相器等效电路

$$S_{21}=\frac{2}{a_{11}+a_{12}+a_{21}+a_{22}}=\frac{2}{2\left(1-B_nX_n\right)+\mathrm{j}\left(B_n+2X_n-B_nX_n^2\right)} \tag{5.37}$$

则传输相移为

$$\phi=\arctan\left[-\frac{B_n+2X_n-B_nX_n^2}{2\left(1-B_nX_n\right)}\right] \tag{5.38}$$

在图 5.15 中，高通网络与低通网络相比，X_n 和 B_n 都改变符号，传输相移 ϕ 数值不变而符号改变，因此，高低通网络转换时的相位差为

$$\Delta\phi=2\arctan\left[-\frac{B_n+2X_n-B_nX_n^2}{2\left(1-B_nX_n\right)}\right] \tag{5.39}$$

在匹配而且无耗的情况下，有如下条件：

$$\left|S_{11}\right|=0 \tag{5.40}$$

$$\left|S_{11}\right|=\sqrt{1-\left|S_{21}\right|^2} \tag{5.41}$$

由上述两式可以导出 B_n 和 X_n 的关系如下：

$$B_n=\frac{2X_n}{X_n^2+1} \tag{5.42}$$

式（5.39）可以单独用 X_n 表示为

$$\Delta\phi=2\arctan\left(\frac{2X_n}{X_n^2-1}\right) \tag{5.43}$$

一般情况下，$\Delta\phi$ 已知，由 $\Delta\phi$ 表示的 X_n 为

$$X_n=\tan\left(\frac{\Delta\phi}{4}\right) \tag{5.44}$$

将式（5.44）代入式（5.42），得到 B_n 为

$$B_n=\sin\left(\frac{\Delta\phi}{2}\right) \tag{5.45}$$

图 5.15 中的移相网络为 T 形网络，也可以用 π 形网络来实现，其等效电路如图 5.16 所示。

在π形网络中，用$\Delta\phi$表示的B_n和X_n的表达式如下：

$$B_n = \tan\left(\frac{\Delta\phi}{4}\right) \tag{5.46}$$

$$X_n = \sin\left(\frac{\Delta\phi}{2}\right) \tag{5.47}$$

对于相移量较小的移相位，如5.625°位、11.25°位、22.5°位，可以用单级元件高低通网络实现，其等效电路如图 5.17 所示。

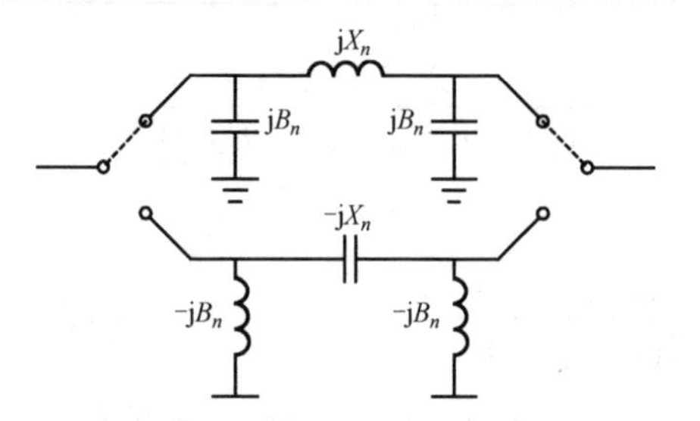

图 5.16　π 形网络移相器等效电路

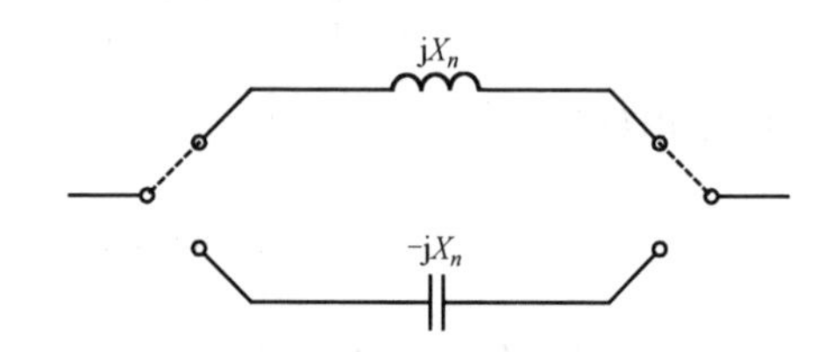

图 5.17　单级网络移相器等效电路

在用单级实现的网络中，X_n的计算公式如下：

$$X_n = 2\tan\left(\frac{\Delta\phi}{2}\right) \tag{5.48}$$

对于相移量较大的移相位，如180°位，可以用五级元件高低通网络实现。

5.3　电控衰减器

用电信号控制衰减量的衰减器称为电控衰减器，有电压控制、电流控制两种。

电压控制式的开关网络衰减器类似于开关网络移相器，其以吸收式衰减器为基本衰减单元来代替移相器单元，目的是改变衰减网络的衰减特性，获得较宽的频带或所需的频率响应，基本衰减单元为 T 形衰减器时，等效电路类似于图 5.15，基本衰减单元为π形衰减器时，等效电路类似于图 5.16，不再重复类似的分析设计，下面主要介绍电流控制式衰减器。

由于二极管正向电阻随偏置电流变化，因此可用于设计微波频率的电流控制可变衰减器。二极管的正向电阻R_f由本征电阻R_i和接触电阻组成，本征电阻的计算公式如下：

$$R_i = \frac{W^2}{2\mu_{\mathrm{ap}}\tau I_0} \tag{5.49}$$

式中，W为I层的宽度；μ_{ap}为双极性迁移率；τ为载流子寿命；I_0为直流偏置电流。

电控衰减器分为反射型和吸收型，在反射型衰减器中，衰减主要由二极管的反射形成，而在吸收型衰减器中，衰减主要由二极管的损耗形成。在反射型衰减器中，输入驻波比大，为了取得较好的匹配性能，必须在输入端增加隔离器，这样成本增加，结构也变得复杂，而且隔离器的带宽窄，限制了衰减器的宽带性能，因此，在实际中很少使用这种方式，衰减器一般都做成吸收型。

5.3.1　双管匹配衰减器

双管匹配衰减器的电路如图 5.18 所示，两只二极管的特性相同，在相同正偏电流下的正向电阻都为 R_f，第一只二极管后有串联电阻 Z_0，两只二极管之间的距离为 $\lambda_g/4$。

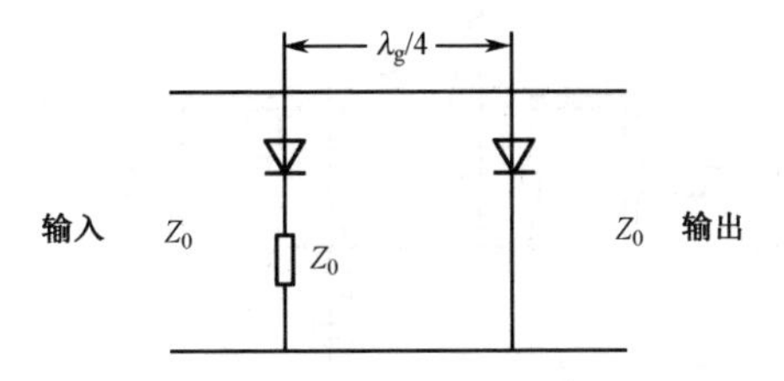

图 5.18　双管匹配衰减器的电路

上述电路的归一化级联 $[a]$ 矩阵为

$$[a]=\begin{bmatrix}1 & 0\\ G_1 & 1\end{bmatrix}\begin{bmatrix}0 & \mathrm{j}\\ \mathrm{j} & 0\end{bmatrix}\begin{bmatrix}1 & 0\\ G_2 & 1\end{bmatrix}=\begin{bmatrix}\mathrm{j}G_2 & \mathrm{j}\\ \mathrm{j}(1+G_1G_2) & \mathrm{j}G_1\end{bmatrix} \tag{5.50}$$

式中，$G_1=\dfrac{Z_0}{R_f+Z_0}$，$G_2=\dfrac{Z_0}{R_f}$，将 $[a]$ 中的元素代入 S_{11} 后得到

$$S_{11}=\frac{a_{11}+a_{12}-a_{21}-a_{22}}{a_{11}+a_{12}+a_{21}+a_{22}}=0 \tag{5.51}$$

式（5.51）说明，只要两只二极管的特性一致，无论 R_f 调节到什么值，输入端都是匹配的。

根据 S_{21} 可以得到衰减器的衰减量如下：

$$S_{21}=\frac{2}{a_{11}+a_{12}+a_{21}+a_{22}}=\frac{R_f}{R_f+Z_0} \tag{5.52}$$

$$L=20\log\frac{1}{|S_{21}|}=20\log\frac{R_f+Z_0}{R_f} \tag{5.53}$$

5.3.2　三级混合型衰减器

三级混合型衰减器的电路如图 5.19 所示，其由两个 1/2 等功率分配器和并联的二极管组成，两只二极管并联在两边微带线的 A 点和 B 点，间距为 $\lambda_g/4$，$R=2Z_0$ 为隔离电阻。当二极管处于零偏置时，其阻抗远大于特性阻抗 Z_0，对传输线没有影响，输入功率经功分器分为两路后，几乎无损耗地通过 A、B 两点，由合成器输出。当二极管处于正偏置时，阻抗减小，A、B 两点不匹配，部分功率将被反射回去，另一部分消耗在二极管上，其余的部分由合成器输出，这时，输出功率小于输入功率，产生了一定的衰减，调节偏置电流，可以产生不同的衰减量。当两只二极管特性一致时，反射波到达第一个功分器时，幅度相等，相位差为180°，相互抵消，反射功率完全消耗在隔离电阻上，因此，无论二极管内阻多大，输入端都处于匹配状态。

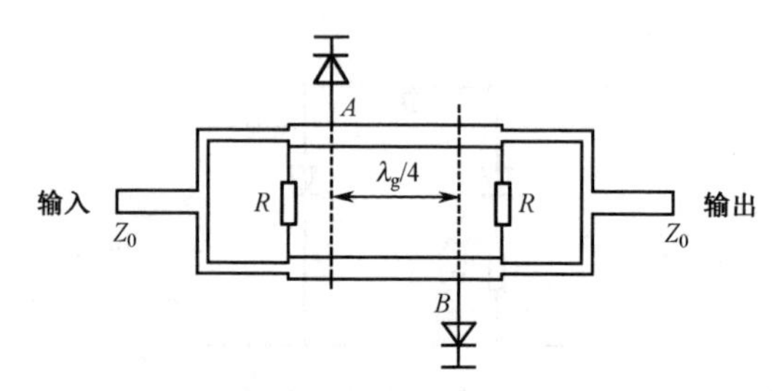

图 5.19　三级混合型衰减器的电路

假设入射波电压为 V_{in}，经过功分器后，入射至 A、B 两点的电压为 $V_{\text{in}}/\sqrt{2}$，经过 A 点后的输出电压为

$$V_{\text{A}}=\frac{V_{\text{in}}}{\sqrt{2}}\left(1+\varGamma_{\text{A}}\right) \tag{5.54}$$

式中，$\varGamma_{\text{A}}$ 为 A 点的反射系数，其对应的输出功率为

$$P_{\text{A}}=\frac{V_{\text{in}}^2}{2Z_0}\left|1+\varGamma_{\text{A}}\right|^2 \tag{5.55}$$

同样可以得到 B 点的输出电压和输出功率为

$$V_{\text{B}}=\frac{V_{\text{in}}}{\sqrt{2}}\left(1+\varGamma_{\text{B}}\right) \tag{5.56a}$$

$$P_{\text{B}}=\frac{V_{\text{in}}^2}{2Z_0}\left|1+\varGamma_{\text{B}}\right|^2 \tag{5.56b}$$

反射系数 $\varGamma_{\text{A}}=\varGamma_{\text{B}}=\varGamma$，由下式得到

$$\varGamma=\frac{\dfrac{R_f Z_0}{R_f+Z_0}-Z_0}{\dfrac{R_f Z_0}{R_f+Z_0}+Z_0}=\frac{-Z_0}{2R_f+Z_0} \tag{5.57}$$

合成后的输出功率为

$$P_{out} = P_A + P_B = \frac{V_{in}^2}{Z_0}(1+\Gamma) \tag{5.58}$$

衰减器的衰减量为

$$L = 10\log\frac{P_{in}}{P_{out}} = 10\log\frac{1}{|1+\Gamma|^2} = 20\log\left(\frac{2R_f + Z_0}{2R_f}\right) \tag{5.59}$$

图 5.19 中的衰减器使用的是单级功分器，其工作频带受到功分器带宽的限制，为了扩展带宽，可以采用双级或多级功分器。

5.3.3　吸收型阵列式衰减器

吸收型阵列式衰减器如图 5.20（a）所示，多只 PIN 二极管并联安装在特性阻抗为 Z_0 的传输线上，间隔为 $\lambda_g/4$，每只二极管都加正向偏置，其等效电路如图 5.20（b）所示，相当于一个级联的电阻阵列，衰减量随二极管正向偏置电流而改变。若二极管特性相同，且偏置电流也一样，称为等元件阵列式衰减器；若采用特性相同的二极管，但偏置不同，或采用不同的二极管，但偏置相同，使得二极管的电阻从输入端至输出端逐渐减小，称为渐变元件阵列式衰减器。对于渐变式衰减器，处于前面的二极管阻抗大、反射小，而且多级衰减器的反射在输入端可能被部分抵消，因此，输入驻波比较好；从衰减功率的分配来看，前级处在功率的最强处，但衰减量小，后级的衰减量虽大，但所通过的功率已经减小，整个衰减器中二极管的承受功率基本相同。

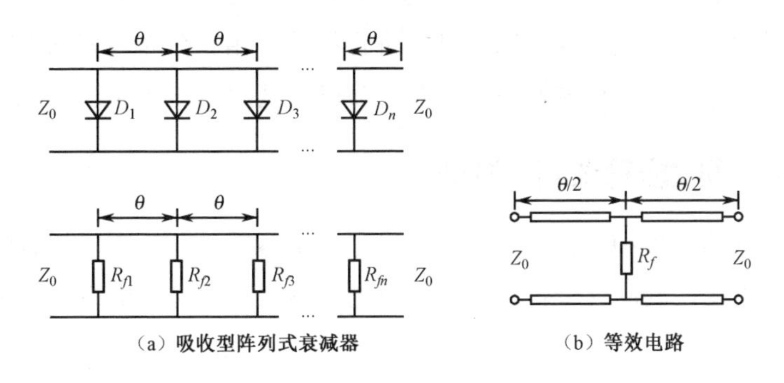

图 5.20　吸收型阵列式衰减器及其等效电路

分析阵列式衰减器时，可以把衰减器分为许多单级 T 形电路，如图 5.20（b）所示，先分析单级特性，单级衰减器由传输线和电阻级联而成，通过级联 $\boldsymbol{A}$ 矩阵的分析得到反射系数和衰减量分别为

$$\Gamma_i = -\cos\theta - \mathrm{j}2\left(\frac{R_f}{Z_0}\right)\sin\theta + \sqrt{-\sin^2\theta\left[1+4\left(\frac{R_f}{Z_0}\right)^2\right] + \mathrm{j}2\left(\frac{R_f}{Z_0}\right)\sin 2\theta} \tag{5.60}$$

$$L_i = 20\log\left|\cos\theta + \mathrm{j}\frac{1}{2}\left(\frac{Z_0}{R_f}\right)\sin\theta + \sqrt{-\sin^2\theta\left[1+\frac{1}{4}\left(\frac{Z_0}{R_f}\right)^2\right] + \mathrm{j}\frac{1}{2}\left(\frac{Z_0}{R_f}\right)\sin 2\theta}\right| \tag{5.61}$$

单级驻波比为

$$\rho = \frac{1+\left|\Gamma_i\right|}{1-\left|\Gamma_i\right|} \tag{5.62}$$

在中心频率上，$\theta = \theta_0 = \pi/2$，则反射系数和衰减量分别为

$$\Gamma_{i0} = -\mathrm{j}2\left(\frac{R_f}{Z_0}\right) + \mathrm{j}\sqrt{\left[1+4\left(\frac{R_f}{Z_0}\right)^2\right]} \tag{5.63}$$

$$L_{i0} = 20\log\left|\frac{1}{2}\left(\frac{Z_0}{R_f}\right) + \sqrt{1+\frac{1}{4}\left(\frac{Z_0}{R_f}\right)^2}\right| \tag{5.64}$$

用上述公式分析单级衰减器的频率特性时，其频带窄，因此，通常用渐变元件阵列式衰减器，其分析方法也是先求出 **A** 矩阵，可以将单级衰减器级联，然后得到反射系数和衰减量，这样计算很复杂，一个简单的计算衰减量的方法是求各个单级衰减量之和。

由于实际 PIN 二极管不单纯表现为电阻，还有分布电容和封装电感，工作频率较高时影响更大，因此在电路中必须进行补偿，由于分布电容的影响较大，通常采用串联电感补偿以构成低通滤波器，补偿后其阻抗与传输线特性阻抗相同。

5.3.4 场效应管电调衰减器

场效应管的源极和漏极之间等效为电阻和电容的并联，电阻随着栅压改变，而电容基本不变，利用这个特点可以做成电调衰减器，基本电路有 T 形和 π 形，如图 5.21 所示。

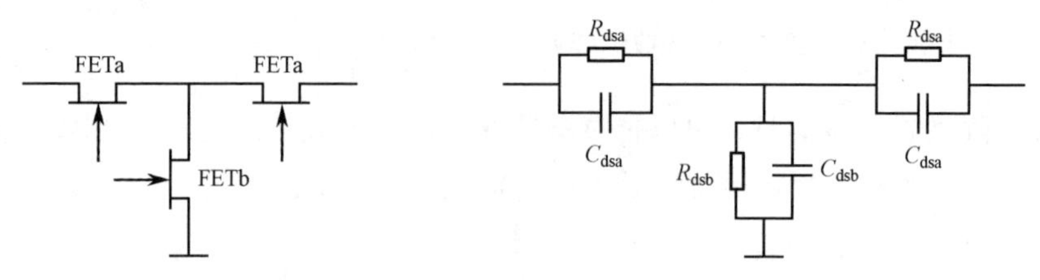

（a）T形电路

图 5.21 场效应管基本电路

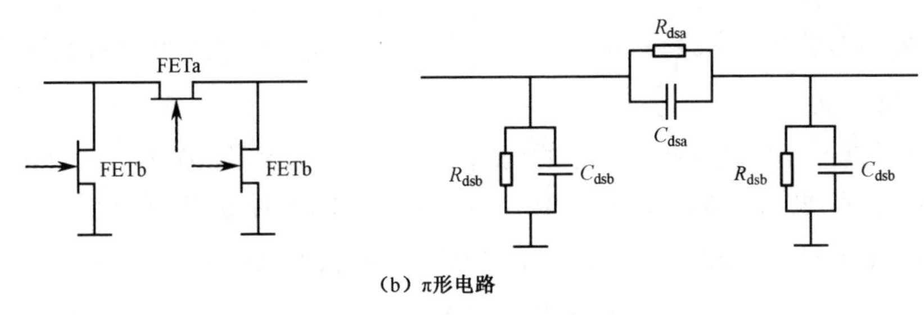

（b）π形电路

图 5.21　场效应管基本电路（续）

5.4　限幅器

限幅器（有时也称为保护接收机的收发开关）的主要用途是防止发射功率直接进入接收机，烧毁接收机输入端的灵敏器件，如低噪声放大器、检波器等。当邻近雷达发射机的功率进入本接收机时，也能起保护作用。当输入功率较低时，限幅器损耗很小，输入功率达到或超过一定量级时，产生较大的损耗，使输出功率不大于某一数值，但应小于接收机的最大承受功率。限幅器的主要设计指标有耐功率、最大漏功率、插入损耗和恢复时间等。

5.4.1　设计方法

限幅器的工作机理是利用微波二极管的某些特性：一是二极管的整流，发生整流现象时，正负半周内的波形都被削平。二是变容二极管的电容随电压而变化，改变电路的反射特性，从而起限幅作用。三是当很大的微波电流通过时，PIN 二极管在 I 区内受到射频电导率的调制。在微波信号的正半周时，微波大电流使得载流子从 I 区两侧向 I 层内注入，这样 I 层两侧就充满了载流子；变为负半周后，载流子返回，但由于其分布浓度存在梯度，在负半周开始后仍然要向 I 层中间扩散。另外，由于载流子寿命比微波信号的周期长，在负半周结束时，I 层内还有部分载流子。经过几个周期后，I 层内的载流子就稳定下来，形成了类似的偏置电流，I 层的电阻减小，从而对微波信号产生衰减。I 层中在载流子浓度稳定之前，衰减不大，出现了尖峰泄漏。

PIN 二极管的限幅性能由 I 层的厚度决定，I 层越薄，限幅特性越明显，因此要使限幅器的漏功率降低，就要在后级使用 I 层薄的二极管。当 I 层宽度 W 远小于载流子扩散长度 l 时，对于硅二极管，在室温下由微波电流产生的 PIN 二极管 I 层电阻为

$$R_{\mathrm{f}}=\frac{W\sqrt{f}}{20I_r} \tag{5.65}$$

式中，R_f 为 I 层电阻（Ω）；W 为 I 层宽度（μm）；f 为微波频率（GHz）；I_r 为电流均方值（A）。

微波电流对 I 层的射频电导率的调制比直流信号弱很多，例如，在 1GHz 时，对于 I 层厚度 $W=50\mu\mathrm{m}$ 的二极管，R_f 为 1 Ω 时所需的微波电流为 $I_r=50\sqrt{1}/(20\times1)=2.5\mathrm{A}$，而直流偏置所需的电流仅为 50mA 左右。

在微波脉冲功率终止后，由于载流子寿命较长，不会在 I 层内立即消失，存在一定的恢复时间，恢复时间与所加的射频功率成正比，当超过某一电平后，由于 PIN 二极管上热量散不出去，导致恢复时间变长并导致二极管被烧毁。

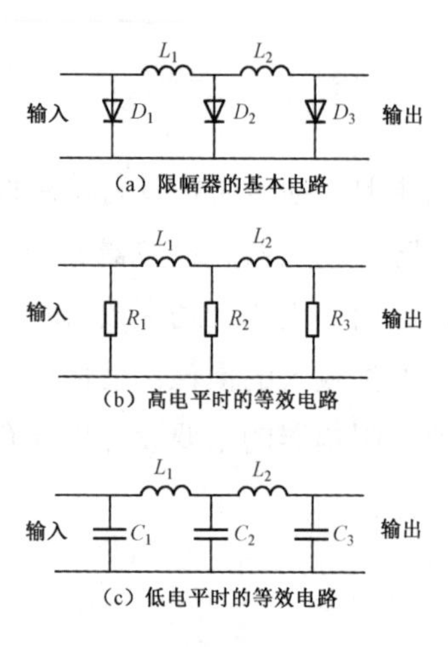

图 5.22　限幅器及其等效电路

根据二极管安装的方式，限幅器分为串联式和并联式，一般采用并联式，为了使限幅器具有宽带性能，采用多个 PIN 二极管并联在主线上，构成低通滤波器形式。图 5.22 给出了用三只二极管组成的单通道限幅器，图 5.22（a）为限幅器的基本电路，图 5.22（b）为高电平时的等效电路，图 5.22（c）为低电平时的等效电路。在低电平时，二极管等效为零偏电容，与传输线电感构成低通滤波器，低于截止频率时，损耗很小；在高电平时，二极管导通，等效为一个小电阻，射频功率大部分被反射回去，少量消耗在二极管上，起到了限幅作用。为了使限幅器耐功率高、漏功率低，应适当选择二极管，使得靠近输入端口的 I 层厚，靠近输出端口的 I 层薄。

限幅器的耐功率由第一级二极管 I 层的厚度及二极管的散热能力决定，一般情况下都给出二极管的耗散功率指标，定义为

$$P_\mathrm{d}=\frac{T_\mathrm{j}-T_0}{R_\mathrm{th}} \tag{5.66}$$

式中，T_j 为二极管的等效结温；T_0 为环境温度；R_th 为二极管的热阻。一只二极管能承受的最大功率为

$$P_\mathrm{M}=\frac{Z_0P_\mathrm{d}}{4R_\mathrm{f}} \tag{5.67}$$

如果在第一级上有 N 个相同的二极管，则限幅器能够承受的最大功率为

$$P_\mathrm{M}=\frac{Z_0P_\mathrm{d}N^2}{4R_\mathrm{f}} \tag{5.68}$$

限幅器的损耗为各级二极管损耗之和，在零偏置时，二极管等效为电容 C_j 与电阻 R_R 的串联，其损耗约为

$$L = Z_0 R_\mathrm{R} \left(2\pi f C_\mathrm{j}\right)^2 \tag{5.69}$$

对于并联安装的 N 只相同的二极管，其损耗约为

$$L = N Z_0 R_\mathrm{R} \left(2\pi f C_\mathrm{j}\right)^2 \tag{5.70}$$

5.4.2　典型器件

单通道限幅器与 3dB 电桥、环行器、隔离器等组合在一起，可以做成很多形式的高功率限幅器，有时也称为接收机保护用的收发开关。

（1）限幅器与环行器或隔离器组合，构成一种简单的吸收式限幅器，如图 5.23 所示。

（2）两个单通道限幅器与一个 3dB 电桥组合，构成反射式高功率限幅器，如图 5.24 所示，比一个单通道限幅器承受功率提高了一倍。

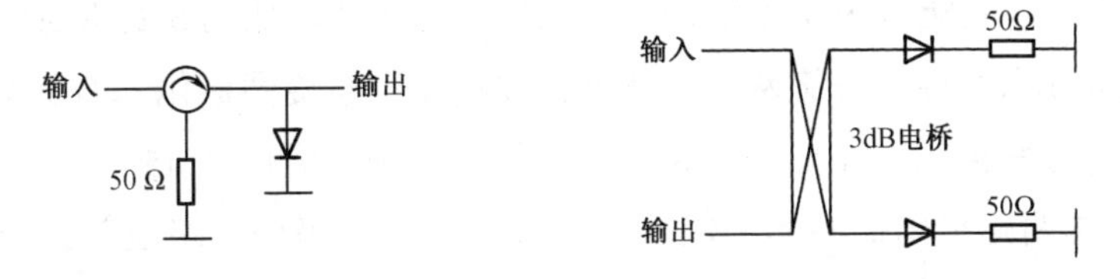

图 5.23　吸收式限幅器　　　　图 5.24　反射式高功率限幅器

（3）两个单通道限幅器与两个 3dB 电桥组合，组成吸收式高功率限幅器（平衡式），如图 5.25 所示，不仅比一个单通道限幅器承受功率提高了一倍，还可吸收限幅器的反射功率。

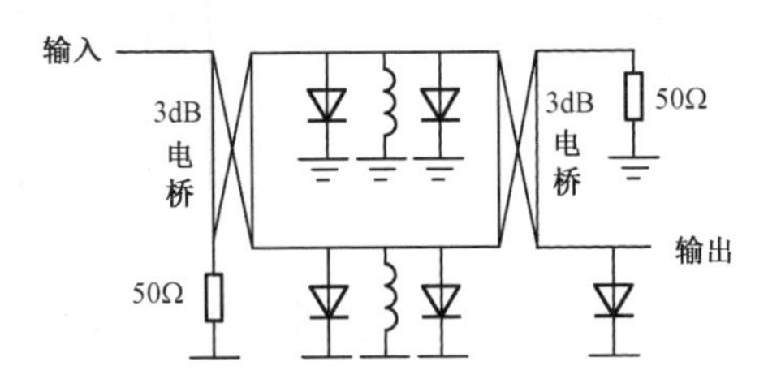

图 5.25　吸收式高功率限幅器（平衡式）

（4）限幅器与两个 1/2 功分器组合，组成吸收式高功率限幅器（混合式），如图 5.26 所示，也是一种吸收式高功率限幅器，功分器的隔离电阻起到吸收限幅器反射功率的作用。

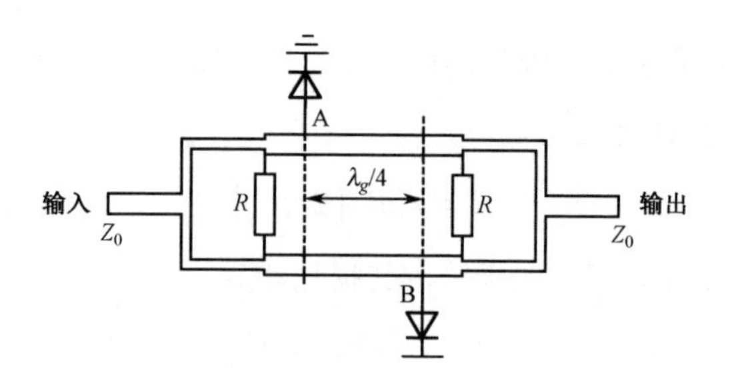

图 5.26　吸收式高功率限幅器（混合式）

5.5　变极化开关电路

极化器的功能是使天线的辐射产生可变极化。一般天线的辐射多为线极化，由辐射单元的方向决定是水平极化还是垂直极化。若要实现圆极化输出，就得使用两个相对垂直的辐射单元，其输入信号的相位相差90°,当水平方向电场的幅度最强时，垂直方向电场的幅度为零，然后水平幅度逐渐变弱，垂直幅度逐渐变强，两个信号合成后，其幅度大小不变，方向为沿着圆转动，如图 5.27 所示。

圆极化可分为左旋和右旋两种，能够在线极化、左旋圆极化、右旋圆极化之间改变的称为可变极化。在变极化系统中，线极化的场方向在45°方向上。要实现变极化，必须两路输出信号的相位差90°，使得一路比另外一路超前90°（左旋）、落后90°（右旋）或相同（线极化）。可变极化的电路组成如图 5.28 所示。

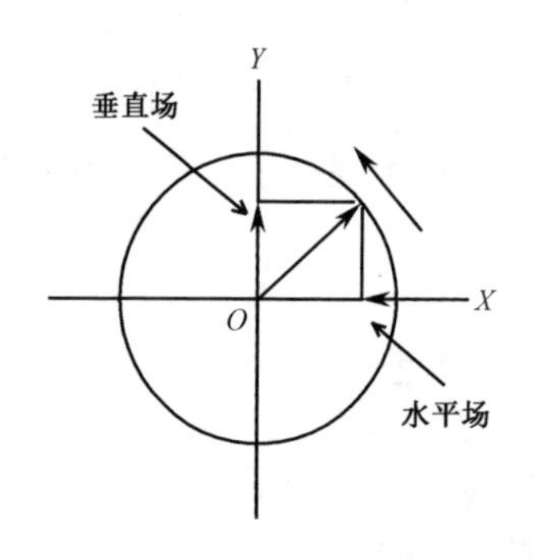

图 5.27　圆极化场方向

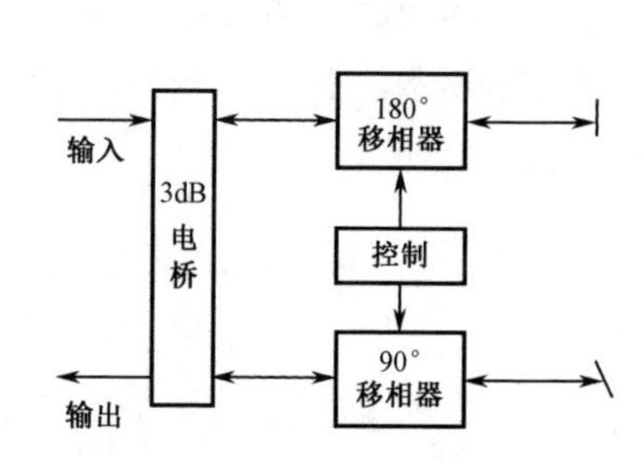

图 5.28　可变极化的电路组成

在变极化系统中，移相器的作用是完成发射功率的极化形成，并实现回波信号的顺利接收，按此要求，左旋时，收发状态下两个移相器都不移相；右旋时，收发状态下都只有180°位的移相器移相；线极化时，发射状态下90°位和180°位都移相，接收状态下90°位移相、180°位不移相。

由于变极化器处于发射通道的输出端，承受功率高，必须用高功率的微波 PIN

二极管才能实现，成本高、可靠性低，对系统的影响较大，因此，一般情况下采用固定圆极化，只需要一个 3dB 的电桥即可实现，可以去掉 90° 位和 180° 位的移相器。

5.6 实时延迟线

5.6.1 延迟线的作用及其与移相器的区别

在相控阵大瞬时信号带宽和宽角扫描情况下，需要在各天线单元或各个子阵上采用长线实时延迟线，以补偿天线口径渡越时间和波束频率色散特性，需求见第 10 章相关介绍。

实时延迟线模型类似于开关线式数字移相器，基本电路由实时开关和延时段组成，开关可以有多种形式，如微波开关的电控环行器、PIN 开关、微电-机械（MEMS）开关，也可以是光开关。延时段为无色散的导波段，一般采用 TEM 波传输线，如同轴电缆或带状线，也可采用光缆。微波延迟线由微波体制的开关和延时段组成。

延迟线与开关线式移相器的区别在延时或移相的线段上。移相器开关线的移相段最大位为 $\lambda_0/2$，即180°。对多位移相器，随着位数增多，移相段由大向小倍减，移相量越来越精细，对相控阵雷达天线扫描而言，波瓣跃度和量化副瓣就越来越小，逼近连续精细扫描。而延迟线的最基本延时段电长度为中心频率的工作波长 λ_0，对多位延迟线，随着位数增多，延时段由小向大倍增。每位延时段中心频率上的相位都为360° 的整数倍。随着位数增多，延时量越来越长，可补偿更大天线口径的渡越时间和波束频率特性。

5.6.2 微波延迟线的实现方法

1）电控环形器构成的实时延迟线

微波开关可以采用电控环形器。环行器是一种铁氧体器件，具有非互易的性质。它的优点是损耗小，功率容量最大，但是开关速度慢、带宽窄、体积大及质量偏大。例如，某 X 波段电控波导环行器，可以在 10%带宽内做到损耗小于 0.35dB、隔离度 20dB，耐功率值大于 20W，但开关速度约几微秒，单个体积在 50mm×50mm×50mm 左右。

图 5.29 中的电控开关环行器在不同控制状态下，微波信号的流向分别为：端口 1→端口 2；端口 1→端口 3，起到了开关的作用。

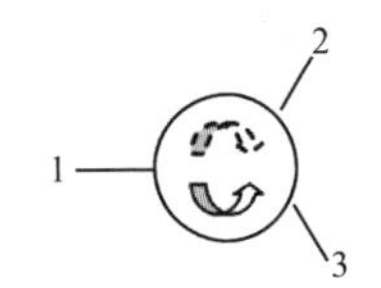

图 5.29　电控开关环行器

图 5.30（a）为用单节电控环行器作开关的一位延迟线电路。由于环行器只能单向隔离且隔离度有限，当信号从上面的参考段流过时，反射信号经过下面的延时段流回输入端电控环行器，再漏进参考段流入输出环行器，因而反射信号在该位延时器里有循环，对于多位延迟线移相器，则将构成较大的谐振峰。解决方法是：在每个电控环形器上再接入一个隔离器构成双节电控环形器，则可以抵消这种反射信号的影响，如图 5.30（b）所示。这样可改善延迟线频响特性，但由于增加了器件，导致损耗增大，设备的体积也增大。

根据上述方法，将每位级联后即形成多位延迟线，可以构成多位延迟线移相器，图 5.31 为四位开关环流器式延迟线移相器。由于开关环流器为单向传输，该类延迟线为单向使用。

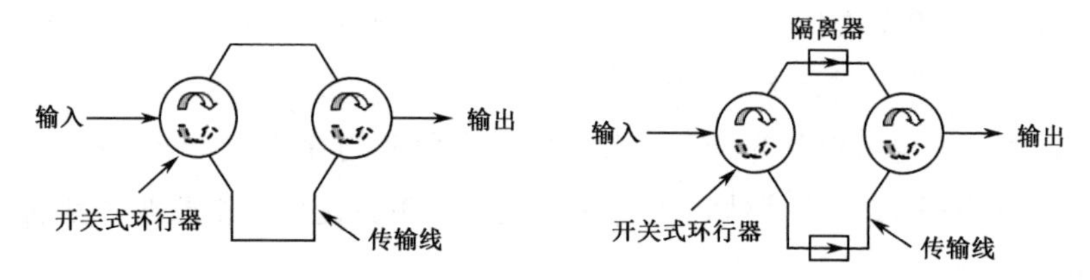

（a）用单节电控环形器作开关的一位延迟线电路　（b）用双节电控环形器作开关的一位延迟线电路

图 5.30　一位开关环流器式延时线

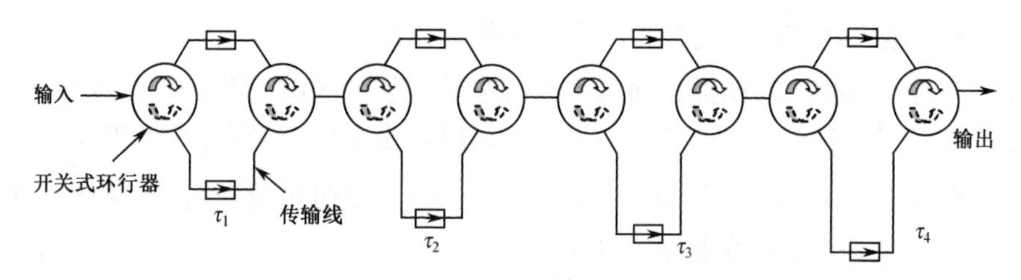

图 5.31　四位开关环流器式延迟线移相器

2）PIN 管构成的实时延迟线

PIN 管构成的延迟线类似于 5.2.1 节介绍的 PIN 管开关线式数字移相器，但移相位很长。和环流器式延迟线相比，PIN 管构成的实时延迟线具有开关速度快、频带宽、体积小、质量小、便于与其他电路集成设计的优点，但耐功率和损耗是其弱项。

使用 PIN 管芯设计成微波开关后，再和电缆或带状线等 TEM 波传输线构成延迟线。PIN 开关的组成结构也有串联结构、并联结构和串并联结构等形式，见 5.1.1 节。

延迟线开关相比移相器开关设计的特别之处是要控制好隔离度，以避免产生类似于电控环行器中介绍的谐振峰。

由上述方法，可由管芯开关与 TEM 传输线构成多位延迟线，其结构形式如图 5.32 所示。

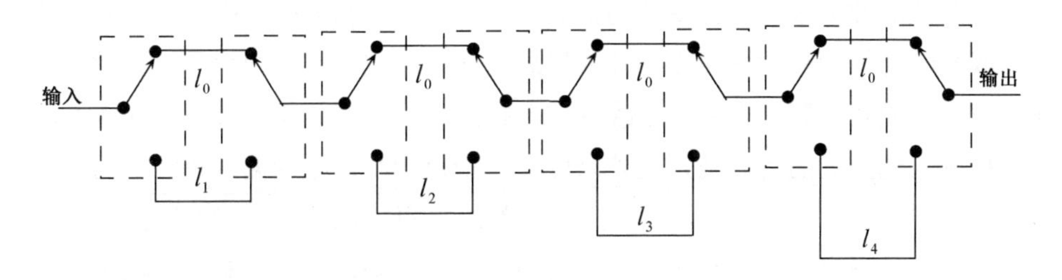

图 5.32　PIN 管芯作开关的四位延迟线

其中，$l_1 - l_0 = \lambda_0$，$l_2 - l_0 = 2\lambda_0$，$l_3 - l_0 = 4\lambda_0$，$l_4 - l_0 = 8\lambda_0$，共$15\lambda_0$波长的延迟量。由于开关为双向，PIN 管延迟线可以双向传输，使用灵活。

3）光纤延迟线

光纤延迟线具有频带宽、抗电磁干扰能力强的优势。

对于微波延迟线的各延迟位，基准路l_0与延迟路l_1两种状态的损耗是不同的，这样波束扫描时，天线的幅度加权会因此变化。因为光纤损耗很小（一般每千米可小于 0.5dB），光纤延迟线则不存在基准路与延迟路损耗不同的情况。

光开关延迟线比微波开关延迟线的损耗大、动态范围小、成本高，稳定性、体积和质量也存在差距。

光纤延迟线的结构有并联式和串联式，其原理如图 5.33 所示。

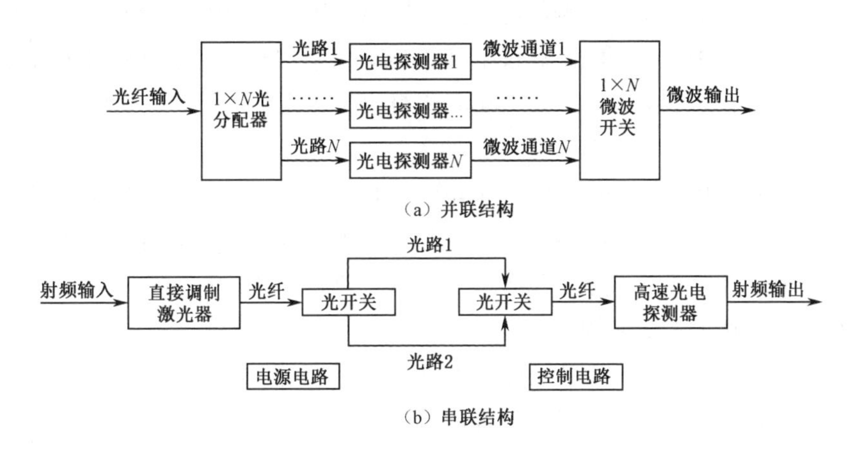

图 5.33　并联、串联结构的光纤延迟线的原理图

并联结构光纤延迟线的特点是：不使用光开关，开关时间短，可达纳秒级；N 位

延迟线需要 2^N 路光电转换通路，结构复杂，成本较高；位数不能做得太多。

串联结构光纤延迟线的特点是：受限于光开关的时间因素，开关时间长；结构简单，成本相对较低。

光开关的种类较多，主要分为机械式与非机械式两大类。机械式光开关依靠光纤或光学元件的移动使光路断开或接通；非机械式光开关则依靠电光效应、磁光效应、声光效应和热光效应来改变波导折射率，使光路发生改变，完成开关功能。机械式光开关的特点是开关隔离度高，损耗较小，不受偏振和波长的影响，但开关时间较长，存在回跳抖动和重复性差的问题。MEMS 技术实现的光开关开关时间较短，隔离度高，结构小巧，但通道一致性差，控制困难。非机械式光开关的开关时间短，便于集成，但插入损耗大，隔离度低。

5.7 T/R 组件

相控阵雷达越来越受到设计者和使用者的重视。随着相控阵雷达从无源向有源发展，阵面系统更多地集成了雷达功能，其中 T/R 组件（有时称收发模块）在有源相控阵雷达发展中占据了重要地位。

T/R 组件包含的多种基本无源元器件本书已经多有介绍，放大器、数字驱动、电源等可参考本系列丛书的相关内容，还涉及冷却技术，工艺实现复杂，所以 T/R 组件设计是一个系统工程设计，涉及多个专业及系统工程，牵涉面广而深。

在有源相控阵雷达中，T/R 组件是发射的末级、接收的前端。在一部有源相控阵雷达中，T/R 组件少则几十个，多则成千上万个。一个阵面中如有部分 T/R 组件发生故障或失效，不会影响雷达的基本性能，如允许 10%的 T/R 组件失效，相当于功率下降了 10%，探测距离仅下降 2.4%，影响很小，其他战术指标也很少受影响[6]；提高单个 T/R 组件的输出功率和增加 T/R 组件的数量，就可大大增加雷达的发射功率，由于每个 T/R 组件的功率不大，工作电压低，散热、电源等问题容易解决；T/R 组件采用的是半导体器件，体积小、质量小、可靠性高、寿命长，因此采用 T/R 组件的有源相控阵，雷达的性能和可靠性更容易得到保证。但 T/R 组件占有源相控阵雷达成本的 60%～70%或更高，因此，T/R 组件的成本影响到有源相控阵雷达的广泛应用。

T/R 组件通常位于天线单元与馈线网络之间，如图 5.34 所示。收、发的前置，提高了雷达的信噪比和辐射功率，能够降低射频信号在馈线网络中的传输损耗，改善了发射馈线的耐功率设计环境。同时，在 T/R 组件中可实现有源相控阵面的幅相分布修正和波束扫描等功能。因此，T/R 组件是有源相控阵雷达的核心部件之一，其性能、可靠性、研制成本将直接影响到系统的成败。

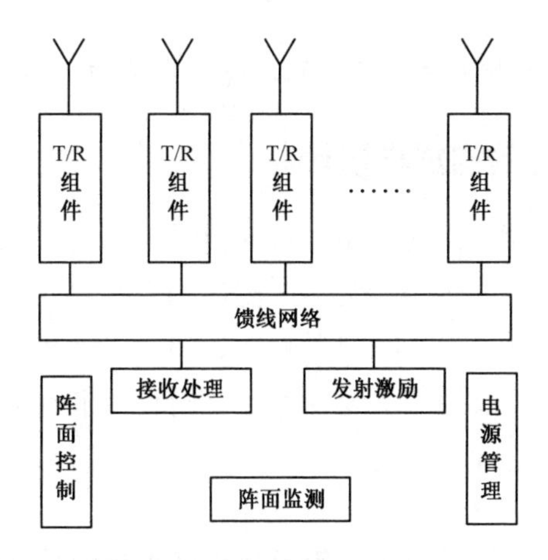

图 5.34　有源相控阵阵面构成

新一代 T/R 组件包含了更多系统功能，可简化阵面、提升性能，将进一步集成雷达功能。模拟式将采用高集成有源子阵系统，包含阵面幅相监测、电源变换、阵面馈电网络、阵面波束形成控制等功能模块，以实现更多系统功能的集成。数字式将采用数字雷达模块，包含数字域的信号产生、正交解调、信号处理等功能，成为能独立实现雷达基本功能的数字雷达模块。

5.7.1　T/R 组件的应用

有源相控阵已成为相控阵雷达发展的主要方向，先进的相控阵雷达都采用这种方式，在陆、海、空及空间雷达上都已得到应用。由于 T/R 组件与相控阵面系统设计密切相关，国内外相控阵雷达 T/R 组件的研制生产均由雷达研制单位完成。

T/R 组件的技术含量高，尤其需要以半导体技术为基础。20 世纪 60 年代中期，Texas 公司首次把集成电路技术扩展到微波领域，用微电子技术研制出 T/R 组件组成电扫描阵列。第一部投入使用的、以 T/R 组件组成阵面的固态相控阵雷达是 UHF PAVE PAWS。该雷达由雷声公司制造，首部雷达于 1976 年开始研制，1979 年装备，合同经费为 6700 万美元。整个系统安装在高约 31.5 米的梯形建筑物内，它共有两个阵面，每一个阵面直径为 30.6 米，划分为 56 个子阵，子阵由 32 个 T/R 组件、一个子阵激励组件和一个 32V 直流电源组成。一个阵面中 T/R 组件的数量为 1792 个，无源单元为 885 个，T/R 组件的输出功率为 284～440W，接收增益为 27dB，噪声系数为 2.9dB，移相器为 4 位。

目前，含 T/R 组件数量最多的是美国地基中程弹道导弹防御系统中的海基 X 波段雷达（SBX）。其有源阵面中包含 352 个有源子阵，每个有源子阵包含 128 个 T/R 组件，共 45056 个 T/R 组件。为防止宽带失真，有源子阵中包含延时单元（简称 TDU），T/R 组件的输出功率为 12.8W，噪声系数为 3dB。

5.7.2 T/R 组件的组成与设计

按 T/R 组件的技术特点，T/R 组件可分为两种类型：模拟式 T/R 组件和数字式 T/R 组件。模拟式组件的特点是输入、输出都为射频信号；数字式组件中，采用直接数字合成（DDS）来控制组件的频率、相位和幅度，因此需要采用数字接收机。模拟式 T/R 组件技术成熟，数字式 T/R 组件技术也正在开发中，由于器件发展水平限制，工程应用的产品目前较少。因此，在固态相控阵雷达中，一般都是模拟式 T/R 组件，下面主要介绍模拟式 T/R 组件。

不同的模拟式 T/R 组件随系统性能要求而略有不同，具体电路的复杂程度也有很大差异，但其构架基本类同，其组成如图 5.35 所示，主要由移相器、T/R 开关、功率放大器、限幅器和低噪声放大器等部分组成，为了获得良好的性能，还可增加极化开关、幅相均衡器、监测保护电路、驱动器及逻辑控制电路等，有的还包括本振输入和变频输出。

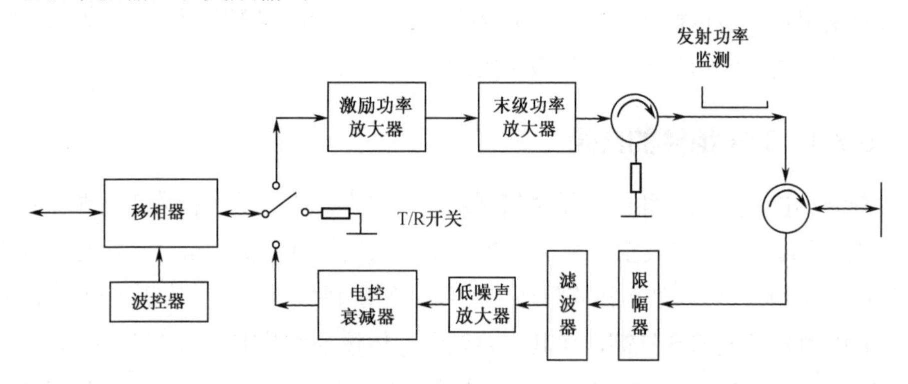

图 5.35　T/R 组件的组成

T/R 组件的工作流程如下：在发射周期内，激励信号经过移相器和 T/R 开关，输入组件的发射通道的激励功率放大器、末级功率放大器，将信号放大后经环行器馈至天线辐射单元。在接收周期内，从天线接收到的微弱目标信号经环行器传输至限幅器、低噪声放大器等，再经 T/R 开关、移相器到接收机。发射通道的任务是实现雷达射频信号的功率放大，接收通道的作用在于实现回波信号放大，改善雷达系统的噪声系数。移相器是为完成阵面电扫描而设置的收发共用器件，T/R 开关用于收发通道的转换。限幅器对低噪声放大器起保护作用，同时能为天线反射和泄漏进来的功率信号提供良好的匹配终端，使其不受天线电扫描状态的影响。因此，限幅器的最佳设计是采用吸收式限幅器。波控器受控于雷达计算机指令，可按预先设定的工作方式进行波束指向和波束形状的相位控制。

在 T/R 组件中，功率放大器和低噪声放大器分别负责发射与接收通道的射频信号放大，直接影响 T/R 组件的性能，要求幅相一致性好，对功率放大器的要求是频带宽、增益与效率高、信号质量好、稳定可靠及散热效果优良；而对低噪声放大器的要求则是频带宽、噪声系数小、增益高、平坦度好、动态范围大。T/R 转换采用微波开关或环流器实现，两种方法各有优缺点，一般情况下，输入端功率较小时用微波开关，输出端功率大时则用环流器，当要求圆极化输出时可以通过 3dB 电桥实现。当用环流器实现输出端的收发隔离时，环行器使发射时天线单元的反射功率不会影响发射功率放大器的正常工作，即反射波不返回功率放大器输出端。

T/R 组件中射频器件多，高低功率器件集成在一起。因此，组件的电磁兼容问题很严重。一是各功能模块电路之间的相互影响，如发射通道和接收通道之间、微波电路和数字电路之间；二是通道之间的相互耦合。在第一类问题中，发射支路和接收支路之间可能形成回路，在发射脉冲的前后沿形成振荡，对此只要在收发转换之间预留一定的间隔即可消除。微波电路、波控电路和电源的连接之间产生的振荡要靠适当的滤波和屏蔽来消除。第二类问题比较复杂，组件在设计中通常多采用带状线或微带，它们都会产生辐射，各路传输线相互耦合。由于传输线周围是一个有限空间，在条件适合时，会形成谐振使得耦合加强。解决的办法主要有三种：一是通过改变边界来破坏谐振条件，二是放置吸波材料来吸收传输线的空间辐射，三是对路间进行隔离。这三种方法都有局限性，破坏谐振条件的办法，只适用于带宽较窄的情况，在宽带组件中实现有困难；放置吸波材料时，可靠性降低，若用在带状线上还会加大损耗；对路间进行隔离很有效，但会使组件的质量增加，提高了壳体的加工要求。因此，应根据具体情况来选择方法。

5.7.3　T/R 组件的工艺与制造

随着电子行业的飞速发展，T/R 组件技术正在向着更高频率、更宽带宽、更高功率、更多功能集成、更高一致性要求、小型化与轻量化要求越来越高、成本不断降低等方向发展。这对 T/R 组件的工艺与制造提出了更高要求，以低频段 T/R 组件为例，其高性能的实现多采用 HMIC 工艺。HMIC 的技术要求如下：

（1）基片的选择。对于大功率应用，应该从材料的热导率性能方面考虑。过去氧化铍通常是首选，但由于其对环境及人体有害已成为禁用材料。氧化铝基片是一种适当的热导体，应用最广。氮化铝在诸多方面都优于氧化铝，目前正在成为 HMIC 的最佳基片选择材料。

（2）成膜工艺，即微波损耗低的金属化工艺。对金属化工艺的要求是，制成的导体微波损耗低、分辨率高、导体对基片的附着力强、与腐蚀和焊接工艺相容性好。

（3）组装技术。它包括元器件的选择与装配，匹配负载和衰减器的低驻波结构，低电感低电容互连和良好的接地工艺及外壳、接头的设计制造。

（4）HMIC 的测试和功能调整技术。半成品测试和成品测试及现场返修、功能调整等是提高生产效率和产品质量的关键工艺。

（5）可靠性和质量控制技术。为了提高产品的可靠性与质量，应对每个元件和器件进行 100%测试，检查每个焊点，所有外贴元器件焊接要牢固，以保证经得起严格的冲击和振动条件。目前的检测技术已有很大进展，国外已采用全自动检测设备对 HMIC 进行在线检测，产品质量大大提高。

5.7.4 典型设计案例

某典型的 S 波段宽带四单元 T/R 组件原理图如图 5.36 所示，其实物照片如图 5.37 所示。

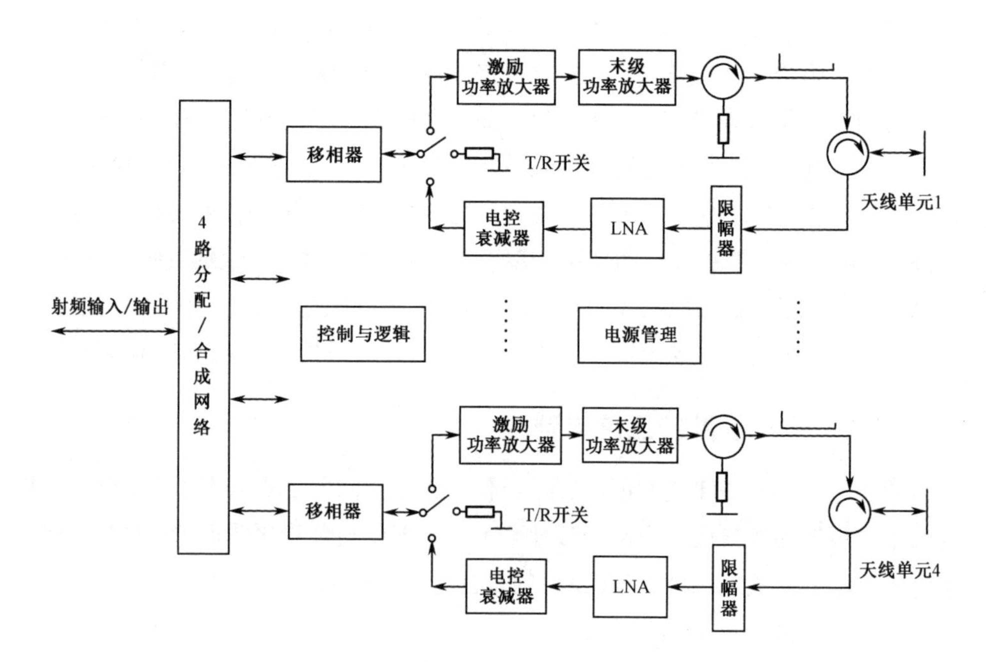

图 5.36　S 波段宽带四单元 T/R 组件原理图

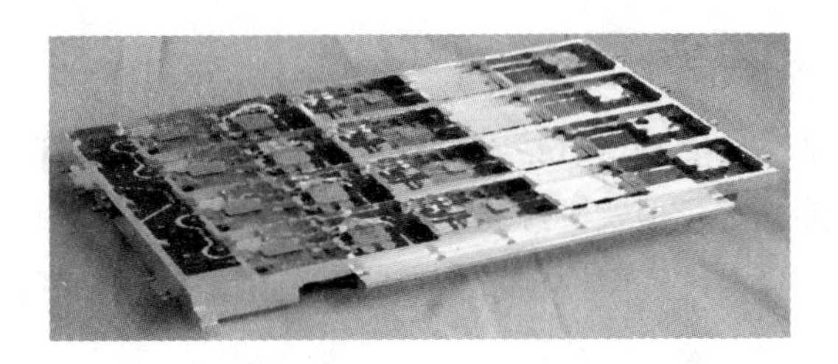

图 5.37　S 波段宽带四单元 T/R 组件实物照片

1）S 波段 T/R 组件的设计思路

（1）T/R 组件的小型化。随着微波技术的发展，MMIC 电路的成熟和三维组装技术的提高，对于微波功率不大于 10W 的 T/R 组件可采用三维高密度组装技术和多层陶瓷走线，以进一步减小体积和质量。

（2）小信号模块的宽带化。对于微波功率在 500～1000W 的 T/R 组件，在相对带宽≤20%的情况下，部分微波模块可通过设计手段达到所需的性能而不需要增加体积。

（3）利用微波电路模块探针测试设备获取微波电路模块 S 参数，从而通过微波软件进行系统优化，实现理论与实际的一致性，从而提高性能、缩短研制周期。

（4）提高制造工艺水平，减少因制造偏差导致网络参数理论与实际的不一致性，实现标准化、系列化、通用化生产，降低研制成本。

（5）开发宽带 T/R 组件。

2）生产过程中提高 S 波段 T/R 组件可靠性的途径

（1）壳体和所有模块结构精度的控制。S 波段多单元 T/R 组件或 1200W 以上的高功率 T/R 组件是由几十个微波等模块集成的，因此组件中模块的结构精度及模块之间的连接状态（如多路微波分配/合成网络、微波功率放大器、低噪声放大器、限幅器、收发转换开关、移相器、辐射单元等）在很大程度上影响着 T/R 组件的系统电参数，特别是幅相一致性、驻波特性等，由于微波模块的结构精度在一定程度上决定着 T/R 组件的系统指标和电磁兼容性能的效果，因此模块结构精度的控制至关重要。模块结构精度包含模块外形精度控制及微波传输印制线的精度控制，壳体结构精度包含两方面的内容，一是标称公差的控制，二是模块与腔体配合公差的考虑。

（2）功能电路检验方法的控制。对 T/R 组件可靠性影响较大的功能电路主要是微波高功率半导体电路，一是高功率三极管放大电路，二是高功率 PIN 二极管控制电路及无源限幅接收保护等半导体电路。特别是后者，在验收测试过程中进行耐功率验证是提高可靠性的重要环节。通常在设计过程中，要合理选择高功率半导体 PIN 管的最大功耗参数。但实际工程中情况是复杂的，有许多不确定因素，因此检验过程必须模拟在环境温度和微波功率电磁能量的共同作用下的实际情况，模拟的基本原理是使 PIN 管达到稳定工作状态，理论上在高功率状态下，经过 1～3min 后保持稳定，但实际经验表明，需要经过更长的时间才能达到平衡、稳定状态，因此在验收过程中，保持一定时间范围内的耐功率测量，是提高可靠性的重要手段。

（3）检验安装注意事项及其质量控制。应制定详细而规范的模块验收技术条件，包括每个模块的电性能指标，以及模块的外形、公差、安装要求、环境试验等。

T/R 组件壳体由多个小腔体组成，每个小腔体必须执行图纸公差、光洁度和平整要求。

模块的安装与信号线的连接：如模块安装不到位、不平整，将导致腔体效应的产生而无法正常工作。组件的信号线有几十根甚至上百根，大多走暗道，且有拐弯、穿墙、交叉等情况。因此，要求操作者熟练、细心、规范并懂得电特性，避免在装配过程中留下故障隐患。

5.7.5 T/R 组件的发展与新技术

在相控阵雷达发展过程中，T/R 组件经济总量日益增大，应用于星载、机载、舰载、地面等多个平台，其技术涵盖微波、数字、微电子、半导体、结构等多个领域。为适应产品的技术升级和新技术、新领域的探索，T/R 组件将由窄带单通道组件向宽带多功能多通道组件、组合乃至高集成有源子阵系统发展，由常规模拟 T/R 组件向全数字雷达模块发展。

T/R 组件技术与元器件发展水平密切相关，近年来元器件也取得了各方面能力突破。GaAs 单片微波集成电路（MMIC）的发展，使轻量化、小体积、高可靠、低成本有源电扫阵列的实现成为可能；与 GaAs 单片相比，GaN 和 SiC 单片可提高 10 倍的峰值功率；应用 SiGe 单片可实现高集成、低成本 T/R 组件；同时遵从摩尔定理的数字器件发展使雷达天线的数字波束形成成为可能。

1）高集成度有源子阵系统

随着以宽带、多功能有源相控阵雷达为核心的综合电子信息系统需求的牵引，下一代 T/R 组件将承载更多的雷达系统功能，同时在雷达的集成度不断提高的要求下，T/R 组件必然向着功率密度更大、工作带宽更宽、功能更复杂和更小型化的方向发展。类似的研究在国外已有报道，澳大利亚 CEA-MOUNT 导弹制导雷达 256 点最低可更换单元和林肯实验室多功能相控阵雷达项目阵面构成分别如图 5.38 和图 5.39 所示。为满足这些需求，以后 T/R 组件将向着集成天线、收发链路、馈线、阵面监测、电源、阵面波束形成控制及更多功能电路的系统化发展。

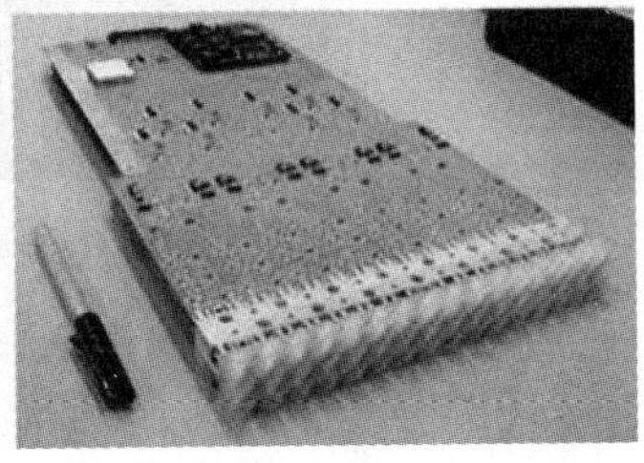

图 5.38　澳大利亚 CEA-MOUNT 导弹制导雷达 256 点最低可更换单元

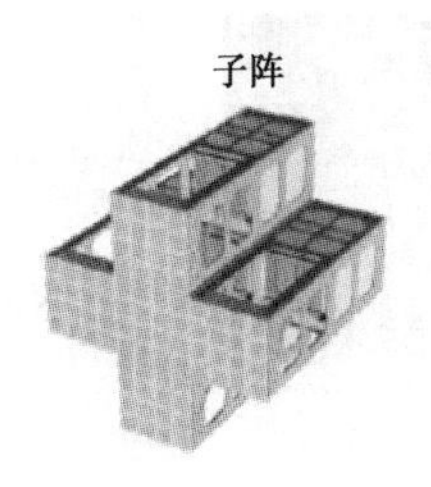

图 5.39　林肯实验室多功能相控阵雷达项目阵面构成

2）数字化雷达模块

未来有源相控阵雷达要求实现宽带、高功率、高效率、高灵敏度、大动态及灵活的时间、能量管理。数字阵列雷达技术能够实现超低副瓣性能、多波束形成、阵面不同区域同时实现不同功能，更高的灵活性、开放性决定数字阵列雷达具有多功能可构建性。

数字化收发组件在雷达、电子战、通信等系统中的使用已成为一种趋势。需要在已有的数字组件研究的基础上进一步探索：数字雷达模块的体系结构、基于 DDS 技术的发射信号产生技术，包括波形产生技术和频率扩展技术、基于 DDS 的幅相控制技术，数模一体化设计理论、数字模块的一致性和稳定性、数字模块的宽带多功能实现等。图 5.40 给出了一个英国桑普森舰载雷达自适应阵列的设计方案。图 5.41 是美国海军研究局开发的舰载相控阵雷达研究项目 S、X 波段数字化 T/R 组件。

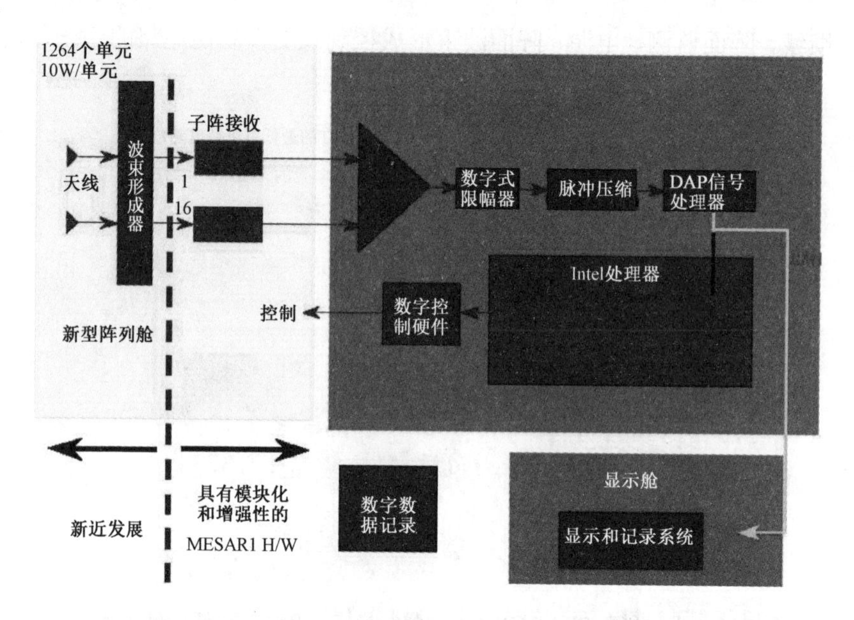

图 5.40　英国桑普森舰载雷达自适应阵列的设计方案

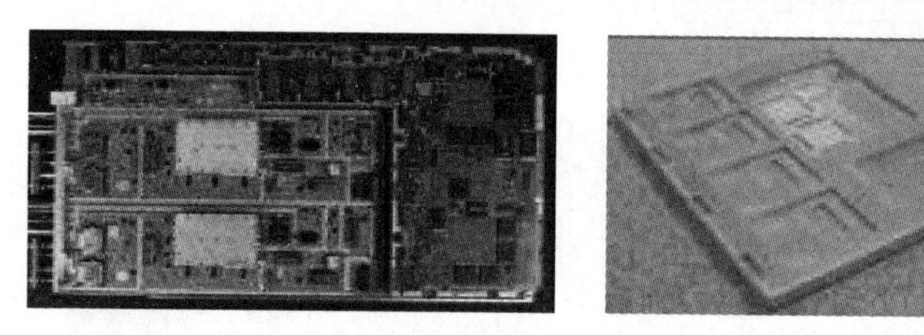

图 5.41　美国海军研究局开发的舰载相控阵雷达研究项目 S、X 波段数字化 T/R 组件

3）三维片式 T/R 组件

机载雷达要求高机动性、低可探测性及电子设备综合化，美国、以色列、瑞典和法国等正在进行通过共形天线阵实现综合孔径方面的研究来探索解决途径。此类体系要求 T/R 组件由原来的条形结构改进为薄片形瓦状结构，为三维（3D）片式，如图 5.42 和图 5.43 所示，涉及结构、材料工艺、电路微组装技术、微波电路设计、MMIC 的开发和运用等多个领域。

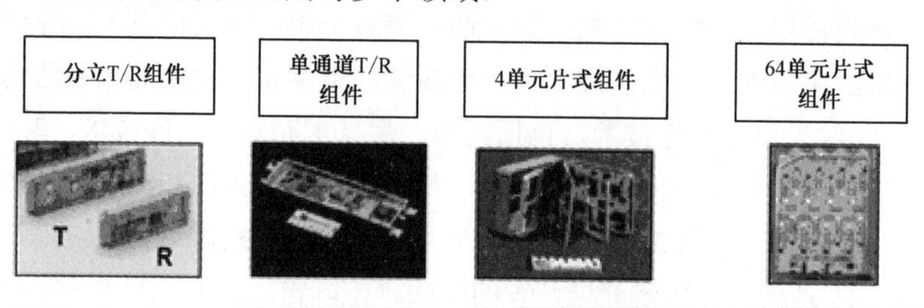

图 5.42　美国 X 波段 T/R 组件发展历程

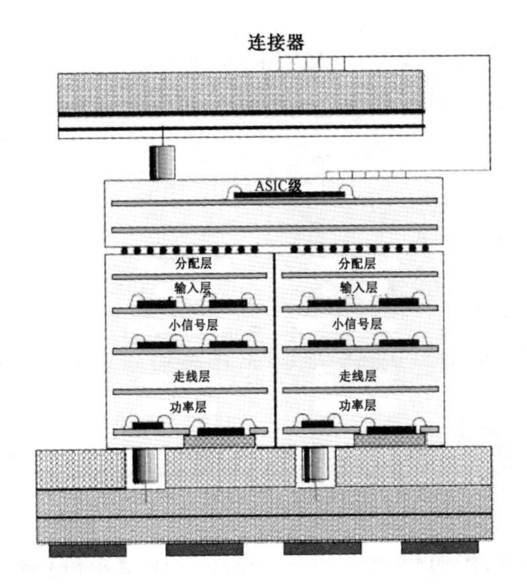

图 5.43　Thales 公司 3D 宽带片式 4 单元有源阵列

4）宽禁带半导体技术

宽禁带半导体材料的发展较为迅速，非常受人关注，这是因其具有击穿场强高、热导率高和介电常数低等特性。到目前为止，SiC 高功率三极管在 35GHz 以下输出的连续波功率达 53W 的试验样件已获得成功，宽禁带半导体 PIN 二极管击穿电压已达 10kV。

现在，对低 RCS 及远程目标的探测成为各方对雷达共同的要求，其中一种实现手段就是提高阵面辐射信号功率，利用宽禁带半导体技术的高功率密度、热特性好的特点能有效提高雷达的功率孔径积。同时，其高击穿场强、高热传导率、高结温的特点能使 LNA 耐功率提高，降低功放管散热要求，从而使 T/R 组件系统设计得到简化。该技术将能够使目前有源相控阵雷达 GaAs T/R 组件升级为 GaN T/R 组件。与 GaAs T/R 组件相比，GaN T/R 组件的输出功率提高了 10 倍，可大大增加搜索距离或扩大跟踪范围。

美国国防先进研究计划局（DARPA）2002 年启动了宽禁带半导体技术的研制计划。德国 EADS 公司 2006 年发表了为 X 波段 T/R 组件研制的 GaN MMIC 产品，其输出功率达到 20W。GaN 器件从 UHF 频段到 40 GHz 能实现 15～120 W 的输出。根据 CREE 公司的报道，其 GaN MMIC 单片在 2.5～4GHz 频段能输出 60W 的饱和功率，如图 5.44 所示，在 5～6GHz 频段能输出 25W 的饱和功率。在 X 波段可达 4.9W 的饱和输出功率，功率附加效率达 60%，增益达 10.3dB。其正在研制 8～12GHz 的 GaN 单片，电压 48V 时输出功率为 15～20W、效率为 55%、增益为 16dB，寿命达 10^5～10^6 小时。

图 5.45 为采用宽禁带半导体 MMIC 的发射通道，材料为 SiC。SiC 宽禁带半导体器件的发展和应用，将有效促进有源相控阵雷达 T/R 组件实现高性能、小型化、高可靠的应用目标。

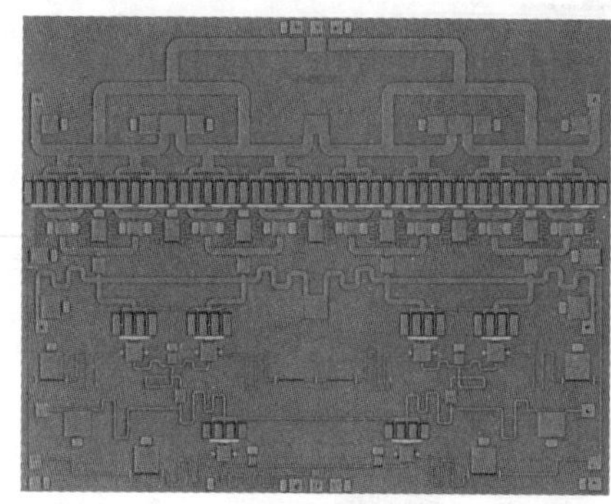

（a）宽禁带半导体MMIC实物

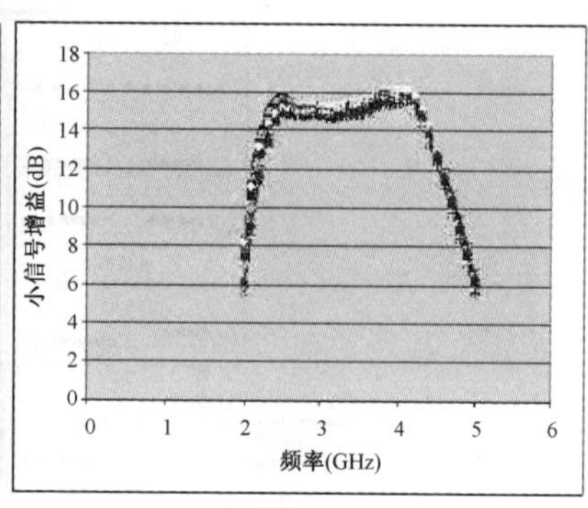

（b）宽禁带半导体的增益

图 5.44　CREE 公司 2～4GHz 60W

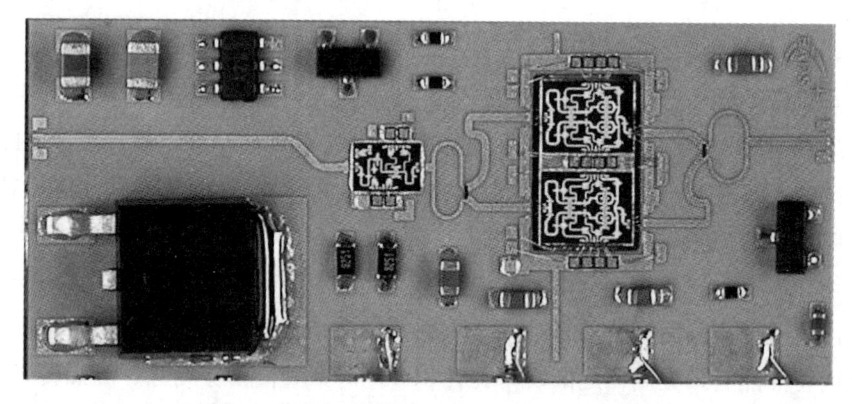

图 5.45　采用宽禁带半导体 MMIC 的发射通道

5）SiGe 半导体技术

SiGe 作为衬底较 Si 更具优势，属于低成本技术，可广泛应用于商用集成电路工业。采用 SiGeMMIC 的小型化 T/R 组件如图 5.46 所示。SiGe 在微波输出功率和噪声系数方面无法与 GaAs 相比，但它能够低成本地实现单个芯片集成多种功能。

除了微波功率放大器与低噪声放大器，SiGe 能进行单片集成 A/D 及数字电路。同一芯片上能够具有互补金属氧化物半导体（CMOS）及 Si CMOS。GTRI 开发出用于有源电扫阵列雷达的 SiGe C 波段单片 T/R 组件，如图 5.47 所示。已完成设计包含峰值功率大于 50MW 的两级功率放大器，正在进行三级电路设计以实现 1 W 的峰值功率输出。有源电扫阵列如采用该器件，将有望大大降低采用 GaAs 的高功率 T/R 组件的单元成本。单个模块的低功率可由更大口径的阵面进行补偿。

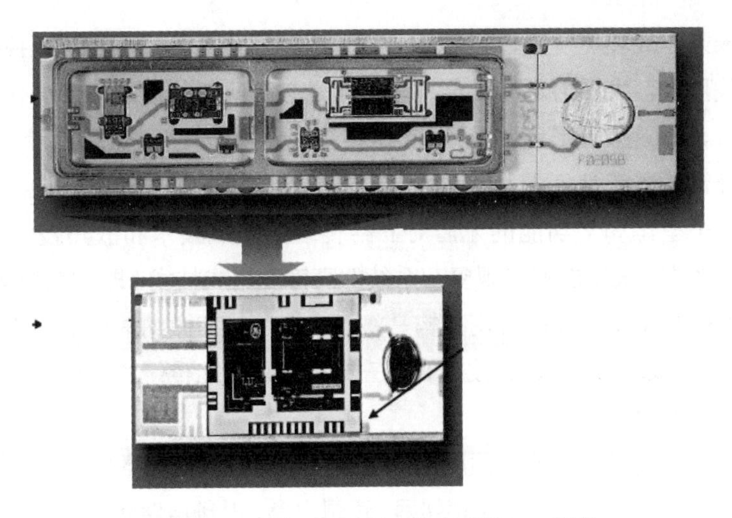

图 5.46　采用 SiGeMMIC 的小型化 T/R 组件

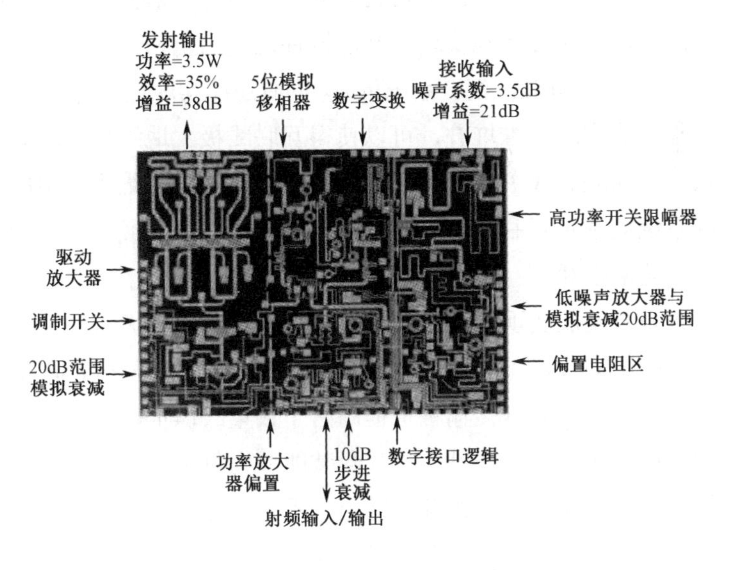

图 5.47　C 波段单片 T/R 组件

6）微系统技术

微系统源于微机电系统（MEMS），经过多年的发展，其概念、内涵及应用领域大幅度拓展，形成了广义的微系统，即一切利用微纳加工手段实现的微型功能系统，它可以是单一的电学系统、光学系统、机械系统或流体系统，也可以是融合多专业、多功能的完善系统，而不只局限于传感器的微纳集成。广义的微系统可以采用硅基微纳加工工艺，也可以采用玻璃基、陶瓷基或其他更多的微纳工艺手段，而不只局限于硅基微纳集成。

现代军事技术的快速发展，对当前相控阵雷达轻薄化、多功能化的需求越来越迫切。未来作战环境复杂，机载、星载、车载等移动载荷平台的预警探测装备所面临挑战巨大，大威力、多功能、分布化是必须解决的问题。新一代战斗机、武装直升机、小卫星等平台要求预警探测装备看得更远、更多、更广。上述需求使得相控阵雷达系统具备更多的功能，更高的性能，更小的体积，更高的集成密度。然而，小型化和多功能的矛盾对立给传统的集成技术和散热技术带来了巨大挑战，因此必须采用能够实现复杂系统的高密度集成技术，即微系统集成技术。

典型的硅基微系统技术应用架构是将多个裸芯片在微纳基板上集成，多片基板之间还可以通过 TSV/TGV 技术实现三维集成，相比传统的集成电路和封装模块，它具有如下优点。

（1）为了达到最佳性能不同应用的芯片（如射频系统、数字系统、控制系统等），需要采用不同的制造工艺（存储器、逻辑电路、射频电路等）和衬底材料（硅、III-V 族化合物等）。异构集成技术可将不同工艺节点的器件采用芯片级三维堆叠的方法结合起来，利用硅通孔实现不同层器件之间的电信号互连，共同完成高集成度的数字、模拟、射频微波混合系统集成，同时还能实现性能与成本的综合最优。

（2）异构集成实现三维堆叠，可以使得互联线极大地缩短，较短的线长意味着可以降低互联功耗、改善布线拥塞，提高电路性能。二维集成电路和三维集成电路的互联系统被垂直互联和短互联替代，可以减小互联线的寄生参数，进而降低互联延时和功率损耗。

（3）三维垂直互联实现的高集成模块或功能电路，将大量的独立封装电路接口转变为内部的层间接口，可以显著减少外部接口数量。同时，内部接口容量的增加，能够将芯片间的数据传输带宽提高两个数量级以上，并且使系统能够同时传输大量的数据。传统的引线键合方式封装能够为每个芯片提供几十到几百根引线，倒装焊芯片的方法可以提供几百甚至上千个外部互联；传统的封装模块的接插件很难实现如此高数据容量需求的可靠互联。

本章参考文献

[1] 王蕴仪，等. 微波器件与电路[M]. 2 版. 南京：江苏科学技术出版社，1986.

[2] 怀特，微波半导体控制电路[M]. 王晦光，黎安尧，译. 北京：科学出版社，1983.

[3] 吴万春，梁昌洪. 微波网络及其应用[M]. 北京：国防工业出版社，1980.

[4] 顾其诤，项家桢，袁孝康. 微波集成电路设计[M]. 北京：人民邮电出版社，1978.

[5] BAHL, I BHARTIA P. Microwave Solid State Circuit Design. Second Edition[M]. Wiley-Interscience, A John Wiley & Sons, Inc., Publication, 2002.

[6] 张光义. 相控阵雷达系统[M]. 北京：国防工业出版社，1994.

[7] 顾墨琳，林守远. 微波集成电路技术——回顾与展望[J]. 微波学报，2000(9):278-290.

[8] 张福琼. T/R 组件设计与制造[J]. 现代雷达，1996(2): 91-97.

[9] 周斌. 微波固态功放 CAD 研究[J]. 现代雷达，2001(2): 61-63.

第6章
雷达系统新型微波特种元器件

本章主要介绍目前利用 MEMS 技术研制的微波器件、组件及其应用系统，这种微型化、组件化的集成系统芯片有望取代通信、相控阵天线中一些射频分立元件和组件；满足雷达馈线系统特定要求的几种新型频谱滤波器和谐波滤波器的设计技术需求；还有复合左右手（CRLH）传输线及其微波器件的概念、模型，一些可改进的雷达常用微波器件的性能指标。

6.1　射频 MEMS 技术及其器件

6.1.1　概述

6.1.1.1　MEMS 的定义及特点

MEMS（Micro-Electro-Mechanical Systems，微机电系统）实质上是结合电力（包括磁力）和机械的微型元（器）件或其阵列。MEMS 采用与制作集成电路（IC）工艺相似的批生产技术、微加工技术结合静电场（包括磁场）来完成微型三维机械结构。它具有可电控运动的特性，可完成吸动、移动和转动。

MEMS 技术的基本特点如下：

（1）尺寸在微米到毫米范围内；

（2）基于硅微加工技术制造；

（3）与微电子芯片一样，可以批量、低成本生产；

（4）MEMS 机械一体化代表一切具有能量转化、传输等功能的效应，包括力、热、声、光、磁乃至化学、生物等等；

（5）MEMS 的研究目标是具有智能化的微系统。

6.1.1.2　射频 MEMS 技术

MEMS 按专业可分为四大类：传感 MEMS 技术、生物 MEMS 技术、光学 MEMS 技术、射频 MEMS 技术。下面主要介绍的射频 MEMS 技术是 MEMS 技术与射频技术的结合，其用于制作各种无线通信、相控阵雷达的射频器件或系统，以适应新需要、新趋势，具有体积、尺寸的微型化，低功耗，高可靠性，多功能化及具备快速切换能力等特点。

RF MEMS 器件可认为是用 MEMS 技术实现的，用于从低频到红外线频段信号的生产与处理的微型化和可集成的器件。RF MEMS 的研究目标是实现无源器件和 IC 的集成，即单片上的 RF 系统，使之成为集信息采集、处理、传播于一体的系统集成芯片。RF MEMS 按传统方法可分为可控与不可控两类，不可控 MEMS 器件（如微机械传输线、滤波器等）的研究目标是通过减小衬底损耗，制作高 Q

值无源元件。可控器件（如可变电容、开关等）的研究目标是通过设计新微机械结构、新工艺来提高器件性能。这里 RF MEMS 按 MEMS 技术组成分三个层次进行分析，RF MEMS 技术内容及应用关系如表 6.1 所示，本节只讲与雷达、馈线直接相关的器件。

表 6.1　RF MEMS 技术内容及应用关系

器件	组件	系统
RF 开关	数字式移相器 连续可调移相器	收发机 天线
微机械谐振器	滤波器	—
高 Q 值电容器	滤波器、振荡器、VCOS	—
可变电容器	振荡器、连续可调移相器	—

6.1.2　不可控 RF MEMS

6.1.2.1　微机械传输线和微波导

微机械传输线中使用最多的是微带传输线和共面波导，采用硅体微机械加工技术制作微机械传输线，目的是去除传输线下方的高介电衬底，从而大大减少传播中的损耗、频散和非 TEM 模。一种方法是采用高阻硅衬底，通过体硅工艺制作悬空的膜皮，在上面制作 Au 微带传输线，这种传输线传输的几乎全是 TEM 模，介电损耗接近于 0，单模的带宽很大（0～32GHz）。另一种方法是在信号线的下方制作带屏蔽的空腔，以防止相邻信号线间的串扰。由于 LIGA（光刻、电铸和注塑的缩写）技术具有可在衬底上制作大深宽比金属结构的特点，可以用来制作大功率的微波导，较一般的传输线具有通信功率高和 Q 值高的优点。目前，在硅衬底制作的方形波导，其插入损耗为 0.04dB，与传统波导（0.024dB）相比，体积质量成本减少至传统波导的千分之几。

进一步使用微型化分布参数的微传输线或微波导可以构成新型微谐振器或滤波器。利用 LIGA 工艺的特点，如高加工精度、微结构侧壁垂直性好、高深宽比（>10）、较高的厚度（10μm～1mm）等，可以获得间距很小的金属结构，以制作较高功率、较强耦合的微波线路器件，如耦合线、滤波器、叉指状电容。图 6.1 是 WISCONSIN 大学用 LIGA 微加工工艺制作的平面微传输线耦合滤波器，导体是用电镀方法制作在熔石英上的镍，其厚度仅为100μm 。当该滤波器中心频率为 14GHz 时，插入损耗为 0.15dB，相对带宽 30%时的衰减为 30dB[1]。

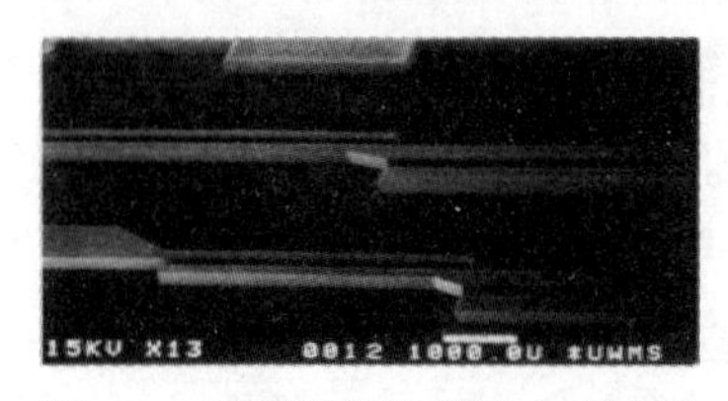

图 6.1　平面微传输线耦合滤波器

6.1.2.2　微机械式谐振器/滤波器

微型机械式滤波器根据谐振结构特点，可分为静电梳状结构滤波器、固定梁滤波器、自由梁滤波器、体声波滤波器等。机械式谐振器/滤波器具有 Q 值高、噪声小、稳定性好、抗老化等特点。但缺点是工作频率低、空气阻尼影响大。提高工作频率有两种方式：① 缩小器件尺寸，Cleland 和 Ronkes 研究了一种亚微米尺寸（7.7μm×0.8μm×0.33μm）的谐振梁，中心频率为 70.72MHz，可见这种通过缩小尺寸提升频率的方法空间有限；② 提高弹性耦合系统的刚度。

图 6.2 是一种双梁四阶滤波器，信号的输入/输出通过两个梳状的多晶硅电容换能器完成，器件中部是挠性耦合梁机械式谐振器，谐振频率可达 14.5MHz，在 3.3Pa 的环境中，Q 值为 1000[2]。研究发现，提高频率必须考虑的因素如下：① 与频率相关的能量损耗对 Q 因子的影响；② 受串联动态电阻影响的输入端噪声及通带变形；③ 制作过程引入的绝对公差和相对公差；④ 在发生谐振时是否能够保证相对稳定等。

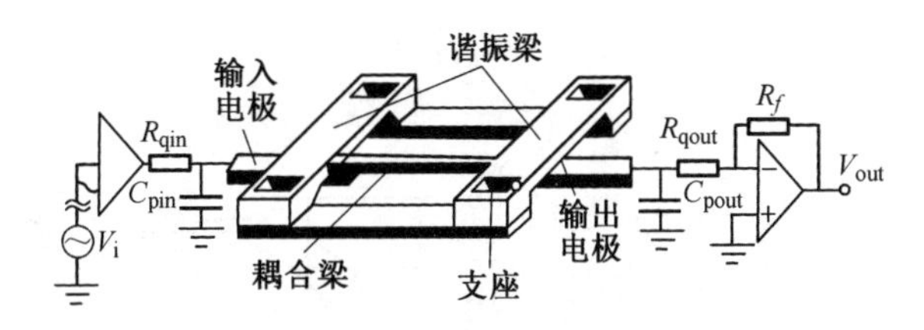

图 6.2　双梁四阶滤波器

对于通信、雷达等更高的 GHz 频段，可采用 IC 工艺制作的传输线滤波器、谐振腔式滤波器、体声波滤波器。图 6.3 为谐振腔式滤波器，信号经微带线引到谐振腔上部，再由耦合槽孔将其引入谐振腔，引起共振而达到谐振的目的，该结构谐振频率为 10GHz 时，Q 值达到 506[3]。

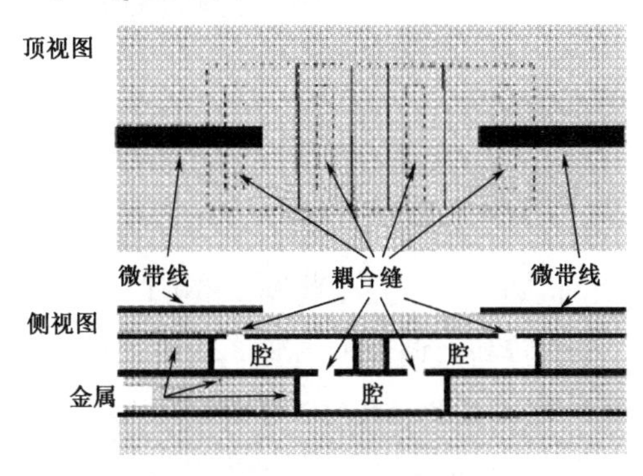

图 6.3　谐振腔式滤波器

体声波（Bulk Acoustic Wave，BAW）滤波器[4]由若干不同频率的体声波谐振器组成，每个谐振器由电极-压电薄膜-电极三明治式的结构构成。体声波谐振器原理如图 6.4 所示，输入信号由压电薄膜的逆压电效应转化为声信号；声波可以在上下两个电极间谐振，并联谐振时阻抗最大、串联谐振时阻抗最小；最后薄膜的压电效应将声波转化为电信号输出。体声波滤波器的优点是损耗低、带宽大、Q 值高、面积小等，体声波滤波器是未来 RF 滤波器的一个发展方向。图 6.5 是由体声波谐振器组成的滤波器拓扑图及响应曲线，其 BAW 谐振器 Q 值高达 1100，BAW 滤波器中心频率（f_0=1840MHz）插入损耗为 0.89dB，4dB 带宽为 86MHz，相对带宽 0.5%，带外抑制 20 dB，这是一个性能优异的甚窄带带通滤波器[5]。

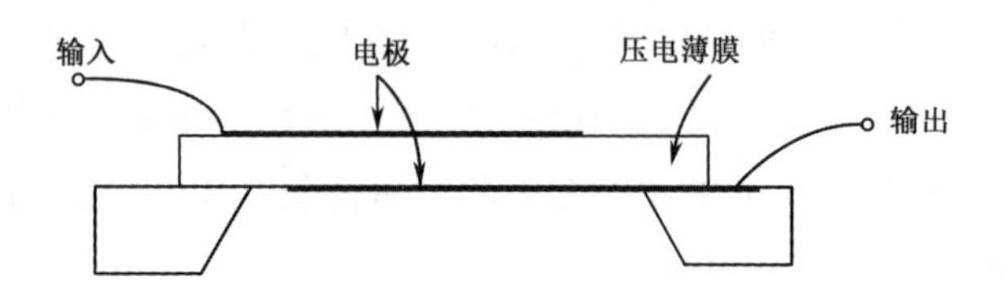

图 6.4　体声波谐振器原理

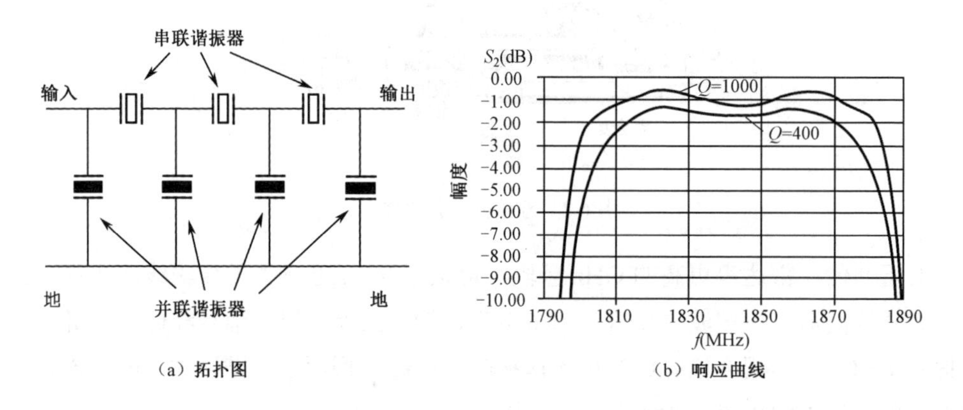

图 6.5　由体声波滤波器组成的滤波器拓扑图及响应曲线

6.1.3　可控 RF MEMS

6.1.3.1　MEMS 可调电容

MEMS 可调电容用于 VCO（压控振荡器）和可调谐片式滤波器，采用 MEMS 技术的可调电容具有 Q 值较高、调节范围宽（理论上截止频率超过 1000GHz）、承受电压变化范围大等特点。因此，MEMS 可调电容可以与硅微机械技术制造的电感器、电容器、开关和滤波器集成实现信号处理电路，如构成 VCO、锁相环（PLL）

等，使系统性能优异，并在价格、体积、质量上占绝对优势。

可调电容器一般是静电执行器结构，有平板式和叉指梳状式两种结构，也可称为间隙可调电容和面积可调电容。

6.1.3.2　MEMS 开关

RF MEMS 开关类器件和传统的半导体 PIN 管器件相比，消除了 P-N 结和金属-半导体结，具有以下优点：大大降低了器件的欧姆损耗，提高了品质因数；机械性开关，MEMS 开关线性度极佳、失真小、工作频带宽（截止频率>1000GHz）、隔离度高；开关瞬态能量极低，仅在 10mA 以内，功耗低[6]。另外，MEMS 的开关寿命正在延长，2007 年比 2003 年提高了三个量级，达到 6×10^{11} 开关次[7]。表 6.2 给出了 MEMS 开关与传统开关的比较[8]。

表 6.2　MEMS 开关与传统开关的比较

开关类型	隔离度	插入损耗	驱动电压	驱动功耗	开关速度	成本
PIN 二极管	较低	较大	3～5V	一定功率	1～40ns	较高
GaAs 场效应管	较低	较大	3～5V	较高电流	1～40ns	较高
MEMS 开关	较高	较小	10～30V	趋于 0 无电流	1～2μs	集成电路工艺

目前，MEMS 开关存在的一些问题妨碍了它的应用和发展：① 开关速度慢；② 驱动电压一般较高；③ 存在机械黏附和介质击穿问题；④ 损耗仍需要降低。

MEMS开关的基本原理是通过静电力克服机械弹性力，产生开启和闭合效果，实现开关通断。其形式主要分两大类：欧姆接触式开关（悬臂梁式开关）、电容耦合式并联开关（膜桥开关）。

1）欧姆接触式开关

欧姆接触式开关是按接触方式命名的，其机械结构是悬臂梁结构，按电路形式又分串联悬臂梁开关、并联悬臂梁开关两种[8]。

串联悬臂梁开关如图 6.6 所示，其原理如下：驱动板（悬臂梁）与接地板间存在电压，悬臂梁受静电力吸引向下弯曲，使悬臂梁末端与微带线接触，信号经悬臂梁输出到微带线，开关导通，开关插入损耗主要由金属悬臂梁的电阻和接触电阻决定；撤去外电压，悬臂梁恢复到初始状态，悬臂梁末端脱离微带线，开关断开。开关隔离度主要由金属悬臂梁与微带线间的电容决定。图 6.7 为一个串联悬臂梁开关等效电路。图 6.8 为一个典型金属悬臂梁开关的测试曲线。

并联悬臂梁开关如图 6.9 所示[9]，其原理如下：悬臂梁一端被固定，另一端下面沉积金属层，悬臂梁的上面覆盖金属层，作为电容器的上极板，当上下极板间外加电压时，极板间的静电力使悬臂梁下弯，梁下的金属层接通信号线，开关导通。

串联、并联悬臂梁开关最大的区别：并联悬臂梁开关中，悬臂梁上不通过信号，沉积金属层导通信号线，悬臂梁不构成电路的一部分。目前使用较多的是串联悬臂梁开关。从原理描述发现，欧姆接触式开关有两个关键参数：阈值电压和开关次数。

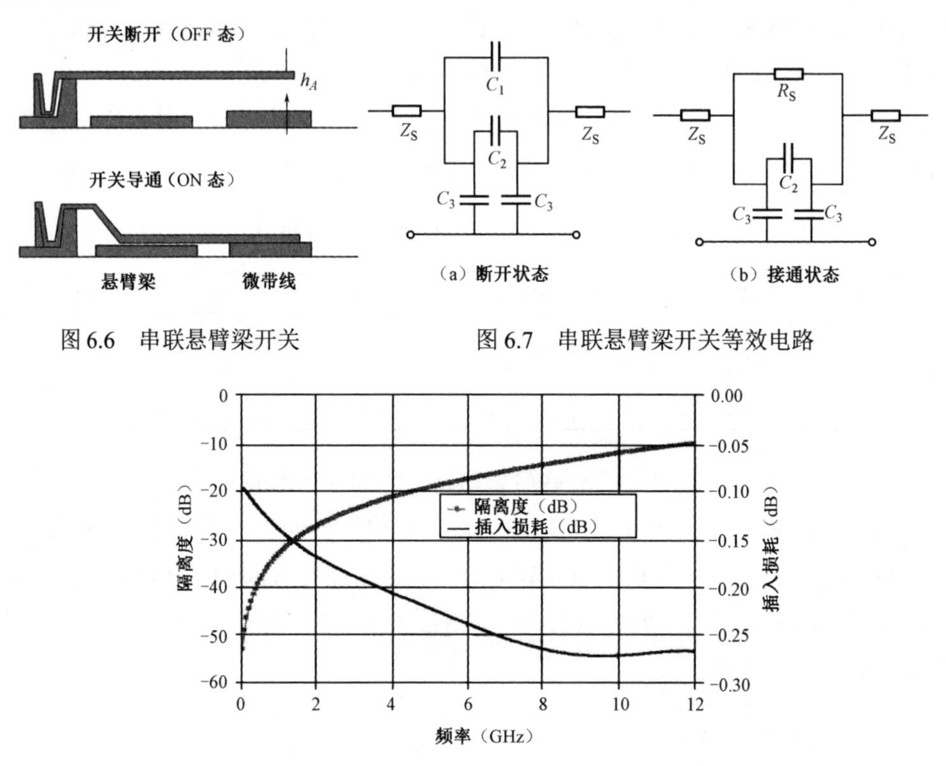

图 6.6　串联悬臂梁开关

图 6.7　串联悬臂梁开关等效电路

图 6.8　典型金属悬臂梁开关的测试曲线

开关次数直接关系到使用寿命，它主要与负载电流有关，一般电流是 10μA～10mA 。两种悬臂梁开关的缺点主要是由悬臂梁的接触产生的，接触电阻使损耗增大，且随开关次数增加而增大，进而接触引入的静摩擦力会导致开关工作不稳定而失效。

以单刀四掷矩阵开关的设计为例[10]，采用欧姆接触式、串联悬臂梁开关，用微带电路形式实现，在 250 μm 厚的基板上完成，悬臂梁开关的激励电压为 35～45V 直流电压。通过电路建模和仿真计算完成设计，实物照片如图 6.10 所示，实测曲线如图 6.11 所示，在频带 1～5 GHz，插入损耗小于 0.8dB，驻波系数小于 1.2。

实测的该开关隔离度大于 40dB。其中，1 端口为总口，2、3、4、5 端口为分口。

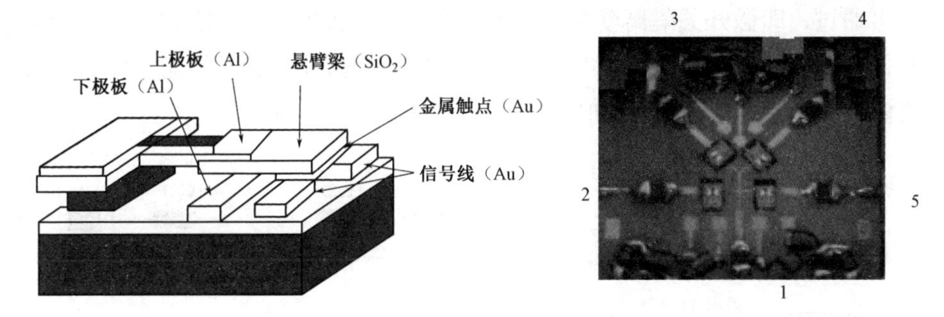

图6.9　并联悬臂梁开关　　　　图6.10　单刀四掷矩阵开关实物照片

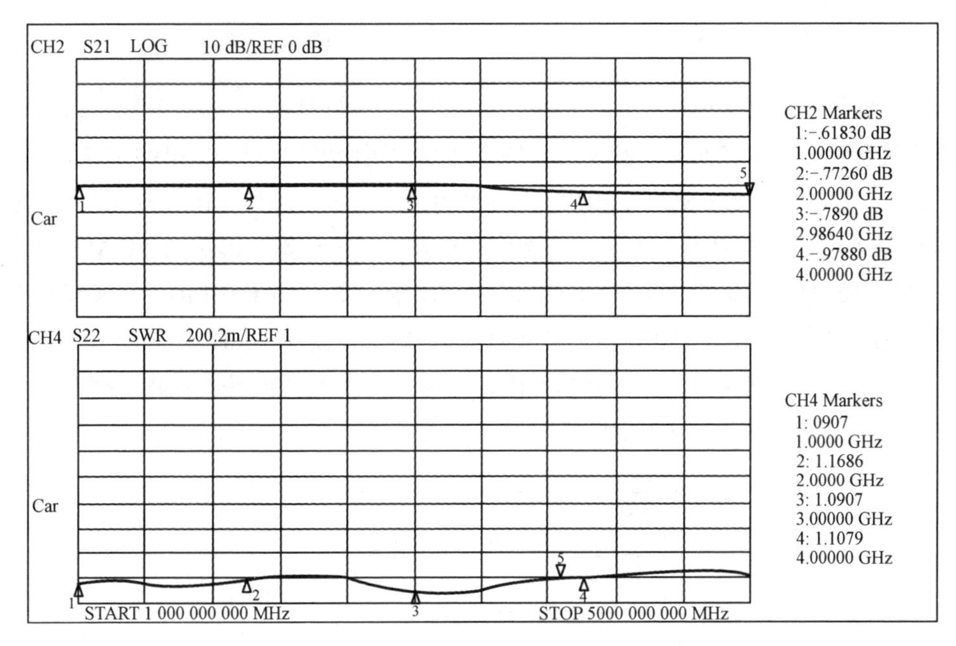

图 6.11　插入损耗和驻波特性实测曲线

2）电容耦合式并联开关

电容耦合式并联开关又称膜桥开关，与欧姆接触式开关最大的不同在于在信号线和金属膜之间覆盖了一层绝缘膜，可以减少静摩擦力的影响且消除了微连接，提高了开关可靠性和使用寿命。由膜桥开关原理（见图 6.12）及膜桥开关等效电路（见图 6.13）[11]可以看出，信号线通过共面波导线传输，当无驱动电压时，金属膜不变形，膜和信号线的间距很大，两者间耦合电容较小，即低电容状态，微波信号通过，开关导通，低电容表现为损耗。当开关加一定驱动电压后，异性电荷的静电吸引力把桥金属膜拉下来，紧贴绝缘介质材料，膜桥和传输线间产生一个大电容，即高电容状态，信号通过该电容接地，信号几乎全反射，开关断开，少量漏信号通过，即微开关隔离度高。电容耦合并联开关的基本要求如下：当开关接通时，插损量极小，电容 C_{on} 尽量小；当开关断开时，隔离度尽可能大，电容 C_{off} 尽可能大，即比值 C_{off}/C_{on} 尽可能大。

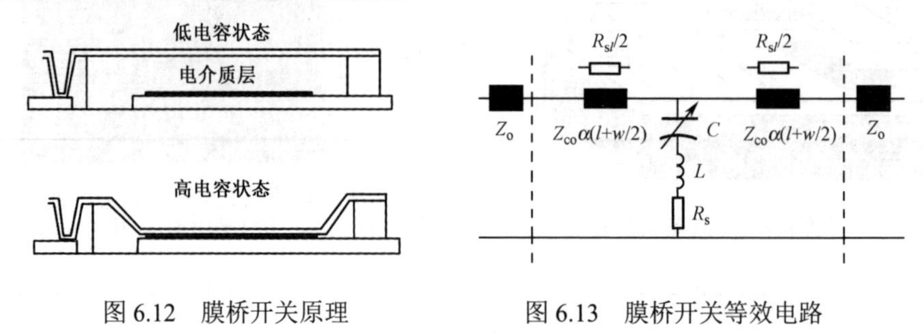

图 6.12　膜桥开关原理　　　　图 6.13　膜桥开关等效电路

膜桥开关也有阈值电压、维持电压、开关次数等问题。一般电容耦合式并联开关具有较好的微波性能，其损耗随频率增加而缓慢增加：从 0.1dB（1GHz）增加到 0.3dB（40GHz）；隔离度随频率增加而迅速增加：从 0dB（1GHz）增至 35dB（40GHz）。图 6.14 是一个考虑封装寄生效应及偏置电压寄生影响的 MEMS 膜桥开关的测试曲线，其性能如下：0～38GHz 内，插入损耗小于 0.3dB，回波损耗小于−18dB，隔离度大于 15dB；22～28GHz 内，隔离度优于 20dB[12]。

由于材料、制作工艺等方面的原因，从特性曲线上看膜桥开关最佳频率是 X 波段或 K 波段，可以引入雷达应用。

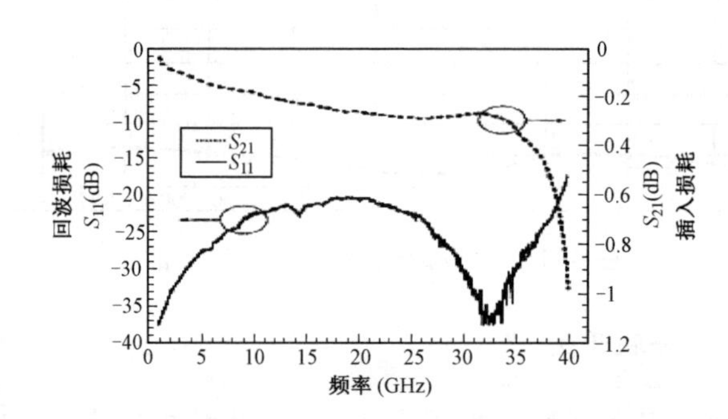

图 6.14　MEMS 膜桥开关的测试曲线

6.1.4　RF MEMS 组件

6.1.4.1　MEMS 数字移相器

由于相控阵雷达的应用需求，数字移相器使用众多，而 MEMS 数字移相器和传统的 PIN 移相器或 FET 移相器相比，具有工作频带宽、损耗小、驱动功耗小

（微瓦级）、低成本、小型化、易于与微波单片集成电路（MMIC）集成等优点。目前正在研制的 MEMS 移相器主要有两类：一类是相位连续可调的分布式移相器，相位连续可调，缺点是不易控制相移量、插损，控制电压的起伏变化易引起相位噪声；另一类是数字式移相器，可精确控制相移量，可靠性较高。MEMS 数字式移相器分为两类：耦合器反射式移相器、开关线型移相器。

6.1.4.2 分布式移相器

图 6.15 是 Michigan 大学研制的 Ka 波段两位移相器，由 21 个电容开关并联在共面波导线上构成，每个微桥下拉可产生 66pF 的电容，14 个微桥同时加载产生 180°相移，7 个微桥加载产生 90°相移（38GHz），平均插损为 1.5dB，回波损耗小于−11dB，相位误差小于 1°（37GHz）[13]。

连续可调的 MEMS 移相器关键技术如下：① 介质材料要选择高电阻率、低损耗、低成本、衬底材料介电常数大的，目的是相移明显；② 金属微桥的材料既有一定弹性，又有相当的刚性，以保证它受静电力控制时上下振动，性能稳定可靠；③ 微桥的偏置启动电压低。实际上，在以上一系列问题解决之前，稳定可靠的连续可调移相器离实际应用尚有差距。

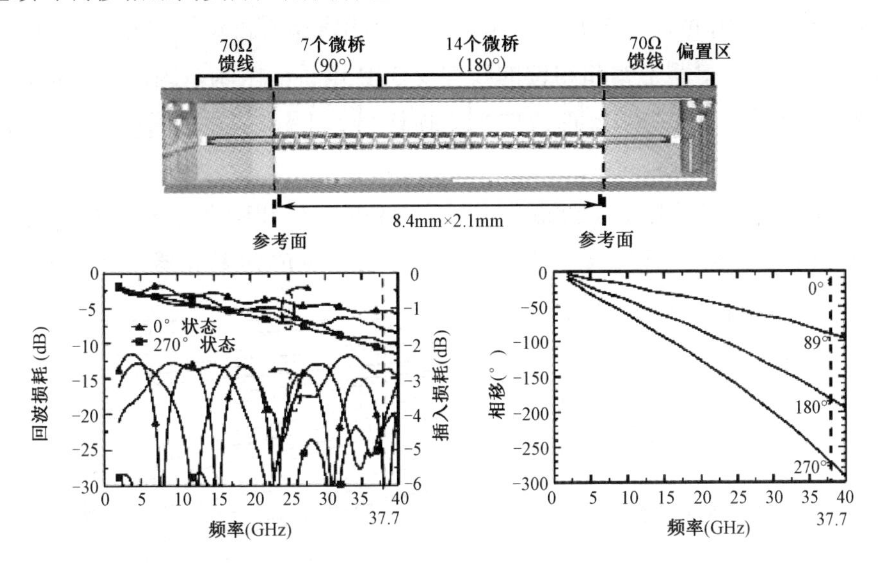

图 6.15 Michigan 大学研制的 Ka 波段两位移相器

6.1.4.3 开关线型 MEMS 移相器

自 Pillans 报道了四位开关线型数字式移相器以来，MEMS 移相器一直是相关领域的研究热点。2003 年 Michigan 大学研制的四位开关线型数字式移相器，绕线从短到长分别移相22.5°、45°、90°、180°，如图6.16所示，在开关线原理中结合延迟线技术及MEMS单刀双掷开关，在75 μm厚的砷化钾基板上采用串联MEMS开关，开关电容Cu=2pF。移相器的指标：10～40GHz频带内，插入损耗为2dB，回波损耗小于−15dB[14]。

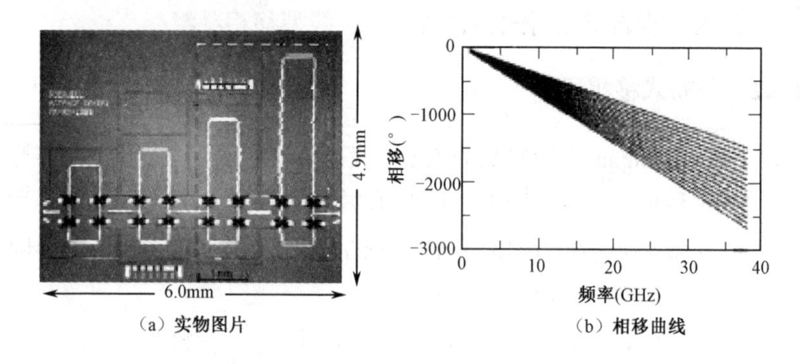

（a）实物图片　　（b）相移曲线

图6.16　四位开关线型数字式移相器

6.1.4.4　耦合器反射式移相器

图6.17是Raytheon中心制作的X波段两位微带线耦合器反射式移相器，器件集成在500 μm厚的基板上，MEMS开关电容：C_u=35fF（Up态），C_d=3pF（Down态），移相器带宽和相位的线性受3dB电桥的限制，因此，带宽较开关线型移相器窄，8～10GHz两位的平均损耗小于1.5dB，相位误差在10GHz时为±11° [15]。

表6.3列出了近几年（2000年以后）国外的大学和研究所研制的具有代表性的MEMS移相器的主要参数，从中可以看出目前MEMS移相器的研究水平。

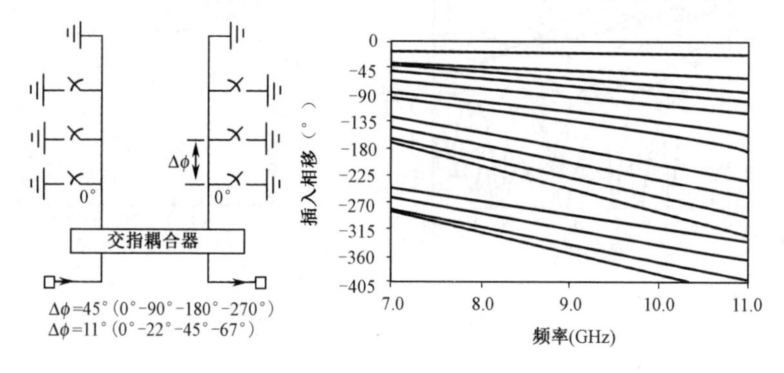

图6.17　X波段两位微带线耦合器反射式移相器

表 6.3　MEMS 移相器的主要参数

频率（GHz）	开关类型	位数	相位误差（°）	平均插损（dB）	幅度不一致性（dB）	基片材料	芯片面积（mm^2）	移相器类型	参考文献
7～11	电容性	4	±11 8～10GHz	–1.15	±0.5	500μm Si/Al_2O_3	100	反射式	[15]
32～36	电容性	4	13	–2.25	–0.5/–0.75	150μm Si	50	开关线型	[16]
0～15	电容性	5	<±3.5 9～12.75	–5.25	—	Alumina nitride	45	开关线型	[17]
0～40	电阻性	3	<±2.8	–2.2	±0.28	75μm GaAs	9.1	开关线型	[17]
37.7	电容性	2	±0.5	–1.5	—	Quartz	—	分布式	[18]

6.1.4.5　可调滤波器

多波段通信的迅速发展，促进了多波段可调滤波器的发展，其中 MEMS 可调电容是可调滤波器的关键元件，图 6.18 是用悬臂梁开关作可变电容的可调滤波器的扫描图和电路图。驱动电压为 0～30V，中心频率为 34.74～33.11GHz，相对带宽为 5%：插入损耗小于 3.6dB，相对带宽变化为 8.6±0.5%[19]。

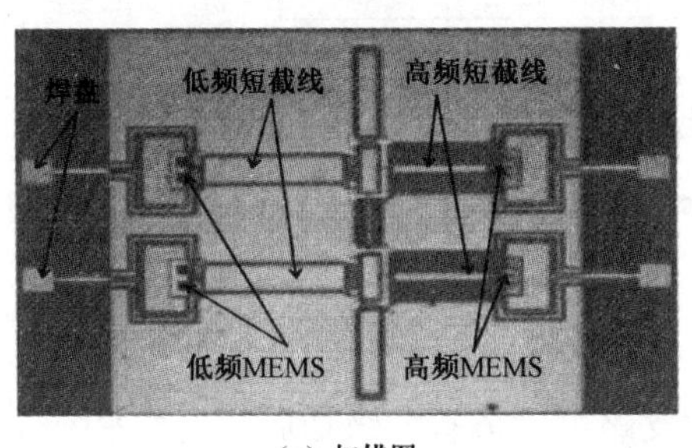

（a）扫描图

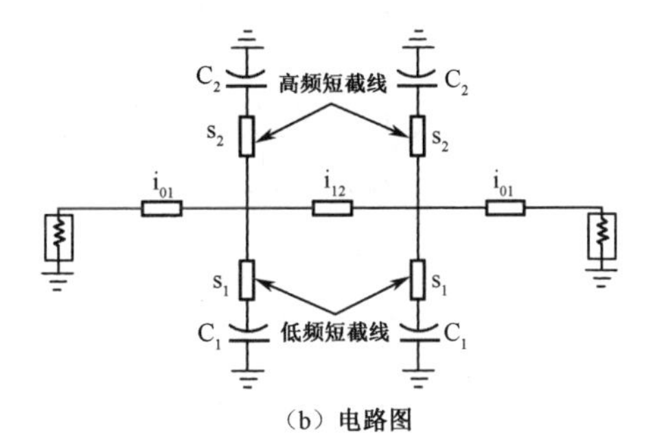

（b）电路图

图 6.18　用悬臂梁开关作可变电容的可调滤波器的扫描图和电路图

6.1.5　RF MEMS 的应用

6.1.5.1　MEMS 天线

目前 MEMS 天线研究主要包括以下几个方面：

（1）变波束天线，原理是采用 MEMS 开关改变天线的频率和波束特性，获得可变频率和波束特性的天线，用一个天线体现多个天线的功能。

（2）用 MEMS 开关简化相控阵天线结构，美国开展的可重构孔径天线（RECAP）研究用原来 1/n 的天线单元，实现了 $n\times n$ 单元的相控阵天线。

（3）用 MEMS 技术加工天线，提高天线效率或缩小天线尺寸。要提高天线效率及辐射的方向性，必须解决高介电常数基片天线的表面波激励问题。目前可以用微机械加工技术解决该问题，即在基底上形成密集的周期性的孔结构，称为光子带隙结构[16]，或将矩形贴片做在悬于空气腔的薄膜上，使天线基片等效为低介电常数环境，以达到抑制表面波激励的目的，提高天线辐射效率。

6.1.5.2 RF MEMS 开关器件在相控阵雷达的应用

1）MEMS 移相器的优点

（1）MEMS 移相器可以降低雷达的成本[17]。

① 器件本身成本超低。MEMS 移相器成本较半导体移相器成本低一个数量级，原因是 MEMS 制作工艺相对简单，且可和 MMIC 单片电路融合。表 6.4 列出了 X 波段大型相控阵雷达采用不同类型移相器的成本和质量。可以看出，MEMS 移相器天线成本只有半导体有源相控阵天线的 1/32～1/64。

表 6.4 X 波段大型相控阵雷达采用不同类型移相器的成本和质量[18]

天线形式	成本	质量
半导体有源相控阵天线	400～800 万美元/m^2	362kg/m^2
铁氧体移相器相控阵天线	67.8 万美元/m^2	—
MEMS 移相器天线	12.5 万美元/m^2	45.3kg/m^2

② RF MEMS 移相器可以改善系统的性能、简化系统组成、降低成本。例如，RF MEMS 移相器具有低损耗、高隔离的特点。MEMS 移相器的损耗，较同频率半导体移相器低至少 2～3dB，T/R 组件发射支路可以节省一级功放，整个系统具有成千上万个 T/R 组件，降低的成本非常可观。

③ 传统的移相器 PIN 管一般导通电流 30～50mA，相控阵雷达成千上万个移相器驱动功率和电源是非常庞大的，而 MEMS 移相器只需偏置（偏压）控制，驱动电流近乎为零，低功耗压缩了阵面电源，因而大大降低了天线阵面的成本，减少了天线阵面的体积和质量，还简化了结构与操作。

（2）RF MEMS 延迟线移相器具有多波段工作能力、带内失真小、更高的线性度等优点，可以实现宽带相控阵天线、多频段雷达、多功能雷达、电子通信空间站的实时延迟，从而简化系统组成、降低成本。

2）RF MEMS 开关在相控阵雷达中的应用

随着对多功能雷达、多频段雷达、超宽带雷达（3～18GHz 大型相控阵）研究的深入，迫切需要超宽带天线单元、超宽带功率分配/合成网络等。传统的宽带器件以牺牲器件性能为代价来换取宽带，而 MEMS 开关具备固有的宽频带，用它作波段开关的重构天线单元和重构功率分配网络，可以兼顾超宽带和优良的性能。

（1）宽带可重构天线。

图 6.19 表示 4×4 的微带贴片天线[20]，用 MEMS 开关的通断完成天线单元的重构，可实现天线的四倍频宽带。

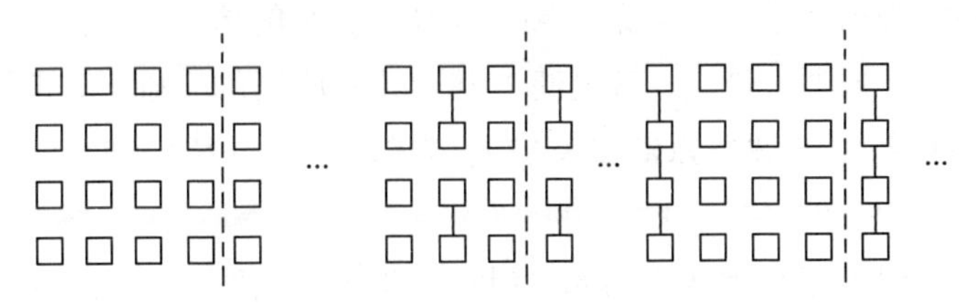

图 6.19　4×4 的微带贴片天线

（2）多功能雷达的 MEMS 多路切换组合开关[21]。

多功能雷达同时具有电子侦听、雷达监测、通信等多种功能，各种不同频段的功能由雷达阵面的不同子阵面完成，这需要宽带可重构天线和 MEMS 多路开关切换组合或重构；另外，雷达子阵面与其他分系统（馈线网络、发射机等）间的切换，也需要 MEMS 多路切换开关。图 6.20 是一个多功能雷达中使用的 MEMS 4×4 组合开关，MEMS 4×4 开关的四个输入 1、2、3、4，既可以不按顺序分别打通 A、B、C、D 使用，也可以同时打通若干路使用，从而使不同发射机从不同子阵面单独或组合辐射到空间、不同子阵面单独或组合接收空间信号回到不同接收机，实现雷达的不同功能。

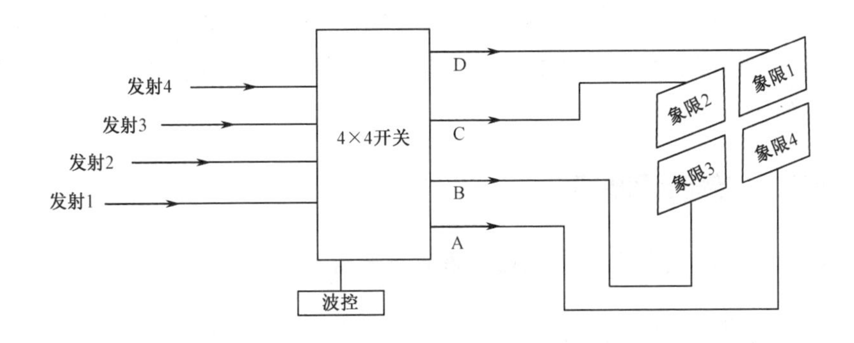

图 6.20　MEMS 4×4 组合开关

6.2 频谱和谐波滤波器

6.2.1 频谱和谐波滤波器简介

由于目标探测和抗干扰的需求，雷达系统需要更高的峰值和平均功率、更宽的频带、更高的带内频谱和带外谐波频谱纯度、更小的体积、多波段集成等，因此在已有的高通、低通、带通、带阻滤波器设计与应用的基础上，雷达馈线系统还发展出了多种新型滤波器以满足特定的需求，这里介绍频谱滤波器和谐波滤波器。

频谱滤波器用于提高雷达高功率发射机的带内频谱纯度，或者多只频谱滤波器组合形成双（多）工器或频率分集网络以满足雷达多部收发机的频谱复用需求。频谱滤波器是一种高选择性高功率带通滤波器。其具体电路通常利用高 Q 值的圆波导和矩形波导谐振腔实现，以获得较高的选择性。当需获得特别高的选择性时，还可以在过渡带附近增加传输零点（T_{zs}）以局部地改善抑制度。

谐波滤波器有反射式和吸收式两类。谐波反射式滤波器用于反射谐波能量，以抑制各种谐波能量对雷达本机或邻近设备的干扰，通常用在雷达接收通道和连续波发射通道中。谐波反射式滤波器的具体电路依据需抑制的谐波次数的不同而不同，可以用普通低通、带通、带阻滤波器加适当的传输零点（T_{zs}），或者带有电磁带隙（EBG）结构的频率选择表面（FSS）传输线实现。对于波导系统也可以利用波导本身的低频截止（高通）特性，在高次谐波引入特定的传输零点以形成局部带阻区来实现。谐波吸收式滤波器用于良好地匹配吸收高功率发射机的谐波能量，提高发射机的谐波频谱纯度，同时在基波发射频段维持良好的匹配和低的插入损耗。谐波吸收式滤波器的这些特点在兆瓦级的脉冲雷达发射通道中表现出特别明显的优点。

6.2.2 频谱滤波器

6.2.2.1 TE_{011} 模圆波导谐振腔带通滤波器

圆波导谐振腔制成的直接耦合谐振腔带通滤波器与同类的矩形腔滤波器相比，可以用较少的谐振腔得到同样的滤波效果，而且由于其工作在 TE_{011} 模，故其通带衰减和电压驻波比都比较低，功率容量也较大，宜用作大功率带通滤波器。下面先讨论这种滤波器的设计方法。

图 6.21 所示为直接耦合圆波导谐振腔滤波器的结构。图中每个谐振腔的长度 L、直径 D，以及特性阻抗 Z_0 都相同，只是耦合孔的长度 $l_{k,k+1}$（沿 L 方向）和高度 $h_{k,k+1}$ 不同。滤波器的输入和输出都是矩形波导，波导的宽为 a、高度为 b、特性阻抗为 Z_0^{T}，输入/输出矩形波导的宽边方向必须沿圆波导的长度方向。

设计这种滤波器的方法和步骤一般如下：

（1）选定低通原型；

（2）计算外界 Q 值和耦合系数；

（3）选定圆波导谐振腔的尺寸；

（4）设计出耦合孔的尺寸。

对于这种滤波器的具体设计，需要注意以下几点：

（1）由于滤波器是在大功率下工作的，故低通原型最好选用等元件原型。

（2）圆波导谐振腔必须按照腔体的无载 Q 值较高和寄生模式最少来选择尺寸。

（3）对于耦合孔尺寸的设计，可先假定耦合孔厚度为无限薄，然后用高频场软件修正。

（4）为减小寄生模式耦合，各谐振腔可不排列成直线，而按相邻耦合孔正交的方式排列。

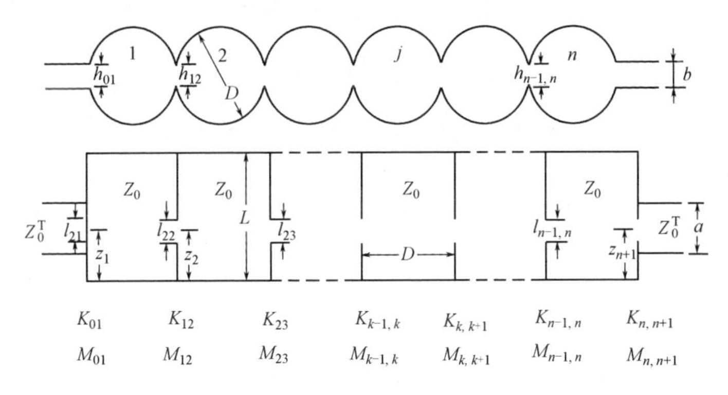

图 6.21　直接耦合圆波导谐振腔滤波器的结构

6.2.2.2　零点干预矩形波导带通滤波器

直接耦合矩形波导带通滤波器是比较典型的频谱滤波器，但其选择性不如圆波导带通滤波器，因此可以在常规滤波器中引入靠近过渡带的传输零点来提高其选择性。

图 6.22 所示是有两个传输零点的八阶滤波器的排列图，其中黑色数字表示谐

振器，白色数字 3 和 7 表示非谐振节点（Non Resonating Nodes，NRNs），通过 3 和 7 连接谐振器 4 和 8 来引入两个传输零点，数字间的连接线表示耦合。图 6.23 所示是实现图 6.22 所示的集总网络拓扑图，是一个直接耦合腔全电感性滤波器。集总网络拓扑图确定后，就可以用分布参数电路实现，如图 6.24 所示。该模型考虑了 NRNs 和谐振器的色散特性，运用了频率相关的倒置器，能给出更符合实际的模型。每个谐振器可以用传输基模的半波长传输线替代，用于集总模型（耦合）的每个倒置器都可以转换成合适的值，只有和 NRNs 及临近倒置器相关的长度是未知的，可以通过优化获得。

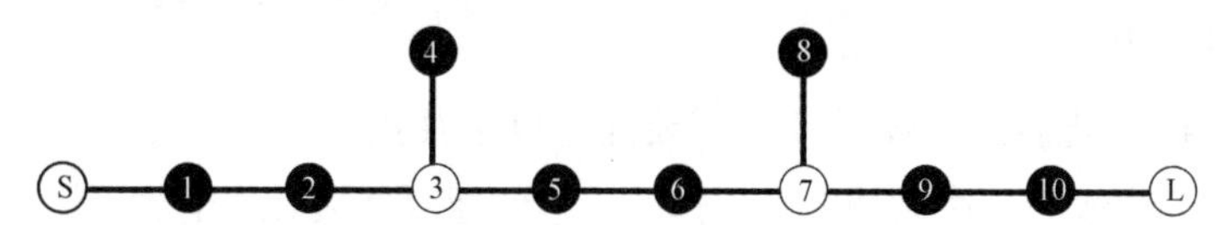

图 6.22　八阶滤波器的排列图（图中黑色数字表示谐振器/白色数字表示 NRNs）

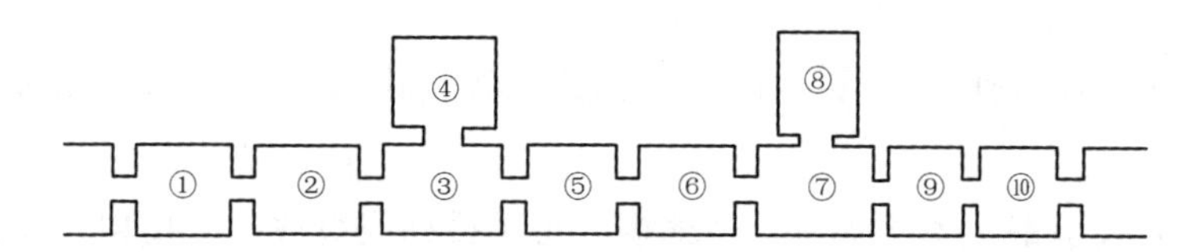

图 6.23　集总网络拓扑图

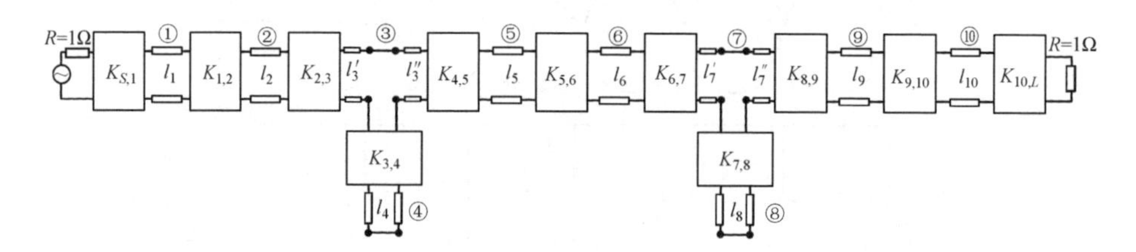

图 6.24　分布参数电路

图 6.25 所示是用 WR-75 波导作为输入/输出的波导滤波器实际结构和优化后的宽边尺寸，其中很长的 T 接头部分是 NRNs，T 接头连接的侧边谐振腔是传输零点。图 6.26 是图 6.25 的仿真结果，可以看到其具有较好的过渡带和抑制度。

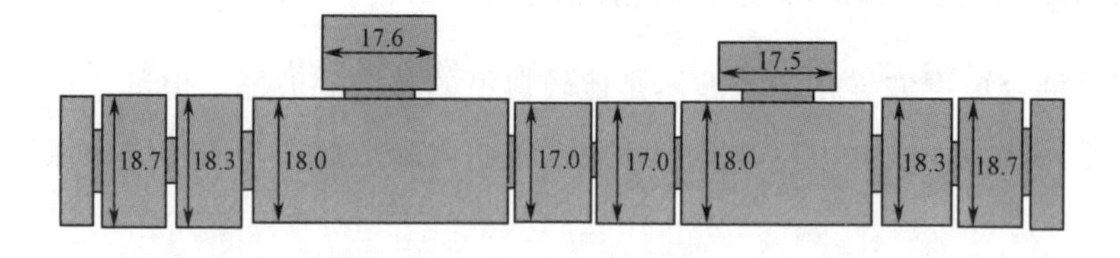

图 6.25　用 WR-75 波导作为输入/输出的波导滤波器实际结构和优化后的宽边尺寸

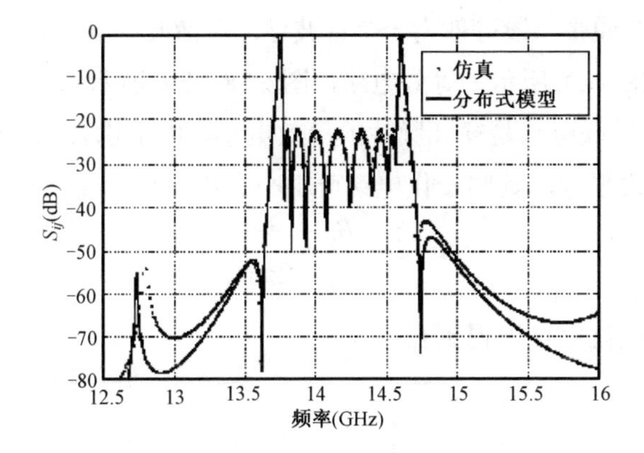

图 6.26　仿真结果

6.2.3　谐波反射滤波器

6.2.3.1　矩形波导窄带带阻式谐波反射滤波器

波导谐波带阻滤波器由主波导上的多个 ET 分支副波导组成，副波导在基波频段截止，耦合孔近似闭合，主频信号几乎无耗地通过，主频的驻波、损耗、幅相一致性均很好；而在谐波频段可以耦合入部分能量，相当于在主波导上引入了谐波频段的谐振腔，改变副波导的宽度可以改变传输零点的频段，改变副波导的长度就可以改变传输零点的频率，从而改变高截止带阻区。这种方法可以使滤波器的通带与阻带彼此独立设计，增加了灵活性。

波导谐波带阻滤波器的结构如图 6.27 所示，由主波导和多个副波导组成，用于在谐波频段形成一个带阻区。

这种滤波器遵循以下设计方法：

（1）根据通带频段选定主波导口径；

（2）根据谐波阻带选择副波导口径；

（3）在谐波频段设计带阻滤波器；

（4）最后用高频场理论验证。

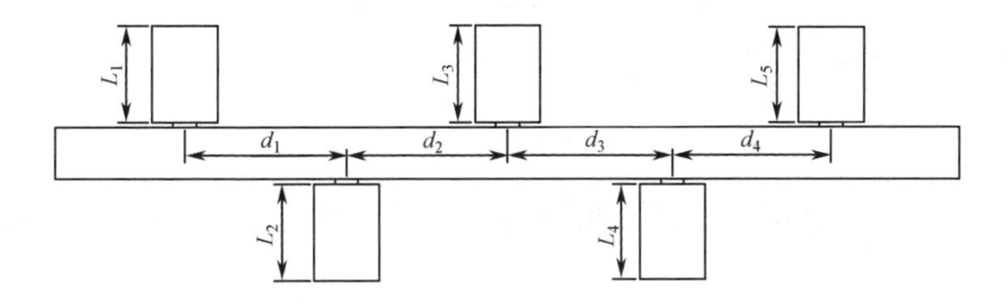

图 6.27　波导谐波带阻滤波器的结构

这种滤波器在通带频段等效为一个直波导，在谐波频段等效为 ET 分支等效电路的级联，图 6.28（a）所示为等效电路，图 6.28（b）所示为谐波频段等效电路。

图 6.28 中的并联电感是窗孔膜片的等效电感，由于耦合孔近似为椭圆形，且其长轴与波导宽边平行，其归一化电纳可由小孔耦合理论得出

$$\frac{B_b}{Y_0}=\frac{\lambda_g ab}{2\pi M_\xi} \tag{6.1}$$

根据孔的磁极化率可以得到孔尺寸。

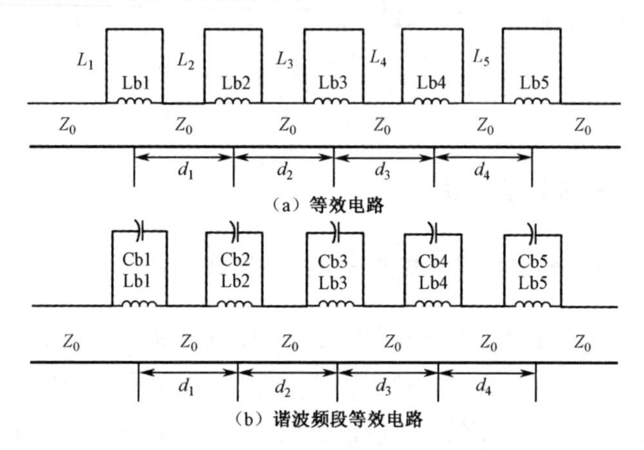

图 6.28　波导带阻滤波器等效电路

根据归一化导纳由电感与短截线实现的方法，有

$$\frac{B_b}{Y_b}=\frac{1}{\varpi_0 L_b Y_b}=\text{tg}\phi_0 \tag{6.2}$$

式中的归一化导纳可由原型滤波器的 n 值和 gk 参数求得，代入式（6.2）可得孔的磁极化率为

$$M_\xi=\frac{\lambda_{g0}ab}{2\pi\text{tg}\phi_0}\frac{Y_0}{Y_b} \tag{6.3}$$

式中，ϕ_0 是 ET 分支短截线的电长度，其机械长度为

$$l_k=\frac{\lambda_{g0}}{2\pi}\left(\phi_0+\frac{\pi}{2}\right) \tag{6.4}$$

ET 分支耦合孔纵向间距为

$$d_k=\frac{3\lambda_{g0}}{4} \tag{6.5}$$

根据以上公式选取合适的低通原型就可以大致确定结构尺寸，然后进行优化仿真。

下面举一个通带在 C 波段、阻带在 X 波段的二次谐波带阻滤波器的实际例

子。主波导采用 BZ58，双拼副波导宽边约为 BZ58 宽边的一半，窄边均一样，用以上所述等效电路法取得近似尺寸，然后用场理论进行分析并优化，优化后的带阻衰减特性如图 6.29 所示。

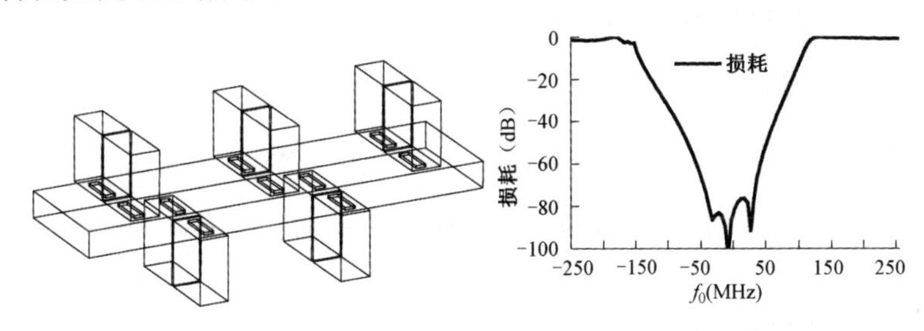

图 6.29　优化后的带阻衰减特性

6.2.3.2　EBG 结构低通式谐波反射滤波器

某些周期性结构表现出一定的频率选择性，如电磁带隙（Elecromagnetic BandGap，EBG）、光子带隙（Photonic BandGap，PBG）或频率选择表面（Frequency Selected Surface，FSS），可以利用它们构建低通谐波反射滤波器。

EBG 结构低通滤波器的简便实现方法是在微带线的接地平面刻蚀出各种形状的孔，孔的形状、大小、间隔会直接影响谐波抑制的效果和频宽。图 6.30 所示是圆孔 EBG 结构的典型电路，其中图 6.30（a）是圆孔直径和间隔均不变的单周期结构，图 6.30（b）是圆孔间隔周期性变化的多周期结构，图 6.30（c）是圆孔直径和间隔均周期性变化的多周期结构。

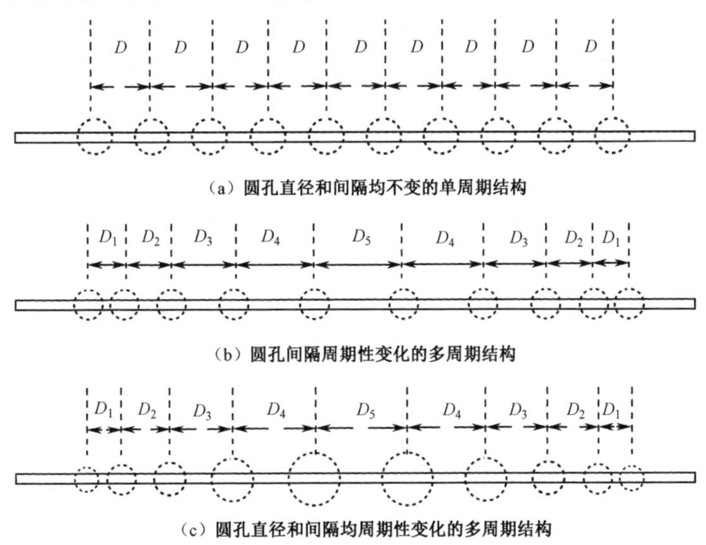

图 6.30　圆孔 EBG 结构的典型电路

对于单周期的 EBG 结构，其第一个阻带中心频率可大致取为

$$f = \frac{c}{\sqrt{\varepsilon_{\text{eff}}}} \frac{1}{\lambda_{\text{g}}} \tag{6.6}$$

式中，c 是自由空间波长，$\lambda_{\text{g}} = 2D$。

具有刻蚀孔的微带有效介电常数取为

$$\varepsilon_{\text{eff}} = \frac{\varepsilon_r + 1}{2} + \frac{\varepsilon_r - 1}{2} \frac{1}{\sqrt{1 + 12t / W}} \tag{6.7}$$

式中，t 和 W 分别是衬底介质厚度和微带线宽。

图 6.30（a）所示为构建的一个介质厚度 t=0.508mm，线宽 W=1.26mm，介质介电常数 ε_r=3.38 的 50Ω微带，孔半径 R=2mm，D 取不同值构建单周期低通，模拟结果如图 6.31 所示。D=5mm、7mm、9mm、11.5mm、13mm 时第一阻带中心频率分别是 18.5GHz、13.2GHz、10.3GHz、8.1GHz、7.1GHz。

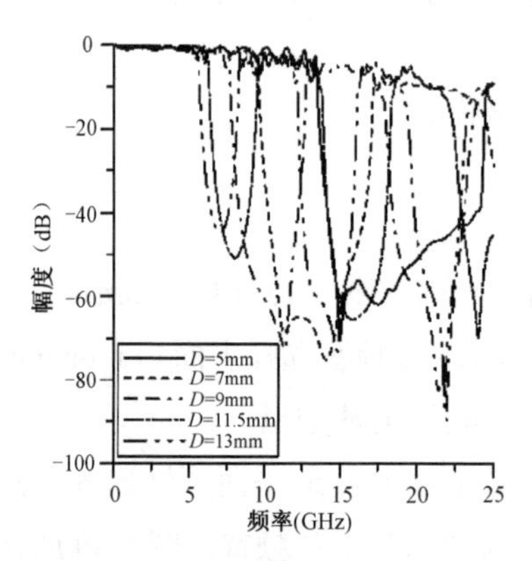

图 6.31　单周期 EBG 模拟结果

图 6.30（b）所示为用十个直径不变的 EBG 结构级联构成一个多周期结构，表 6.5 表示其优化参量。

图 6.32 是该多周期结构 S 参量仿真曲线，可以看到由于多个独立阻带级联起来使得其阻带展宽了，但在 10GHz 左右还有寄生响应。

获得更好展宽特性的方法是用表 6.6 所示的渐变孔优化参量。图 6.33 给出了这种多周期渐变孔 EBG 结构的 S 参量仿真和测量结果，可见具有很宽的阻带。

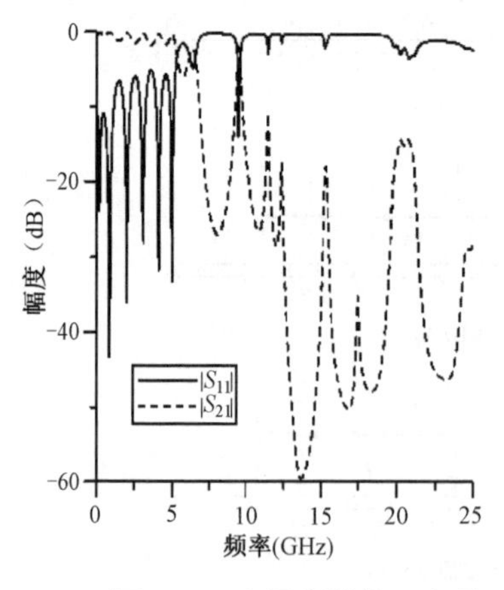

图 6.32　多周期结构 S 参量仿真曲线

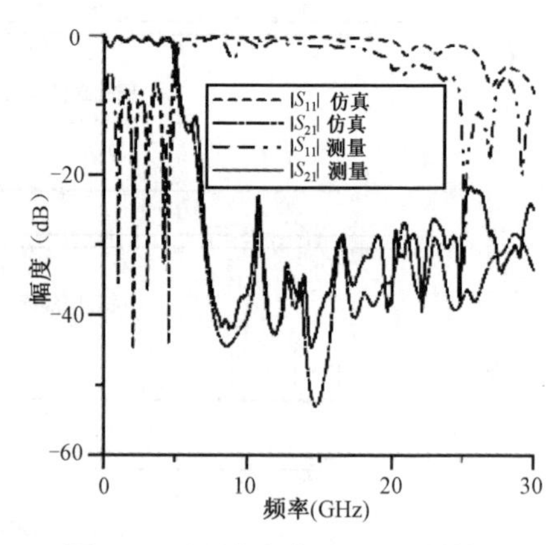

图 6.33　多周期渐变孔 EBG 结构的 S 参量仿真和测量结果

表 6.5　多周期 EBG 结构的优化参量

i	D_i(mm)	R_i(mm)	R_{i+1}/R_i
1	5	2	—
2	7	2	1.0
3	9	2	1.0
4	11.5	2	1.0
5	13	2	1.0

表 6.6　多周期渐变孔 EBG 结构的优化参量

i	D_i(mm)	R_i(mm)	R_{i+1}/R_i
1	5	1.67	—
2	7	2.00	1.2
3	9	2.40	1.2
4	11.5	2.88	1.2
5	13	3.46	1.2

除在接地面刻蚀标准圆孔外，还可以刻蚀十字孔等其他孔或在微带线的导体带上形成周期性结构，可以形成多种新型谐波反射 EBG 结构滤波器。EBG 结构滤波器的优点是便于集成、加工方便，其缺点是性能不理想。

6.2.3.3　块模低通式谐波发射滤波器

块模结构的滤波器是由矩形波导窄边皱纹低通滤波器演变而来的，是在皱纹低通滤波器纵向开槽以抑制高次模的干扰、加宽谐波抑制带宽而构成块模结构。图 6.34 就是一个典型的块模低通滤波器结构图，中间块模主体横向有 5 个齿、纵向有 6 排，两边各有 3 级阻抗变换器变换到标准的 BJ120 矩形波导。

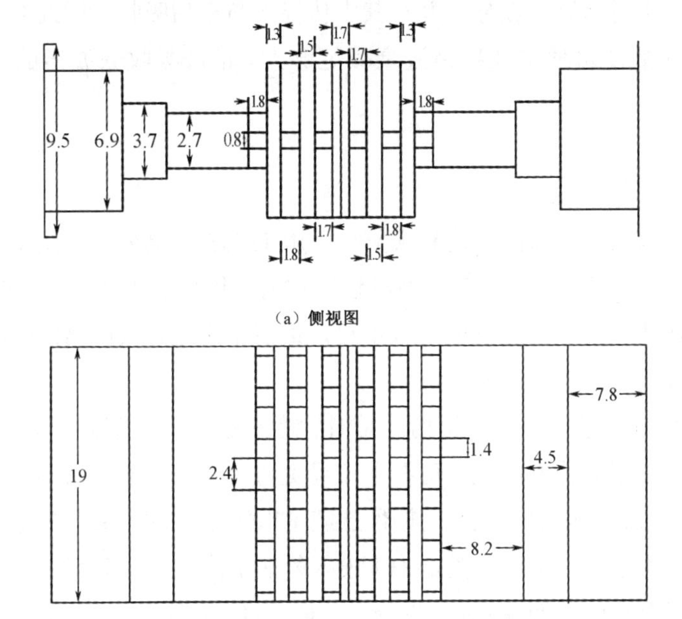

图 6.34　块模低通滤波器结构

这种块模低通滤波器可用横向谐振等效电路法确定其大概尺寸，然后用模式匹配法等进一步进行数值优化验证，图 6.35 是图 6.34 块模低通滤波器模式匹配法仿真数据，可以看到通阻带性能比较好，寄生响应出现在通带的 3 倍频处。

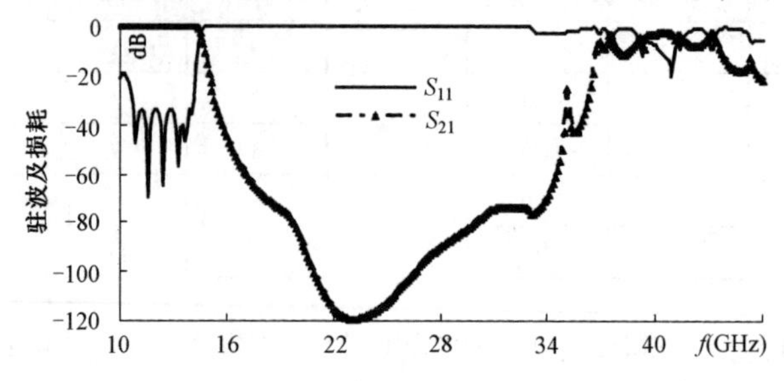

图 6.35　块模低通滤波器模式匹配法仿真数据

6.2.4　谐波吸收滤波器

6.2.4.1　矩形波导谐波吸收滤波器

漏壁波导谐波吸收滤波器在主波导的宽、窄边各开并列的耦合孔，每个耦合孔连接独立的减高波导。在基波频段，耦合孔近似闭合、减高波导为截止波导，减高波导内基本无耦合功率，主波导内传输损耗很小；在谐波频段，耦合孔耦合部分主波导功率进入减高波导，并在其中传播到负载后吸收，因此合理地设计耦合孔的尺寸和数量可使主波导谐波衰减足够大。谐波吸收滤波器的通常结构如图 6.36 所示。

1）设计方法

由于谐波吸收滤波器的结构异常复杂，用 HFSS 仿真分析很困难，更不用说优化设计了，比较简便的方法是用对称性原理将其简化成周期性加载的 ET 分支，再用等效电路法求出 ET 分支的等效电路，最后用级连等效电路的矩阵乘积原理求出整个等效电路的总传递矩阵。

对于图 6.36 所示的滤波器结构，对 H_{10} 模激励的 2 次谐波可假定 H_{20} 模入射在主波导上，根据对称性原理，可在主波导宽边中间插入电壁而不影响内部场分布，此时就等效成单排耦合孔的周期性加载 ET 分支，如图 6.37 所示；对 H_{10} 模激励的其他各次波，也可近似假定 H_{20} 模入射在主波导上，仍可等效成如图 6.37 所示的单排耦合孔的周期性加载 ET 分支。对于 H_{01} 模激励的各次谐波，其电场与主波导窄边上的耦合孔正交，本身就是单排耦合孔的周期性加载 ET 分支，仅需把主波导宽窄边对调。运用上述对称性原理，谐波吸收滤波器的分析就简化为周期性加载 ET 分支的分析。

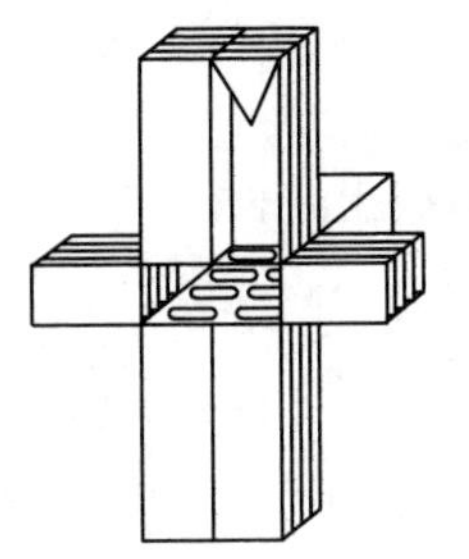

图 6.36　谐波吸收滤波器的通常结构

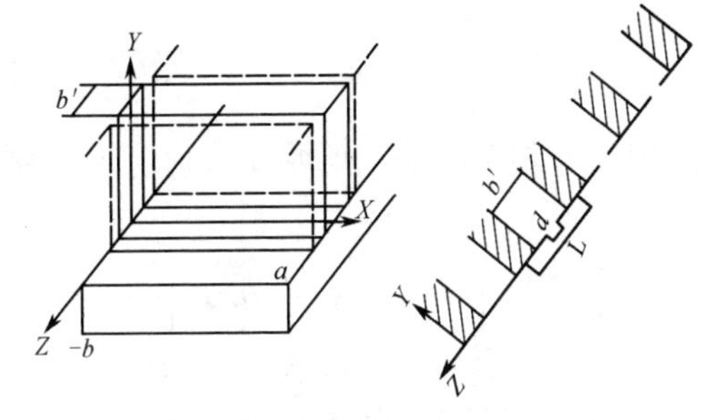

图 6.37　单排耦合孔的周期性加载 ET 分支

2）ET 分支等效电路参量

ET 分支的等效电路描述可以有多种，在激励场几乎无任何扰动时可绘出三口等效电路，如图 6.38（a）所示，图中 B_a 、B_b 分别为耦合窗的等效电纳，Y_e、Y_e' 分别为主波导和副波导的等效导纳，由于副波导上吸收负载理想匹配，Y_e' 可直接并联入 $\mathrm{j}B_b$，三口等效电路再次简化为双口等效电路，如图 6.38（b）所示。

在图 6.37 中，

$$\frac{B_a}{Y_e}=\frac{\dfrac{b}{\lambda_{\mathrm{g}}}\left(\dfrac{\pi d}{4b}\right)^2}{1+1/6\left(\dfrac{\pi d}{4b}\right)^2\left\{\left(\dfrac{b}{b'}\right)^2+6\left[1-\sqrt{1-\left(\dfrac{2b}{\lambda_{\mathrm{g}}}\right)^2}\right]+12\left(\dfrac{b}{b'}\right)^2\left[\dfrac{1}{\sqrt{1-\left(\dfrac{2b'}{\lambda_{\mathrm{g}}}\right)^2}}-1\right]\right\}} \tag{6.8}$$

$$\frac{B_b}{Y_e}-\frac{B_a}{2Y_e}=\left(\frac{4b}{\lambda_{\mathrm{g}}}\right)\left\{\ln\frac{2\sqrt{2bb'}}{\pi d}+0.5\sum\left[\frac{1}{\sqrt{n^2-(\dfrac{2b}{\lambda_{\mathrm{g}}})^2}}-\frac{1}{n}\right]\right\} \tag{6.9}$$

式中，λ_{g} 为主波导 H_{20} 模波导波长。

H_{10} 模激励的各谐波频段主、副波导等效导纳的比值为

$$Y_e'/Y_e=b/b' \tag{6.10}$$

对于 H_{01} 模各次谐波，式（6.8）～式（6.9）仍适用，仅需把式中主波导宽窄边对调。

对于 H_{10} 模基波，作为近似分析，ET 分支仍可沿用如图 6.38 所示的等效电路，式（6.8）、式（6.9）的等效参量公式仍适用，但其 λ_{g} 为主模 H_{10} 模波导波长。

副波导在基波频段截止，根据截止波导主模的场分布，求得主、副波导等效导纳的比值为

$$Y_e'/Y_e = -\mathrm{j}\left(\frac{b}{b'}\right)\cdot\left(\frac{\lambda_g}{\lambda_c'}\right) \tag{6.11}$$

式中，λ_g为主波导主模波导波长；λ_c'为副波导主模截止波长。

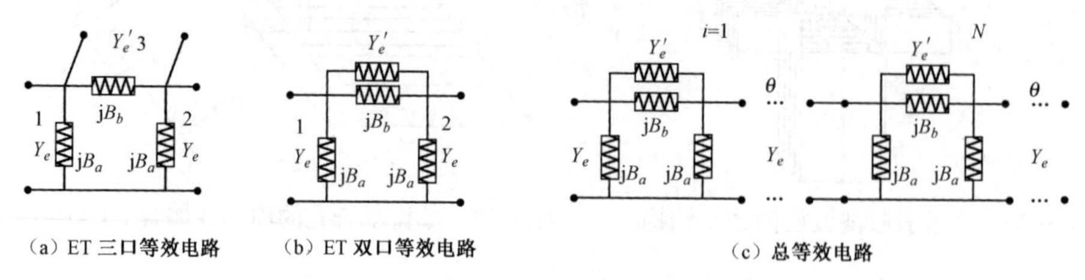

图 6.38　滤波器等效电路图

3）总等效电路

图 6.38（b）的[a]矩阵可以推导出，而每一耦合单元周期长为L，电角度为

$$\theta = 2\pi L/\lambda_g$$

因此可获得级联单元[a]矩阵。由于主波导的等效阻抗Z_e不变，所以每个级联单元归一化[A]矩阵为

$$[A] = \begin{bmatrix} A_{11} & A_{12} \\ A_{21} & A_{22} \end{bmatrix} = \begin{bmatrix} a & bY_e \\ c/Y_e & d \end{bmatrix} \tag{6.12}$$

式中，

$$\begin{aligned}
A_{11} &= a = \left(1+\frac{\mathrm{j}B_a}{Y_e'+\mathrm{j}B_b}\right)\cos\theta + \mathrm{j}\frac{Y_e}{Y_e'+\mathrm{j}B_b}\sin\theta \\
A_{12} &= b\cdot Y_e = \mathrm{j}\left(1+\frac{\mathrm{j}B_a}{Y_e'+\mathrm{j}B_b}\right)\sin\theta + \frac{Y_e}{Y_e'+\mathrm{j}B_b}\cos\theta \\
A_{21} &= c/Y_e = \mathrm{j}\frac{B_a}{Y_e}\left(2+\frac{\mathrm{j}B_a}{Y_e'+\mathrm{j}B_b}\right)\cos\theta + \mathrm{j}\left(1+\frac{\mathrm{j}B_a}{Y_e'+\mathrm{j}B_b}\right)\sin\theta \\
A_{22} &= d = -\frac{B_a}{Y_e}\left(2+\frac{\mathrm{j}B_a}{Y_e'+\mathrm{j}B_b}\right)\sin\theta + \left(1+\frac{\mathrm{j}B_a}{Y_e'+\mathrm{j}B_b}\right)\cos\theta
\end{aligned} \tag{6.13}$$

所有 ET 分支级联起来变为图 6.38（c），其总[A]矩阵为

$$[A] = \begin{bmatrix} A_{11} & A_{12} \\ A_{21} & A_{22} \end{bmatrix}_1 \begin{bmatrix} A_{11} & A_{12} \\ A_{21} & A_{22} \end{bmatrix}_2 \cdots \begin{bmatrix} A_{11} & A_{12} \\ A_{21} & A_{22} \end{bmatrix}_N \tag{6.14}$$

式中，N为级连 ET 分支的总级数。

进一步换算可得到散射参量：

$$S_{11} = \frac{(A-D)+(B-C)}{(A+D)+(B+C)} \tag{6.15}$$

$$S_{21} = S_{12} = \frac{2}{(A+D)+(B+C)} \tag{6.16}$$

$$S_{22} = \frac{(D-A)+(B-C)}{(A+D)+(B+C)} \tag{6.17}$$

从而可分析得到谐波滤波器的各种性能特性。

4）典型器件

根据上面的公式，已经设计了 S、C、X 波段波导谐波滤波器系列。图 6.39 给出了波导为 BJ-48 的 C 波段谐波滤波器在其他参量保持恒定时，改变 d 、b' 、L 、N 中一个参量时，谐波衰减随频率的变化关系。

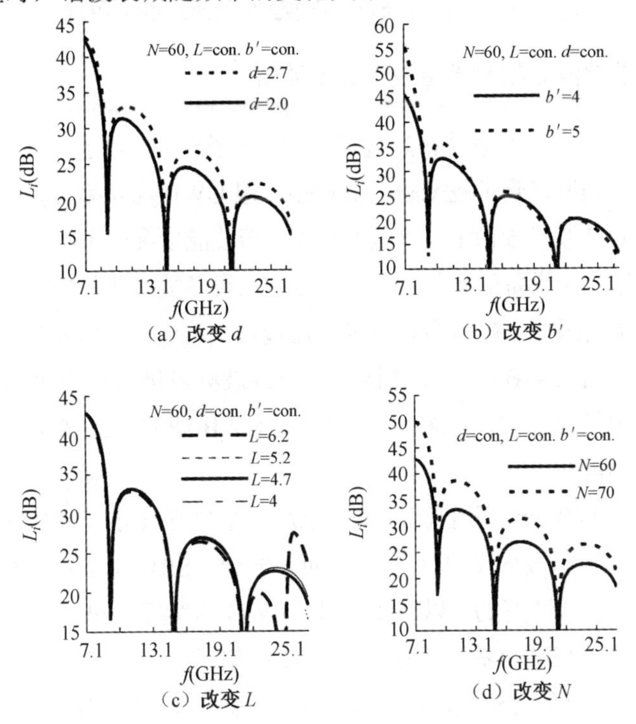

图 6.39　BJ48 波导谐波滤波器参量改变时的谐波特性分析

增加级数对增大谐波衰减作用很明显，这一点很好理解。加大窗孔和副波导高度也可增大谐波衰减，这是由于耦合入副波导的功率增加了，因此为减小滤波器总长度，在保证结构强度时应尽量选择全高窗。另外，增加级联窗孔间距对增加谐波衰减不明显，甚至会降低高次谐波衰减，因此间距不能太大，以尽量减小总长度。由于本节采用的耦合窗等效参量公式与窗宽度无关，因此无法分析窗宽度对谐波衰减的影响，为获得足够的谐波衰减，滤波器中间的大部分窗应选全宽窗以增加谐波耦合，而输入/输出端取一定数量的宽度渐变窗以降低驻波比。

根据以上分析结果，就能合理选择 d 、b' 、L 、N 。实际制作的 S、C 波段谐波滤波器测试性能如图 6.40 所示，性能较好。

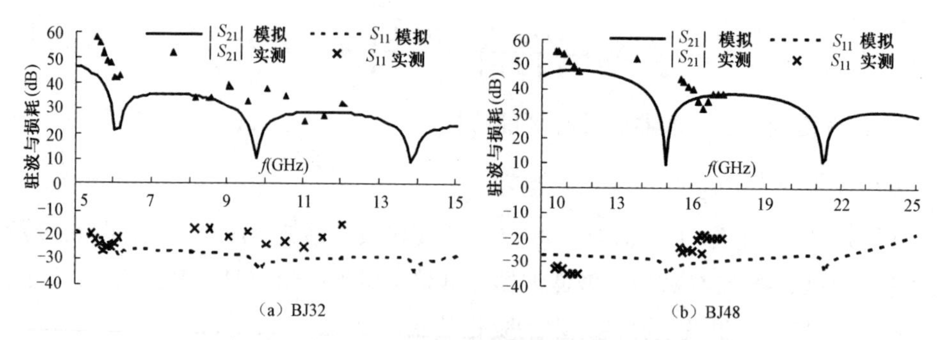

（a）BJ32　　（b）BJ48

图 6.40　实际制作的 S、C 波段谐波滤波器测试性能

6.2.4.2　单脊波导超宽带谐波吸收滤波器

超宽带（UWB）微波系统在超宽带雷达、电子侦察、电子对抗、雷达信号模拟系统等许多军事领域得到了越来越多的运用，但 UWB 高功率管会在 UWB 谐波频段内产生很大的谐波能量输出。这些 UWB 高谐波能量会产生两方面的问题：一是干扰本地或异地电子设备的正常工作；二是增加设备被探测的概率，即降低了军事设备的生存概率。因此，超宽带谐波吸收滤波器在这些方面将发挥特殊作用。

单脊波导具有 UWB 单模工作区，但在谐波频段仍然可能出现许多高次模，部分高次模的电场分布如图 6.41（a）所示，UWB 滤波器就需要抑制或吸收这些高次模所携带的能量。

单脊波导 UWB 谐波吸收滤波器可以用一个单脊波导（SRWG）和许多处于 SRWG 宽边上的矩形波导（RWG）吸收负载构建。SRWG 与 RWG 间通过小孔耦合，孔的长度设计成渐变的，以减小驻波。RWG 的宽度取决于谐波所在频段，而其长度取决于谐波衰减和基波插损。图 6.41 给出了基本的 SRWG 谐波滤波单元，图 6.41（b）由单行负载构成，用于吸收奇次高次模，图 6.41（c）由双行负载构成，用于吸收偶次高次模，这样就可以用单行和双行负载混合排列来构建新的 UWB 谐波滤波器，以获得更宽的谐波吸收带宽。

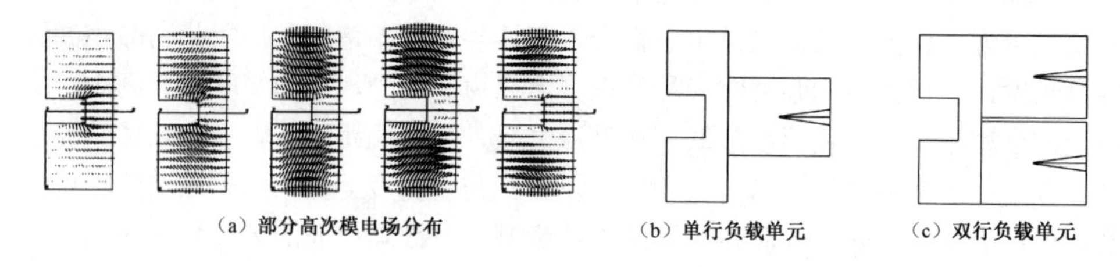

（a）部分高次模电场分布　　（b）单行负载单元　　（c）双行负载单元

图 6.41　基本的 SRWG 谐波滤波单元

此种滤波器设计可以采用类似于 6.2.4.1 节的等效电路法，只是把等效阻抗用相应的矩形波导和单脊波导等效阻抗代替，等效电路参量相应地进行修正。也可

用高频场软件分析图 6.41（a）的滤波器单元得到散射参量，再提取等效电路参量，然后用等效电路法设计。

图 6.42（a）所示的 UWB 滤波器由相同数量的单行和双行波导负载构成，用于一个 2～3.5GHz 的滤波器，单脊波导尺寸 a=64.32mm、b=14.03mm、d=5.85mm、s=9.68mm、t=2mm；双列矩形波导负载 40 行，a_p=31.16mm、b_p=4.5mm；单列矩形波导负载 40 行，a_p=36mm、b_p=4.5mm。其中 a_p、b_p 分别表示波导负载的宽边长度、窄边长度；s、t 分别表示双行波导负载两两窄边之间和宽边之间的距离。图 6.42（b）、图 6.42（c）分别给出了其通带和阻带的分析结果。

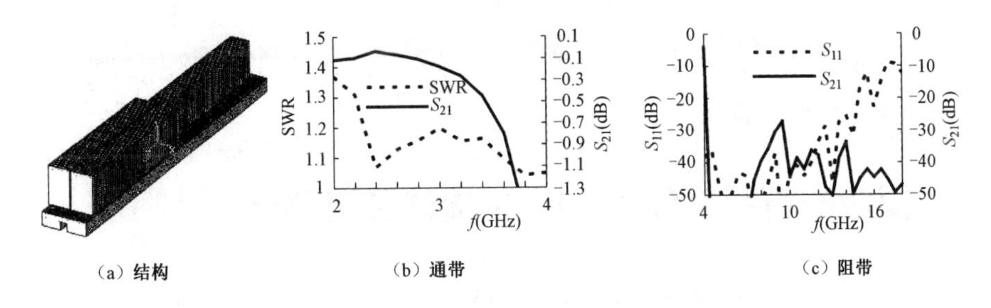

图 6.42　第一种单脊波导谐波吸收滤波器

图 6.43 中另一个滤波器由双行数量多于单行数量的负载构成，用于一个 2～4GHz 的 UWB 滤波器，单脊波导尺寸 a=64.32mm、b=14.03mm、d=5.85mm、s=9.68mm、t=2mm；双列矩形波导负载 50 行，a_p=31.16mm、b_p=5mm；单列矩形波导负载 30 行，a_p=32mm、b_p=5mm，图 6.43（b）、图 6.43（c）分别给出了其通带和阻带的分析结果。

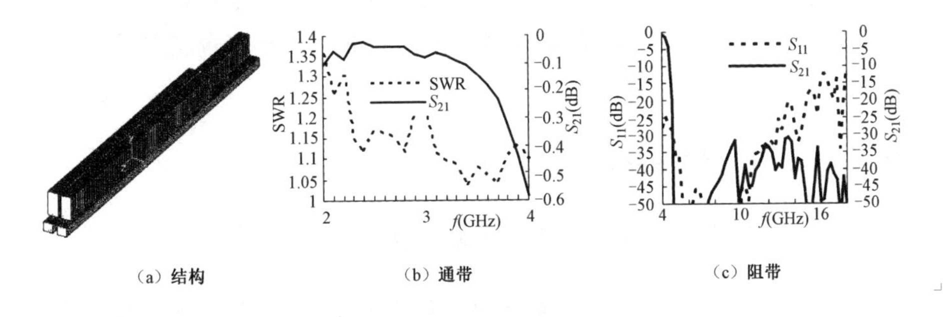

图 6.43　第二种单脊波导谐波吸收滤波器

图 6.44 给出了另一个只由单行负载构成的滤波器结构，用于一个 6～18GHz 的 UWB 滤波器，单脊波导尺寸 a=17.22mm、b=7.74mm、d=1.00mm、s=2.92mm、t=1.27mm，单列矩形波导负载 70 行，a_p=6.8mm，b_p=2mm，图 6.44（b）、图 6.44（c）

分别给出了其通带和阻带的分析结果。

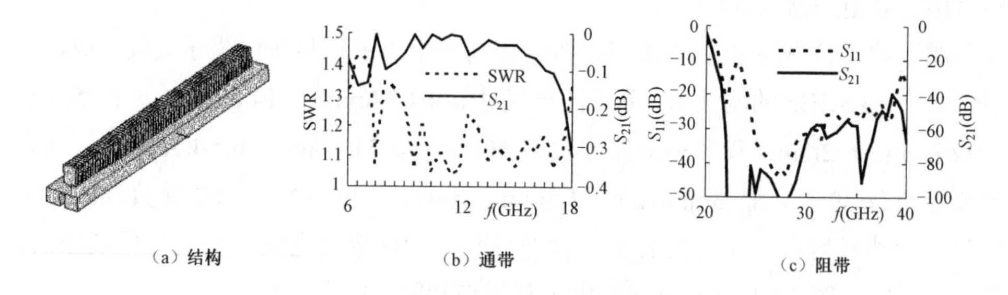

（a）结构　（b）通带　（c）阻带

图 6.44　第三种单脊波导谐波吸收滤波器

实际加工的 2～4GHz 的单行波导负载单脊波导滤波器测试结果很好地验证了上面的理论分析结论。

6.3　复合左右手（CRLH）传输线及其器件

左手材料（Left-Handed Material，LHM）是指一种介电常数和磁导率同时为负值的人工合成电磁材料，因其中传播的电磁波的电场、磁场和波矢方向满足左手定则而得名。左手材料的概念最初由苏联物理学家 Veselago 于 1967 年在理论上提出[31]，他从 Maxwell 方程出发，分析了电磁波在这种材料中传播的状况，从理论上指出这种介质的存在不违反物理学定律，并且具有逆 Doppler 效应、逆 Snell 折射定律、逆 Cerenkov 辐射等奇异的物理现象。但由于自然界并不存在天然的左手材料，目前主要采用人工合成的方法制造左手材料，其制造方法多种多样，我们把基于传输线理论制造的左手材料称为左手传输线。由于实际的左手传输线中不可避免地存在右手寄生参量影响，所以实际使用的是一种复合左右手（CRLH）传输线结构。

6.3.1　CRLH 传输线的实现

6.3.1.1　通过加载集总 L-C 元件的构造实现

在普通的微带线中周期性地加载集总 L-C 元件构造 CRLH 传输线基本单元如图 6.45 所示[32]，它是将贴片电容焊接在各段传输线之间，并在传输线中间打孔，把贴片电感嵌入孔中，上侧与传输线相连，下侧与接地板相连。当基本单元长度 d 远小于微波波长时，由基本单元构成的一维周期性网络的色散关系为

$$\beta = \pm\omega\sqrt{\left(L_0 - \frac{1}{\omega^2 Cd}\right)\left(C_0 - \frac{1}{\omega^2 Ld}\right)} \tag{6.18}$$

式中，L_0 和 C_0 为微带传输线本身的分布电感和分布电容；L 和 C 为加载的集总元件值。因此，这种结构的等效介电常数和等效磁导率为

$$\xi_{\text{eff}} = C_0 - \frac{1}{\omega^2 Ld},\ \ \mu_{\text{eff}} = L_0 - \frac{1}{\omega^2 Cd} \tag{6.19}$$

由此可见，该结构在一定频率范围内具有等效介电常数和等效磁导率均为负值的特性，即左手特性。这种由集总 L-C 元件制作的模型最大的优点是设计比较简单，只要选择合适的电容电感值使它们满足 $Z_0 = \sqrt{L/C}$ 即可。这种模型的缺点是集总 L-C 元件工作频率受自身谐振频率的限制，不适合在较高频率范围内使用。另外，可供选择的电容电感值是有限的，降低了设计选择的灵活性。

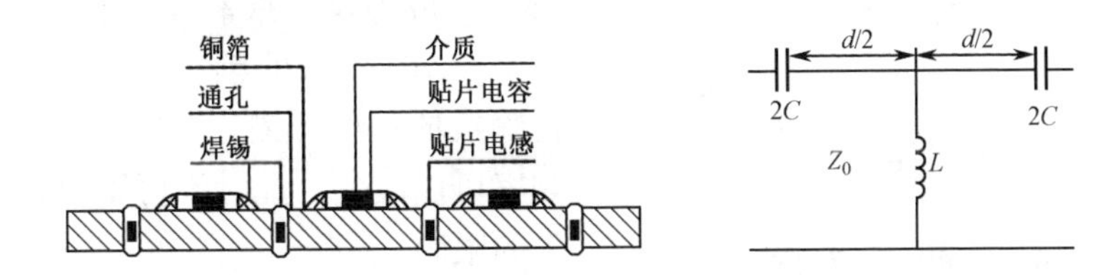

图 6.45　在普通的微带线中周期性地加载集总 L-C 元件构造 CRLH 传输线基本单元

6.3.1.2　通过加载分布电容电感的构造实现

除在微带线上加载集总 L-C 元件实现外，还可以采用加载呈分布结构的电容电感制作 CRLH 传输线。其中最具有代表性的是 Caloz 利用交指电容和带状接地电感实现 CRLH 传输线[33]。这种用分布结构的电容电感制作的 CRLH 传输线可以设计任意值的电容电感，并且工作带宽比较宽，用该模型设计微波器件也比较方便。为克服 Caloz 模型中左手单元结构面积过大的缺点，中国科技大学的研究小组对该结构单元进行了改进[34]，改进后的模型如图 6.46 所示，它利用交指电容的两个最外侧交指接地短路实现两个并联电感。由于该结构的交指电容和接地柱之间相互耦合，大大增加了串联电容，加强了左手特性。同时，从图 6.46 中可以看出，该结构和 Caloz 提出的结构相比具有更紧凑和体积小等优点。但该模型的缺点是等效电容电感参数提取比较复杂，对加工工艺的要求比较高。

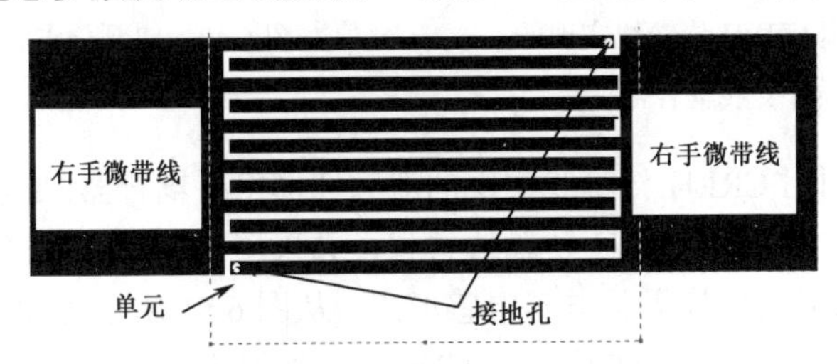

图 6.46　由中国科技大学研究小组提出的改进 CRLH 传输线模型

6.3.2 CRLH 传输线的器件及应用

6.3.2.1 利用 CRLH 传输线可实现任意双频器件

传统的微波器件一般只能工作在固有频率 f_1 和奇次谐波频率 $3f_1$ 的频带内，通过采用 CRLH 传输线替代常规的右手传输线，可以实现具有任意第二个工作频率点的新型双频器件。从图 6.47 所示的相位响应曲线可以看出 CRLH 传输线相比右手传输线的优势，右手传输线的相位响应曲线从 0 到 f_1 是一条直线，−90°对应的设计频率决定下一个有用频率是 −270° 对应的频率。通过改变右手传输线的相位倾斜，−270° 对应的有用频率可以改变，此时不再受 −90° 对应频率的限制。

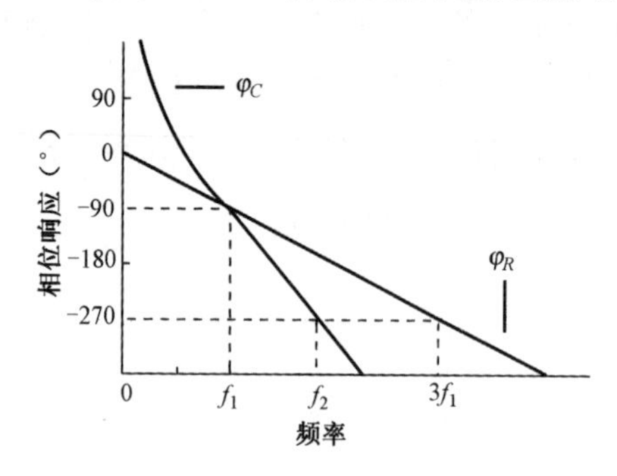

图 6.47 相位响应曲线

图 6.48 是利用 CRLH 传输线实现的双频分支线耦合器[35]，它是将普通分支线耦合器的 4 条分支臂均加载 CRLH 传输线实现的，CRLH 传输线采用加载集总电容电感形式构造，从图 6.49 所示的测试结果可以看出，在 900MHz 和 1800MHz 频率处创造了两个通带，证明了其双频特性。

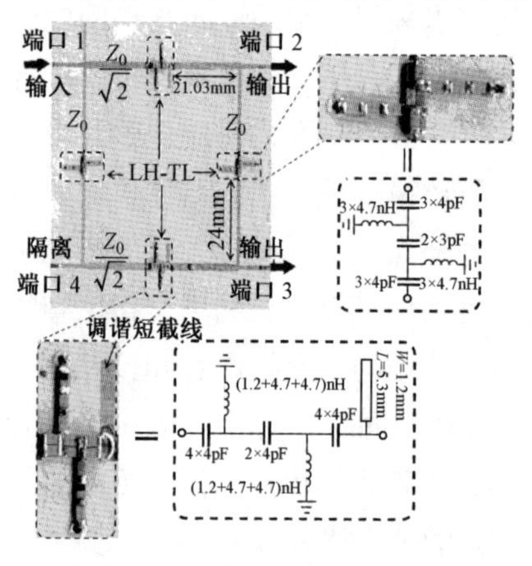

图 6.48 利用 CRLH 传输线实现的双频分支线耦合器

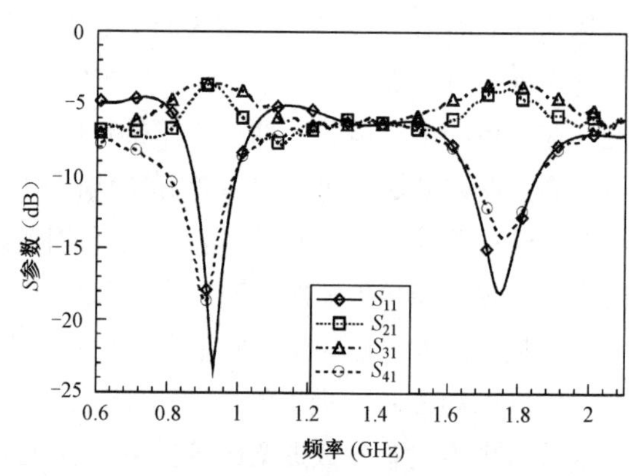

图 6.49 双频分支线耦合器测试结果

图 6.50 是利用 CRLH 传输线实现的双频环形电桥耦合器，它将普通环形电桥的 $\lambda/4$ 传输线用 $\lambda/4$ 的 CRLH 传输线替代，共采用了 6 个 CRLH 传输线单元，CRLH 传输线也采用加载集总电容电感形式。从图 6.51 所示的双频环形电桥耦合器测试结果可以看出，在 1.5GHz 和 3GHz 频率处创造了两个通带，证明了其双频特性。

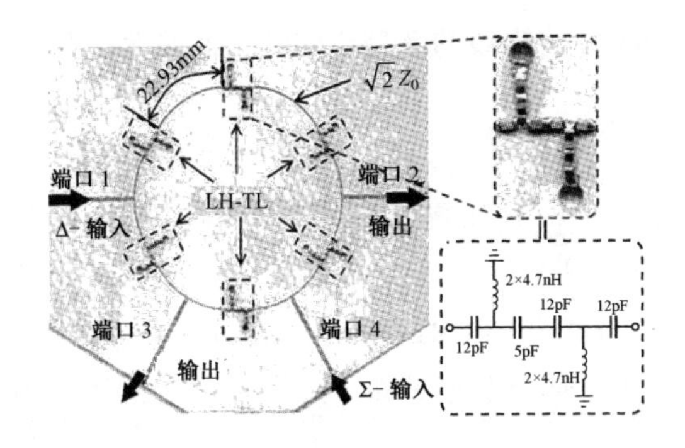

图 6.50　利用 CRLH 传输线实现的双频环形电桥耦合器

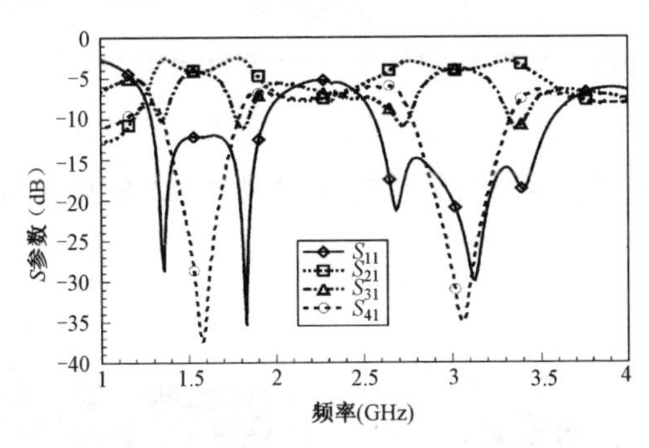

图 6.51　双频环形电桥耦合器测试结果

6.3.2.2　基于 CRLH 传输线的宽频带小型化环形电桥

图 6.52 所示为一种基于 CRLH 传输线的新型环形电桥[36]，由于 CRLH 传输线具有相位超前的特性，将传统的环形电桥中 $3\lambda/4$ 传输线用加载 CRLH 传输线的 $-\lambda/4$ 传输线替代，可以实现宽频带小型化的新型器件。对两者做实物对比测试，改进后的环形电桥增加 50%的带宽并减小 67%的面积。在带宽内具有优于 ±0.5dB 的幅度差和 ±10° 的相位差、小于−20dB 的隔离和小于−15dB 的回波损耗，但这种方法只局限于低频段。

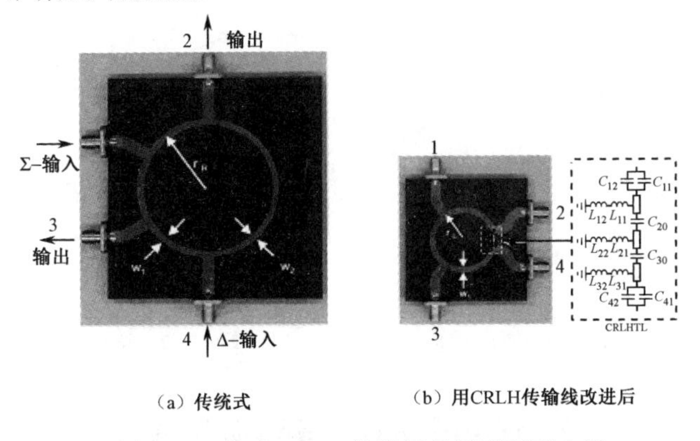

（a）传统式　　（b）用CRLH传输线改进后

图 6.52　基于 CRLH 传输线的新型环形电桥

6.3.2.3 基于CRLH传输线的新型定向耦合器的设计[37]

1）六端口双定向耦合器

图6.53所示为利用CRLH传输线实现的六端口双定向耦合器，它包括两条一般传输线（端口3-4和端口5-6）和一条CRLH传输线（端口1-2），其中CRLH`传输线包括11个如图6.54所示的CRLH传输线单元结构。线与线的间距为0.5mm，总长度为138.3mm。由于耦合器是对称结构，由端口1输入的信号，在端口3和端口5将耦合相等的能量，端口4和端口6是隔离端。通过调节CRLH传输线与右手传输线之间的间距，可使端口2、3、5的输出功率相等。设计的RH/CRLH/RH定向耦合器的仿真和测试结果分别如图6.55和图6.56所示。从图中可以看出，在2.4～3GHz频带内，耦合端（端口3和5）和直通端（端口2）的能量约为4.77dB，带宽约为22%。这种具有强耦合特性的定向耦合器的实现，可解决微波网络能量高分配比的问题。

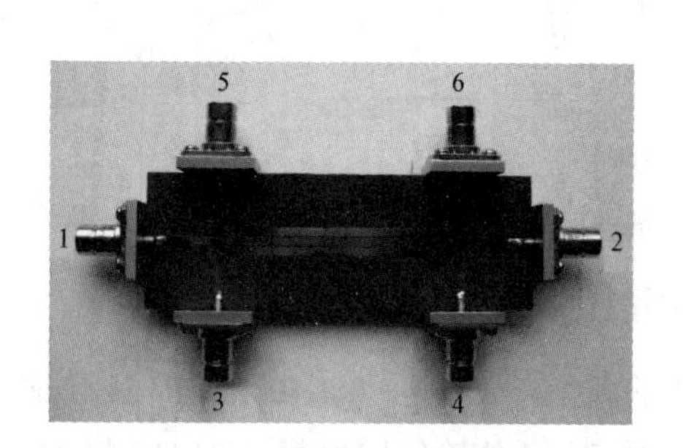

图6.53 六端口双定向耦合器

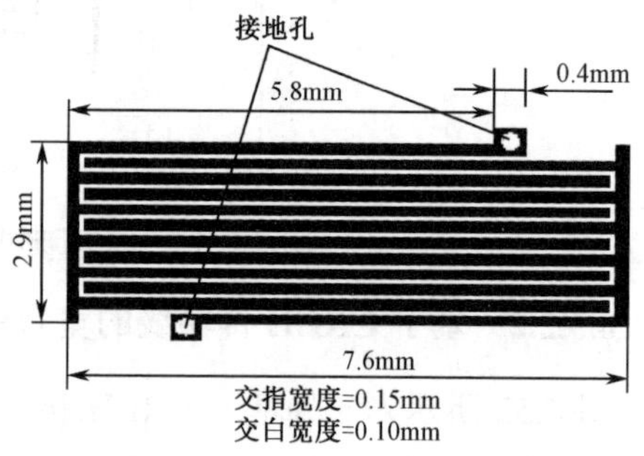

图6.54 CRLH传输线单元结构

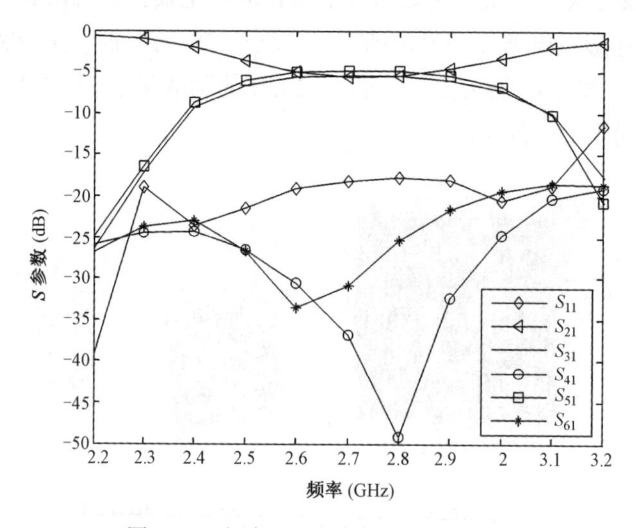

图6.55 六端口双定向耦合器仿真结果

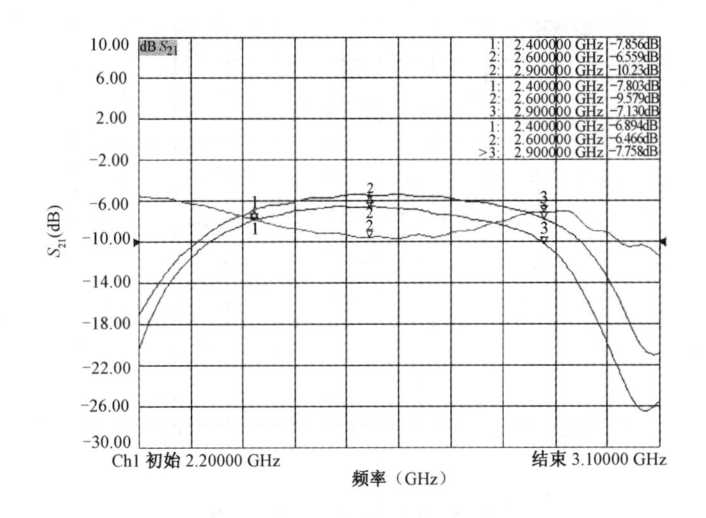

图 6.56　六端口双定向耦合器测试结果

2）耦合直通等相位定向耦合器

一般微带定向耦合器的输出端与耦合端存在 90° 的相位差，由于 CRLH 传输线具有相位超前的特性，可以利用这一特性，在传统的平行耦合定向耦合器中，用部分 CRLH 传输线代替一般的右手传输线，从而使耦合端和直通端等相位输出。目前利用相位超前特性主要实现 0 相位延迟，但一般都是在点频实现，无法获得宽频使用。

图 6.57 所示为耦合直通等相位定向耦合器，构成定向耦合器的两条传输线各有两个 CRLH 传输线单元，可通过增加或减少单元数目获得不同的耦合度。两条传输线的间距为 0.5mm，耦合区长度为 39.2mm。图 6.58 为其 S 参数相位差测试结果，其中在 2.6～3.2GHz 频带内，直通端与耦合端输出相位相差小于10°。

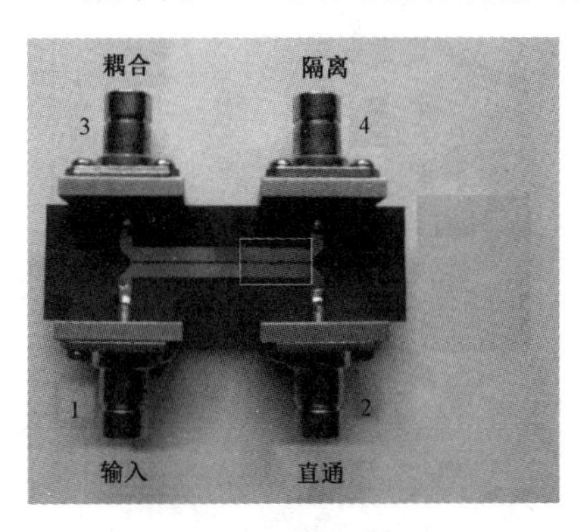

图 6.57　耦合直通等相位定向耦合器

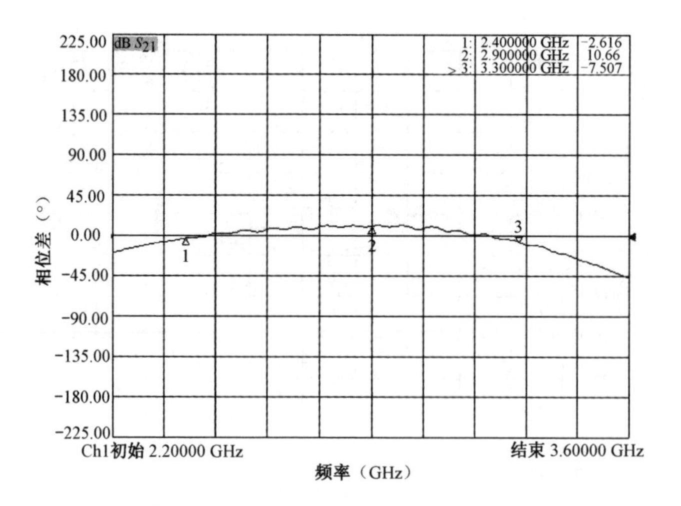

图 6.58　S 参数相位差测试结果

3）新型高定向性耦合器[37]

图 6.59 所示为利用 CRLH 传输线设计的高定向性耦合器，其中心频率 2GHz。图 6.60 所示为一个 CRLH 传输线耦合单元示意图，共有 4 个单元，每个单元的长度为$1/8\lambda_0$，由一条右手传输线和一条 CRLH 传输线构成。两条传输线间距为 3mm，下面的一条线有几个缝隙，这些缝隙是用来放置贴片电容的，贴片电容长度大约为 1.5mm，缝隙设置为 1mm。其中最外边两个缝隙加 2pF 电容，中间缝隙加 1pF 电容。带状电感的结构尺寸长为 1.6mm，宽为 0.4mm，等效为 2.5nH 电感，实际加工时需在带状电感上开接地孔。介质板选用 F4B-2 型聚四氟乙烯覆铜板，厚度为 2mm，介电常数为 2.5。右手传输线宽度为 5.7mm，特征阻抗 Z_0 约为 50Ω。可算出有效介电常数为

$$\varepsilon_{\text{eff}}=\frac{\varepsilon_r+1}{2}+\frac{\varepsilon_r-1}{2}\left(1+12\frac{h}{W}\right)^{-1/2}=2.10 \tag{6.20}$$

导波长为

$$\lambda_0=\frac{c}{f_0\sqrt{\varepsilon_{\text{eff}}}}=103.312 \tag{6.21}$$

RH 传输线分布电容 C_0、分布电感 L_0 分别为

$$C_0=\frac{\sqrt{\varepsilon_{\text{eff}}}}{cZ_0}=96.7 \tag{6.22}$$

$$L_0=2500C_0=241.75 \tag{6.23}$$

由文献[37]可得

$$\mathrm{j}\omega L_0=\mathrm{j}\omega L_0\left(1-\frac{1}{\omega^2 dL_0C}\right) \tag{6.24}$$

式中，d为一个单元右手传输线的长度，这里为 1/8 波长。

$$C = \frac{2}{\omega^2 d L_0} = 1.01 \tag{6.25}$$

所以

$$L = 2500C = 2.5 \tag{6.26}$$

该定向耦合器的测试结果为：在 2GHz 附近隔离度达到最大，约为 50dB，耦合度约为 10dB，方向性高达 40dB，方向性超过 20dB 的带宽超过 20%，回波损耗小于−20dB。当两线间距为 3mm 时，耦合度达到了 10dB，而同等条件下的普通定向耦合器耦合度约为 20dB。

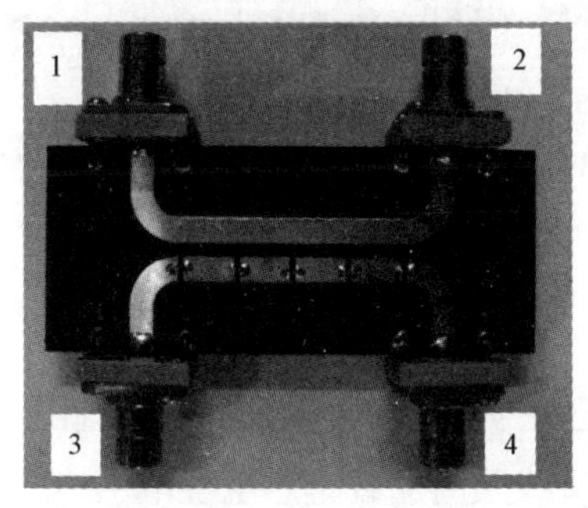

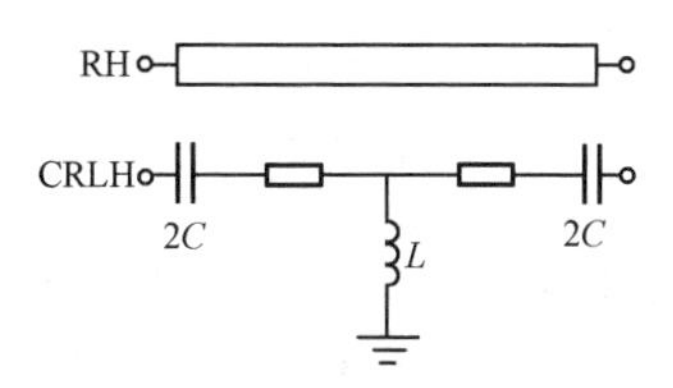

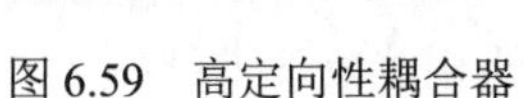

图 6.59　高定向性耦合器　　　　图 6.60　CRLH 传输线耦合单元示意图

6.3.2.4　基于 CRLH 传输线的 Wilkinson 巴伦设计[38]

巴伦（平衡-非平衡转换器）的作用是将不平衡的输入信号转化为平衡的两个输出信号，广泛应用于混频器、推挽式放大器、天线馈电网络等微波电路中，其中平面 Wilkinson 巴伦是较常使用的结构，因为它具有较好的性能和较易实现的特点。最简单的 Wilkinson 巴伦是将 Wilkinson 功分器的一个输出端延长 1/2 波长以满足反相输出的特性，但由于 1/2 波长线受频率的限制，可使用的带宽很窄。文献[39]在此基础上提出了一种改进结构，在 1/2 波长线的两端分别并联两个 1/8 波长开路和短路线，将另一条输出端延长一个波长可使输出端之间在较宽频带内实现反相输出，但它的结构尺寸较大。将 CRLH 传输线引入巴伦的设计中，可在较宽频带内实现反相输出，并且结构紧凑。3 种结构巴伦的相位响应仿真结果比较如图 6.61 所示。

图 6.62 为利用单 CRLH 传输线实现的巴伦实物照片[38]，它由一个两节宽频带 Wilkinson 功分器和两条反相的相移线构成，其中一条相移线加入一个 CRLH 传输线单元，图中已用矩形框标出。CRLH 传输线单元模型的交指宽度为 0.1mm，交指线之间的间距为 0.08mm，交指总数为 6，接地孔直径为 0.5mm。单元模型总

长为3.5mm，总宽度为1.0mm。从图6.63所示的测试结果可以看出，在4～6GHz的频带内，两平衡输出端口幅度和相位不平衡性分别小于0.3dB和±2°，输出端隔离小于−16dB，输入端驻波小于1.45，输出S参数$|S_{21}|$和$|S_{31}|$均大于−4.0dB。

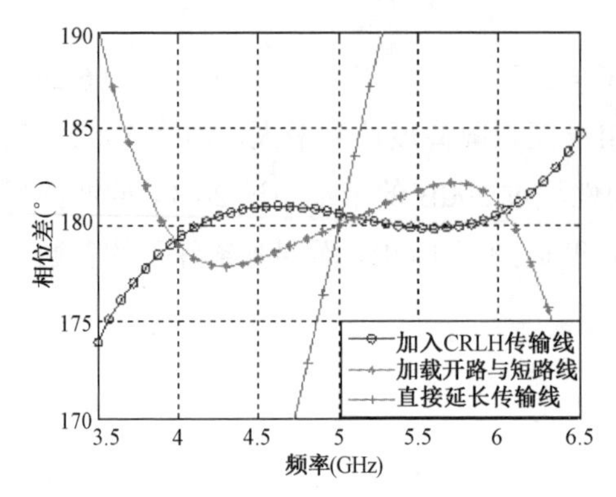

图6.61　3种结构巴伦的相位响应仿真结果比较

图6.62　利用单CRLH传输线实现的巴伦实物照片

图6.64是利用双CRLH传输线实现的巴伦实物照片[40]。它的两条输出反相的相移线均采用CRLH传输线构成，CRLH传输线采用加载集总电容电感构成，上端产生+90°相移，下端产生−90°相移，并且它们的相位响应曲线很一致，因此可以产生宽频带的反相特性。图6.65为其输出相位测试结果，从图中可以看到，在0.5～2.5GHz范围内都可以实现反相输出，而且输出端之间的隔离和反射也很好。由于CRLH传输线是采用加载集总电容电感构成的，所以该器件不宜在高频范围内使用。

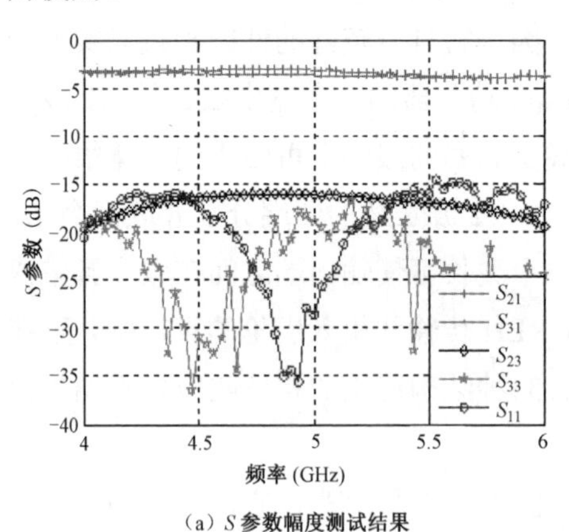

（a）S参数幅度测试结果

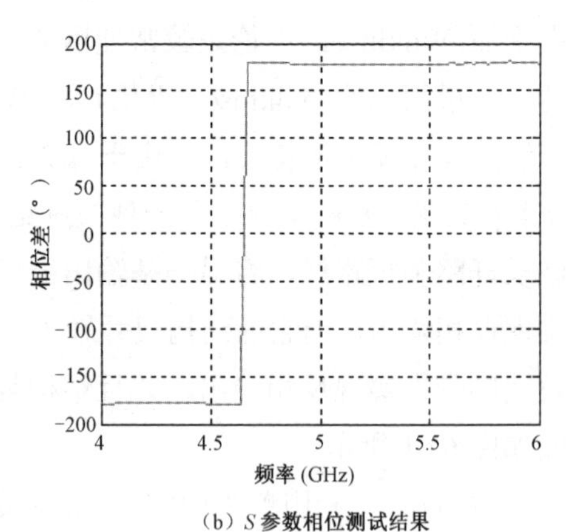

（b）S参数相位测试结果

图6.63　设计制作的巴伦测试结果

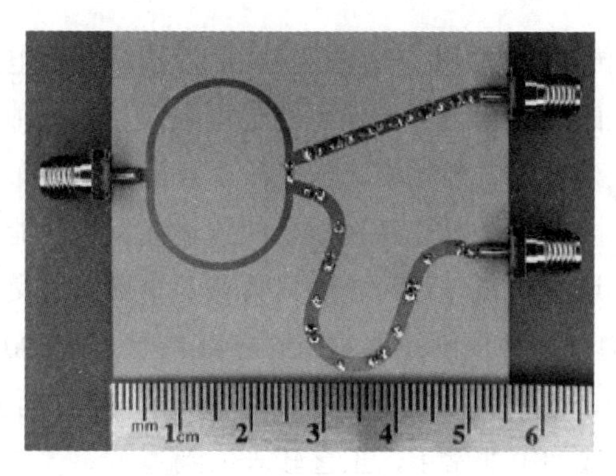

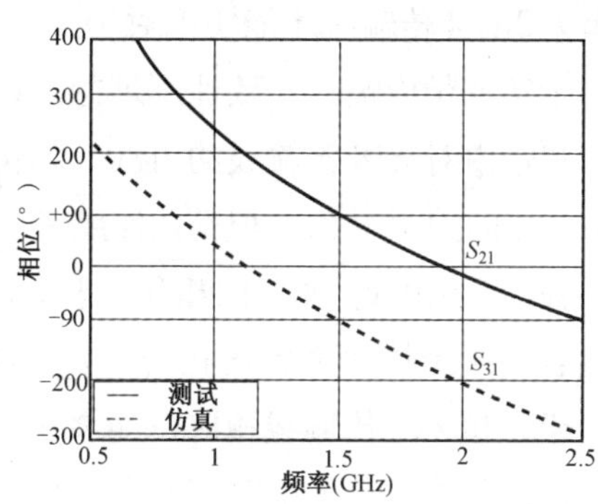

图 6.64　利用双 CRLH 传输线实现的巴伦实物照片　图 6.65　巴伦仿真输出相位测试结果

6.3.2.5　耦合型任意分配比功分器

利用 CRLH 传输线可以实现 0dB 耦合的耦合器，这样就可以实现任意分配比的功分器。图 6.66 是分配比为 4:1 的耦合型功分器实物照片，它将平行双线耦合器的一条分支臂用 CRLH 传输线单元替代构成，平行双线内有 4 个 CRLH 传输线单元。将耦合器作为功分器使用时，为减少端口数目，将耦合器的隔离端采用 50Ω 的贴片电阻匹配。对设计制作的功分器进行的测试结果显示，在 3.6～4.1GHz（带宽约 13%）频率范围内，功率分配比接近 6dB（4:1），分配比不平衡性小于 0.3dB，输出相位差不平衡性小于 3°，输出端隔离大于 22dB，输入端驻波小于 1.3。通过减少左手单元数目或增大两条耦合线之间的间距，可实现更大的分配比，因此可将该类功分器用于大分配比的功分网络设计中。

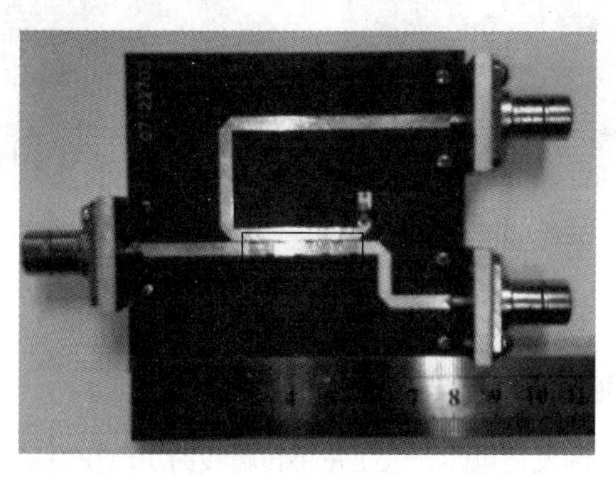

图 6.66　分配比为 4:1 的耦合型功分器实物照片

6.3.2.6　基于 CRLH 传输线和缺陷地结构（DGS）的宽带环形电桥

传统环形电桥由 1 节 $3\lambda/4$ 传输线和 3 节 $\lambda/4$ 传输线构成。由于只在中心频率处$3\lambda/4$传输线才能实现对于$\lambda/4$传输线的180°相位延迟，使得传统环形电桥的带宽及带内幅相一致性不理想。在改进成宽带环形电桥的过程中，需要一种能在宽带内对$\lambda/4$传输线的180°相位延迟线。当频率比较高时，只能采用分布参数的CRLH传输线。但是，使用多个指头的交指电容的CRLH传输线反相功能并不强，不能达到-90°的相移。因此，这里研究一种简单的只具有两个指头的交指电容和两个接地金属化孔的混合结构。这种反向短路耦合微带线能够实现-90°移相，和$\lambda/4$传输线相比，能够在一个很宽的频带内实现移相180°。但为了达到端口阻抗与整体电路相匹配，耦合线间隙非常小，工艺较难做到。

DGS是在底层金属接地面上刻蚀一定图形，扰乱屏蔽电流的分布，从而影响表层微带线传输特性的一种结构。经研究发现，在底板腐蚀哑铃形DGS可以提高反相短路耦合线的耦合度，在目前可实现的工艺条件下实现近3dB耦合。同时，证明了相比于$\lambda/4$传输线，复合模型能在宽频带内实现移相180°。

图6.67是新型环形电桥实物照片，将传统环形电桥的$3\lambda/4$传输线用加载CRLH传输线和DGS的$-\lambda/4$传输线替代，可实现宽频带小型化的新型器件。从最后的测试结果可以看出，在7～14GHz频带内，和口与差口的幅度不平衡性小于±0.2dB，相位不平衡性小于±4°，小于−27dB的隔离和−15dB以下的驻波，损耗小于1.5dB。

（a）正面图

（b）背面图

图6.67 新型环形电桥实物照片

6.3.3 未来展望及有待改进之处

微波器件在不断发展进步，人工左手传输线的实现使得器件的实现方式更具多样性，可望改进和实现许多新型的微波器件。

（1）从交指模型中等效出来的电容、电感值是色散的，只能在某个频段内满足平衡条件，这大大限制了它的使用带宽。

（2）由于工作频率几乎与器件尺寸成反比，所以目前的加工精度限制了复合左右手传输线在更高频率上的应用，还要努力找到性能更好、工艺上更容易实现的左手材料构造方法。

（3）损耗、带宽与实际工程应用的要求还有一定的差距。

本章参考文献

[1] WILLKE T L, GEARHART S S. LIGA micromachined planar transmission lines and filters[J]. IEEE Trans. 1997, MTT-45: 1681-1688.

[2] CLARK J R, BANNON III F, WONG A C, et al. Parallel-resonator HF Micromechancial bandpass filters[C]//1997 Int Conf Solid-State Sensors and Actuators. Chicago, 1997, 1161-1164.

[3] PAPAPOLYMEROU J, CHENG J-C, KATEHI P B. A micromachined high-Q X-band resonator[J]. IEEE Mivrowave and Guided Wave Lett, 1997, 7(6): 168-169.

[4] BALIGA B J, ADLER M S. The insulated gate transistor[J]. IEEE Trans. 1994, ED-31: 821-828.

[5] AIGNER R, ELLA J. Advancement of MEMS into RF filter applications[C]. 2002 IEDM'02 Int. Electron Devices Meeting, 2002, 897-900.

[6] 金铃. MEMS 技术研究及应用[J]. 现代雷达，2004, 26(12): 26-30.

[7] BROOKNER. E Phased-Array Radar: Past, Astounding Breakthroughs and Future Trends[J]. Microwave Journal. 2008, Vol 51(1): 30-50.

[8] BROWN E R. RF-MEMS switched for reconfigurable integrated circuits[J]. IEEE Trans. MTT-46, 1998, 1868-1879.

[9] 郑惟彬，黄庆安，李拂晓. 微波电路的 MEMS 开关进展[J]. 微波学报，2001, 17(3): 87-93.

[10] 金铃. RF MEMS 单刀四掷矩阵开关的研究[J]. 现代雷达，2006,28(10): 82-84.

[11] MULDAVIN J B, REBEIZ G M. High-isolation CPW MEMS shunt switches[J]. IEEE Trans MTT-48, 2000, Vol(48):1045-1052.

[12] ALEXANRCS M, P.B.KATEHI L. High frequency parasitic effects for on-wafer packing of RF MEMS switches[J]. IEEE MTT-S Int. Microwave Symp. Dig., 2003, Vol(3): 1931-1934.

[13] REBEIZ G M, TAN G L. RF MEMS Phase Shifters Design and Applications[J],

IEEE Microwave magazine, 2002,Vol(3):72-81.

[14] KIM M, HAIHAILOVICH J B, DENATALE J F, A DC-to-40GHz four-bit RF MEMS true-time delay network[J]. IEEE Microwave Wireless Comp. Lett., 2001, Vol(11): 56-58.

[15] PILLANS B, ESHELMAN S. Ka-band RF MEMS phase shifters[J]. IEEE Microwave and Guided Wave letters, 1999,2(12): 520-522.

[16] KO Y J, PARK J Y, KIM H T, BU, Integrated five-bit RF MEMS phase shifter for satellite broadcasting/communication systems[C]. IEEE The Sixteenth Annual International Conference on 2003, 144-148.

[17] MALCZEWSKI A, ESHELMAN S. X-Band RF MEMS phase shifters for phased array applications[J]. IEEE Microwave Wireless Comp, Lett., 1999, Vol(9): 517-519.

[18] HONI Y, TSUTSUMI M. Harmonic control by photonic bandgap on microstrip patch antenna[J].IEEE microwave Guided Wave Lett, 1999, 9(1): 13-15.

[19] 张光义，赵玉洁. 微电子机械系统在相控阵雷达天线中的应用[J]. 电子机械工程，2004, 20(6): 1-13.

[20] FOURN E, QUENDO C. Bandwidth and central frequency control on tunable bandpass filter by using MEMS cantilevers[J]. IEEE MTT-S Int. Microwave Symp. Dig.，2003, Vol(1): 523-526.

[21] 沈金泉，卫健. C 波段波导谐波滤波器[J]. 微波学报，2005, 21(1): 50-53.

[22] 沈金泉，刘星明. 波导带通滤波器计算机辅助设计[J]. 现代雷达，1993(4): 66-71.

[23] 甘本祓，吴万春. 现代微波滤波器的结构与设计[M]. 北京：科学出版社，1973.

[24] 张铁江. 脊波导漏壁式滤波器的简化算法[J]. 雷达科学与技术，2007(5): 394-395.

[25] COGOLLOS S. Synthesis and Design Procedure for High Performance Waveguide Filters Based on Nonresonating Nodes[J]. IEEE MTT-S, 2007, 1297-1300.

[26] 沈金泉. 新型波导滤波器设计[C]//2006 年中国雷达技术论坛论文集，南京，2006.

[27] VAGNER P. Design of microstrip lowpass filter using defected ground structure[C]. 17th Radioelectronica International Conference，1-4.

[28] CHEN Y C. A wide-stopband low-pass filter design based on Multi-period taper-etched EBG structure[C]. APMC2005 Proceedings，1-3.

[29] MENZEL W. A capacitively coupled waveguide filter with wide stop-band[C]. 33rd European Microwave Conference, 2003, 1239-1242.

[30] VESELAGO V G. The electrodynamics of substances with simultaneously negative values of ε and μ [J]. Sov.Phys.Uspekhi,1968,10(4): 509-514.

[31] 张东科，张冶文，赫丽，等. 利用集总元件构造的一维特性的实验研究[J]. 物理学报，2005，54(2):768-772.

[32] CALOZ C, ITOH T. A novel mixed conventional microstrip and composite right/left-handed backward-wave directional coupler with broadband and tight coupling characteristics[J]. IEEE Trans. Microw. Theo. Tech., 2004(14): 31-33.

[33] 张忠祥，朱旗. 左手微带传输线在毫米波天线阵中的应用[J]. 红外与毫米波学报，2005，24(5): 341-343.

[34] LIN I H, ITOH T. Arbitrary dual-band components using composite right/left-handed transmission lines[J]. IEEE Transactions on Microwave Theory and Techniques, 2004, 52(4): 1142-1149.

[35] OKABE H, CALOZ C. A compact enhanced- bandwidth hybrid ring using an artificial lumped-element left-handed transmission-line section[J]. IEEE Trans. Microwave Theory and Tech, 2004, 52(3): 798-804.

[36] 王海涛. 基于复合左右手传输线定向耦合器特性的研究[D]. 南京：南京电子技术研究所硕士学位论文，2007.

[37] 崔文耀，张德斌，凌天庆. 基于左手传输线的宽频带 Wilkinson 巴伦[C]. 2007 全国微波毫米波会议.

[38] ZHANG Z Y, GUO Y X. A New Wide-band Planar Balun on a Single-Layer PCB[J]. IEEE Microw. Wireless Compon.Lett, 2005, 15(6): 416-418.

[39] ANTONIADES M A, ELEFTHERIADES G V. A Broadband Wilkinson Balun Using Microstrip Metamaterial Lines[J]. IEEE Antennas and Wireless Propagation, 2005,(4): 209-212.

[40] 崔文耀，张德斌. 耦合型任意分配比功分器[C]. 2008 年军事微波会议，2008.

第 7 章

雷达系统中的微波旋转关节

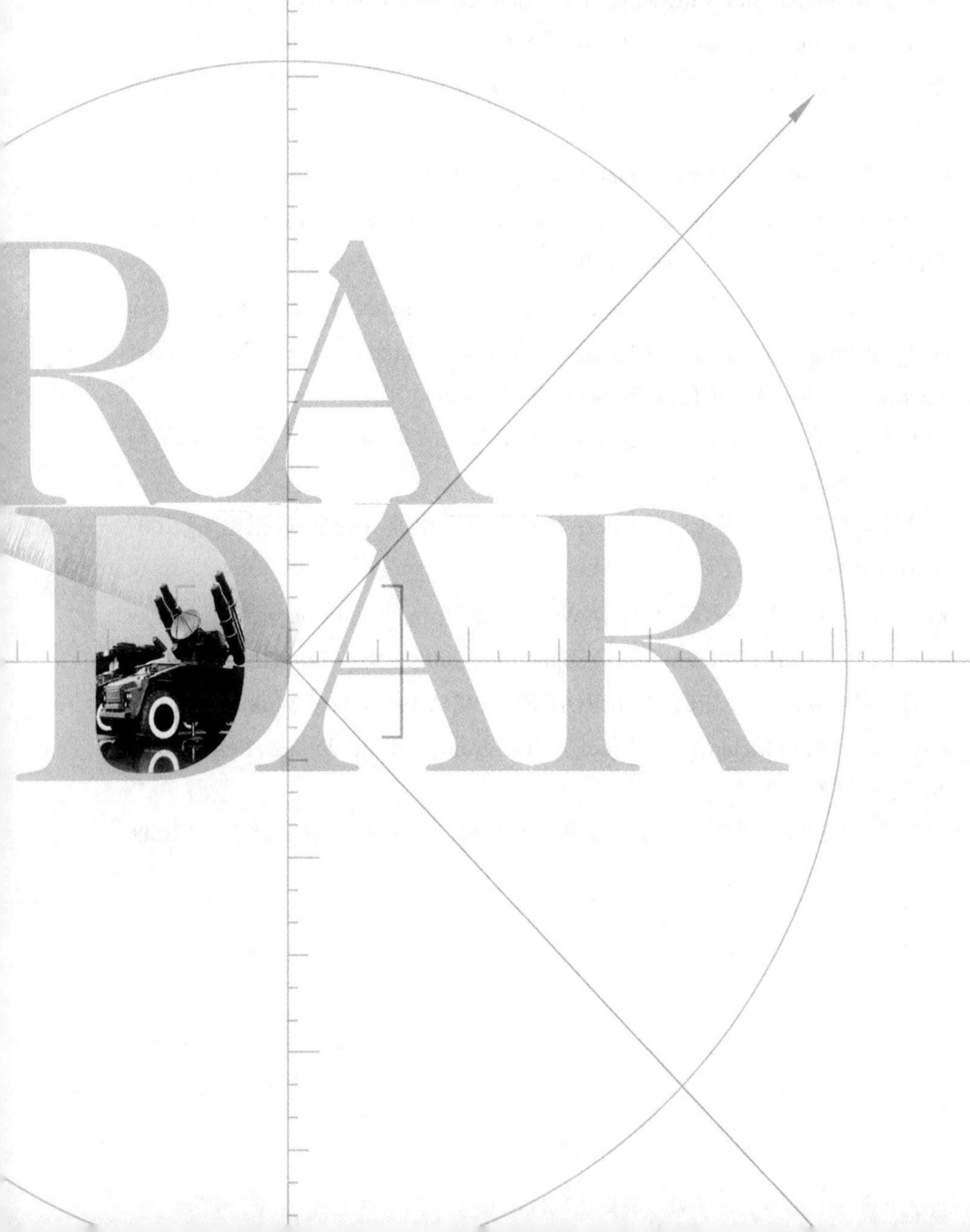

旋转关节（Rotary Joint）又称交连或转动交连，是连接相对旋转馈电系统的微波元件，一般安装在天线座中，由转动部分和静止部分组成。其主要作用是在雷达天线进行机械扫描时确保微波信号正常传输。旋转关节分类有多种方法，根据旋转关节的空间转动作用可以分为方位旋转关节、俯仰旋转关节和横滚旋转关节；根据旋转关节的信号通道数可以分为单通道旋转关节、双通道旋转关节和多通道旋转关节；根据旋转关节传输线的类型可以分为波导型旋转关节和同轴型旋转关节；根据旋转关节相对旋转部分的电连接形式可以分为接触式旋转关节和非接触式旋转关节；根据旋转关节传输的功率容量可以分为高功率旋转关节和低功率旋转关节。

旋转关节品种繁多，具有非常大的军用与民用市场，在军用市场中，机械扫描雷达中一般需要旋转关节来实现信号的传输。在民用市场，各种航管雷达、气象雷达、港管雷达中也大量使用各种形式的旋转关节。随着雷达技术的不断发展，雷达功能越来越完备，对旋转关节的通道数、带宽、功率、体积、质量及可靠性等各项技术指标要求也越来越高，对旋转关节的研制提出了更高的要求。

7.1　微波旋转关节的分类与要求

对于机械扫描雷达，它的天线必须随时旋转，微波旋转关节的作用就是在不影响馈线-天线间电磁信号传输的情况下完成天线的机械旋转任务。在图 7.1 所示的雷达微波系统中，微波旋转关节起到了承上启下的作用。

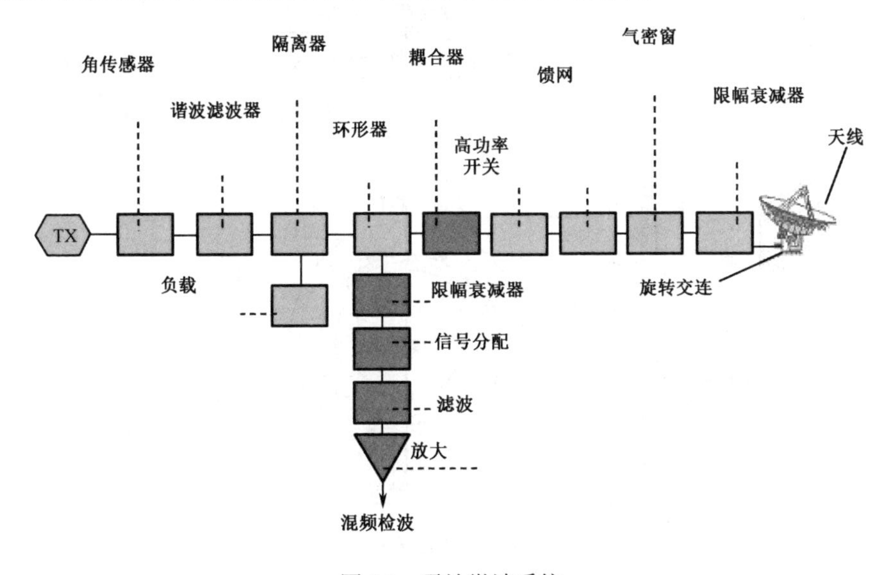

图 7.1　雷达微波系统

在雷达系统中，有时不止安装一个微波旋转关节，根据雷达工作方式可能会同时安装水平转动和俯仰转动两种微波旋转关节。常见的微波旋转关节包含不同传输线类型（同轴线、圆波导等）、不同电磁信号传输模式，跨越不同频带、耐受高低功率及单路多路组合的不同类型。

图 7.2 所示的微波旋转关节就是五路微波旋转关节（1 路高功率“S”波段旋转关节、3 路中功率“L”波段旋转关节、1 路低功率“S”波段旋转关节）和 10 路中频滑环的组合。雷达系统中的单路微波旋转关节基本构成根据输入/输出接口形式的不同，可分为 I 形、L 形、U 形等，国外厂商有更细致的分类，如 cable only、slip ring only、0-dB coupler、hollow shaft、inline、L-style、U-style、stub、step twist、TE_{01}、TM_{01} 等，图 7.3 给出了几类微波旋转关节的结构图。多路旋转关节由单路关节组合而成，常用的结构形式主要有同轴线 TEM 模嵌套方式、同心堆积形式、多模圆波导结构、左右圆极化圆波导结构及各种形式相互组合的混合结构。

图 7.2　微波旋转关节外观图

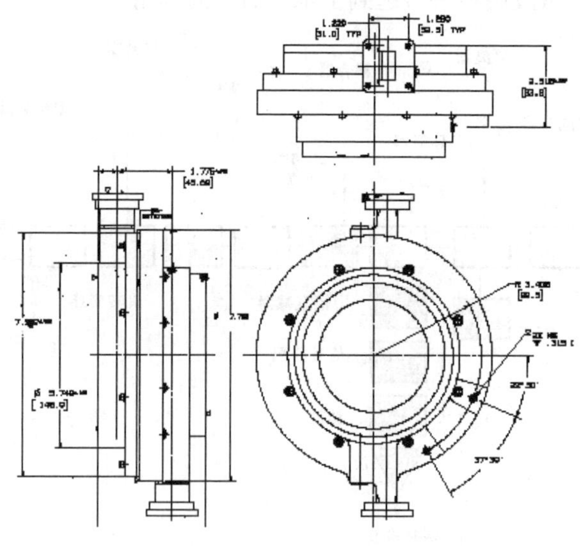

（a）0-dB 耦合器式

图 7.3　微波旋转关节结构图

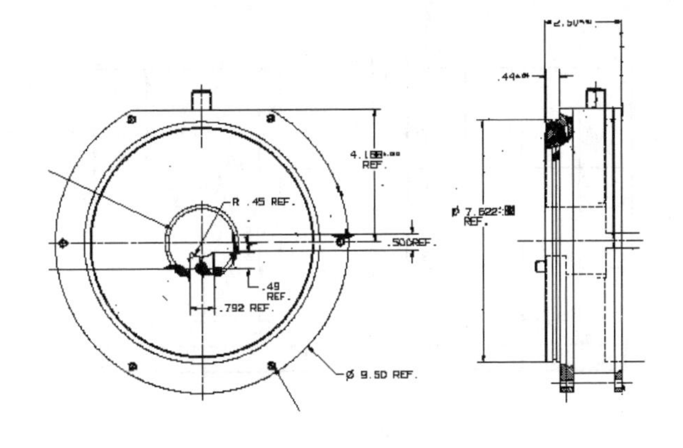

（b）腔轴式

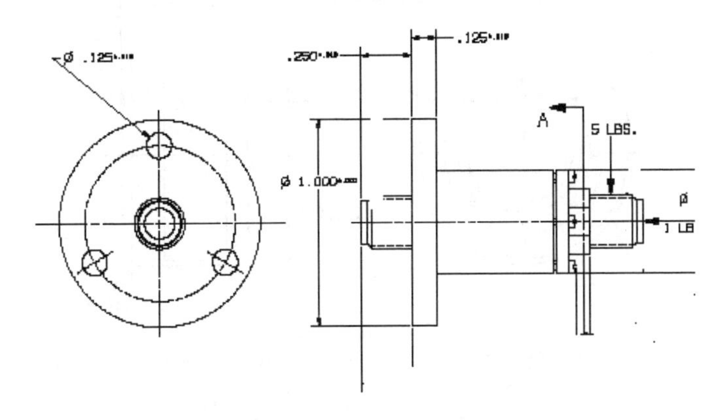

（c）共线式

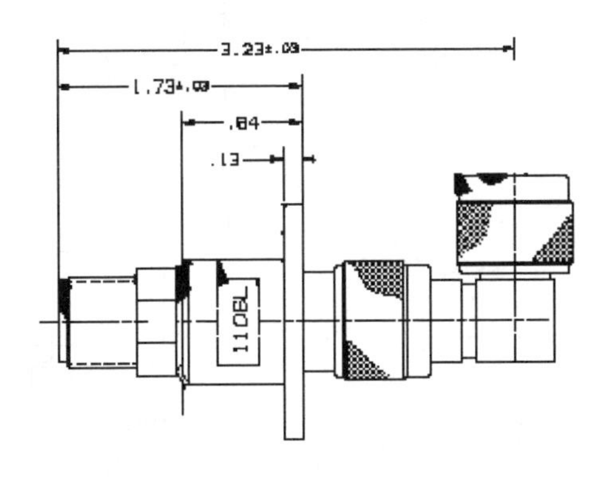

（d）L 形

图 7.3　微波旋转关节结构图（续）

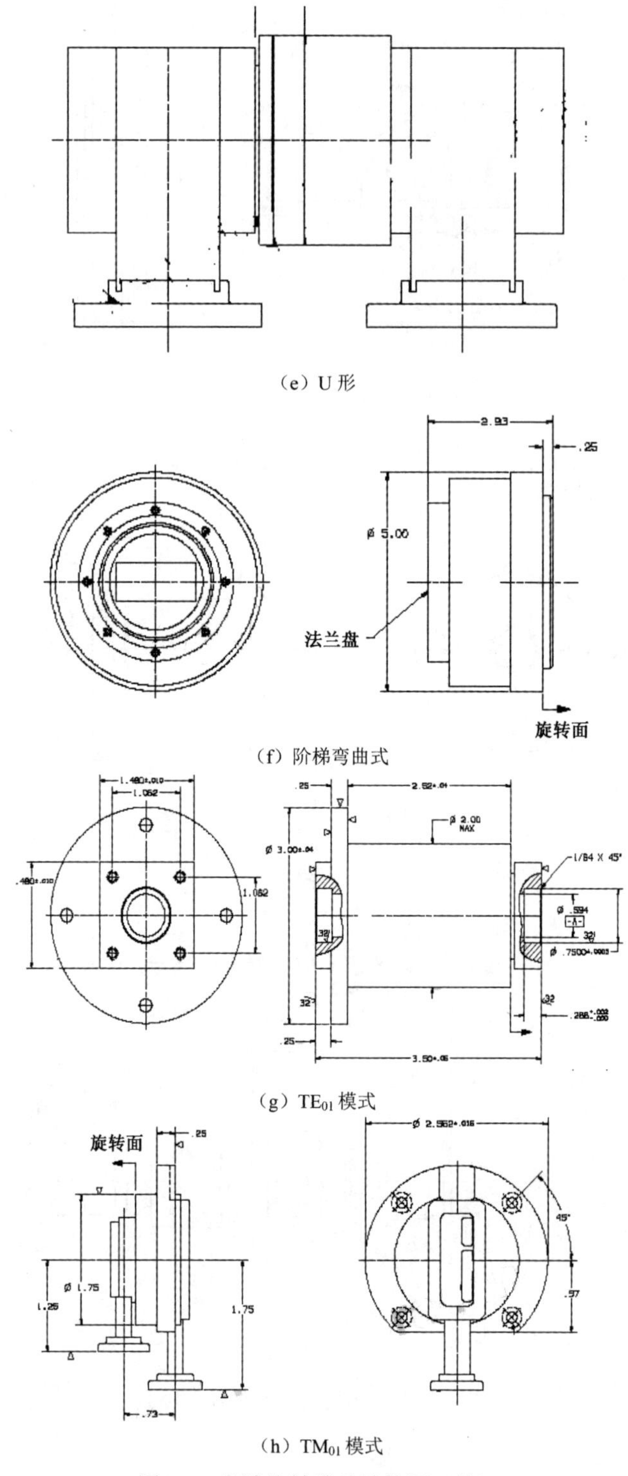

（e）U 形

（f）阶梯弯曲式

（g）TE_{01} 模式

（h）TM_{01} 模式

图 7.3　微波旋转关节结构图（续）

在设计雷达系统的微波旋转关节时，要保证以下几个方面的性能要求：

（1）机械上转动灵活；

（2）转动时，输入驻波、传输幅度、相位变化限制在允许范围内；

（3）可以承受通过的峰值功率和平均功率；

（4）低反射、低损耗；

（5）特殊条件下，还需要进行气密封、风冷却或水冷却。

微波旋转关节一般包含传输线变换部分和微波信号耦合传输线部分，在设计雷达系统的微波旋转关节时，重点在于微波旋转关节传输线变换部分的设计和微波信号耦合传输线部分的设计。微波旋转关节传输线变换部分的设计包含多种设计方案和类型，一般有：

（1）同轴线 TEM 模到 TEM 模传输线的变换；

（2）同轴线 TEM 模到矩形波导 TE_{10} 模的变换；

（3）同轴线 TE_{01} 模到矩形波导 TE_{10} 模的变换；

（4）圆波导 TM_{01} 模到矩形波导 TE_{10} 模的变换；

（5）矩形波导 TE_{10} 模到圆波导 TE_{11} 模的变换等。

微波旋转关节中微波信号耦合传输线一般采用电容耦合传输线和扼流槽耦合传输线等。

7.2　微波旋转关节传输线变换部分的设计

在雷达系统正常工作的情况下，为保证微波旋转关节在旋转过程中，电磁波传输特性不发生改变，对传输模式的选择非常关键，旋转部分常用的传播模式主要有 TEM 模、TM_{01} 模、TE_{01} 模等，常用的传输线主要有同轴线和圆波导等。

雷达馈电系统中传输线形式很多，有矩形波导、圆波导、同轴线等，因此旋转关节需要解决各种传输线间的波型转换问题，各种波型转换器与不同的扼流相连就组成品种繁多的转动关节。下面介绍一些常见的波型转换器的形式及其设计。

7.2.1　同轴线 TEM 模到矩形波导 TE_{10} 模变换的设计

同轴线 TEM 模到矩形波导模 TE_{10} 变换的形式很多，有垂直过渡形式，也有水平过渡形式，常用的各种波导同轴转换形式如图 7.4 所示。

图 7.4（a）为探针式同轴波导转换，这种结构在文献[1]中有详细的分析，通过选择适当的参数，可以达到良好匹配；为拓宽频带，通常将探针的头部加大，

即图 7.4（c）所示的探球式。为拓宽带宽，采用聚四氟乙烯做介质填充，如图 7.4（b）所示，这种形式的同轴波导接头在 X 波段 33.5%带宽内，驻波系数小于 1.2。图 7.4（d）～7.4（h）分别为门扭式结构、横梁式结构、脊波导垂直转换式、耦合环式和脊波导水平转换式。这些结构形式还没有严格的解析解，一般通过经验公式或试验的方法确定，随着微波 CAD 的广泛应用，上述结构的波型耦合器可通过有限元软件在计算机上得到足够精确的数值解。

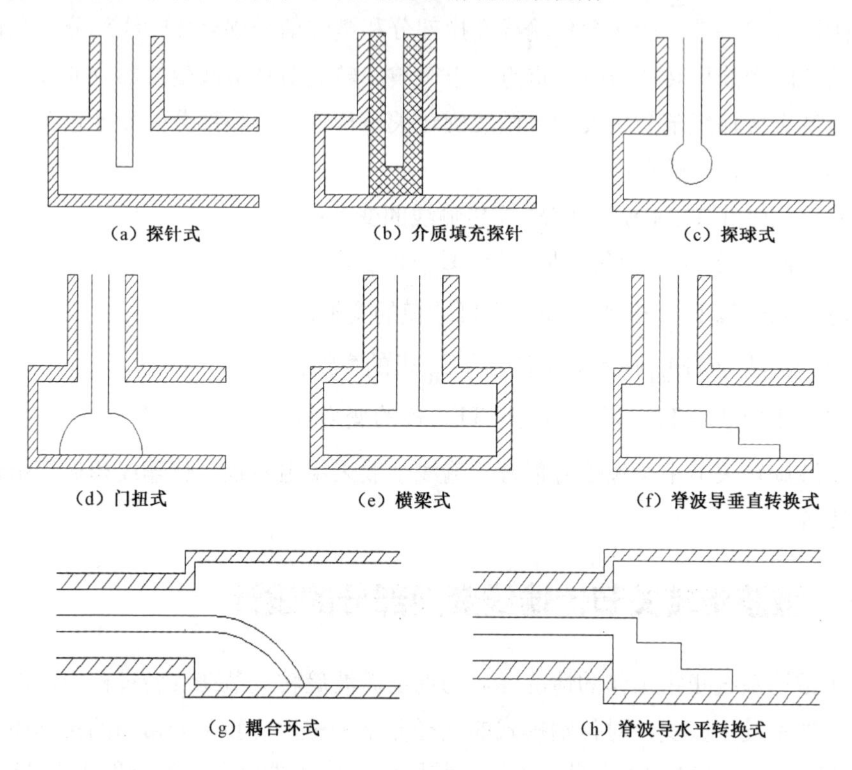

图 7.4　常用的各种波导同轴转换形式

7.2.2　同轴线 TE_{01} 模到矩形波导 TE_{10} 模变换的设计

同轴线 TE_{01} 模到矩形波导 TE_{10} 模的转换如图 7.5 所示，利用波导 T 形等功率分配器件将能量等幅同相分成多路，然后进行矩形到扇形的波导截面转换，将扇形波导排成一个环，用这些扇形波导等幅同相地激励一段特大尺寸的同轴线，这样就可以在同轴线中激励其 TE_{01} 模。文献[2]中采用 1 分 8 对称激励，文献[3]采用 1 分 16 对称激励。

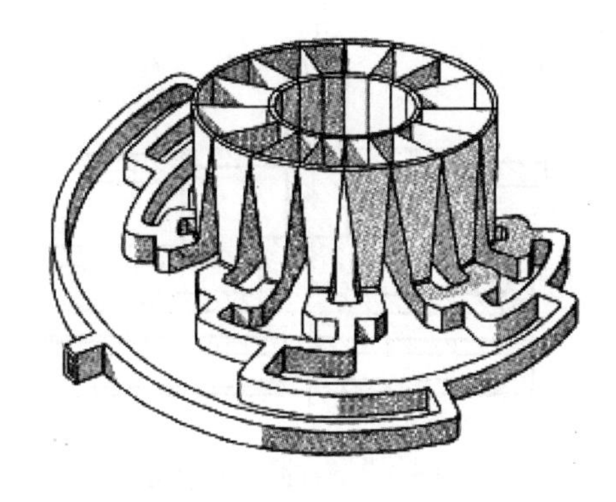

图 7.5　同轴线 TE_{01} 模到矩形波导 TE_{10} 模的转换

7.2.3　圆波导 TM_{01} 模到矩形波导 TE_{10} 模变换的设计

圆波导的基模是 TE_{11} 模，它的波型是有极性的，因此圆波导旋转关节通常利用 TM_{01} 模，圆波导 TM_{01} 模到矩形波导 TE_{10} 模转换的关键就是要抑制 TE_{11} 模，使得只有 TM_{01} 模能在圆波导中传播，通常是利用矩形波导与圆波导之间的直角 E 面解决，在分界面上采用阶梯变换，如图 7.6 所示，这样就完成了圆波导 TM_{01} 模到矩形波导 TE_{10} 模的转换。这种设计的关键就是要抑制 TE_{11} 模的激励，因此阶梯的选择非常关键，也可以采用图中的月牙形变形台阶调配块，这种调配方式也能很好地抑制 TE_{11} 模。

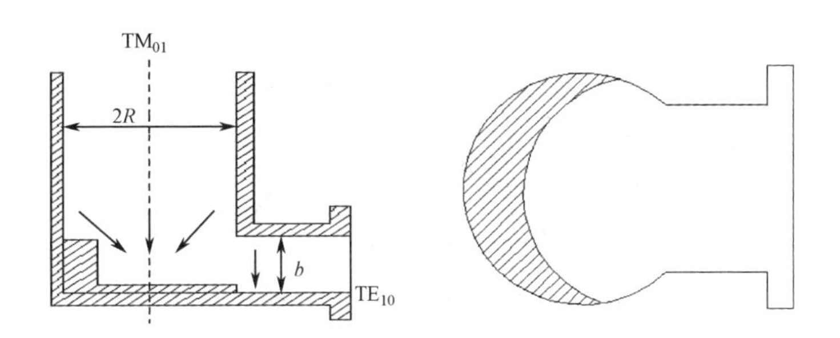

图 7.6　圆波导 TM_{01} 模到矩形波导 TE_{10} 模的转换

7.2.4　同轴线 TEM 模到 TEM 模传输线变换的设计

同轴线 TEM 模到 TEM 模传输线变换最常用的形式为同轴线 T 形接头，如图 7.7 所示，将 T 形接头的一端短路。正确设计短路面位置及阻抗变换，可以在很宽的带宽内获得良好的性能。当同轴线直径较大时，需要多点激励才能有效地抑制高次模，这时一般采用带状线或微带线功分器等幅同相对称激励。

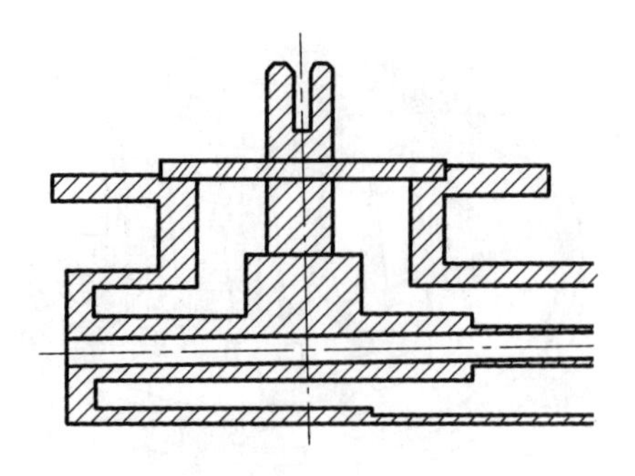

图 7.7　同轴线 T 形接头

7.2.5　其他传输线变换的设计

除上述几种常用的波形转换外，矩形波导 TE_{10} 模到圆波导 TM_{01} 模的转换、TE_{10} 模到圆波导 TE_{11} 模的转换在微波旋转关节的设计中也经常用到[4]，图 7.8 所示为 TM_{01} 模的激励方式，图 7.9 所示为 TE_{11} 模的激励方式。

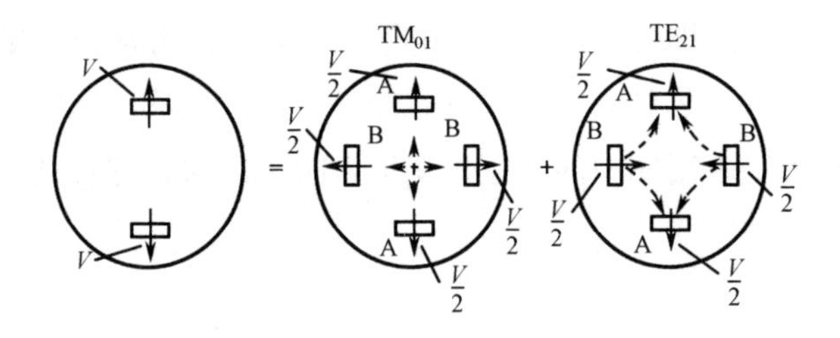

图 7.8　TM_{01} 模的激励方式

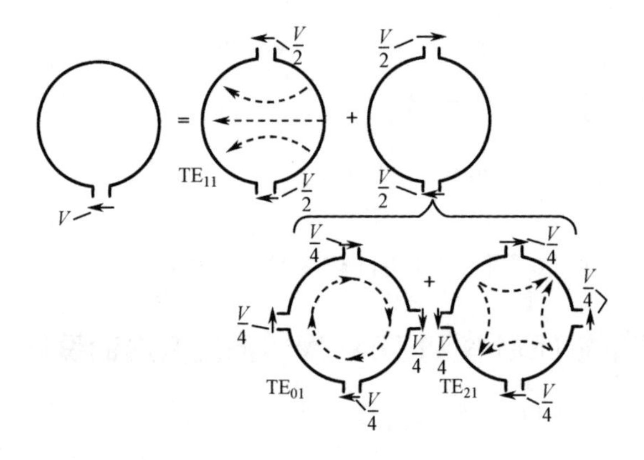

图 7.9　TE_{11} 模的激励方式

7.3　微波旋转关节微波信号耦合传输线部分的设计

微波旋转关节要满足机械转动要求，因而在机械上必须有间隙（接触式采用电刷方式除外）来满足转动的灵活性，又要满足转动过程中电气上的连续性，因此必须设计各种各样的微波信号耦合传输线。

7.3.1　微波旋转关节微波信号电容耦合传输线部分的设计

微波旋转关节微波信号耦合传输线经常采用电容耦合的形式，尤其是当频率比较低时，采用电容耦合可以大大减小转动关节的体积，图 7.10 所示为一个典型的同轴线电容耦合，对同轴线内外导体电容间隙进行精确设计，可以在很宽的带宽内获得良好的驻波和插入损耗性能。为提高内外导体间隙的耦合电容，可采用在电容间隙中填充介质材料的方法。

内导体电容间隙的电容可由式（7.1）计算：

$$C_1 = \frac{L\sqrt{e_r e_0 m_0}}{z_0} = \frac{L e_r e_0 \sqrt{m_0 / e_0}}{60\ln(b/a)} \tag{7.1}$$

或采用式（7.2）计算：

$$C_1 = \frac{1.11 L\varepsilon_r}{2\ln(b/a)} \tag{7.2}$$

式中，L 为电容间隙长度；a、b 分别为圆筒半径和内导体半径。

这一电容在同轴线中的串联电抗为

$$X_1 = \frac{1}{\omega C_1} \tag{7.3}$$

外导体电容间隙由三部分组成：平板电容 C_{21}、C_{23}，圆筒电容 C_{22}，则总电容为

$$C_2 = C_{21} + C_{22} + C_{23} \tag{7.4}$$

对于平板电容

$$C_{\mathrm{P}} = \frac{\varepsilon_r \varepsilon_0 S}{d} \approx 0.0885\varepsilon_r S / d \tag{7.5}$$

式中，S 为平板面积；d 为板间距。外导体电容间隙的串联电抗为

$$X_2 = \frac{1}{\omega C_2} \tag{7.6}$$

同轴线电容耦合等效电路如图 7.11 所示，A–A 处的输入阻抗相当于电容 C_1、C_2 和 B–B 处输入阻抗串联后的阻抗，即

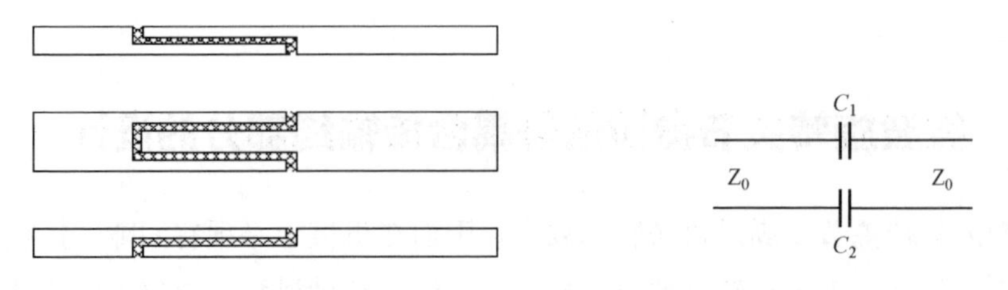

图 7.10　同轴线电容耦合　　　　图 7.11　同轴线电容耦合等效电路

$$Z_{\text{in}} = -\mathrm{j}\frac{1}{\omega\left(\dfrac{c_1 c_2}{c_1 + c_2}\right)} + Z_0 \tag{7.7}$$

则反射系数为

$$|\Gamma| = \left|\frac{Z_{\text{in}} - Z_0}{Z_{\text{in}} + Z_0}\right| = \frac{1}{\sqrt{1 + 4\omega^2\left(\dfrac{c_1 c_2}{c_1 + c_2}\right)^2 Z_0^2}} \tag{7.8}$$

驻波系数为

$$\rho = \frac{1+|\Gamma|}{1-|\Gamma|} = 1 + \frac{2}{\sqrt{1 + 4\omega^2\left(\dfrac{c_1 c_2}{c_1 + c_2}\right)^2 Z_0^2} - 1} \tag{7.9}$$

由于内外导体流过的电流相等，所以两个电容相当于串联连接。这样，图 7.11 所示电路的 ***ABCD*** 矩阵为

$$\begin{bmatrix} \boldsymbol{A} & \boldsymbol{B} \\ \boldsymbol{C} & \boldsymbol{D} \end{bmatrix} = \begin{bmatrix} 1 & Z \\ 0 & 1 \end{bmatrix} = \begin{bmatrix} 1 & -\mathrm{j}\dfrac{1}{\omega\left(\dfrac{c_1 c_2}{c_1 + c_2}\right)} \\ 0 & 1 \end{bmatrix} \tag{7.10}$$

则

$$L = 10\lg\frac{1}{4}\left|\boldsymbol{A} + \frac{\boldsymbol{B}}{Z_0} + \boldsymbol{C}Z_0 + \boldsymbol{D}\right|^2 = 10\lg\left[1 + \frac{1}{4\omega^2\left(\dfrac{c_1 c_2}{c_1 + c_2}\right)^2 Z_0^2}\right] \tag{7.11}$$

7.3.2　微波旋转关节微波信号扼流槽耦合传输线部分的设计

同轴线外导体扼流槽示意图如图 7.12 所示，采用终端短路的两段阻抗不同的 1/4 波长串联支线，并将机械接触点安排在离短路端 1/4 波长处（电流接点处）。这样，内外导体接缝处等效于短路[5]。

扼流槽输入阻抗的计算公式如下：

$$Z_{01} = 60\ln(d_4 / d_3) \tag{7.12}$$

$$Z_{02} = 60\ln(d_2 / d_1) \tag{7.13}$$

对宽槽而言，截面 A 处短路，在理想条件下，截面 B 处的输入阻抗为

$$Z_B = \mathrm{j}Z_{01}\tan\beta l \tag{7.14}$$

对窄槽而言，将 Z_B 看成负载阻抗，在理想条件下，截面 A 处的输入阻抗为

$$Z_A = \frac{Z_{02}(Z_b + \mathrm{j}Z_{02}\tan\beta l)}{Z_{02} + \mathrm{j}Z_B\tan\beta l} \tag{7.15}$$

由式（7.15）可以推导出

$$Z_A = \frac{\mathrm{j}Z_{02}\left(1 + Z_{02}/Z_{01}\right)/\tan\beta l}{Z_{02}/Z_{01}\tan^2\beta l - 1} \tag{7.16}$$

当 $\beta l \to \pi/2$ 时，$1/\tan^2\beta l \to 0$，式（7.16）变为

$$Z_A = -\mathrm{j}Z_{02}\left(1 + Z_{02}/Z_{01}\right)c\tan\beta l \tag{7.17}$$

式中，$\beta l = \left(2\pi/\lambda_0\right)\left(\lambda/4\right)$。设 λ_0 为中心工作波长，λ 为任意波长，当 $\lambda \neq \lambda_0$ 时，λ/λ_0 有增量 $\Delta\lambda/\lambda_0$，所以

$$\beta l = \frac{\pi}{2}\left(1 + \frac{\Delta\lambda}{\lambda_0}\right) \tag{7.18}$$

将式（7.18）代入式（7.17），得

$$Z_A = -\mathrm{j}Z_{02}\left(1 + Z_{02}/Z_{01}\right)\tan\left(\pi\Delta\lambda/2\lambda_0\right) \tag{7.19}$$

同轴线的特性阻抗为 Z_0，将式（7.19）归一化并取绝对值

$$\left|\overline{Z_A}\right| = \left(Z_{02}/Z_0\right)\left(1 + Z_{02}/Z_{01}\right)\tan\left(\pi\Delta\lambda/2\lambda_0\right) \tag{7.20}$$

当 $\Delta\lambda/\lambda_0$ 在±0.2 范围内时，式（7.20）可近似为

$$\left|\overline{Z_A}\right| = \left(Z_{02}/Z_0\right)\left(1 + Z_{02}/Z_{01}\right)\left(\pi/2\right)\left(\Delta\lambda/\lambda_0\right) \tag{7.21}$$

Z_A 为串联于主馈线中的小阻抗，外导体扼流槽等效电路如图 7.13 所示，其散射矩阵为

$$[S] = \begin{bmatrix} \bar{Z}_A/\left(2 + \bar{Z}_A\right) & 2/\left(2 + \bar{Z}_A\right) \\ 2/\left(2 + \bar{Z}_A\right) & \bar{Z}_A/\left(2 + \bar{Z}_A\right) \end{bmatrix} \tag{7.22}$$

电压驻波比为

$$\mathrm{VSWR} = \left(1 + \left|S_{11}\right|\right)/\left(1 - \left|S_{11}\right|\right) = 1 + \left|\bar{Z}_A\right| \tag{7.23}$$

将式（7.21）代入式（7.23），得

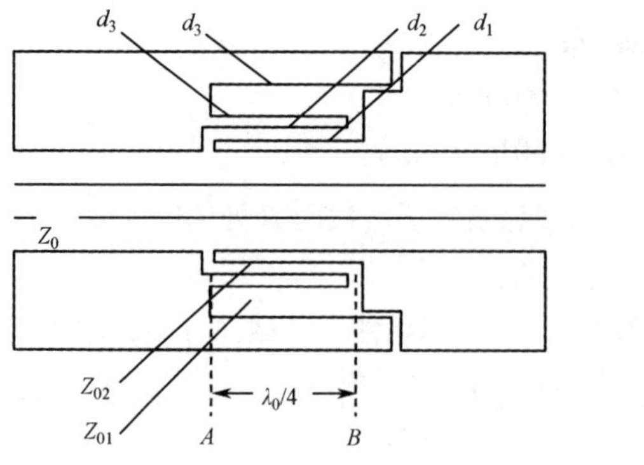

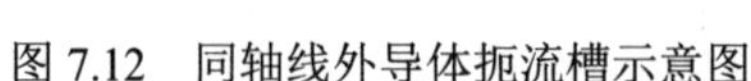
图 7.12　同轴线外导体扼流槽示意图

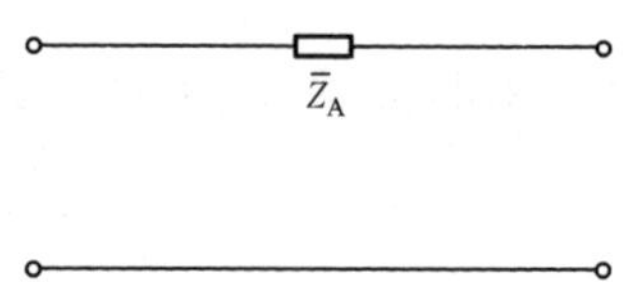

图 7.13　外导体扼流槽等效电路

$$\mathrm{VSWR}=1+\frac{Z_{02}}{Z_0}\left(1+\frac{Z_{02}}{Z_{01}}\right)\frac{\Delta\lambda\pi}{2\lambda_0} \tag{7.24}$$

在这里，插入损耗只考虑驻波引起的无功损耗

$$L=20\log\frac{1}{|S_{12}|}=20\log\sqrt{1+\left|\bar{Z}_A\right|^2/4} \tag{7.25}$$

扼流槽的引入会导致等效主馈线稍微增长一点，其引起的相移值为

$$\Delta\Phi=\arctan\left[-\frac{Z_{02}}{Z_0}\left(1+\frac{Z_{02}}{Z_{01}}\right)\frac{\Delta\lambda\pi}{2\lambda_0}\right] \tag{7.26}$$

因结构需要，扼流槽经常采用图 7.14 所示的直通式，这种形式可以减小关节的径向尺寸。当频率比较低时，可以采用图 7.15 所示的折叠套筒式扼流槽，这样可以大大减小关节的轴向尺寸。这两种扼流槽的原理与图 7.12 所示扼流槽类似。

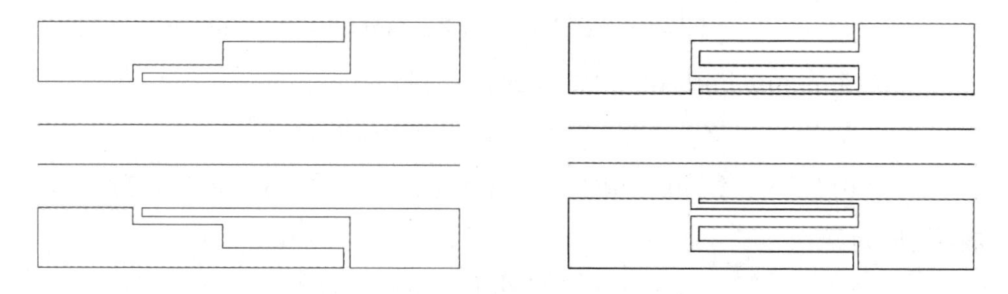

图 7.14　直通式扼流槽　　图 7.15　折叠套筒式扼流槽

同轴线内导体扼流槽由于直径较小，难以做成折叠形式，一般做成如图 7.16 所示的样式[5]，它是具有容性接头的同轴线，实际上可以看作同轴线与短路圆波导的联合体，等效为容性导纳。容性导纳可由式（7.27）求得

$$\frac{B}{Y_0}=\frac{4b}{\lambda}\ln\frac{a}{b}\left(\frac{\pi b}{4d}+\ln\frac{a-b}{d}\right) \tag{7.27}$$

式（7.27）中，适当选择 d 值，使 B/Y_0 值足够小，将 X 看成式（7.15）中的 $Z_B\left(Z_B=-\mathrm{j}X\right)$，$Z_A$ 的归一化绝对值为

$$\left|\overline{Z_A}\right|=\left(Z_{02}/Z_0\right)\tan\beta l=\left(Z_{02}/Z_0\right)\left(\pi\Delta\lambda/2\lambda_0\right) \tag{7.28}$$

由式（7.23）得

$$\mathrm{VSWR}=1+\frac{Z_{02}}{Z_0}\frac{\Delta\lambda\pi}{2\lambda_0} \tag{7.29}$$

由式（7.26）得

$$\Delta\Phi=\arctan\left(-\frac{Z_{02}}{Z_0}\frac{\Delta\lambda\pi}{2\lambda_0}\right) \tag{7.30}$$

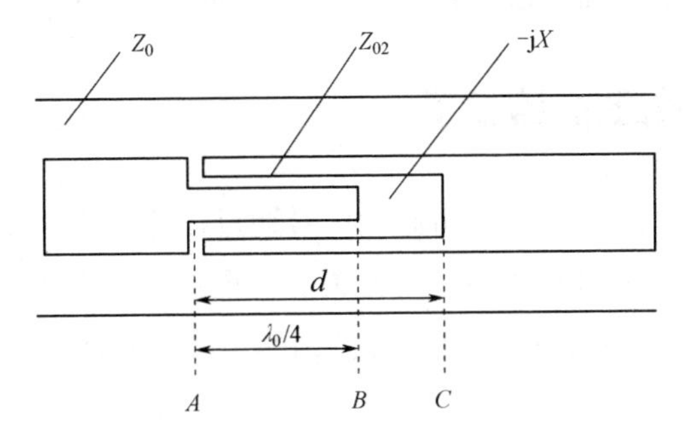

图 7.16　内导体扼流槽

同轴线内导体扼流槽中有一段接头同轴线，其示意图和等效电路如图 7.17 所示。

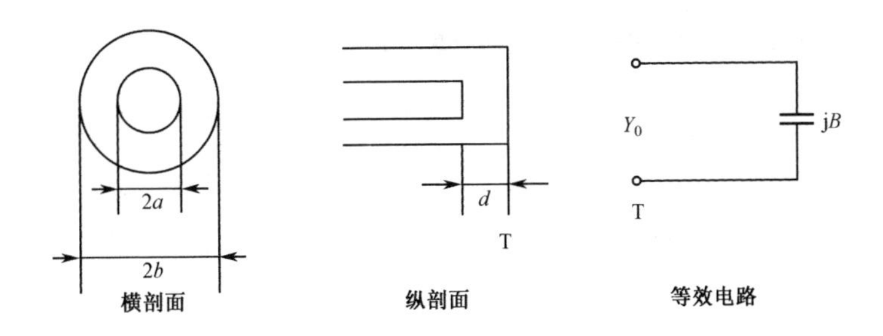

图 7.17　接头同轴线示意图及等效电路

由于结构的需要，转动关节中也经常采用图 7.18 和图 7.19 所示的径向线扼流器，为减小尺寸，可以在槽内填充介质，扼流器各部分尺寸可查文献[6]中的图表得到。

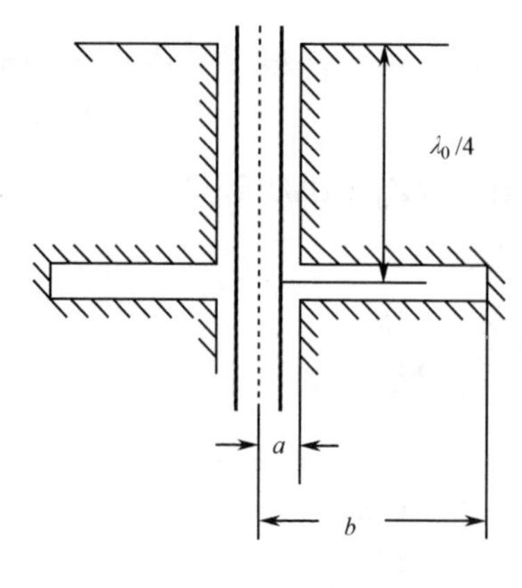

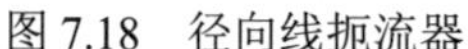
图 7.18　径向线扼流器

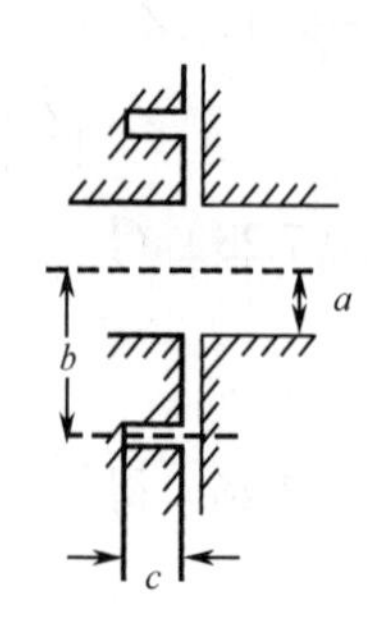

图 7.19　TE_{11} 模激励的径向线扼流器

7.4　单通道微波旋转关节

单通道微波旋转关节只有一路微波信号通过，其根据输入/输出传输线接口形式的不同，可分为同轴型和波导型旋转关节；根据转动方式的不同，可分为接触式和非接触式旋转关节；根据关节外形结构的不同，可分为 I 形、L 形、U 形三种类型。

7.4.1　单通道同轴型微波旋转关节

单通道同轴型微波旋转关节有多种结构形式，下面主要介绍几种典型的同轴型旋转关节的设计。

7.4.1.1　单通道宽带接触式同轴旋转关节

单通道宽带接触式同轴旋转关节结构如图 7.20 所示[7]，转动和固定部分内外导体始终处于接触状态，转动与固定部分内外导体在接触部位设计弹簧装置，在装配时给予一定的预压力，保证在转动过程中时刻保持良好的接触状态。由于同轴线内、外导体是接触式的，因此这种形式的旋转关节可以从直流一直工作到同轴线 TE_{11} 模的截止频率。但由于同轴线内、外导体转动部分与静止部分采用弹簧刷接触式摩擦连接，因此这种形式的旋转关节对机加工及材料的磨损要求非常高，因此选材既要耐磨，导电性又要好，一般选用银粉石墨与银铜合金配对使用。随着材料的磨损及弹簧性能的变差，旋转关节的性能相应变差，因此这种形式的旋转关节一般适用于中等功率、中等转速的场合，旋转关节的寿命一般为 1000000 转左右。表 7.1 给出了德国 SPINNER 公司一些典型的接触式旋转关节的主要性能参数[8]。

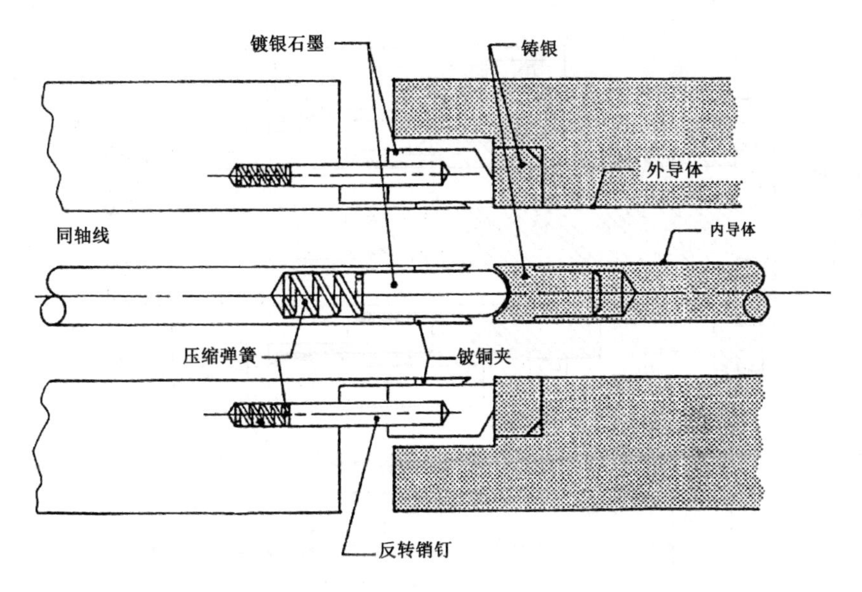

图 7.20　单通道宽带接触式同轴旋转关节结构

表 7.1　德国 SPINNER 公司一些典型的接触式旋转关节的主要性能参数

BN	类型	频率范围	峰值功率	平均功率	最大差损	最大驻波	连接器
835047	I	0～26.5GHz	3kW	500W（1GHz）	0.7dB	1.7	SMA-sockets
835027	I	0～15GHz	14kW	70W（15GHz）	0.2dB	1.2	N-sockets
945436	I	0～5GHz	10kW	3kW（200MHz）	0.2dB	1.1	7-16-sockets
821003	I	0～4GHz	50kW	4.5kW（200MHz）	0.1dB	1.12	7/8 " EIA
840601	I	0～2.8GHz	70kW	10kW（200GHz）	0.1dB	1.06	15/8 " EIA
471501	I	0～30MHz	250kW	250W	0.1dB	1.04	61/8 " EIA

7.4.1.2　单通道直通扼流耦合式同轴旋转关节

单通道直通扼流耦合式同轴旋转关节如图 7.21 所示，同轴线内、外导体均采用标准扼流结构，这种形式的旋转关节结构形式非常简单，设计时只需确保内外导体扼流槽耦合间隙，在倍频程的带宽内可以获得良好的电气指标[9]。

7.4.1.3　单通道 T 形接头式同轴旋转关节

典型的单通道 T 形接头式同轴旋转关节[9]如图 7.22 所示，其由两个同轴短接线组合而成，同轴线内外导体采用标准扼流结构来实现转动部分与静止部分的连接，短路面一般为 1/4 波长，同轴线输入/输出处采用一段阻抗变换。调整各段同轴线的电长度，合理地设计阻抗变换，在很宽的带宽内可以获得良好的性能，如图 7.23 所示。当转动部分同轴线尺寸较大时，为拟制高次模，一般需要采取多点激励。

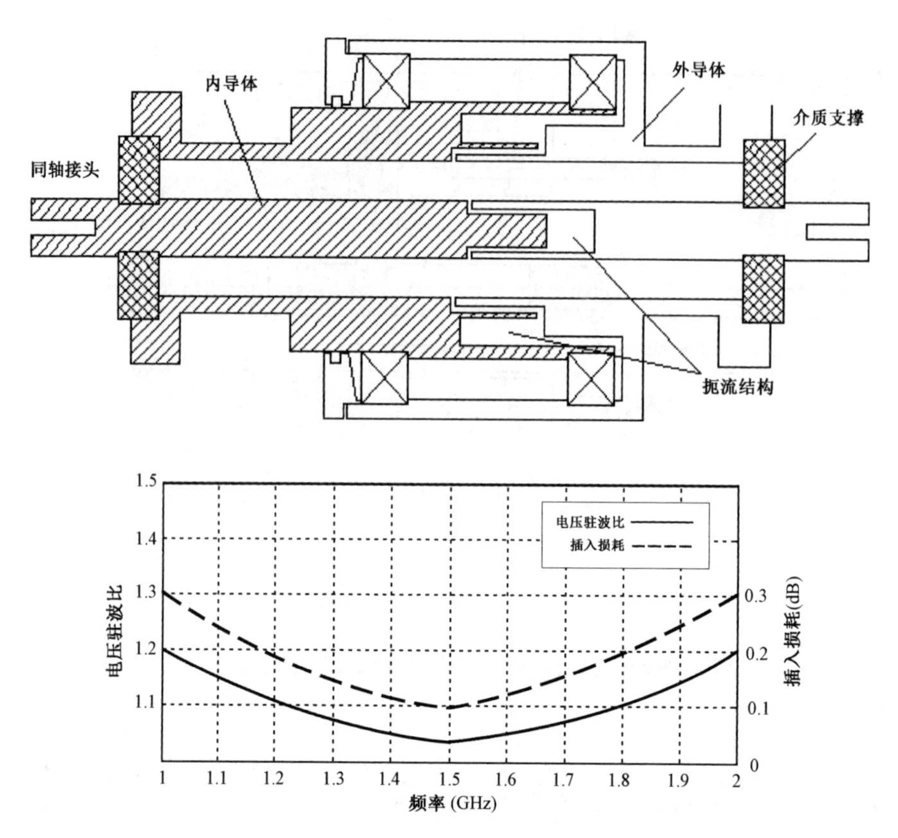

图 7.21　单通道直通扼流耦合式同轴旋转关节

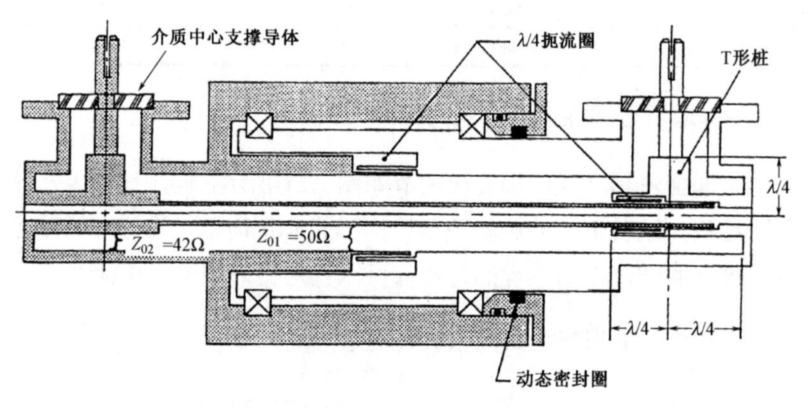

图 7.22　单通道 T 形接头式同轴旋转关节

这种形式的旋转关节还可用于双通道和多通道旋转关节的设计，在内导体中心穿孔，孔中穿过中心轴或电缆传输其他通道的电磁信号即可构成双通道、多通道旋转关节。

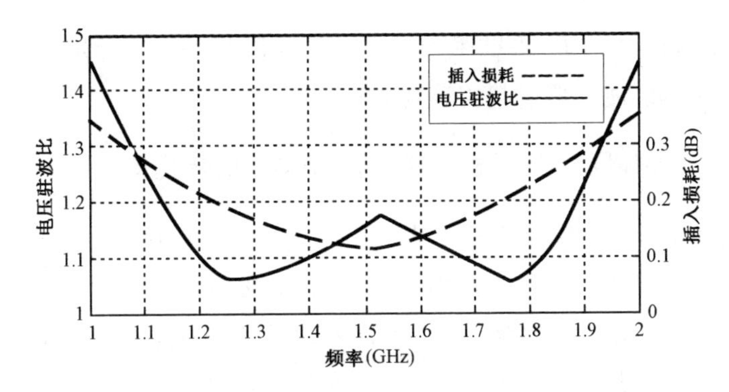

图 7.23　单通道 T 形接头式同轴旋转关节典型性能参数

7.4.1.4　半波长谐振腔式同轴旋转关节

半波长谐振腔式关节及其变形形式如图 7.24 所示，谐振腔总长度为半波长或半波长的整数倍。与短截线式关节相比，半波长谐振腔式关节的带宽更窄，但结构尺寸要小得多，因此比较适合频率较低而带宽要求不高的情况。为进一步减小关节的尺寸，也常采用其变形结构，这种形式的关节可以有效地降低关节的高度，也可以较好地改善带宽。

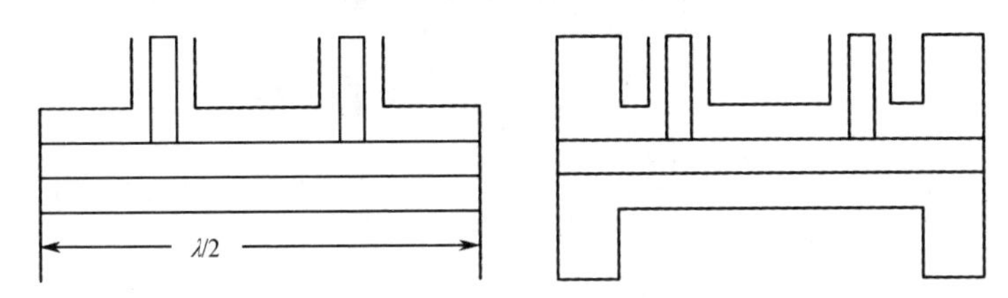

图 7.24　半波长谐振腔式关节及其变形形式

由于实际工作条件的限制，有时对关节的结构尺寸有较苛刻的要求，文献[10]介绍了一种重入式小型转动关节的设计方法，关节采用新颖的重入式谐振腔结构，使关节的长度大大缩短，整个关节的长度接近$\lambda/4$，图 7.25 所示为重入式关节示意图及其等效电路。

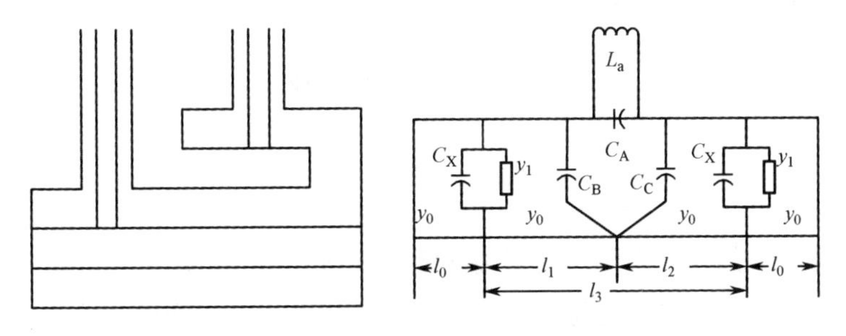

图 7.25　重入式关节示意图及其等效电路

其中 C_A、C_B、C_C 为不连续电容；L_a 为附加电感；y_0、y_1 分别为同轴线归一化特性导纳；C_X 为激励装置引起的等效电容。

7.4.1.5 三导体同轴线（圆形带状线）结构式旋转关节

文献[9]介绍了一种宽带旋转关节的设计，如图 7.26 所示。圆形带状线为三导体同轴结构，其内层和外层的导体构成同轴线的接地体，三层导体采用套筒结构形式以保证旋转关节的正常旋转。图中，中间层导体与内层导体构成同轴线的特性阻抗为 Z_{01j}，中间层导体与外层导体构成的同轴线特性阻抗为 Z_{02j}，Z_{01j} 与 Z_{02j} 并联就可以获得三导体同轴线的特性阻抗 Z_{0j}。

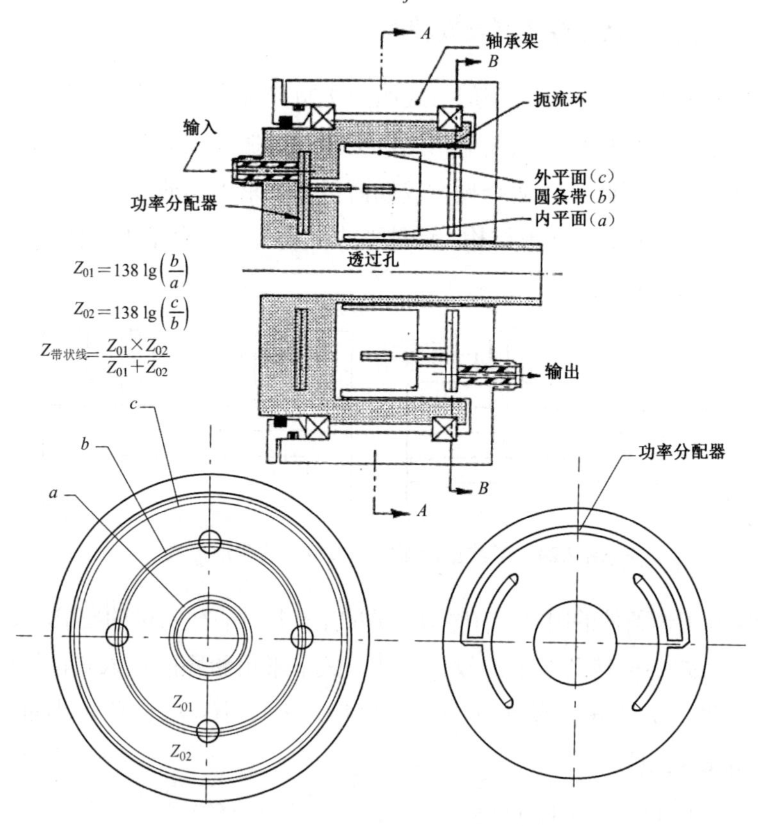

图 7.26 宽带旋转关节的设计

$$Z_{0j}=\frac{Z_{01j}\cdot Z_{02j}}{Z_{01j}+Z_{02j}} \tag{7.31}$$

在这种关节的设计中，中间套筒的激励点数和激励点的位置直接影响关节的工作带宽，一般采用多点对称激励，以防止激发高次模、降低电性能。激励的点多可保证电性能，但结构复杂，通常要折中考虑，常采用四点激励或两点激励。

这种旋转关节可以实现宽带和小型化，带宽可以达到倍频程。同时，由于该形式旋转关节内层导体中心形成一个直径较大的通道，因此非常适合用来进行多通道旋转关节的设计。

7.4.1.6　盘式旋转关节

盘式旋转关节也称饼式旋转关节[12]，其结构如图 7.27 所示。它由同轴线、内导体和腔体 3 个部分组成，通过内导体把输入同轴线的 TEM 模转换成径向腔中的 TM 模，再通过同轴/径向腔垂直过渡将 TM 模转换成主同轴线中的 TEM 模。内导体终端在同轴线外导体边缘处短路，构成一个耦合环，一分二功分器的两个终端通过耦合环对称激励起 TEM 模。两点激励既可以避免高次模的产生，又可以展宽带宽，当同轴线尺寸过大时，也常采用一分四功分器进行对称激励。

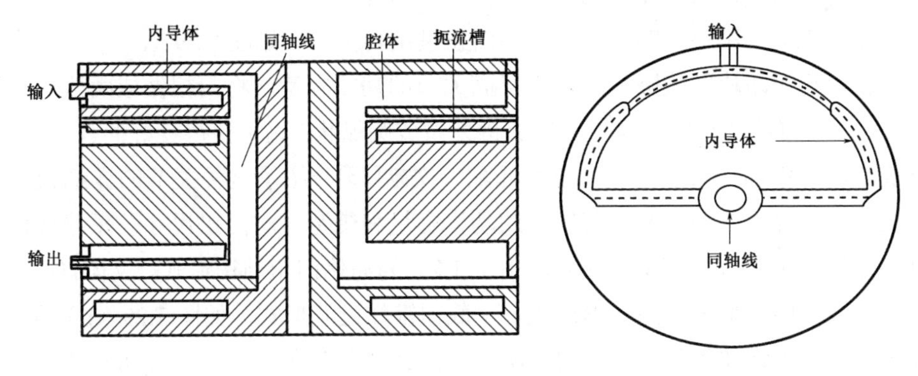

图 7.27　盘式旋转关节结构

盘式旋转关节具有体积小、结构紧凑等特点，在 20%的带宽内性能指标良好，且具有通过多路同心堆叠来实现多通道的功能。实测结果如图 7.28 所示。

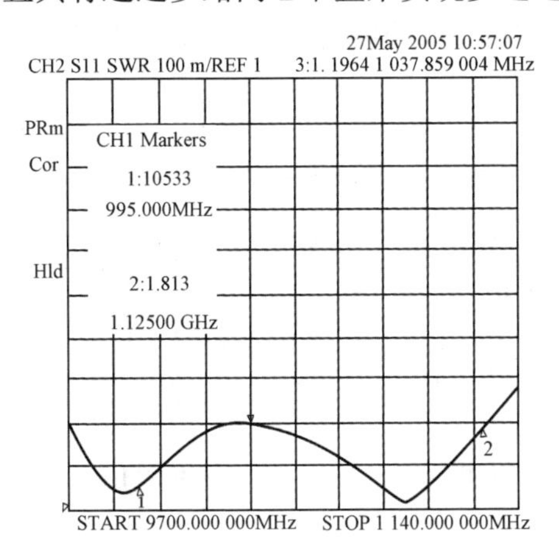

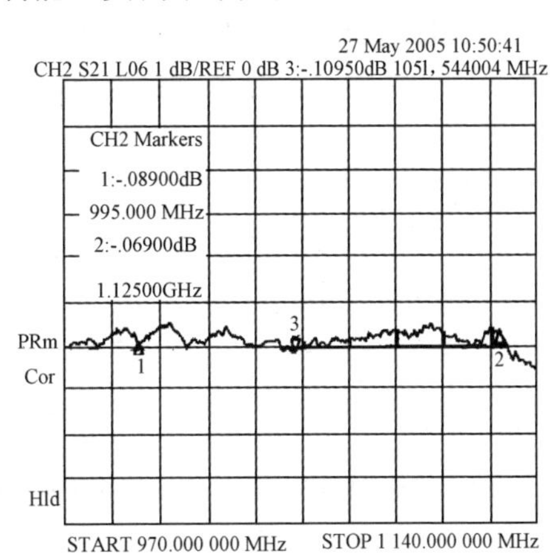

图 7.28　盘式旋转关节实测结果

7.4.2 单通道波导型微波旋转关节

波导型旋转关节形式多种多样，有波导同轴型旋转关节、圆波导旋转关节、波导 0dB 耦合器旋转关节，对称激励大口径同轴型旋转关节、阶梯扭波导旋转关节等。

7.4.2.1 波导同轴型旋转关节

波导同轴型旋转关节由两个波导同轴转换加上同轴扼流接头组合而成，在设计过程中，同轴线尺寸的选择及波导同轴转换的形式比较关键，同轴线尺寸一般要求满足只能传输主模 TEM 模，即 $(a+b) \leqslant \lambda/(1.1\pi)$（其中，$a$ 为外导体内径，b 为内导体外径，λ为最短安全波长）。各种不同形式的同轴波导转换可以构成各种各样的旋转关节。这里介绍几种常用的关节形式。

在工程上应用最广的是一种波导门扭型旋转关节。如图 7.29（a）所示，为拓宽带宽，将短路块做成圆弧形，为提高关节的功率容量，将门扭做成两段相切的圆弧，同时将波导与同轴线外导体交接处做成圆弧状，为了获得良好的驻波性能，一般在波导中加一对感性膜片进行匹配。文献[13]介绍了这种关节的详细设计方法及实验情况，这种关节具有较高的功率容量和带宽，对门扭尺寸及短路块位置进行优化，在 15%的带宽内驻波比小于 1.2。为简化门扭结构形式，文献[14]介绍了一种波导门扭型关节的变形形式——截顶锥体过渡形式，如图 7.29（b）所示，采用这种截顶锥体代替常用的门扭所研制的旋转关节在 X 波段带宽可达 10%，并且具有良好的匹配性能，同时不需要加感性膜片来调配。最简单的门扭形式是图 7.29（c）所示结构，采用圆柱体匹配形式，当对关节峰值功率要求不是很严格时，采用这种圆柱体门扭形式的旋转关节可以获得最简单的结构形式，同时也不需要加膜片调配，在 16%的带宽内，可以获得良好的驻波特性。其实截顶锥体过渡式和圆柱体匹配形式都可看成门扭式的变形。

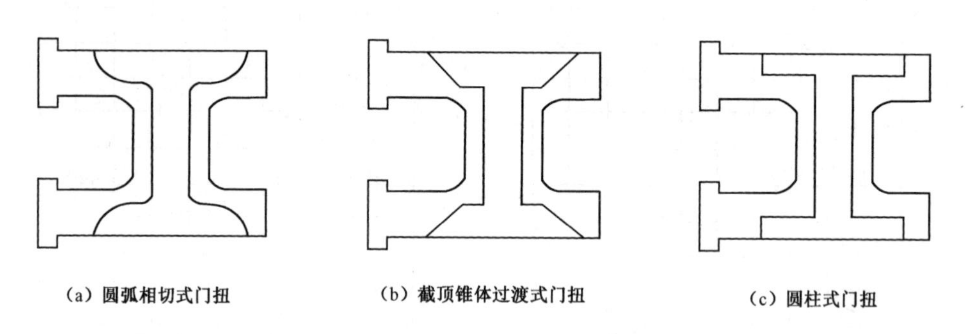

（a）圆弧相切式门扭　　（b）截顶锥体过渡式门扭　　（c）圆柱式门扭

图 7.29 波导门扭型旋转关节及其变形形式

上述这三种形式关节内外导体都需要采取扼流结构，内导体门扭可以设计在内导体上，也可以设计在门扭处。有时为简化关节形式，可以采用图 7.30 所示的形式，关节一端采用门扭形式，另一端采用探球激励，这种形式的关节内导体无须扼流，只要适当调整探球的高度及短路块的位置就可以获得良好的性能。

为了工程需要，通常需要研制 L 形和 I 形转动关节，图 7.31 为这两种结构的常用关节，图 7.31（a）、图 7.31（b）为 L 形关节，图 7.31（c）为 I 形关节。图 7.31（a）一端采用耦合环结构，另一端采用探球激励，图 7.31（b）采用耦合环和门扭相结合的方式，图 7.31（c）两端都采用耦合环形式，为拓宽关节的带宽，一般采用增加耦合环的接触面积的方法。

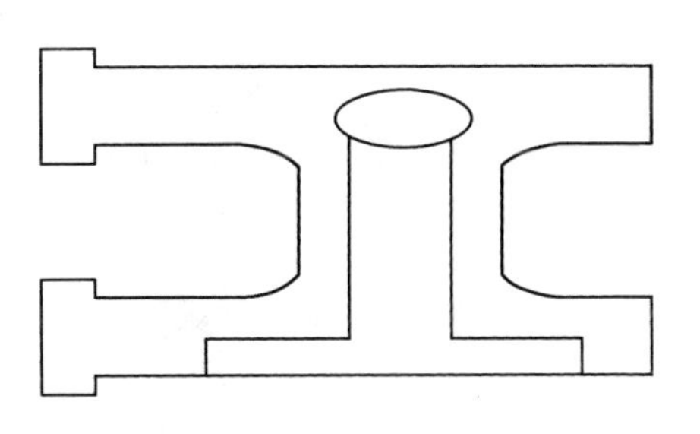

图 7.30　门扭探球式交连

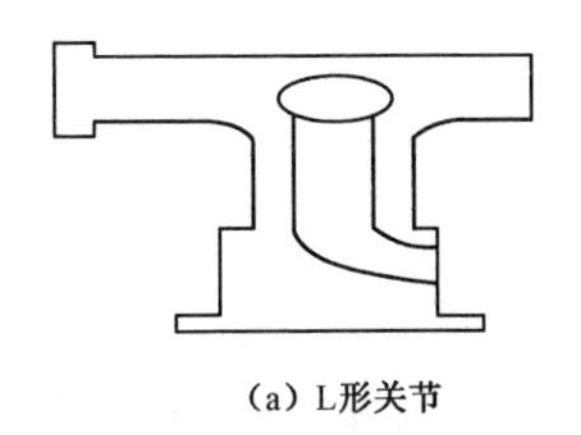

（a）L形关节

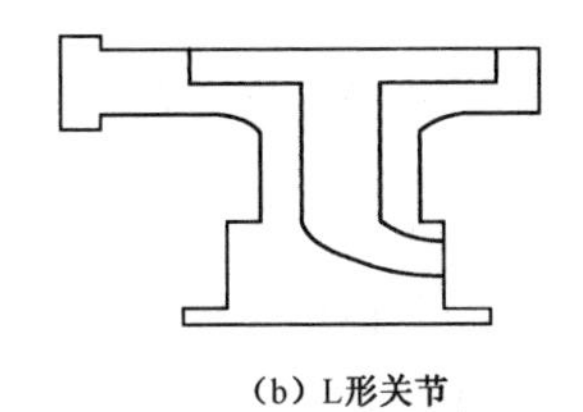

（b）L形关节

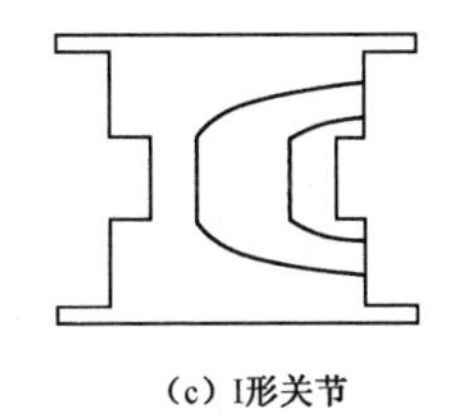

（c）I形关节

图 7.31　L 形和 I 形关节结构

在波导同轴型旋转关节的设计过程中，带宽是一个非常重要的指标，获得超宽带宽经常需要采取特别的措施。脊波导变换是一种成功的方法。脊波导变换主要是利用脊波导阻抗比较小，同时阻抗特性随频率变化非常缓慢的特点来获得较宽的带宽，图 7.32 所示的宽带关节采用探球激励与脊波导变换相结合的设计形式[15]，在 X 波段 20%～25%的带宽内驻波系数都优于 1.2。这种形式旋转关节内导体不需要采取扼流结构，结构形式非常简单，可靠性好，已广泛应用于机载火控雷达馈线系统中。

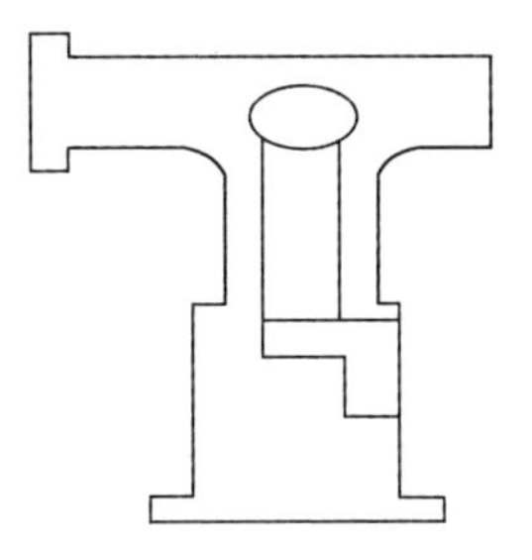

图 7.32　宽带关节结构

7.4.2.2　圆波导旋转关节

图 7.33 所示的圆波导旋转关节在实际中得到广泛的应用[16]，尤其适用于大功率情况下，这种关节由圆波导扼流旋转接头和两端接 TE_{10} 模到圆波导 TM_{01} 模转

换器组成。这种关节设计的关键在于圆波导半径的选择、转动关节长度 L 的选取及匹配块的形式。

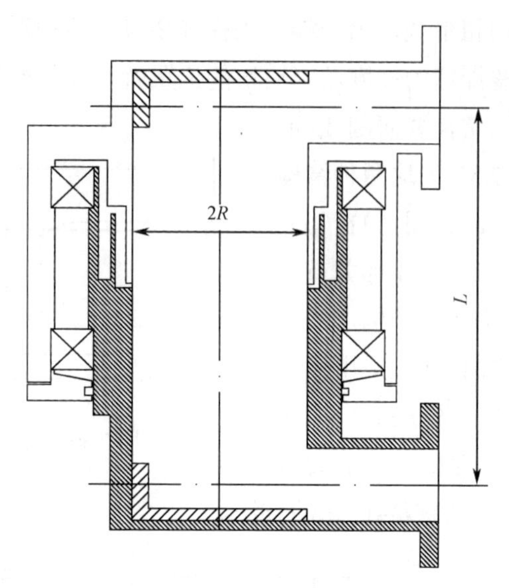

图 7.33　圆波导旋转关节

1）圆波导半径 R 的选择原则

圆波导旋转关节利用圆对称的 TM_{01} 模，为实现 TM_{01} 模的传播，其工作波长 λ 必须小于 TM_{01} 模的截止波长 2.61R，即 $\lambda < 2.61R$。另外，必须保证比 TM_{01} 模稍高次的 TE_{21} 模在圆波导中不能传输，因此，必须使工作波长 λ 大于 TE_{21} 波的截止波长 2.06R，即 $\lambda > 2.06R$。因此，旋转关节的圆波导半径 R 在工作波长 λ 范围内必须满足

$$2.06 < \frac{\lambda}{R} < 2.61 \tag{7.32}$$

考虑到 λ/R 选得过于靠近 2.61 时，TM_{01} 波截止衰减很快，增大了旋转关节的损耗。因此，在保证工作频带内不出现 TE_{21} 波能传输的条件下，尽可能将 R 取大一些，以减小圆波导中的损耗。通常取 $\lambda/R=2.2$[11]。

转动关节长度 L 的选择一般满足：

$$L = \frac{N}{2}\lambda_{g0TM01} \quad (N=\text{整数}) \tag{7.33}$$

λ_{g0TM01} 是中心频率的圆波导 TM_{01} 模的波导波长。

$$\lambda_{g0TM01} = \frac{\lambda_0}{\sqrt{1-\left(\dfrac{\lambda_0}{2.62R}\right)^2}} \tag{7.34}$$

实际上，L 约等于 λ_{g0TM01}，通常在 $0.95\lambda_{g0TM01}$ ~ $1.05\lambda_{g0TM01}$ 取值。L 取得太大，不仅使旋转关节过于笨重，也使频带变窄。

2）匹配块形式的选择

匹配块是匹配的关键元件，它的作用是降低圆形-矩形波导过渡器的驻波比，拟制圆波导中最低次模 TE_{11} 模。以减小旋转关节驻波比随旋转而变化。匹配块结构形式如图 7.34 所示，其经验公式如下：

$$h \approx 0.9b \tag{7.35}$$

式中，b 为矩形波导窄边高度。

$$t_1 \approx 0 \sim 0.08b \tag{7.36}$$

t_1 的取值范围为 t_2 的取值与其对应的弧相关联。

$$APB \leqslant \pi/2 \tag{7.37}$$

为提高功率容量，匹配块尖角部分倒圆弧

$$R_1 = t_1, \quad R_2 = t_2/2 \tag{7.38}$$

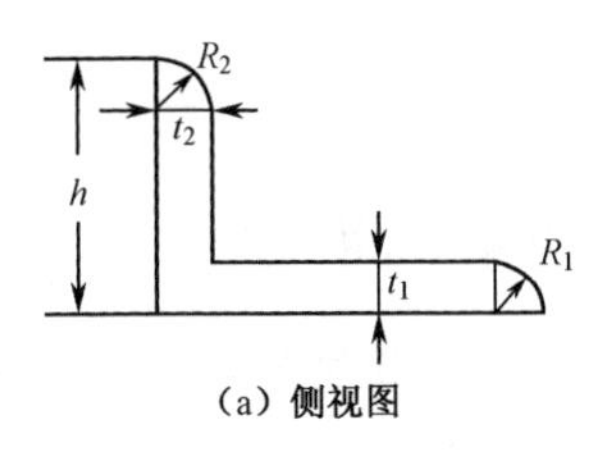

（a）侧视图

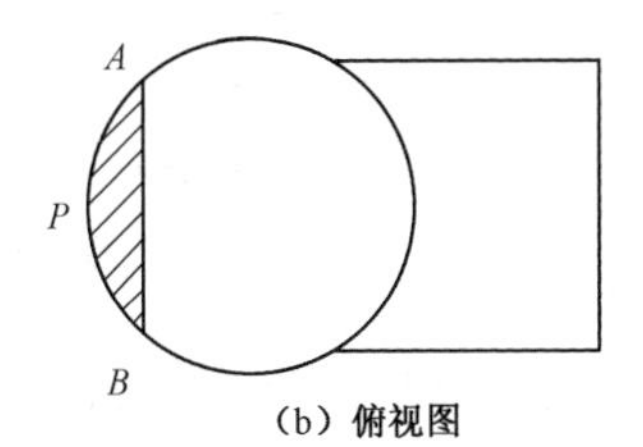

（b）俯视图

图 7.34 匹配块结构形式

上述圆波导旋转关节在 10%频带内，驻波比可以做到小于 1.2。

7.4.2.3 波导 0dB 耦合器旋转关节

波导 0dB 耦合器旋转关节由三层波导环窄边共壁组成[17]，中间波导环为一行波腔，它与上下波导通过窄边开孔实现相互耦合。中间波导环宽边中心线开缝，可作 360° 旋转，如图 7.35 所示。中间波导宽边中心线开缝不会明显影响该波导的性能，因为该缝隙不切断波导内表面的纵向电流。输入波导与中间波导构成一个 0dB 耦合器。中间环与输出波导也构成一个 0dB 耦合器。中间环的平均周长为中心频率导内波长的整数倍，环内的电磁波呈行波状态。由于在中间波导环宽边中央开缝实现旋转，因此环在旋转过程中仍能实现 0dB 耦合输入、输出。当频率不为中心频率时，中间环内的电磁波处于复合状态，旋转接头的输出与转角有关。当频率变换到电磁波在中间环内传输一周后反向时，电磁波呈现截止状态。在两个截止频率中间 2/3 的频带内其损耗有可能达到 1.2dB。在两个截止频率中间 1/3

的频带内，其损耗有可能小于 0.5 dB。这种类型的波导转接头可传输的峰值功率较高，C 波段可达 1MW，X 波段可达 250kW。

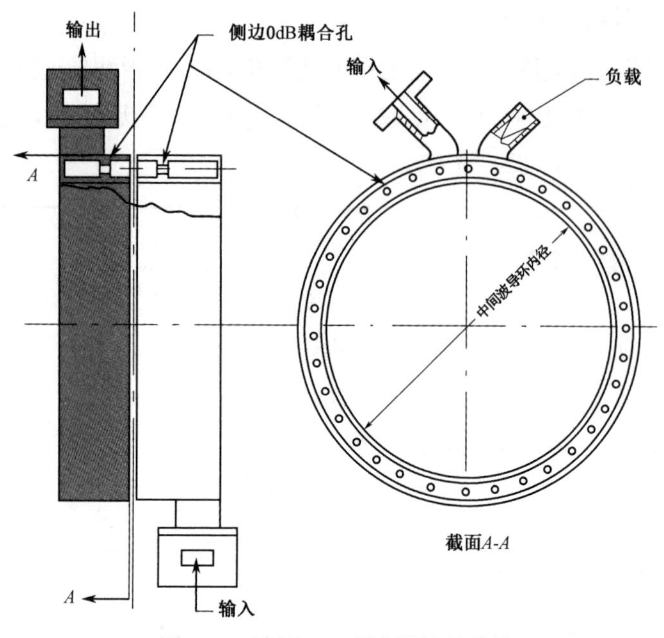

图 7.35 波导 0dB 耦合器旋转关节

这种关节的缺点是频带较窄，360° 旋转时一般带宽小于 5%，旋转时引入的插入相移较大。但由于这种关节是环状结构，中间空间较大，可以插入波导或同轴线组成多路旋转关节。

7.4.2.4 对称激励大口径同轴型旋转关节

对称激励大口径同轴型旋转关节如图 7.36 所示，其采用矩形波导两点激励大口径同轴门扭式旋转关节方案，这种旋转关节通过波导单 T 或波导魔 T 将微波功率先分成等幅同相的两路信号，对称激励一个大口径的同轴线结构形式。为了能够传输超大功率，同轴线尺寸必须尽可能大，但尺寸太大，高次模就可以传输，单点激励方案没办法消除这种高次模的影响，旋转起来性能变化非常大，因而无法使用，因此单点激励的同轴波导旋转关节必须满足同轴线的主模传输条件。通过矩形波导双 T 或魔 T 等幅同相对称激励，采用适当的匹配形式，在同轴线中只激励起对称的工作模式（主模），而非对称的模式可以得到很好的抑制。因此，合适地选择同轴线的尺寸，可以使这种结构形式的旋转关节传输较大的微波功率，且电性能指标非常好。

如图 7.36 所示，该旋转关节主要由魔 T、波导弯头、大口径同轴线到矩形波导的 1:2 功率分配器及同轴扼流结构等组成，因此首先要对这些基本器件进行研制。魔 T 采用 H 面折叠魔 T 结构形式，波导弯头采用小半径弯、大口径同轴线到矩形波导的 1:2 功率分配器采用门扭结构形式，将上述部件组合起来，再加上适当的扼流结构就构成一个完整的旋转关节，该型旋转关节在 X 频段 15%的带宽内，驻波小于 1.2，损耗小于 0.2dB，平均功率为 10kW。

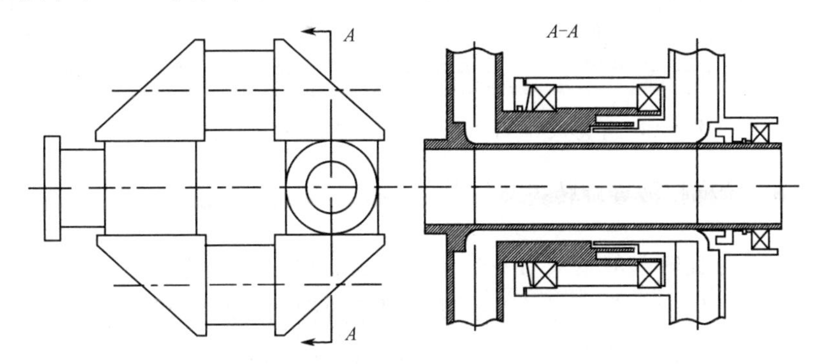

图 7.36　对称激励大口径同轴型旋转关节

7.4.2.5　TE_{01} 模大功率旋转关节

TE_{01} 模大功率旋转关节如图 7.37 所示，矩形波导 TE_{10} 模到同轴线 TE_{01} 模式转换示意图如图 7.38 所示，通过矩形波导 E 面单 T 将功率分成 16 路，每一路矩形波导与一个扇形波导相连，16 个扇形波导排成一个圆环，通过这 16 个扇形波导等幅同相地激励一段特大尺寸同轴线。由于扇形波导内只有 TE_{01} 模，因此所激励的模只有 TE_{01} 模，通过尺寸选择可以保证不会激励起高次模。由于 H_{01} 模没有纵向电流，因此旋转连接处不必加扼流装置。文献[3]给出了一个 C 波段旋转关节的设计模型，旋转关节带宽超过 10%，功率容量达到数兆瓦。

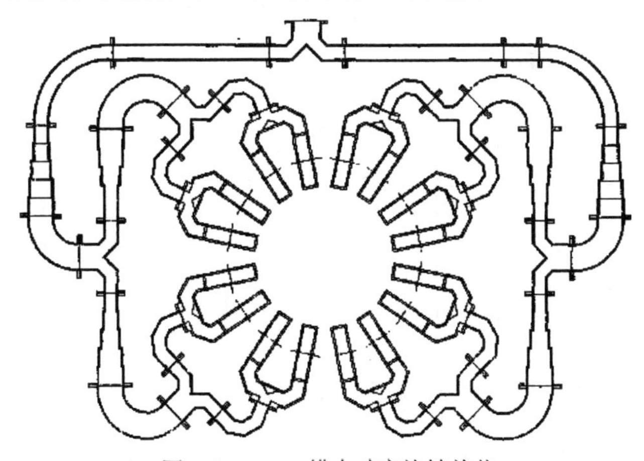

图 7.37　TE_{01} 模大功率旋转关节

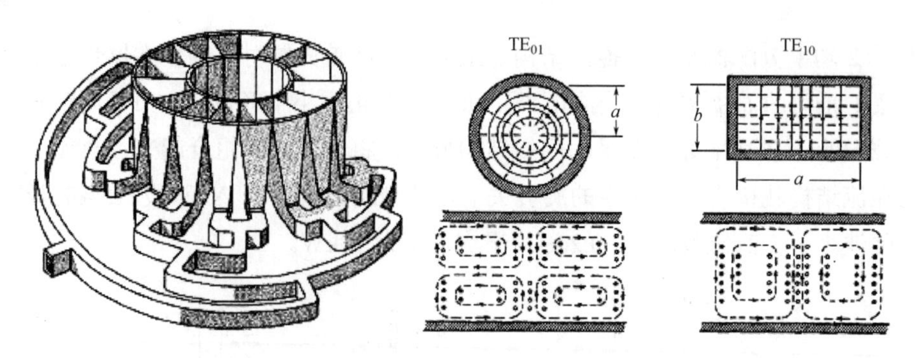

图 7.38　矩形波导 TE_{10} 模到同轴线 TE_{01} 模式转换示意图

7.4.2.6　阶梯扭波导旋转关节

阶梯扭波导旋转关节是采用多段 1/4 波长的矩形波导段按一定规律扭转一个角度连接在一起的波导段，旋转关节设计采用阶梯扭转波导的工作原理，选择适当的波导段数，各波导段之间扭角按一定的规律做相对运动，获得宽频带、驻波性能好、耐高功率等指标要求。由于它超过设定转角后电气性能变坏，不能 360°旋转，只适用于一定转动角度范围。

图 7.39 所示为四片波导段叠加式阶梯扭波导旋转关节[18]，第一段波导段与固定波导口对接，最后一段波导段与转动波导口连接，四片波导段之间能相互运动。在零位时，所有波导口对准，相当于一根直通波导。当旋转关节朝一个方向转动时，带动第一段波导段转动，第一段波导段同时带动第二、第三、第四段波导段按特定速比运动，保证各波导口之间的夹角满足 1∶2∶2∶1 的比例关系，此时旋转关节等效为阶梯扭波导的作用，以确保微波信号的正常传输。

这种旋转关节转动角度一般不能太大，主要是机械要求较高，转动过程中要求转动平稳可靠，角度精度高，驱动机构采用圆柱齿轮机构，旋转关节在±120°范围内，带宽满足 4GHz 要求。

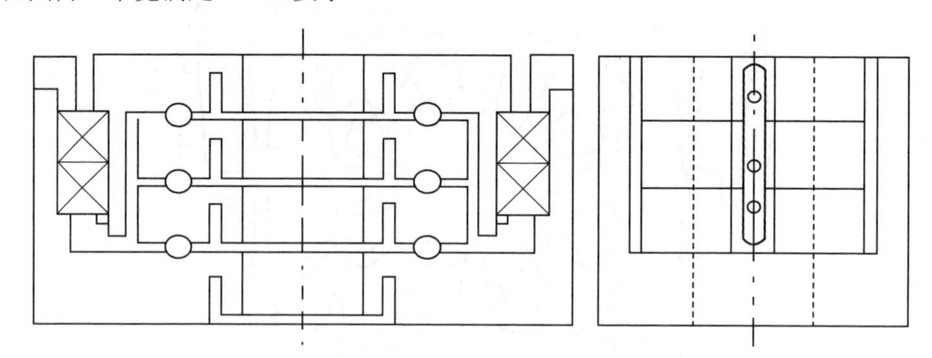

图 7.39　四片波导段叠加式阶梯扭波导旋转关节

7.5　双通道微波旋转关节

双通道微波旋转关节一般由各种形式的单通道微波旋转关节组合而成，根据输入/输出传输线类型不同，通常将旋转关节分为双通道同轴型、波导同轴组合型及双通道波导型三种类型。

7.5.1　双通道同轴型微波旋转关节

双通道同轴型微波旋转关节一般采用同轴嵌套结构形式，第二路可采用直通式结构形式，也可以采用 T 形接头式结构形式，从第一路旋转关节中心穿过，第一路采用 T 形接头式同轴型旋转关节结构形式，第 1 路 T 形接头的内导体既是第一路旋转关节同轴结构的内导体，又是第二路同轴结构的外导体。图 7.40 所示为一标准双通道同轴型微波旋转关节，旋转关节设计采用标准 T 形接头形式，内外导体扼流结构为标准 1/4λ 开短路结构形式，这种形式的旋转关节通道间去耦合主要是采用两级标准 1/4λ 开短路扼流结构，一般隔离度可以达到 50dB 以上，但加工难度较大。当对双通道间隔离要求不十分严格时，可以采用图 7.41 所示的结构形式[19]，其两路之间采用一段电容耦合形式，这种形式的旋转关节结构形式较简单，但双通道间隔离一般在 30dB 左右，图 7.42 给出了其计算与测试数据的比较。

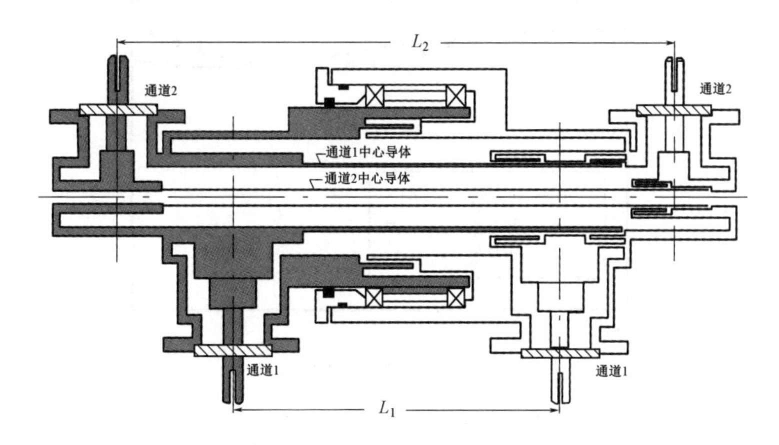

图 7.40　双通道同轴型微波旋转关节

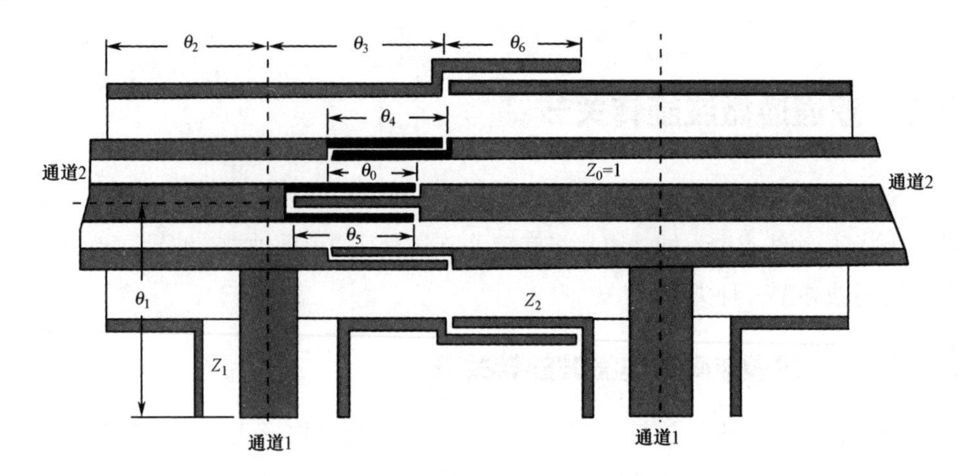

图 7.41　双通道同轴型微波旋转关节电容耦合形式

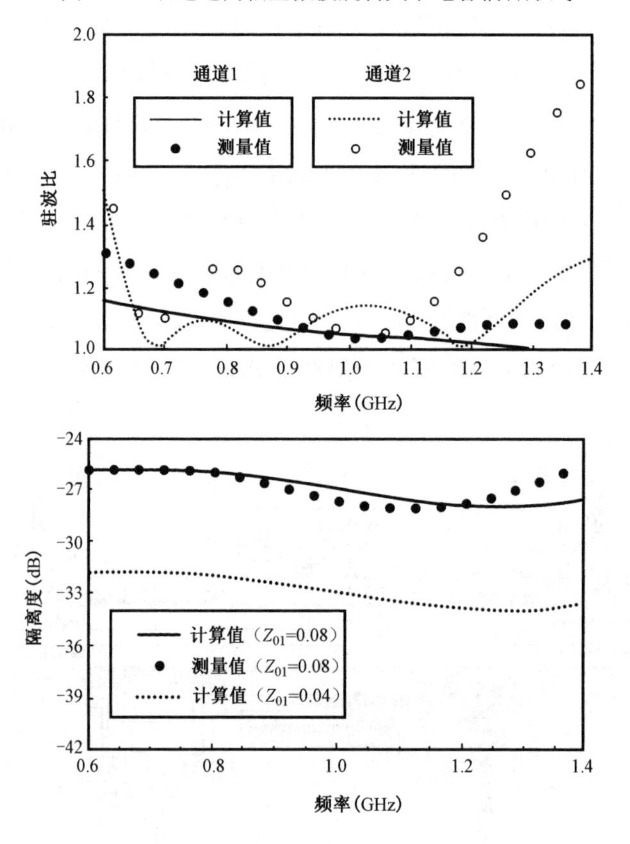

图 7.42　双通道同轴型微波旋转关节驻波、隔离数据

7.5.2　双通道波导型微波旋转关节

双通道波导型微波旋转关节有多种形式，最典型的一种如图 7.43 所示，该旋

转关节采用波导门扭结构形式，两通道之间采用同轴嵌套，第一路同轴线的内导体同时是第二路同轴线的外导体，各通道单独设计后进行组合即可。表 7.2 给出了一种 S 波段双通道波导型微波旋转关节的测试结果。

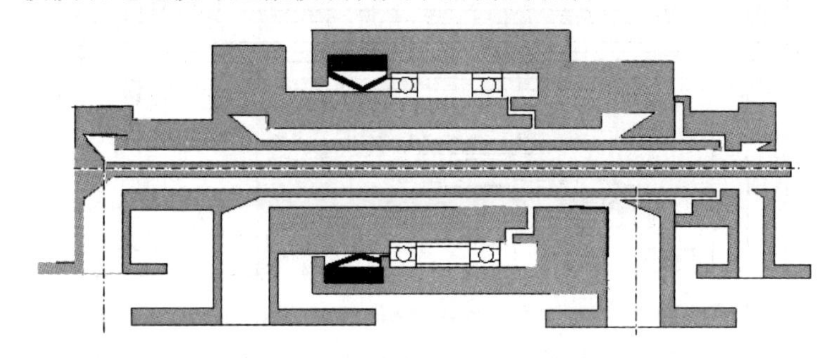

图 7.43　双通道波导型微波旋转关节

表 7.2　S 波段双通道波导型微波旋转关节的测试结果

内容	CH1	CH2
频率（GHz）	S 波段 15%带宽	S 波段 15%带宽
电压驻波比	≤1.15	≤1.15
电压驻波比转动起伏	≤0.02	≤0.03
插入损耗（dB）	≤0.20dB	≤0.20dB
插入损耗转动起伏（dB）	≤0.02dB	≤0.03dB
峰值功率	≥1MW	≥1MW
平均功率	≥3kW	≥3kW
两通道间隔离（dB）	≥60dB	

将双通道波导型微波旋转关节外面一路的波导门扭转换去掉，换成同轴接头，如图 7.44 所示，就成为一个双通道波导、同轴组合式微波旋转关节。

另一种双通道波导型微波旋转关节采用圆波导结构形式，通常圆波导旋转关节一般不采用具有极性的 TE_{11} 模，但圆极化的 TE_{11} 模除插入相移外，其他传输特性并不随旋转关节的转动而变化。利用圆极化 TE_{11} 模和 TM_{01} 模的两路高功率旋转关节[4]如图 7.45 所示，工作原理如下。

（1）通道 1 信号由矩形波导输入，通过一定的激励装置，在圆波导中激励起 TE_{11} 模，通过圆波导中的极化脊将有极性的 TE_{11} 模转换成圆极化的 TE_{11} 模，通过圆波导扼流装置后，由对称的极化脊将圆极化的 TE_{11} 模转换成有极性的 TE_{11} 模，再通过耦合装置将圆波导中的 TE_{11} 模转换成矩形波导中的 TE_{10} 模。

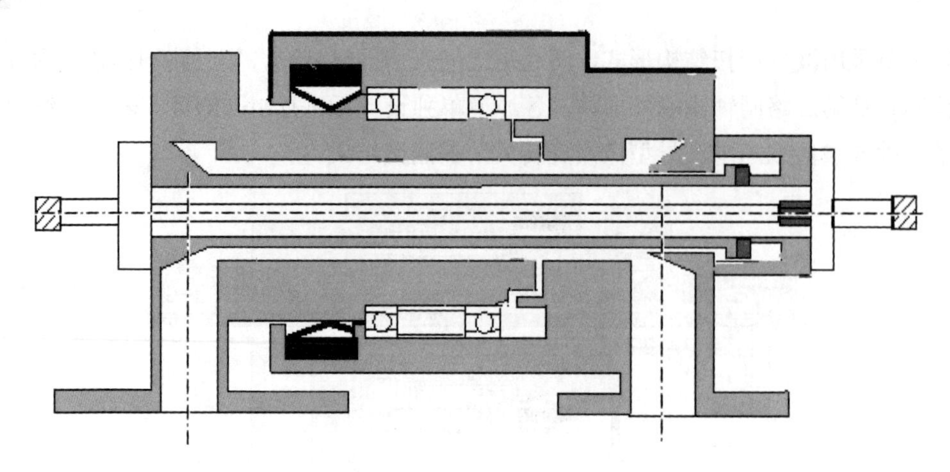

图 7.44　双通道波导、同轴组合式微波旋转关节

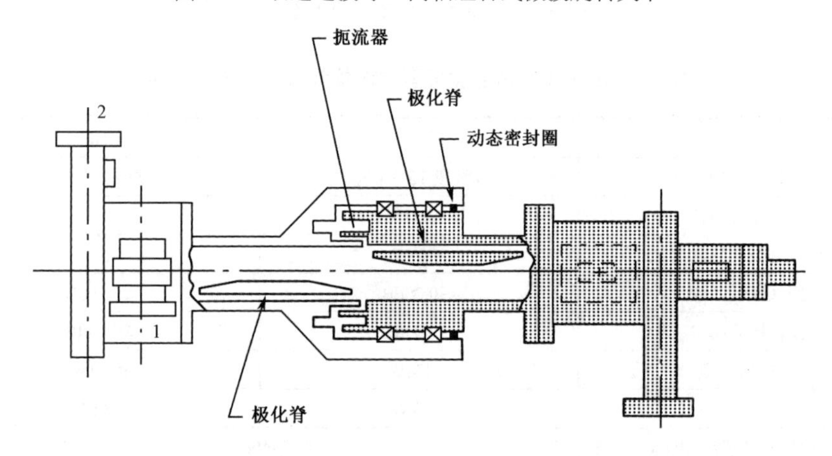

图 7.45　利用圆极化 TE_{11} 模和 TM_{01} 模的两路高功率旋转关节

（2）通道 2 信号通过一定的激励装置，在圆波导中激励起 TM_{01} 模，TM_{01} 模在圆波导中对称传输。为减小极化脊对 TM_{01} 模不连续性的影响，一般通过增加极化脊的长度、降低极化脊的高度来实现。

这种形式的旋转关节由于转动部分采用圆波导金属腔体结构，散热条件非常好，因此特别适用于双通道高平均功率的场合，在 X 波段旋转关节可以承受 12.5kW 的连续波功率。

7.6　多通道微波旋转关节

多路微波旋转关节由单路关节组合而成，在航管雷达、地面情报雷达、机载预警雷达领域有着广泛的应用，在通常情况下，旋转关节中还需要集成多路汇流环和同步轮系等结构，图 7.46 所示为一个典型的多通道微波旋转关节外形[20]。

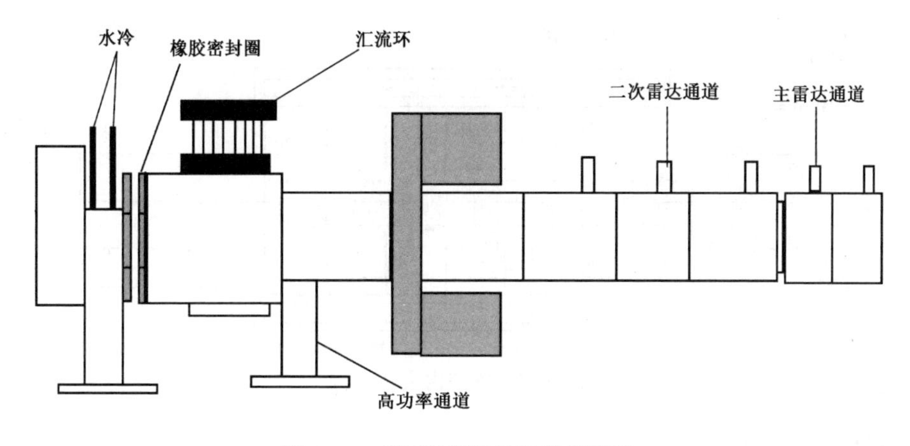

图 7.46　多通道微波旋转关节外形

这种形式的多通道微波旋转关节一般为一到两路高功率波导通道，其余为中功率或低功率同轴通道，高功率波导通道一般采用波导门扭式结构，中功率或低功率同轴通道通常采用盘式（饼式）、同轴短截线或者谐振腔形式关节等多种形式。旋转关节的整体布局常采用附路内夹式和附路外挂式两种形式。

附路内夹式结构如图 7.47 所示，这种形式的旋转关节是所有附路套装在主路大功率波导同轴旋转关节中间，从主路旋转关节同轴线外导体外部穿过。这种旋转关节的主要特点如下。

（1）主路同轴线内外导体外径要求不能太大，附路才能从主路同轴线外导体外面穿过。主路同轴线的直径直接影响到附路通孔的大小，对主路的功率、损耗有一定的影响。

（2）附路旋转关节同轴线口径大，旋转关节中心必须形成一个大孔来穿过主路同轴线。孔越大，旋转关节设计难度越大，旋转关节的性能指标也受影响。同时，整个旋转关节的体积、质量也会相应地外扩和增大；附路的可生产性下降，生产成本增加。

（3）主路旋转关节同轴线的长度很长，而主路旋转关节一般为高功率、要求高，因此主路的生产加工难度大，同时，由于长线效应的影响，主通道的性能指标相对下降。

（4）旋转关节测试性和维护性较差，主路难以单独进行测试，附路维护时必须将主路拆开。

附路外挂式旋转关节结构如图 7.48 所示，这种形式的旋转关节是主附路分别设计和装配，将所有附路挂在主路旋转关节的一侧，附路信号通过细的半刚性电缆从主通道内导体同轴线中心穿过。附路是通过主路旋转关节的同轴线内导体来传动的。这种旋转关节的特点如下。

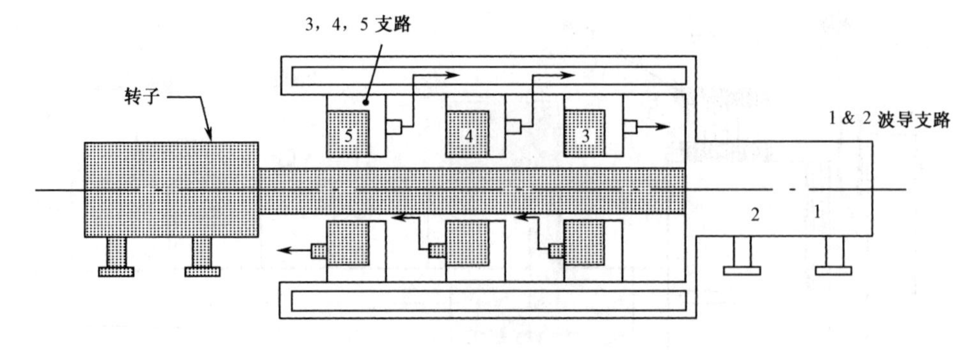

图 7.47　附路内夹式结构

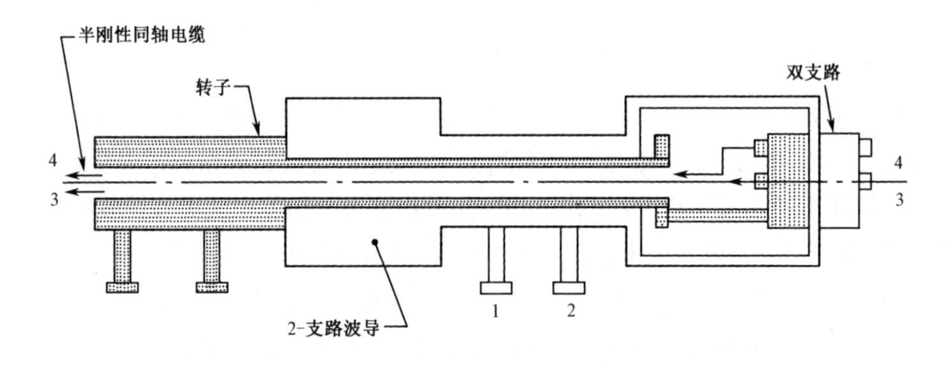

图 7.48　附路外挂式旋转关节结构

（1）主路同轴线内导体外径要求较大，才能形成一个较大的通孔来穿过信号传输的半刚性同轴线，主路同轴线尺寸大，因此主路的功率容量较大。

（2）附路传输电缆要从主路同轴线内导体中部穿过，因此电缆尺寸有限，对附路的功率、损耗有一定的影响。

（3）附路旋转关节同轴线口径比较小，因为只需穿过自身的细电缆即可，在这种情况下，旋转关节的性能指标可以做得较好些。同时，旋转关节的体积、质量可以做到比较小；附路的可生产性好，生产成本低。

（4）主路旋转关节同轴线的长度可以比较小，主路的生产加工难度相应降低，同时，可以避免周期性长线的影响，性能指标可以做得更好。

（5）旋转关节测试性较好，主路、附路可以单独进行测试，附路维护与主路没有直接的关系。

根据上述两种形式旋转关节特点的对比，主路外挂式旋转关节结构形式具有明显的优势，目前国际上多通道旋转关节设计一般采用附路外挂式旋转关节结构形式，有时根据需要，也采用附路内夹式和附路外挂式两种形式的组合方案，图 7.49 给出了一种组合式 6 通道旋转关节的外形结构，表 7.3 给出了该 6 通道旋转关节的测试结果。

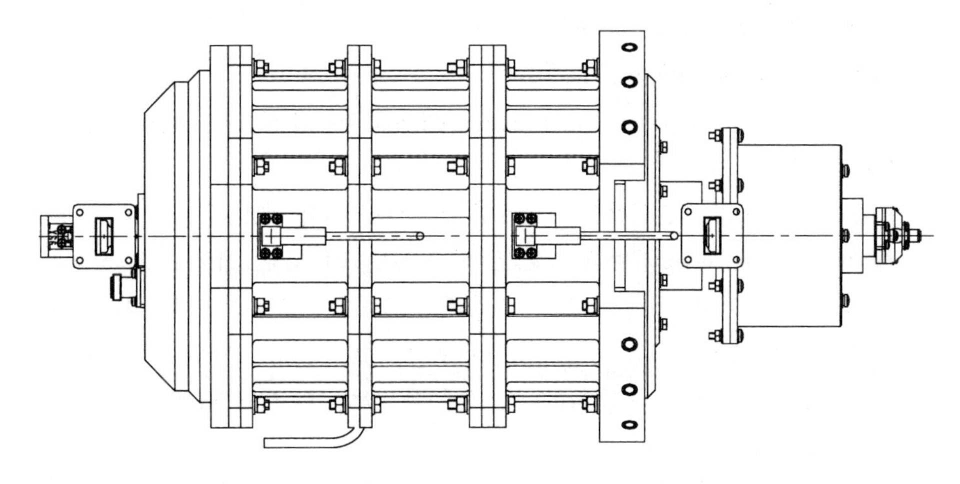

图 7.49　组合式 6 通道旋转关节的外形结构

表 7.3　6 通道旋转关节的测试结果

项目	CH1	CH2	CH3	CH4	CH5	CH6
接口	BJ100 波导	SMA	SMA	N	N	N
频带	X 波段	X 波段	X 波段	L 波段	L 波段	L 波段
带宽	10%	10%	15%	20%	20%	20%
驻波比	≤1.15	≤1.3	≤1.3	≤1.3	≤1.3	≤1.3
损耗	≤0.2 dB	≤1 dB	≤1 dB	≤0.5 dB	≤0.5 dB	≤0.5 dB
峰值功率	≥100	小功率	小功率	≥10	≥10	≥10
平均功率	≥3	小功率	小功率	≥0.1	≥0.1	≥0.1
通道隔离	≥60dB					

本章参考文献

[1] ALison W. 波导元件机械公差手册[M]. 周冠杰，等译. 北京：机械电子工业部第十四研究所，1990.

[2] 李永忠. 一种特大功率的双路波导旋转关节.

[3] SMITH P H, MONGOLD G H. A high-power rotary joint[J]. IEEE Vol. MTT-12, 1964(1): 55-58.

[4] WOODWARD O M. A Dual-Channel Rotary Joint for High Average Power Operation[J]. IEEE. VOL. MTT, 1970(12): 1072-1077.

[5] 胡济芳. 转动交连扼流槽的驻波和相移计算[J]. 现代雷达，1999(2): 82-86.

[6] 微波工程手册.微波工程手册编译组，1972.

[7] KEVLIN Rotary Joints 产品手册.

[8] SPINNER Rotary Joints 产品手册.

[9] RAGAN G L. Microwave Transmission Circuit. Radition Laboratory Series(9): 170-182.

[10] 殷连生. 重入式小型双路旋转交连的分析与研究[J]. 现代雷达，1990, 60-66.

[11] 殷连生，华光. 宽带双路转动交连的研究[J]. 现代雷达，1993(12): 58-64.

[12] 王群杰，等. 可堆积饼式旋转关节的设计[J]. 雷达与对抗，2006(4): 42-44.

[13] 居军. 门扭式波导-同轴交连的工程设计[J]. 微波学报，2003，19(4): 83-86.

[14] 刘濂. X 波段双路旋转关节的设计及截顶锥体过渡的研究[J]. 现代雷达，1997(2): 61-65.

[15] 府大兴，顾平. 机载雷达新型旋转关节制造技术[J]. 电子机械工程，2003, 19(4): 42-46.

[16] 雷达馈线系统（下册）[M]. 长沙工学院四系翻印，1975.

[17] 李世智. 0dB 波导旋转连接器[J]. 雷达技术（馈线专辑），1979, 1(4): 26-33.

[18] 杨睿萍. 微波旋转关节结构设计研究[J]. 电子工程，2002(3): 32-37.

[19] 金谋平，祝金德. 同频两路交连的设计[J]. 现代雷达，1998(3): 79-81.

[20] SIVERS Rotary Joints Switches 产品手册.

第 8 章

天馈系统中的微波铁氧体器件

本章描述了环形器、隔离器、移相器、调制器等微波铁氧体器件的基本组成、工作原理、基本功能和特点，以及其在雷达和其他微波系统中的应用，并且概要介绍了各种不同用途、不同结构、不同频段微波铁氧体器件的设计方法和设计要点。

8.1 微波铁氧体材料和铁氧体器件基础

铁氧体材料是一种黑褐色的，具有亚铁磁性质的磁性材料。它质地硬而脆，通常由 Fe_2O_3 和其他一些二价金属氧化物按一定比例混合，经球磨、预烧、粉碎、压制、高温烧结等工艺制备而成。

铁氧体材料根据不同的分类标准，可以分成不同的种类或系列。

按晶体结构有三种主要类型：尖晶石型、石榴石型、磁铅石型。每种类型由于采用的金属氧化物不同，而具有不同的系列[1]。

按性能与用途来分主要有软磁、硬磁和微波铁氧体材料。

微波铁氧体在微波频率下损耗较小，与电磁波作用产生张量磁导率，因此产生特殊的旋磁效应。在晶体结构上尖晶石型、石榴石型、磁铅石型三种类型都有。

常用微波铁氧体中，尖晶石型有镁-锰系，镍-锌系及锂系；石榴石型有钇-铝系，钇-钆系及其他合成材料系列。每一种系列材料由于配方和掺杂不同而有不同电磁参数，适合不同的应用场合。

微波铁氧体的电阻率很高，$\rho=10^6\sim10^8\Omega\cdot\text{cm}$，损耗比较小，介电损耗角正切为 $10^{-4}\sim10^{-3}$，因此微波信号能在其中传播。而当微波铁氧体在外加恒磁场和微波电磁场的共同作用下时，铁氧体中的自旋电子不仅做自旋运动，还将环绕外加静磁场做旋转运动，这种双重运动称为进动。由于电子的进动，使铁氧体对微波传输呈现各向异性，其磁导率表现为张量，这是微波铁氧体的特性，也是构成微波铁氧体器件的基础[2]。

设外加恒磁场沿 z 方向，小信号下张量磁导率为

$$[\mu]=\begin{bmatrix}\mu & -\mathrm{j}\kappa & 0\\ \mathrm{j}\kappa & \mu & 0\\ 0 & 0 & \mu_0\end{bmatrix} \tag{8.1}$$

式中，$\mu_0\approx1$，而μ、κ为磁导率对角和非对角分量

$$\mu=1+\frac{\omega_0\omega_m}{\omega_0^2-\omega^2} \tag{8.2a}$$

$$\kappa = \frac{\omega \omega_m}{\omega_0^2 - \omega^2} \tag{8.2b}$$

式中，ω、ω_0 和 ω_m 分别为微波信号的角频率、进动角频率和磁化强度角频率。

定义归一化磁矩：$p = \frac{\omega_m}{\omega} = \frac{\gamma 4\pi M_s}{\omega}$；

归一化磁场：$\sigma = \frac{\omega_0}{\omega} = \frac{\gamma H_0}{\omega}$；

则：

$$\mu = 1 + \frac{\sigma p}{\sigma^2 - 1} \tag{8.3a}$$

$$\kappa = \frac{p}{\sigma^2 - 1} \tag{8.3b}$$

从式（8.2a）和式（8.2b）可以看出，当 $\omega=\omega_0$ 时，μ 和 κ 变为无穷大，表明铁氧体中发生共振吸收，因此称 ω_0 为共振频率，若外加磁场为 H_0，它在铁氧体中产生的内场为 H_i，则共振频率如式（8.4）所示。

$$\omega_0 = \gamma H_i = \gamma \sqrt{[H_0 + (N_x - N_z) 4\pi M_s] \cdot [H_0 + (N_y - N_z) 4\pi M_s]} \tag{8.4}$$

式中，γ 为旋磁比；$4\pi M_s$ 为铁氧体饱和磁化强度；N_x、N_y 和 N_z 为铁氧体形状退磁因子。

此外定义：有效磁导率：$\mu_e = \frac{\mu^2 - \kappa^2}{\mu}$；

左右圆极化波的正负旋磁导率：$\mu_{\pm} = \mu \mp \kappa$。

μ_e、κ/μ 与 p、σ 的关系曲线分别如图 8.1 和图 8.2 所示[3]。

把铁氧体放在各种形式的传输线中，并加上适当的外部磁化场，由于铁氧体各向异性的特点，就可构成各种微波铁氧体器件。

根据传输线的类别，微波铁氧体器件可以分为波导型、带线型和微带型。也可根据外加磁场来分，如果外加磁场是恒定的，则称为恒定磁场器件，如铁氧体环形器和隔离器；如果外加磁场是由线圈通过各种电流而产生的，则称为变动磁场器件，如铁氧体移相器、开关、调制器和变极化器等。

微波铁氧体器件的开发来源于雷达的需求，特别是接收系统的参量放大器需要把输入和放大信号分开，这就推动了铁氧体环形器的开发研制。经过几十年的努力，人类已开发研制出种类繁多的微波铁氧体器件，它们在雷达、通信和微波测量等系统中获得了广泛应用。

如今雷达系统中已应用了大量铁氧体器件，如馈线系统中的大功率隔离器，各种组件中的环形器、隔离器，相控阵电扫天线中的铁氧体移相器，还有接收系统及其他测量系统中的铁氧体开关、调制器、变极化器、耦合器等。由于篇幅有限，下面着重介绍一些常用及重要的微波铁氧体器件。

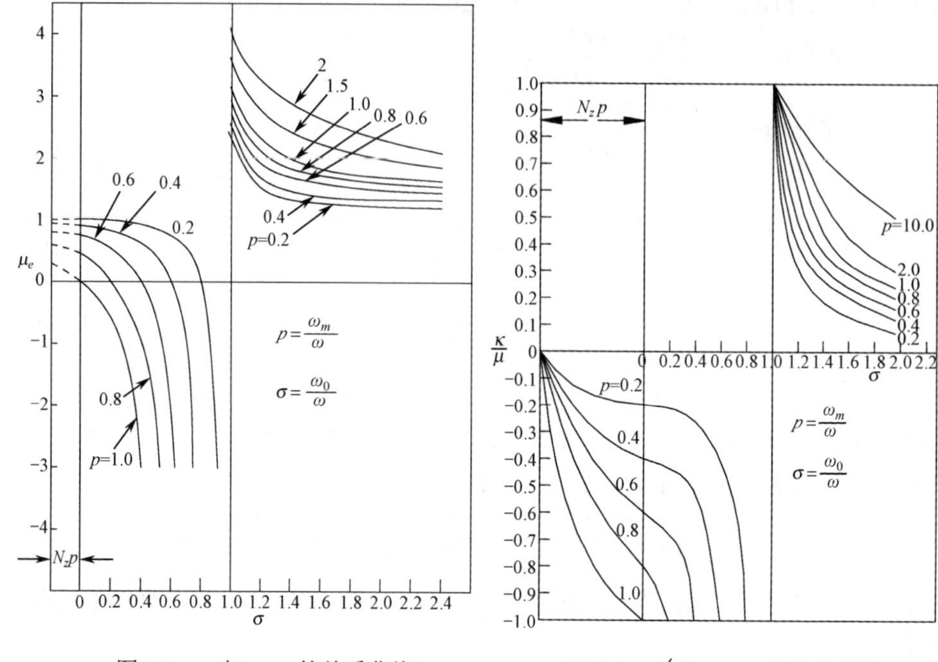

图 8.1　μ_e与p、σ的关系曲线　　　　图 8.2　κ/μ与p、σ的关系曲线

8.2　环形器/隔离器

环形器和隔离器是最早开发，也是目前最常用的微波铁氧体器件。环形器是三端口器件，隔离器是二端口器件，它们有各种形式。现在大部分隔离器都是在环形器的第三端加上吸收负载而形成的，因此本节着重介绍环形器。

环形器品种繁多，常用的有结环形器、差相移式环形器、双模变极化环形器等，其中结环形器又包括波导结、带线结、微带结、集中参数结环形器等，它们是目前生产数量最大、品种最多、频率覆盖范围最广的一类微波铁氧体器件，其特点是体积小、结构简单、连接方便。图 8.3 是一组结环形器/隔离器的实物照片。

图 8.3　结环形器/隔离器的实物照片

环形器的技术指标包括插入损耗（正向衰减）α_+、隔离（反向衰减）α_-、工作频带和各端口的电压驻波比等。设端口 1 的输入功率为 P_1，端口 2 和端口 3 的输出功率分别为 P_2 和 P_3，则

$$\alpha_+ = 10\lg\frac{P_1}{P_2} \tag{8.5a}$$

$$\alpha_- = 10\lg\frac{P_1}{P_3} \tag{8.5b}$$

环形器在馈线系统中主要有两种作用，一种作为隔离器用于稳定传输信号，另一种是作为双工器用于收发控制转接。对于大功率馈线系统一般需用差相移式环形器，而中等功率系统及各类组件则多采用结环形器。

8.2.1　结环形器

结环形器就是在 3 条呈 120° 的传输线（波导、带线、微带线均可，并标称为 1、2、3 端）交汇处形成的结（Junction）内放置铁氧体，然后调节外加磁偏场，由于铁氧体中的各向异性，可以使微波信号按 1→2→3→1 或 1→3→2→1 的方向环行。

对非互易结最简便的描述是采用微波网络理论中的散射矩阵方法[4]。对于一个对称的三端结，设入射波及反射波分别为 $\boldsymbol{a}$、$\boldsymbol{b}$，那么两者关系为：

$$\boldsymbol{b} = \boldsymbol{S}\boldsymbol{a} \tag{8.6}$$

展开成矩阵形式

$$\begin{bmatrix} b_1 \\ b_2 \\ b_3 \end{bmatrix} = \begin{bmatrix} s_{11} & s_{12} & s_{13} \\ s_{21} & s_{22} & s_{23} \\ s_{31} & s_{32} & s_{33} \end{bmatrix} \begin{bmatrix} a_1 \\ a_2 \\ a_3 \end{bmatrix} \tag{8.7}$$

式中，a_i 和 b_i（i 为 1、2、3）分别为 i 端口的入射波和反射波。考虑到结构的对称性，矩阵简化为

$$\begin{bmatrix} b_1 \\ b_2 \\ b_3 \end{bmatrix} = \begin{bmatrix} s_{11} & s_{12} & s_{13} \\ s_{13} & s_{11} & s_{12} \\ s_{12} & s_{13} & s_{11} \end{bmatrix} \begin{bmatrix} a_1 \\ a_2 \\ a_3 \end{bmatrix} \tag{8.8}$$

式中，s_{11} 是反射系数，s_{12} 和 s_{13} 是传输系数。
若系统是无耗的，根据能量守恒定律，散射矩阵满足下列条件

$$\boldsymbol{S}^{\sim *}\boldsymbol{S} = \boldsymbol{I} \tag{8.9}$$

式中，$\boldsymbol{S}^{\sim *}$是 $\boldsymbol{S}$ 的转置共轭矩阵；$\boldsymbol{I}$ 是单位矩阵。把式（8.8）代入式（8.9）并展开得：

$$|s_{11}|^2 + |s_{12}|^2 + |s_{13}|^2 = 1 \tag{8.10a}$$

$$s_{11}s_{12} + s_{12}s_{13} + s_{13}s_{11} = 0 \tag{8.10b}$$

从上面两式可以看出，当系统匹配时，$s_{11}=0$，于是，或$|s_{12}|=0$、$|s_{13}|=1$ 或$|s_{12}|=1$、$|s_{13}|=0$ 这就是一个理想环形器。由此得出这样的结论：一个匹配的无耗对称三端结就是一个理想环形器。

如果系统虽然无耗，但却不是理想匹配，那么对称三端结的$|s_{12}|$接近于 1，而$|s_{11}|$和$|s_{13}|$很小，式（8.10a）和式（8.10b）变成

$$|s_{11}| \approx |s_{13}| \tag{8.11a}$$

$$|s_{12}|^2 \approx 1 - 2|s_{11}|^2 \tag{8.11b}$$

可见，两端的最大隔离对应于第三端的最小驻波；最小插入损耗对应于最大隔离。

上面讨论的环形器称为同相环形器，还有一种环形器称为反相环形器，其散射矩阵为

$$\boldsymbol{S} = \begin{bmatrix} 0 & -1 & 0 \\ 0 & 0 & -1 \\ -1 & 0 & 0 \end{bmatrix} \tag{8.12}$$

以上同相或反相环形器是指环形器的输入端和输出端的相位关系，应用于雷达 TR 组件中的环形器要求比较一致的插入相位，因此需要研究器件的相位问题。

散射矩阵只能对非互易结进行唯象描述，不能把环行条件与器件的结构参数联系起来，从而进行设计。要做到这点，需要讨论非互易结的电磁场问题，下面将结合具体的结构形式来讨论这个问题，并阐述设计方法。

8.2.1.1 带线结环形器

带线结环形器的基本结构由两层铁氧体圆片和中间的金属内导体组成，如图 8.4 所示。

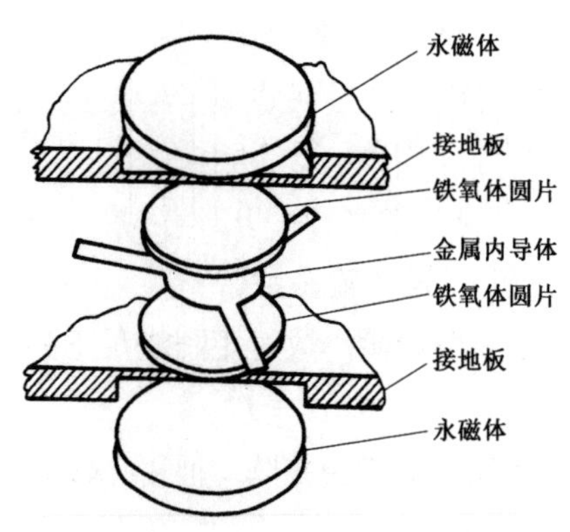

图 8.4 带线结环形器的基本结构

内导体有各种形状，理论分析采用圆盘内导体，直径与铁氧体圆片相同，如图 8.5 所示。环形器中的电磁场分布，可看成沿恒磁场 z 方向不变化的横电波，这样，在柱坐标系中，E_z 满足齐次赫姆霍兹方程

$$\left(\frac{\partial^2}{\partial r^2}+\frac{1}{r}\frac{\partial}{\partial r}+\frac{1}{r^2}\frac{\partial^2}{\partial \theta^2}+k_e^{\ 2}\right)E_z=0 \tag{8.13}$$

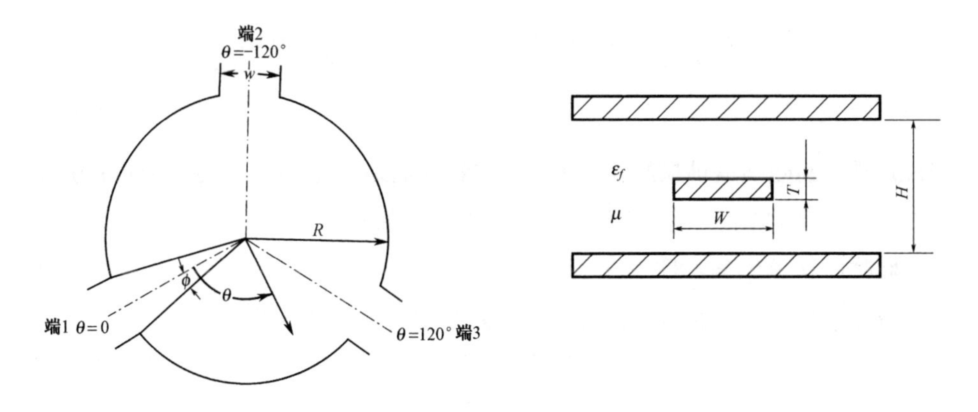

图 8.5　环形器的场分析

式中场分量具有时间因子 $\mathrm{e}^{\mathrm{j}\omega t}$，并且

$$k_e^2=\omega^2\varepsilon_0\varepsilon_f\mu_0\mu_e \tag{8.14}$$

式中，$\mu_e=\dfrac{\mu^2-\kappa^2}{\mu}$ 称为有效磁导率；μ、κ是磁导率分量。方程式（8.13）依赖于 n 的解为

$$E_{zn}=J_n(k_e r)(a_{+n}\mathrm{e}^{\mathrm{j}n\theta}+a_{-n}\mathrm{e}^{-\mathrm{j}n\theta}) \tag{8.15}$$

通过麦克斯韦方程得 H_n 的分量为

$$\begin{aligned}H_{\theta n}=\mathrm{j}Y_e\Bigg\{&a_{+n}\mathrm{e}^{\mathrm{j}n\theta}\left[J_{n-1}(k_e r)-\frac{nJ_n(k_e r)}{k_e r}\left(1+\frac{\kappa}{\mu}\right)\right]+\\&a_{-n}\mathrm{e}^{-\mathrm{j}n\theta}\left[J_{n-1}(k_e r)-\frac{nJ_n(k_e r)}{k_e r}\left(1-\frac{\kappa}{\mu}\right)\right]\Bigg\}\end{aligned} \tag{8.16}$$

式中

$$Y_e=\sqrt{\frac{\varepsilon_0}{\mu_e\mu_0}} \tag{8.17}$$

先考虑非耦合情况。由于圆柱边界以外的场是指数衰减的，所以边界条件近似为

$$H_\theta(r=R)=0 \tag{8.18}$$

这样，从式（8.16）和式（8.18）得到两个正交模式的方程，根据它们与电子自旋运动相比较的旋转方向，称之为正模或负模，即得

$$J_{n-1}(k_eR)-\frac{nJ_n(k_eR)}{k_eR}\left(1+\frac{\kappa}{\mu}\right)=0 \quad 正模 \tag{8.19a}$$

$$J_{n-1}(k_eR)-\frac{nJ_n(k_eR)}{k_eR}\left(1-\frac{\kappa}{\mu}\right)=0 \quad 负模 \tag{8.19b}$$

这两个方程对应于κ/μ的各种根$(k_eR)_{nm}$，如图 8.6 所示。其中 m 对应于 n 根的阶，对固定的 m 和 n 存在两个模式，它们的频率差依赖于κ/μ，当κ/μ很小时，则这些模式称为旋磁圆盘谐振腔模，从场结构看它们是一些 TM_{mn0} 模，对应 n=0，1 分别为 TM_{010} 和 TM_{110}，图 8.7 是这两种基模的场强图形。

此时，$(k_eR)_{0.1}=3.83$ （8.20）

根据边界条件和环行假设可以求出环形器要求的基本条件[5]：

$$(k_eR)_{1.1}=1.84 \tag{8.21}$$

$$Y=\frac{H_{\theta 1}}{E_{Z1}}\approx\frac{Y_e}{\sin\theta_0}\left|\frac{\kappa}{\mu}\right| \tag{8.22}$$

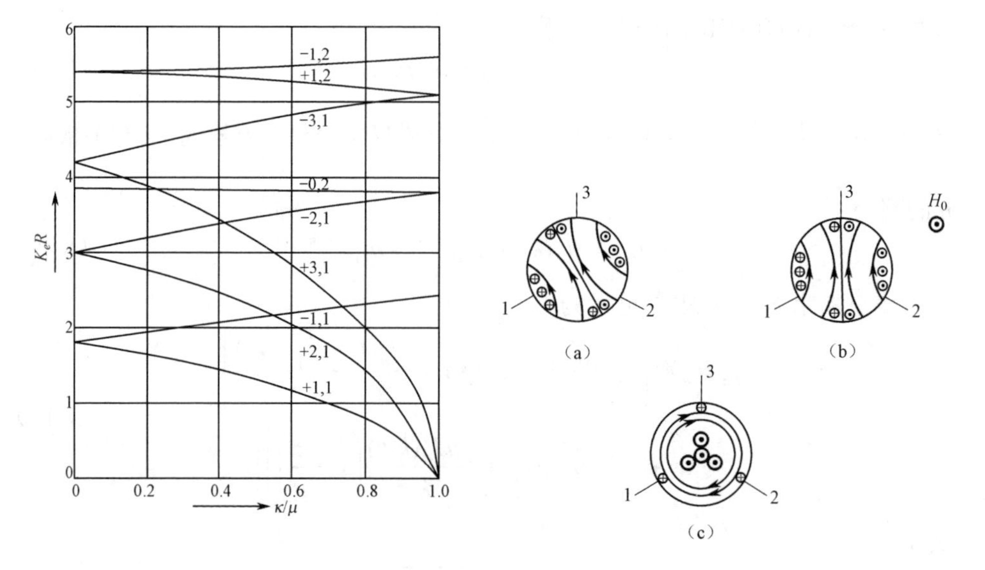

图 8.6　式（8.19a）和式（8.19b）的解

图 8.7　旋磁模 TM_{010} 和 TM_{110} 的场强图形

式（8.21）和式（8.22）就是三端结环形器的两个环行条件。第一个条件是形成驻波的谐振条件，这时工作频率必须在非耦合的两个正交模式的频率之间，是没有磁化圆柱铁氧体 n=±1 的驻波场图，当外场加上后，由于外场的作用，这两个模式

的频率就要分裂，如果在分裂模式的谐振频率激发，那么对于低场区工作的环形器（κ为负值），正模具有较高的谐振频率，即为感抗分量，负模具有较低的谐振频率，即为容抗分量；而对于高场区工作的环形器（κ为正值），情况正相反，这可从式（8.19a）和式（8.19b）得到。因此只要适当选择频率使感抗分量等于容抗分量，总的阻抗将为实数。第二个环行条件是匹配条件，要求输入/输出端的输入导纳等于结终端的导纳，如果在工作频率调节两个模式阻抗相角分裂的程度为 30°，如在低场区工作，感抗分量的正模在输入端的电压最大值超前电流最大值 30°，容抗分量的负模落后 30°，因此两模式在离开输入端 30° 的点就一致了。

上述分析揭示了环形器的电磁场机理，虽然讨论只考虑 $n=\pm1$ 模式，不完全符合环行条件，只适合于$\kappa\approx0\sim0.3$ 的情况，实际上是一个窄带器件，如图 8.8（a）所示。正如在散射矩阵的分析中指出，环形器存在无限多个本征模。如果用阻抗矩阵来描述环形器，则可用模式阻抗 Z_n 来描述这些本征模，Z_n 实际上是在边界条件下，考虑各种激励，通过后文中的公式得到[6]：

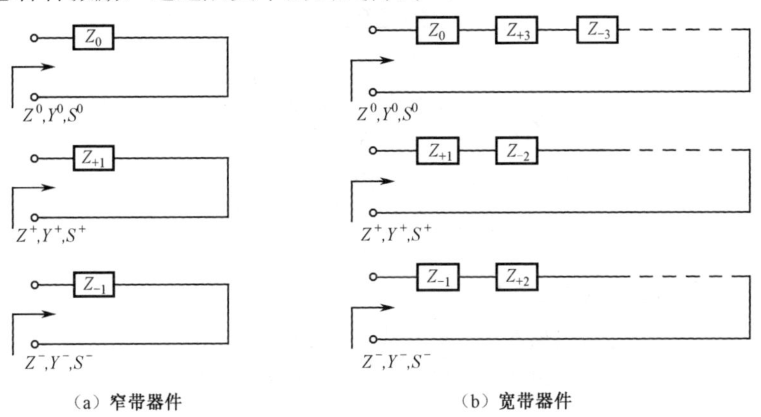

（a）窄带器件　　（b）宽带器件

图 8.8　环形器的电磁场机理

$$Z_n = \frac{\mathrm{j}3\sqrt{\mu_e}R_f\sin^2 n}{n^2\pi\phi}\left[\frac{J_n(kR)}{J_n(kR)-\dfrac{\kappa}{\mu}\dfrac{nJ_n(kR)}{kR}}\right] \tag{8.23}$$

式中，

$$R_f = \frac{R_\gamma}{\varepsilon_f}, R_\gamma = 30\pi\theta_n(\frac{W+T+2H}{W+T})$$

$$k = \frac{2\pi\sqrt{\varepsilon_f\mu_e}}{\lambda_0}, \sin\phi = \frac{W}{R}$$

式中 R、W、T、H 为圆盘结的物理尺寸（见图 8.5），式（8.23）包含了同相激励 Z_0，正旋激励 Z_+，负旋激励 Z_-，即

$$
\begin{aligned}
Z_0 &= \sum Z_n \qquad n = 0, \pm 3, \pm 6, \pm 9 \cdots \\
Z_+ &= \sum Z_n \qquad n = +1, -2, +4, -5 \cdots \\
Z_- &= \sum Z_n \qquad n = -1, +2, -4, +5 \cdots
\end{aligned}
\tag{8.24}
$$

如图 8.8（b）所示，它适合于整个κ的范围，特别是$\kappa \approx 0.5 \sim 1$，也称为跟踪区，可以用来设计宽带器件[7]。对于多模问题的分析，可引入三端对称非互易结的阻抗矩阵：

$$
\begin{bmatrix} V_1 \\ V_2 \\ V_3 \end{bmatrix} = \begin{bmatrix} Z_{11} & Z_{12} & Z_{13} \\ Z_{13} & Z_{11} & Z_{12} \\ Z_{12} & Z_{13} & Z_{11} \end{bmatrix} \begin{bmatrix} I_1 \\ I_2 \\ I_3 \end{bmatrix}
\tag{8.25}
$$

满足环行条件，$V_3 = I_3 = 0$，则端口的输入阻抗为

$$
Z_{\text{in}} = Z_{11} - \frac{Z_{12}^2}{Z_{13}}
\tag{8.26}
$$

式中矩阵分量可表示为

$$
\begin{aligned}
Z_{11} &= \frac{Z_0 + Z_+ + Z_-}{3} \\
Z_{12} &= \frac{Z_0 + Z_+ \mathrm{e}^{\frac{\mathrm{j}2\pi}{3}} + Z_- \mathrm{e}^{\frac{-\mathrm{j}2\pi}{3}}}{3} \\
Z_{13} &= \frac{Z_0 + Z_+ \mathrm{e}^{\frac{-\mathrm{j}2\pi}{3}} + Z_- \mathrm{e}^{\frac{\mathrm{j}2\pi}{3}}}{3}
\end{aligned}
\tag{8.27}
$$

将式（8.27）代入式（8.26）得

$$
Z_{\text{in}} = \frac{\mathrm{j}B(B^2 - 3A^2)}{3(A^2 + B^2)} + \left[Z_0 + \frac{A(B^2 - 3A^2)}{3(A^2 + B^2)} \right]
\tag{8.28}
$$

式中，

$$
\begin{aligned}
A &= \frac{-1}{2}(Z_+ + Z_-) + Z_0 \\
B &= \frac{\sqrt{3}}{2}(Z_+ - Z_-)
\end{aligned}
\tag{8.29}
$$

因为 Z_0，Z_+，Z_-是纯虚数，式（8.28）虚数部分是电阻，而实数部分是电抗，它们就是环形器的两个环行条件，前者是匹配条件，后者为谐振条件。为了使器件处于环行状态，要求 Z_{in} 电抗部分为零，电阻部分与输入输出端阻抗匹配。

散射矩阵和场理论的分析都表明，要使非互易三端结能够实现微波信号的环行，需要两个条件，对具体器件而言，可通过调节两个参数来达到环行，这两个参数通常是器件的外加磁场及铁氧体圆盘半径，从图 8.1 可看出，当材料选定后，外加磁场的大小决定了μ_e，然后由式（8.21）和式（8.22）定出 R 和 Y，这样环形

器的工作参数也就确定了，Y 如果与外电路匹配则可，否则可加匹配电路，那么外加磁场 κ/μ 如何确定？上面已经说过铁氧体有个共振吸收区，称为铁磁共振损耗区，如果铁氧体磁化不饱和，还存在一个零场损耗区，如图 8.9 所示，因此为避免这两个损耗，铁氧体器件外加磁场可选择低于或高于共振场，一般来说环形器工作在 2GHz 以上多选择低场区工作，2GHz 以下多选择高场区工作，前者称为低场器件，后者称为高场器件，近年来为了避免高功率下的自旋波效应，对于工作在 3GHz 左右的中高功率带线环形器日益趋向于选择高场区工作。

下面来讨论带线结环形器的具体设计过程[8]。

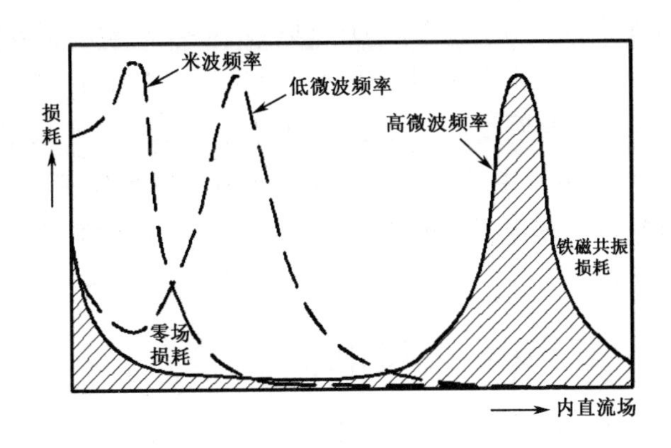

图 8.9　铁氧体损耗与磁场关系

1）铁氧体材料参数的选择

铁氧体材料的选择取决于器件的工作频率，影响到环形器的插入损耗、工作带宽等性能。铁氧体材料有多个参数，最重要的是饱和磁化强度 $4\pi M_s$，即归一化磁矩 p 的选择，从图 8.2 可以看出对于低场器件，材料一定要磁化到饱和，即 $\sigma \geqslant 0$，这时 p 可以从 0～1 选取，显然 p 较小，κ/μ 也较小，磁场可调范围较大，因器件带宽正比于 κ/μ，故此时带宽较窄；如选择较大的 p 值又容易引起零场损耗，故通常低场区取 $p \approx 0.4 \sim 0.6$。p（$4\pi M_s$）确定后即需要选择材料，显然从损耗角度考虑，石榴石比尖晶石优越，故在 X 波段以下的环形器都选用了石榴石材料，而 X 波段以上，由于 $4\pi M_s$ 的限制没有合适的石榴石材料，常用尖晶石的锂系，毫米波环形器则采用镍-锌铁氧体。

对于高场器件 p 可以从 0 变到 10 以上，只要外加磁场足够强，使其远离共振损耗区，那么 p 越大，κ/μ 越大，故目前大部分高场器件无论工作频率是几百兆赫或几吉赫，大多选取 $4\pi M_s$ 为 1200～1800Gs 的石榴石材料。

2）铁氧体材料直径的选择

铁氧体材料圆盘直径可通过式（8.21）来决定，式中μ_e可以通过图 8.2 找出，图中 p 为已知的材料参数，对低场器件 $\sigma\approx 0$，对高场器件 $\sigma \gg 1$，实际上有时由于选取较大的κ/μ，同时还使用一些非圆盘的内导体，式（8.21）算出的 R 仅是参考尺寸，但有一点是可以肯定的，即铁氧体直径反比于器件中心频率，利用这点可修正材料尺寸。

3）环形器结构的选择

环形器结构包括接地板的高度（铁氧体圆盘的厚度）、内导体形状（不限于圆盘）及连接形式等。因应用条件不同而不同，如高功率应用，接地板之间的距离可能要增大，而应用在微带电路则需要薄型结构，甚至只用单片磁铁作磁化场，至于内导体形状早已不是圆盘形，而是各种形状，低场器件多采用双 Y 形式，而高场器件大多加一些电容电感类似准集总的形式，图 8.10 展示了其中常见的几种，但无论何种结构，一定要保证低阻抗的非互易结与各端口匹配，这是环形器实现环行的必要条件。

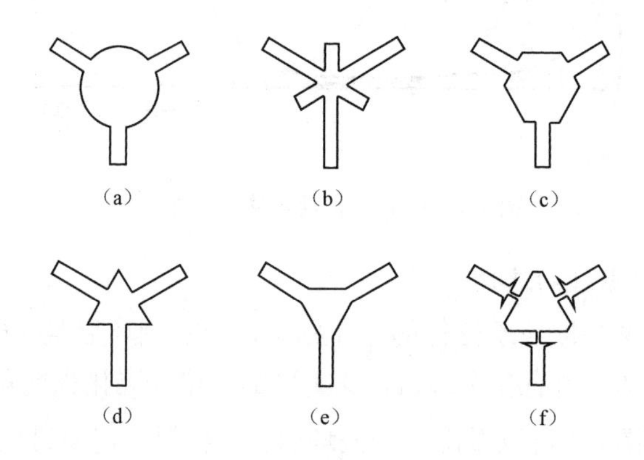

图 8.10　不同形状的内导体

总之，铁氧体环形器，尤其带线结环形器发展到今日，已非常成熟，并大量生产，它的设计也已由解析方法加上感性经验的模型试验过渡到计算机的仿真模拟。高频结构软件可以用来分析结构复杂的环形器，还可以进行优化，虽然无法检测器件中铁氧体内的磁化场，软件分析结果难以和实际完全符合，但是软件的应用确实极大地提高了器件的设计水平和效率，已成为当今环形器设计的重要手段。

8.2.1.2 波导结环形器

几个波导对称地交汇在一起形成一个波导结，可以是 E 面结也可以是 H 面结，在结中心处放上一个圆柱铁氧体（称为全填充）或在上下面放上两片圆或三角形铁氧体（称为部分填充），然后轴向加上磁化场，即组成非互易结环形器，如图 8.11 所示。

波导结环形器场分析可按全填充和部分填充两种情况来处理。图 8.12 是全填充 H 面波导结环形器，虽然它传播 TE 波，但结的区域可以看成 TM_{110} 模谐振腔，当未磁化时就是一个普通介质谐振腔，用模式匹配法解波导结内的电磁场问题，可得[9]：

$$(k_0R)^2\varepsilon_{\text{eff}}=(1.84)^2 \tag{8.30}$$

式中，

$$\varepsilon_{\text{eff}}=\frac{\varepsilon_f\varepsilon_d}{\varepsilon_f-\alpha(\varepsilon_f-\varepsilon_d)} \tag{8.31}$$

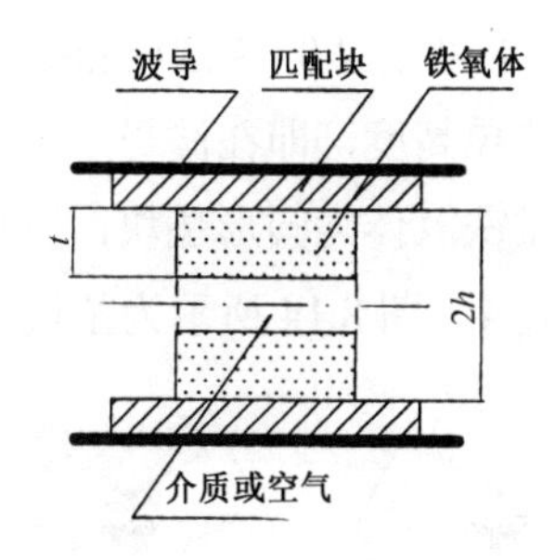

图 8.11 波导结环形器

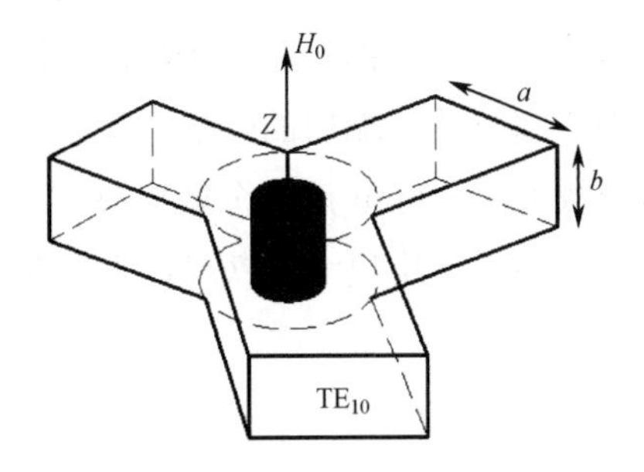

图 8.12 全填充 H 面波导结环形器

而 $k_0^2=\omega^2\varepsilon_0\mu_0$ ， ε_f 和 ε_0 分别为铁氧体及其周围介质的介电常数，填充因子 $\alpha={}^{t}\!/_{h}$。

当铁氧体被磁化时，等效介质变成等效旋磁体，有效磁导率为

$$\mu_e(\text{eff})=\frac{\mu_{\text{eff}}^2-{C_{11}}^2\kappa_{\text{eff}}^2}{\mu_{\text{eff}}} \tag{8.32}$$

式中，

$$\mu_{\text{eff}}=1+\alpha(1-\mu)$$
$$\kappa_{\text{eff}}=\alpha\kappa$$
$$C_{11}=\frac{2}{k_0^2\varepsilon_{\text{eff}}R^2-1}$$

式（8.30）变成：

$$(k_0R)^2\mu_e(\text{eff})\varepsilon_{\text{eff}}=(1.84)^2 \tag{8.33}$$

有了以上公式就可进行波导结环形器的设计，这也意味着只是通过小孔耦合

激励等效铁氧体腔，当激励频率处于 $n=\pm1$ 模谐振频率之间，并且两模式具有 30°相角，即可达到环行作用。实际上耦合孔的大小总是和波导口径一样，上述分析只是一种近似，适合于窄带情况。

当耦合孔等于波导口径时，如何分析波导结环形器呢？现以全填充器件为例进行说明，其具体结构如图 8.12 所示，具体分析如图 8.13 所示。显然问题涉及铁氧体内部的电磁场、铁氧体外部圆柱结的电磁场、波导端口的输入场，以及入射波碰到结的不连续处产生的散射场。通过铁氧体的边界条件及波导与圆柱结的虚拟边界条件，即可算出散射场的系数，从而算出一定几何尺寸下的反射系数和传输系数，即求出环形器性能与几何尺寸、磁化场的关系[10]。

上述讨论都以圆柱形铁氧体为例，其实无论是部分填充或全填充如果采用三角形铁氧体也有类似结果，波导结环形器的设计类似带线器件，由于波导结环形器大部分工作于高频段，因此大多是低场器件，归一化磁矩可选 p=0.4～0.6，尺寸可利用式（8.54）来确定。如果不采用等效值，也可按 $2.05\leqslant kR\leqslant2.62$ 范围来选取，为达到与波导端口的匹配，通常采用压缩波导高度，即在波导上下面与铁氧体之间放上 1～2mm 厚的金属垫块。通常，圆盘铁氧体为圆形垫块，三角形则为三角形垫块，垫块尺寸比铁氧体大得多，约为 $\lambda_g/4$，图 8.14 所示为垫块示例。

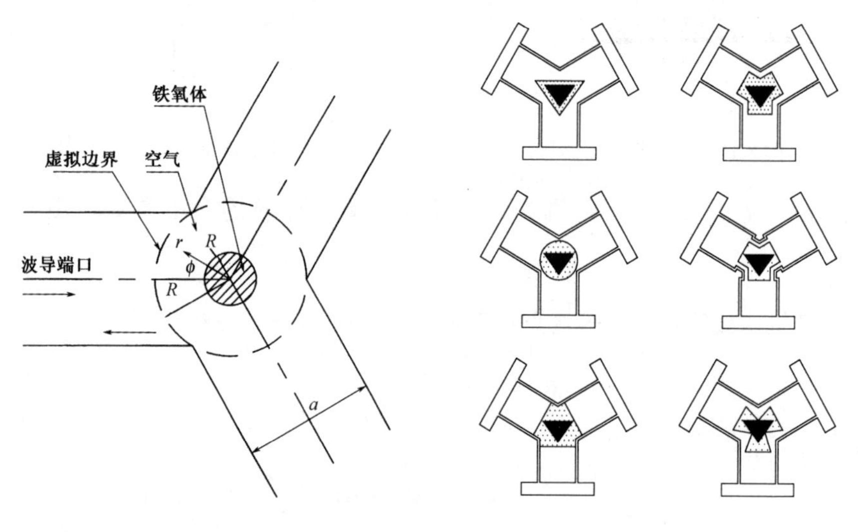

图 8.13　全填充环形器场分析

图 8.14　垫块示例

波导结环形器属于低功率器件，但在馈线应用中，为了减小系统尺寸，有时把结环形器当成中等或高功率器件来使用，这时设计就要特别注意器件的耐功率性能，先考虑峰值功率问题，对部分填充结构，把它们看成电容分布，可求出空气隙中的电压为

$$V_g = \frac{\varepsilon_f(1-\alpha)}{\varepsilon_f + \alpha(1-\varepsilon_f)}V \tag{8.34}$$

式中，α 为前述中的填充因子，V 为波导腔的总电压，此时空气隙中的电场强度为

$$E_g = \frac{\varepsilon_f\left(1-\alpha\right)V}{\left[\varepsilon_f + \alpha\left(1-\varepsilon_f\right)\right]\left(h-t\right)} \tag{8.35}$$

铁氧体中的电场强度为

$$E_E = \frac{\alpha V}{\left[\varepsilon_f + \alpha\left(1-\varepsilon_f\right)\right]h} \tag{8.36}$$

铁氧体中的电场击穿强度要远高于空气，因此一般以空气的击穿场强（约 3.0kV/mm）来计算耐功率的极限值，由此可估算出波导结的初步尺寸，当然这是一个理想的数据。实际上由于系统的驻波特性、结构的尖端放电等因素，计算必须增加安全系数。另外讨论还没有涉及铁氧体本身的高功率自旋波不稳定性问题。

再考虑平均功率，这主要由铁氧体与散热面的温差决定：

$$\Delta T = \frac{PL}{2\sigma A} \tag{8.37}$$

式中，P 为铁氧体由于损耗而耗散的功率，σ 为铁氧体的导热系数，$\sigma \approx$（1.2～4.8）× 10^3（μW/mm・℃），L 和 A 为铁氧体片的面积和厚度。显然，为了增加器件的平均功率容量，要求铁氧体损耗小，尺寸要大而薄，还可采取强迫风冷或水冷，如果峰值功率允许，一个很有效的方法是采取多层波导结构，如图 8.15 所示。

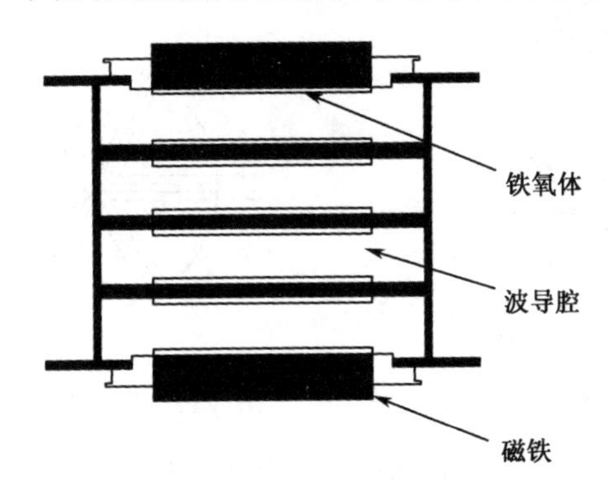

图 8.15　多层波导结构

8.2.1.3　微带结环形器

铁氧体微带结环形器广泛用于微波集成回路中，有两种形式：全铁氧体和混合式，前者把微带结及变换器用同一块铁氧体基片做成，后者把铁氧体结镶入陶瓷基片，变换器用此基片做成。由于外加磁场对微带结区域以外部分的影响，全

铁氧体环形器设计计算的准确度较低，调节也比较困难。混合式环形器虽然调节比较容易，但铁氧体和陶瓷之间的密致工艺较复杂。只要细心制作，两种环形器的性能可以做到完全一样。微带结环形器的设计几乎和带线结环形器完全相同，只是把公式中的 ε 和 μ 分别换成有效值 ε' 和 μ'：

$$\varepsilon' = 1 + q(\varepsilon - 1) \tag{8.38}$$

$$\mu_e' = \left[1 + q(\mu_e^{-1} - 1)\right]^{-1} \tag{8.39}$$

式中，q 和微带宽度和基片厚度比值 w/h 及 ε 有关，一般取 0.6～0.7，对于低阻抗结可取 0.75～0.85，更多计算可参考带线结环形器部分。

8.2.1.4　集总参数环形器

当频率低于 1GHz 时，分布参数环形器体积就显得过大，因而发展了集总参数环形器，这是一种工作在米波频段的小型器件，它和通常带线结环形器的差别在于用三个彼此绝缘的电感回路代替内导体，如图 8.16 所示。为分析集总参数环形器，先求不含附加电容的阻抗矩阵。环形器结构考虑为一个轴向磁化铁氧体圆片绕有成 120° 角的三个相同线圈，如图 8.17 所示。

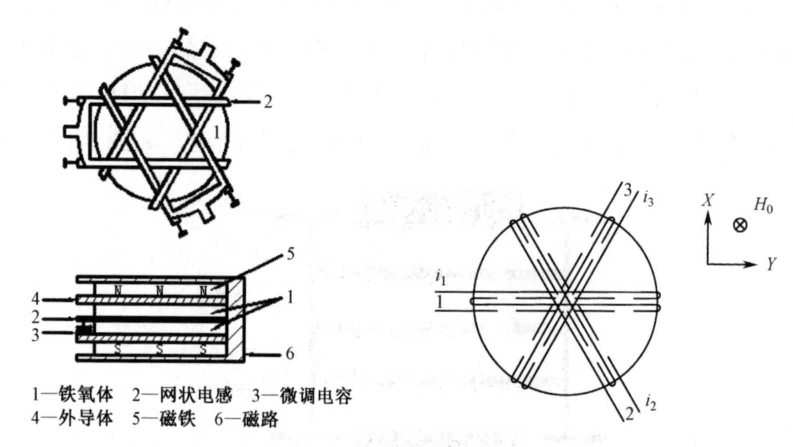

图 8.16　集总参数环形器结构　　图 8.17　集总参数环形器分析图

将场分析与路理论结合起来，可推导出此种结构的端口电压和电流关系为[11]

$$\begin{bmatrix} V_1 \\ V_2 \\ V_3 \end{bmatrix} = \omega L_0 \begin{bmatrix} \mathrm{j}\mu & -\frac{\mathrm{j}}{2}\mu + \frac{\sqrt{3}}{2}\kappa & -\frac{\mathrm{j}}{2}\mu - \frac{\sqrt{3}}{2}\kappa \\ -\frac{\mathrm{j}}{2}\mu - \frac{\sqrt{3}}{2}\kappa & \mathrm{j}\mu & -\frac{\mathrm{j}}{2}\mu + \frac{\sqrt{3}}{2}\kappa \\ -\frac{\mathrm{j}}{2}\mu + \frac{\sqrt{3}}{2}\kappa & -\frac{\mathrm{j}}{2}\mu - \frac{\sqrt{3}}{2}\kappa & \mathrm{j}\mu \end{bmatrix} \begin{bmatrix} i_1 \\ i_2 \\ i_3 \end{bmatrix} \tag{8.40}$$

式中，$L_0=\dfrac{n^2A}{l}$ 相当于未填充铁氧体的电感；A 是线圈面积；n 是匝数。上式中阻抗矩阵的形式本征值为

$$z_0=0 \tag{8.41}$$

$$z_-=\mathrm{j}\frac{3}{2}\omega L_0\left(\mu+\kappa\right) \tag{8.42}$$

$$z_+=\mathrm{j}\frac{3}{2}\omega L_0\left(\mu-\kappa\right) \tag{8.43}$$

式（8.41）～式（8.43）的物理意义是很清楚的，因为对应第一个本征值的本征矢量在结构中激发的场互相抵消，所以感抗为零，即相当于短路；而第二、三本征矢量相当于正负圆极化激发，因此有对应正负圆极化磁导率的有效感抗 L_+，L_-。考虑到 $z_+=\pm\mathrm{j}\sqrt{3}$，$z_-=\mp\mathrm{j}\sqrt{3}$，可解得环行条件为

$$\mu=0,\quad \kappa=\pm\frac{2}{\sqrt{3}}\frac{1}{\omega L_0} \tag{8.44}$$

因为无论在低场区或高场区都有$\mu\neq0$，因此环行条件不能实现。必须用加载的方法来使结构满足环行条件。

如何加载？回到式（8.40），要满足环流条件，需 $i_3=0$ 同时 $V_3=0$，这样，得到 1 端口输入阻抗为

$$Z=\frac{V_1}{i_1}=Z_{11}-\frac{Z_{12}Z_{31}}{Z_{32}} \tag{8.45}$$

所以

$$\begin{aligned}Z&=-\frac{1}{2}\omega L_0 3\sqrt{3}\kappa\left(\frac{\mu^2-\kappa^2}{3\kappa^2+\mu_2}\right)+\mathrm{j}\frac{1}{2}\omega L_0 3\sqrt{3}\mu\left(\frac{\mu^2-\kappa^2}{3\kappa^2+\mu^2}\right)\\&=R+\mathrm{j}X\end{aligned} \tag{8.46}$$

可见，输入阻抗包含有感抗分量，可以用容抗分量来抵消，由此可以组成并联等效回路，如图 8.18 所示。这样总的输入导纳为

$$Y=\frac{1}{Z}+\mathrm{j}\omega C=\frac{R+\mathrm{j}(-X+\omega CR+X^2\omega C)}{R^2+X^2} \tag{8.47}$$

设传输线特性阻抗为 Z_0，匹配条件要求：

$$\frac{R}{R^2+X^2}=\frac{1}{Z_0} \tag{8.48}$$

同时 $-X+\omega CR^2+X^2\omega C=0$，即

$$\omega C=\frac{X}{R^2+X^2} \tag{8.49}$$

把式（8.46）代入上两式可得

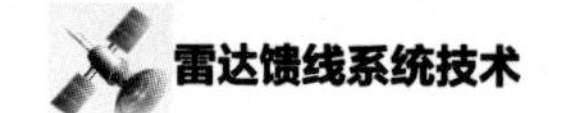

$$L=-\frac{\sqrt{3}Z_0\kappa}{\omega\mu_e\mu} \tag{8.50}$$

$$C=\frac{1}{\omega^2 L\mu_e} \tag{8.51}$$

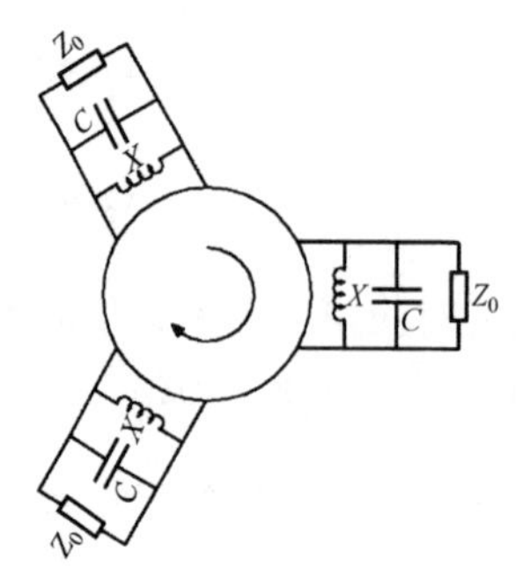

图 8.18　环形器等效回路

很明显，对低场区环流器，κ 为负值，式（8.50）中电感为正，这是符合实际情况的，表明环行方向是 1→2→3；但对高场区环形器，κ 为正值，电感为负，这与实际情况不符合，意味着环行方向是 1→3→2。如果令 $i_2=0$，$V_2=0$，那么式（8.50）中的 $L=\dfrac{\sqrt{3}Z_0\kappa}{\omega\mu_e\mu}$，又符合实际情况。

推导上式时，$L=\dfrac{3}{2}L_0$，L_0 是未充铁氧体结构的电感量，它取决于结构的具体形状，可通过计算得出。

上面关于集总参数环形器的分析表明，环形器在中心频率附近具有并联谐振的特性，这个结论具有普遍意义，即各种形式的结环形器都可以等效为并联谐振回路，如图 8.19 所示，其中 G 为输入电导，从这点出发分析环形器就是结环形器的路理论[11]。

路理论表明当环形器未磁化时，存在一对反向旋转的简并正交模，结磁化后，正交模的简并模消失，它们的谐振频率分裂，用新的电感 $L_{\pm}$ 代替原来的电感，它们是圆极化的，令 $L_{\pm}=\dfrac{3}{2}L_0(\mu\pm\kappa)$，如图 8.19（b）所示，因此回路总电纳

$$\begin{aligned}&Y=G+\mathrm{j}B\\&B=\left(\frac{\omega C}{2}-\frac{1}{2\omega L_+}\right)+\left(\frac{\omega}{2}-\frac{1}{2\omega L_-}\right)\end{aligned} \tag{8.52}$$

根据环行的谐振条件 B=0，即

$$\left(\frac{\omega C}{2}-\frac{1}{2\omega L_+}\right)+\left(\frac{\omega C}{2}-\frac{1}{2\omega L_-}\right)=0 \tag{8.53}$$

可得

$$\begin{aligned}&L=\frac{3}{2}\mu_e L_0\\&\omega_0^2 LC=1\\&\omega_0=\frac{\omega_+ +\omega_-}{2}\end{aligned} \tag{8.54}$$

所以器件的工作频率位于两个分裂的谐振频率之间。

为求出匹配条件，需使两个分裂导纳之间成±30°的相角，如图 8.20 所示，这就给出

$$\frac{\omega_0 C}{2}-\frac{1}{2\omega_0 L_+}=\mp\frac{G(\frac{\kappa}{\mu})}{2\sqrt{3}} \tag{8.55}$$

$$\frac{\omega_0 C}{2}-\frac{1}{2\omega_0 L_+}=\frac{\pm G(\frac{\kappa}{\mu})}{2\sqrt{3}} \tag{8.56}$$

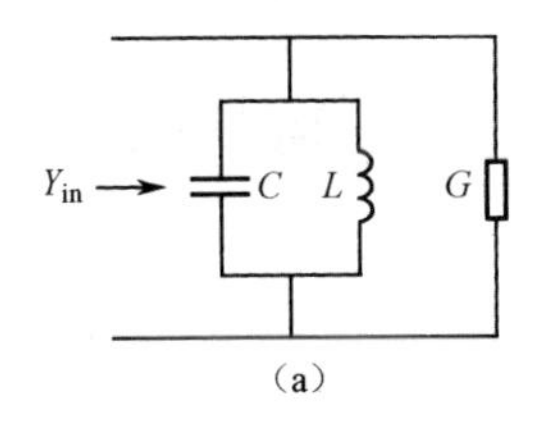

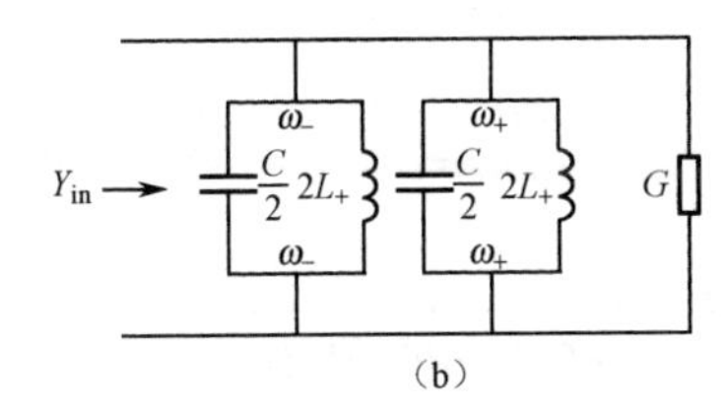

图 8.19　结环形器路理论模型图

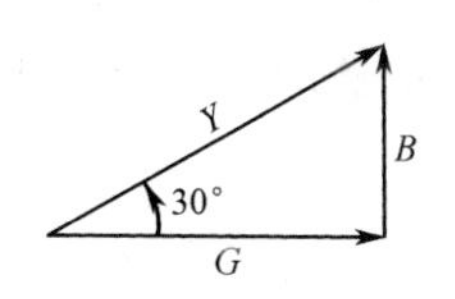

图 8.20　导纳的相角

式（8.56）的正、负号要保证 $G\left(\frac{\kappa}{\mu}\right)$ 为正数，说明随κ的变号，环行方向要相反，这同场理论完全对应。将两式整理后给出

$$\frac{1}{\omega_0}\left|\frac{L_+-L_-}{2L_+L_-}\right|=\frac{G(\frac{\kappa}{\mu})}{\sqrt{3}} \tag{8.57}$$

因为 $L_\pm=L_0\left(\mu\mp\kappa\right)$，所以式（8.57）变成

$$G(\frac{\kappa}{\mu})=\sqrt{3}\sqrt{\frac{C}{L}}\left|\frac{\kappa}{\mu}\right| \tag{8.58}$$

即并联回路的电导等于结的固有导纳和 $\frac{\kappa}{\mu}$ 的乘积。当外接传输线的阻抗为 Z_0 时，一个理想环形器需调节分裂程度使 $G\left(\frac{\kappa}{\mu}\right)=\frac{1}{Z_0}$，结果与式（8.56）一致。

从 LC 谐振回路的普遍关系得知，并联谐振回路的频响特性和有载 Q_L 值有下列公式

$$Q_L=\frac{\omega_0 C}{G_0} \tag{8.59}$$

$$Q_L=\frac{\omega_0}{2G_0}\left(\frac{\partial B}{\partial\omega}\right)\omega_0 \tag{8.60}$$

$$Q_L=\frac{\rho-1}{\Delta f\sqrt{\rho}} \tag{8.61}$$

式中，ρ 为驻波系数；Δf 为带宽。

把上述的一些结果代入，可得

$$Q_L = \frac{1}{\sqrt{3}}\left|\frac{\mu}{\kappa}\right| \tag{8.62}$$

$$\Delta f = \sqrt{3}\frac{\rho - 1}{\sqrt{\rho}}\left|\frac{\kappa}{\mu}\right| \tag{8.63}$$

这个结果不仅对集总参数环形器适用，对所有结环形器也都适用，当然上述关系只在 $\omega=\omega_0$ 附近得出，只适合窄带器件。

集总参数环形器大多工作在高场区，可选取较高的 p 和 σ，它设计的关键是 L、C 的选取，可由下式决定：

$$C = \frac{Q_L}{\omega Z_0} = \frac{\rho - 1}{\omega Z_0 \Delta f \sqrt{\rho}} \tag{8.64}$$

$$L = \frac{1}{\omega^2 C \mu_e} \tag{8.65}$$

L 算出后，根据 $L_0 = \frac{2}{3}L$，从图 8.21 可查出网状电路的结构尺寸[12]。

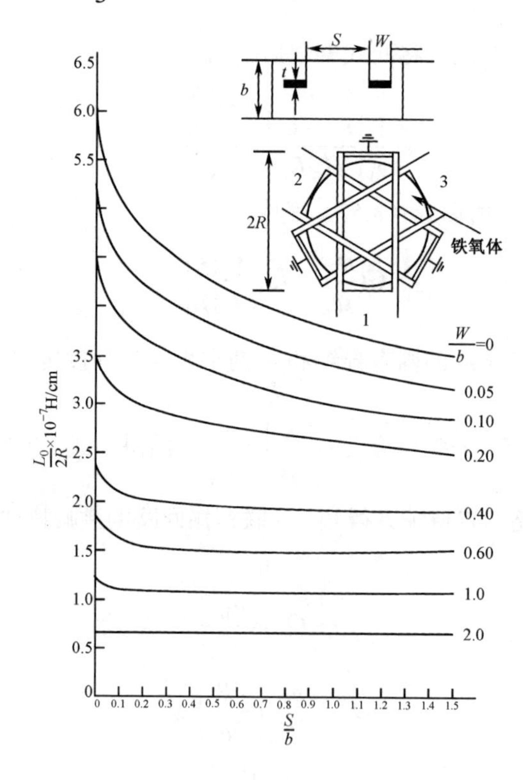

图 8.21　网状电路的结构尺寸

为扩大集总参数环形器的工作带宽，与其他结环形器做法相同，可采用结内或结外加匹配回路的方法。图 8.22（a）是窄带集总参数环形器的等效回路，带宽 5%～7%，图 8.22（b）是结内加了串联谐振回路，图 8.22（c）是既在结内又在结外加串联谐振回路，后两者的带宽可扩大到 15%～30%。

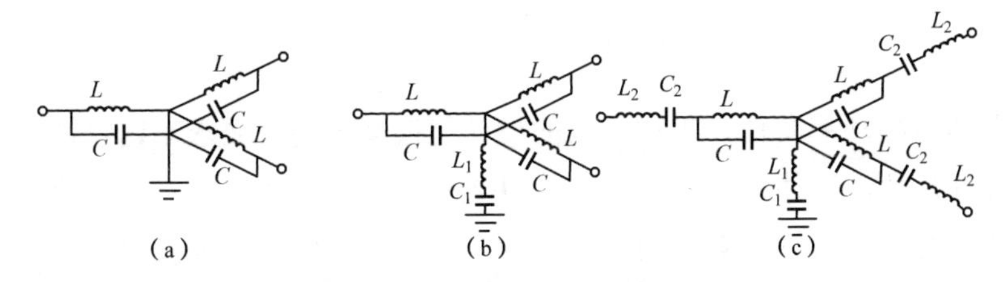

图 8.22　集总参数环形器等效回路

8.2.2　波导差相移环形器

波导差相移环形器是一种四端口环形器，其特点是能承受大功率微波能量，在天馈线系统中主要用作收发双工，同时也可用于高功率发射系统级间的隔离。波导差相移环形器的结构如图 8.23 所示[13]，它由折叠双 T、3dB 电桥及 90° 非互易差相移段三部分组成，折叠双 T 是将普通魔 T 的两对称口各转 90°，使端口同一方向，魔 T 和 3dB 电桥已在相关部分叙述，在此不再赘述，实物如图 8.24 所示。

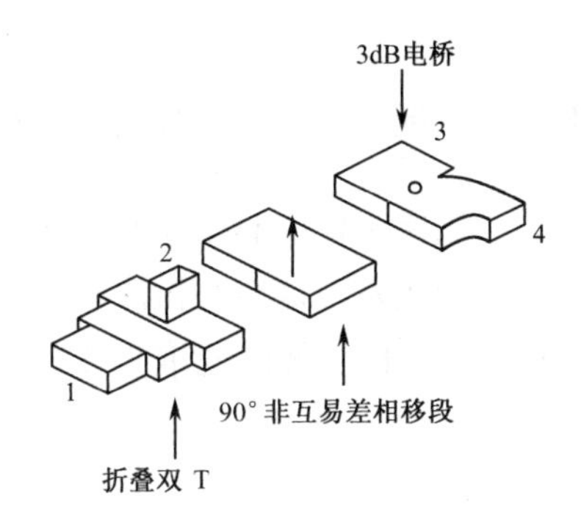

图 8.23　波导差相移环形器结构

图 8.24　波导差相移环形器实物

90° 差相移段是环形器的核心，它由并联波导放置横向磁化铁氧体片构成，8.3 节将说明这种磁化铁氧体片使波导中两个相反传播方向的微波信号产生 90° 的差相移，即

$$\theta_1 = \theta_4 = \phi \tag{8.66}$$

$$\theta_2 = \theta_3 = \phi + 90^\circ \tag{8.67}$$

结合魔 T 和电桥的特性，结果使信号产生 1→4→2→3→1 的环行，网络表示如图 8.25 所示。

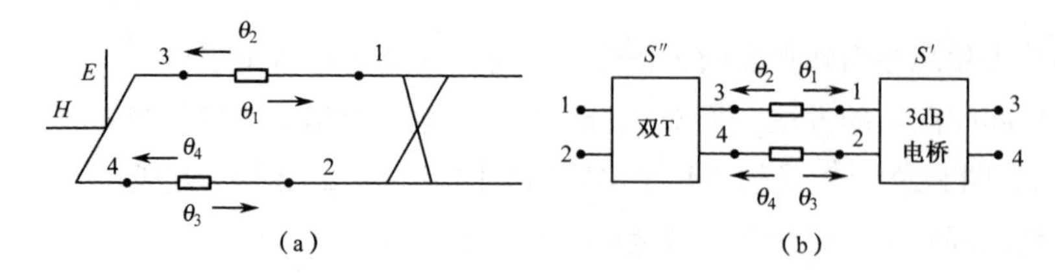

图 8.25　差相移环形器网络

环形器是高功率器件，差相移段的设计需根据耐功率要求来选择铁氧体的磁参数和几何尺寸，器件采用 H 面结构，铁氧体薄片平整地粘贴在波导宽边上，厚度根据热传导方程进行计算，使铁氧体由于损耗产生的热量能及时传导出去，避免因温升太高而引起磁参数的变化，破坏器件性能，散热措施有强迫风冷或水冷，为了提高峰功率容量，器件可采用密封充气等措施。

应特别指出，当高功率微波信号超过一定阈值时，铁氧体会产生非线性效应，激发自旋波，使器件损耗增大、性能变坏，因此为了提高器件的高功率阈值，差相移环形器通常选取较小的饱和磁化强度及较大的自旋波线宽，归一化 p 在 0.3～0.5，同时磁化场工作点的选择也很讲究，以前曾讲过铁氧体环形器，要么工作于低场区，要么工作于高场区，对低场区而言，通常工作点选取在 $\sigma=0$ 附近，但为了避开高功率效应，提高差相移环形器的高功率容量，可选取较大的 σ，即在次高场区工作[14]。

高功率非线性效应，宏观上就是主共振峰加宽，同时在 $\omega=\dfrac{\omega_0}{2}$ 处出现一个副峰，因此可以将直流磁场偏置在副峰与主峰之间，这样不仅能利用在此区间内自旋波难以和一致进动相互耦合的特点，抑制自旋波的激发，避免高微波功率下的非线性效应，提高铁氧体微波器件的耐功率水平，还可以有效降低小信号下的插入损耗。如图 8.26 所示，副峰谐振的上边沿场为

$$H_0(0,0)=\frac{\omega_0}{2\gamma}+N_z 4\pi M_s \tag{8.68}$$

而主峰谐振的下边沿场为

$$H_{0n}=\frac{\omega_0}{\gamma}+\left(N_Z-N_t\right)4\pi M_s-\frac{n\Delta H}{2} \tag{8.69}$$

式中，ΔH 为共振线宽；n 为线形决定的常数，一般为 10～20，偏置场取两者的平均值

$$H_0=\frac{H_0\left(0,0\right)+H_{0n}}{2}=\frac{3\omega_0}{4\gamma}+\left(N_Z-\frac{N_t}{2}\right)4\pi M_s-\frac{n\Delta H}{4} \tag{8.70}$$

由于次高场已超过饱和磁化场，为避免$\mu_e \leqslant 0$，$4\pi M_s$选取受到限制，式（8.71）规定了它的最大值

$$4\pi M_S\left(1-\frac{N_t}{2}\right)=\omega_{f1}-\frac{3\omega_0}{4}+\frac{n\gamma\Delta H}{4} \tag{8.71}$$

式中，ω_{f1}是器件频带的下边沿。

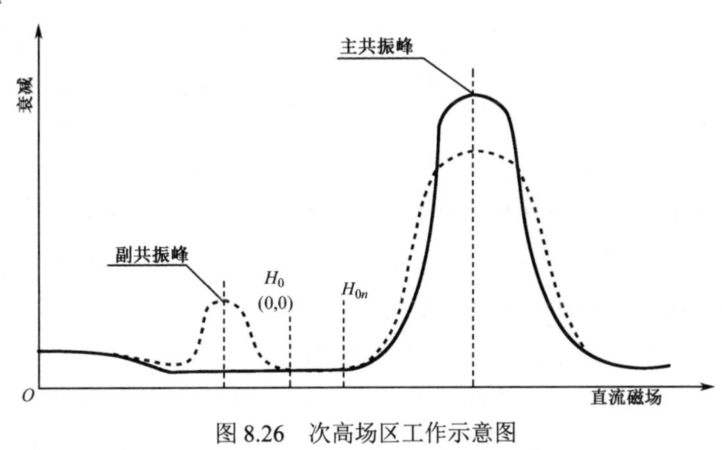

图 8.26　次高场区工作示意图

8.3　移相器

电控移相器在雷达天馈系统最重要的应用是相控阵天线。移相器主要有两大类——铁氧体移相器和半导体二极管移相器。受铁氧体材料参数和结构尺寸的影响，铁氧体移相器适用于高频段，从 10 厘米波段到毫米波段范围。铁氧体移相器的工作基础是电磁波与磁化铁氧体中自旋电子间的相互作用。铁氧体的磁化场则由激励线圈中的电流产生。当激励线圈中的电流大小或方向变化时，磁化场大小或方向也随之变化，导致铁氧体张量磁导率的分量发生变化，由此改变了磁化铁氧体中电磁波的传播常数，从而产生相移。

铁氧体移相器大多在波导结构中实现。其他结构如带线、微带线、同轴线也可用来做成移相器，但使用得不多。铁氧体移相器种类繁多，为便于讨论，先做一些简单归纳。

1）*互易与非互易*

根据电磁波在移相器中的传输特性，移相器可以分为互易与非互易移相器。一个理想的互易移相器对微波信号的两个传播方向提供相同的插入相位，同时差相移也相同，对正向传播方向，当通过电流磁化铁氧体使其置于某磁化态，这时相位为ϕ_0，改变电流方向，再次磁化铁氧体使其置于另一磁化态，这时相位为ϕ，则移相器的差相移为$\Delta\phi=\phi-\phi_0$；不改变磁化状态，只改变传播方向，差相移仍然

为$\Delta\phi$；而一个非互易铁氧体移相器对于相反方向传播的波提供不同的插入相位，同时差相移也不同，在实际使用中为了保持差相移为$\Delta\phi$，铁氧体必须重新磁化使其置于补码的磁化态，也就是说对非互易铁氧体移相器接收时必须重新置位。

2）数字式与模拟式

根据移相器的相移控制方式，移相器可以分为数字式与模拟式移相器。最早的铁氧体移相器由 n 段铁氧体组成，每段铁氧体控制 1 位相移，形成 n 位移相器。它们的相移是离散、步进变化的，360° 相移由 2^n 个步进状态覆盖，最小的相移位为（360° /2^n）度，最大的相移位为 180° ，因此称为数字式移相器。而模拟式移相器则产生连续的相移变化，相移量由激励电流的大小或脉冲宽度来决定。模拟式器件只需要用一段铁氧体就可以实现，结构简单，原理上可任意控制相移量，但相移精度有赖于控制电路输出的电流精度。随着电子技术的迅猛发展，现在生产的铁氧体移相器大部分已采用模拟式。

3）连续式（非剩磁态）与闭锁式（剩磁态）

铁氧体具有磁滞回线，因此既可依靠电流维持磁化场使铁氧体保持在某种磁化态，产生相移，也可通过脉冲电流，利用闭合磁回路的剩磁锁住铁氧体的磁化态，产生相移，前者为连续式（非剩磁态），后者为闭锁式（剩磁态）。显然闭锁式工作功耗小，但为了保持足够大的剩磁，移相器件要形成闭合磁路，如有的将铁氧体做成环状，有的将铁氧体和外加磁轭组成闭合磁路，同时铁氧体要选取具有矩形磁滞回线的材料。现代相控阵天线所用的移相器大都采用闭锁式工作状态。图 8.27 是两种锁式移相器工作时在磁滞回线上展现的状态。移相器的参考相位（插入相位）称为 0 态，一般置于最大负饱和磁化剩磁点（$-B_r$）。对于模拟移相器，不同磁化场 H_1、H_2、H_3 导致不同的磁化态，产生了移相器的不同差相移；对于数字式移相器，只有两个状态，$-B_r$ 代表 0 态，而$+B_r$ 代表 1 态即置位态，它们之间相位差即为差相移（也称相移）。

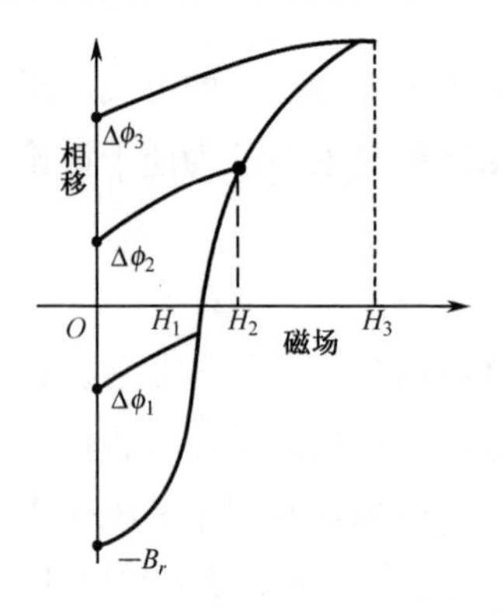

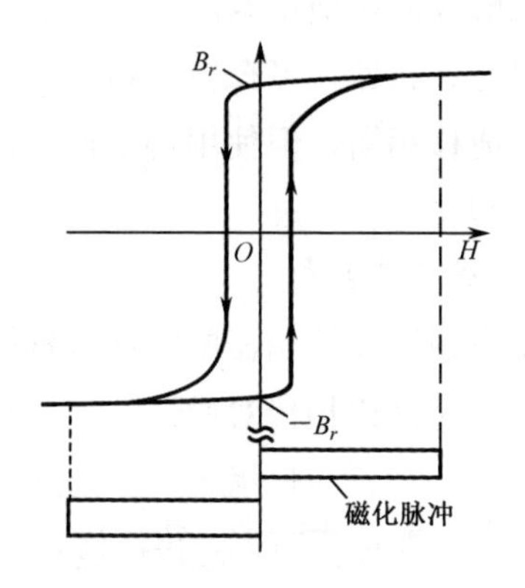

图 8.27　模拟锁式和数字锁式移相器工作时在磁滞回线上展现的状态

上面叙述了铁氧体移相器的一些特点和分类情况，下面将分别叙述一些常用移相器的原理和设计方法，在这之前先列出移相器的技术指标：插入损耗 α_+、电压驻波比 VSWR、工作带宽 Δf 及功率容量，在大量使用时移相器有时还需要规定移相器的相位一致性、各相位态的均方差等指标。

8.3.1　矩形波导非互易移相器

8.3.1.1　铁氧体加载矩形波导的非互易特性

考虑如图 8.28 所示的结构，图 8.28（a）已在上节差相移环形器中提到，图 8.28（b）为锁式移相器的近似描述图解。设波导中传输 TE_{10} 模，则在其对称面两边存在两个相反旋转的圆极化波的微波磁场，铁氧体的放置扭曲了这个磁场分布，而形成相应的椭圆极化波，当铁氧体磁化，且对称面两边的磁化方向相反，若这种磁化方向使铁氧体自旋电子的进动和微波场的旋向一致，那么铁氧体和微波场就会产生强烈的相互作用；若改变磁化方向，则进动和旋向不一致，相互作用减小，这种微波场与磁化场相互作用的强弱反映了非互易特性，因为就一个传播方向而言，改变磁化方向就产生不同的传输效果；如果不改变磁化方向，只改变传播方向，由于微波场的旋向也随之改变，同样也会产生不同的传输效果，这样的微波结构就具有了非互易特性。

从场理论分析来证明上述微波结构的非互易特性，可以推导出铁氧体加载波导的传播方程，对于图 8.28（a）可采用微扰理论，对图 8.28（b）可分区写出场方程，利用边界条件，求出传播常数的超越方程，该方程有一项包含因子$\kappa\beta$，因此，改变κ或 β 的符号就改变了传播常数，这说明了传播的非互易性[8.2]。

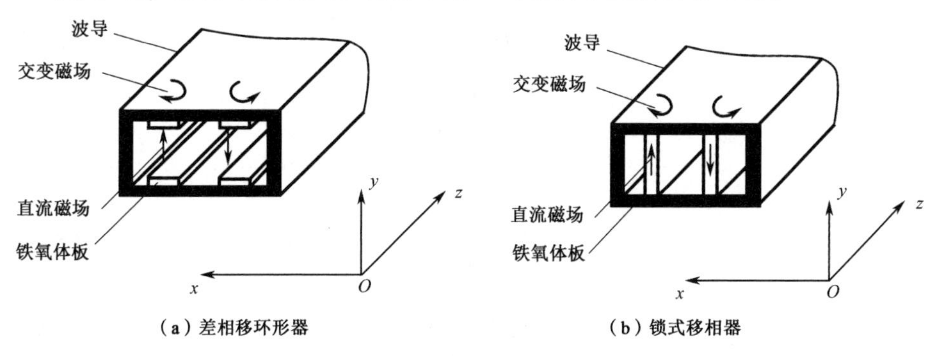

图 8.28　两种铁氧体加载矩形波导

8.3.1.2　矩形环移相器的分析

矩形波导非互易移相器采用矩形环铁氧体，如图 8.29 所示，分析这个器件的近似方法就是用波导中的两个满高度、反方向磁化的铁氧体板来代替环结构，这种双板结构上面已定性分析过，图 8.29 的等效多板结构如图 8.30 所示，由于铁氧体和介质片在 y 方向是均匀且和外加磁化场一致，因此只考虑 TE_{n0} 模，并认为 y 方向场分量无变化（$\dfrac{\partial}{\partial y}=0$），运用横向谐振法分析，将板状加载模型的横截面看作波在 x 方向传播的传输线，并以此求出各种材料加载传输线的输入阻抗表示式。这里，只给出一些重要的结果，具体推导详见文献[15]。

这种双板结构特性方程为

$$1-\tan\phi\left[\frac{\dfrac{1}{\xi_d}\tan\dfrac{\phi}{2}(1-v\tan\theta)+\dfrac{1}{\xi}(1+v^2)\tan\theta}{(1+v\tan\theta)-\dfrac{\xi}{\xi_d}\tan\theta\tan\dfrac{\phi}{2}}\right]=0 \tag{8.72}$$

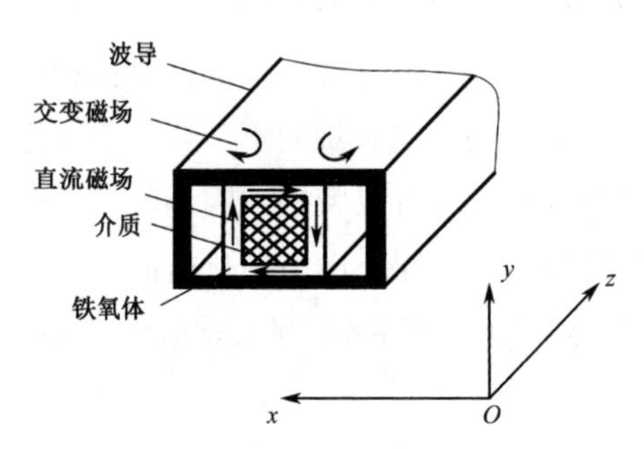

图 8.29 矩形环移相器

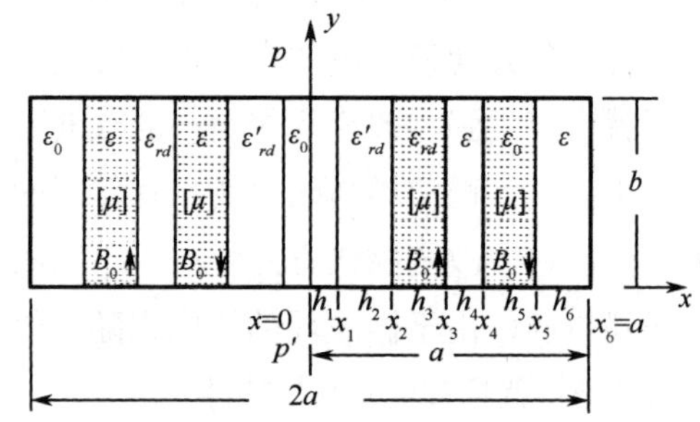

图 8.30 等效多板结构

式中，

$$\phi=k_{y0}\left(\frac{a-w_1}{2}-w_2\right) \tag{8.73}$$

$$\theta=k_y w_2 \tag{8.74}$$

$$\psi=k_{yd}w_1 \tag{8.75}$$

$$v=-\frac{\kappa}{\mu}\frac{\beta}{k_y} \tag{8.76}$$

$$\xi_d=\frac{k_{y0}}{k_{yd}} \tag{8.77}$$

$$\xi=\frac{\mu_e}{\mu_0}\frac{k_{y0}}{k_y} \tag{8.78}$$

$$k_{y0}=(\omega^2\mu_0\varepsilon_0-\beta^2)^{\frac{1}{2}} \tag{8.79}$$

$$k_{yd}=(\omega^2\mu_0\varepsilon_0\varepsilon_{rd}-\beta^2)^{\frac{1}{2}} \tag{8.80}$$

$$k_y = (\omega^2 \mu_0 \varepsilon_0 \varepsilon_r - \beta^2)^{\frac{1}{2}} \tag{8.81}$$

这个特征方程有两个解：β^+和 β^-，对应剩余磁通量相对传输方向为顺时针方向和反时针方向，单位长度的差相移由（$\beta^- - \beta^+$）给出。

图 8.31 表示典型的归一化传播常数 β^+/k_0 和 β^-/k_0（$k_0=2\pi/\lambda_0$ 为自由空间传播常数）及差相移作为铁氧体剩余磁化强度的函数关系，可以看到对应于 β^+/k_0 和 β^-/k_0 的曲线在 $4\pi M_r=0$ 时相交（纯介质加载波导的情况），且随着 $4\pi M_r$ 的增加以几乎常数的速率分开，差相移几乎是剩余磁化强度的线性函数。同时还可看到 β^- 随 $4\pi M_r$ 的变化，也可理解成随温度的变化比较平缓，因此实际器件都以它为参考相位，差相移 $\Delta\beta=|\beta^+-\beta^-|$表现为超前。

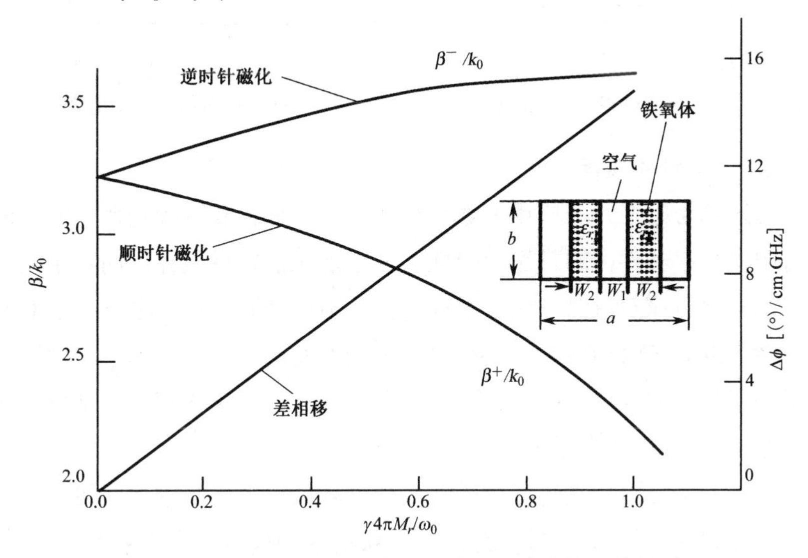

图 8.31　归一化传播常数与剩余磁化强度的函数关系

介质加载对相移特性的影响如图 8.32 所示，提高介电常数会明显地导致相移增加。而且，对于大介电常数，相移对应于环状铁氧体孔间隙 W_1 的曲线出现明显的最大值。

波导宽度对差相移的频率响应有很大的影响。图 8.33 所示为对于不同的波导宽度，在 $0.7\lambda_0 \sim 0.3\lambda_0$ 范围内差相移与频率的变化关系。可以看出，波导两边壁越靠近，差相移对频率曲线的斜率由正变到负，且 $\alpha \approx 0.35\lambda_0$ 时曲线近似平坦。

8.3.1.3　矩形环移相器的设计

矩形波导锁式移相器实物如图 8.34 所示，这是一种很成熟的移相器，从 L 波段到毫米波段都已做出了多种结构形式的器件，有些波段还进行了批量生产，因此移相器的设计，不仅有理论依据，而且有大量经验可参照。下面介绍一些实际设计中的考虑思路。

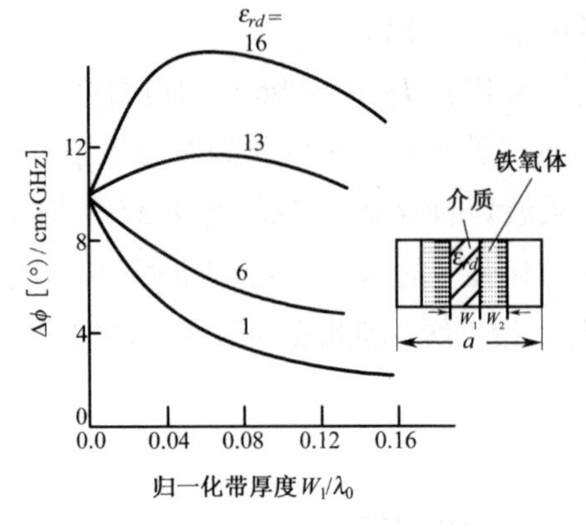

图 8.32　介质加载对相移特性的影响

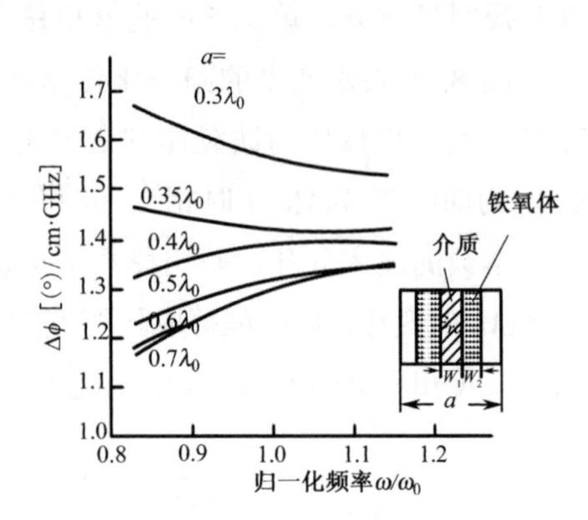

图 8.33　差相移与频率的变化关系

1）铁氧体材料的选择[16]

材料的选择必须在几个应用参数，如相移量、插损和承受功率能力之间进行折中，对中低功率器件，通常选用价廉、便于加工的锂铁氧体，而对于高功率移相器则优先考虑石榴石材料，无论哪种材料，饱和磁矩选择范围应满足 $0.4 \leqslant p \leqslant 0.7$，高功率应用时趋于 0.4，以提高自旋波的激发阈值；而低功率应用则应靠近 0.7，以提高移相器的优值（对应单位插损的相移量）。由于移相器大部分时间工作在不饱和态，p 大于 0.7 会增加器件零场损耗。

为了使移相器能很好地进行闭锁式工作，环状铁氧体的磁滞回线应尽可能呈矩形。实用环状铁氧体的矩形比定义为 $S=4\pi M_r/(4\pi M_{\max})$，其中 $4\pi M_r$ 为环状铁氧体最大剩磁态的磁化强度，$4\pi M_{\max}$ 为饱和磁化强度（一般可用 5 倍于矫顽力 H_c 的驱动场下的磁化强度来表征）。

此外铁氧体材料的矫顽力要尽量小，以减少开关功率。因此矩形比为 0.8～0.9，而矫顽力为 0.5～1.0Oe 的锂系铁氧体，特别适合锁式移相器的应用。

2）铁氧体矩形环尺寸的确定

用于移相器的矩形环如图 8.35 所示，W_2 和 b 为单板宽度和高度（也是波导的高度）。分析表明最大差相移出现在双板靠在一起，且板厚为 $\lambda_0/10$（λ_0 为自由空间波长），考虑一些修正，最佳厚度为 $\lambda_0/17$，但是计算表明最小损耗时厚度为 $\lambda_0/25$，因此板厚为 $W_2=\lambda_0/25 \sim \lambda_0/17$。$W_1$、$b_1$ 为环中间隙的宽度及高度，间隙中穿有激励导线，如果间隙是空气，通常 $W_1 \approx 0.4 \sim 0.5$mm，$b_1=b-2W_2$，如果填充介质，则要适当地放大。

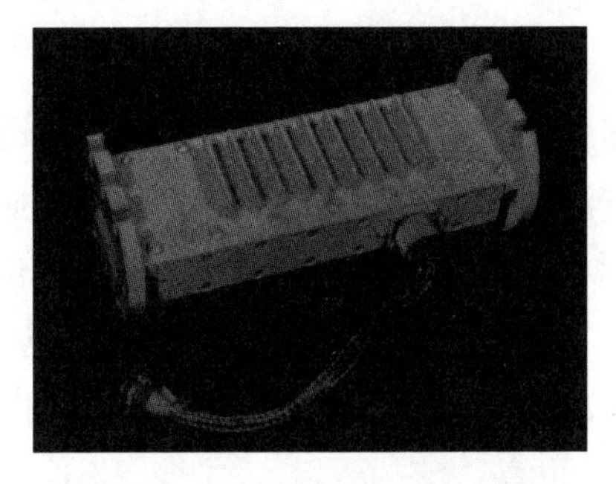

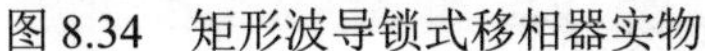

图 8.34　矩形波导锁式移相器实物

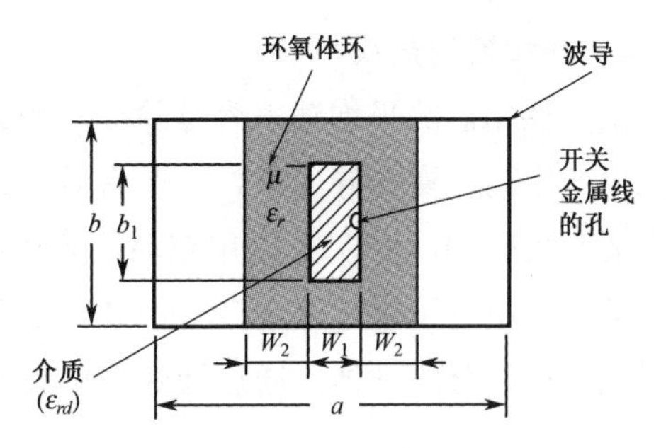

图 8.35　用于移相器的矩形环

环的长度 L 取决于所需的总相移量，考虑到工作温度的影响和装机尺寸的限制，最大相移选择 420° 左右，单位长度相移的大小可用双板模型的特征方程来计算，但是在理想模型中，没有考虑环状铁氧体闭合磁路的水平连接部分，这些部分的磁通量平行于波导宽边，现已观察到环状铁氧体的弯角对差相移贡献很小，引入弯角矫正因子（$1-2w_2/b$）来修正[17]。同时因两垂直臂之间有漏磁，又要有 20% 的附加因子，因此计算结果必须乘以 0.8（$1-2W_2/b$）。应该指出这种修正只是定性的结果，实际上移相器口径不同，修正因子也不同，与其如此，不如把结果计算仅作参考，而通过试验来确定长度。

3）波导横截面的设计

波导是用来装载环状铁氧体形成加载传输线，从而构成移相器。由于目前装配工艺水平所限，波导通常采用开盖结构，并取负公差以压紧铁氧体，波导横截面的选取由多种因素决定，对于高功率移相器通常采用标准口径的波导，而对于低功率应用，口径则应尽量压缩，在增加相移量的同时适当压缩宽边 a，可使差相移的频响比较平坦。a/λ_0 在 0.35～0.4 范围内频响最为平坦；而 b 边的压缩可以抑制高次模的产生。但压缩波导口径时应注意避免引起插损增加。

矩形环铁氧体移相器中经常存在高次模，它的激发会引起插入损耗曲线出现尖峰，破坏器件性能。这些高次模除载流导线引起的同轴模外，主要是纵截面电模（LSE）和纵截面磁模（LSM），可以用横向等效传输线法导出这些模式的特性方程，从而求出截止频率，它们顺序为 LSE_{20}、LSM_{11}、LSE_{12}、LSE_{11}，压缩波导高度可以使 LSM_{11} 和 LSE_{11} 模截止，而 LSE_{20} 与波导高度无关。通常选取较小的 W_2 使它截止，应该指出即使高次模源存在，但只要铁氧体与波导面非常平整地接触，就能避免激发起高次模。

为提高移相器单位长度的相移量，许多器件都采用凹脊波导横截面[18, 19]，脊的宽度比铁氧体矩形环宽度略大，这样便于装配。这种结构可以使相移量提高 20%左右，图 8.36 是几种常用波导的横截面，其中图 8.36（a）就是凹脊波导横截面示意图。

4）移相器的热设计

增大移相器的平均功率容量除提高冷却系统的效率外，关键是把铁氧体因消耗功率产生的热量传导出来，一个有效的方法是粘贴具有良好导热性能的介质材料［见图 8.36（b）］。另外采用双环铁氧体增加了铁氧体与波导的接触面积，也有利于散热，如图 8.36（c）、图 8.36（d）所示。双环移相器不仅适合于高功率应用，如果把它们结合成一体，通过镀膜形成波导，这种结构设计有利于毫米波应用。

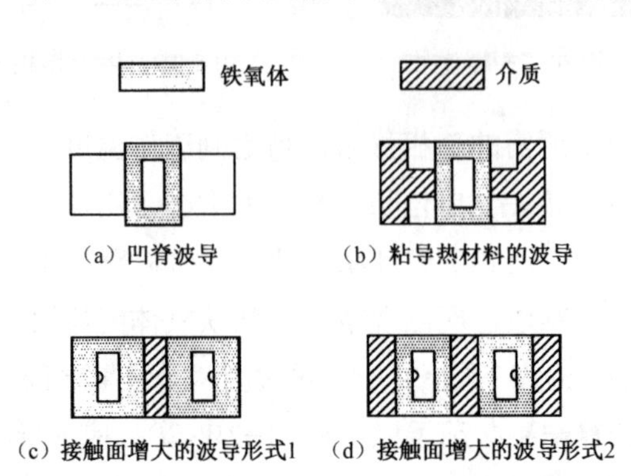

图 8.36　几种常用波导的横截面

5）阻抗匹配器的设计

在实用器件中，移相段要用阻抗匹配器与输入、输出波导端口匹配。对于在 6%～8%的窄频带内匹配，用单节 1/4 波长匹配器就能满足了。对于宽带匹配，可用多节 1/4 波长介质匹配器。

匹配器一般利用 E 面介质加载的矩形波导段来实现，以两节匹配为例，设 Z_0 和 Z_L 分别表示输入波导和铁氧体加载波导段的波阻抗，如果考虑一个两节二项式匹配器，这两个组成匹配器部分的加载波导段的波阻抗为

$$Z_1 = Z_L^{1/4} Z_0^{3/4} \tag{8.82}$$

$$Z_2 = Z_L^{3/4} Z_0^{1/4} \tag{8.83}$$

各个匹配波导段的波阻抗 Z_w 为

$$Z_w = \frac{\omega \mu_0}{\beta} \tag{8.84}$$

式中，β 为波导的传播常数。对于铁氧体加载波导段，计算 β_+、β_-后取平均值；对于 E 面介质加载的波导段，把三板模型改成单板后利用横向谐振法重新推导可得到 β 的计算方程。

6）激励器的设计

激励器为移相器提供所需磁化电流，波控机通过激励器控制移相器，使移相

器置于所需的相位态，达到电扫的目的。大部分激励器都采用通量激励方案，在这个方案中，相移量是通过精确控制所加的电流脉冲宽度或幅度来控制的[20]。

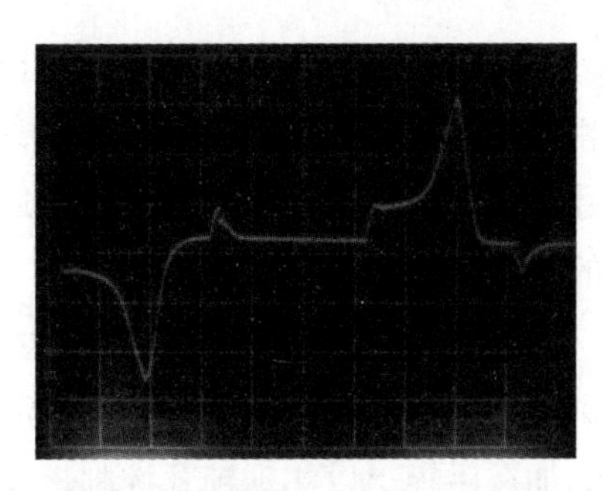

图 8.37　激励器在一个收发周期里所产生的电流脉冲序列

图 8.37 所示是激励器在一个收发周期里所产生的电流脉冲序列。对应的磁化状态的变化如图 8.38 所示。复位脉冲沿磁滞回线 $A \rightarrow B \rightarrow C$ 把铁氧体环置于最大剩磁态$-B_r$，C 点对应发射的参考相位，或称零相位态，接着加一置位脉冲以使磁化状态达到一个新点 D，这个脉冲消失后，环棒将沿退磁曲线锁在 E 点，而在这两个磁化状态之间的变化，将使通过的微波信号产生所需的发射相移 $\Delta\phi$ 。发射之后进入接收模式，复位脉冲沿磁滞回线 $E \rightarrow F \rightarrow G$ 置铁氧体环于$+B_r$，G 点成为接收的参考相位，然后置位脉冲使磁化达到点 H，锁于 I 点，同样这两个磁化状态之间的变化，将使通过的微波信号产生所需的接受相移 $\Delta\phi$ 。

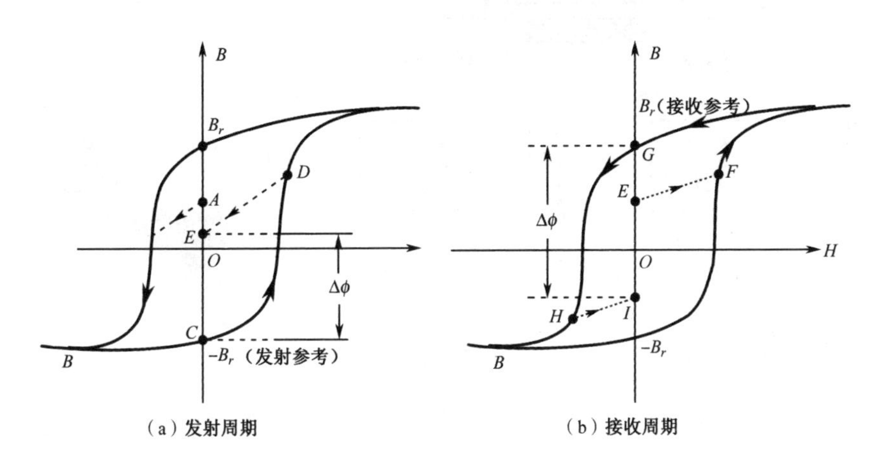

图 8.38　磁化状态的变化

8.3.2　Reggia-Spencer 移相器

这种移相器属于矩形波导互易移相器，它的早期结构如图 8.39 所示，矩形波导中放置轴向磁化的铁氧体棒，铁氧体棒的轴与波导轴向平行，铁氧体棒可以是方形，也可以是圆形。波导外面绕上激励线圈用以通磁化电流来控制相移，因此它是一种模拟连续式移相器，尽管这种结构比较笨重，却是较早用于相控阵雷达的铁氧体移相器。

Reggia-Spencer 移相器的显著特点是相移量和铁氧体的截面尺寸关系密切，

一旦截面尺寸大于某个临界值，相移就迅速增大。对此唯象理论分析认为，当移相器输入线极化 TE_{10} 模时。虽然通过铁氧体传播为椭圆极化，但只要磁场及棒尺寸选取合适，由于波导宽边的压迫，这种交叉耦合会受到抑制，而仍然保持主模的传播。

Reggia-Spencer 移相器的重要发展是做成锁式工作形式，即在波导两外侧分别加上一个磁轭，磁轭两端伸入波导和铁氧体棒组成两对并联闭合磁路，激励线圈加在磁轭上以实现锁式控制，同时，这种移相器还把各种陶瓷片贴在铁氧体棒和波导宽边上，然后调节片的厚度，以便把高次模移到工作频率之外，加上使用钛合金的薄壳结构，使这种小型轻巧的移相器在机载相控阵天线上得到大量应用，图 8.40 展示了其中的一种小型移相器实物。

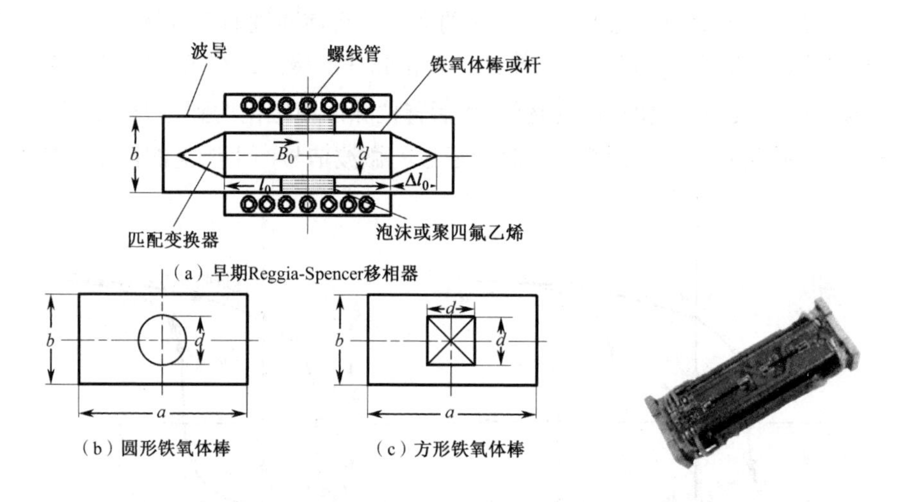

图 8.39　Reggia-Spencer 移相器早期结构　　图 8.40　小型移相器实物

Reggia-Spencer 移相器的设计重点是铁氧体棒尺寸的选择，铁氧体棒截面尺寸太小，相移可以忽略，截面尺寸逐步增大，相移量缓增，一旦截面尺寸超过临界值，相移量猛增，但如果截面尺寸进一步增加超过上限，就会产生法拉第旋转使插入损耗增加。根据有关分析计算，以圆棒为例其直径的范围为

$$\frac{\lambda_0}{1.706\sqrt{\varepsilon_f}} \leqslant d \leqslant \frac{\lambda_0}{1.308\sqrt{\varepsilon_f}} \tag{8.85}$$

下限值确定了相移量开始显著增加的阈值，低于阈值，相移小至忽略不计，直径大于上限时损耗格外大。

对于介质加载波导结构，可以换一个角度来确定棒的尺寸，设棒的横截面积 ΔS，波导横截面积 S，定义填充因子 $\alpha=\Delta S/S$，对移相器设计而言，合适尺寸的 α

值为 12%～15%。

需要指出的是，作为一种互易移相器，在某一磁化状态下对应的相移值，既与微波信号的传输方向无关，也与轴向磁化的方向无关。

8.3.3　互易圆极化移相器

8.3.3.1　法拉第旋转效应

电磁波在磁化铁氧体中的传播问题可分两种情况来研究[21]。第一种称为横向磁化，即外直流磁化场垂直于传播方向，它显示出正交线极化波之间的双折射效应，即平行磁场的微波场磁导率为 l，而垂直磁场的微波场磁导率为μ_e。第二种称为纵向磁化，即直流磁场平行于传播方向，这时线极化波分裂为两个相反旋转的圆极化简正波，磁导率为$\mu_{\pm}=\mu\mp\kappa$，由于这两个简正波相速不同，合成后线极化波产生法拉第旋转。

在无限铁氧体介质中设传播方向和直流磁场方向都沿 z 轴，平面波的传输常数为

$$\beta^2=\omega^2\varepsilon(\mu\pm\kappa) \tag{8.86}$$

用 β_+和 β_-来表示 β 的两个解，可写成

$$\beta_+=\omega\sqrt{\varepsilon(\mu-\kappa)} \tag{8.87}$$

$$\beta_-=\omega\sqrt{\varepsilon(\mu+\kappa)} \tag{8.88}$$

β_+和 β_-分别对应右圆极化和左圆极化两个简正波，对这两个波，磁导率为标量 $\mu_{\pm}=\mu\mp\kappa$，由于μ和κ分别是直流磁场的偶函数和奇函数，如果改变直流场方向，这两个简正波的传播常数就相互交换，而传播方向不影响传播常数的符号，因为在式（8.86）中 β 仅以偶次幂出现，图 8.41 概括了纵向磁化简正波传播的几种不同情况。

法拉第旋转角为

$$\theta=\frac{\beta_+-\beta_-}{2}z \tag{8.89}$$

这里所用的符号，可以预料在低于铁磁共振场时 $\beta_+>\beta_-$。

法拉第旋转具有非互易性：对 z 方向磁化，沿 z 方向传播的波，朝 z 方向看，相对输入极化方向要旋转 θ 角度，当波反射回来，沿$-z$ 方向传播，朝$-z$ 方向看，旋转$-\theta$ 角度（因为直流场与传播方向相反），但若朝 z 方向看，则为 θ 角度，因此，朝同一方向看，无论 z 或$-z$ 方向传播均旋转 θ 角度，反射波相对入射波总共旋转 2θ 角，而不是旋回到原来的方向，利用这种非互易性可构成各种微波器件。

实际器件铁氧体都放在波导中，因此必须从无限介质转到波导，研究纵向磁化全填充铁氧体波导的解，如果$\frac{\partial}{\partial x} \neq \frac{\partial}{\partial y} \neq 0$那么问题就复杂得多，从麦克斯韦方程出发，导出波动方程，可发现在这种情况下波导中传播的是孪生波，即电波或磁波互相耦合，不存在独立的电波或磁波。处理这个问题可以从简正波出发，也可以从耦合波出发，前者利用场分析理论，后者应用场的本征函数展开法[22]。在弱场近似下，对于全填充铁氧体圆波导，仅考虑 H_{11} 的奇偶模，对应正负圆极化波的传播常数分别为

$$\beta_{\pm} = \beta_0 \left(1 \mp 0.42 \frac{\kappa}{\mu}\right) \tag{8.90}$$

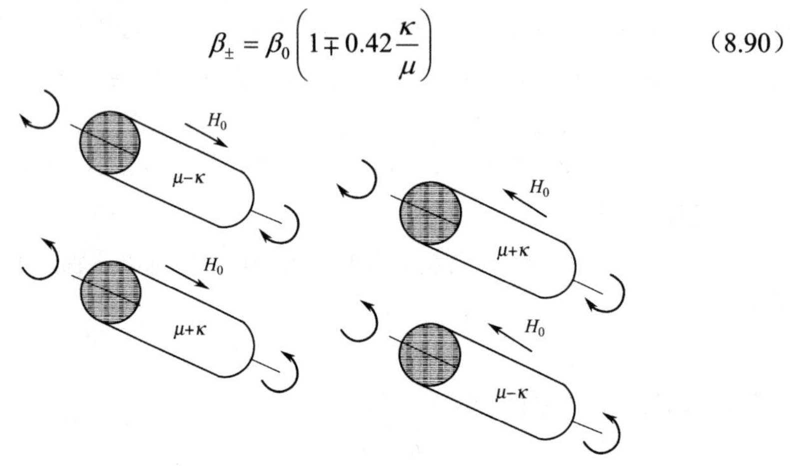

图 8.41　纵向磁化简正波传播

单位长度法拉第旋转角

$$\phi = 0.42 \frac{\kappa}{\mu} \beta_0 \tag{8.91}$$

其中，β_0 为未磁化时的传播常数

$$\beta_0 = \sqrt{\omega^2 \mu_0 \varepsilon_0 \varepsilon_f \mu - \left(\frac{1.84}{R}\right)^2} \tag{8.92}$$

式中，R 为圆波导半径。

而对于全填充铁氧体方波导仅考虑 H_{10}、H_{01} 模，对应左右旋转场的传播常数分别为

$$\beta_{\pm} = \beta_0 \left(1 \mp \frac{4}{\pi^2} \frac{\kappa}{\mu}\right) \tag{8.93}$$

单位长度法拉第旋转角：

$$\phi = \frac{4}{\pi^2} \frac{\kappa}{\mu} \beta_0 \tag{8.94}$$

式中，

$$\beta_0 = \sqrt{\omega^2 \mu_0 \varepsilon_0 \varepsilon_f \mu - \left(\frac{\pi}{a}\right)^2} \tag{8.95}$$

式中，a 为方波导的边长。

8.3.3.2　圆极化移相器的设计

当相控阵天线为圆极化波工作时，采用铁氧体锁式圆极化移相器是一种非常好的方案，这种移相器的核心由一根表面金属化的铁氧体方棒或圆棒做成，两端加匹配器，结构如图 8.42 所示，金属化薄膜 3～5 个趋肤厚度，这样既保证电磁波不外泄，又让快速磁化场能穿过波导，棒的两侧各加一块磁轭，构成一对闭合磁路，以维持铁氧体的剩磁，铁氧体棒加上多匝线圈，控制线圈电流脉冲的宽度或幅度以控制铁氧体剩磁大小，从而控制不同的相移量。

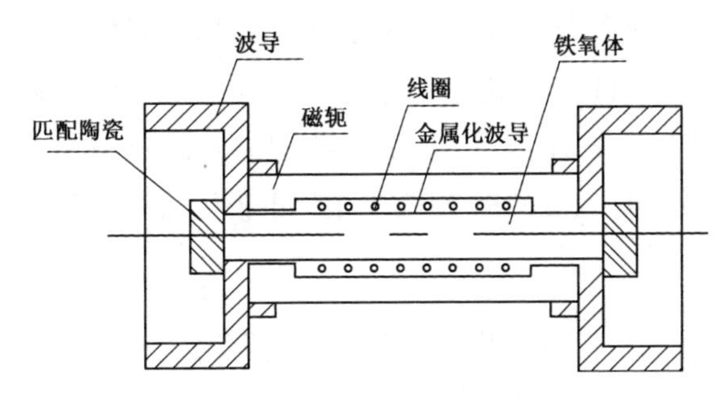

图 8.42　圆极化移相器结构

圆极化移相器中铁氧体为纵向磁化，正负圆极化波呈现为简正波，分别有不同的传播常数 β_+ 和 β_-。用一个大电流脉冲，使铁氧体处于最大剩磁态，假设这时正圆极化波沿正向传播，它的传播常数 $\beta_+ = f(\mu - \kappa)$，产生了对应的参考相位态 ϕ_0，在此状态下加一个一定幅度的反向电流脉冲，使铁氧体偏离前述的最大剩磁态，此时传播常数 $\beta_+ = f(\mu - \kappa)$ 随着 μ、κ 的变化而变化，对应相位态 ϕ，因此产生了差相移 $\Delta\phi = \phi - \phi_0$，因为低场区 κ 为负，相移表现为超前，假如上述的磁化过程不变，仅改变传播方向，由于正负圆极化是根据磁化方向与波极化旋转方向定义的，磁化方向与波极化旋转方向符合右手定则即为正圆极化，符合左手定则即为负圆极化。对圆极化波而言，雷达接收的回波信号的旋向从磁化方向看是与发射信号相同的，与非互易器件不同，圆极化移相器接收时不必重新置位（改变磁化状态），此时对应的磁导率不变，从而对应的传播常数也相同，因此相移值亦相同，即圆极化移相器是一个互易器件。

圆极化移相器也是一个很成熟的器件，已有批量生产，下面讨论其设计中涉及的一些具体问题。

1）铁氧体材料的选择

这个问题在矩形波导移相器部分已讲过，不同的是圆极化移相器采用铁氧体表面镀金属膜作波导，因此铁氧体表面光洁度要求比较高，使用密致的石榴石材料应优于锂铁氧体，但石榴石材料成本高、加工难，而且这种材料矩形比也较小，加上有磁致伸缩效应，因此大部分移相器仍采用锂铁氧体材料，但加上致密措施如等静压、高温退火等，这样提高密致性后的锂铁氧体材料也能在表面镀金属膜，耐湿性能也有所提高。

2）铁氧体尺寸的设计

铁氧体棒的截面有方形和圆形两种，方形棒的最大优点是易于磁路配合，但圆形棒加工容易，且便于绕线，而最大好处是在不出现高次模条件下，可以选取较大的截面积，这有利减少器件损耗，同时尽可能扩大工作带宽。

那么圆棒截面大小怎样确定呢？未磁化时镀膜铁氧体棒像个介质填充的波导，移相器工作主模为 TE_{11}，低频受主模截止频率限制，高频受高次模激发限制，这些高次模依次为 TM_{01} 和 TE_{21}，这些模式连同主模 TE_{11} 的场分布如图 8.43 所示，对应截止波长分别为 3.41R、2.62R、2.06R，根据主模传播高次模截止，可按式（8.96）确定圆棒的半径：

$$\frac{c}{2.62(f+\Delta f)\sqrt{\mu_0\varepsilon_f}} > R > \frac{c}{3.41(f_0-\Delta_f)\sqrt{\mu_0\varepsilon_f}} \tag{8.96}$$

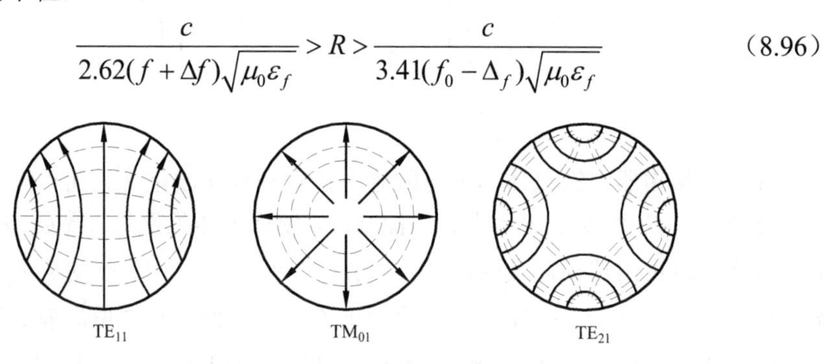

图 8.43　圆波导模式（实线为电场，虚线为磁场）

圆磁模 TM_{01} 具有圆对称性，一般认为此对称模式不易与主模产生强耦合，因此只考虑 TE_{21} 的截止，从而适当增大棒的截面，减少损耗，这时棒除传播主模 TE_{11} 外，还能传播 TM_{01} 模，上述只是把铁氧体当成介质来考虑的理想情况。当铁氧体磁化后，它传播的是孪生波，电波和磁波都不能单独存在，即电波和磁波是相互耦合的，只要存在磁化不对称或铁氧体材料不均匀性，都可激发高次模，从而使损耗曲线出现尖峰。

铁氧体棒（移相段）长度 L 由最大差相移决定

$$\Delta\phi_{\max} = (\beta_{-} - \beta_{+})l \tag{8.97}$$

β_+和 β_-是纵向磁化铁氧体棒所支持的两种圆极化简正波的传播常数，对圆棒采用式（8.90），而方棒采用式（8.93）。

3）磁路设计

锁式移相器需要闭合磁路，与矩形环移相器不同，圆极化移相器的闭合磁路由铁氧体棒和磁轭胶合而成，磁轭可以是软磁材料，也可以是与铁氧体棒相同的材料，而铁氧体棒所需的安培-匝数（NI）由绕在棒上的线圈提供，假设磁轭与磁棒由同一种材料制成，应用安培定律于闭合磁路 L，可以写成

$$\oint \boldsymbol{H}dl = NI \tag{8.98}$$

$$(\boldsymbol{H}_r + \boldsymbol{H}_y)l_r + 2\boldsymbol{H}_g l_g = NI \tag{8.99}$$

式中，l_r（$\approx l_w + l_c$）是棒和磁轭长度有效值；l_g是磁棒金属化与轭接触区域的有效空气间隙长度；$\boldsymbol{H}_r$、$\boldsymbol{H}_y$ 和 $\boldsymbol{H}_g$ 分别是磁棒、磁轭和空气间隙中的磁场强度。设定 $\boldsymbol{H}_r = \boldsymbol{H}_y = \boldsymbol{B}_s/\mu_r$，这里 $\boldsymbol{B}_s$ 为棒中的磁感应强度，μ_r是导磁率，可以写成

$$2\boldsymbol{B}_s\left(\frac{l_r}{\mu_r} + \frac{l_g}{\mu_0}\right) = NI \tag{8.100}$$

可以看到使棒饱和的所需安培-匝数与有效间隙长度的密切关系。在锁式状态中，磁化电流是零。将安培定律应用到闭合磁路中有

$$\boldsymbol{H}_r l_r + \boldsymbol{H}_g l_g = 0 \tag{8.101}$$

如图 8.44 所示，当 $l_g=0$ 时，棒锁于棒轭环的 B-H 回路线上的 A 点，然而，当 $l_g \neq 0$ 时，环将锁于 B-H 环路中的其他点。随 l_g 增高时，C 点如箭头所指示那样下移。空气间隙的存在将增高使棒饱和所需的安培-匝数数值及减小闭锁状态的剩余通量密度，严重地破坏了器件的一致性，因此要求磁轭和棒必须紧密接触。

4）阻抗匹配器设计

圆极化移相器采用镀膜方形或圆形铁氧体波导作移相段，而输入/输出端口通常为圆波导，可用 1/4 波长部分填充介质的圆波导段进行匹配，特别要指出，使用圆极化移相器的相控阵天线常用介质作辐射器，因此必须在圆波导测试系统中调好移相器，然后把 1/4 波长匹配器换成介质头，成为一个紧凑的器件，图 8.45 所示是一款圆极化移相器。

5）开关能量和开关时间的考虑

从铁氧体的磁滞回线可知，铁氧体从$-B_r$变成 B_r，从通量激励来说，就是铁氧体获得最大通量，从移相器来说，就是取得最大差相移，这时所消耗的能量就是开关能量，状态变化所需的时间为开关时间。

开关能量的获得是激励器做功的结果，锁式移相器在开关过程中的等效回路

如图 8.46 所示[23]，R_{st} 是短匝电阻，R 为磁化线圈的固有电阻，L 为磁化电感，开关能量可以表达为

$$W_t = W_h + W_{\mathrm{st}} \tag{8.102}$$

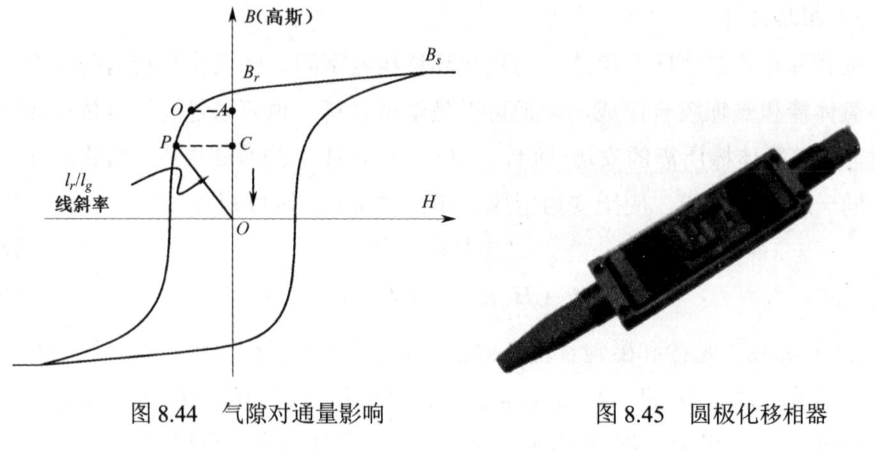

图 8.44　气隙对通量影响　　　　图 8.45　圆极化移相器

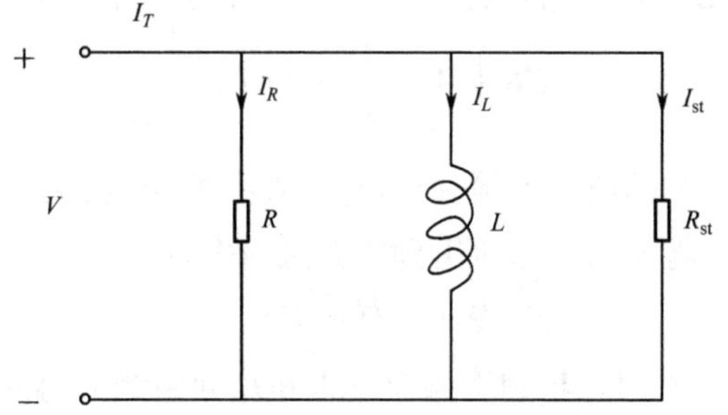

图 8.46　锁式移相器在开关过程中的等效回路

式中，W_h 为克服磁滞的能量；W_{st} 为短匝效应的涡流损耗，对于矩形环波导移相器，属于内磁化的状况，后项为零；对于圆极化移相器，属于部分外磁化的状况，后项不为零，式（8.102）可进一步写成

$$W = W_h\left(1+\frac{\tau}{T}\right) \tag{8.103}$$

式中，

$$W_h = 2B_{\mathrm{r}}H_cV \tag{8.104}$$

W_h 是铁氧体从 $-B_{\mathrm{r}}$ 变成 B_{r} 所需的能量；H_c 是矫顽力；V 是铁氧体体积，T 为置最大差相移所需电流脉冲的宽度，而 τ 是短匝时间常数，取决于外磁化引起的短匝效应。对圆极化移相器这种纵向磁化状况有

$$\tau = \frac{SDB_{\mathrm{r}}}{4\rho H_c} \tag{8.105}$$

式中，S 是波导壁的厚度；D 是波导直径；ρ 是波导壁的电阻率。

作为一个典型的例子，考虑 X 波段圆极化移相器，频率 9.0GHz，棒长 33mm 直径 7.6mm，剩磁通 B_r=1500Gs，矫顽力 H_c=1.0Oe，金属镀膜层厚 S=2.54×10^{-3}mm，电阻率为 8.64×10^{-8}Ω • m（约为铜的 5 倍），化成实用单位计算有

$$\tau = \frac{SDB_r}{4\rho H_c} = 105.6 \tag{8.106}$$

$$W_h = 2B_r H_c V = 36.0 \tag{8.107}$$

对于 $T = 70\mu s$ 有

$$W_t = W_h\left(1+\frac{105.6}{70}\right) = 90.2 \tag{8.108}$$

显然 W_{st} 大于 W_h，即短匝效应消耗的功大于磁滞耗能。

实际设计关心激励器的功耗，这时要考虑具体的工作周期，对矩形波导锁式移相器，它包括发射的复位、置位、接收的复位、置位，每个动作都要消耗能量，对圆极化移相器，它只包括发射的复位、置位，不过由于存在短匝效应，它的功耗更大，一个完整的工作周期称为波束转换时间，另外发射后，接收还要复位置位，称为收发转换时间，这会导致雷达的近距离盲区。

8.3.4　双模移相器

8.3.4.1　非互易铁氧体四分之一波片[24]

上面提过横向磁化产生正交线极化波的双折射效应，如图 8.47（a）所示，x 方向极化的 H_{11} 波的微波磁场平行直流磁场，磁导率为 l，而 y 方向极化的 H_{11} 波则垂直磁场，磁导率为μ_e，如果把铁氧体移离侧壁［见图 8.47（b）］，微波磁场为椭圆极化，磁导率为$\mu+\kappa$或$\mu-\kappa$，上述两个波具有不同传播常数 β_x 和 β_y，只要使它们满足

$$(\beta_y - \beta_x)L = \frac{\pi}{2} \tag{8.109}$$

由于时间-空间正交，它们变成圆极化波，并且因包含磁导率κ分量，而具有非互易特性，图 8.47（c）是使用铁氧体环双折射圆波导示意图，当然这种磁化方式是比较困难的，可以变换成图 8.47（d）的直流磁场配置，也同样具有双折射效应。

对于铁氧体棒，上面的磁场配置如图 8.48 所示。考虑与 x 轴成正 45° 角的 H_{11} 波，此场可分解成等幅的 x 分量和 y 分量，上面已分析它们是相速不相等的简正波。当相位差为 π/2 时，H_{11} 为圆极化波，当相位差为 π 时则 H_1 与 x 轴呈负 45°，

也就是说对这种磁场配置，x 和 y 方向的一对 H_{11} 波是简正波，而与 x 轴呈正负 45°的一对 H_{11} 波是耦合波，由此可见简正波和耦合波是两个不同的概念，但它们可共存于同一系统中，在一定条件下可相互转换，因此用耦合波处理也可推出简正波的结果，反之亦然。

推导横向磁化全填充铁氧体方波导或圆波导的解比纵向磁化复杂得多，因为横向磁化铁氧体张量磁导率的非对角分量有 4 个不为零的分量，而且都是坐标的函数，而纵向磁导率只有两个不为零的分量。问题虽然复杂，应用耦合波理论仍然可以解决，下面是根据不同直流磁场分布，即不同张量磁导率形式，运行耦合波理论所得到的结果[25]。

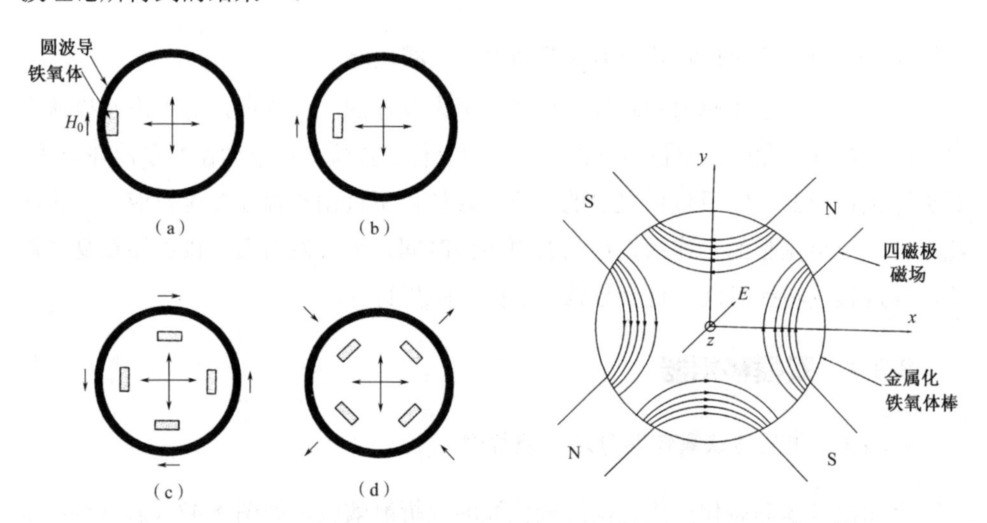

图 8.47　铁氧体圆波导双折射　　图 8.48　四磁极磁化圆棒

对于方形铁氧体，采用如图 8.49（a）所示的 4 个磁化中心分布形式，则 H_{10} 波和 H_{01} 波是一对不发生耦合的简正波。它们的传播常数不同，存在波型差相移（指同一方向传播，两波的差相移），并且它们各自又有非互易相移（指同一波型不同传播方向的差相移）。它们数值相等，单位长度差相移为

$$\Delta\beta = \frac{2.77\kappa}{\mu a} \tag{8.110}$$

式中，a 为方波导边长，当磁化中心旋转 45° 时［见图 8.49（b）］，H_{10} 波和 H_{01} 波是一对耦合波

$$\frac{\mathrm{d}A_{10}}{\mathrm{d}z} = -\mathrm{j}\beta_{10}A_{10} - k_1 A_{01} \tag{8.111}$$

$$\frac{\mathrm{d}A_{01}}{\mathrm{d}z} = -k_2 A_{10} - \mathrm{j}\beta_{01}A_{01} \tag{8.112}$$

式中，

$$\beta_{10}=\beta_{01}=\beta_0(1-\frac{0.25\kappa^2}{\mu^2}) \tag{8.113}$$

$$k_1=k_2=2.13\frac{\mathrm{j}\kappa}{\mu a} \tag{8.114}$$

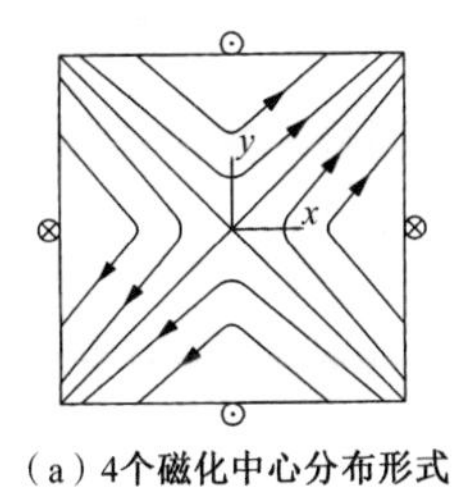

（a）4个磁化中心分布形式

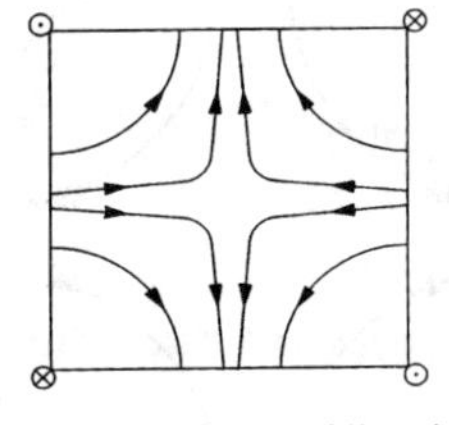

（b）中心旋转45°的磁体形式

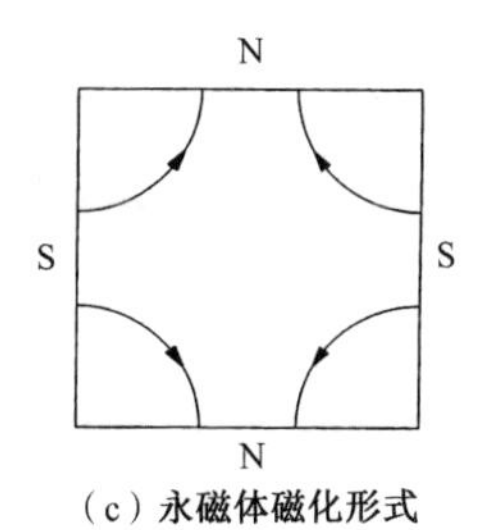

（c）永磁体磁化形式

图 8.49　不同磁化方式的铁氧体方波导

β_0 为非磁化时 H_{10} 或 H_{01} 的传播常数。k_1、k_2 是耦合系数，则：

$$A_{10}=A\mathrm{e}^{-\mathrm{j}\beta_1 z}+B\mathrm{e}^{-\mathrm{j}\beta_2 z} \tag{8.115}$$

$$A_{01}=C\mathrm{e}^{-\mathrm{j}\beta_1 z}+D\mathrm{e}^{-\mathrm{j}\beta_2 z} \tag{8.116}$$

式中，

$$\beta_{1,2}=\beta_0\pm k_v \tag{8.117}$$

$$k_v=\left|2.13\frac{\mathrm{j}\kappa}{\mu a}\right| \tag{8.118}$$

在边界条件 z=0，输入 H_{10} 波，则：

$$A_{10}=\cos k_v z\mathrm{e}^{-\mathrm{j}\beta_0 z} \tag{8.119}$$

$$A_{01}=\mathrm{j}\sin k_v z\mathrm{e}^{-\mathrm{j}\beta_0 z} \tag{8.120}$$

由于 k_v 为实数，当 $k_v z=\pm\pi/4$ 时，垂直极化波 H_{10} 变成正、负圆极化波；当 $k_v z=\pm\pi/2$ 时，垂直极化波变成水平极化波，形成非互易的变极化效应，耦合波 A_{10} 可以分成传播常数 β_1 和 β_2 的简正波。因此当 $(\beta_1-\beta_2)z=\pi/2$ 即 $k_v z=\pm\pi/4$ 时 A_{10} 为圆极化。无论从耦合波或简正波来分析结果都相同，这也证明了上述定性分析是正确的。

如果改成永磁体磁化，如图 8.49（c）所示，这时 H_{10} 和 H_{01} 也是一对耦合波，同理求出变极化系数

$$k_v=\left|2.09\frac{\kappa}{\mu a}\right| \tag{8.121}$$

对于圆形铁氧体波导，4 个磁化中心如图 8.50 所示，完全按照上述分析，H_{11}

奇模和偶模是一对耦合波

$$A_e = \cos k_v z e^{-j\beta_{11} z} \tag{8.122}$$

$$A_o = j\sin k_v z e^{-j\beta_{11} z} \tag{8.123}$$

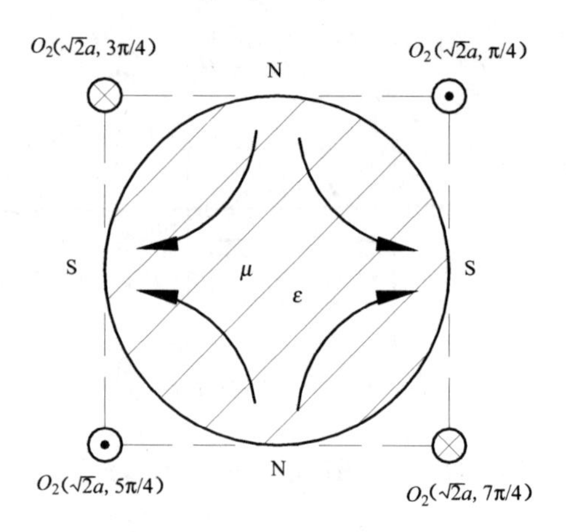

图 8.50　4 个磁化中心

它们也可看成传播常数为 $\beta_{1,2}$ 两个简正波的迭加，其中

$$k_v = 1.053\frac{\kappa}{a\mu} \tag{8.124}$$

$$\beta_{1,2} = \beta_{11} \pm k_v \tag{8.125}$$

式中，β_{11} 为 H_{11} 模的传播常数，由于 A_e、A_o 空间已垂直。因此只要 $k_v z=\pm\pi/4$ 即变成非互易圆极化波。

8.3.4.2　双模移相器的工作原理

双模移相器是目前应用广泛的一种铁氧体器件[26]，它是在圆极化移相段两端分别加上旋转方向相反的非互易圆极化器形成的一种互易线极化移相器，图 8.51 所示为其基本结构，实际使用的双模移相器的圆极化器和移相段是由同一根镀金属膜的铁氧体棒构成的，圆极化器的四磁极由 4 块永磁体构成。

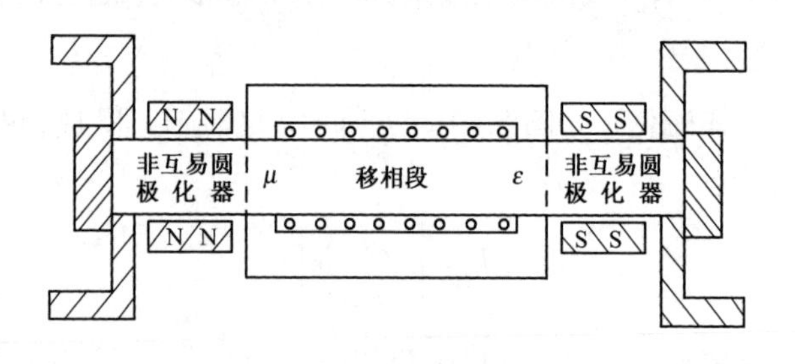

图 8.51　双模移相器的基本结构

为了分析双模移相器的工作原理，这里引入极化变换矩阵的概念[27]，这对于分析双模器件非常有用，设双模器件的输入端 1 的电场强度为 E_{x1} 和 E_{y1}；输出端的电场强度为 E_{2x} 和 E_{2y}，则两者之间有下列变换关系：

$$\begin{aligned} E_{x1} &= T_{xx}E_{x1} + T_{xy}E_{y1} \\ E_{y2} &= T_{yx}E_{x1} + T_{yy}E_{y1} \end{aligned} \tag{8.126}$$

把式（8.126）写成矩阵表示式：

$$\begin{bmatrix} E_{x2} \\ E_{y2} \end{bmatrix} = \boldsymbol{T} \begin{bmatrix} E_{x1} \\ E_{y1} \end{bmatrix} \tag{8.127}$$

式中，

$$\boldsymbol{T} = \begin{bmatrix} T_{xx} & T_{xy} \\ T_{yx} & T_{yy} \end{bmatrix} \tag{8.128}$$

$\boldsymbol{T}$ 称为模式变换矩阵或极化变换矩阵，把（E_{x1}　E_{y1}）看作输入端的一对模式，它决定于输入端的极化状态；同样地，（E_{x2}　E_{y2}）表示输出端的一对模式，它决定输出端的极化状态。故矩阵 $\boldsymbol{T}$ 表示输入模式和输出模式之间的变换关系，若知道了双模元件的模式变换矩阵，就掌握了双模元件传输模式变换规律，上述变换也可用如图 8.52 所示的流图形式表示。

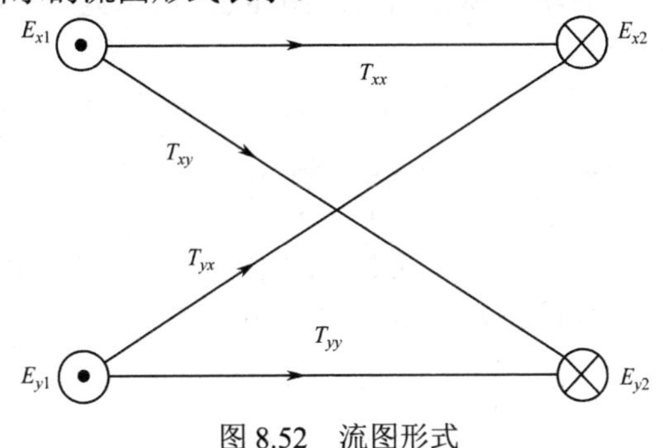

图 8.52　流图形式

根据定义，对非互易变极化器有

$$\boldsymbol{T}_{NN} = \begin{bmatrix} \cos k_v z & \mathrm{j}\sin k_v z \\ \mathrm{j}\sin k_v z & \cos k_v z \end{bmatrix} \tag{8.129}$$

当磁化相反时

$$\boldsymbol{T}_{SS} = \begin{bmatrix} \cos k_v z & -\mathrm{j}\sin k_v z \\ -\mathrm{j}\sin k_v z & \cos k_v z \end{bmatrix} \tag{8.130}$$

同理，对法拉第旋转器，有

$$\boldsymbol{T}_{FR} = \begin{bmatrix} \cos k_f z & \pm\sin k_f z \\ \mp\sin k_f z & \cos k_f z \end{bmatrix} \tag{8.131}$$

正负号对应磁化场与传播方向一致或相反。

其他一些常用的变换矩阵为

线极化吸收片（水平）：

$$\boldsymbol{T}_{-}=\begin{bmatrix}0 & 0\\0 & 1\end{bmatrix} \tag{8.132}$$

互易圆极化器：

$$\boldsymbol{T}_{C}=\begin{bmatrix}\frac{1}{\sqrt{2}} & \frac{\mathrm{j}}{\sqrt{2}}\\\frac{\mathrm{j}}{\sqrt{2}} & \frac{1}{\sqrt{2}}\end{bmatrix} \tag{8.133}$$

全反射：

$$\boldsymbol{T}_{RE}=\begin{bmatrix}-1 & 0\\0 & -1\end{bmatrix} \tag{8.134}$$

坐标系旋转：

$$\boldsymbol{T}_{RO}=\begin{bmatrix}\cos\theta & -\sin\theta\\\sin\theta & \cos\theta\end{bmatrix} \tag{8.135}$$

现在用变换矩阵来分析双模移相器，图 8.53 所示为双模移相器的框图和流图，从左到右传输有

$$\begin{bmatrix}E_{x2}\\E_{y2}\end{bmatrix}=[\boldsymbol{T}_{SS}][\boldsymbol{T}_{FR}][\boldsymbol{T}_{NN}]=\begin{bmatrix}\frac{1}{\sqrt{2}} & \frac{-\mathrm{j}}{\sqrt{2}}\\\frac{-\mathrm{j}}{\sqrt{2}} & \frac{1}{\sqrt{2}}\end{bmatrix}\begin{bmatrix}a & b\\-b & a\end{bmatrix}\begin{bmatrix}\frac{1}{\sqrt{2}} & \frac{\mathrm{j}}{\sqrt{2}}\\\frac{\mathrm{j}}{\sqrt{2}} & \frac{1}{\sqrt{2}}\end{bmatrix}\begin{bmatrix}E_{x1}\\E_{y1}\end{bmatrix} \tag{8.136}$$

若输入端只有垂直分量即 $E_{x1}=0$， $E_{y1}\neq 0$，式（8.136）变成

$$\begin{bmatrix}E_{x2}\\E_{y2}\end{bmatrix}=\begin{bmatrix}a+\mathrm{j}b & 0\\0 & a-\mathrm{j}b\end{bmatrix}\begin{bmatrix}0\\E_{y1}\end{bmatrix} \tag{8.137}$$

得 $E_{x2}=0$， $E_{y2}=(a-\mathrm{j}b)$， $E_{y1}=\mathrm{e}^{-\mathrm{j}k_f z}$ ，由此可见，若在输入端输入垂直极化波，则输出波仍为垂直极化，并且相移量为 k_f。

为了证明移相器的互易特性，考虑从右到左传输，这时两个圆极化器顺序互换，但由于传播方向相反，而 k_v 与 β 无关，式（8.130）和式（8.131）的非对角分量（流图的交叉支）改变符号，故圆极化器矩阵的形式不变，而法拉第旋转段尽管磁场方向与传播方向相反，但由于旋向也相反，故矩阵形式也不变，这样变换式和式（8.136）相同：

$$\begin{bmatrix}E_{x1}\\E_{y1}\end{bmatrix}=[\boldsymbol{T}_{NN}][\boldsymbol{T}_{FR}][\boldsymbol{T}_{SS}]=\begin{bmatrix}a+\mathrm{j}b & 0\\0 & a-\mathrm{j}b\end{bmatrix}\begin{bmatrix}E_{x2}\\E_{y2}\end{bmatrix} \tag{8.138}$$

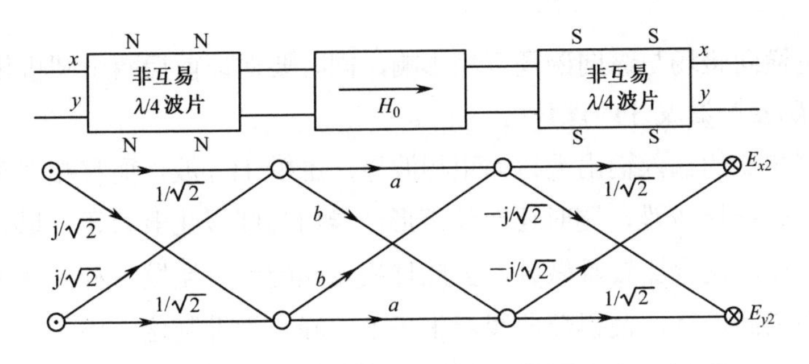

图 8.53　双模移相器的框图和流图

令 $E_{x2}=0$，得 $E_{x1}=0$，$E_{y1}=(a-\mathrm{j}b)$，$E_{y2}=\mathrm{e}^{-\mathrm{j}k_f Z}$，极化状态和相移完全相同，如果把铁氧体非互易圆极化器的极化变换用环行表示，那么双模移相器的等效电路如图 8.54 所示。

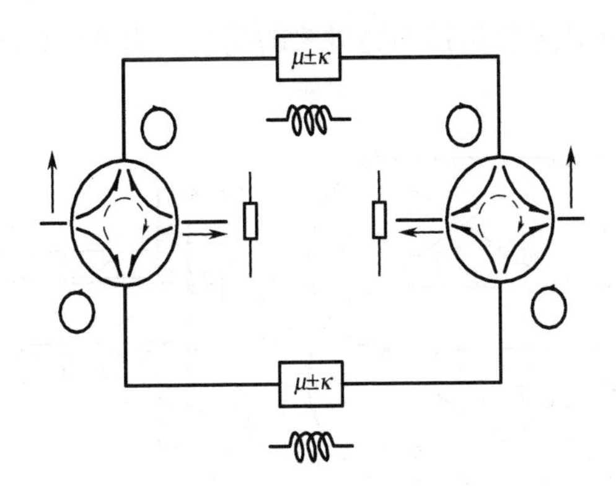

图 8.54　双模移相器的等效电路

8.3.4.3　双模移相器的设计[25]

双模移相器设计问题大部分与圆极化移相器相同，这里只进行一些补充。

1）非互易圆极化器的设计

非互易圆极化器是做在移相段的同一根铁氧体波导上，其长度可根据 $k_v=\pi/4$ 来计算，对于圆形棒，k_v 满足式（8.173）故

$$l=0.238\frac{\pi R\mu}{\kappa} \tag{8.139}$$

由式（8.139）可以算出圆极化器的长度，在实际制作中，必须先确定圆极化器，调四磁极的磁场强度，保证圆极化器轴比小于 1.5dB，要注意，轴比受铁氧体棒初始的磁化状态影响较大，因此调试前必须先纵向退磁，以便得到可靠的测试数据。为保证极化器的温度稳定性，可调节磁场使铁氧体处于磁滞回线接近饱和的弯曲处，这是一个温度稳定点。另外装配时圆极化器必须与移相器段保持一定

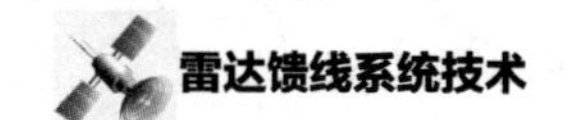

距离，以免横向磁场与纵向磁场互相影响，同时要保证前后两个圆极化器一致。

2）匹配器和滤波片的设计

双模移相器的输入输出端口为矩形波导，主模 H_{10} 波，而移相器圆波导中传播 H_{11} 波，匹配比较难，同时还要使矩形波导口与圆极化器对正，以获得纯粹的右或左圆极化，这也比较难做到，因此移相器匹配处易激发各种高次模，高次模在移相器中来回振荡，使损耗曲线产生多个尖峰。为抑制这些模式，通常把匹配介质沿水平方向切开，镀电阻吸收膜，做成夹心层，形成水平极化滤波器，吸收掉这些高次模。

3）反射式移相器结构

无论是圆极化移相器还是双模移相器，都可以做成反射式结构，反射式移相器可用在反射型天线阵列中，图 8.55 所示为反射型双模移相器的流图和结构，利用变换矩阵可以证明反射式的相移为通过式的两倍。当然它的损耗也增加一倍，只是结构比较小而已。

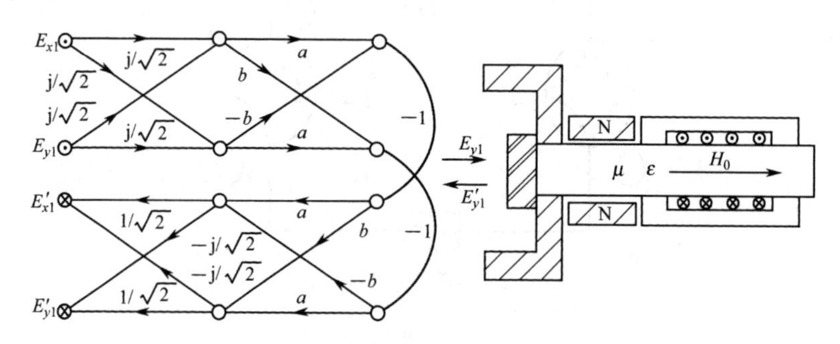

图 8.55　反射型双模移相器的流图和结构

8.3.5　旋转场移相器

8.3.5.1　旋转四磁极磁化场的形成[26]

在非互易圆极化器部分已经遇到过四磁极的磁场配置，旋转场就是旋转的四磁极磁化场，图 8.56 为其基本结构示意图，在铁氧体圆棒波导外对称等间隔地分布 8 个极头，其中每 4 个等间隙的极头为一组，形成两组四磁极磁化场（见图 8.56），形状完全一样，但方向转 45° 角，一组线圈通以正弦电流，其产生的磁场为

$$B_S = B_{SO}\sin 2\phi \tag{8.140}$$

式中，B_{SO} 为磁场的幅度；$\sin 2\phi$ 反映磁场的周角变化，另一组线圈通过余弦电流，产生磁场：

$$B_C = B_{CO}\sin 2(\phi + 45^\circ) = B_{CO}\cos 2\phi \tag{8.141}$$

忽略非线性磁场效应，两磁场叠加后总磁场为

$$B = B_{SO}\sin 2\phi + B_{CO}\cos 2\phi \tag{8.142}$$

若 B_{SO} 与 B_{CO} 的值分别按 $B_0\sin\Omega t$ 和 $B_0\cos\Omega t$ 方式变化，Ωt 为线圈中激励电流的相角，则

$$B = B_0\cos(2\phi - \Omega t) \tag{8.143}$$

由此可见铁氧体中四极旋转磁化场的角频率为激励电流频率的一半：

$$\phi = \frac{\Omega}{2} \tag{8.144}$$

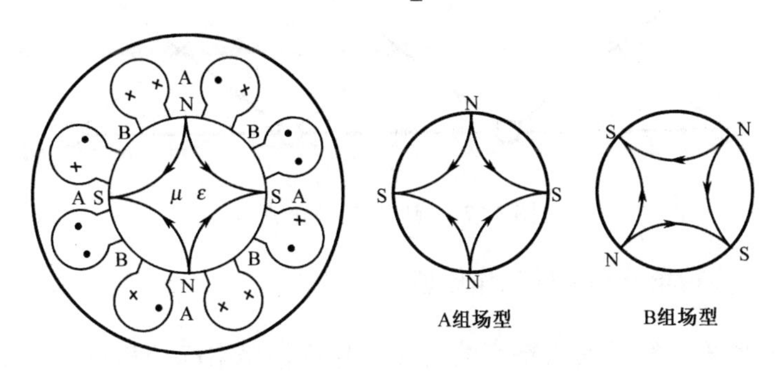

图 8.56　旋转场的基本结构

图 8.57 表示旋转场的极化流图，此流图由 3 个矩阵级联，左右为坐标旋转流图，模拟四磁极磁化场的旋转，中间为变极化段，按式（8.137），$a=\cos k_v z$，$b=\mathrm{j}\sin k_v z$，若输入端 $E_{x1}=0$，$E_{y1}\neq 0$ 即以垂直波输入，根据流图运算输出应为

$$\begin{aligned} E_{x2} &= [a\sin\Omega t\cos\Omega t + b\sin\Omega t(-\sin\Omega t) + \\ &\quad a\cos\Omega t(-\sin\Omega t) + b\cos\Omega t\cos\Omega t]E_{y1} \\ &= (b\cos 2\Omega t)E_{y1} = (\mathrm{j}\sin k_v z\cos 2\Omega t)E_{y1} \end{aligned} \tag{8.145}$$

$$\begin{aligned} E_{y2} &= [a\cos\Omega t\cos\Omega t + b\cos\Omega t\sin\Omega t + \\ &\quad a\sin\Omega t\sin\Omega t + b\sin\Omega t\cos\Omega t]E_{y1} \\ &= (b\sin 2\Omega t + a)E_{y1} = (\mathrm{j}\sin k_v z\sin 2\Omega t + \cos k_v z)E_{y1} \end{aligned} \tag{8.146}$$

当 $k_v z = \pi/2$，即变极化段为半波长，称为旋转半波片，这时有

$$E_{x2} = \mathrm{j}\cos 2\Omega t E_{y1} \tag{8.147}$$

$$E_{y2} = \mathrm{j}\sin 2\Omega t E_{y1} \tag{8.148}$$

上式表明输出端仍为线极化波，但以频率 2Ω 旋转，即一个旋转线极化波，旋转频率为磁化场旋转的 2 倍。

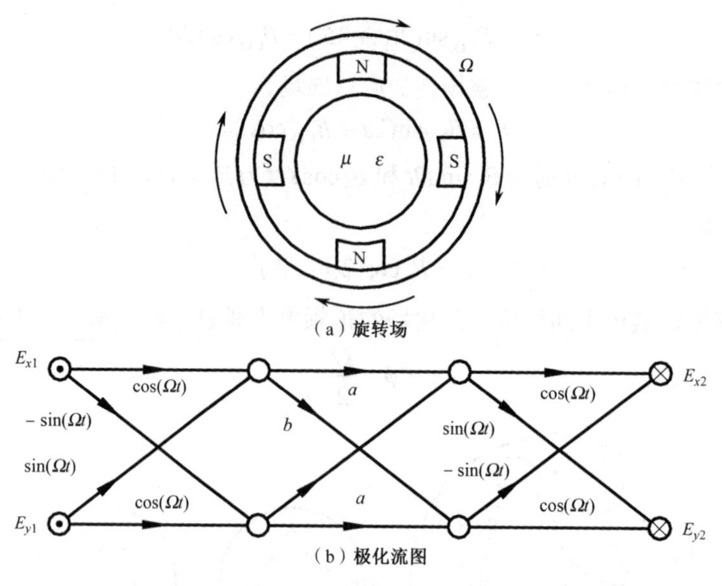

图 8.57　旋转场的极化流图

8.3.5.2　旋转场移相器的工作原理

在微波系统中经常使用精密的旋转叶片移相器来标校相位，这个器件称为 FOX 移相器[27]，它由两个固定的 1/4 波片和一个可旋转的半波片组成。旋转场移相器就是用电控的铁氧体旋转半波片代替机械的半波长[8.28]，从 FOX 移相器的分析可知，相移只取决于半波片与 1/4 波片的相对角度，也可说取决于旋转磁场与输入极化方向之间的夹角，而与铁氧体的磁化强度、磁场大小无直接关系，受这些量变化影响比较小，因此移相器精度高、线性度好，可用于低副瓣、高增益的相控阵天线，早期这种移相器是非锁式的，工作时磁化电流要维持不变，后来也研制出了锁式的旋转场移相器。

铁氧体旋转场移相器有两种形式：一种是互易，另一种是非互易，两者差别只是 1/4 波片的选择，互易器件采用互易波片（互易圆极化器），非互易器件采用非互易波片（非互易圆极化器），图 8.58 是互易旋转场移相器的组成图及流图，通过流图运算可得，当垂直极化波从左边输入时，右边输出仍为垂直极化波，但附加了相移量 $2\theta=2\Omega t$。反之，当垂直极化波从右边输入时，由于传播方向相反，1/4 波片形成相反旋向的圆极化波，但由于旋转半波片是非互易的，极化旋转方向仍然和原来的旋转方向相同，输出还是形成附加的相移量 2θ，即移相器是互易的。

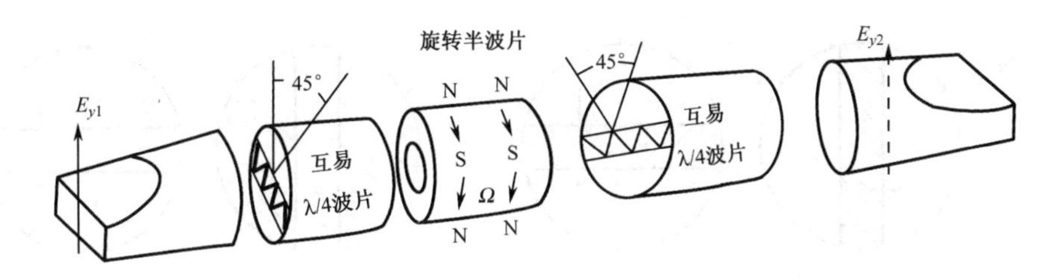

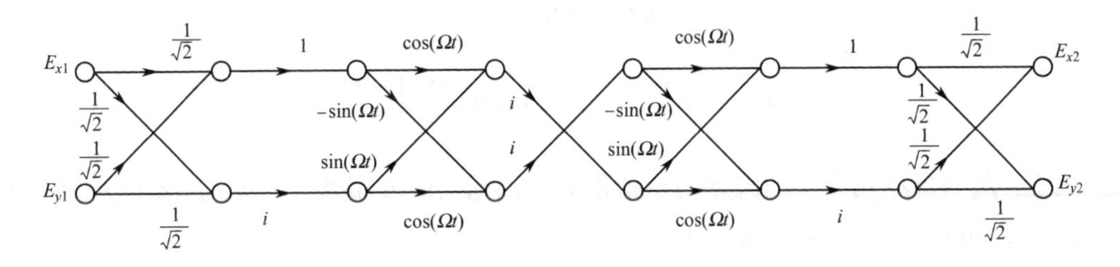

图 8.58　互易旋转场移相器的组成图及流图

8.3.5.3　旋转场移相器的设计[28]

旋转场移相器的主体波导是一段镀金属膜的铁氧体圆柱或圆管，在它外面加旋转场磁轭体，构成旋转半波长，互易 1/4 波片可采用介质波导，也可直接做在同一根铁氧体波导上，使结构更紧凑。器件的设计包括铁氧体材料及尺寸的选取、旋转四极场的制作、1/4 波片、旋转半波片的确定，许多共性的问题前面都已讨论过，下面只讨论几个个性问题。

1）旋转四磁极磁化场的制作

前面分析表明四磁极旋转磁化场需要有一个 8 个极头的铁芯，然后按相隔 4 个极头为一组，在铁芯上绕线，构成相交 45° 的正弦线圈和余弦线圈，铁芯通常由线切割成形的硅钢片选加而成，若 8 极头改成 16 极头（或更多极头）的铁芯并采用电动机式绕线法，那么场将旋转得更均匀（见图 8.59）。

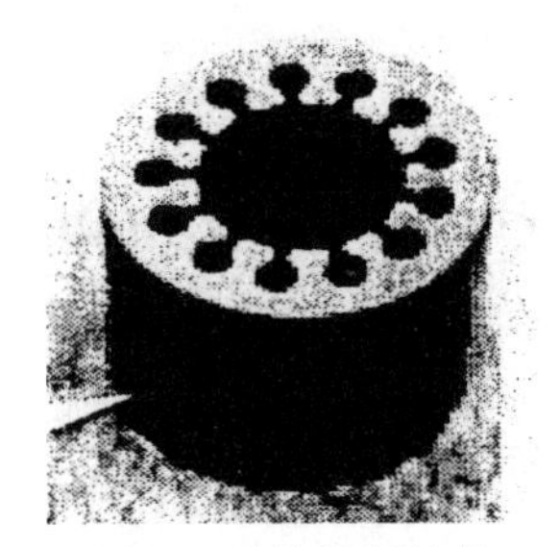

图 8.59　旋转场铁芯

2）互易 1/4 波片的设计

为了便于和铁氧体镀膜波导匹配，1/4 波片通常采用介质段做成，如图 8.60 所示，对于介质片的情况，根据微扰公式有

$$\Delta\beta_{片} = \Delta\beta_{//} - \Delta\beta_{\perp} = \frac{\omega^2}{2\beta_{11}c^2}\frac{t}{R}(\varepsilon - 1)(0.886 - 0.39\frac{1}{\varepsilon}) \qquad (8.149)$$

式中，$\Delta\beta_{//}$为电场平行介质时，微扰前后传播常数之差；$\Delta\beta_{\perp}$则为电场垂直介质时之差；$\Delta\beta_{片}$为空圆波导的传播常数。对于介质槽的情况

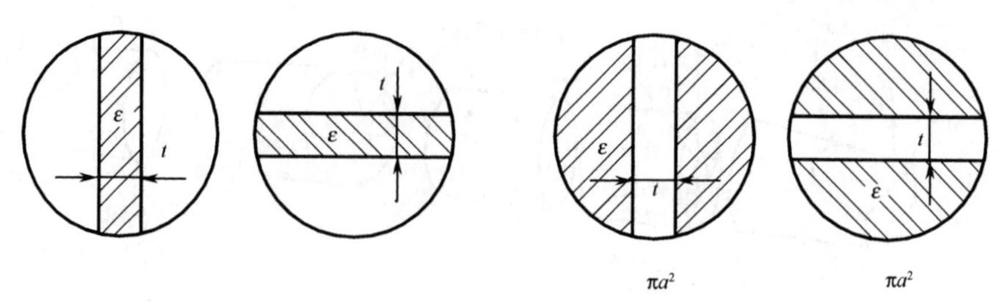

图 8.60　介质 1/4 波片

$$\Delta\beta_{槽} = \Delta\beta_{//} - \Delta\beta_{\perp} = 0.495\frac{\omega^2(1-\varepsilon)}{2\beta_{11}c^2}\frac{t}{R} \tag{8.150}$$

式中，$\beta_{//}$为全填充介质圆波导的传播常数。根据实际应用条件，令式（8.149）和式（8.150）等于 π/2 可确定波片的尺寸。

3）旋转半波片的设计

根据上面讨论，横向磁化全填充铁氧体圆波导奇模和偶模之间的单位长度波型差相移公式为

$$\Delta\beta = 2.11\frac{\kappa}{a\mu} \tag{8.151}$$

式中，a 为波导半径。若考虑到样品形状退磁因子和不饱和磁化的影响，κ、μ 值可表示为

$$\kappa = -\frac{M}{M_s}(\frac{\omega\omega_m}{\omega_r^2-\omega^2}) \tag{8.152}$$

$$\mu = 1+\frac{\omega_r\omega_m}{\omega_r^2-\omega^2} \tag{8.153}$$

式中，M 为工作态的磁矩；ω_r 为铁磁共振频率：

$$\omega_r = \sqrt{[\gamma H_0+(N_x-N_z)\omega_m][\gamma H_0+(N_y-N_z)\omega_m]} \tag{8.154}$$

在横向磁化情况下，退磁因子设为 $N_z=0$，$N_x=N_y=1/2$，代入上式，则有

$$\frac{\omega_r}{\omega} = \sqrt{\frac{M}{M_s}(\frac{M}{M_s}-\frac{1}{2})} \tag{8.155}$$

令 $\frac{\omega_r}{\omega_m}=s$，经过变换后，便得到$\kappa/\mu$比值如下：

$$\frac{\kappa}{\mu} = \frac{M}{M_s}\frac{p}{[1-p^2s(s+1)]} \tag{8.156}$$

这里 $p=\frac{\omega_m}{\omega}$，把上式代入式（8.151）得

$$\Delta\beta = 2.11\frac{M}{aM_s}\frac{p}{[1-p^2s(s+1)]} \tag{8.157}$$

对应半波片的铁氧体长度为 L，则

$$\frac{L}{a}=1.49\frac{M_s}{M}\frac{[1-p^2s(s+1)]}{p} \tag{8.158}$$

上式关系曲线如图 8.61 所示，利用此图可以估计旋转半波片的有关参数。关于管状铁氧体的情况，可参考相关文献。

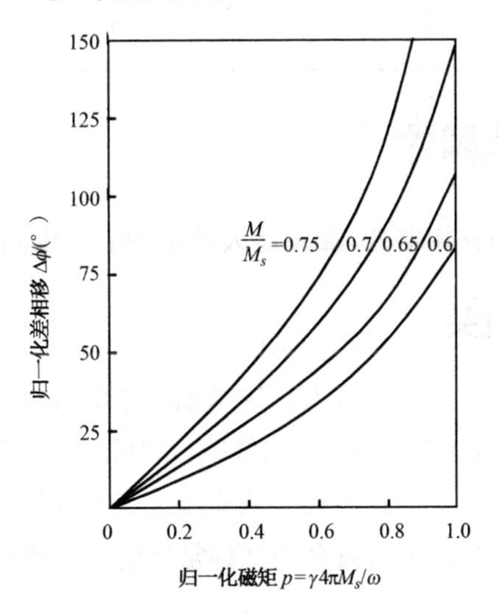

图 8.61　旋转半波片差相移曲线

在结束移相器讨论之前，综合一下各种移相器的技术性能，如表 8.1 所示。同时要强调一下，以往移相器的设计都采用解析公式进行计算，推导这些公式时作了很多简化，大部分都限制在微扰的量级，随着高频结构设计软件的引入，移相器的磁化模型、极化形式、差相移大小、匹配变换及高功率的击穿和散热等都可采用软件仿真，使移相器的设计速度和设计质量大为提高。

表 8.1　移相器的技术性能

移相器类型	矩形波导（单环）	矩形波导（双环）	R-S（锁式）	圆极化（锁式）	双模	旋转场
频率范围	C 波段	C 波段	S 波段	C 波段	C 波段	S 波段
频宽（%）	6	10	5	5	6	8
插入损耗（dB）	0.8	1	0.8	1	1	0.8
电压驻波比	1.25	1.3	1.3	1.3	1.3	1.3
插入相位偏差（°）	±14（分组、挑选）	—	—	—	±20（分组、挑选）	—
相位均方差	4°（挑选）	10°	6°（挑选）	10°（挑选）	10°（适当挑选）	2°（统计量小）

续表

移相器类型	矩形波导（单环）	矩形波导（双环）	R-S（锁式）	圆极化（锁式）	双模	旋转场
峰值功率（kW）	20（压缩波导）	—	1（压缩波导）	1	1	40
平均功率（W）	20（压缩波导）	—	5（压缩波导）	20	20	40

8.4 其他铁氧体器件

除铁氧体环形器和移相器外，在雷达天馈系统中还用到不少其他铁氧体器件。

8.4.1 铁氧体开关

微波铁氧体开关具有功率容量大、插入损耗小的特点，在馈线系统中可用来控制信号的流动，在带宽相控阵多波束天线中，它可组成开关矩阵进行波束选定。

铁氧体开关种类繁多、形式多样，从原理上来看涉及的旋磁现象包括截止、法拉第旋转、共振吸收等，本节只介绍几种常用的开关器件。

8.4.1.1 锁式环形器式开关

这种开关速度快、能量低，又有高的隔离度、低的插入损耗，是最常用的低功率开关器件，结构上可分成波导、带线、微带几种。但无论哪种结构，铁氧体都必须做成闭环形式，图 8.62 是几种常见的闭环铁氧体，圆盘形可由两块圆片合成，Y 形可由 3 块带 120° 的长方体组成，三角形可不分块，但孔的加工比较困难，由图可看出圆盘形适用于带线环形器式开关，而 Y 形和三角形适用于波导结开关，当激励线圈通过电流脉冲后，铁氧体锁在饱和剩磁态，中心部分铁氧体起环形器的作用，外部磁化相反，起闭合磁路作用，同时在匹配时要考虑这一部分加载介质的作用。

为了研究反磁化的外部铁氧体对中心部分的影响，把整个圆盘作为一个非耦合的谐振器来研究，如图 8.63 所示[29]，参见带线环形器的分析，设 $\dfrac{\partial}{\partial z}=0$，则圆盘谐振器中心部分场为

$$E_z=\sum_{n=-\infty}^{\infty}A_nJ_n(kr)\exp(-\mathrm{j}n\theta) \tag{8.159}$$

E_z 与 H_θ 的关系为

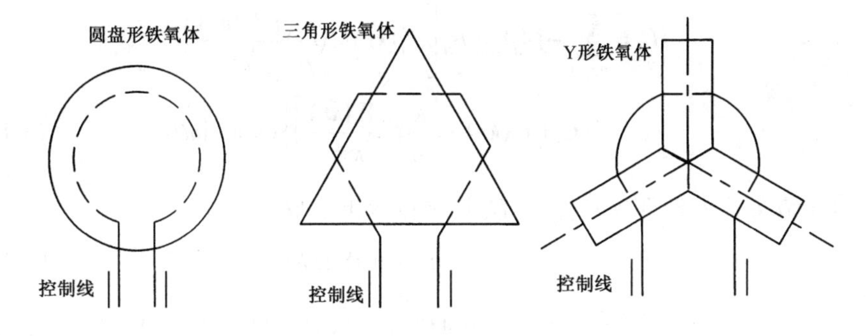

图 8.62　几种常见的闭环铁氧体

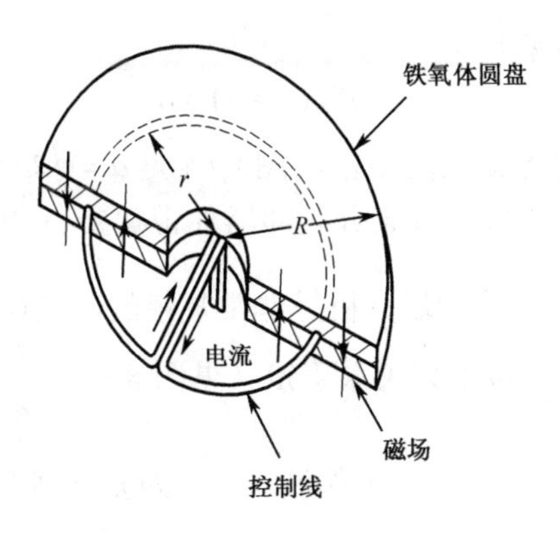

图 8.63　电流磁化的铁氧体圆盘

$$H_\theta = \frac{-\mathrm{j}}{\omega\mu_0\mu_e}\left[\frac{\partial E_z}{\partial r} + \mathrm{j}\left(\frac{\kappa}{\mu}\right)\frac{1}{r}\frac{\partial E_z}{\partial \theta}\right] \tag{8.160}$$

把式（8.159）代入得

$$H_\theta = \sum_{n=-\infty}^{+\infty} -\mathrm{j}A_n Y_e\left[J'_n(kr) - \left(\frac{\kappa}{\mu}\right)\frac{nJ_n(kr)}{\kappa r}\right]\exp(-\mathrm{j}n\theta) \tag{8.161}$$

式中，k 是波数

$$k = \omega\sqrt{\mu_0\mu_e\varepsilon_0\varepsilon_f} \tag{8.162}$$

Y_e 为波导纳

$$Y_e = \sqrt{\frac{\varepsilon_0\varepsilon_f}{\mu_0\mu_e}} \tag{8.163}$$

对于外部反向磁化铁氧体的电场，用一类和二类贝塞尔函数 $J_n(x)$和 $Y_n(x)$来表示：

$$E_z = \sum_{n=-\infty}^{\infty} A_n\left[B_n J_n(kr) + C_n Y_n(kr)\right]\exp(-\mathrm{j}n\theta) \tag{8.164}$$

同时 H_θ 可利用式（8.160），κ用$-\kappa$代替，得

$$H_\theta = \sum_{n=-\infty}^{+\infty} -\mathrm{j}A_nY_n\left\{B_n\left[J_n'(kr)+(\frac{\kappa}{\mu})\frac{nJ_n(kr)}{kr}\right]\right.$$
$$\left.+C_n\left[Y_n'(kr)+(\frac{\kappa}{\mu})\frac{nY_n(kr)}{\kappa r}\right]\right\}\exp(-\mathrm{j}n\theta) \tag{8.165}$$

在 $r=b$ 处，内外部分的 E_z 和 H_θ 连续可求出系数：

$$B_n = 1-\frac{\pi\kappa}{\mu}nJ_n(kb)Y_n(kb) \tag{8.166}$$

$$C_n = \frac{\pi\kappa}{\mu}nJ_n^2(kb) \tag{8.167}$$

最后，侧壁的边界条件

$$H_\theta(r=a)=0 \tag{8.168}$$

可以求出非耦合谐振器的两个根，图 8.64 是 $a=\sqrt{2}b$ 时，$n=\pm1$ 的 ka 的根与 κ/μ 的关系，与图 8.6 比较，模式分裂即器件带宽要小 30%。波导结开关常采用 Y 形铁氧体闭环，这个问题的场分析是非常复杂的，设计更多是凭经验，根据实验 L、W、L_1、H_1 的尺寸按下列关系确定（见图 8.65）$\frac{L}{\lambda_0}\approx0.265$，$\frac{W}{\lambda_0}=0.165$，$\frac{L_1}{\lambda_0}\approx0.07$，$\frac{H_1}{H}\approx0.82$，式中 λ_0 为工作波长，H 为波导高度，高度的剩余空间由四氟乙烯填满，孔的位置影响开关的工作点，合适的工作点内面积与外面积之比约为 1.54，器件采用二级匹配，在 10%带宽内隔离度达 30dB。

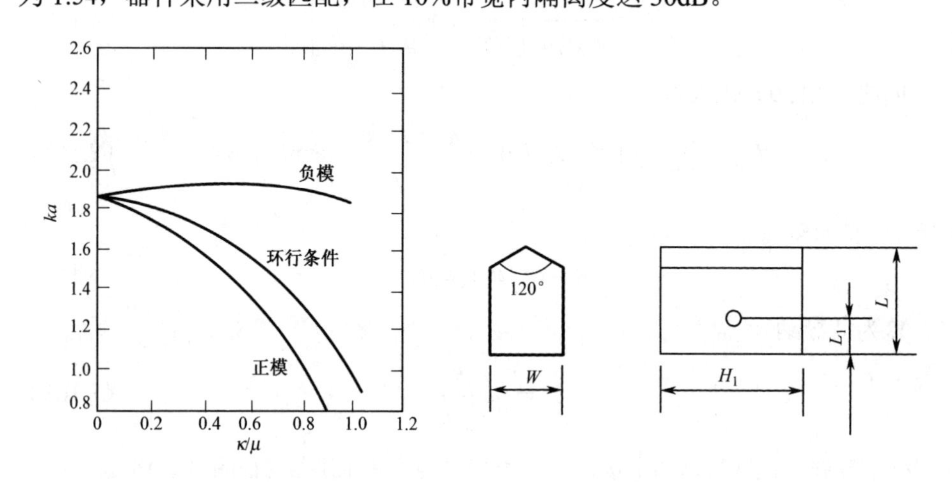

图 8.64　非耦合谐振器的根图　　　图 8.65　Y 形铁氧体闭环的尺寸

8.4.1.2　差移相环形器式开关

当差相移环形器的两个非互易 90° 相移段的相移改变时，输出信号通道也随之改变，这种开关属于高功率器件，在馈线中常用它改变信号通道以便合成各种极化波。

此类开关设计的关键是两个非互易 90° 移相器，对于微秒级转换开关，它采用矩形波导锁式移相器形式，这时器件承受功率是关键因素，通常采用石榴石材料，选取较低的磁矩，避免非线性效应，最重要的是把铁氧体因微波损耗而转换的热量传导出来。目前 X 波段开关可以承受 120kW 峰功率、600W 平均功率（水冷），S 波段开关可以承受 1MW 峰功率、2kW 平均功率。若还要提高功率容量，就要采用外加电磁铁的非锁式结构，开关时间只能达到毫秒量级。

8.4.2　铁氧体调制器

利用铁氧体非互易特性可以对微波信号进行调制，当加在铁氧体波导上的直流磁场用交变场（如正弦或矩形电流所产生的场）或旋转场代替时，即构成这种调制器。

铁氧体调制器包括调幅、调频及调相，当采用旋转场后还可演变出许多新的电控器件。下面主要介绍高频馈线系统中常用的一些调制器。

8.4.2.1　幅度调制器

铁氧体幅度调制器在微波系统中用于自动稳幅稳频。此类调制器结构多种多样，最简单的结构是吸收式调制器，如图 8.66 所示[30]，一个低耗的铁氧体棒放在矩形波导中心，棒中对称面上放入一片薄的电阻膜片，膜面垂直于微波电场。螺线管绕在矩形波导上，通电后将提供纵向磁化调制磁场。

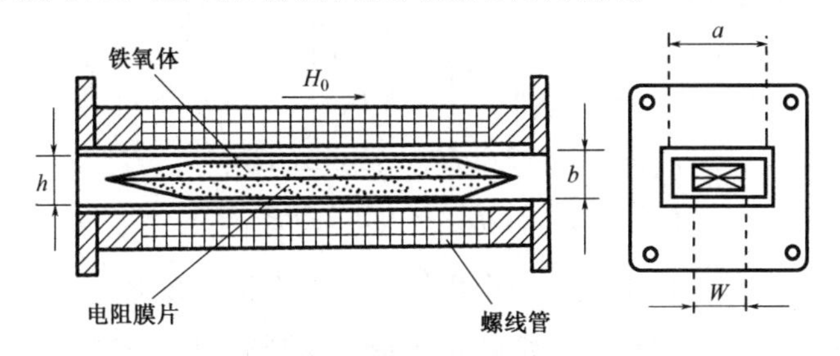

图 8.66　吸收式调制器的结构

与 Reggia-Spencer 移相器中的情况不同，调制器中铁氧体棒的截面较大，在纵向场的作用下将产生法拉第旋转，通过的垂直极化波在纵向磁化调制磁场作用下极化面将发生偏转，其水平极化分量将被电阻片吸收，而未磁化时垂直极化波通过不产生显著损耗，这就是吸收式调制器的基本原理。此外这种结构也可成为铁氧体电控衰减器。

8.4.2.2 正余弦调制器

铁氧体正余弦调制器的结构如图 8.67 所示，它的主体部分是一段加旋转磁场的铁氧体加载波导，铁氧体可以是圆棒或圆管，铁氧体加载波导与空的方波导连接，由介质变换器匹配，方波导两端分别加上正交模耦合器。

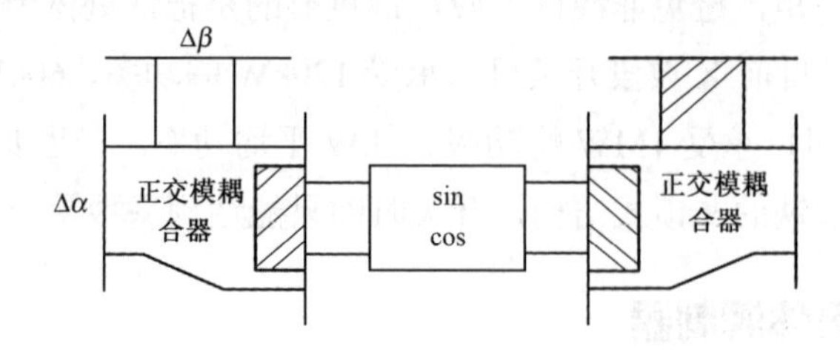

图 8.67　铁氧体正余弦调制器的结构

正余弦调制器的核心是旋转磁化场+铁氧体加载波导。为了分析这个结构可以应用耦合波理论，通过解耦合波方程，得到它们的传播常数和耦合系数，进而得到耦合波的表达式[31]。在旋转场部分采用较简单的流图分析，得到它的变换矩阵：

$$\boldsymbol{T}(\Omega t)=\begin{bmatrix}\cos k_v z-\mathrm{j}\sin k_v z\sin 2\Omega t & \mathrm{j}\sin k_v z\cos 2\Omega t\\ \mathrm{j}\sin k_v z\cos 2\Omega t & \cos k_v z+\mathrm{j}\sin k_v z\sin 2\Omega t\end{bmatrix}\tag{8.169}$$

对于半波片，$k_v z=\pi/2$，则

$$\boldsymbol{T}(\Omega t)=\mathrm{j}\begin{bmatrix}-\sin 2\Omega t & \cos 2\Omega t\\ \cos 2\Omega t & \sin 2\Omega t\end{bmatrix}\tag{8.170}$$

当通过正交模耦合器把空间相互垂直的 H_{11} 奇模和 H_{11} 偶模输入旋转半波片后，另一正交模耦合器输出为

$$\begin{bmatrix}E_{x2}\\ E_{y2}\end{bmatrix}=\boldsymbol{T}(\Omega t)\begin{bmatrix}E_{x1}\\ E_{y1}\end{bmatrix}\tag{8.171}$$

$$\begin{aligned}E_{x2}&=-\mathrm{j}\sin 2\Omega tE_{x1}+\mathrm{j}\cos 2\Omega tE_{y1}\\ E_{y2}&=\mathrm{j}\cos 2\Omega tE_{x1}+\mathrm{j}\sin 2\Omega tE_{y1}\end{aligned}\tag{8.172}$$

即输出的水平或垂直分量中包含两个主模，分别为正余弦调制，空间正交的二路信号变成时间正交的一路信号，这就是正余弦调制器的工作原理，由于它运用奇模偶模的耦合条件，故也称为双模调制器[32]。

由于双模调制器使用了旋转半波片，设计完全和旋转移相器相同，这里不再叙述。图 8.68 是调制器照片，图 8.69 是调制波形图，调制波频率是激励电流频率的 2 倍，同时可以观察到 16 个磁极头的波形[图 8.69（a）]，失真度可降到 3%，优于 8 极头的波形[图 8.69（b）]。

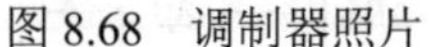

图 8.68　调制器照片

图 8.69　调制波形图

双模调制器可用于单脉冲雷达接收系统的通道合成，即将方位误差信号 $\Delta\alpha$ 和俯仰误差信号 $\Delta\beta$ 分别加到双模调制器正交模耦合器的直臂和边臂端口进行正余弦调制，再与和信号相加。三路信号合并成两路，使信道稳定可靠。此外，在隐蔽式圆锥扫描中，也常以双模调制器来组成微波网络，获得模拟的波束扫描。

8.4.2.3 双模 0/π 调制器

单脉冲接收系统的通道合成也可采用相位调制的 0/π 调制器，即误差信号 $\Delta\alpha$ 和 $\Delta\beta$ 分别进入正交模耦合器的直臂端口和边臂端口，然后由 0/π 调制器分别接入并进行 0/π 相位调制，因此 0/π 调制器既起开关作用，又起相位调制作用[33]。

图 8.70 是双模 0/π 调制器的结构，主体是一段加有 8 磁极的铁氧体加载波导，两端同样有两个正交模耦合器，8 磁极分 A、B 二组绕线，A 组与正交模耦合器端口对齐，因此从正交模耦合器输入的线极化波，对 A 组是耦合波，对 B 组却是简正波。

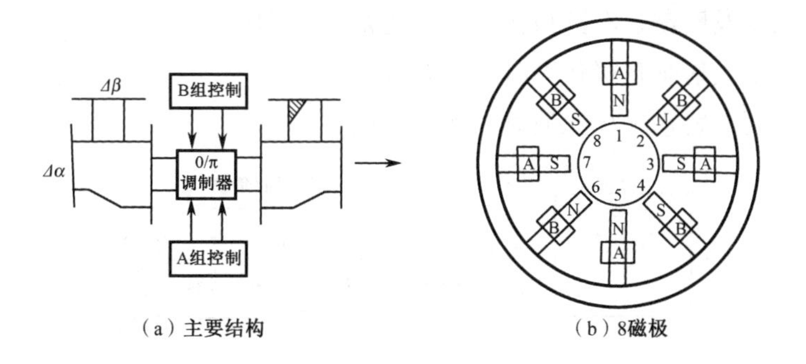

图 8.70　双模 0/π 调制器的结构

A、B 两绕组通以方波电流，电流幅度和铁氧体参数的选择使 $k_v z=\pi/2$，因此在 A 组电流方波作用下水平极化波变成垂直极化波，而 B 组的作用只附加 π 的相位差，调节电流大小，正交模耦合器直臂端口输出的信号如图 8.71 所示，显然空间正交的二路信号通过调制器后变成一路信号，但辅以 0、0、π、π 的相位识别。

八磁极回路的制作由于电路中存在较大的电感量，调制方波频率通常较低，同时也有较长的上升沿及下降沿，但不影响实际作用。

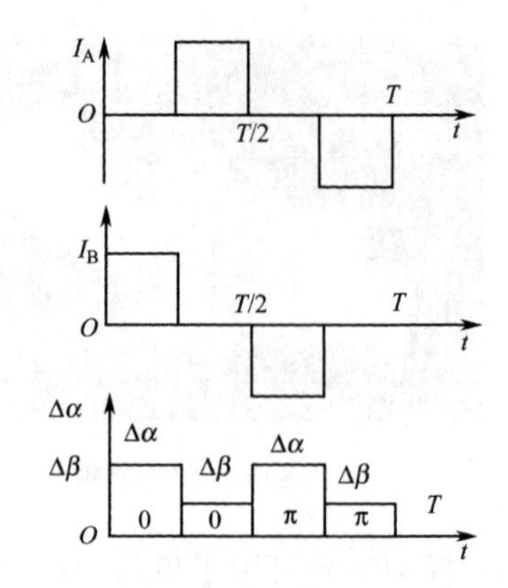

图 8.71　正交模耦合器直臂端口输出的信号

8.4.3　铁氧体变极化器

为了提高雷达的抗干扰能力，天馈系统常装有变极化装置，能发射多种极化波，极化捷变技术还能提供体目标极化反射信息，因此雷达变极化是一项重要技术。天馈系统中的变极化装置通常采用多路合成方法完成，而铁氧体变极化器由于采用双模传播，可以在一个通道中完成变极化，具有体积小、质量小、速度快的优点，已得到不少应用[34]。

8.4.3.1　低功率变极化器[35]

如图 8.72 所示，变极化器可以由全填充铁氧体方波导或圆波导构成，该波导加载有四磁极磁化场，波导一端加正交模耦合器，另一端为辐射口，它们都采用介质匹配，正交模耦合器水平端口与四磁极头垂直，故由该端口输入的垂直极化波是耦合波，耦合系数由式（8.171）决定，选择合适的铁氧体参数，控制磁化场的电流大小，在辐射口可得下列几种工作状态：

（1）当要发射左、右圆极化波时，使 $k_v z=\pm\pi/4$；

（2）当要发射垂直极化波时，使 $k_v z=0$；

（3）当要发射水平极化波时，使 $k_v z=\pi/2$。

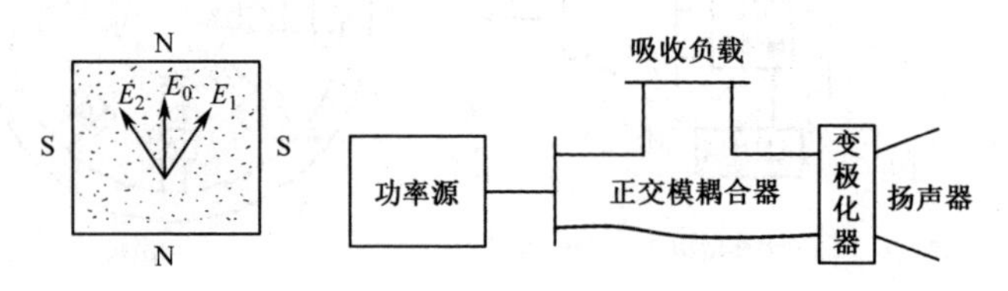

图 8.72　低功率变极化器

也就是说输入垂直极化波通过变极化器可转换成 4 种极化波，虽然变极化器是非互易的，由于发左收右的原因，此类变极化器可收发共用，即对 4 种极化回波，接收后通过变极化器将其还原为垂直极化波。

变极化器在原理上非常清晰，但在实用上却遇到一个剩磁问题，由于剩磁的存在使工作态的电流大小不重复，为解决这个问题可在磁化线圈上并联一个电容，在电流切断瞬间，LC 构成阻尼振荡，可以有效退磁，同时在改变各种工作状态时，每次按一定的工作时序进行，这样可保证工作电流的稳定控制。

锁式变极化器也是非常受关注的，它不需要持续电流，而且转换速度可以达到微秒级，构成锁式器件的关键是闭合磁路，因此选用方棒铁氧体更方便，图 8.73 显示了两种锁式变极化器的磁路结构。

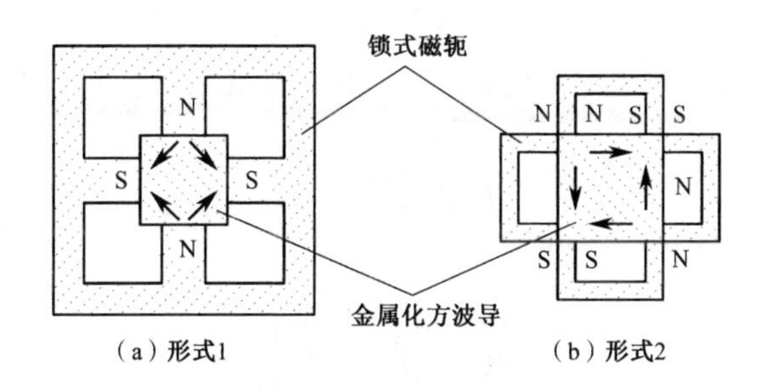

图 8.73　两种锁式变极化器的磁路结构

8.4.3.2　高功率变极化器——四贴片方波导的应用[36]

考虑高功率工作时的散热要求，因此用方波导贴四片铁氧体来代替铁氧体方棒波导，其结构如图 8.74 所示。对照全填充波导，它的变极化作用是完全相同的，只是耦合系数不同，运用微扰理论计算，结果可得：

$$k_v z = 2.55\frac{\kappa}{a\mu}\sin\frac{\pi}{a}t\sin\frac{\pi}{2a}w \tag{8.173}$$

式中，a 为方波导边长；t、w 为铁氧体片的厚度和宽度。当正交模耦合器输入垂直极化波时，改变四磁极线圈电流，使 $k_v z$ 分别等于 0、$\pm\pi/4$、$\pi/2$，可使输出波分别为垂直、左圆、右圆和水平极化波。

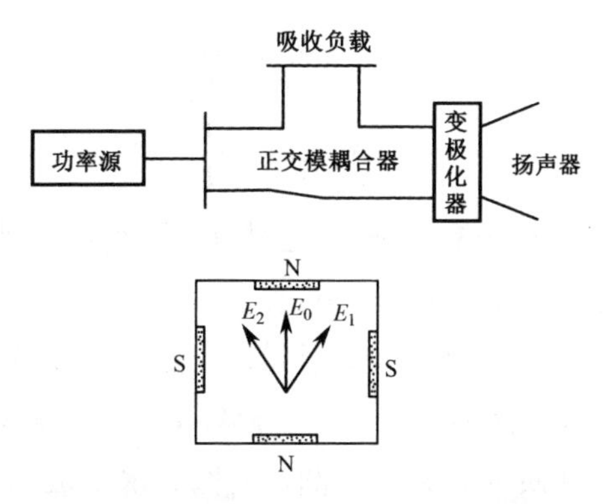

图 8.74　高功率变极化器的结构

为了使四贴片方波导与空方波导匹配，铁氧体片两端可以磨成斜劈，由于铁氧体片很薄，器件耐功率是相当高的，正是由于这个优点，四贴片方波导不仅用于变极化器，还可以做成多种器件，这里介绍两种器件作为补充。

（1）变极化环形器：变极化环形器的结构如图 8.75 所示，在四贴片方波导对角线加上介质片，铁氧体的变极化系数是非互易的，介质片的变极化系数 $k_v d$ 是互易的，因此对正向传输和反向传输有

$$k_v^+ = k_v + k_{vd} \tag{8.174}$$

$$k_v^- = k_v - k_{vd} \tag{8.175}$$

式中，k_v 由式（8.173）决定，而 k_{vd} 为介质片波型差相移的一半，$\Delta\beta$ 为

$$\Delta\beta = \frac{\sqrt{2}\pi^2 t}{\beta_{11}\lambda_0^2 a}(\varepsilon - 1)\left(1 - \frac{1}{\varepsilon}\right) \tag{8.176}$$

其中

$$\beta_{11} = \frac{2\pi}{\lambda_0}\sqrt{1 - \left(\frac{\lambda_0}{2a}\right)^2} \tag{8.177}$$

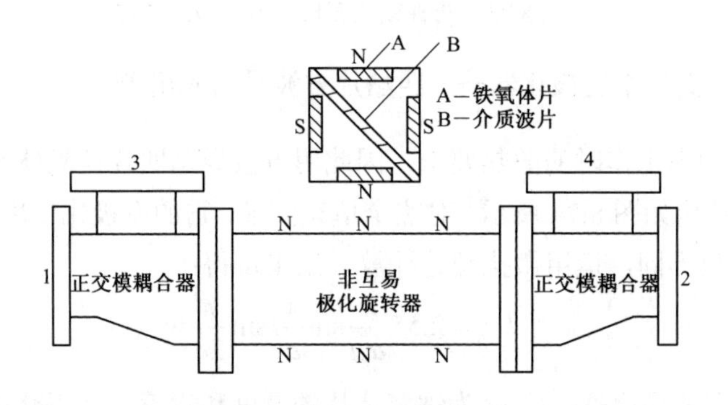

图 8.75　变极化环形器的结构

如果铁氧体片的长度 L 和介质片的长度 L_d 满足

$$k_v L = -\frac{\pi}{4} \tag{8.178}$$

$$k_{vd} L_d = -\frac{\pi}{4} \tag{8.179}$$

则可实现信号的环行 1→2→3→4→1，这种环形器可以承受高功率，虽然容量不如差相移式环形器大，但尺寸却比较小。

（2）双工变极化器：结构类似环形器，只是环形器的固定四磁铁由四磁极电磁铁取代，调节电流的大小，使 $k_v L=-\pi/4$、0、$\pi/2$、$\pi/4$，当输入为垂直极化波时，输出波的极化性质为垂直、左圆、右圆、水平极化波，结合式（8.174）、

式（8.175）来思考，就不难理解。

在双模变极化器研制出来之前，为了获得变极化功能，大都采用魔 T、3dB 电桥及非互易移相段进行多通道合成，图 8.76 是使用魔 T 单接收端的变极化器，如图 8.77 所示是采用 3dB 电桥双接收端的变极化器，图中 $\phi_1 \sim \phi_8$ 都是非互易 90° 移相器，进行各种组合可获得垂直、水平和左右圆极化波，应该说这类器件由于总功率被一分为二，移相器也是使用贴铁氧体薄片的波导，因此承受功率比双模变极化器高得多，缺点是体积过大。

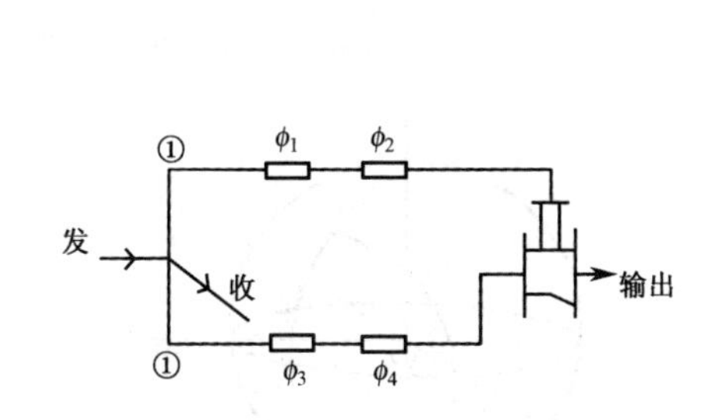

图 8.76　使用魔 T 单接收端的变极化器

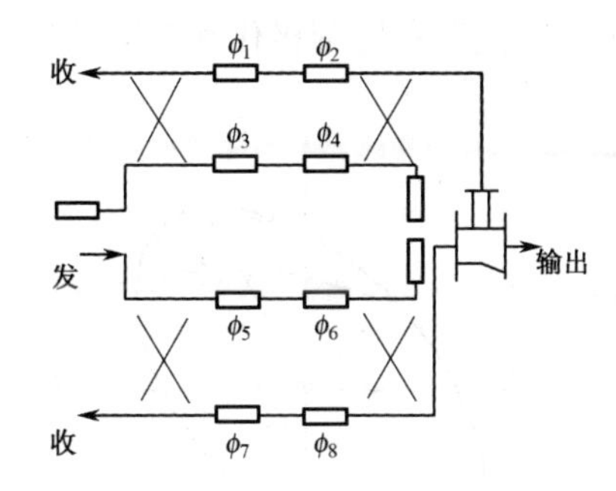

图 8.77　采用 3dB 电桥双接收端的变极化器

8.4.3.3　铁氧体全极化器

变极化器只涉及垂直、水平、左右圆极化波等几种典型的极化状态。极化雷达则要解决全极化的问题，所谓全极化就是全域的极化状态，它是无限多的连续域。一个特定的极化状态对应一个特定的归一化椭圆，该椭圆由两个参数决定，如图 8.78 所示[37]。极化方向角 τ 代表长轴倾斜度，取值范围为 $0 \leqslant \tau \leqslant \pi$。极化椭率角 δ 代表轴比和旋转方向，$\tan\delta = \pm b/a$，取值范围 $-\pi/4 \leqslant \delta \leqslant +\pi/4$，取正号为左旋，取负号为右旋，因此电磁波的极化状态以 τ 和 δ 来表示，称为椭圆状态参数，此外代数上描述电磁波的极化状态称为琼斯矢量 $[E_x, E_y]^{\mathrm{T}}$，也可写成 $|E| \cdot \left[\cos\alpha, \sin\alpha \mathrm{e}^{\mathrm{j}\varphi}\right]^{\mathrm{T}}$，其中 $\cos\alpha$ 和 $\sin\alpha$ 表示水平极化和垂直极化的幅度，φ 为垂直分量超前水平分量的相对相位，正值时左旋，负值时右旋，α 和 φ 称为极化技术参数，它们和极化状态参数的关系为

$$\begin{aligned} \tan 2\tau &= \tan 2\alpha \cos\varphi \\ \sin 2\delta &= \sin 2\alpha \sin\varphi \end{aligned} \tag{8.180}$$

或

$$\begin{aligned} \cos 2\alpha &= \cos 2\tau \cos 2\delta \\ \tan\varphi &= \csc 2\tau \tan 2\delta \end{aligned} \tag{8.181}$$

根据上述关系还可导出琼斯矢量以椭圆参数来表达的另一种形式

$$\boldsymbol{E}=\begin{bmatrix}E_x\\E_y\end{bmatrix}=|E|\cdot\mathrm{e}^{\mathrm{j}\varphi}\begin{bmatrix}\cos\tau & -\sin\tau\\ \sin\tau & \cos\tau\end{bmatrix}\cdot\begin{bmatrix}\cos\delta\\ \mathrm{j}\sin\delta\end{bmatrix} \tag{8.182}$$

几何上电磁波的极化状态常用庞加莱球来描述，如图 8.79 所示，球心位于右旋坐标系的原点。球面上的每一点是 2α 和φ的函数，它对应一种极化状态，点的位置与椭圆参数还有这样的关系：点的经度是 2τ，代表极化椭圆的倾斜度；点的纬度是 2δ，代表极化椭圆的椭圆度。因此所有的线极化波位于赤道上，而球的南北极分别代表右旋圆极化和左旋圆极化。

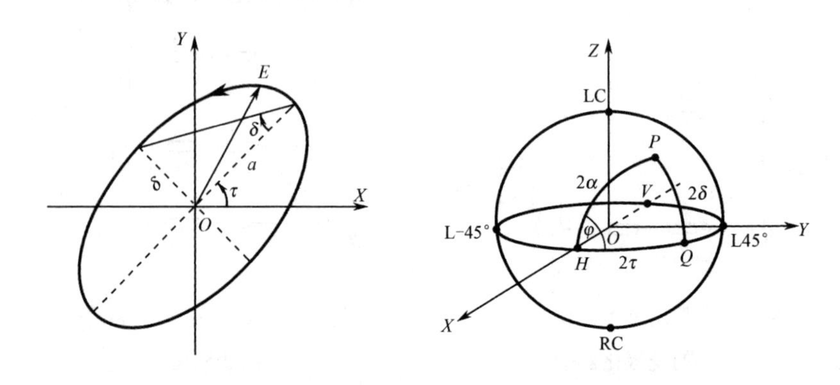

图 8.78　归一化椭圆　　　　图 8.79　庞加莱球

实现极化雷达的关键是解决全极化的发射和接收问题，这就需要全极化器件，利用铁氧体的旋磁特性，可以较方便地实现这种器件。

其实一个四磁极旋转场磁化的铁氧体结构就是一个全极化器，根据式（8.172），当垂直极化波 E_{y1} 输入时，旋转场铁氧体的输出为

$$|E_{y1}|\cdot[\mathrm{j}\sin k_v z\cos 2\Omega t, \cos k_v z+\mathrm{j}\sin k_v z\sin 2\Omega t]^{\mathrm{T}} \tag{8.183}$$

若令

$$\begin{aligned}\cos\alpha&=\sin k_v z\cos 2\Omega t\\ \varphi&=\arctan(\tan k_v z\sin 2\Omega t)+\frac{\pi}{2}\end{aligned} \tag{8.184}$$

则式（8.183）变成

$$\mathrm{j}|E_{y1}|\left[\cos\alpha, \sin\alpha\mathrm{e}^{\mathrm{j}\varphi}\right]^{\mathrm{T}} \tag{8.185}$$

显然为琼斯矢量即一个全极化器，利用式（8.180）可以把上式极化技术参数和状态参数联系起来。

同理，用纵向磁化法拉第旋转代替横向磁化旋转也能构成全极化器，这种器件可以采用复合型也可以采用组合型，复合型是在一根铁氧体的波导上同时实现

四磁极变极化器的横向磁化，又实现了法拉第旋转的纵向磁化，由此导出：

$$A_{x2} = \cos|k|z\mathrm{e}^{-\mathrm{j}\beta z} \tag{8.186}$$

$$A_{y2} = \frac{k}{|k|}\sin|k|z\mathrm{e}^{-\mathrm{j}\beta z} \tag{8.187}$$

式中，$k = k_f + \mathrm{j}k_v$，k_f 为法拉第旋转的耦合系数，k_v 为变极化系数。令 $\varphi = \arctan(k_v / k_f)$，$\alpha = |k|z$，则上式可表达为琼斯矢量。

复合型实现比较困难，可以采用组合型即一个变极化器加一个法拉第旋转段，这时极化矩阵级联：

$$\boldsymbol{T}_{VF} = [T_{FR}][T_{NN}] \tag{8.188}$$

根据式（8.178），式（8.180）设只有单位水平极化波输入，则输出：

$$\begin{bmatrix} E_{x2} \\ E_{y2} \end{bmatrix} = \begin{bmatrix} \cos k_f z & -\sin k_f z \\ \sin k_f z & \cos k_f z \end{bmatrix} \begin{bmatrix} \cos k_v z \\ \mathrm{j}\sin k_v z \end{bmatrix} \tag{8.189}$$

对照式（8.189），输出也是琼斯矢量的形式，并且 $k_f z$ 表示椭圆极化的倾度，而 $k_v z$ 表示轴比，也就是说起了变极化的作用。显然还有其他组合可以构成铁氧体全极化器，这里不再一一列出。

全极化器的实现表明，由于磁化铁氧体的非互易特性，铁氧体装置可以对微波信号施加各种效应，从而可研制成各种微波铁氧体器件。

本章只描述了天馈系统中常用的环形器、移相器、开关、调制器及变极化器等，实际上还有不少器件，如各种特殊形式的隔离器、衰减器、功分器，以及各种组合器件，如变极化移相器、可调相位/功分器、变极化开关/环形器等[38]，如果再涉及铁氧体单晶构成的器件限幅器、振荡器等，微波铁氧体器件真是五花八门，它已是微波工程不可或缺的重要器件，正是由于微波铁氧体器件具有的特殊功能，使得它现在广泛地应用于雷达、通信及其他微波系统中。随着现代微波技术、微电子技术、计算机技术，以及纳米材料技术和工艺水平的不断发展，以这些技术为基础的微波铁氧体技术在未来一定会有更广泛的应用和更大的发展空间。

本章参考文献

[1] 李荫远，李国栋. 铁氧体物理学[M]. 北京：科学出版社，1978.

[2] LAX B, BUTTON K J. Microwave Ferrite and Ferrimagnetics. MeGraw-Hill, 1962.

[3] HELSZAJN J. Principle of Microwave Ferrite Engineering.Wiley-Interscience, 1969.

[4] MILANO U, SAUNDER J, DAVIS, Jr L. A Y-junction stripline circulator[J]. IRE

Trans.Microwave Theory Tech.,1960(8):346-351.

[5] BOSMA H. Advance in Microwave[J]. 1971(6):231-234.

[6] HELSZAJN J. Operation of tracking circulator[J]. IEEE Trans. Microwave Theory Tech.,1981(29):700-707.

[7] WU Y S, ROSENBAUM F J.Wide-band operation of microstrip circulators[J]. IEEE Trans.Microwave Theory Tech.,1974(22):849-856.

[8] 蒋仁培，陈清河，佘显烨.微波铁氧体工程原理[M]. 南京：雷达资料编译组，1975.

[9] HELSZAJN J. Waveguide Junction Circulators Theory and Practice.

[10] EL-SHANDWILY M E, KAMAL A A, ABDALLAH E A F. General field theory treatment of H-plane waveguide junction circulators[J]. IEEE Trans. Microwave Theory Tech.,1973(21):392-403.

[11] KONSHI Y. Lumped element Y-circulator[J]. IEEE Trans. Microwave Theory Tech.,1965(13):852-864.

[12] HELSZAJN J, MCDERMOTT M. The inductance of a lumped constant circulator[J]. IEEE Trans. Microwave Theory Tech.,1970(18):50-52.

[13] МИКАЭЛЯН А Л. Теория и Прprincipalенение Ферритов наСверхвысоких Частотах[M]. Москва:Гоэнергоиэдат ,1963.

[14] HELSZAJN J. Ferrite Phase Shifters and Control Devices.1988.

[15] KOUL S K, BHAT B. Microwave and Millimeter Wave Phase Shiters-Dielectric and Ferrite Phase Shifters.Artech House.

[16] CHARLTON D A. A low-cost construction technique for garnet and lithium-ferrite phase shifters[J]. IEEE Trans. Microwave Theory Tech., 1974(22):614-617.

[17] INCE W J, STERN E. Non-reciprocal remanence phase shifters in rectangular waveguide[J]. IEEE Trans. Microwave Theory Tech., 1967(15):87-95.

[18] XU Y S. Microwave ferrite phase shifter in grooved waveguide with reduced size[J]. IEEE Trans. Microwave Theory Tech., 1988(36):1095-1097.

[19] 温俊鼎. 背脊波导锁式铁氧体移相器的实验研究[J]. 电子学报，1979, 7(3): 45-51.

[20] LANDRY N R, GOODRICH H C, INACKER H F, LAVEDAN, JR. L J. Tactical aspects of phase shifter and driver design for tactical multifunction phased-array radar system[J]. IEEE Trans. Microwave Theory Tech., 1974(22):617-625.

[21] 黄宏嘉. 微波原理（卷 II）[M]. 北京：科学出版社，1963.

[22] 蒋仁培，魏克珠. 微波铁氧体理论与技术[M]. 北京：科学出版社，1984.
[23] HORD W E. Microwave and millimeter-wave ferrite phase shifters[J]. Microwave Journal, 1989(32):81-94.
[24] BOYD, JR. C R.A dual-mode lathing reciprocal ferritr phase shifter[J]. IEEE Trans. Microwave Theory Tech., 1970(18):1119-1124.
[25] BOYD, JR. C R. Comments on the design and manufacture of dual-mode reciprocal latching ferrite phase shifters[J]. IEEE Trans. Microwave Theory Tech., 1974(22):593-601.
[26] JR. C R. The Joy of Designig Ferrite Phase Shifters[M]. 南京：电子工程研究中心出版.
[27] FOX A G. An adjustable waveguide phase changer[J]. Proc.I.R.E., 1974(35): 1489-1498.
[28] BOYD, JR. C R. An accurate analog ferrite phase shifter[J]. IEEE-GMTT International Microwave Symposium Digest, 1971, 104-105.
[29] BOYD, JR. C R. Ferrite rotary-field phase shifters:a survey of current technology and applications[C]. SBMO Int'l Microwave Conference/Brazil Proceedings, 1993, 305-310.
[30] REGGIA F. A new broad-band absorption modulator for rapid switching of microwave power[J]. IRE Trans. Microwave Theory Tech., 1961,9:343.
[31] 王希玉，蒋仁培. 电磁波在旋转磁化铁氧体波片中的传播[J]. 电子学报，1986, 1(14):87-94.
[32] 董亲淼. 机载雷达中的通道合并技术与铁氧体调制器和可变耦合器的研究[J]. 现代雷达，1984(4-5):287.
[33] 陈清河. 新型八极磁化场微波铁氧体器件[J]. 现代雷达，1991(2): 124-135.
[34] 李士根，夏一维. 微波变极化技术[J]. 现代雷达，1986(3): 91-96.
[35] XI Y W, JIANG R P, LI S G. Microwave ferrite dual-mode polarization technology[J]. IEEE MTTS International Microwave Symposium. 1987, 415-418.
[36] WEI K Z, WANG D J. High power dual-mode variable polarizer and applications[C]. The 3rd Asia Pacific Microwave Conference. 1990, 879-882.
[37] 王被德，雷达极化理论和应用[M]. 南京：sss 丛书，1994.
[38] 魏克珠，李士根，蒋仁培. 微波铁氧体新器件[M]. 北京：国防工业出版社，1995.

第9章
面天线雷达中的微波馈线

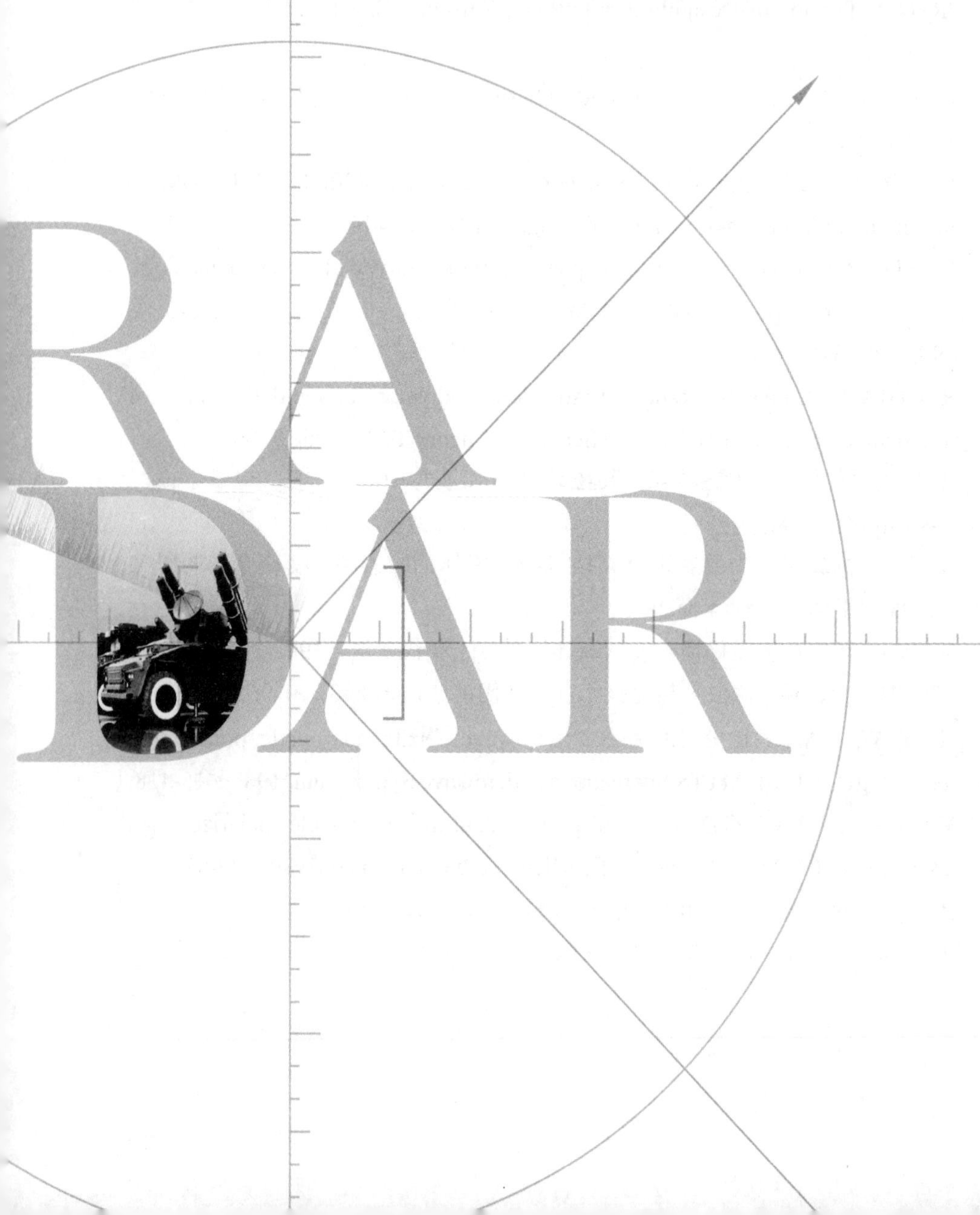

面天线雷达的馈线系统将雷达发射机的发射能量按特定的要求送至天线，再将天线接收的信号按设计要求传输给接收机相应的端口。馈线系统（包括馈源及微波器件）设计的优劣不仅影响天线性能，还影响雷达的整机性能。不同的天线有各自的馈线系统与之相适应，馈线系统性能设计应根据下述几点考虑。

（1）馈线系统的中心频率及其带宽；

（2）馈线系统（包括器件）的反射特性及损耗；

（3）系统的幅相特性；

（4）馈线系统的功率容量（脉冲功率、平均功率）；

（5）馈线系统收发之间的隔离度（包括器件各端口的隔离度）；

（6）满足上述要求的馈线结构。

本章重点讲述馈线系统的高功率技术，跟踪测量单脉冲微波馈源及其馈线网络及波导裂缝电桥、正交模耦合器、双 T、波导移相器等。

9.1　波导裂缝电桥

波导裂缝电桥用途广泛，可用于多波束形成网络、医用电子直线加速器中行波反馈电路、单脉冲雷达馈电系统中的高频加减器、四端口环流器、变极化器、频率分集和极化分集等电路，也可用于高功率移相器及收发开关（平衡式收发开关）中。

9.1.1　定义、参数

波导裂缝电桥可分为窄边耦合（H_{10} 模与 H_{20} 模耦合）、宽边耦合（H_{10} 模与 $H_{11}+E_{11}$ 模耦合、H_{10} 模与 TEM 模耦合），分别如图 9.1～图 9.3 所示。

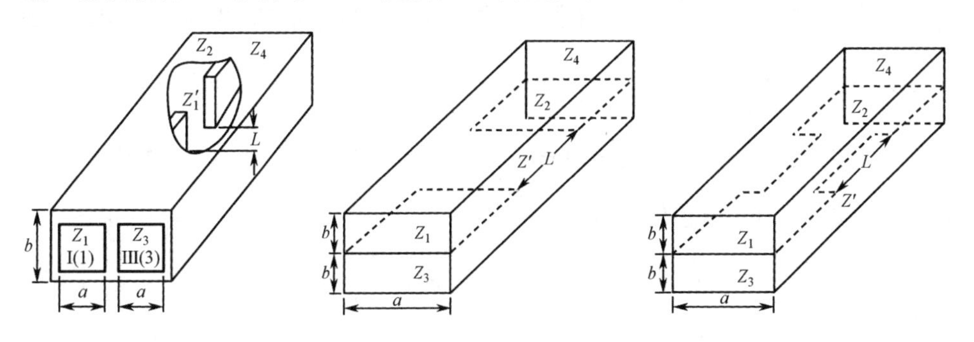

图 9.1　H_{10} 模与 H_{20} 模波导裂缝电桥　　图 9.2　H_{10} 模与 $H_{11}+E_{11}$ 模波导裂缝耦合器　　图 9.3　H_{10} 模与 TEM 模波导裂缝耦合器

从图 9.1 中的端口 1 输入功率，经过耦合裂缝后，3 端口隔离，2 端口和 4 端口输出功率。定义 1 端口输入的功率为 P_1，经过耦合裂缝后，3 端口输出功率为 P_3，2、4 端口输出功率分别为 P_2、P_4。

在调试中隔离度、驻波系数 VSWR 是很重要的参数，对电桥各端口的功率输出、功率耦合、方向性有很大影响。

9.1.2 计算公式

图 9.1 的等效网络如图 9.4（在交界处）所示[1]。

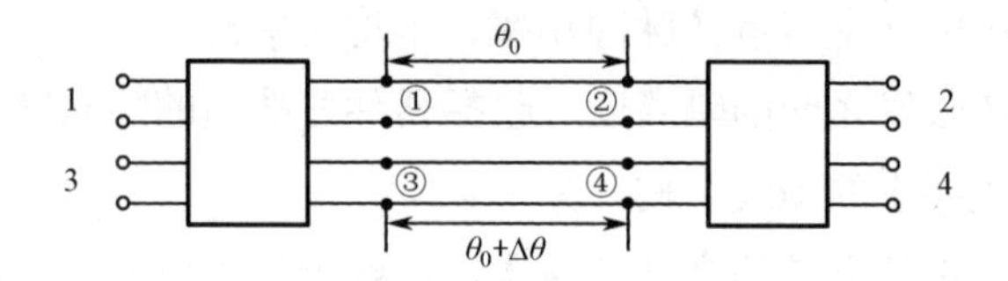

图 9.4 裂缝电桥的等效网络

$$\Delta\theta = 2\pi L\left(\frac{1}{\lambda_{\mathrm{gH_{10}}}^{\mathrm{V}}} - \frac{1}{\lambda_{\mathrm{gH_{20}}}^{\mathrm{V}}}\right) + 2\phi_{0\mathrm{H_{10}}}^{\mathrm{V}} + 2\phi_{\Gamma\mathrm{H_{10}}}^{\mathrm{V}} \tag{9.1}$$

式中，$\phi_{\mathrm{H_{10}}}^{\mathrm{V}}$ 为波导对 H_{10} 波的电角度；$\phi_{0\mathrm{H_{10}}}^{\mathrm{V}}$ 为加入匹配元件引起的相移角；$\phi_{\Gamma\mathrm{H_{10}}}^{\mathrm{V}}$ 为公共壁引起的相移角；$\lambda_{\mathrm{gH_{10}}}^{\mathrm{V}}$ 和 $\lambda_{\mathrm{gH_{20}}}^{\mathrm{V}}$ 分别为波导 V 中 H_{10} 波和 H_{20} 波的波导波长；L 为耦合缝长度。

引入上面的关系式后，再研究各端口之间的关系，并进一步找出裂缝电桥的计算公式。

若从图 9.4 的 1 端输入信号 $E_{\mathrm{H_{10}}}^{I}$，2、4 端是匹配的，在交界处①－③端将同相激励 H_{10} 波和 H_{20} 波，到达交界处②－④端时，相位分别为-（$\phi_{\mathrm{H_{20}}}^{\mathrm{V}}+\Delta\theta$）和-$\phi_{\mathrm{H_{20}}}^{\mathrm{V}}$，$\phi_{\mathrm{H_{20}}}^{\mathrm{V}}$ 为波导对 H_{20} 波的电角度。如果在波导V中已加有匹配元件，且忽略波导损耗，前进的 H_{10} 波进入 2 端、4 端的幅值均为 $\frac{1}{2}E_{\mathrm{H_{10}}}^{I}$，相位均为-（$\phi_{\mathrm{H_{20}}}^{\mathrm{V}}+\Delta\theta$）；前进的 H_{20} 波进入 2 端和 4 端均为 H_{10} 波，其幅值也均为 $\frac{1}{2}E_{\mathrm{H_{10}}}^{I}$，且相位分别为-$\phi_{\mathrm{H_{20}}}^{\mathrm{V}}$ 和-（$\phi_{\mathrm{H_{20}}}^{\mathrm{V}}+\pi$），于是在 2 端的合成电场：

$$|E_2| = |E_{\mathrm{H_{10}}}^{I}|\cos\frac{\Delta\theta}{2} \tag{9.2}$$

在 4 端的合成电场：

$$|E_4| = |E_{\mathrm{H_{10}}}^{I}|\sin\frac{\Delta\theta}{2} \tag{9.3}$$

在 3 端的合成电场：

$$|E_3|=0 \tag{9.4}$$

相应的功率比为

$$\left|\frac{P_2}{P_1}\right|=\cos^2\frac{\Delta\theta}{2} \tag{9.5}$$

$$\left|\frac{P_4}{P_1}\right|=\sin^2\frac{\Delta\theta}{2} \tag{9.6}$$

$$\left|\frac{P_3}{P_1}\right|=0 \tag{9.7}$$

$$\left|\frac{P_4}{P_2}\right|=\tan^2\frac{\Delta\theta}{2} \tag{9.8}$$

当$\Delta\theta=\dfrac{\pi}{2}$时，式（9.5）和式（9.6）变成：$C=10\lg\dfrac{P_2}{P_1}=10\lg\dfrac{P_4}{P_1}=3\text{dB}$，称为3dB 电桥。

式（9.1）变成：

$$L=\left(\frac{\pi}{2}-2\phi_{0\text{H}_{10}}^{\text{V}}-2\phi_{\Gamma\text{H}_{10}}^{\text{V}}\right)\Bigg/2\pi\left(\frac{1}{\lambda_{g\text{H}_{10}}^{\text{V}}}-\frac{1}{\lambda_{g\text{H}_{20}}^{\text{V}}}\right) \tag{9.9}$$

式（9.9）就是计算 3dB 电桥耦合度的公式。

当$\Delta\theta=\pi$时，从式（9.5）和式（9.6）可以看出，$P_1=P_2$，此时电桥被称为零分贝电桥。

当$\Delta\theta$为任意角度时，即任意功率分配比时，都可以从式（9.1）推出耦合裂缝的长度。

最后将 3dB 裂缝电桥的平分臂相位关系用图解说明一下，如图 9.5 所示。由图 9.5 证明，在 2 端合成电场矢量$\boldsymbol{E}_2$的相位超前 4 端的合成电场矢量$\boldsymbol{E}_4$的相位为 90°。

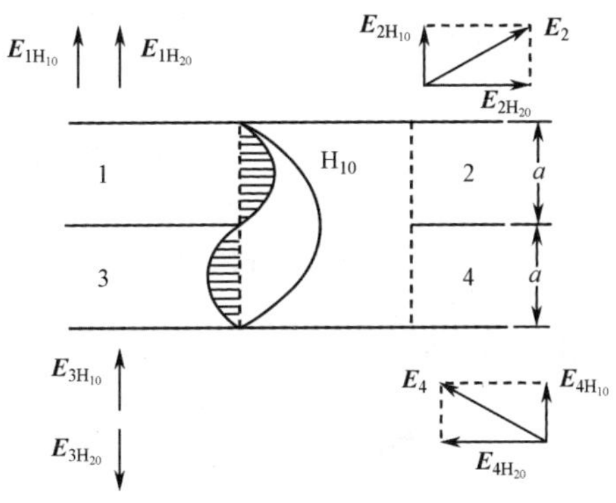

图 9.5 3dB 裂缝电桥平分臂相位关系矢量图解

9.1.3 主要参数的计算方法

从式（9.9）中知道，当裂缝耦合宽边 a 选定后，隔板上附加相位 $\phi_{\mathrm{TH}_{10}}$ 匹配元件的附加相位 $\phi_{0\mathrm{H}_{10}}$，都可预先进行计算。

1）隔板（公共臂）导纳，匹配元件导纳计算方法[2]

图 9.6 是图 9.1 的一半，图中Ⅱ及Ⅳ部分只能传输 H_{10} 波，Ⅴ区能同时传输 H_{10} 波和 H_{20} 波。T_{10}-T_{10} 在波导Ⅴ的 $\mathrm{H}_{10}^{\mathrm{V}}$ 波的实数参考面对应的长度为 d_{10}，T_{20}-T_{20} 为在波导Ⅴ中的 $\mathrm{H}_{20}^{\mathrm{V}}$ 波的实数参考面对应的长度为 d_{20}。

对 $\mathrm{H}_{10}^{\mathrm{V}}$ 波而言，Ⅱ、Ⅳ相当并联在Ⅴ上，在 T_{10}-T_{10} 面由左向右看的相对阻抗应为

$$Z_{\lambda} = \frac{Z_{\mathrm{H}_{10}}^{\mathrm{II}}/2}{Z_{\mathrm{H}_{10}}^{\mathrm{V}}} = \frac{\lambda_{\mathrm{gH}_{20}}^{\mathrm{II}}}{\lambda_{\mathrm{gH}_{10}}^{\mathrm{V}}} \tag{9.10}$$

对应的输入导纳为

$$Y_{\lambda} = \frac{1}{Z_{\lambda}} = \frac{\lambda_{\mathrm{gH}_{10}}^{\mathrm{V}}}{\lambda_{\mathrm{gH}_{20}}^{\mathrm{V}}} \tag{9.11}$$

由导纳 Y_{λ} 可从导纳圆图上找出匹配位置，并计算匹配棒的大小。

2）隔板附加相位，匹配元件附加相位的计算方法

（1）隔板导纳 Y_{T} 相当于并联在传输线上，所以附加相位应当是输出电压 U_2 比输入电压 U_1 滞后的相位，如图 9.7 所示。

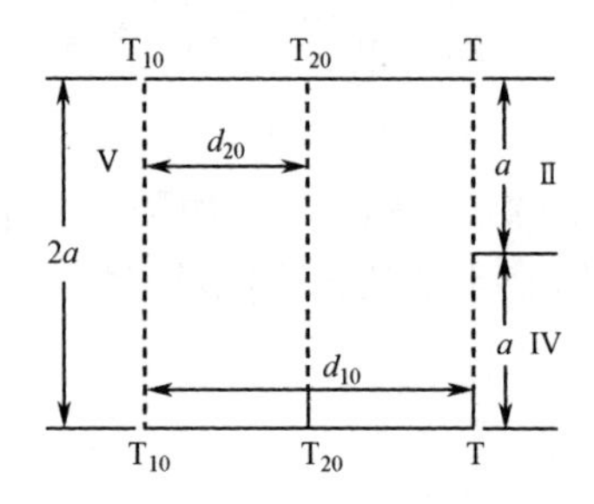

图 9.6　模式图

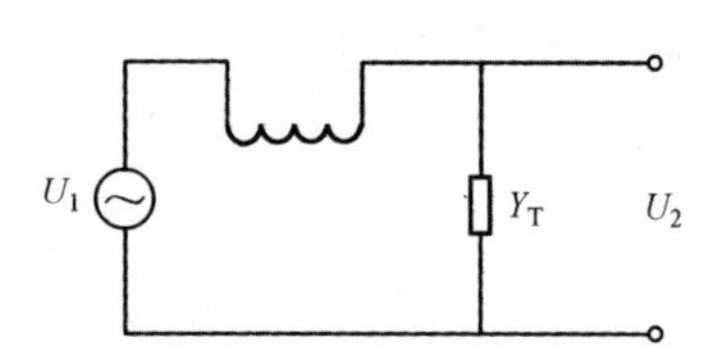

图 9.7　隔板附加相位等效电路

$$\frac{U_1}{U_2} = 1 + Y_{\mathrm{T}} = G_{\mathrm{T}} - \mathrm{j}B_{\mathrm{T}} \tag{9.12}$$

即得到隔板（公共臂）附加相位为

$$\phi_{\mathrm{TH}_{10}} = \arctan\frac{B_{\mathrm{T}}}{G_{\mathrm{T}}} \tag{9.13}$$

（2）匹配元件电纳 B，也相当于并联在传输线上，所以附加相位也应当是输出电压 U_2 比输入电压 U_1 滞后的相位，如图 9.8 所示。

$$U_2 = \frac{U_1}{\left(1+\dfrac{1}{1+\mathrm{j}B}\right)(1+\mathrm{j}B)} = U_1/2+\mathrm{j}B \tag{9.14}$$

得匹配元件附加相位为

$$\phi_{0\mathrm{H}_{10}} = \arctan\frac{B}{2} \tag{9.15}$$

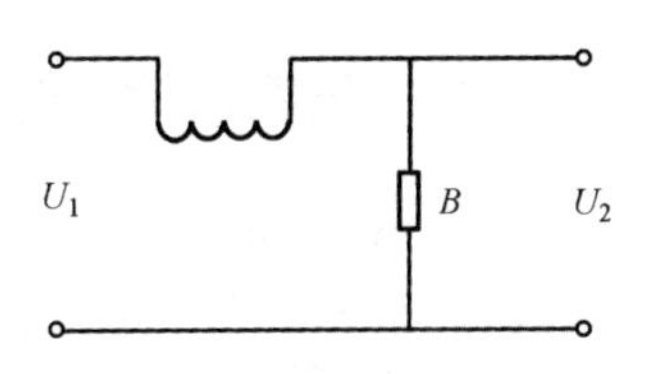

图 9.8　匹配元件附加相位等效电路

3）插棒直径、螺钉直径的计算方法

由于在波导 V 存在 H_{20} 波，所以插棒直径 d 的计算公式不同于单一波型的计算公式，插棒直径 d 在波导 V 区域中间位置的计算公式为

$$|B| = \frac{\lambda_{\mathrm{gH}_{10}}}{a} \times \frac{1}{\ln\dfrac{4a}{\pi d} - 2 + 2\sum\limits_{n=3\times5\times7}^{\infty}\left[\dfrac{1}{\sqrt{n^2-\left(\dfrac{2a}{\lambda}\right)^2}} - \dfrac{1}{n}\right]} \tag{9.16}$$

而螺钉直径 d' 与电纳关系式为

$$B = \frac{S}{\left(\dfrac{\lambda_0}{\lambda_\mathrm{s}} - \dfrac{\lambda_\mathrm{s}}{\lambda_0}\right)\sqrt{1-\left(\dfrac{\lambda}{2a}\right)^2}} \tag{9.17}$$

式中，S 为与螺钉直径 d' 和深度有关的系数，λ_s 为螺钉串联谐振波长。

根据经验，采用下述原则取螺钉尺寸：

（1）螺钉位于波导宽边中心位置时，谐振长度最小。

（2）螺钉调谐范围应小于 $\lambda/4$（有时采用宽边中心上、下均放螺钉）。

（3）当 $d < a$ 的条件成立时，螺钉直径的 d' 尽量选大，一般可取 d' 为 $1/3$ 的耦合宽度左右，这样引入的导纳随频率变化比较均匀，对增大带宽有利。

（4）螺钉头部圆球形或圆锥台（上部倒角圆弧形），可提高耐功率。

用插棒匹配的裂缝电桥与用螺钉匹配的两种电桥比较，螺钉匹配电桥带宽比插棒匹配的电桥带宽要宽，一般可达到 10%～15%。因此，我们均采用螺钉匹配电桥。由于计算机软件迅速发展，采用 HFSS 软件能很快确定插棒或螺钉匹配位置与插棒直径 d' 或螺钉深度与直径 d'。

关于 H_{10} 模与 $H_{11}+E_{01}$ 模裂缝波导耦合器、H_{10} 模与 TEM 模裂缝波导耦合器的有关分析见文献[3]。根据工程所需承受的功率带宽及结构形式选用不同形式的波导裂缝电桥。

关于波导裂缝的工程计算，可选用阻抗圆图方法确定匹配的位置与插棒（或螺钉）直径，目前多采用 HFSS 仿真软件进行设计。

9.2 正交模耦合器

9.2.1 正交模耦合器的作用和种类

凡使两电场方向正交的微波器件称作正交模耦合器又称双模耦合器，或称波形相加器，在一个正方形（或圆形）波导中，要使两电场方向正交，其实现方法有很多。

正交模耦合器从结构形式上分为方波导正交模耦合器和圆波导正交模耦合器两大类，如图 9.9 和图 9.10 所示。

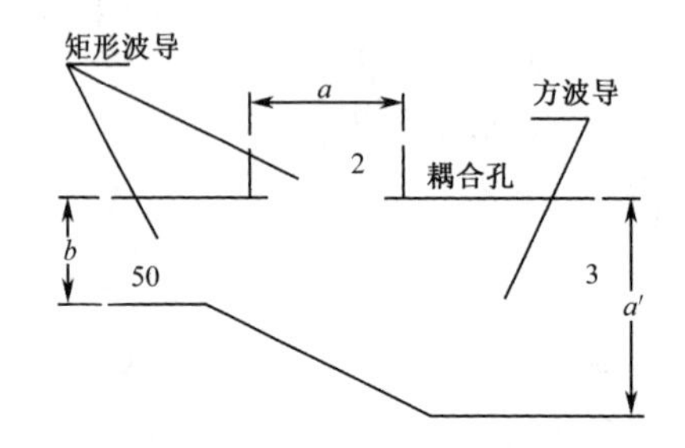

图 9.9 方波导正交模耦合器

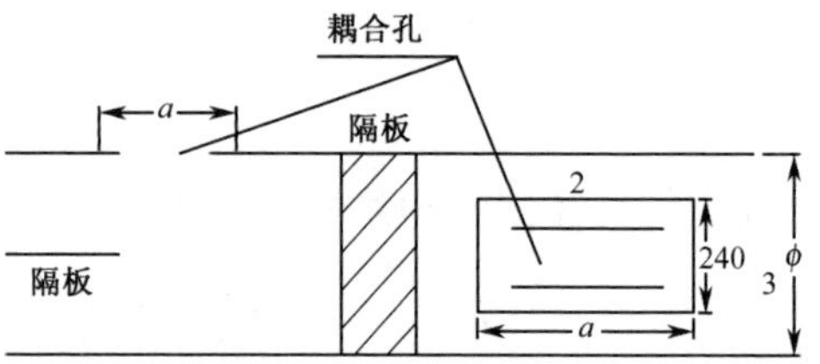

图 9.10 圆波导正交模耦合器

由图 9.9 和图 9.10 可知，正交模耦合器是一个三臂装置的混合接头，在方波导耦合器中直通臂 1，侧臂（或边臂）是矩形波导，均传输 H_{10} 模，它们激励出互相垂直的波在方波导中传输 H_{10}、H_{01} 模或在方波导中的 H_{10} 模通过直通臂传输给矩形波导 H_{10} 模，而 H_{01} 模通过耦合臂传输给侧臂，在侧臂的矩形波导传输 H_{10} 模。

9.2.2 正交模耦合器的工程计算

这里以矩、方波导正交模耦合器为例，介绍其工程计算。

9.2.2.1 模直通臂的设计原则

正交模耦合器的直通臂由标准为 $a \times b$ 的波导变换到 $a' \times a'$ 的方波导，$a \times b$ 矩形波导和 $a' \times a'$ 的方波导由传输的 H_{10} 模的工作频率决定（详见 IEC 标准）。它主要是考虑由 $b \to a'$ 的变换，波导总长度为 L。根据图 9.9，有

$$\lambda_{g斜} = \frac{\lambda_g \cdot \lambda_g'}{\lambda_g + \lambda_g'} \tag{9.18}$$

式中，$\lambda_{g斜}$ 为方、矩变换处的波导波长。

通常

$$L = \frac{n\lambda_{g斜}}{2} \tag{9.19}$$

一般来说，当 $L = \frac{n\lambda_{g斜}}{2}$，$n = 1,2,3,\cdots,N$，$N$ 越大，驻波越小，但由于受到结构尺寸的限制，以及考虑侧臂的耦合孔位置等因素，取 $n=1$，得

$$L = \frac{\lambda_{g斜}}{2} \tag{9.20}$$

9.2.2.2　正交模侧臂调谐窗的设计

由于导电隔板围成的对称窗横跨在波导中，如图 9.11 所示，具有并联容性电纳和感性电纳的特性。正确选择窗口尺寸的大小，在给定的工作波长上，可使这些电纳的总和为零，如图 9.12 所示。

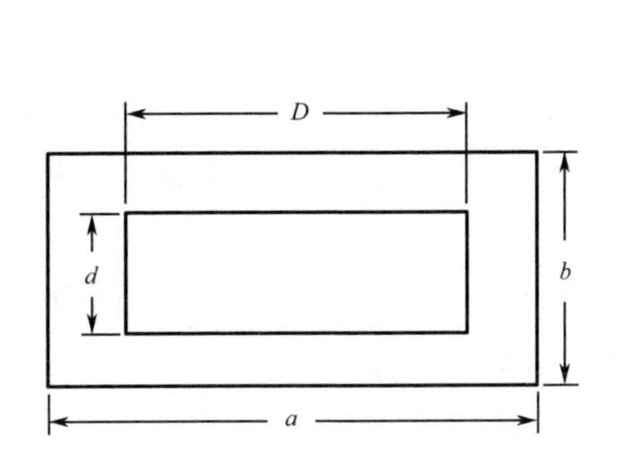

图 9.11　矩形调谐窗

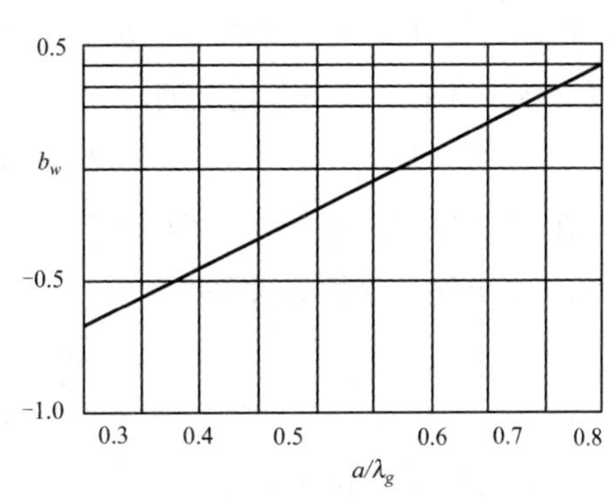

图 9.12　矩形窗等效电纳

1）调谐窗的电纳

Lewin[4]给出了零厚度窗口的电纳 b_w 的公式：

$$b_w = b_r + A\left(\frac{\lambda_g}{\lambda'_g}b_c + b_x\right) \tag{9.21}$$

式中，b_r 为窗口 D 的感性膜片电纳；b_c 为宽度为 D 的波导中，窗口 d 的容性膜片电纳。在该波导中波导波长为 λ'_g；

$$A = \frac{\frac{\pi}{4}\left[1-\left(\frac{D}{a}\right)^2\right]}{\frac{D}{a}\cos\left(\frac{\pi}{2}\frac{D}{a}\right)} \tag{9.22}$$

对 $\frac{b}{d} < 0.75$，

$$b_x = \frac{1}{3} + \frac{1}{2}\left(\frac{D}{b}\right)^2 - \frac{8}{\pi^2} \times \frac{d}{b} - \frac{2}{\pi^2}\sum_{n=1}^{\infty}\frac{J_0^2(n\pi d/b)}{n^2}K\left[\frac{2n\pi a}{b}\left(1-\frac{D}{a}\right)\right] \Big/ \left[\frac{\lambda_g}{a}\left(\frac{b}{D}\right)^2\right] \tag{9.23}$$

对 $\frac{b}{d} > 0.75$，

$$b_x = 0 \tag{9.24}$$

式中，$K(x) = \int_x^{+\infty} \mathrm{d}w \int_w^{+\infty} K_0(y)\mathrm{d}y$。

2）有限厚度的调谐窗的电纳

有限厚度的调谐窗等效电路严格的解法必须包括串联元件，如图 9.13 所示。

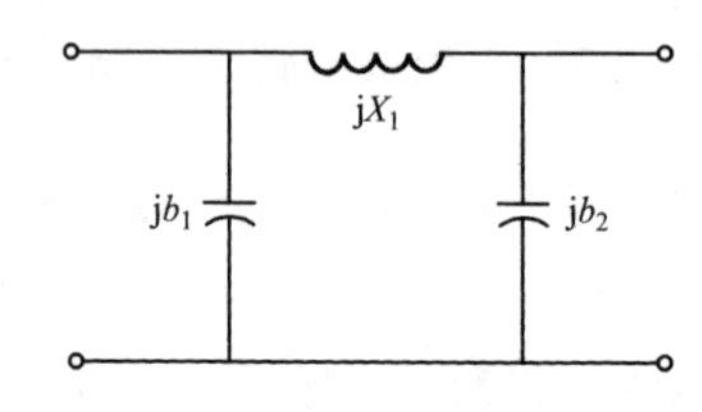

图 9.13　有限厚度调谐窗的典型电路

如果串联电抗 X_1 很小，对于大多数用途，电路可简化到单个并联电纳 b_c，并由式（9.25）给出，式中 b_1 是电纳。

$$b_c = 2b_1 - X_1 \tag{9.25}$$

在谐振时，对于一个有限厚度的调谐窗口，式（9.25）是准确的，因为在图 9.13 中电路的谐振条件是：

$$2b_1 - X_1 = 0 \tag{9.26}$$

调谐窗口的电纳是由感性和容性膜片有关函数给出的。

（1）对称感性膜片及等效电路如图 9.14 所示。

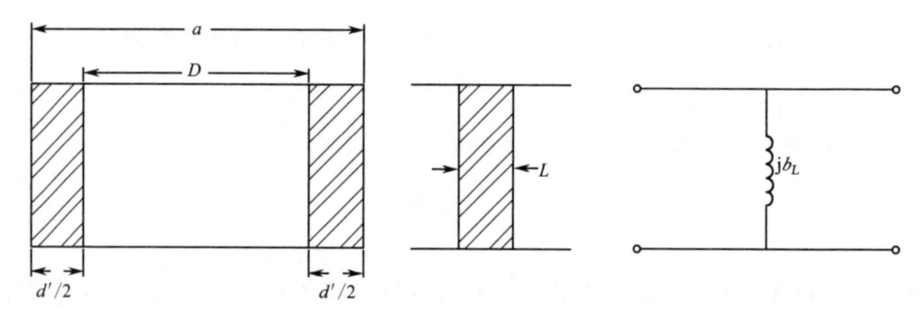

图 9.14　对称感性膜片及等效电路

对于所要求的 D/a（>0.6）范围，其等效并联电纳由 b_L 给出[5]，见下式

$$mb_L = \tan^2\left[\frac{\pi}{2}\left(1-\frac{D}{a}\right)g\right] \tag{9.27}$$

（2）有限厚度的对称容性膜片。

图 9.15 的π形网络表示有限厚度的容性膜片。

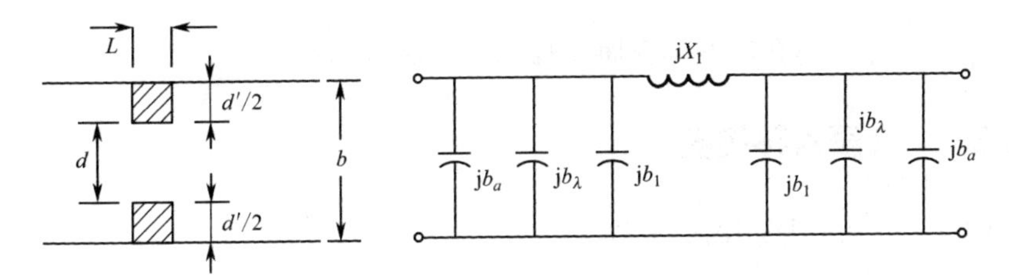

图 9.15　有限厚度的容性膜片

图中 b_a、b_λ 和 b_1 是电纳。X_1 是电抗，b_a 是“截止频率”电纳，b_λ 是较高频率的校正因子[6]。得出等效并联电纳

$$b_c = 2b_a + 2b_\lambda + 2b_1 - X_1 \tag{9.28}$$

3）容性棒

当调谐窗设计好以后（对某些频率而言），还应在调谐窗之外进行隔板调配或用容性棒调配。本节介绍容性匹配棒，它的形状像一个可调螺钉的短棒，如图 9.16 所示，用一个 T 形网络表示，如图 9.17 所示。图中并联电纳 $1/X_1$ 通常比串联的电抗 X_2 大得多。当棒在波导中心线上时，电纳随横向位置的变化是零，这个中心棒是最佳选择，且下面的结果都是在限制这种情况。

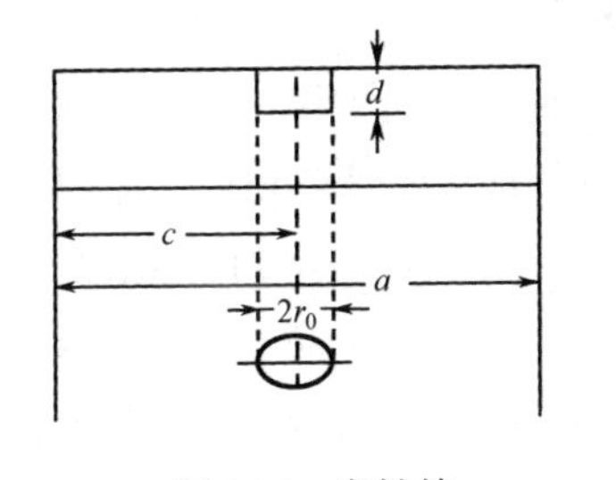

图 9.16　容性棒

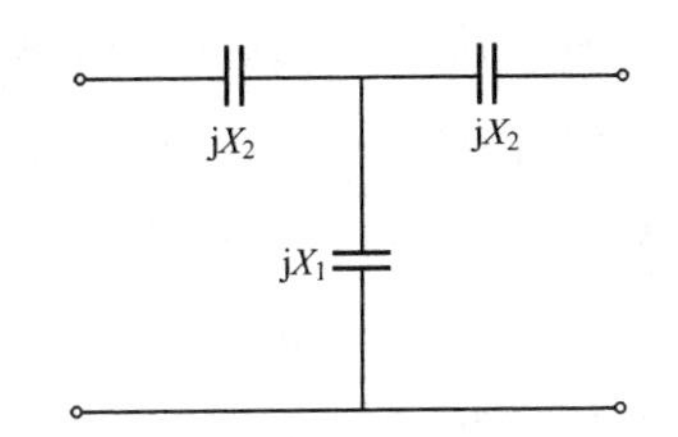

图 9.17　等效电路

容性棒等效电路方程式[7]如式（9.29），式中，S 为反映棒尺寸的参量，F_0 为贝塞尔函数有关变量。

$$X_1 + \frac{X_2}{2} = \frac{a}{2\lambda_g}(S + F_0) \tag{9.29}$$

等效电纳为

$$b_c = \frac{1}{x_1 + \frac{1}{2}x_2} \tag{9.30}$$

9.3　波导移相器

波导移相器可用于波导通道和多波束形成网络的配相、单脉冲雷达馈源中的高频加减器部分的组合器件、四端口环流器、复极化器、频率分集和极化分集等

波导电路。下面主要介绍波导介质片移相器与螺钉移相器。

9.3.1　介质片移相器

9.3.1.1　介质片移相器的原理

根据电磁波在波导中传播的理论，在相同尺寸的无耗波导中，充有介质和空气时单位长度下的相移差可由下式决定：

$$\Delta\beta = \beta_{\varepsilon} - \beta \tag{9.31}$$

$$\Delta\beta = \sqrt{k^2 \mu\varepsilon_r - \frac{k_c^2}{\mu\varepsilon_r}} - \sqrt{k^2 - k_c^2} \tag{9.32}$$

式中，β_{ε} 为波导中充有介质时的波数；k_c 为波导中充有介质时截止波长的波数；ε_r 为介质的相对介电常数；μ 为介质的相对导磁率。

当 $\mu = 1$，$\varepsilon_r \neq 1$ 时，则有

$$\Delta\beta = \sqrt{k^2 \varepsilon_r - \frac{k_c^2}{\varepsilon_r}} - \sqrt{k^2 - k_c^2} \tag{9.33}$$

说明波导中有相移，因此，ε_r 越大，相移越大。

如果在波导中放一定形状的固定介质，则有固定的相移，如图 9.18 所示。

如果在波导内放一块可移动的介质片，它就成了可调移相器，如图 9.19 所示。移相器的移相量与介质片的介电常数及介质片的长度和厚度 t 成正比。在 ε_r 和介质片长度、厚度一定的情况下，也与介质片放在波导中的位置有关。这是由于 H_{10} 模的电场沿波导宽边是按正弦分布的，所以介质片对电磁波相移常数的影响随位置而变，在波导宽边中心处影响最大，在两侧边影响最小。

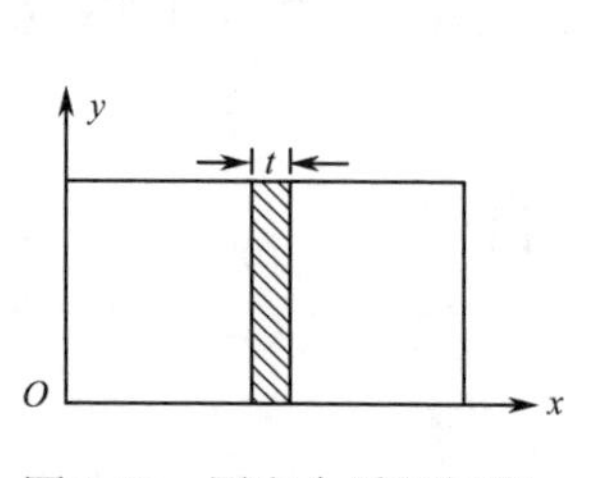

图 9.18　固定介质移相器

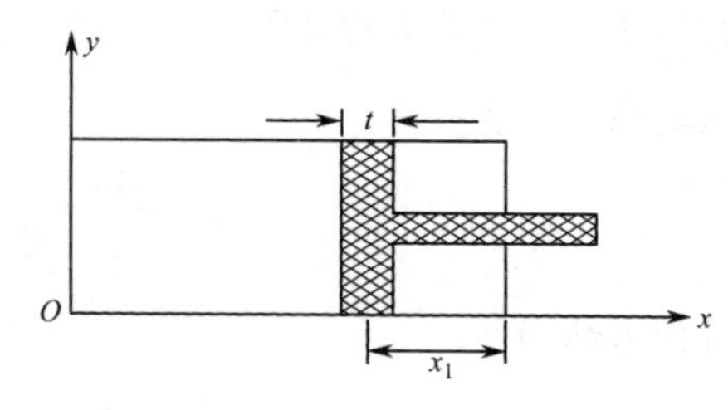

图 9.19　可动介质移相器

如果介质片高等于波导窄边，但厚度很薄，则用微扰理论可求出其相移常数的增量为

$$\beta_{\varepsilon} - \beta_0 = 2\pi(\varepsilon_r - 1)\left(\frac{\Delta S}{S}\right)\frac{\lambda_{g0}}{\lambda^2}\sin^2\frac{\pi x_1}{a} \tag{9.34}$$

式中，β_ε 为介质放入波导内的相移常数；β_0 为空波导的相移常数；ε_r 为介质片的相对介电常数；S 为空波导的横截面积；ΔS 为介质片的横截面积；x_1 为介质片离侧边的距离。

由上式可见，当介质片位于宽边中点（$x_1=\dfrac{a}{2}$）时相移量最大，在侧边 $x_1=0$ 时相移量最小。

9.3.1.2　横向移动介质移相器的设计

1）对材料的选择和长度的确定

选择介质材料要求 ε_r 要大，而 $\tan\delta$ 要小，介质片厚度 t 要远小于波长。即 $t \ll \lambda$，一般取 $t=\lambda/10$。

在这里需要强调，介质片强度要高，放置在波导中不变形。介质片的长度由所需要的相移量来决定。

设要求的相移量为 ϕ，介质片长度 L 由下式确定

$$L=\frac{\phi}{360}\frac{\lambda_{g中}\lambda_{g边}}{\lambda_{g边}-\lambda_{g中}} \tag{9.35}$$

式中，$\lambda_{g中}$ 为介质在波导中间时的波导波长；$\lambda_{g边}$ 为介质在波导边上时的波导波长；L 为介质片的长度。

2）介质片的匹配

介质片的匹配方法很多，比较常见的有渐变匹配，如图 9.20（a）和图 9.20（b）所示。介质移相器阶梯式匹配如图 9.21 所示。

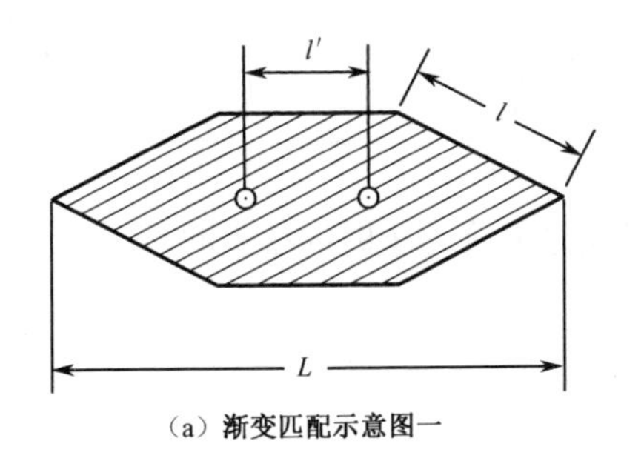

（a）渐变匹配示意图一

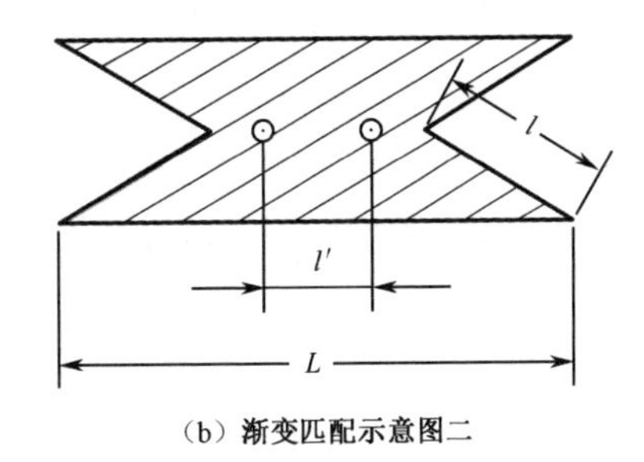

（b）渐变匹配示意图二

图 9.20　介质移相器介质片渐变匹配

渐变匹配为 $l=\dfrac{n}{2}\lambda_g$，其中 $n=1，2，3\cdots$

下面介绍最简单的二项式阶梯分布。

（1）求各阶梯的高度。

阶梯根据二项式分布，各阶梯所产生的反射系数按二项式规律分布。

例如，二节为1:2:1，三节为1:3:3:1等。

以三节为例，如图9.21所示。

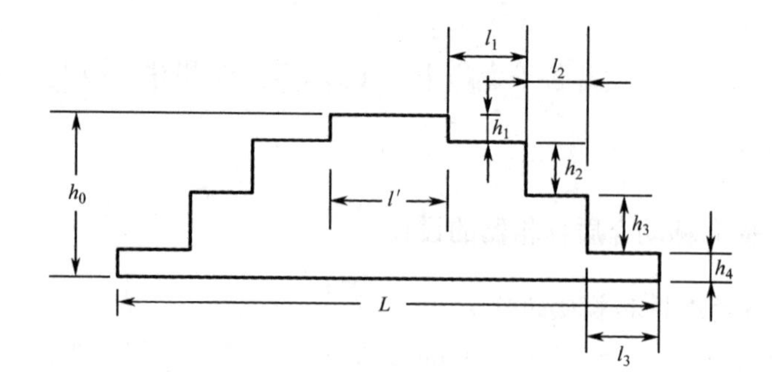

图9.21　介质移相器阶梯式匹配

即$\Gamma_1:\Gamma_2:\Gamma_3:\Gamma_4=1:3:3:1\propto h_1:h_2:h_3:h_4$

$$\frac{h_1}{h_2}=\frac{1}{3},\quad \frac{h_1}{h_3}=\frac{1}{3},\quad h_1=h_4,\quad h_2=h_3$$

h_0为给定值。

$$h_0=2h_1+2h_2,\quad h_1=\frac{1}{8}h_0,\quad h_2=\frac{3}{8}h_0。$$

（2）求各阶梯的长度。

首先求出折合波长λ_{g01}

$$\frac{2}{\lambda_{g01}}=\frac{1}{\lambda_{g1}}+\frac{1}{\lambda_{g2}} \tag{9.36}$$

式中，

$$\lambda_{g1}=\frac{\lambda_1}{\sqrt{1-\left(\frac{\lambda_1}{\lambda_{c1}}\right)^2}}$$

式中，λ_1为要求带宽低端的最大波长；λ_{c1}为介质片在边上时的截止波长。

$$\lambda_{g2}=\frac{\lambda_2}{\sqrt{\varepsilon'-\left(\frac{\lambda_2}{\lambda_{c2}}\right)^2}} \tag{9.37}$$

式中，λ_2为要求带宽高端最小波长；λ_{c2}为介质片在中间时的截止波长；ε'为介质在波导中的等效介电常数。

$$\varepsilon'=\frac{1}{1-\left(1-\frac{1}{\varepsilon_r}\right)\frac{t}{a}} \tag{9.38}$$

[8]

各阶梯长度如下：

$$l_1 = \frac{1}{4}\lambda_{g01} \tag{9.39}$$

考虑到跳变的长度修正：

$$l_2 = (1+3\%)\frac{1}{4}\lambda_{g02} \tag{9.40}$$

其中

$$\lambda_{g02} = \frac{2\lambda_{g0} + \lambda_{g01}}{3}$$

$$l_3 = (1+3\%)\frac{1}{4}\lambda_{g03} \tag{9.41}$$

其中

$$\frac{\lambda_{g01} - \lambda_{g02}}{\lambda_{g01} - \lambda_{g03}} = 1，\ \lambda_{g02} = \lambda_{g03}$$

（3）两支撑棒的间距。

$$l' = \frac{1}{4}\lambda_{g0}$$

支撑棒直径 $d \ll \lambda$，$l' = \lambda_{g0}/4$ 时，使得两个支撑棒引起的反射相互抵消。上述各种可调移相器精度比较差，用作固定相移量的低功率移相器的较多。

下面再介绍一种较精密的介质移相器，称为旋转式介质移相器，其原理性结构如图 9.22 所示。由三段圆波导组成，两端波导固定，当中一段波导用转动交连旋转。两端的波导在水平直径方向放置介质片，它让平行分量引起附加的 90° 滞后相移，而对垂直分量不引起附加相移；中间的波导段也是在直径方向放置介质片，它使与其平行的分量引起附加 180° 相移。这种移相器通常用来对圆波导 H_{11} 模进行

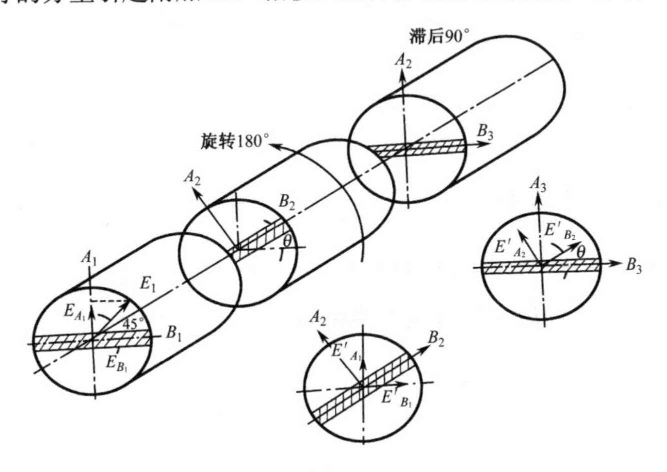

图 9.22　旋转式介质移相器

相移，如果两端再接上圆矩变换也可对矩形波导的H_{10}模进行移相。若中间一段的介质片旋转角度为θ，则可证明移相器的附加超前相移为

$$\Delta\phi = 2\theta \tag{9.42}$$

由上式可见，这种移相器可以直接制作刻度精密的机械转角θ。

在实际应用中，将中段波导内直径位置上放90°固定移相器，两端为空气圆波导。当介质片与水平位置成45°或–45°时，可形成右旋圆极化或左旋圆极化。

9.3.2 螺钉移相器

9.3.2.1 螺钉移相器的移相原理

如果在波导宽边中间插入一个螺钉，如图 9.23 所示，当螺钉深度小于$\lambda_g/4$时，即为图 9.23 所示短棒，则相当于在波导中并联了一个容抗，它的等效电路如图 9.24 所示。在图 9.24 中，传输线并联电纳$\mathrm{j}X_1$（jB）通常比串联电抗$\mathrm{j}X_2$大得多。为简化起见，此时螺钉引入的相位改变：

$$\phi = \arctan\left(-\frac{B}{2}\right) \tag{9.43}$$

式中，B是螺钉的电纳，它由螺钉的粗细和深度决定。当电纳为容性时，B为正，造成相位滞后；当电纳为感性时，B为负，造成相位超前。由此认为螺钉在波导中产生了相移。

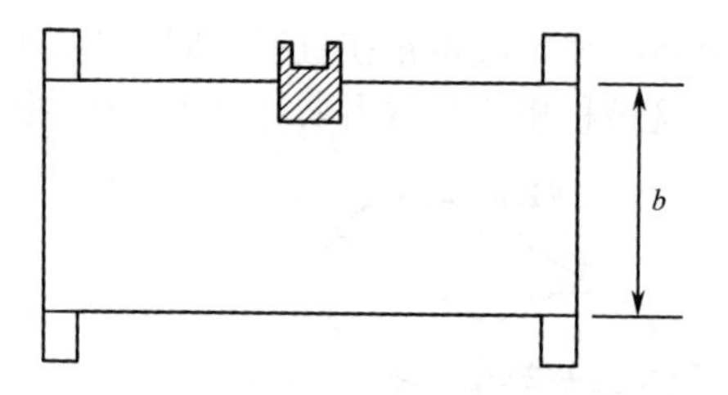

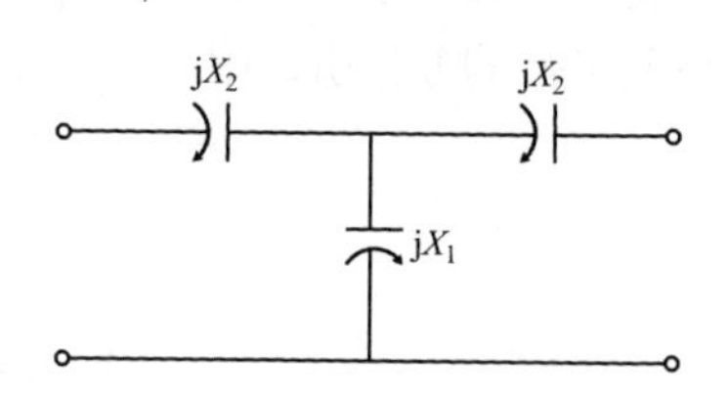

图 9.23　单螺钉移相器示意图

图 9.24　单螺钉移相器的等效电路

由上可知，一个螺钉可以产生相移，插入多个螺钉，使相移量增大。同时也减小输入驻波，可以做成多螺钉波导移相器[9,10]，如图 9.25 所示。

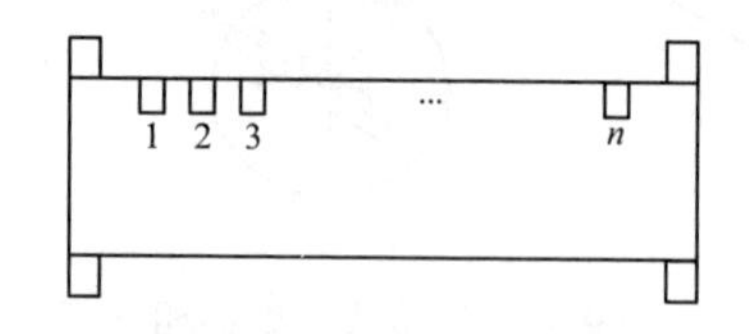

图 9.25　多螺钉波导移相器

9.3.2.2　波导螺钉移相器的匹配原理

在波导中一个螺钉就是一个反射点。它的总反射系数（忽略多次反射后）可以表示为

$$\Gamma_{\Sigma}=\Gamma_0+\Gamma_1 e^{j2\theta}+\Gamma_2 e^{j4\theta}+\Gamma_3 e^{j6\theta}+\cdots+\Gamma_n e^{j2n\theta} \tag{9.44}$$

这 n 个反射系数，可以按一定形式分布。如等幅分布、切比雪夫分布、二项式分布、高斯分布等。

9.3.2.3　螺钉移相器的相位计算

以三螺钉移相器为例，按二项式分布，螺钉可以由两种方法来实现。一种是螺钉直径相同，插入波导深度不同，如图 9.26（a）所示；另一种是螺钉直径不同，插入波导深度相同，如图 9.26（b）所示。

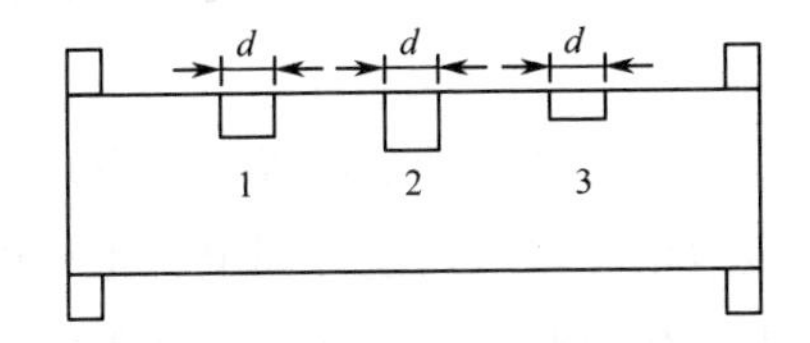

（a）螺钉直径相同，插入波导深度不同

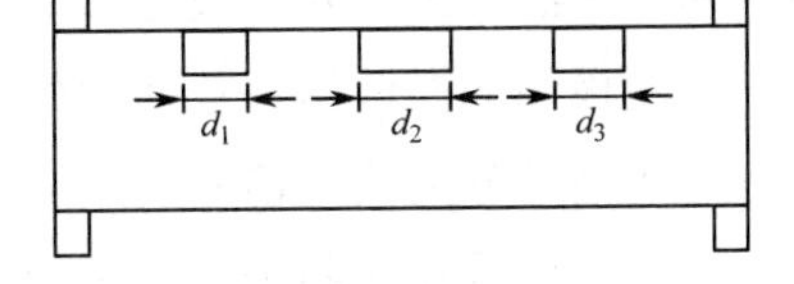

（b）螺钉直径不同，插入波导深度相同

图 9.26　螺钉移相器的插入方式

螺钉移相器的移向量可按下式计算

$$\phi=\arctan\left(\frac{B_1^2 B_2-2B_1-B_2}{2}\right) \tag{9.45}$$

式中，B_1 为边上螺钉的电纳；B_2 为中间螺钉的电纳。

容性螺钉电纳的计算，参见正交模耦合器容性棒部分，计算比较复杂。

从式（9.45）可以看出 B 是决定 ϕ 大小的主要因素，而 B 与螺钉直径和深度有关。直径大，则 B 也大，但螺钉直径 d 必须小于 $\lambda/10$，螺钉插入深度大，则 B 也大，但插入深度不能超过 $\lambda/4$。目前用 ANSOFT 软件可以确定介质片移相器、螺钉移相器的有关尺寸。

螺钉放置在圆波导上下对称位置（即圆波导中心的垂直位置上）按高斯分布做成 90°波导移相器，如图 9.27 所示。圆波导移相器两端设计圆波导交连，当旋转 +45°或−45°（与水平面位置）形成左旋圆极化波与右旋圆极化波，在此不赘述。

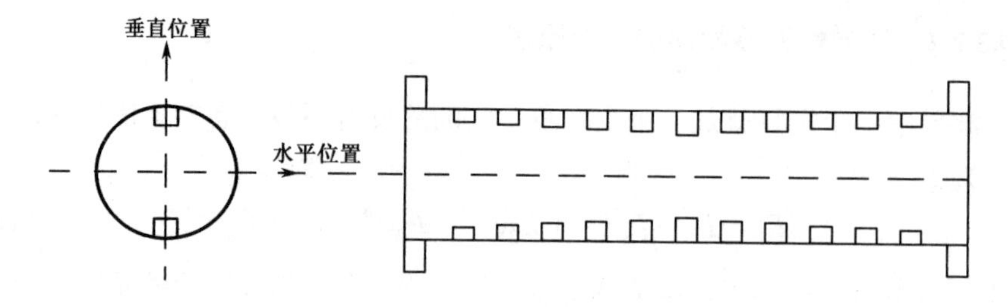

图 9.27　圆波导螺钉移相器

9.4　变极化电路

面天线雷达的扬声器馈源工作方式包括圆极化与线极化方式，圆极化方式中通常又要求发射左旋圆极化与接收右旋圆极化。为实现馈线传输信号线极化与扬声器馈源发射、接收信号圆极化、线极化的转换，需要变极化电路将馈线传输信号转换为扬声器馈源所要求极化形式的信号。

实现变极化的微波器件包括功分器、移相器、正交模耦合器等。其中，功分器是将输入信号分为两个信号对正交模耦合器两正交输入口进行馈电，正交模耦合器则可将功分器输入两个信号进行正交合成，其两路线极化波可合成为椭圆极化波、圆极化波或线极化波。

9.4.1　可变极化电路

将正交模耦合器与移相器共同使用，即可实现多种极化工作方式可选。椭圆极化的电场公式如式（9.46）所示，其中，ϕ为电场E_x与E_y的相位差，$\boldsymbol{x}$、$\boldsymbol{y}$为x、y轴的单位矢量，E_{xm}、E_{ym}为x分量、y分量的电场幅值。

$$\boldsymbol{E}=\boldsymbol{E}_x+\boldsymbol{E}_y=E_{\mathrm{xm}}\mathrm{e}^{\mathrm{j}\omega t}\boldsymbol{x}+E_{\mathrm{ym}}\mathrm{e}^{\mathrm{j}(\omega t-\phi)}\boldsymbol{y} \tag{9.46}$$

图 9.28 为通用的变极化网络，该扬声器天线位于天线阵面中间，发射与接收共用。当功分器等功率分配时，即$E_{\mathrm{xm}}=E_{\mathrm{ym}}$，通过改变两只移相器的相位差$\phi$即可改变正交模两个输入端信号的相位关系，同时，两个电场分量仍满足正交，相位差ϕ等于 90° 或 270° 时，正交模输出左旋、右旋圆极化波；两个电场分量满足正交，相位差ϕ为 0 或 180° 时，正交模输出水平、垂直线极化波。当功分器为不等功率分配时，即$E_{\mathrm{xm}}\neq E_{\mathrm{ym}}$，输出为椭圆极化信号，改变相位差$\phi$的符号，可改变椭圆极化波的旋向，改变相位差$\phi$的大小，影响椭圆长轴与$x$轴的夹角。

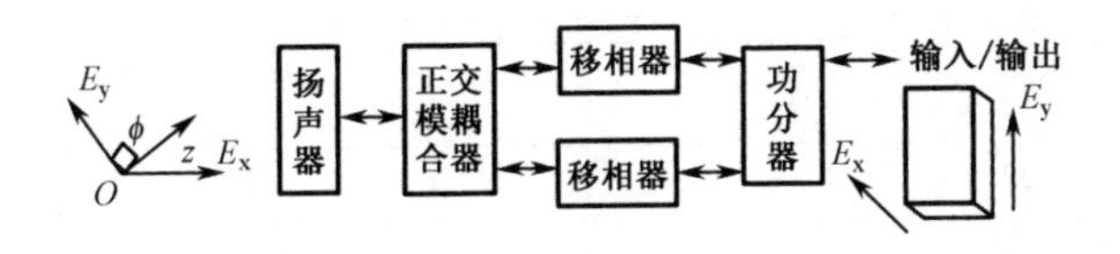

图 9.28　变极化电路

当功分器等功率分配时，控制变极化电路中移相器的工作状态，使这两个等幅分量在正交模的输出端相位差 90°，同时，两个电场分量仍满足正交，这样正交模输出为左旋圆极化波；改变移相器状态使正交模的输出端两个电场分量相位差为 270°，这样正交模输出右旋圆极化波；控制移相器状态使正交模输入端电场相移为 0° 或 180°，即正交模的两个输入端的电场等幅等相，空间上正交，正交模输出为线极化波。

9.4.2　固定极化电路

在五扬声器形式中，馈源四周的 4 个扬声器只接收信号，其固定极化电路如图 9.29 所示。

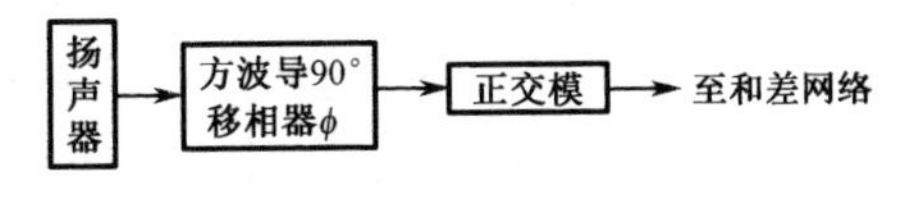

图 9.29　固定极化电路

方波导移相器的内电场分布由两个垂直波导臂正交分量合成。当接收圆极化波时，因来自扬声器的两个正交电场分量相移差 90°，只需将其中的一个分量移相 90° 即可。即接收线极化波时，$\phi = 0°$，接收到垂直极化波；$\phi = 90°$，接收到水平极化波。

获得 90° 移相的方法有多种，一般多采用集总元件方式，通过在波导中加入容性或感性金属棒来实现，通过调节电纳实现可控移相。

9.4.3　方波导移相器

除 9.3 所述移相器外，在变极化电路中，常用到方波导移相器，它由在方波导内部附加经过处理的金属条或介质块组成，其原理如图 9.30 所示。

当左边有一 E_y 平面波进入方波导时，可分解为沿对角线的两个平面波 E_1 和 E_2。这两个平面波传输至右端时，E_1 被移相并滞后于 E_2 90°。同理，如果右端一对互差 90° 且如图 9.30 所示的波，传输至左端时，则 E_1 滞后于 E_2 180°，在左端 E_1 与 E_2 合成为水平方向的平面波 E_x。如果右端 E_2 滞后于 E_1 90°，则传输到左端合成为电场垂直方向的平面波 E_y。

当在方波导移相器右端接入扬声器时，即可实现变极化功能，将接收到的圆极化信号变化为相应的线极化信号。

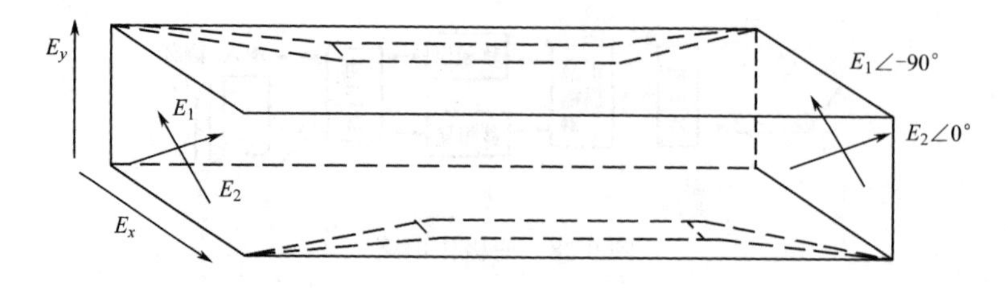

图 9.30　方波导移相器

把方波导移相器与正交模耦合器连接，可得到圆极化器。调整移相方向，即可以控制圆极化波旋转方向。如图 9.31 所示，矩形波导内有线极化波 Ey 时，移相器输出口处即有左旋圆极化波；矩形波导内有线极化波 E_x 时，移相器输出口处即有右旋圆极化波。

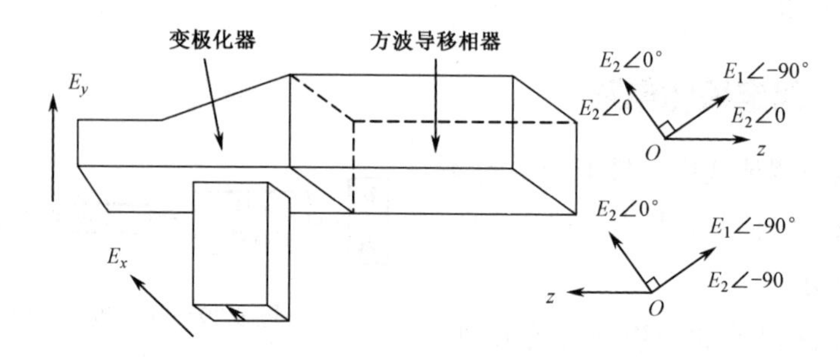

图 9.31　圆极化器

9.5　双 T 介绍

双 T 又称魔 T，是一种四端口器件，在波导系统中常作功率分配器、和差器使用。其理论比较成熟，常用网络理论分析其四端口特性和匹配特性，分析方法可参考各种微波理论教材。

双 T 一般由 E 面单 T 和 H 面单 T 组成，下面分别介绍这两种单 T。

9.5.1　E 面单 T

如果分支平面位于波导的宽边平面上，与 TE_{10} 波电场矢量方向正交，称为 E 面 T 形接头，简称 E 面单 T，其外形图如图 9.32 所示。其中 1、2 称为平分臂，3 称为 E 臂。

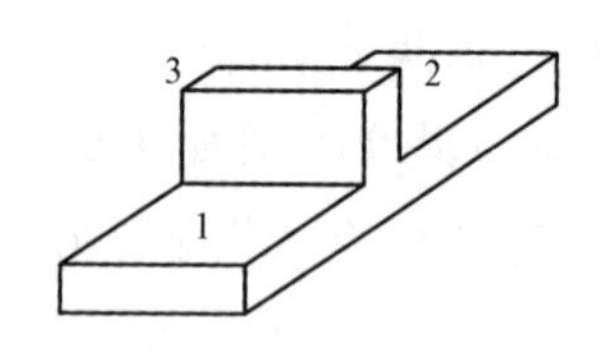

图 9.32　E 面单 T 外形图

图 9.33（a）、图 9.33（b）为 TE_{10} 波分别从平分臂 1、2 输入的分析图，忽略分支中的高次模。由于

1、2 臂关于分支中心线对称，从 1 臂输入平面波的传输情况与从 2 臂输入时相似，仅分支 E 臂中的电场方向相反。

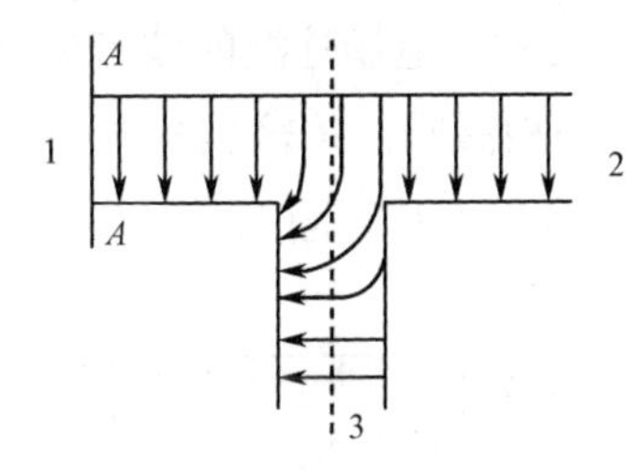

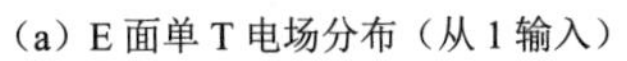
（a）E 面单 T 电场分布（从 1 输入）

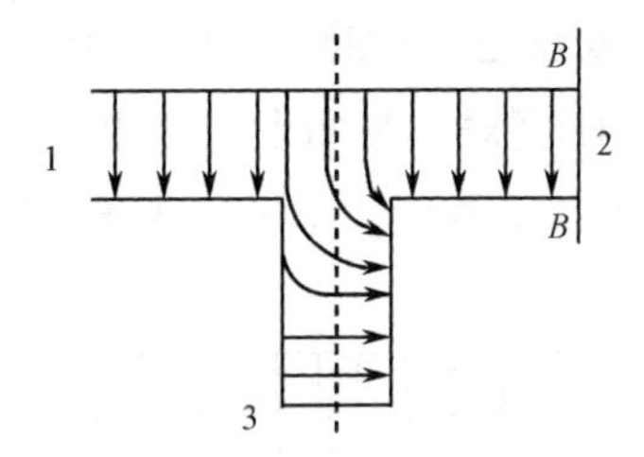

（b）E 面单 T 电场分布（从 2 输入）

图 9.33　E 面单 T 电场分布

假定激励 TE_{10} 波从 1 臂 *AA* 平面输入。在图 9.33（a）中，波前与 $\boldsymbol{E}$ 矢量一致。根据惠更斯原理，把原先波前上的每个点当作球形波的源，并对所有基本球形波找到其包线平面，就可得到分支中波前的曲折情况。

当激励 TE_{10} 波从 2 臂 *BB* 平面输入，在 E 臂中波前方向与 1 臂输入 TE_{10} 波时则相反。

假定 1、2 臂到 E 臂的距离相同，则从 1、2 臂输入的 TE_{10} 波在 E 臂中反相，电场矢量彼此抵消，功率不分配到 E 臂中。这时，在 E 臂中将出现正反两个方向的波，即出现驻波。在对称平面两个波永远同相，因而电场驻波的最大点在这个对称平面上。可见，如果电场驻波（磁场驻波最小点）位于 E 臂对称平面上，功率就不会传到分支。

若从 1、2 臂输入的 TE_{10} 波在输入端反相（反相激励），那么电场最小点（磁场最大点）就位于 E 臂对称平面上，E 臂就得到最大功率。

相反，当从 E 臂输入 TE_{10} 波，在平分臂 1、2 即可得到等幅反相的输出波，即实现反相功率等分。

9.5.2　H 面单 T

如果分支平面位于波导的宽边平面上，与 TE_{10} 波电场矢量方向正交，称为 H 面 T 形接头，简称 H 面单 T，其外形如图 9.34 所示。其中 1、2 称为平分臂，3 称为 H 臂。

图 9.35（a）为 TE_{10} 波分别从平分臂 1 输入的分析图，黑点表示垂直于纸面的电场矢量，图中分别表示出了不同时刻的波前，分支区域中波前的传输情况用惠更斯原理解释。图 9.35（b）为 TE_{10} 波分别从平分臂 2 输

图 9.34　H 面单 T 外形图

入的分析图，输入相位与图 9.35（a）输入反相。

如果在平分臂 1、2 的对称位置上同时输入反相的入射波，传输到分支 H 臂中的两个波也是反相的，因而 H 臂中无功率。这时，电场驻波的波节或磁场驻波波腹位于 H 臂对称平面上。如果平分臂 1、2 同相激励，传输到分支 H 臂中得到最大合成功率。这时，电场波腹或磁场波节位于 H 臂对称平面上。

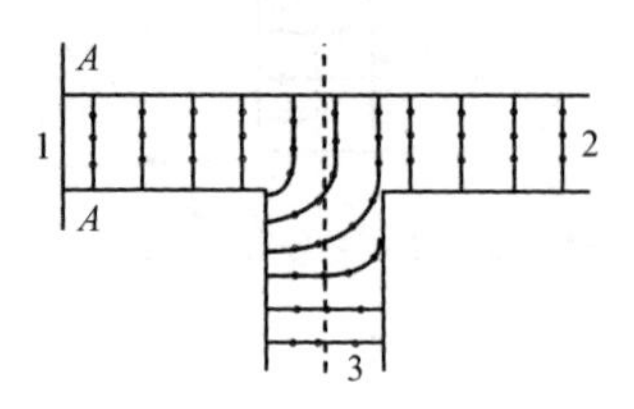

（a）H 面单 T 电场分布（从 1 输入）

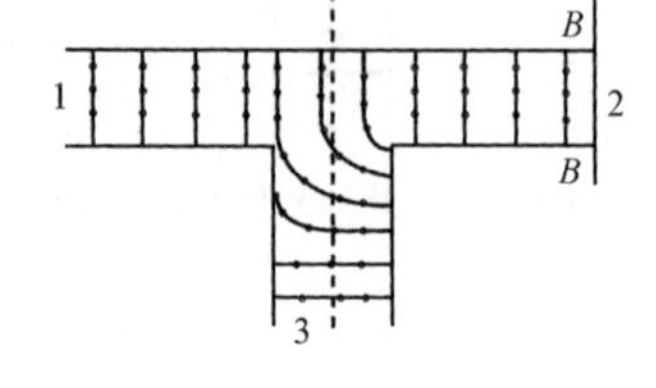

（b）H 面单 T 电场分布（从 2 输入）

图 9.35　H 面单 T 电场分布

9.5.3　双 T

9.5.3.1　双 T 工作特性

双 T 由具有共同对称平面的 E 面单 T 和 H 面单 T 组成，其外形如图 9.36 所示。通常称端口 1、4 分别为 H 臂、E 臂，端口 2、3 为平分臂。

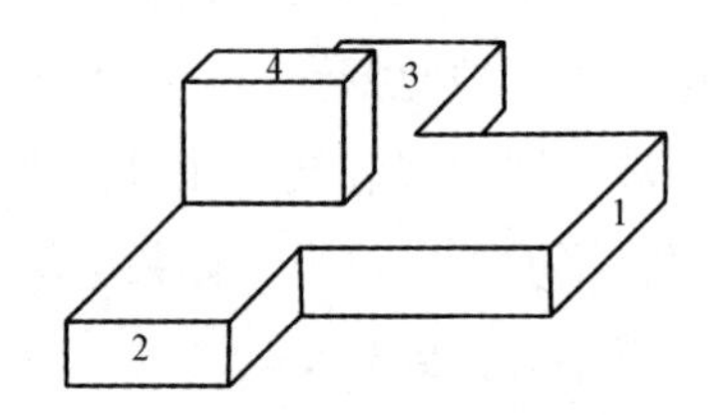

图 9.36　双 T 外形图

当同频、等幅、同相的信号由两个平分臂 2、3 输入时，则双 T 的 H 臂输出合成功率，E 臂无输出；当同频、等幅、反相的信号由两个平分臂输入，则双 T 的 E 臂输出合成功率，H 臂无输出；当同频、同相，但幅度为 E_1 和 E_2 的两个信号，分别从双 T 的两个平分臂 2、3 输入时，则 E 臂输出为（$E_1 - E_2$），H 臂输出为（$E_1 + E_2$）。

从另外的角度分析，当 2、3 臂接匹配负载，由 H 臂输入信号时，在双 T 的平分臂输出同频、等幅、同相的信号，E 臂是隔离端，H 臂有反射；当信号由 E 臂输入时，在双 T 的平分臂输出同频、等幅、反相的信号，H 臂是隔离端，E 臂有反射。

当从平分臂 2 输入信号时，1、4 臂输出等幅同相信号，3 臂也有输出；从平分臂 3 输入信号时，1、4 臂输出等幅反相信号，1 臂也有输出。

双 T 内部未加匹配装置时，即使其余各臂接上匹配负载，从另外一臂看依然不匹配。若在 E、H 臂加入匹配元件，从 E 臂输入的信号在平分臂反相等功率分配，H 臂无反射；从 E 臂输入的信号在平分臂同相等功率分配，E 臂无反射；从平分臂 2 输入的信号在 E、H 臂同相等功率分配，3 臂无输入功率，则 2 臂无反射；从平分臂 3 输入的信号在 E、H 臂反相等功率分配，2 臂无输入功率，则 3 臂无反射。因而，匹配好 E、H 臂后，2、3 臂自然也就匹配好，且是相互隔离的。

9.5.3.2　匹配双 T 设计方法

匹配双 T 是指包含了匹配元件的双 T。图 9.37 所示是加入了圆锥和金属棒的匹配双 T，通过改变圆锥和金属棒的尺寸、位置，可以改善双 T 的端口特性。

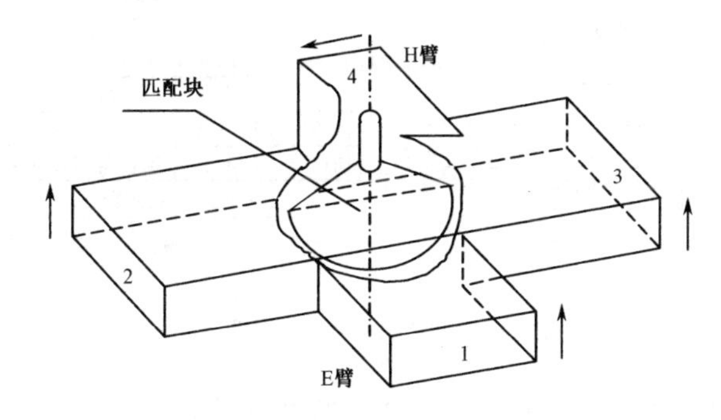

图 9.37　匹配双 T

在设计匹配双 T 时，直接根据理论计算双 T 的各项内部参数还有些困难，目前一般采用 HFSS 软件仿真的方法，通过不断改变匹配元件的尺寸和安装位置且经过多次优化以取得满意的效果。

选取圆锥体的尺寸[11]主要根据中心工作波长 λ_0 考虑直径 L_φ 和高度 h。

（1）直径的选取范围是 $L_\varphi : \dfrac{L_\varphi}{\lambda_0} = 0.8 \sim 1.1$；

（2）高度的选取范围是 $h : \dfrac{h}{\lambda_0} = 0.2 \sim 0.3$；

（3）如图 9.37 所示，安装圆锥体的位置应考虑相对 H 臂的对称性；

（4）调整圆锥体的尺寸使 H 臂达到技术要求；

（5）调整圆柱的长度使 E 臂的驻波达到要求。

在三维仿真软件 HFSS 中通过改变上述尺寸、经过仿真优化，以取得最好的效果。

9.6　微波和差网络

面天线雷达的天线阵面如图 9.38 所示。四扬声器方式中全部天线单元收发共用，馈线接收通道对四扬声器接收的回波信号进行和差运算，得到和、俯仰差、方位差信号；五扬声器方式中的主扬声器收发共用，其余四扬声器只接收回波信号，从主扬声器馈线接收通道可通过环行器或正交模得到和信号，对上、下、左、右扬声器回波信号进行差运算得到俯仰差、方位差信号。其他六扬声器、十二扬声器等形式为上述四扬声器、五扬声器方式的变形或子阵实现。本节重点介绍四扬声器形式与五扬声器形式中的和差网络。

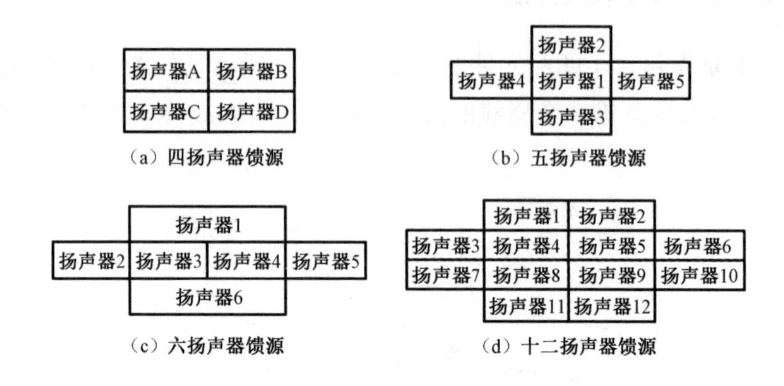

图 9.38　面天线雷达的天线阵面

馈线通道中的微波和差网络将接收的多路波瓣信号分别进行运算，得到和、差信号。得到的和、差信号包括 3 种方式：①比较偏轴波束收到的信号幅度，提取角信息，即幅度单脉冲；②比较天线收到信息的相位提取角信息，即相位单脉冲；③一个平面比较幅度产生误差信号，另一个平面比较相位产生误差信号，即幅相单脉冲。其中，幅度单脉冲应用广泛，目前大部分单脉冲天线都属于此种类型。

9.6.1　微波和差网络性能对测角波束的影响

馈线通道的振幅、相位不平衡和极化差不一致等都会影响单脉冲天线的性能。对幅度单脉冲而言，微波和差网络各分口的幅相分布误差会降低单脉冲天线和、差波瓣精度，幅度不平衡影响电轴偏移，相位不平衡会抬高零深，极化差不一致会抬高零和电轴偏移。

若次级波瓣采用正弦函数表示，零深函数[11]可以表示为

$$Z_S = 20\lg\left[\frac{\sin\left(\dfrac{\tau}{2}\right)}{\sin\left(\dfrac{\pi\theta_i}{\theta_0}\right)}\right] \tag{9.47}$$

可以看出，在 θ_i 、 θ_0 固定不变的情况下，随着和差网络相移 τ 从“0”变大，

零深由“$-\infty$”变为有限值并增大，且零深函数变化变缓。零深函数直接影响测角精度，应该尽可能深和尖锐，越深越尖锐越好。相移 τ 存在并较大时，会抬高零深。

电轴角函数[11]为

$$\theta_s = \frac{\sin\tau \cdot \tan\phi}{2\theta_i} 20\lg\left[\theta_i^2 - \left(\frac{\theta_0}{\pi}\right)^2\right] \tag{9.48}$$

可以看出，当和差网络相移、检波器前相移同时存在，和差网络相移不仅使零深函数变化趋缓，而且影响检波器的工作状态。只存在检波器相移的情况下，即 $\tau = 0$ 时，“和”“差”信号同相或反相，检波器工作状态正常，相位反转尖锐；但在当和差网络也存在相移的情况下，检波器工作状态变坏。此时若比较器不存在相移，即使相位反转变得缓慢，反转点也始终处于电轴上，即相位反转点不“抬高”，也不“降低”，只重点影响测角精度；但是，若同时存在有比较器后相移，将会改变电轴的读数，即产生电轴漂移。和差网络、检波器的相移越大，电轴漂移就越大。

幅度不平衡对电轴偏移的影响较为复杂。设次级波瓣采用正弦函数表示，K 为两路不平衡系数，幅度、电轴偏移角、波瓣宽度、半波束分离角的关系如下式[12]：

$$\begin{aligned}&\cos\left(\frac{\pi\theta_s}{\theta_0}\right)\cos\left(\frac{\pi\theta_i}{\theta_0}\right) - \sin\left(\frac{\pi\theta_s}{\theta_0}\right)\sin\left(\frac{\pi\theta_i}{\theta_0}\right)\\ &= K\cos\left(\frac{\pi\theta_s}{\theta_0}\right)\cos\left(\frac{\pi\theta_i}{\theta_0}\right) + K\sin\left(\frac{\pi\theta_s}{\theta_0}\right)\sin\left(\frac{\pi\theta_i}{\theta_0}\right)\end{aligned} \tag{9.49}$$

在较大的 $2\theta_i/\theta_0$ 比值下，对于一个给定的电压不平衡条件，电轴漂移 θ_s 较小，在任意特定的 $2\theta_i/\theta_0$ 比值下，对于一个特定的电压不平衡系数 K，使用的波瓣宽度 θ_0 越窄，电轴漂移 θ_s 越小。

综上所述，和差网络的幅相误差对和、差波束有很大的影响，直接影响测角精度的好坏。设计、调试微波和差网络时应特别注意保持端口间的幅度平衡和减小端口间的相位误差。

9.6.2　典型和差器

实现微波和差运算的器件有很多种，本质上都是通过端口同相相加、反相相减的方式实现的。实现端口反相可以是器件，也可以通过端口加配相段。常用和差器有双 T、电桥等。近年来还出现了利用高次模直接实现差信号的 TE_{21} 模耦合器。其中，矩形波导双 T 理论成熟、加工方便，在和差网络中经常使用。下面简单介绍双 T 作为和差器使用时的工作特性。

定义两个平分臂为分口，H 臂作为和口，E 臂作为差口，则构成了 1 路和差网络。接收信号时，H 臂输出和信号，E 臂输出差信号；发射时，从 H 臂输入发射信号，即 H 臂实现了收发共用。

9.6.3 四扬声器形式的微波和差网络

经典的单脉冲天线，由一个聚焦系统（透镜或反射面）和 4 个扬声器、馈源和比较器（或称为加减网络）组成。

在馈电网络中，实现多路和、差运算必须由多个和差器组合成网络实现。下面结合四扬声器形式分析双 T 网络的和差运算功能。图 9.39 为某四扬声器单脉冲天线的和差网络框图。A、B、C、D 分别代表 4 个扬声器的输出信号。

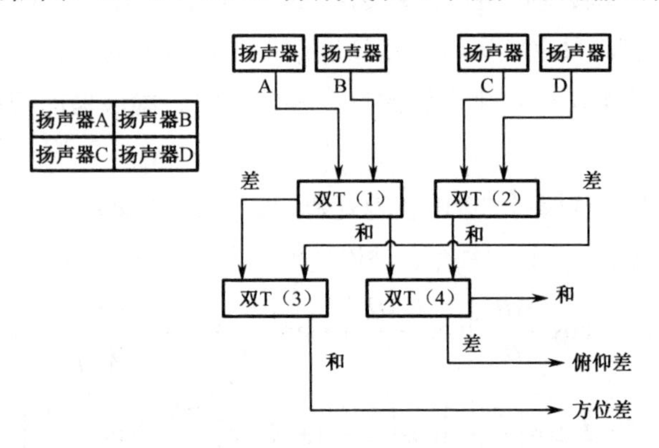

图 9.39　某四扬声器单脉冲天线的和差网络框图

4 个扬声器安置在透镜或抛物面的焦点附近，每个扬声器产生偏离轴线的次级波束，利用高频加减网络可实现波瓣加减：4 个扬声器产生的 4 个波瓣加起来得到“和”波瓣，相加的方向图给出目标的距离信息并作为参考信号。左边的波瓣之和与右边的波瓣之和相减得到方位“差”波瓣，上面两个波瓣之和与下面两个波瓣之和相减得到俯仰“差”波瓣。相减的方向图给出目标偏轴的方位角和仰角信息。根据差信号与参考信号相位差即可确定偏轴方向。

根据双 T 的工作特性，分析图 9.39 中双 T 和差网络输出的 3 组信号。由第 4 个双 T 的 H 臂（也称和臂）输出的（A+B+C+D）信号称为“和”信号，差臂输出的是［(A+B)－(C+D)］称为俯仰“差”信号，由第 3 个双 T 的 H 臂输出的［(A+D)－(B+C)］信号称为方位“差”信号。发射时，根据双 T 功分特性，从和支路输入发射信号，双 T（1）、双 T（2）、双 T（4）构成 1 分 4 功分器构成馈线发射通道。

4 个双 T 组成的和差网络技术比较成熟，但体积比较大，在体积要求不严格的场合经常使用。

根据窄边耦合电桥与宽边耦合电桥的特性，3dB 电桥的耦合端与直通端相位相差 90°，直接将 4 只电桥级联并对相应端口配相也可实现多路差运算。

9.6.4　五扬声器方式中的馈线网络

图 9.40 所示为某五扬声器圆极化和差馈线网络。

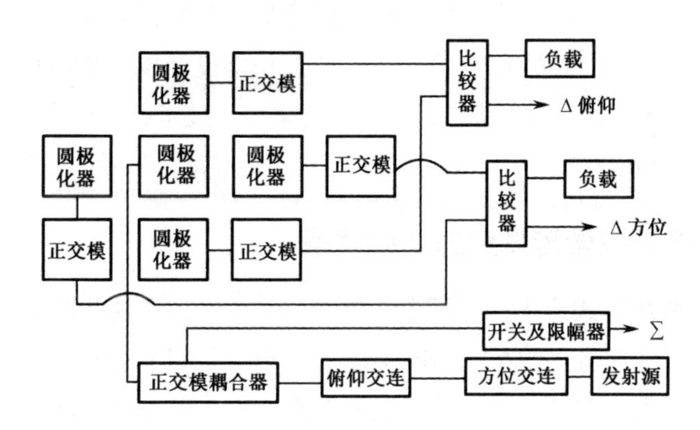

图 9.40　某五扬声器圆极化和差馈线网络

五扬声器方式中的主扬声器收发共用，其余四扬声器只接收回波信号，从主扬声器馈线接收通道可通过环行器或正交模得到和信号，对上、下、左、右扬声器回波信号进行差运算得到俯仰差、方位差信号。相对四扬声器方式，其和差网络相对简单。下面介绍网络中微波元件的作用。

（1）俯仰交连、方位交连。在天线围绕方位和俯仰轴旋转时，保证馈电信号正常传输。

（2）正交模耦合器。将两种正交的线极化波分开，在发射线极化波时与圆极化器的方口波导连接，形成圆极化发送出去。接收时，圆极化波变成与发射时正交的线极化波，送到接收机。

（3）圆极化器。将线极化波变成圆极化波。图 9.40 中 5 只圆极化器方向相同。

（4）收发开关及限幅器。收发开关及限幅器的作用是在发射高功率信号时保护接收机不被损坏，在接收信号时又能允许回波信号送到接收机。

（5）比较器（也称加减网络）。从目标的回波信号中提取方位差信号和俯仰差信号及作为参考的和信号。此处的比较器即和差网络，形式比较简单，1 个双 T 即可实现和差功能。

9.7 高功率设计技术

9.7.1 高功率设计技术的由来

现在通用的一些高功率微波发射机是磁控管振荡器、速调管放大器和行波管放大器（不包括固态发射机）。这里所讨论的高功率设计技术是将发射机输出的高功率信号传输到天线，辐射出去，讨论的高功率设计技术就是传输线（包括其他器件）存在着发热和击穿的问题，前者决定平均功率容量，后者决定脉冲功率容量。

9.7.2 矩形波导传输线的功率容量

这里将以曲线形式给出一些矩形波导的功率容量。在这些图中矩形波导型号是按美国电子工业协会（EIA）标准给出的。该标准是用 WR 表示矩形波导，而 WR 后面的数字表示波导宽边尺寸（单位为英寸）乘以 100，如 WR-90，就是宽边为 0.9 英寸的矩形波导。

传输持续时间短（小于 5μs）平均功率电平低，但脉冲功率电平高的传输线，其功率容量通常受到填充在波导中的气体电离击穿的限制。在这种情况下，波导没有大量的发热。空气中发生这种击穿的电压梯度距离远大于自由电子的振荡距离，也远大于电子平均自由程，近似为每个大气压 29kV/cm。一般工作在 1～100GHz 频率范围和 0.1～10Pa 的空气波导和同轴线都满足这个条件。这种情况下发生的击穿是一种无电极放电，因为绝大多数自由电子在到达电极以前就完成了很多周期的振荡，高尔德[13]和其他人[14]对气体击穿现象进行了广泛的研究，有兴趣的读者可以参阅文献[15]～文献[17]，哈特等人[18, 19]还测定了各种波导器件的脉冲功率容量。矩形波导的功率计算公式（TE_{10} 模为传输主模）见式（9.50a），其中，λ_0 为自由空间波长，E_{br} 为空气介质的击穿电场强度，a、b 为波导宽边、窄边尺寸。同轴线的功率计算见式（9.50b），其中，a 为内导体半径，b 为外导体内半径，E_{max} 为内导体表面电场强度。

$$\hat{P}_{br} = \frac{1}{480\pi} a \cdot b \cdot E_{br}^2 \cdot \sqrt{1 - \left(\frac{\lambda_0}{2a}\right)^2} \tag{9.50a}$$

$$\hat{P}_{max} = \frac{\pi a^2 E_{max}^2}{\sqrt{\mu/\varepsilon}} \ln \frac{b}{a} \tag{9.50b}$$

图 9.41 给出了各种标准矩形波导在其基本工作频带内的功率容量。它们是在标准条件下计算得出的，即波导内填充空气，气压为一个大气压，温度为 20℃。

此时波导内空气的击穿场强为 29kV/cm[20]。图 9.41 还给出了 44Ω 同轴线的功率容量，这是能够承受最大功率的同轴线[21]。图 9.41 上最高的曲线是假设的平行带状线，它只传输 TEM 模（不能传输高次模），宽度和高度都等于半个波长。该图的横坐标中同时标出了频率（GHz）和自由空间波长（mm），并且粗略地注明了所在波段的代号。

若条件发生变化，相应的脉冲功率容量也发生变化。因此对该图中所给的数据必须进行修正。介质种类（气体种类）、气压、环境温度、脉冲宽度、脉冲重复频率、工作时温升、负载的电压驻波比、表面加工精度等因素，均会影响功率容量。图 9.42 给出若干条件变化时，对图 9.41 所给出的功率容量的修正因子，与图 9.41 一致适用于 1～100GHz 频段内的矩形波导和同轴线。该图是列线图形式，图中左起第一线左边刻度线就是功率容量修正因子，它表示为实际条件下功率容量与标准条件下功率容量之比。第一根线的右边刻度线是各种气体介质；第二根线是气压刻度（表示若干个大气压力），右边是与之相对应的海拔高度（单位为千英尺）；第三根线刻度线为环境温度（单位为℃）；第四根线为电压驻波比刻度，左为分贝数，右为比值；第五根线左边是 E 面弯曲半径比，右边是传输线表面光滑程度。条件参数可以有不同的组合，因为各条件参数的刻度是彼此独立的，根据各自对标准条件的数据直接平行量出（读出）各自的功率修正因子，这些数据相乘，即为总的功率容量修正因子，再乘以图 9.41 中所得数据，即得出给定条件下的功率容量。为说明图 9.42 的应用，我们来计算某一特定条件下 WR-90 波导在 10GHz 上的功率容量。此特定条件是波导内填充干燥空气，温度为 20℃，工作在海拔 5000 英尺的高空，波导内分贝驻波比为 3dB，安全系数为 2，其他都是正常情况。在标准情况下，WR-90 波导在 10GHz 的功率容量由图 9.41 查得为 1MW。同时由图 9.42 查得：高度修正因子在 5000 英尺高空为 0.7，3dB 驻波比的修正因子也是 0.7，安全系数的修正因子为 0.5，因此该波导的功率容量为

$$1\text{MW} \times 0.7 \times 0.7 \times 0.5 = 0.25\text{MW}$$

上面讲述了充不同气体，增加大气压力方法提高波导耐脉冲功率的情况。另一种方法是在波导管或加速器的加速管中抽得真空，即（$<1\times10^{-8}$），在工程实践中都提高了传输线的脉冲功率容量。

传输线所能传输的最大平均功率由其导体壁所允许的温升来决定[10,11]。所允许的温升越高，传输线的平均功率容量越大。图 9.43 给出两种不同导体温升下的铜波导平均功率容量，它是在矩形波导传输 H_{10} 模、电压驻波比为 1、环境温度为 40℃时，并假定整个波导壁上每单位面积上的损耗是均匀的，而且波导传导热

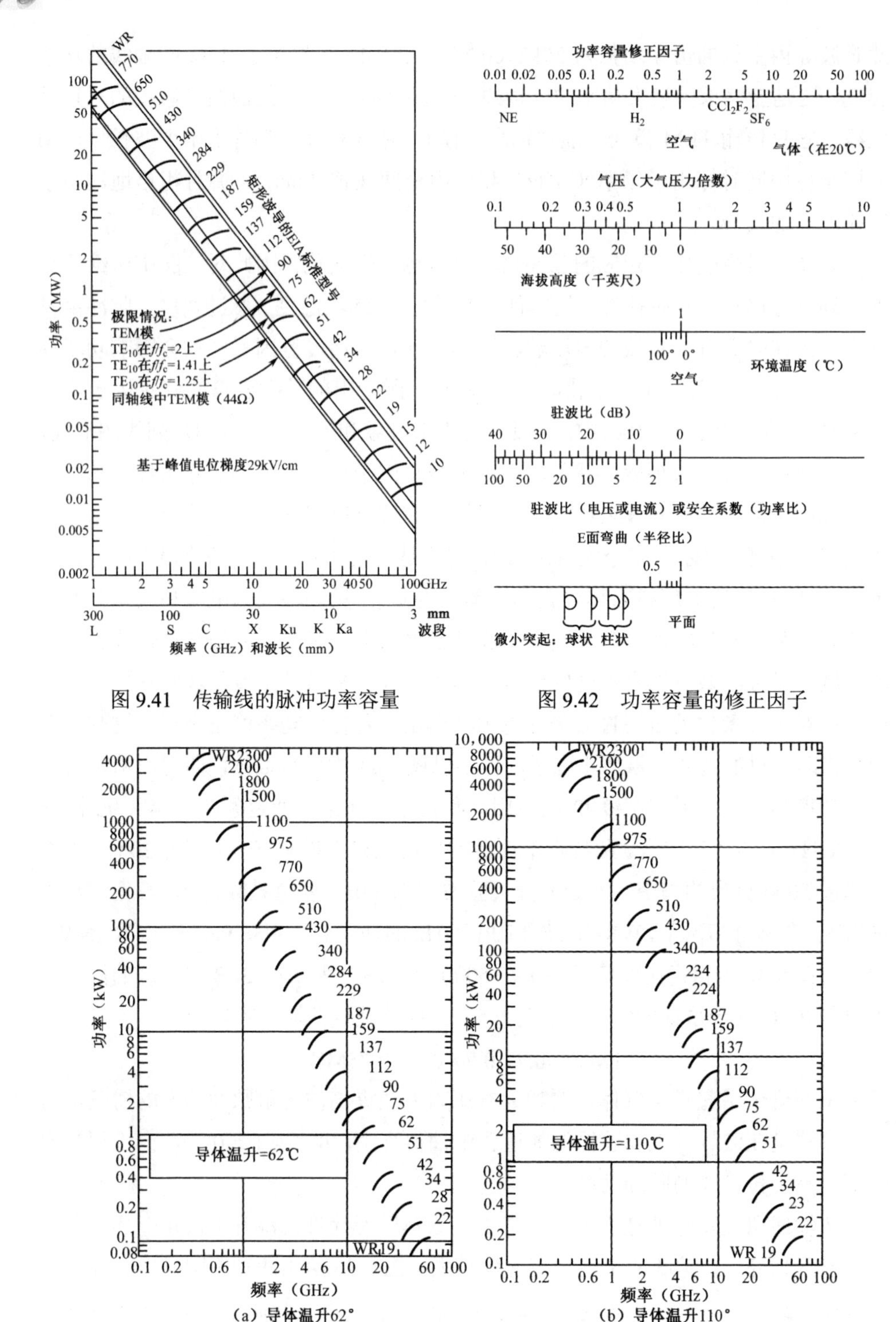

图 9.41　传输线的脉冲功率容量

图 9.42　功率容量的修正因子

图 9.43　矩形铜波导平均功率容量曲线

方式仅以热对流和热辐射形式散逸，其辐射率为 0.3。当环境温度不足 40℃时，图 9.44 给出平均功率容量的修正因数 F 曲线。波导中的驻波比降低了给定允许温升下的波导平均功率容量，因为它沿着波导壁产生了局部发热点。由于铜波导的热传导率非常大，这些发热点产生的大量热可以沿着轴向流动，从而降低了它们的温度。

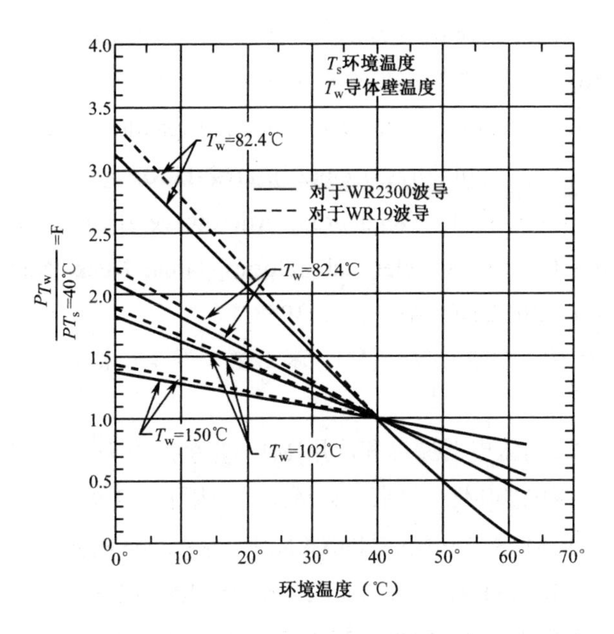

图 9.44　不同环境温度下平均功率容量的修正因数曲线

本章参考文献

[1] H. J. RIBLET. THE Short-Slot Hybrid Junction. Proc. IRE. 1952, Vol(40): 180-184.

[2] 王典成，三分贝耦合器 无线电快报，1960, (16): 17-20, (17): 19-20.

[3] L. LEWIN. Adbanced Theory of Waveguides. Iliggeand Sons, 1951.

[4] S. G. ROMLOS, P. FOLDES, K. JASINSKI. Feed System for Clockwise and Counterclockwise Circular Polarzation. IRE Transaction on Antenna and Propagation, 1961(11): 577-578.

[5] W. B. W ALISO. A Handbook for the Mechanical Tolerrunting of Waveguide Components. Reprinted by Artech House, INC 1987.

[6] IEEE Trans. Microwave Theory Tech. 1958.

[7] 刘星明，沈金泉. HSR-1125 型船舶交通管制雷达的馈线系统[J]. 现代雷达，1990(2).

[8] 雷达资料编译组. 单脉冲雷达天线技术[J]. 电讯设计，1972. 10.

[9] 长沙工学院译. 雷达馈线系统. 1975.

[10] L. GOULD. Handbook on Breakdown of Air in Waveguide System. Microwave Associates Report, contract Nobsr-63295 (Navy Department, Burean of ships) (April 1956).

[11] SEE ALSO L., Gould, L. W. ROBERTS. Breakdown of Air at Microwave Frequencies[J]. J. Appl. Phys, 1956(27): 1162-1170.

[12] D. DETTINGER, R. D. Wengenroth. Microwave Breakdown Study[R]. Final Engineering Report, Wheeler Laboratories, Great Neck, New York, Contract Nobe-52601, ASIIA NO. AD11121, 1953.

[13] 国际高电压技术会议论文选[M]. 朱士全，等译. 北京：机械工业出版社，1982.

[14] 张节容，等. 高压电器原理和应用[M]. 北京：清华大学出版社，1989.

[15] 刘绍峻. 高压电器[M]. 北京：机械工业出版社，1982.

[16] G. K. HART, M. S. TWNNENHAWN. High Power Breakdown of Microwave Components[R]. IRE Convention Record, 1953(8): 62-67.

[17] G. K. HART, F. R. STEVENSO, M. S. TANNENHAUM. High Power Breakdown of Microwave Structures[R]. IEEE Convention Record, 1956(5): 199-205.

[18] H. A. WHEELER. Pulse Power Chart for Waveguide and Coaxial Line[M]. Wheeler Monograph, April 1953, No(16).

[19] G. L. Ragan. Microwave Transmission Circuits[J]. M. I. T Rad lab series, 1946, Vol(9).

第10章 阵列天线雷达的微波馈线网络

阵列天线对应的微波馈线网络有强制馈电与空间馈电两种形式，和面天线的微波馈线网络不同的是，阵列天线对应的微波馈线网络用于形成天线波束。因空间馈电时移相器与天线单元构成了移相器阵面，移相器前面已有介绍，而馈源扬声器连接的收发馈源网络与第 9 章的内容很接近，所以本章主要介绍阵列天线的强制馈电网络。对应于多端口网络，与天线波束的功能指标密切相关，天线馈电网络设计研制时往往强调一体化概念。

10.1 单波束天线微波馈线网络

单波束天线微波馈线网络为单层功率分配形成的网络（BFN），可用功分器、耦合器、电桥等器件通过并馈和/或串馈形式组合成单波束天线。器件的传输线形式有同轴线、波导或平面电路，依据功率、损耗、体积等因素来选取。

10.1.1 并馈网络

并联馈电是指给天线单元的馈电方式为同步并联形式，结构特点是各基本单元为并联连接，信号传输特点是从总口到各个分口的电长度都可在工作频带范围内做到基本相等。能满足这种情况的当属威尔金森形式功分器及其组合，1∶2、1∶3 功分器和多路径向功分器从总口到分口的电长度和相位都相等、环形电桥从和口到分口的电长度和相位也都相等，适宜作为并馈网络的基本单元。并馈网络对发射而言是功分网络，对接收而言是信号合成网络。并馈网络里常用的基本单元设计技术见第 4 章，可根据频带、损耗、功率、体积、质量、成本等折中选择。

功分器面积比环形电桥的小，但功分器隔离电阻体积也小，环形电桥可外接大功率电阻而功分器耐功率不如环形电桥的大。隔离功分器比非隔离功分器对系统的匹配隔离抑制和幅相精度控制有利，但体积和耐功率不能完全兼顾。

功分器有等分和不等分功分比的，但拓扑都一样。工程实际中，可以通过多级基本单元按照合适拓扑图形进行组合相加而实现 1∶N 网络。图 10.1 为 1 分 4 匹配式功分器馈电的天馈系统，图 10.2 为 1 分 5 功分器，见第 4 章的 1 分 5 功分器设计实例。图 10.3 为多路径向功分器与威尔金森功分器组成的 1 分 16 等功分器，图 10.4 为 1 分 4 环形电桥式高功率网络。

并馈网络通常由多级功分器通过传输线连接而成，各通道相位分布还和传输线有关。各通道相位累计误差在通过移相器修正以前，要做尽量等相的设计调整配相工作，修正不等功率分配时不同传输支路的电长度误差、各长线拐角数量不同而附加相位的误差。

若要并馈网络实现大功分比加权，还要辅以外置衰减器加权，使得损耗较大。但等功分网络外加外置衰减器的加权有利于得到较高的幅相加权精度。

并馈网络的优点是可做到宽带等相、幅相精度高，以及在隔离度较高时相互影响比串馈的小，尤其适宜雷达瞬时大带宽的应用场合。

并馈网络的缺点是功分比加权的幅度不够陡峭（传统功分器的功分比不宜过大）、体积比串馈的大。

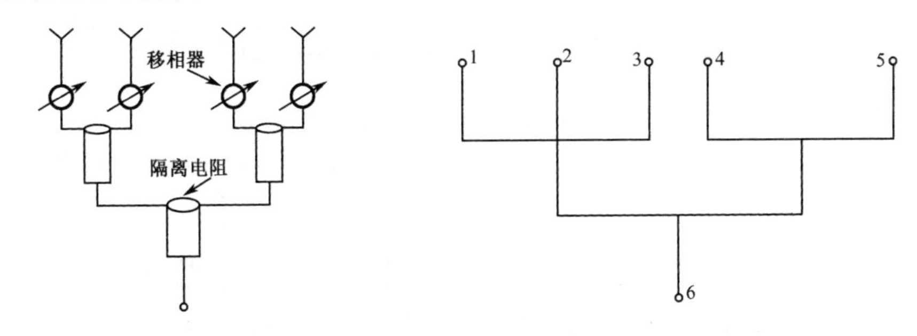

图 10.1　1 分 4 匹配式功分器馈电的天馈系统　　　图 10.2　1 分 5 功分器

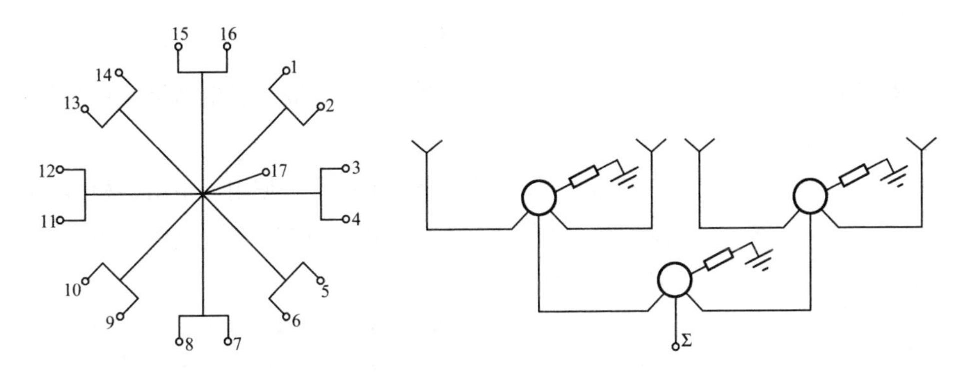

图 10.3　1 分 16 等功分器　　　图 10.4　1 分 4 环形电桥式高功率网络

10.1.2　串馈网络

串联馈电是指给天线单元的馈电方式为依次串联形式，串馈网络的结构特点是各基本单元为串联连接，信号传输特点是从总口到各个分口的电长度不等，一般要通过移相器来使各点频的相位相等，但工作带宽有限。串馈网络电路单元有定向耦合器、分支电桥及组合，串馈网络常用的基本单元技术见第 4 章，可根据频带、损耗、功率、体积、质量、成本等折中选择。

串馈电路单元的耦合分口与直通分口输出相位相差 90°或 180°，尽管单个器件的输出相位频响较平坦，但组成的串馈网络为了配平各电路单元的 90°或 180°及积累的相位差而加传输线补偿段时，各通道补相长度的不等长会使频响变斜、等相位频带变窄。

串馈不仅可以成对使用于固态功放的功率分配和合成，某些场合也可用于窄带的天线波束形成网络，分口加移相器时可以电扫，如图 10.5、图 10.6 所示。

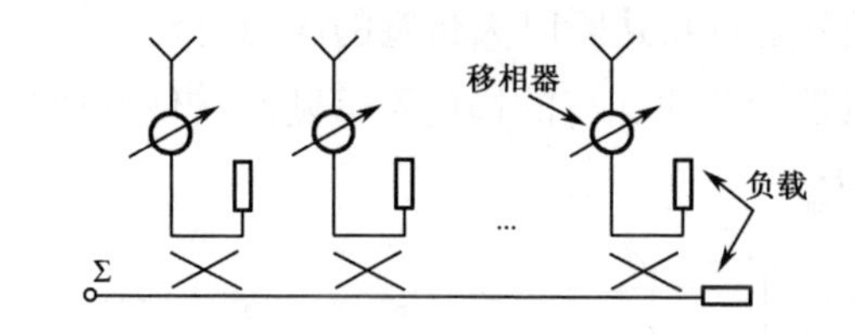

图 10.5　移相器并联的端馈阵

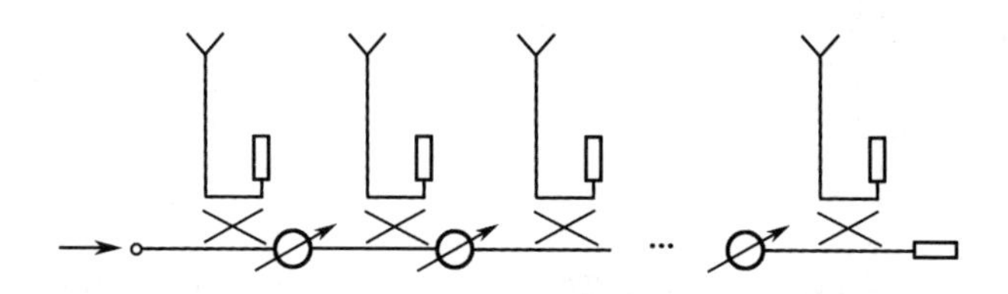

图 10.6　移相器串联的端馈阵

串馈网络的损耗不仅取决于其本身的吸收损耗，还取决于串馈终端外接负载吸收能量与总输出能量之比。

串馈网络还可作为频率扫描阵使用，不用移相器，结构简单（见图 10.7），只要带内没有干扰，可以随频率变化而改变波束指向。

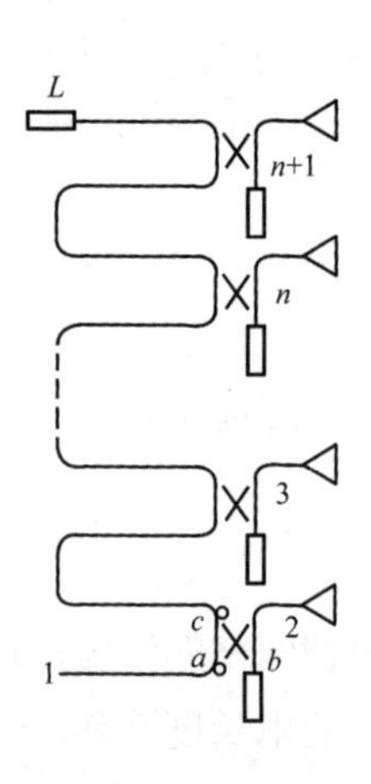

图 10.7　串馈频扫阵

上述串馈网络为隔离式的，可用于扫描情况。实际上，波导天线裂缝阵是一种非隔离式的串馈网络，常用在非扫描情况下。

串馈网络的优点是体积小，结构简单。

串馈网络的缺点是本身不能实现宽带等相，在主路损坏或靠近总口的耦合度误差大时对其他分口的幅相精度影响大。

虽然串馈网络本身不能实现宽带等相，但通过和传输线的合理搭配可以使整个网络达到宽带等相，如图 10.8 所示，但这样会丢掉体积小的优势。

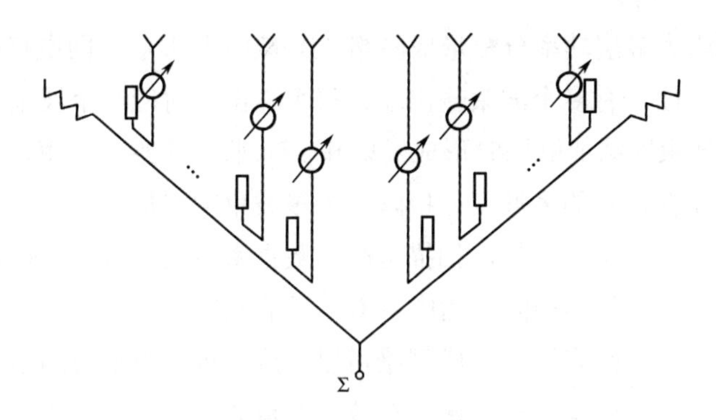

图 10.8　等电长度的中心馈电的串馈阵

10.1.3　串并馈混合网络

在兼顾体积和带宽的情况下，可将串馈、并馈混合连接，如图 10.9 所示为串并馈混合馈电的天线阵面，行馈为串馈，取串馈体积小的长处；列馈为并馈，取宽带的好处。图 10.9 所示为串并馈混合馈电的天线阵面。

四端口定向耦合器作为网络元件时，本身是串馈基本单元，直通和耦合出口有相位差，但在某些场合需要使用，如作为大功率隔离式波导功分器，经并联拓扑形式组合使用时，则构成了串并馈混合网络（见图 10.10），这里总有一路最滞后、也总有一路最超前，往往需要调整频响色散情况。图 10.10 中耦合器为窄边耦合电桥，耦合端比直通端滞后 90°，所以要有相应的补相段并调平各通道频响曲线。图 10.10 所示串并馈混合网络，受拓扑影响大，以并馈为主。

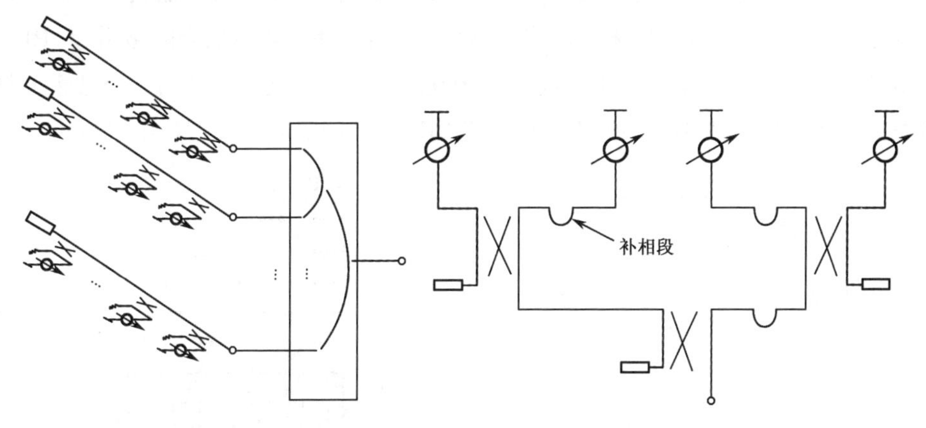

图 10.9　串并馈混合馈电的天线阵面　　　　图 10.10　串并馈混合网络

10.2　多波束天线微波馈线网络

雷达采用多波束天线体制时，数据率和精度可大大提高，而实现多波束天线的微波馈线网络为多层功率分配形成网络（BFN），是多层平面电路的组合，共用一套天线单元阵面，有多个波束输出端，每个输出端对应一个波束，指向空间不同的角度。多波束网络能够同时形成发射和/或接收多个独立波束，复杂度与设备量大大提高。现在常见的多波束相控阵，为多波束网络加上单元移相器，使天线多个波束能够同步在空间电扫，扫描范围与数据率更高。该做法使得多波束天线在高数据率和分辨率的相控阵雷达中有着广泛的应用。

由两个层次的一维多波束形成网络可以组成二维波束形成网络，所需的硬件设备量巨大，因此如何综合与选择出有效方案是非常重要的任务。

10.2.1 分配合成式多波束网络

固定多波束也称堆积多波束。图 10.11 所示为一种有耗式多波束并馈网络，每个天线单元的接收信号一分为三，经三套网络波束合成后得到 3 个波束，由于三套网络之间相位关系的错开，使 3 个波束有不同指向。这类方式的优点是每个波束可独立加权，通过波束交叠的方法可提高波束相交电平，并同时实现低副瓣电平，各网络的灵活设计性强；缺点是损耗大。

10.2.2 Blass 矩阵

Blass 矩阵为最典型的庞大串馈网络，图 10.12 给出其多波束形成网络原理图，类似于多抽头延迟线配相的中频多波束形成网络，为 Judd Blass 所提出。它主要由定向耦合器、传输线和电阻性负载组成。Blass 矩阵利用相对传输线长度来提供扫描相位，利用定向耦合器来激励多个波束。电路损耗主要由耦合网络引起。Blass 分析指出：由于 Blass 网络中馈线间的相互影响，一个波束会在另一个波束的峰值方向产生与电平大小和两波束间隔有关的副瓣（间隔越大，副瓣电平越小）。

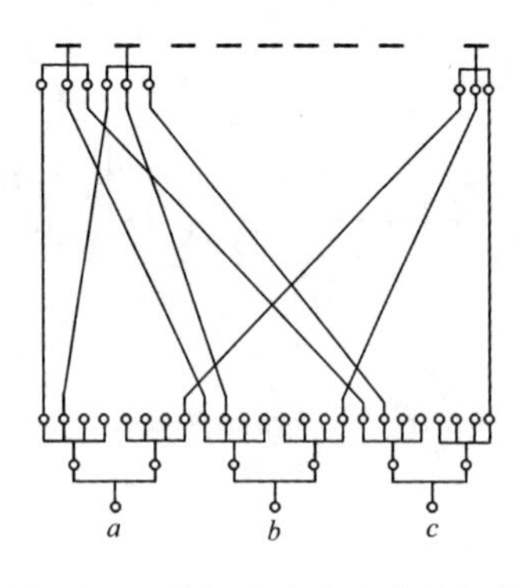

图 10.11 有耗式多波束并馈网络

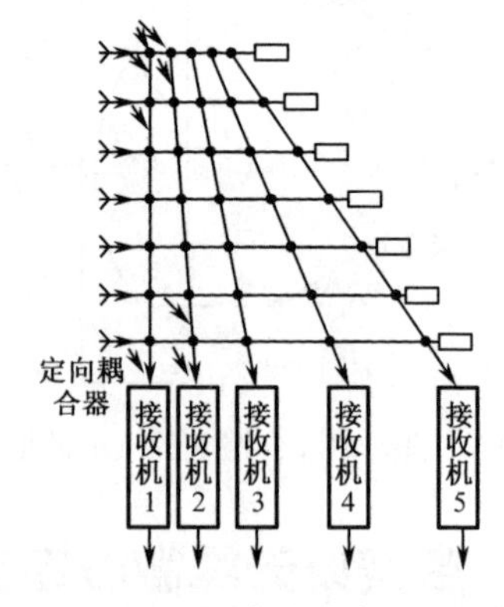

图 10.12 Blass 矩阵多波束形成网络原理图

Blass 多波束形成法曾用于美国 Maxson 公司于 20 世纪 50 年代研制的 S 波段测高雷达 AHSR-1 上，共形成 111 个波束。整个系统设备量庞大，用了 10 英里长的波导和 4 万个定向耦合器。

10.2.3 Butler 矩阵[1,2]

图 10.13 所示为八单元 Butler 矩阵网络，该电路（网络）使用的基本元件是 3dB 电桥和固定移相器。Butler 矩阵是对快速傅里叶变换的模拟电路的实现，从 N 个输入端激励出 N 单元阵列的 N 个波束（$N=2^K$，K 为正整数）。用 Butler 多波束形成网络获得的每一个波束，都能提供整个天线阵面的天线增益，所以，波束形成网络是无损耗的（本身的吸收损失除外），没有分配损失。同时波束是相互正交的，这一特性有利于对其他复杂形状波瓣方向图的综合。

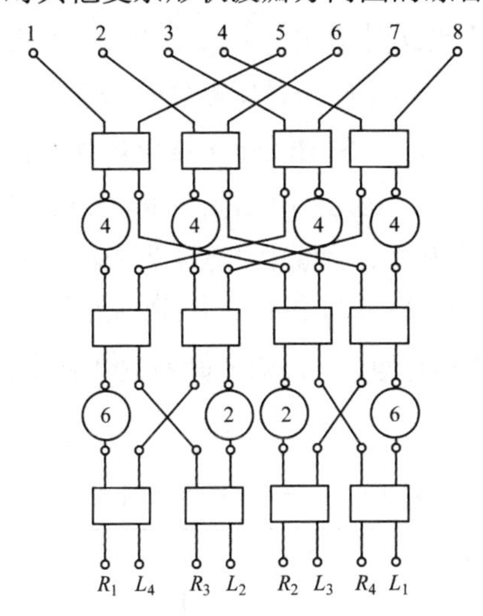

图 10.13　八单元 Butler 矩阵网络

虽然具有正交波束的无耗多波束天线有高的辐射效率，但通常难以满足高增益覆盖（从而需要高的波束相交电平）和低副瓣（减小干扰）的需求。根据 Dufort 从大型多波束阵列入手获得的适合大型多波束阵列的 Stein 极限的简化形式——最大可能效率是口径功率分布的均值对峰值的比，得出：低副瓣、高相交电平多波束天线获得 Stein 极限最简单的方式，是在一个 Butler 多波束天线的口径上放置衰减器，以产生所需的共口径分布，这也是 Butler 矩阵经常被使用的原因之一。

Butler 多波束矩阵与天馈线有关的基本特性可归纳如下。

（1）天线波束数目与天线阵列单元数目相等。各波束无耗，且共用一个天线口径。

（2）Butler 矩阵形成的多波束是正交的（正交性不随频率改变）、无耗的，同其他波束形成网络相比，使用的设备量最少，因此工程应用较广。

（3）归一化相交电平为$\frac{2}{\pi}(-3.92\text{dB})$，通常近似地称 Butler 相交电平为-4dB。

（4）3dB 定向耦合器数目 N_c 为

$$N_c = \frac{N}{2}\log_2 N = \frac{N}{2}K$$

（5）固定移相器数目 N_φ 为

$$N_\varphi = \frac{N}{2}(\log_2 N - 1) = \frac{N}{2}(K-1)$$

（6）带宽取决于定向耦合器和固定移相器等主要元件的带宽，其带宽可大于30%。

（7）插入损耗取决于定向耦合器、固定移相器及连线过渡的损耗。

天线口径加权：Butler 是均匀分布的，但可以通过级联加权网络来获得所需的口径幅度加权分布，不过此时 Butler 多波束矩阵是有耗的，它并不改变波束间的正交，但会改变波束间的相交电平并使辐射效率下降。

下面以八单元阵为例介绍一种 Butler 多波束矩阵的幅度加权方式[2]。

图 10.13 所示的八单元（八波束）Butler 矩阵网络，其中方框为$\pi/2$混合接头（3dB 电桥），圆圈为固定移相器，圆圈中的数字为相移值（滞后），单位为$\pi/16\,\text{rad}$。1～8 端口为接天线单元端，L_1～L_4 和 R_1～R_4 分别为左、右波束端。当各波束输入同相信号时，各单元端的相对相位（滞后）如表 10.1 所示，单位也为$\pi/16\,\text{rad}$，以下同此。

表 10.1　各单元端的相对相位

波束＼单元	1	2	3	4	5	6	7	8
L_4	18^+	4^+	22	8	26^-	12^-	30^-	16^-
L_3	18^+	8^+	30	20	10	0	22^-	12^-
L_2	20	14	8	2	28^-	22^-	16^-	10^-
L_1	24	22	20	18	16	14	12	10
R_1	10	12	14	16	18	20	22	24
R_2	10^-	16^-	22^-	28^-	2	8	14	20
R_3	12^-	22^-	0	10	20	30	8^+	18^+
R_4	16^-	30^-	12^-	26^-	8	22	4^+	18^+

$$E(\theta) = 2\sum_{i=1}^{4} E_{5-i}\cos\left[\frac{(2i-1)\pi}{2}\sin\theta\right] \tag{10.1}$$

式中，θ 为偏离法线的角度；E_{5-i} 为对应图 10.13 中各单元的相对场强。

10.2.3.1　采用不等分电桥加权

在图 10.13 所示的 Butler 矩阵中，接天线单元的 4 个电桥改为不等分电桥。当由各电桥左下端输入相等功率时，使各单元端的输出功率满足

$$P_1 = P_8 < P_2 = P_7 < P_3 = P_6 < P_4 = P_5 \tag{10.2}$$

则波束 R_1、L_4、R_3 和 L_2 就实现了由中心向两边幅度渐减的分布。应指出，此时波束 R_2、L_3、R_4 和 L_1 则实现由中心向两边幅度渐增的分布，没有实用价值。因此图 10.13 中的部分电桥和固定移相器可去掉（见图 10.14），成为八单元四波束阵。图中括号内的 L_1'、L_2' 和 R_1'、R_2' 按四波束编序。由于电路的原因，不能实现任何分布，只能实现满足式（10.3）的分布：

$$P_1 + P_5 = P_2 + P_6 = P_3 + P_7 = P_4 + P_8 \tag{10.3}$$

功率三角形分布和余弦分布均能满足式（10.2）和式（10.3），还可实现修正余弦分布、八单元的副瓣为−27dB 的切比雪夫分布，如表 10.2 所示。

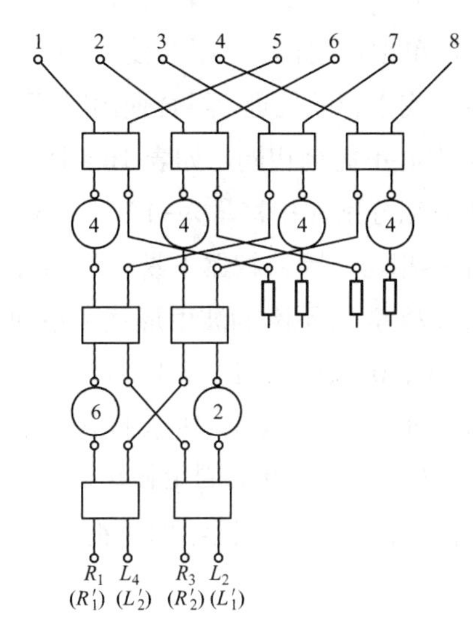

图 10.14　Blass 矩阵多波束形成网络原理图（去掉部分电桥和固定移相器）

表 10.2　可实现的加权分布

分布	功率三角形分布				余弦分布			
单元	1，8	2，7	3，6	4，5	1，8	2，7	3，6	4，5
场强	0.354	0.612	0.791	0.935	cos78.75°	cos56.25°	cos33.75°	cos11.25°
功率	0.125	0.375	0.625	0.875	0.038	0.309	0.691	0.962
分布	切比雪夫分布				修正余弦分布			
单元	1，8	2，7	3，6	4，5	1，8	2，7	3，6	4，5
场强	0.322	0.533	0.827	1.0	0.306	0.556	0.831	0.952
功率	0.104	0.306	0.684	1.0	0.094	0.309	0.691	0.906

这些分布的相对场强值代入式（10.1），可算出其副瓣电平和法向波束宽度、各指向的波束宽度（见表 10.3），并以八单元均匀分布和副瓣为−27dB 的切比雪夫分布作对照。由表 10.3 可见，波束宽度均小于波束夹角，因此波束交叉电平较低。

表 10.3 各分布的波束参数

波束		L_2'	L_1'	R_1'	R_2'	副瓣（dB）
指向		L61.04	L22.02	R7.18	R38.68	
波束宽度	均匀分布	27.05	14.13	13.20	16.78	−12.6
	功率三角形分布	32.63	17.04	15.92	20.24	−21.9
	余弦分布	33.66	17.58	16.43	20.88	−23.7
	修正余弦分布	32.22	16.83	15.72	19.98	−24.6
	切比雪夫分布	33.04	17.26	16.12	20.50	−27.0

10.2.3.2 波束组合

Butler 阵的各波束可以单独使用，也可组合使用，如部分二波束相加、部分三波束加权相加、多波束相加或作和差处理。组合使用时要注意的是波束相位对齐。由于 Butler 阵各波束相位中心不完全相同，如表 10.4 所示，进行波束相加前，必须对齐相位中心，即各波束端分别加相移量为−1°、−15°、1°、−17°、−17°、1°、−15°、−1°的固定移相器。因移相器不易实现相移量超前，所以实际上各波束端可再加一相移常量 17°，而不影响波束形状和指向，即各波束端加的相移量成为 16°、2°、18°、0、0、18°、2°、16°，这些移相量可作为对齐网络加在 Butler 阵和组合网络之间。在图 10.13 所示的 Butler 阵各波束端分别加相移量为 0、2°、2°、0、0、2°、2°、0 的固定移相器，则除波束 L_1 与 R_1 同相外，其余相邻波束均反相。在此基础上接和差网络即可得 7 个和波束、7 个差波束及 2 个单波束，可选择使用。

表 10.4 各波束的相位中心

波束	L_4	L_3	L_2	L_1	R_1	R_2	R_3	R_4
相位中心	1	15	−1	17	17	−1	15	1

10.3 单脉冲天线微波馈线网络

10.3.1 馈电方式

单脉冲形成网络为多波束网络的特例，应用很广泛，图 10.15 给出了一种简单的一维和差单脉冲网络。这种阵列共用了和、差波束幅度分布，只是和差相位反相。如果和、差分布完全独立，在要求无耗共用一套天线阵面单元时，就需要用数量庞大的和差器，馈线设备结构复杂。

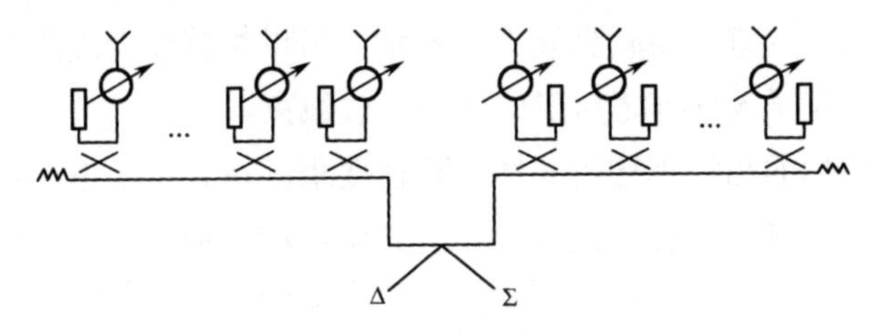

图 10.15　一维和差单脉冲网络

用功分器、和差器可组合成不同的单脉冲天线微波馈线网络，根据天线波束相位中心特征的不同，可分为比幅单脉冲天线微波馈线网络、比相单脉冲天线微波馈线网络。根据天线和差波束的兼顾性，馈线网络互联的可实现性，两种微波馈线网络各有优缺点。

比幅单脉冲——两个不同方向但相位中心重合的波束，用 180° 电桥器形成和、差波束，如图 10.16 所示。该方式现在已经很少用了。

比相单脉冲——将收到的两组信号先同相相加，用 180° 电桥器形成和、差波束，如图 10.17 所示。

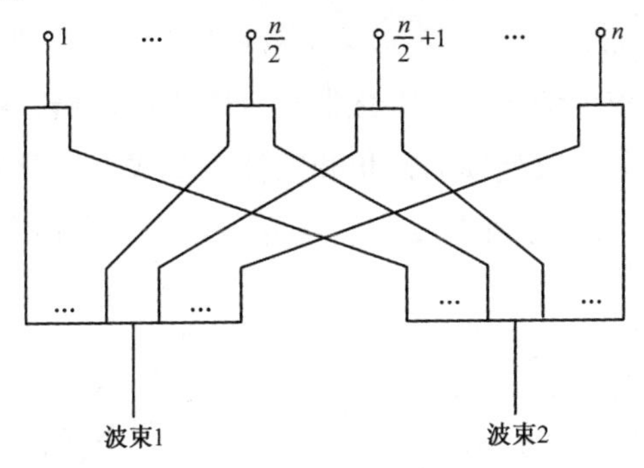

图 10.16　比幅单脉冲天线微波馈线网络

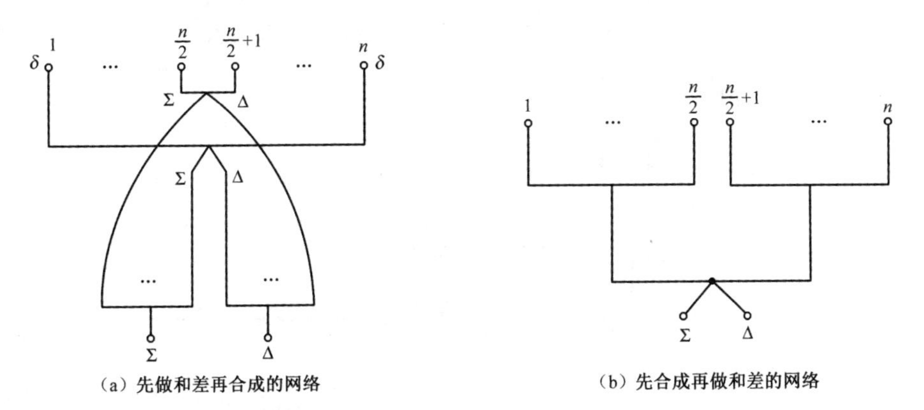

图 10.17　比相单脉冲天线微波馈线网络

可以看出，当阵面单元数很大时，所需硬件设备量是很大的，各元器件的累计误差也会加大。为进一步减少硬件设备量，可以将整个天线阵面划分为子天线阵，分块控制，在子天线阵之后形成多个接收波束。

对于二维相扫的相控阵接收天线，往往要求既在方位上也在仰角平面上形成多个接收波束。为简化设备，也可以使用方位机械扫描、仰角上电扫描，这只是移相器或 TR 组件的多少与功能指标问题，对于阵列天线馈线，形成单脉冲波束的任务不变，将天线单元接收到的信号先在方位上进行合成方位和差单脉冲波束，再在仰角上形成阵列和、方位差、仰角差单脉冲波束。图 10.18 给出了一个雷达馈线系统示例，为 16 行 16 列共 256 个天线单元的单脉冲固态相控阵雷达馈线网络，馈线网络里的信号流程与工作原理：发射来自波形发生器的发射激励信号从经过监测组件、前级双工器放大后进入发射列馈。发射列馈按等幅、同相方式把发射信号分配给 16 个行固态发射机，在发射机内经过移相，并放大至所需的功率信号。发射信号经过环流器、带通滤波器进入各行馈源的和口，行馈源以泰勒加权幅度分布方式把发射功率分配给各天线单元，辐射出棒状波束。天线单元接收到目标回波信号，在行馈源中按幅度加权分布形成和波束、方位差波束信号，分别从行馈源的和口与方位差口输出。和波束信号经过对应行的带通滤波器、环流器进入行接收组件的和通道。信号经过限幅器、低噪声放大器、数字式移相器，被限幅、放大、移相后送到接收列馈的仰角和差波束形成网络及低仰角波束形成网络中，形成全阵的和波束、仰角差波束、低仰角波束。同时行馈源的方位差波束

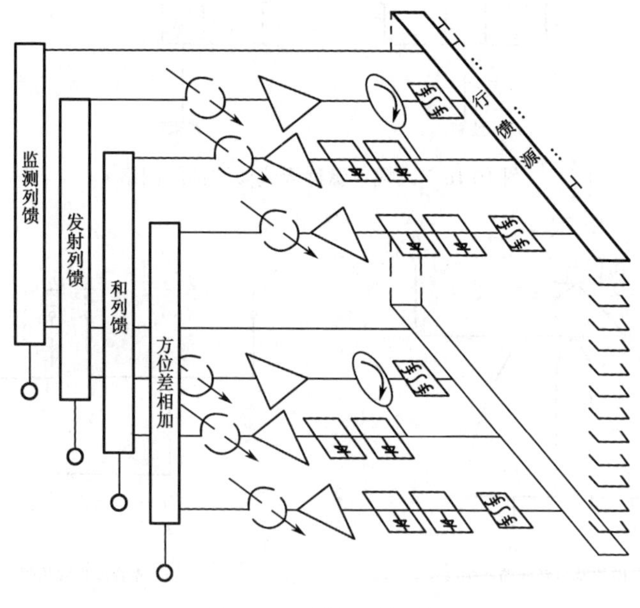

图 10.18　雷达馈线系统

信号进入行接收组件的差通道，经过带通滤波器、低功率限幅器、低噪声放大器和数字式移相器，信号经滤波、限幅、放大和移相后被送入接收列馈的方位差波束相加网络，形成全阵的方位差波束。4 个接收波束信号被送到信号合成组件中，在组件内按正常单脉冲和低仰角两种工作模式编组，并按需要输送入接收系统。

10.3.2　兼顾比相、比幅单脉冲的馈线

在雷达系统工作波段较低时，波瓣较宽，在离地面 1～2 个波束宽度以下的空域，仰角差波束打地变形，地面多路径效应严重影响正常和差单脉冲测角精度，可在低角区采用高低波束比幅法低角测高技术[8~10]，使系统在 0.2 波束宽度以上的空域都能有效地测量观测目标高度，这种方法在美国 AN/TPS-59 上首先使用。可以做 2 个波束网络为测高的高、低网络，也可以利用和波束为其中的一个波束，这样只要再单独做一个波束网络即可，在高测角区为和差单波束，在低测角区为高、低网络比幅单波束，由信号合成组件来控制工作模式的变换。

为使馈线能做得高效，就要了解相关的比幅法低角测高技术，从天线分布的确定到合理选择研制馈线为一体化互动过程。

按一维线阵（如矩形阵面的侧面）简单描述低角测高理论。

首先假设：

（1）目标在地面只有一个镜像反射点；

（2）地面较平，没有漫反射；

（3）天线阵面所有单元为相似元。

如图 10.19 所示，目标对阵面回波信号有直射与反射两个方向，直射波方向图为 $f_{\mathrm{d}}(\theta)$，地面镜像反射波方向图为 $f_{\mathrm{r}}(\theta)$，合成天线场强方向图为

$$f(\theta)=f_{\mathrm{d}}(\theta)+f_{\mathrm{r}}(\theta)$$

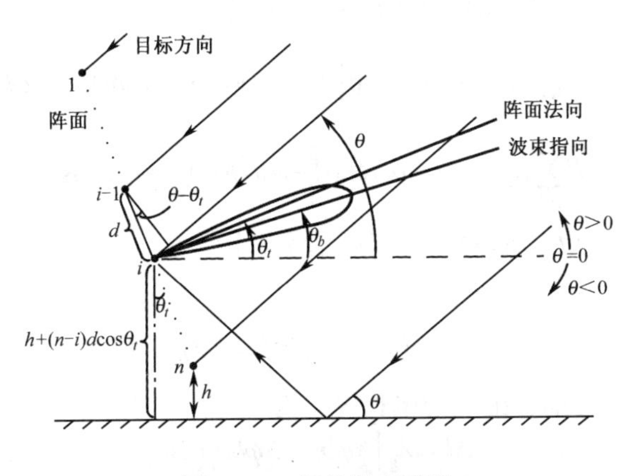

图 10.19　低角测高原理

直射波方向图为

$$f_d(\theta)=\sum_{i=1}^{n}I_i f_i(\theta-\theta_t)\exp\left\{-\mathrm{j}\left[(i-1)(2\pi d/\lambda)\sin(\theta-\theta_t)-(i-1)\Delta\varphi b-\Delta\varphi b_i\right]\right\}$$

其中，I_i 为单元电流幅度；$f_i(\theta)$ 为单元因子；θ_t 为阵面倾角；d 为单元间距；λ 为工作波长；θ_b 为波束指向角；相邻单元相位差 $\Delta\varphi b$ 为

$$\Delta\varphi b=2\pi d\sin(\theta_b-\theta_t)/\lambda$$

$$\Delta\varphi=2\pi d\sin(\theta-\theta_t)/\lambda$$

$\Delta\varphi b_i$ 为 $\Delta\varphi b$ 的偏差。

反射波方向图为

$$f_r(\theta)=P\sum_{i=1}^{n}I_i f_i(-\theta-\theta_t)\exp\left\{-\mathrm{j}4\pi\left[h+(n-i)d\cos\theta_t\right]\sin(\theta)/\lambda\right\}\cdot \exp\left[-\mathrm{j}(i-1)(\Delta\varphi-\Delta\varphi b)+\mathrm{j}\Delta\varphi b_i\right]$$

其中，P 为地面反射系数；h 为阵面最下面单元的高度。

合成方向图为

$$f(\theta)=\sum_{i=1}^{n}I_i f_i(\theta-\theta_t)\exp\left[-\mathrm{j}(i-1)(\Delta\varphi-\Delta\varphi b)+\mathrm{j}\Delta\varphi b_i\right]+ P\sum_{i=1}^{n}I_i f_i(-\theta-\theta_t)\exp\left\{-\mathrm{j}4\pi\left[h+(n-i)d\cos\theta_t\right]\sin\theta/\lambda\right\}\cdot \exp\left[-\mathrm{j}(i-1)(\Delta\varphi-\Delta\varphi b)+\mathrm{j}\Delta\varphi b_i\right] \tag{10.4}$$

上下波束分别为

$$f_u(\theta)=\sum_{i=1}^{n}Iu_i f_i(\theta-\theta_t)\exp\left[-\mathrm{j}(i-1)(\Delta\varphi-\Delta\varphi bu)+\mathrm{j}\Delta\varphi bu_i\right]+ P\sum_{i=1}^{n}Iu_i f_i(-\theta-\theta_t)\exp\left\{-\mathrm{j}4\pi\left[h+(n-i)d\cos\theta_t\right]\sin\theta/\lambda- \mathrm{j}(i-1)(\Delta\varphi-\Delta\varphi bu)+\mathrm{j}\Delta\varphi\, bu_i\right\} \tag{10.5}$$

$$f_l(\theta)=\sum_{i=1}^{n}Il_i f_i(\theta-\theta_t)\exp\left[-\mathrm{j}(i-1)(\Delta\varphi-\Delta\varphi bl)+\mathrm{j}\Delta\varphi bl_i\right]+ P\sum_{i=1}^{n}Il_i f_i(-\theta-\theta_t)\exp\left\{-\mathrm{j}4\pi\left[h+(n-i)d\cos\theta_t\right]\sin\theta/\lambda- \mathrm{j}(i-1)(\Delta\varphi-\Delta\varphi bl)+\mathrm{j}\Delta\varphi\, bl_i\right\} \tag{10.6}$$

幅度比值关系式为

$$\left|F(\theta)\right|=\left|F_u(\theta)/F_l(\theta)\right| \tag{10.7}$$

上下波束网络内部各出口的电长度差为

$$\Delta l=\lambda_g\left|\Delta\varphi bl-\Delta\varphi bu\right|/2\pi \tag{10.8}$$

选择优化合适的波束夹角、幅度分布，得到合适的单调增幅度比值曲线，满足测高角敏函数。由波束夹角（与 Δl 相关）、幅度分布设计馈线，低角测高天馈系统如图 10.20 所示。

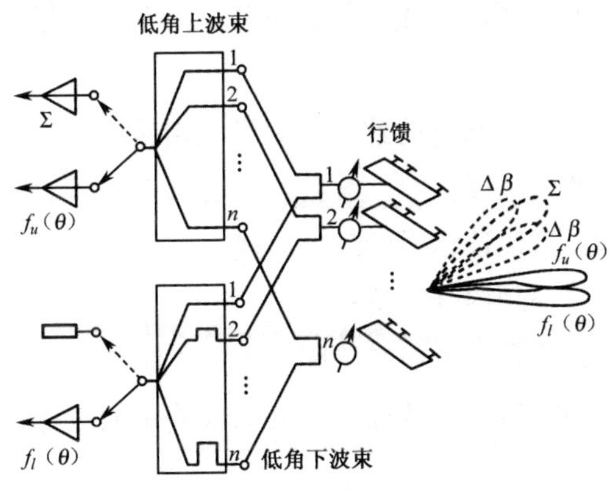

图 10.20　低角测高天馈系统

10.3.3　有源相控阵中的馈线技术

从常规相控阵到有源相控阵是大跨度的升级。常规相控阵由于在天线单元后就是移相器扫描，然后就是馈线网络来形成波束，对馈线的损耗、耐功率要求很严，而波束数目有限。雷达的发射机、接收机都是集中式的。有源相控阵由于发射、接收的大幅度前移，天线单元后就是 T/R 单元及其子阵的扫描，典型的有源相控阵面是一个多波束天线系统，一般采用二维相扫体制。为提高测量精度，往往取多波束单脉冲相扫体制的天线阵面，先是数量巨大的有源 T/R 单元及其子阵，再就是形成波束的收发馈电网络，单脉冲可以是一组和差单脉冲，也可以是多组和差单脉冲，甚至可以是比幅、比相多组单脉冲。阵面各部分的设计的特殊要求如下。

（1）天线阵列确定采用何种规则的格状密集分布或是随机分布的稀疏分布。

（2）T/R 单元及其子阵确定采用模块化、组合化的方式，依据阵面结构、冷却等综合因素确定 T/R 组件是否组合及其组合方式，多组收发单元中还可能包括激励发射、接收、补偿移相器、幅度均衡器、环流器、功率分配器、波控运算单元等，全部设备采用统一的结构方式和接口，阶梯形组合成收发子阵。

（3）收发馈电网络包括功分器、和差器及高频电缆等组合的发射、接收和、仰角差、方位差等馈电网络，或者其他形式的波束合成网络。

在确定了阵列幅度权值、馈电功分器与和差器网络结构后，系统的基本性能就确定了。由于阵面上的低噪声放大器有足够高的增益，考虑到天线方向性、馈电网络的损耗，系统一般都能够达到天线增益指标。

发射时，激励信号经由发射馈电网络、T/R子阵、辐射单元在空间形成发射波瓣；接收时信号经由辐射单元、T/R 子阵、功分器网络、和差网络分别送至和、方位差、仰角差三个接收通道，形成和、方位差、仰角差波瓣。馈线网络主要性能指标以及要求如下。

（1）可形成的波束形成网络的数目、规模、相应体制；

（2）幅度、相位馈电精度；

（3）驻波指标，尽量保证信号的理想传输；

（4）隔离指标，与抑制内部干扰相关；

（5）损耗指标，尤其是对发射链路配电平的影响；

（6）设备对环境的稳定性，要能成为阵面最稳定的载体，可用于承载监视有源电路。

天线阵面波束性能的优劣，除了取决于 T/R 子阵的功能性能，还取决于网络的数目、规模和指标，尤其是形成更多波束时的集成化能力、各个收发通道的幅度、相位的一致性、稳定性（幅度、相位稳定性通常可以间接反映有源设备性能退化情况）、通道匹配水平及各个收发通道移相器的移相精度（直接影响天线指向精度）。

天线系统的主要硬件设备中，辐射单元、收发子阵、馈电功分器与和差器网络的性能由于受器件性能和加工成本、周期的限制，可能存在一定的通道故障率。系统设计中应当依据该指标要求进行冗余设计，在保障通道故障率 3%～5%的同时阵面性能仍能满足要求。建立发射、接收各层误差分布要求，并进行过程控制。

由于相控阵雷达中微波馈电系统的设备量很大，因此，微波馈电系统的优化设计对整台雷达的性能指标、造价、研制周期、可靠性和体积、质量等非常重要。又由于相控阵雷达馈电系统中每一品种元部件的数量往往很多，多的可达成百上千，甚至上万，所以对其每一品种的优化都会带来明显的好处，论证设计时就要精益求精、合理分配控制指标。

10.4　阵列天线单脉冲馈电网络在和分布约束下的优化设计

10.4.1　问题的提出

阵列天线单脉冲馈电网络比较复杂，要实现高性能和、差波束分布有诸多的限制，首先要确保和分布，给出的设计自由度要大些，因此差分布受到的约束也就多些，不能完全实现 Baliss 那样好的差分布，但仍要满足波瓣窄、抗干扰能力强的要求，折中波瓣宽度与副瓣的矛盾，需要合理优化设计。

现在许多地面、舰载、机载相控阵雷达都采用了矩形阵面天线系统，早期的典型代表为美国的 AN/TPS-59 单脉冲固态相控阵雷达，其馈电网络分解为行、列的层次结构，都含有大量的行、列馈电网络（以下简称行馈、列馈），就行馈、列馈本身看，它们都是线阵的和、差馈电网络，经组合得到面阵和、差馈电网络。因雷达阵面的天馈线直接互联，故更需要一起优化设计。本节论述关于单脉冲相控阵天线馈电网络在和波束分布约束下如何确定差波束分布与最佳馈电网络的优化设计思想、模型和条件极值，将以往的和、差部分独立点的概念推广至部分独立台阶，增加了满足工程可实现性的自由度，再由线阵扩展到面阵、一般阵面形状，进而指导天馈一体化优化设计工作。

10.4.2　部分独立台阶概念与优化模型

在理想情况下，为实现和、差波瓣的良好副瓣、增益等指标，对同一天线阵，这两种波瓣的馈电分布应是完全独立的，对应的馈电网络要么是两条独立的馈电网络及一组 1/2 功分器或合成器，要么是用同一条网络但其中有多个和差器（为线阵单元数目的一半）以分离出和、差馈电分布。显然，前者使线阵馈电网络数量加倍，并且损耗增加 3dB，对于面阵的影响很大；后者会使电路平面很宽或垂直过渡多，而误差积累大，故工程实现上都有困难。为解决这一问题，以往常采用和、差分布部分独立方法，该方法尽管会使波瓣的副瓣电平有所上升，但只要仍能在给定误差概率下满足指标，还是可以保证工程实现的。在此指导思想下需进一步深化是确定何种和、差部分独立方式在天线、馈电之间最佳。

过去所指的和、差部分独立是单纯从天线角度给出的，只要满足天线指标即可，其和、差分布之间在靠近阵中心处相独立的这些点，对和分布或差分布而言也是相互独立的，对应于馈电电路，这些点是每个点接到一个和差器（为魔 T 或环形电桥），故该方式被称为部分独立点方式，如图 10.21 所示。这里假定和、差幅度分布都关于阵中心对称，故只考虑一半阵单元的分布（左边或右边），另一半幅度分布由对称性得到。独立点数指半个阵情况，对整个线阵来说加倍即可。这样和差器数目和独立点数相同，因和差器不便多用，故部分独立点方式受到了一定的限制。

为改善上述限制，将部分独立点方式推广为部分独立台阶方式。一般来说，每个台阶内应至少含有一个点，当每个台阶内多于一个点时，其各点分布是相关的，馈电幅度同升同降，从馈电电路上看，每个台阶内各点由一个或若干个功分器约束控制，将每个台阶接到一个和差器（见图 10.22），当每个台阶内只有一个点时，部分独立台阶方式便退化为部分独立点方式，部分独立点方式是部分独立台阶方式的一个特例。采用部分独立台阶概念，和、差分布之间相独立的点数增多，可增加优化变量，即增加了选择自由度，一般在阵列单元数较大时可有较好的结果，如在相同的和差器数量下，可使天线性能指标比部分独立点时的更好，或在相同天线性能指标条件下，可使所需的和差器数量减少。

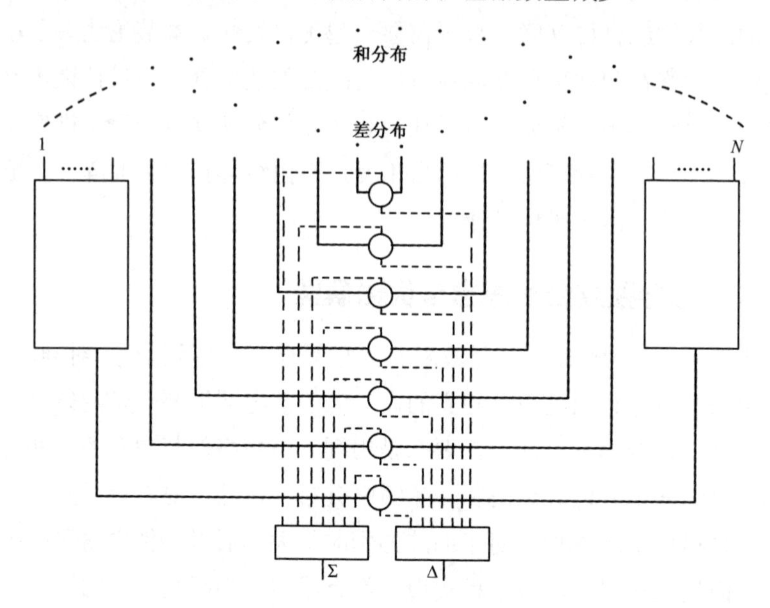

图 10.21　6 点独立的和、差馈电网络

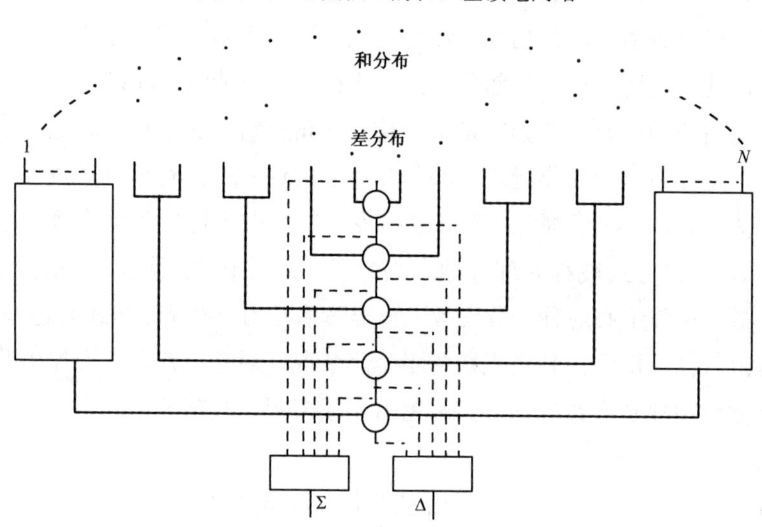

图 10.22　4 台阶独立的和、差馈电网络

对于和分布的优化，目标是有尽可能高的方向性系数和尽可能低的副瓣电平，

其相关优化方法已日趋成熟[1-4]。对于差分布的优化，除方向性系数和副瓣电平指标外，还要求差波瓣在零深处有尽可能大的斜率。在优化部分独立台阶的和差分布时，要保证和、差分布之间非独立部分有相同的分布，包括每一台阶内各点分布是和、差相同的。和、差优化既可同时，也可依次进行，如先和后差，将和分布优化好后作为初值再优化差分布，若差分布不如意，再对和分布修改、优化，依次逐步逼近和、差波瓣指标，这样可先利用和分布优化的现有成果，并可优先保证雷达的和波瓣性能。

对于线阵，远场方向图 $F(\theta)$ 为

$$F(\theta)=\sum_{i=1}^{n} f_i(\theta) I_i \mathrm{e}^{\mathrm{j}(i-1)(kd\sin\theta+a_i)} / A' \tag{10.9}$$

式中，$k=\dfrac{2\pi}{\lambda}$；N 为线阵单元数；I_i 为馈电电流幅度；a_i 为 I_i 的相角增量。对于和波瓣，a_i 为线性增量，对于差波瓣，a_i 关于阵两边对称点相差 180°，$F(\theta)$ 为单元因子，在 N 较大时各 $F(\theta)$ 近似相等，这时只要对阵因子优化即可。在对称阵情况下，设和、差分布之间独立台阶数为 $\mathrm{NL}(\mathrm{NL}<N/2)$，第 j 个台阶内有 P_j 个点 $(\sum_{i=1}^{\mathrm{NL}} P_j < N/2)$，在和、差非独立部分的电流 I_i 取相同值时，第 j 个台阶内各点电流从和分布降为差分布的衰减因子 $\mathrm{AL}_j(j=1\sim\mathrm{NL})$，在和分布 $\{I_i\}$ 先定下来时，差分布电流值为

$$I_1,\cdots,I_l,\mathrm{AL}_1(I_{l+1},\cdots,I_{l+p_1}),\cdots,\mathrm{AL}_{\mathrm{NL}}\left(I_l+\sum_{j=1}^{\mathrm{NL}-1} P_j+,\cdots,I_{N/2}\right)$$

其中 $l=N/2-\sum_{i=1}^{\mathrm{NL}} P_j$ 。由和分布到差分布优化综合的数学模型是

$$\begin{cases} SL(\bar{x})<10^{\mathrm{SLL}/20} \\ \max D(\bar{x}) \\ \max F'(0) \\ \bar{x}=(\mathrm{AL}_1,\mathrm{AL}_2,\cdots,\mathrm{AL}_{\mathrm{NL}})^{\mathrm{T}} \end{cases} \tag{10.10}$$

式中

$$\mathrm{SL}(\bar{x})=\max\left\{F(\theta)\Big|_{F(\theta)=0},\varepsilon\leqslant\theta\leqslant\pi/2\right\} \tag{10.11}$$

为 $F(\theta)$ 在 $[\varepsilon,\pi/2]$ 区间内的最大副瓣电平，ε 为 $F(\theta)$ 在 $\theta>0$ 区间内靠近 $\theta=0$ 的第 1 个零点位置的弧度值；SLL 为预计的副瓣指标的 dB 数，其为一负数；$D(\bar{x})$ 为线阵的最大方向性系数，与 φ 无关，故

$$D(\overline{x})=\frac{4\pi}{\int_0^{2\pi}\int_{-\frac{\pi}{2}}^{\frac{\pi}{2}}F^2(\theta)\sin\theta\mathrm{d}\theta d\varphi}=\frac{2}{\int_{-\frac{\pi}{2}}^{\frac{\pi}{2}}F^2(\theta)\sin\theta\mathrm{d}\theta} \tag{10.12}$$

而 $F'(0)$ 为 $F(\theta)$ 在其零深位置的斜率，在对称阵法向扫描角，有

$$F'(\theta)=-\frac{2\pi d}{\lambda}\sum_{i=1}^{N/2}I_i(i-1)/A' \tag{10.13}$$

一般来说，$D(\overline{x})$ 越大，$F'(0)$ 也越大，故有时只取二者之中任一个参加优化综合设计。

用求解约束优化问题的数学方法可在计算机上求解上述模型，对各优化目标 $D(\overline{x})$、$\mathrm{SL}(\overline{x})$ 及 $F'(0)$ 等适当加权可控制各优先级，再调整合适的馈电电路拓扑结构 NL、P_j 及副瓣预期值 SLL，可逐步优化出所需值。初值及控制变量选取的不同，往往能够得到不止一组的优化解，有时数学上的最优解未必能轻松地在电路上实现，次优解反而能满足要求，这可根据工程需要统筹选取。

10.4.3 应用实例

该优化设计方法已应用于某 L 波段单脉冲车载相控阵雷达行馈及列馈研制，其中 36 端口的行馈和分布要求能实现−30dB 以下的低副瓣电平。首先从天线方面给出一组和、差部分独立点方式的馈电分布，为使差分布达到所需的−25dB 副瓣，其设计分布取了−37dB 副瓣的馈电分布，和、差分布之间 6 点独立，对该部分独立方式，用一条行馈实现该和、差分布时，要用 7 个和差器或和差器加均值器，其电路如图 10.21 所示，可见对应的电路较宽，尺寸、质量、可靠性等易超标，并且因元件多，低副瓣的和波瓣馈电分布误差难以保证。因此进行了改进设计，在原低副瓣的和分布不变时用部分独立台阶方式优化差分布，得到了和、差分布之间只有 4 个独立台阶的差分布，对应的电路上用 5 个和差器，电路如图10.22 所示，可见电路结构变得简单了，优势很明显，对多条行馈网络，仅体积、质量减少就很可观，适应了车载的要求。优化出的 4 台阶独立差分布阵因子方向图如图 10.23 中的实线所示。在行馈具体电路设计加工生产上，接天线单元一起到微波暗室进行近场测试得到天线口径幅相分布，进而得到远场阵因子方向图如图10.23 中虚线所示，可见实测结果已满足−25dB 的指标要求，并且与理论优化出的方向图基本一致。由于行馈中和差器等元件少了，和、差分布误差可控制得更小些，从这方面也有利于达到和波瓣−30dB 的指标，实测阵因子方向图如图 10.24 中虚线所示，而图 10.24 中实线为理论设计的阵因子方向图。当考虑单元因子的抑制时，实际和、差波瓣的副瓣还要好些。

上述方法在兼顾馈电网络可实现的同时得到了低副瓣性能的和、差分布，实

践证明了该方法的工程应用意义。

各种方法都有一定的限制，在小阵或子阵数都较少时（N<20）用部分独立点便比部分独立台阶方式要好，但对于大阵或子阵数较多的情况，则和、差部分独立台阶方式优化法较优越，应具体问题具体分析。

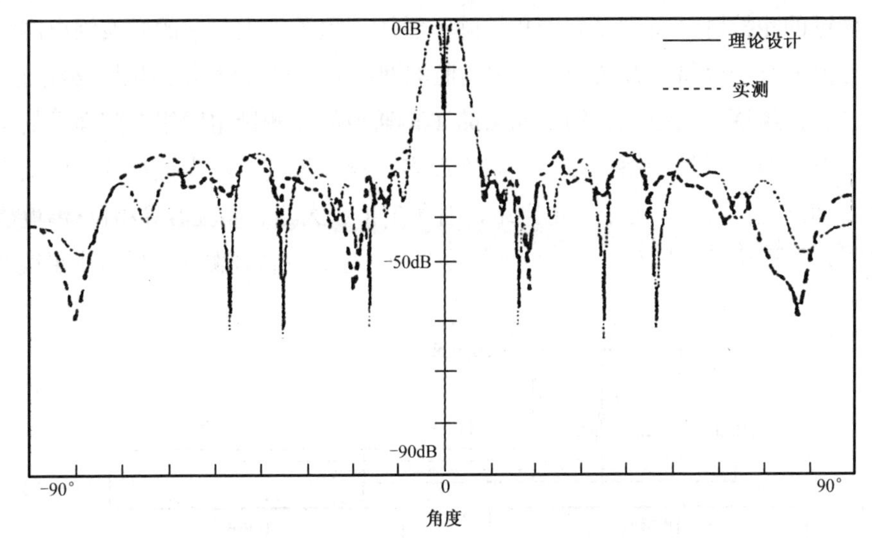

图 10.23　理论设计与实测的差波瓣阵因子方向图

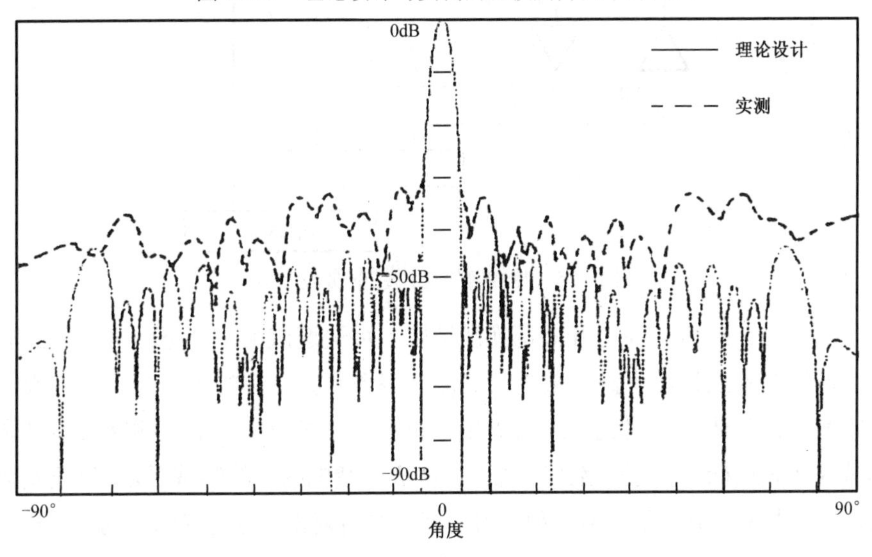

图 10.24　理论设计与实测的和波瓣阵因子方向图

10.5　相控阵雷达馈电网络的微波 CAD 及补偿技术

针对相控阵雷达多端口微波馈电系统的天线阵面快速准确联调、测量，这里给出了一种阵中微波计算机辅助测量（MCAT）与补偿修正技术，其中采用了阵内微波监测开关网络的误差修正方法与主馈线、监测馈线的幅、相分离技术。

10.5.1 问题的提出

先进的相控阵（特别是有源相控阵）雷达，除了庞大复杂的微波馈电网络，往往还另外有一套微波开关网络（称为监测网络），经耦合器与馈电网络相连（见图 10.25），经逐端口电选通馈电网络的 T/R 通道而监测馈电网络在阵面上的工作情况。对这两类微波网络，端口、状态越多，测试量越大，为提高效率就要求能快速自动测量；另外，对于馈电网络，因含 T/R 放大器、环流器等相位-温度敏感器件，为了测准工作状态下的相位及幅度分布，也必须快速测量，以减小温度变化的影响。

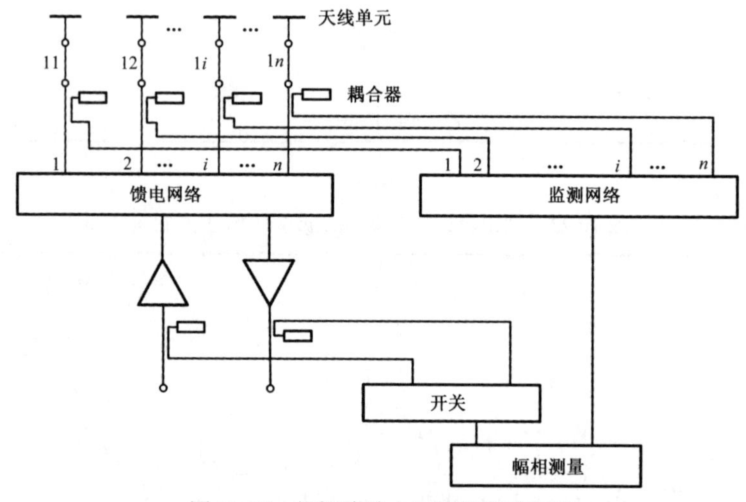

图 10.25　相控阵馈电网络的微波测试

按图 10.25 连接，经电开关切换测试端口可快速监测出馈电网络幅相传输情况，但传统的做法精度不高，要先将监测网络调到完全等幅等相分布，监测馈电网络联测数据就认为是馈电网络的幅相分布数据，然而实际上监测网络不可能在全频带内理想达标，监测网络的制造误差就成了馈电网络的测试误差，该误差影响很大，使得事先在恒温条件下单独测得的馈电网络幅相数据与联网测的不一样，该测试方案可用于故障定位，但不能精确了解阵面馈电幅相分布的变化以实现低副瓣天线的高难指标。所以传统方法在测试精度与速度上存在矛盾。

10.5.2 技术方法过程

为解决上述问题，这里结合高精度法与图 10.25 快速简捷测试两种方案的优点，主要思路是：将费时的高精度法结果形成数据文件然后用于图 10.26 所示方案。主要步骤如下。

（1）利用各种精确测法先测准监测网络在频带内的所有 n 个端口的幅相分布 $A_{mi}(f)$、$\phi_{mi}(f)$、$(i=1\sim n)$，形成基准数据文件存于计算机。由于该网络无源、无环流器、温度特性稳定，可以测准且不变，则数据文件可长期有效。这里不必再调整监测网络为等幅等相分布。

（2）按图 10.26 所示方案，将测量矢网或幅相仪、接收机与计算机经接口板联网，由此微波计算机辅助测试（MCAT）可快速测出馈电和监测网络的总幅相分布 $A_{Ti}(f)$、$\phi_{Ti}(f)$ 的影响。

（3）在计算机进行如下数据处理

$$A_{Fi}(f)=A_{Ti}(f)-A_{mi}(f)$$
$$\phi_{Fi}(f)=\phi_{Ti}(f)-\phi_{mi}(f)$$

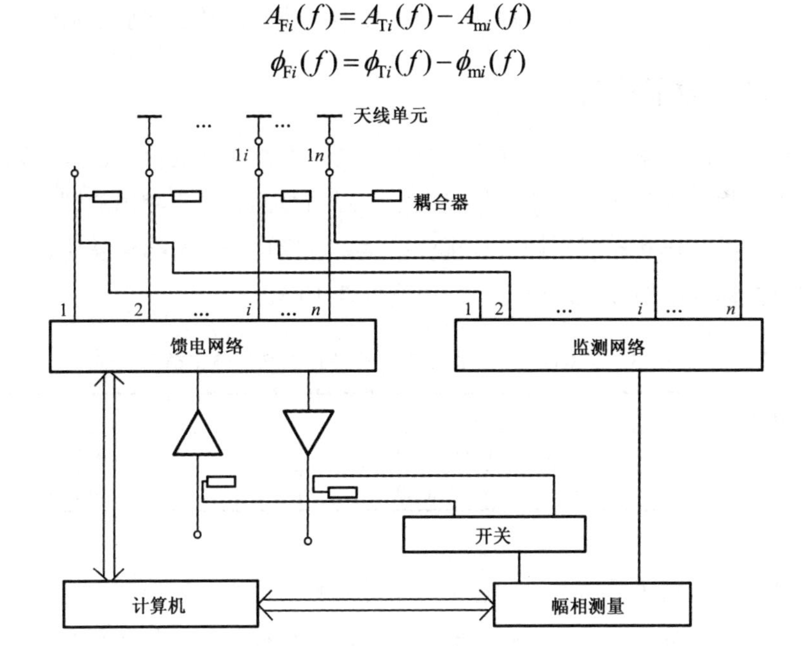

图 10.26　相控阵馈电网络的微波 CAD 与补偿

便得到馈电网络的幅相数据文件 $A_{Fi}(f)$、$\phi_{Fi}(f)$。由 $A_{Ti}(f)$、$\phi_{Ti}(f)$、$A_{mi}(f)$、$\phi_{mi}(f)$ 的特性，不仅可快速得到 $A_{Fi}(f)$、$\phi_{Fi}(f)$，且误差小，仅取决于测试误差，而不再包括监测网络的制造调试误差与馈电网络的温度变化误差。

（4）根据实测和计算机处理后的 $A_{Fi}(f)$、$\phi_{Fi}(f)$ 与事先馈电网络幅相分布的设计值 $A_{DFi}(f)$、$\phi_{DFi}(f)$ 对比，可将差值通过计算机修改阵面电控移相器控制码来修改相位分布，修改电控衰减器或放大器闭环控制电流来修改幅度分布。该补偿技术可以实现天线的高精度指标。

使用该技术方法，需注意以下几点：

（1）对于未被监测网络监测到的馈电网络部分，如天线单元到耦合器之间的电缆要事先测准，其数据文件 $A_{li}(f)$、$\phi_{li}(f)$，在计算机处理出 $A_{Fi}(f)$、$\phi_{Fi}(f)$ 后，经

$$A'_{Fi}(f)=A_{Fi}(f)+A_{li}(f)$$

$$\phi'_{Fi}(f)=\phi_{Fi}(f)+\phi_{li}(f)$$

才得到整个馈电网络最终设计文件 $A'_{Fi}(f)$、$\phi'_{Fi}(f)$。

（2）馈电、监测网络连接端口的驻波互耦要小，以减小对 $A_{Ti}(f)$、$\phi_{Ti}(f)$ 测试的影响。

（3）馈电、监测网络的连接点一般为定向耦合器，该耦合器应尽量放在监测网络中使其不一致性成为固定误差而进入 $A_{mi}(f)$、$\phi_{mi}(f)$，以便使用软件消除。若放置在可更换的馈电网络 T/R 组件中，则对其不一致性误差要严加要求。

10.5.3 效果验证

该技术方法简单实用，软件修正量小，精确度高且速度快，已成功地应用于多种全固态相控阵雷达系统测试与装机中，经与恒温条件下测出的馈电网络幅相分布对比，经工作状态联测修正且相位补偿后，馈电网络分布误差明显变小，且天线波瓣指标也明显改善，修正前后的值见表 10.5。

表 10.5 馈电网络分布误差及天线波瓣指标的修正前后的值

雷达频段	传统方法	本文方法
P	$\sigma_\phi=5°$　SLL<−20dB	$\sigma_\phi=3°$　SLL<−23dB
L	$\sigma_\phi=5°$　SLL<−23dB	$\sigma_\phi=2°$　SLL<−28dB

注：σ_ϕ表示相位差。

该技术还可用于雷达工作状态下的实时监测与修正，减少雷达监测网络的调试量，进而还可减少无源馈电网络的调试量，以在精测后由阵面补偿修正来保证幅相指标不变，缩短相应的研制周期。

10.6 阵列天线的天、馈一体化研究与应用

阵列天线单元与馈线共同形成了馈电分布，天线的失配、互耦与馈线的失配、隔离对合成馈电分布的影响应事先能较准确地预估出来，将以往单纯的天线口径分布设计问题转化为实现天、馈相连处合成分布问题，需要找出天线、馈线相互制约的规律、选用准则，优化设计、合理分配控制指标，以满足工程最佳化要求。

10.6.1 问题的提出

对于雷达阵列天线的波束实现，传统方法是天、馈线分开设计，对馈电网络在端口接匹配负载下的传输系数进行严格设计与调试验收，同时要求天线单元驻波及互耦尽量小，馈电网络各端口的失配、隔离也要尽量小，希望天线、馈线连接后的合成馈电分布可达到预定的馈电分布指标。这种硬性做法不仅使天线、馈线的研制难度大，还有一定的不确定性。实际上，天线、馈线的失配、互耦或隔离是不可能做到无限小的，天线波束的馈电分布是由天线、馈线共同决定的，一般是馈线为主，而天线也是有影响及制约的。因此，对于像低副瓣或超低副瓣等高难指标的天馈系统，首先要从理论上分析出天线、馈线之间的关系，给出相互制约选用准则，把握可实现程度，切实开展天、馈一体化的论证和设计研制，因此，可用微波网络理论进行研究以寻找规律。

10.6.2 理论分析

阵列天线单元的等效馈电模型如图 10.27 所示，各天线单元的复反射系数记为 $\varGamma_i$，互耦系数记为 $\varGamma_{ij}(i \neq j, i, j = 1\sim n)$，则天线单元阵列的 $\boldsymbol{S}$ 矩阵在无互耦时为 $\boldsymbol{\varGamma} = \mathrm{diag}(\varGamma_1 \varGamma_2 \cdots \varGamma_n)$，有互耦时 $\boldsymbol{\varGamma}$ 为方矩阵，非对角元素为 $\boldsymbol{\varGamma}_{ij}$。图 10.27 中馈电网络有 $n+1$ 端口，端口 $1\sim n$ 对接天线，$n+1$ 端口接信号源，网络 $\boldsymbol{S}$ 矩阵为

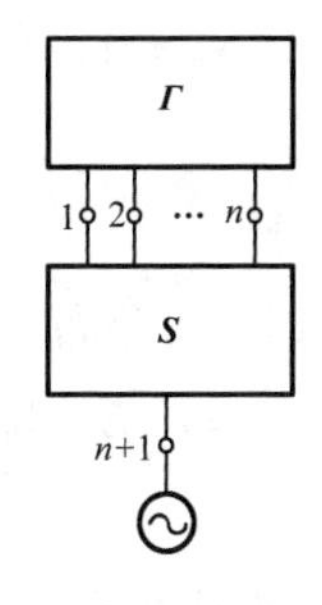

图 10.27　阵列天线单元的等效馈电模型

$$\boldsymbol{S} = \begin{bmatrix} \boldsymbol{S}_{\mathrm{II}} & \boldsymbol{S}_{\mathrm{III}} \\ \boldsymbol{S}_{\mathrm{III}} & \boldsymbol{S}_{n+1,n+1} \end{bmatrix}$$

其中

$$\boldsymbol{S}_{\mathrm{II}} = \begin{bmatrix} S_{11} & \cdots & S_{1n} \\ \vdots & & \vdots \\ S_{n1} & \cdots & S_{nn} \end{bmatrix}, \boldsymbol{S}_{\mathrm{III}} = \left[S_{1,n+1} \cdots S_{n,n+1} \right]^{\mathrm{T}}, \boldsymbol{S}_{\mathrm{III}} = \left[S_{n+1,1} \cdots S_{n+1,n} \right]^{\mathrm{T}}$$

记各端口归一化电压出射波、入射波和归一化电流分别为 b_1、a_1、I_1，有 $\boldsymbol{b}_1 = [b_1 \cdots b_n]^{\mathrm{T}}$、$\boldsymbol{a}_1 = [a_1 \cdots a_n]^{\mathrm{T}}$、$\boldsymbol{I}_1 = [I_1 \cdots I_n]^{\mathrm{T}}$。对于天、馈连接后在端口 $1\sim n$ 上的 b_1，I_1（即合成馈电分布）与 $\boldsymbol{S}$、$\boldsymbol{\varGamma}$ 的关系，由散射矩阵方程 $\boldsymbol{b} = \boldsymbol{S}a(b = [b_1 \cdots b_{n+1}]^{\mathrm{T}}, [a_1 \cdots a_{n+1}]^{\mathrm{T}})$ 和 $a_1 = \boldsymbol{\varGamma} b_1$，可解得合成馈电分布

$$b_1 / a_{n+1} = (\boldsymbol{E} - \boldsymbol{S}_{\mathrm{II}} \boldsymbol{\varGamma})^{-1} \boldsymbol{S}_{\mathrm{III}} \tag{10.14}$$

$$I_1 / a_{n+1} = (\boldsymbol{E} - \boldsymbol{\varGamma})(\boldsymbol{E} - \boldsymbol{S}_{\mathrm{II}} \boldsymbol{\varGamma})^{-1} \boldsymbol{S}_{\mathrm{III}} \tag{10.15}$$

式中，$\boldsymbol{E}$ 为 n 阶单位矩阵，a_{n+1} 代表源入射波。b_1 可在天、馈连接口处用定向耦合器检测出，I_1 则代表了该联接口上的馈电电流分布。由式（10.14）和式（10.15）可知，b_1、I_1 与 $\boldsymbol{S}_{n+1,n+1}$ 无关，与实际相符。式（10.14）和式（10.15）表明合成馈电分布与 $\boldsymbol{S}_{\text{III}}$ 成正比，但受到了天、馈的 $\boldsymbol{\Gamma}$、$\boldsymbol{S}_{\text{II}}$ 干扰。一般来说，希望 b_1、I_1 仅取决于 $\boldsymbol{S}_{\text{III}}$，下面根据基本式（10.14）和式（10.15）来讨论天、馈的不同要求及可实现性。

1）天线单元全匹配、无互耦的情况

此时 $\boldsymbol{\Gamma}=0$，代入式（10.14）和式（10.15）得

$$b_1/a_{n+1}=\boldsymbol{S}_{\text{III}}$$

$$I_1/a_{n+1}=\boldsymbol{S}_{\text{III}}$$

这说明只要 $\boldsymbol{\Gamma}=0$，b_1、I_1 与 $\boldsymbol{S}_{\text{II}}$ 无关，所以此时馈电网络的设计自由度最大，检测出的 b_1 就是 I_1。问题是，实际中很难做到 $\boldsymbol{\Gamma}=0$。

2）天线单元全失配、无互耦，馈电网络输出端口隔离、匹配的情况

此时 $\boldsymbol{S}_{\text{II}}=0$，代入式（10.14）和式（10.15）得

$$b_1/a_{n+1}=\boldsymbol{S}_{\text{III}} \tag{10.16}$$

$$I_1/a_{n+1}=(\boldsymbol{E}-\boldsymbol{\Gamma})\boldsymbol{S}_{\text{III}} \tag{10.17}$$

此时，I_1 分布与 $\boldsymbol{S}_{\text{III}}$ 及 $\boldsymbol{\Gamma}$ 相关，为使 I_1 分布仅取决于 $\boldsymbol{S}_{\text{III}}$，由式（10.4）可知，必须有 $\boldsymbol{\Gamma}=\Gamma_0\boldsymbol{E}$，即要求各天线单元失配完全一致，才会使 b_1、I_1 均只取决于 $\boldsymbol{S}_{\text{III}}$ 分布。

3）天线单元全失配、无互耦，馈电网络输出端口隔离、失配的情况

此时 $\boldsymbol{S}_{\text{II}}=\text{diag}(\boldsymbol{S}_{11},\boldsymbol{S}_{22},\cdots,\boldsymbol{S}_{nn})$，$\boldsymbol{\Gamma}=\text{diag}(\Gamma_1,\Gamma_2,\cdots,\Gamma_n)$。

为使 b_1 仅取决于 $\boldsymbol{S}_{\text{III}}$，由式（10.14）知，需 $(\boldsymbol{E}-\boldsymbol{S}_{\text{II}}\boldsymbol{\Gamma})^{-1}=K'\boldsymbol{E}$（$K'$ 为一复常数），则要求

$$\boldsymbol{\Gamma}_i\boldsymbol{S}_{ii}=\boldsymbol{\Gamma}_j\boldsymbol{S}_{jj}=\frac{K'-1}{K'} \tag{10.18}$$

为使 I_1 仅取决于 $\boldsymbol{S}_{\text{III}}$，由式（10.15）可知，需 $(\boldsymbol{E}-\boldsymbol{\Gamma})(\boldsymbol{E}-\boldsymbol{S}_{\text{II}}\Gamma)^{-1}=K''\boldsymbol{E}$（$K''$ 为一复常数），则要求

$$\frac{1-\boldsymbol{\Gamma}_i}{1-\boldsymbol{S}_{ii}\boldsymbol{\Gamma}_i}=\frac{1-\boldsymbol{\Gamma}_j}{1-\boldsymbol{S}_{jj}\boldsymbol{\Gamma}_j}=K'' \tag{10.19}$$

可见，为使 b_1、I_1 分布仅由 $\boldsymbol{S}_{\text{III}}$ 决定，必须使 $\boldsymbol{\Gamma}$、$\boldsymbol{S}_{\text{II}}$ 同时满足式（10.18）和式（10.19），解得

$$\boldsymbol{\Gamma}_i=1-\frac{K''}{K'},\quad \boldsymbol{S}_{ii}=\frac{K'-1}{K'-K''}$$

$\boldsymbol{\Gamma}_i$、$\boldsymbol{S}_{ii}$ 成为与端口序号无关的复常数，这说明天线单元的失配完全一样，馈

电网络输出端口也失配得完全一样时（二者可以不一样），b_1、I_1 都仅由 $\boldsymbol{S}_{\mathrm{III}}$ 决定，这在微波工程上是较难实现和控制的。

4）天线单元失配、无互耦，馈电网络既不隔离又失配的情况

此时 $\boldsymbol{S}_{11}$ 一般为方矩阵，其非对角元素有非零元素，则有

$$(\boldsymbol{E}-\boldsymbol{S}_{\mathrm{II}}\boldsymbol{\varGamma})^{-1} \neq K'\boldsymbol{E},(\boldsymbol{E}-\boldsymbol{\varGamma})(\boldsymbol{E}-\boldsymbol{S}_{\mathrm{II}}\boldsymbol{\varGamma})^{-1} \neq K''\boldsymbol{E}$$

因此，b_1、I_1 不能再仅由 $\boldsymbol{S}_{\mathrm{III}}$ 决定，而必须由基本式（10.14）和式（10.15）确定，要考虑到 $\boldsymbol{\varGamma}$、$\boldsymbol{S}_{\mathrm{II}}$ 的参与。为达到预定 I_1 分布，可先单独确定出 $\boldsymbol{\varGamma}$，再由馈电网络的拓扑结构及设计方案来确定 $\boldsymbol{S}_{\mathrm{II}}$ 的取值范围，进而再和 I_1 分布一起来给出 $\boldsymbol{S}_{\mathrm{III}}$ 的设计及误差范围

$$\boldsymbol{S}_{\mathrm{III}} = C(\boldsymbol{E}-\boldsymbol{S}_{11}\boldsymbol{\varGamma})b_1 \tag{10.20}$$

$$\boldsymbol{S}_{\mathrm{III}} = C(\boldsymbol{E}-\boldsymbol{S}_{11}\boldsymbol{\varGamma})(\boldsymbol{E}-\boldsymbol{\varGamma})^{-1}I_1 \tag{10.21}$$

这里 C 为一复常数，可根据网络的约束条件、工程可实现性来确定 $\boldsymbol{S}_{\mathrm{III}}$ 的模值大小。

工程应用时，馈电网络的端口隔离度一般是相邻端口差，相隔远的要好些，所以 $\boldsymbol{S}_{\mathrm{II}}$ 一般为带型矩阵，可用 10.3 节的结论来估算合成馈电分布与天、馈网络之间的关系。

5）天线单元既失配、又有互耦、馈电网络既不隔离又失配的情况

此为最一般的情况。根据基本式（10.14）或式（10.15），从理论上来说，可由 $\boldsymbol{\varGamma}$、$\boldsymbol{S}_{\mathrm{II}}$ 的相互搭配使 b_1 或 I_1 仅取决于 $\boldsymbol{S}_{\mathrm{III}}$ 分布，但这样做工程量很大。所以应像本节一样反设计出 $\boldsymbol{S}_{\mathrm{III}}$ 或者由式（10.15）来分析，综合出 $\boldsymbol{\varGamma}$、$\boldsymbol{S}_{\mathrm{II}}$、$\boldsymbol{S}_{\mathrm{III}}$ 参数使 I_1 达到预定分布，可用于精确设计、选取和分配天线、馈线网络参数，分析误差。如果再考虑到宽频带、电扫描，问题还要复杂些，还要深入做工作。但如果解决了这些难题，就可降低传统方法的精密加工制造及细致联调要求，便于工程上达到相控阵的低副瓣、超低副瓣等高难指标。

10.6.3　应用实例

实现相控阵天线低副瓣的方法已应用于某雷达线阵天馈源的一体化方案论证与设计，对某 P 波段 36 端口线阵，要求承受功率高、安装空间小、天线副瓣低。为实现高功率，宜选用同轴功分器馈电网络；为实现天线低副瓣，网络应是隔离的，以便于减小天、馈相互影响，可是隔离式同轴功分器体积较大，不允许结构安装整架；非隔离同轴功分器体积小，可适应安装限制。在论证馈电网络中隔离、非隔离式功分器混合比例程度时，采用本文相关的理论关系式，考虑天、馈相互作用因素，根据网络不同隔离程度，提出对天线单元的不同要求，确定馈电网络、

天线单元的指标时应折中考虑。经大量模拟分析，得出相关结论如下。

馈电网络可取为部分非隔离式，在取为20点非隔离式时，要求天线单元的阵中驻波小于1.2，反射系数相位一致性小于5°；或阵中驻波小于1.15，反射系数相位一致性小于10°。

依此，天馈线各自开展设计、生产、调试，连为一体后经微波近场、远场测试，天线副瓣在工作频带内小于-30dB，满足低副瓣指标。

天馈一体化研究结果可用于两方面的工作：①由天线、馈线各自微波网络参数来较准确地估算出天、馈联接后的合成馈电分布及变化范围；②由理论上的合成馈电分布推出天线、馈线选取的网络参数及范围，这时的馈电网络本身馈电分布一般是偏离合成馈电分布的，但一接上相应天线单元阵列，合成馈电分布就达到（或很接近）所需馈电分布，这是一种预修正办法，对实现高难技术的馈电分布可以合理给出天、馈设计指标，确定传输线形式，缩短研制周期和降低造价等。

10.7 多组单脉冲天线波束及其接收通道间幅相关系的交叉自测法

针对在高空、低空用不同单脉冲方法来测高的双体制天馈线雷达的多组天线波束及其接收通道之间的幅度、相位关系的测量问题，这里提出一种简便方法——交叉自测法，利用双体制被测波束之间关系，合理引入第三个被测天线波束作为参考波束，通过两两测试再消除参考波束影响，得到所需被测天线波束通道之间的幅相关系。该方法和常规方法比，省去了参考天线设备量，减少了相应的测试误差与不稳定度因素，保证了测试精度，并已成功应用于某相控阵雷达单脉冲波束间相位关系的测量、调整与标定。

10.7.1 问题的提出

这是个如何简化天馈与接收通道一体化测量的问题。在单脉冲雷达研制过程中，为准确测定目标方位、仰角，除要设计做好和差波束的赋型、角敏函数外，还需要在微波工作频带内测准、调整好各个天线波束及其接收通道之间的幅度、相位关系，尤其是差波束对和波束的相位关系，要在整个工作频带内正确调整好相位极性，正确判断、测准目标角度。

在雷达整机联试阶段，可在远场测试场地，由测试塔、天馈线和接收通道一起做空间波束对比测试，天线收到的应答信号经混频器后做中频采样，在示波器上将显示回波信号波形之间的幅相关系，并做必要调整，但这将占用雷达整机联试周期，因此要求在天馈线联试阶段就在形成各接收波束的馈线出口处测准角敏函数、调整频带内的相位关系。

天馈线联试阶段测试方案如图 10.28 所示。由远场测试塔发出测试信号，被测雷达天线接收后送入矢量网络分析仪，简易的天线测试系统用 HP8410 一类的矢量网络分析仪或矢量电压表，该类仪表要用到参考波束信号作对比，因测试塔到雷达的距离很远，信号相位频响曲线变化很大，所以参考波束信号一定要选取合适以便于仪表检测。常规的做法是在被测雷达天线旁边另架设一个参考天线，和被测雷达天线一起对着测试塔方向，将两个天线同时收到的参考信号与被测信号送进 HP8410 矢量网络分析仪或矢量电压表，测试出被测信号之间的幅度、相位关系。为使参考信号与被测信号进入仪表的电平相当，以便于校准，要求参考天线通道增益与被测天线的一样高，这就经常需在参考天线通道另加 LNA 放大设备，由此带来了操作上的不便。对于在高空、低空用不同单脉冲方法来测高的多组单脉冲天馈线波束，若还用常规方法测试，工作量还要加大，此时如能合理利用被测波束之间的信息，则可大大减少测试辅助设备，如省去参考天线及放大设备，还可提高测试准确性，这就是交叉自测法。

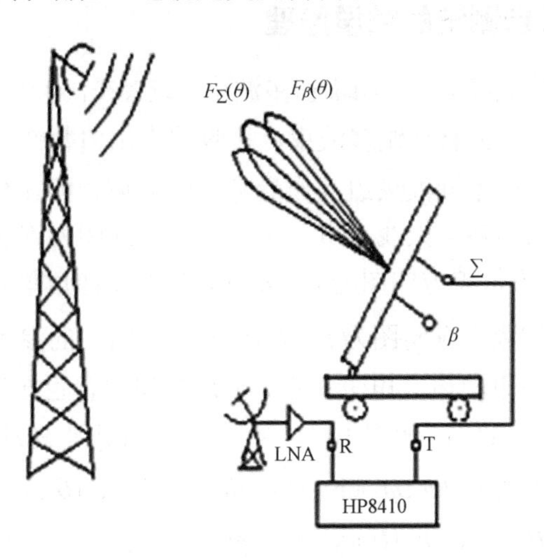

图 10.28　天馈线联试阶段测试方案

10.7.2　常规方法的数学原理

针对图 10.28 所示测试方案，以平面相控阵仰角和差单脉冲的一维单脉冲为例，设其和、差波束方向图分别为 $F_\Sigma(\theta)$、$F_\beta(\theta)$，参考天线不转动，则其对准测试塔收到的信号电平为常量 F_r，F_r 进入矢网或矢量电压表的参考端 R；和或差被测天线信号电平进入矢网或矢量电压表的测量端 T，调整仪表测量端与参考端间幅度、相位指示初值，该初值可由操作者任意设定，一经设定则在整个测量过程中不可改动。由此测得$F_\Sigma(\theta)$、$F_\beta(\theta)$关于F_r的归一化测量值分别为$F'_\Sigma(\theta)$、$F'_\beta(\theta)$，有

$$F'_\Sigma(\theta)=F_\Sigma(\theta)-F_r$$
$$F'_\beta(\theta)=F_\beta(\theta)-F_r$$

因此

$$\begin{aligned}F'_\Sigma(\theta)-F'_\beta(\theta)&=[F_\Sigma(\theta)-F_r]-[F_\beta(\theta)-F_r]\\&=F_\Sigma(\theta)-F_\beta(\theta)\end{aligned}\tag{10.22}$$

即$F_\Sigma(\theta)$、$F_\beta(\theta)$关于F_r的归一化测量值之差即为实际$F_\Sigma(\theta)$、$F_\beta(\theta)$波束之间的幅度、相位之差，得到了所需要的幅相关系。由于仪表测量路与参考路之间幅度、相位关系初值设定的任意性，不能直接将和波束作为参考路，差波束作为被测路进入仪表，这样的差波束对和波束直接归一化测量是可被操作者修改的，因而会带来不确定性，由该原理可知要引入一个测量和、差都归一化测量用的独立参考天线。

10.7.3 交叉自测法的数学原理

对于多组单脉冲天线波束，如堆积多波束，或者在高仰角区域用和差单脉冲、在低仰角区域用比幅的混合体制多波束，接收波束出口数都不止 2 个，因此可充分利用被测天线自身的不同波束组互作参考天线波束，即在被测天线波束组中可互相作为测量归一用的参考天线波束。设和波束方向图为$F_{\Sigma2}(\theta,\varphi)$，仰角差波束方向图为$F_\beta(\theta,\varphi)$，方位差方向图为$F_\alpha(\theta,\varphi)$，在测高仰角单脉冲时，将低仰角比幅单脉冲中的另一波束［方向图为$F_{\Sigma1}(\theta,\varphi)$］作为归一的参考天线波束。这些参考天线与被测天线波束的最大电平相近，所在空间位置也接近，测量状态环境较一致，不要另外的放大设备，如图 10.29 所示。在天线水平转动测量时，$F_{\Sigma2}(\theta_0,\varphi)$、$F_\alpha(\theta_0,\varphi)$关于参考天线$F_{\Sigma1}(\theta_0,\varphi)$归一的测量波束为$F'_{\Sigma2}(\theta_0,\varphi)$、$F'_\alpha(\theta_0,\varphi)$；在天线仰角转动时，$F_{\Sigma2}(\theta,\varphi_0)$、$F_\beta(\theta,\varphi_0)$关于参考天线$F_{\Sigma1}(\theta,\varphi_0)$归一的测量波束为$F'_{\Sigma2}(\theta,\varphi_0)$、$F'_\beta(\theta,\varphi_0)$，有

$$F'_{\Sigma2}(\theta_0,\varphi)=F_{\Sigma2}(\theta_0,\varphi)-F_{\Sigma1}(\theta_0,\varphi)$$
$$F'_\alpha(\theta_0,\varphi)=F_\alpha(\theta_0,\varphi)-F_{\Sigma1}(\theta_0,\varphi)$$
$$F'_{\Sigma2}(\theta,\varphi_0)=F_{\Sigma2}(\theta,\varphi_0)-F_{\Sigma1}(\theta,\varphi_0)$$
$$F'_\beta(\theta,\varphi_0)=F_\beta(\theta,\varphi_0)-F_{\Sigma1}(\theta,\varphi_0)$$

因此

$$F'_{\Sigma 2}(\theta_0,\varphi)-F'_{\alpha}(\theta_0,\varphi)=F_{\Sigma 2}(\theta_0,\varphi)-F_{\alpha}(\theta_0,\varphi) \tag{10.23}$$

$$F'_{\Sigma 2}(\theta,\varphi_0)-F'_{\beta}(\theta,\varphi_0)=F_{\Sigma 2}(\theta,\varphi_0)-F_{\beta}(\theta,\varphi_0) \tag{10.24}$$

可见，方位差对和波束归一化测量值之差、仰角差对和波束归一化测量值之差均等于实际波束方向图之间的幅相之差。

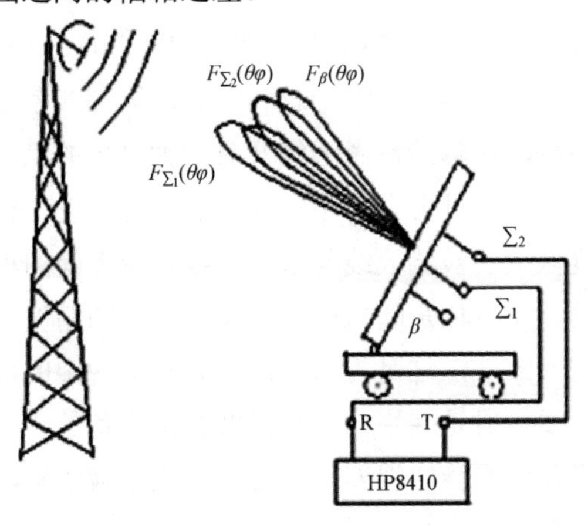

图 10.29　无放大设备的天线测试方案

图 10.29 只画了仰角方向的多个波束，式（10.23）和式（10.24）中已考虑了仰角、方位上的多个单脉冲。若在低角时也用到方位和差单脉冲，可能还要求知道Σ_1与$\Delta\alpha$的幅相关系，这时便以Σ_2做参考天线波束，在以$F_{\Sigma 2}(\theta,\varphi)$做参考天线时，$F_{\Sigma 1}(\theta_0,\varphi)$ $F_{\Delta\alpha}(\theta)$的测量值为$F'_{\Sigma 1}(\theta_0,\varphi)$、$F''_{\Delta\alpha}(\theta_0,\varphi)$：

$$F'_{\Sigma 1}(\theta_0,\varphi)=F_{\Sigma 1}(\theta_0,\varphi)-F_{\Sigma 2}(\theta_0,\varphi)$$

$$F''_{\Delta\alpha}(\theta_0,\varphi)=F_{\Delta\alpha}(\theta_0,\varphi)-F_{\Sigma 2}(\theta_0,\varphi)$$

得

$$F'_{\Sigma 1}(\theta_0,\varphi)-F''_{\Delta\alpha}(\theta_0,\varphi)=F_{\Sigma 1}(\theta_0,\varphi)-F_{\Delta\alpha}(\theta_0,\varphi) \tag{10.25}$$

10.7.4　常规方法、交叉自测法与近场法的对比

只有两个波束信号时，用 HP8410 一类矢网或矢量电压表是无法测出其幅相关系的，因为仪表本身的幅相初值指示可由人工校准设置，初值还与连接电缆、设备相关，所以常规方法、交叉自测法都是引入第三个相独立的参考波束信号进入仪表的参考端，通过两组波束测试再消除参考波束的影响，得到被测天线波束的幅相关系，这是两种方法的共同点。

常规方法适用面广，无论被测天线是一组单脉冲还是多波束均可以，但要求参考天线的放大设备保持稳定，即保持每次测试时F_r恒定不变，否则会引起式（10.22）的误差。该方法的主要缺点是增加了辅助测试设备量，野外测试不便。

交叉自测法不适于天线只有一组单脉冲波束的情况，需要天线自身另外还可找出一组波束，一般来说参考天线波束应选择以棒状方向图（如和波束的形式）为佳，以使测试方向的波束增益较高且平坦，因而不能在零深方向以差波束作为参考波束。由于被测波束与参考波束共用同一天线阵面，故要求在每一对波束测量期间天馈线系统稳定，以保证 $F_r(\theta)$［即图 10.29 中 $F_{\Sigma1}(\theta,\varphi)$ 或 $F_{\Sigma2}(\theta,\varphi)$］不变，使式（10.23）和式（10.24）成立。该种对被测天馈线系统稳定性的要求实际与常规方法一样，但少了对辅助参考天线及其放大设备的稳定性要求，比常规方法受干扰小，容易测准，同时省去了额外辅助设备及架设工作量。

常规方法的精度取决于被测天线与参考天线系统之间的稳定度，因被测天线与参考天线相独立而误差变化是随机的；交叉自测法的精度主要取决于参考天线系统的主瓣区相位的一致性，这是可事先测出并且是稳定的，可以消除或减少，而参考天线与被测天线一般是共用同一套微波有源设备的，二者的误差变化是同步的，则微波有源设备的不稳定误差在二者归一化时被消除，因此交叉自测法的精度要比常规方法的高。

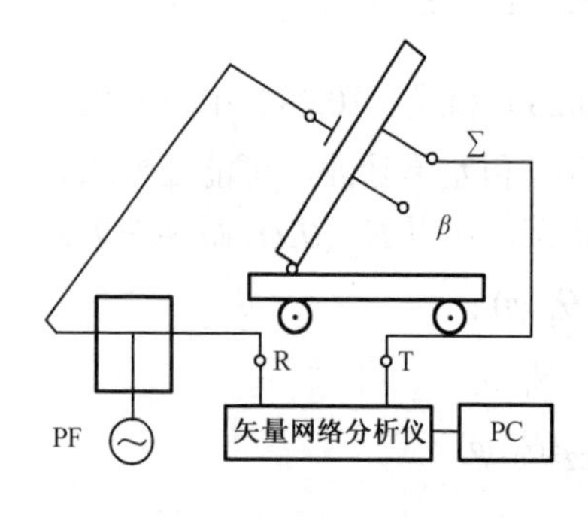

图 10.30　微波近场法测试图

常规方法和交叉自测法是以矢量网络分析仪使用原理为基础的，适宜于远场测量。若用微波近场法，用近场测试探针天线单元在被测天线口径面测试（见图 10.30）出天线波束间的幅相关系，在测试设备更新的今天看似比较方便：没有参考天线的选取问题，且不受野外自然环境影响，测试状态稳定，只依赖于微波暗室及近场测试设备，但近场法得到的是自由空间的情况，观察不到雷达工作状态下地面反射对天线波束的影响，这是它的弱项，因此近场法只适用于得到雷达天线内部通道之间的幅度、相位关系，与天线内外场合成的波束通道的幅度、相位有异，不能完全代替常规方法和交叉自测法。

交叉自测法已用于相控阵雷达单脉冲波束相位关系的测试、调整与定标，减少了测试时间，经雷达整机远场联试证明了其准确。

本章参考文献

[1]　张光义. 相控阵雷达系统[M]. 北京：国防工业出版社，1994.

[2]　林守远. 微波线性无源网络[M]. 北京：科学出版社，1987.

[3] HANSEN, R. C. Phased Array Antnnenas[M]. Publishing House of Electronic Industry, 1998.

[4] ALLEN, J. L., A theoretical limitation on the formation of lossless multiple beams in linear arrays[J]. IRE Trans., 1961(AP-9): 350-352.

[5] BLASS, J. Multidirectional antenna—a new approch to stacked beams[J]. IRE International Conv. Rec. 1960(1): 48-50.

[6] 林守远. Butler 阵的幅度加权[J]. 现代雷达，1997，19(3): 51-59.

[7] 胡胜恩，王行富. 全固态相控阵雷达的馈电系统[J]. 现代雷达，1990(5): 54-59.

[8] JOHNSON. R. C. Antenna Engineering Handbook[M]. The Kingsport Press. 1984.

[9] POZAR. D. M. Microwave Engineering[M]. Publishing House of Electronic Industry. 2019.

[10] ZHANG D. B. Two-beam technique to track a target in low elevation angles for phased array radar[C]. CIE ICR'96. 1996, 743-746.

[11] 张德斌. 阵列天线单脉冲馈电网络在和分布约束下的优化设计[C]. 全国微波年会，合肥：1993.

[12] 郭燕昌，许汉来. 三参数差波瓣性能的研究[J]. 现代雷达，1995，4(17): 37-43.

[13] 郑雪飞，郭燕昌. 和差分布一体化设计[J]. 现代雷达，1996，4(18): 44-50.

[14] 周家槐，林守远，胡胜恩，等. 低副瓣馈电网络设计初探[J]. 现代雷达，1989，1(11): 56-63.

[15] 张德斌. *n* 端口网络散射参数测量值中失配误差的修正方法[J]. 现代雷达，1985，2:19-27.

[16] ZHANG D B. Microwave CAT and compensation technique of feed network in a phased array radar[C]. Proceedings of APMC'97, 937-940.

[17] SANZGIRI S. M, BUTLER J. K. Constrained optimization of the performance indices of arbitrary array antennas[J]. IEEE Trans. Antennas Propagat, 1971, 19(4): 493-498.

[18] LEE J. J. Sidelobe control of solid-state arrays antennas[J]. IEEE Trans. Antennas Propagat, 1988, AP-36(3).

[19] 焦永昌，吴鸿适. 一种新的低副瓣曲线阵数值综合法[J]. 电子学报，1992，20(6): 7-14.

[20] 张德斌. 多组单脉冲天线波束及其接收通道间幅相关系的交叉自测法[C]. 2004 年军事微波技术第四届全国学术会议，西安：2004.

[21] 殷连生. 微波大系统相移精测的交叉换位法[J]. 电子学报，1987，15(2): 93-97.

第 11 章
有源阵面微波系统监测的设计

本章讨论大型有源相控阵阵面微波系统的监测原理与方案，分析其功能和性能，并给出其构建原则，对比有源相控阵雷达阵面内、外监测方法的优缺点，设计验证这两种监测方法，还将讨论利用外监测方法修正相控阵通道幅相误差所能达到的精度，并给出实验分析数据和图表。

11.1　概述

有源相控阵天线系统是雷达的关键系统之一，通常由天线阵列、T/R 组件、收发馈电网络组成的相控阵阵面，以及保障阵面性能稳定的阵面监测分系统所构成。有源相控阵天线系统具有多样性、复杂性、高保障需求的特点。

多样性体现为现代有源相控阵天线系统涉及各种工作频段，从 P 波段到毫米波都有各类典型的雷达系列推出，而有源相控阵天线阵列形式和天线阵列单元加权及幅度相位赋形方式多种多样，从矩形阵列、椭圆阵列到共形阵列，从常规的幅度加权、相位加权到密度加权的稀布阵列，这些都极大地体现了其多样性的特点。目前，各类型天线振子都有了较大进展，如端馈的开槽天线、小厚度有源共形天线、孔径共用天线等，这类天线的出现使得阵列天线可以工作在宽带甚至倍频带宽，而且可以用小厚度有源共形天线建造具有双曲表面的阵列口径，具有同时和交替用于雷达、电子战和通信应用的能力。

复杂性体现为现代有源相控阵天线从系统角度考虑，该系统为包含接收、发射功能的高频通路的有源微波网络和一个进行波束控制与供电的控制服务网络构成的复杂系统。有源微波网络担任主要角色，控制服务网络即依据有源微波网络的结构而构成。有源微波网络的结构根据系统需求有多种构成形式，主要包括辐射单元、T/R 组件、高频馈电网络等。其中可能包含多种微波器件，如 T/R 开关、环行器、移相器、限幅器、衰减器、功放、LNA、滤波器、混频器、YIG、耦合器、调制解调器及检波器等；还可能包括译码器、波控驱动器、DC/DC 电源及结构设计的导热冷板。以上器件以不同的组合方式集中在 T/R 组件中。随着 T/R 组件功能的扩展，高频馈电网络阵面的幅度、相位加权功能部分地被融入到 T/R 组件中，如利用 T/R 组件的移相器、衰减器、多品种功放实现阵面的幅度、相位加权。目前 T/R 组件正走向集成化、数字化，有源相控阵面的大多数功能将被集成入 T/R 组件。为适应数字波束形成（DBF），在这类 T/R 组件中还加入滤波器、混频器、中频 I/Q 通道。如果使用数字直接综合技术（DDS）进行相位数字编码，相位控制采取数字化，甚至可以实现无传统移相器的 T/R 组件。这样的系统工程是相当复杂的。目前，T/R 组件占有源相控阵天线生产成本的 70%以上，单片微波集成电路（MMIC）和多芯片组装（MCA）在近几年成本大幅下降。在此基础上，MMIC和MCA大量应用于电扫阵列已成为可能。

虽然有源相控阵天线系统分布式的发射和接收系统避免了传统的集中式单发射机、接收机灾难性的单点故障模式，少部分的有源相控阵天线通道故障对天线性能的弱化有限，雷达整机的可靠性提高了许多，但由于大量有源设备的引入，有源相控阵天线系统的多样性、复杂性决定了系统设备较难实现较高的稳定性，需要通过与有源相控阵天线系统特点相适应的各类监测机构的测量、修正来保障系统设备具有较高的稳定性。

本章要解决的问题如下：

（1）选择典型的有源相控阵天线系统并确立监测方案；

（2）分析有源相控阵天线系统监测和校准阵面的幅相测量误差，对设备上、方法上的两类基本误差做定量计算和测量；

（3）在此基础上总结一套适于工程使用的有源相控阵天线系统的监测和校准设计方法，用此方法设计典型的有源相控阵天线系统的监测方案，并对其工作效果进行仿真预计和工程测试验证。

11.1.1 设计考虑

衡量有源阵面微波系统性能最好的尺度是其方向图。初测方向图与日后使用过程中监测复测方向图之间的差异，能为整个系统性能提供非常有价值的信息。当发现如增益下降、旁瓣电平上升或瞄准方向的偏离不可容忍时，必须采用其他技术查出损坏的组件或子系统的部位，并进行相应的修复或校正。

天线参数测量或在延伸很远的远场实验区，或在用计算机操作紧凑、笨重又精密的近场扫描架以探测天线近场口径分布的微波暗室。在后一种情况中，所需远场图只有经过繁多的测量和计算才能获得。

这些在研制过程中非做不可的工作项目，在野外工作中是无法证明其合理性的。因此，实验设备必须简单而轻巧，测量程序的设定必须遵循快速而简便的原则。要确保天线与监测的快速准确复位。

针对阵面的有源系统结构、阵列形式、加权方案等特点，在设计监测方案时，先要考虑有源阵面监测对象的纵向深度：要覆盖完整的有源收发馈电通道，即应包括辐射单元、子阵、各级发射、接收馈电网络；还要考虑到阵面监测对象的横向宽度：要覆盖的稀布天线阵面具有大的天线口径和大的单元个数。阵面性能监测应考虑以上的特点，在设计上应考虑尽可能提高阵面监测的测量精度，同时要合理选取监测设备量。

任何校准或检测系统，依据阵列单元信号采样或测试信号注入的路径，通常可分为两种：内监测法和外监测法。综合考虑上述因素，阵面监测可采用内监测、外监测或内外监测相结合的方式。

有源相控阵天线系统的监测比较复杂，监测设备中测量系统的建立方式应满足系统要求并根据系统资源做工程折中。在有限条件下的有源相控阵天线系统的监测和校准能达到好的测量精度、修正效率，尤其引人注目。

11.1.2　有源阵面微波监测的几种常规方案

11.1.2.1　内监测法

内监测法是技术上一种较为成熟的方法，其原理框图如图 11.1 所示。这种方法的测试信号由定向耦合器获得，监测发射通道时，高频激励信号经过放大后分成 *N* 路（*N* 为阵面有源单元数），分别馈入 *N* 个 T/R 组件，经组件内部的发射通道放大后，馈给天线单元辐射到空间，天线单元与 T/R 组件之间的 *N* 个定向耦合器耦合一部分发射信号，计算机控制监测矩阵开关网络接通 *N* 路中的某一路定向耦合器，将该路耦合的发射信号分量移相、放大、变频，最后送到幅相测试仪（以下简称幅相仪），依次接通 *N* 路中的每一路定向耦合器，可测得每一路发射通道的幅度（或增益）和相位。监测接收通道时，激励信号放大后分成 *N* 路，经过矩阵开关网络分别接通 *N* 路中的一个定向耦合器，监测高频信号依次进入每个 T/R 组件接收通道进行放大、移相、衰减等，经主馈线网络后变频，送给幅相仪确定每一路接收通道的幅度（或增益）和相位。

内监测的优点如下：

（1）技术成熟、可靠性高、性能稳定；

（2）监测精度很高，且容易校准；

（3）监测系统能在阵面设备调试好前校准，为阵面设备的调试提供了有力的工具，可缩短阵面系统的调试周期。

内监测的缺点如下：

（1）监测的结果不包括天线单元及其互耦作用，所监测到的幅相数据与阵面实际的数据有一定的差别；

（2）测试信号是通过一个 *N* 路矩阵开关分配的，其开关自身的误差也将包括在内，对开关本身有严格的精度要求；

（3）系统复杂、设备量大、成本高，该方法需要做一个专门的监测矩阵网络，有大量的矩阵开关及其驱动电路，同时还需要大量的电缆。

（4）由于相控阵雷达阵面高频箱内的空间非常有限，而内监测法却需要大量设备，如定向耦合器、矩阵开关、电缆等，使得阵面高频箱内非常拥挤，给阵面的电磁兼容性设计和结构设计带来了一定的难度。

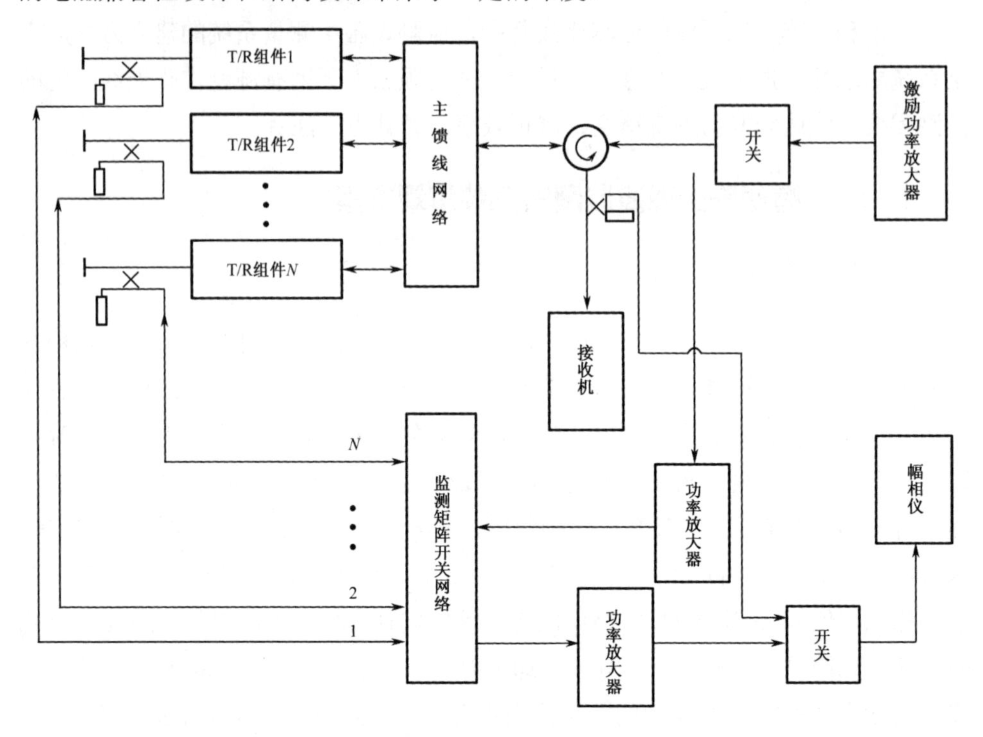

图 11.1　内监测原理框图

11.1.2.2　外监测法

外监测法的测试信号从一个或几个远场源获得，或者由安装在阵列附近的一个或几个探头将测试信号直接注入每个阵列单元，其原理框图如图 11.2 所示。

使用外监测法监测系统的发射通道时，由波控系统控制阵面 T/R 开关，被监测的某一路 T/R 组件正常发射，其余 *N*−1 路内部接匹配负载，外监测天线处于接收状态；由外监测天线接收的信号经功放、变频送到幅相仪，确定被监测发射通道的相对幅度（或增益）和相位。使用外监测法监测系统的接收通道时，被监测的某一路正常接收，其余 *N*−1 路接标准负载，外监测天线处于发射状态，由被测支路接收的信号经主馈线网络、功放、变频送到幅相仪，确定被监测接收各通道的相对幅度（或增益）和相位。

外监测系统正式使用前，首先将阵面系统的被测设备和测试设备（外监测系统）调试到正常状态，确保外监测天线与阵面的相对位置固定不变，在微波暗室中测试一组幅相数据，作为正常监测时判断阵面收发通道好坏的依据。

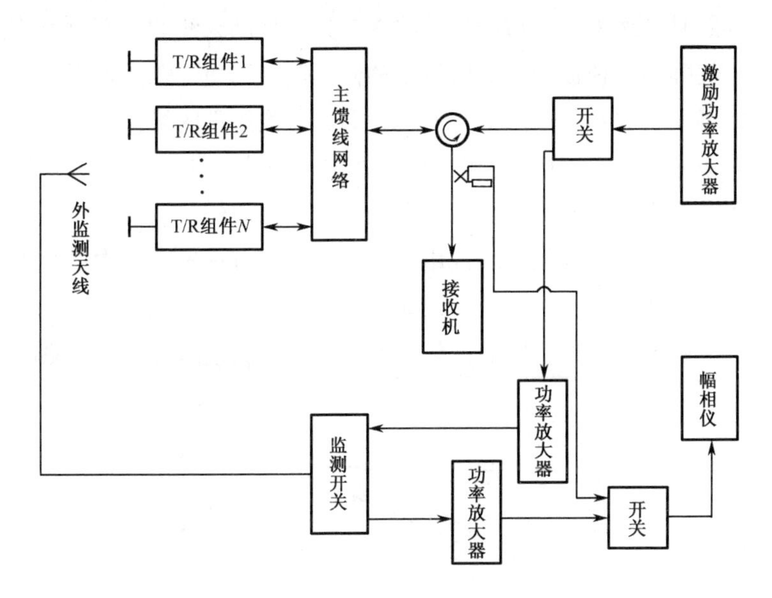

图 11.2　外监测原理框图

外监测的优点如下：

（1）考虑到了天线单元及其互耦，监测到的幅相更接近真实值；

（2）外监测系统比内监测的设备量大大减少，有效地降低了雷达的成本；

（3）由于减少了大量电缆、矩阵开关及其驱动电路，省去了监测矩阵网络，节约了阵面高频箱内的有限空间，降低了电磁兼容性和结构设计的难度。

外监测的缺点如下：

（1）从各个单元接收或发射的相位和幅度都是不同的，这些与相对监测天线探头位置有关，在校准中必须将其考虑进去；

（2）标校困难，理论上很难算出各单元的幅度和相位，只有在阵面系统完全调试正常后，才能在微波暗室内测试一组标准数据，作为监测收发通道好坏和进行收发通道幅度及相位补偿的依据；

（3）监测系统的标校仅能在阵面调试正常后进行，外监测无法在阵面的研制、生产和调试过程中发挥作用，只能用于以后工作状态下的监测。

11.1.2.3　国外的几种监测方案

文献[1]～文献[13]介绍了国外几个有源相控阵天线系统的监测与标定的成果。在 ELRA[1]系统中，其 S 波段多功能相控阵天线的监测与标定采用在每个阵面前面安装一个辅助测量天线的方案（见图 11.3）。用辅助天线的安装角度部分补偿其照射阵面时到达上、下边缘信号幅度差异。辅助天线的波束对准阵面最高处的辐射器，使阵面口径被辅助天线波束的倾斜部分照射，在照射不均匀可以忍受条件下确定辅助天线到阵面的最小安装距离。监测组件的增益和相位时，通过相位控制使阵面方向图零点指向辅助天线，提高测量信噪比。为回避测量动态问题，利用各个子阵波束输出而不是最后的和波束。利用旋转矢量等方法判定组件增益和移相器的好坏。在近场条件下，用阵面电扫过设置在近场区的试验天线的办法标定天线阵面。文献[1]介绍用该方法来测量天线方向图已证明很有效，可准确测得主瓣宽度，由于数字移相器的量化误差等影响，测量的旁瓣电平略高。

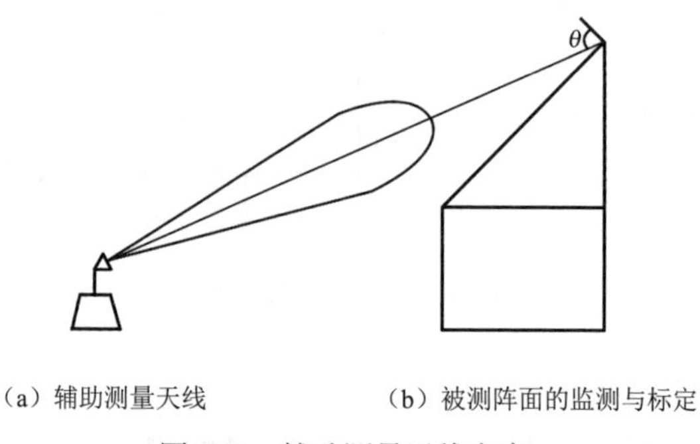

（a）辅助测量天线　　（b）被测阵面的监测与标定

图 11.3　辅助测量天线方案

文献[2]介绍了空馈相控阵天线系统的监测与标定。在其 CRC 系统中，对该套 S 波段空馈相控阵天线的测量与标定采用了一种幅、相补偿办法。该方法对馈源照射到阵面的球面程差和幅度分布进行了计算和补偿。文献[3]详细介绍了一种相控阵天线系统实时在线监测与标定的方法，给出了检测框图、相位调制技术解释和最终结果。该方案的特点在于，采用微带线耦合注入监测信号的馈电方法，是一种介于强迫馈电法和空馈馈电法间的监测信号注入方式，适用于长微带线同时行、列间有一定空间隔离的阵列结构。

文献[14]介绍了一种相控阵天线系统的监测与标定光电手段，如图 11.4 所示，用一个固定位置的不干涉微波的小介质探头来监测单个阵中单元或子阵，而不影响阵列的正常工作，通过该方法校准的阵列不再需要其他方法标定。文献[14]还给出了一千多个天线单元的阵列仿真和实物测试的比对结果，结果表明该方法可以给出各种故障情况下的准确指示，包括单元不工作、相位离散、低输出功率等。由于采用了毫米级的介质探头和极细微的光纤线缆，探头可以布置在天线罩里，特别适用于在线监测。该文献也认为单元互耦、天线罩内的多路径和通路隔离都是降低测量精度的因素。

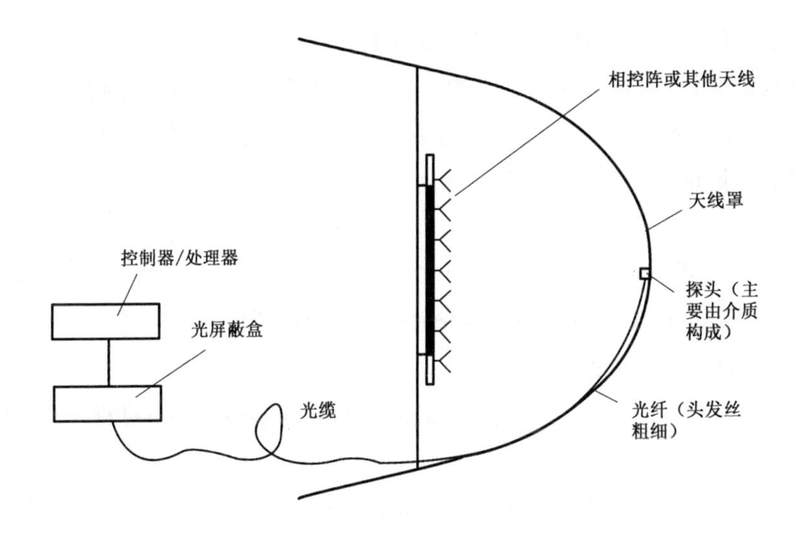

图 11.4　雷达相控阵天线光电监测

文献[4]介绍了 THAAD（The Theater High Altitude Area Defense）的相控阵天线（见图 11.5）系统的监测与标定方案。THAAD 雷达的平面 X 波段固态相控阵阵列含有 25344 个 T/R 组件，每个组件包括一个 6 位移相器、6 位衰减器、低噪声放大器（LNA）、功率放大器和波导辐射单元。阵列分为 72 个子阵。每个子阵具有 3 个单脉冲通道的 6 位延时单元（TDU），有一个可提供宽带跟踪能力、形成 1 个或多个和波束进行搜索用的波束形成器。该方案中，利用布置在阵列边缘的 6 个辅助扬声器天线照射阵面的 6 个区域，独立或联合完成局部和全阵列的故障监

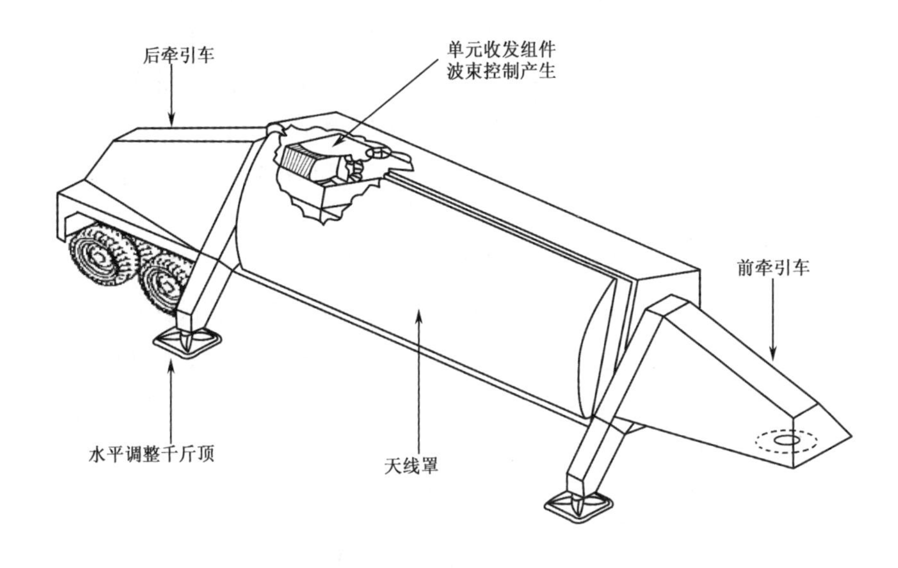

图 11.5　THAAD 的相控阵天线

测与口面幅、相标定。该方案还引入了黄金标准的概念。阵列中每个单元需要一个校正常数，对相位和振幅误差进行校准。对每个理想口径分布和频率都需要有一组单元常数，系统中共使用了 93 组常数。这些常数组事先算出，并通过平面近场测试中的测量进行了验证，成为黄金标准，装订为长期标准，每次阵列标定时修正单元误差趋近黄金标准。

近场实验校准的目的是产生每种校准模式每个单元的振幅和相位修正常数。这些模式规定了频率、幅相分布和极化。当阵列使用特定模式的校准常数时，由单元振幅和相位分布应能形成一个波束，其口径误差与理想分布相比在误差允许范围内。口面幅、相标定需要在精确的平面近场实验条件下进行，文献[4]～文献[10]还介绍了紧凑的平面近场测试场技术，用于支持相控阵列的校准、诊断和方向图测量。加利福尼亚州的 Carson 近场系统公司建造的扫描器可以扫描高度×水平为 3.6m×6.8m。探头可以沿着它的轴移动 25cm，并可以旋转 360°。探头的方向图和增益事先要校准。试验场控制设备支持连续的、双向的探头扫描，支持探头旋转、探头极化转换，以及频率、阵列输出端口、阵列扫描角和阵列校正模式等多种方式的组合。校准和诊断数据根据探头位置，单独接通各个单元来获得，方向图数据则通过同时接通整个阵列来获得。无论是校准/诊断还是方向图，出于总功率和安全方面的考虑，每次只有一个单元进行发射。校准是在发射和接收两种工作方式下进行的。阵列通过通信链路从 VAX 工作站接收数据，从运行 Lab VIEW 应用程序的 PC 接收定时选通脉冲，用计算机作主控制器，还控制接收机、扫描器和所有外部 RF 开关。每次扫描都通过探头在 Y 轴向上双向连续移动，在 X 轴向上正向步进来完成。每个 X 位置都位于一列阵列单元的中心。在每个单元对均匀振幅修正前后，都采集 RF 数据，在向下扫描时，数据以相反次序采集。

文献[11]～文献[13]介绍了使用 Matlab 软件包开发平面近场测量控制和仿真分析软件技术，包括了 Matlab 软件包的 simulate 和 GUI control interface 等模块。平面近场测量控制和仿真分析软件最终形成了统一环境，如图 11.6 所示。

在舰载雷达中，“宙斯盾”作战系统从 1969 年 12 月起正式开始研制，1973 年完成样机，于 1981 年正式装舰。AN/SPY-1A 多功能相控阵雷达分系统是“宙斯盾”作战系统的心脏，是“宙斯盾”战舰的主要探测系统。该雷达为多功能相控阵阵列专门配置了阵列的平面近场监测设备（见图 11.7），包括可以隔离外界干扰的紧凑型暗箱、可附着在舰体的平面近场扫描架和匹配雷达设备的控制接口。该设备可以拆卸，用于多功能相控阵阵列的定期监测标定。

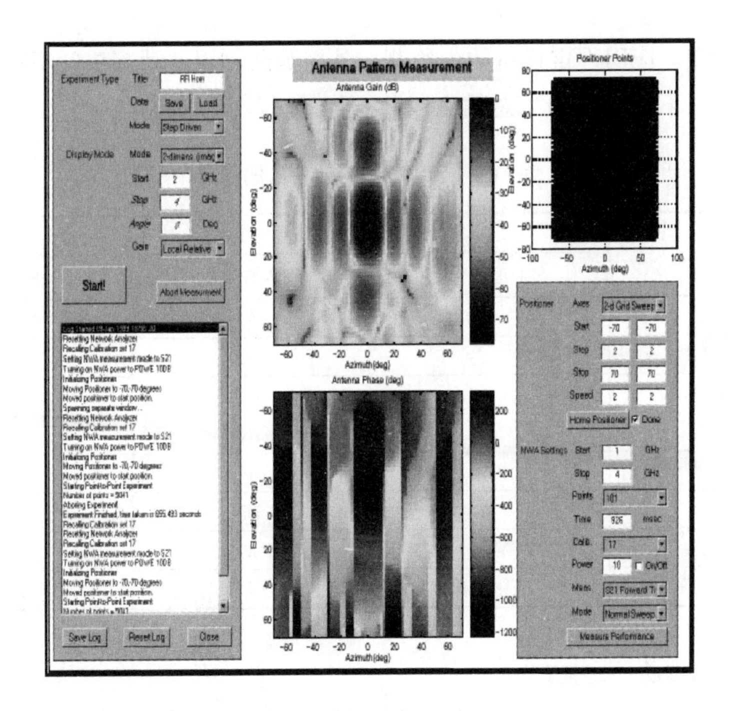

图 11.6　平面近场测量控制和仿真分析统一环境

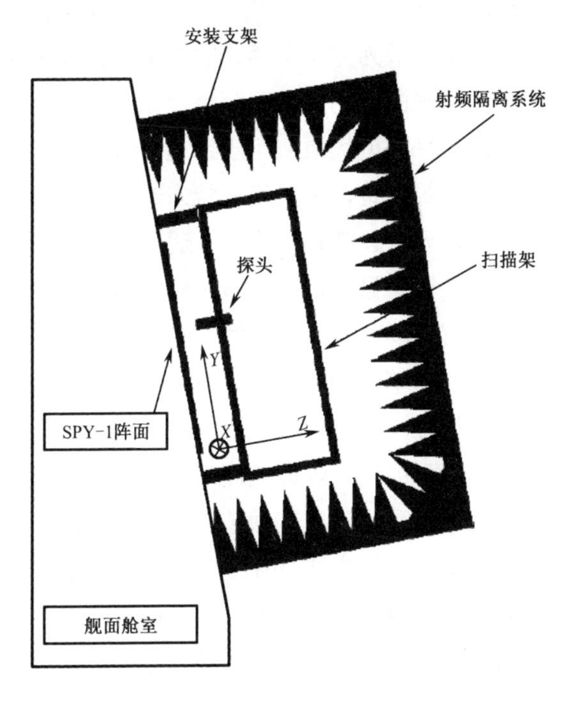

图 11.7　配备 SPY1 雷达阵列的平面近场监测设备

综合上述内容，根据监测需求，被检测的有源系统结构、阵列形式、加权方案等各有特点，应用固定设备的内监测、外监测或利用移动探头的平面近场监测的成效也各有不同，表 11.1 总结出 3 种监测方法各自的特点。

表 11.1　3 种监测方法各自的特点

特点	监测类别		
	平面近场监测	内监测	外监测
占用空间	大	小	小
设备量	大	大	小
气象影响	小	小	小
外部干扰	小	小	适中
时间开销	极大	小	小
测量精度	高	高	一般
测量信息量	完整	不完整	完整
多波束测量	有限支持	不支持	有限支持

3 种监测方法的比较：

内监测由于多数是通过强迫馈电网络馈入有源天线系统的某一个局部层面，不能覆盖系统的全部通路，因此对大型阵列而言，还要和其他监测手段组合应用。

平面近场监测，可以提供最为完整和精确的测量，在许多项目的开发过程中都起到无可替代的作用。但平面近场用于监测也存在一些实用中的困难，首先是测量时间慢的问题，其次是平面近场监测用于雷达平台上的情况时，需要架设紧凑型暗箱、平面近场扫描架等设备，雷达工作状态时，还要拆卸下来。显然，平面近场监测只适用于定期阵列状态精确检测，不适用于实时雷达监测。

外监测，占用空间小、设备量少、测试时间短、测量信息量完整，但由于存在测量多路径和被测通道有限隔离等问题，测量精度难以大幅提高。在上述文献中，这种监测方法多用于故障单元的监测，而对于有很低副瓣要求的天线阵列的监测、校准，则显得力不从心。

阵面性能监测应考虑尽可能提高阵面监测的测量精度，也只能设置可接受的监测设备量。综合考虑上述因素，选择阵面监测采用内监测、平面近场监测或外监测，或内监测、外监测相结合的方式。在上述文献中，多数雷达天线系统中采用的都是单一的监测方法，少数采用了一两种方法的组合，只有极少数采用了天线系统电性能多任务测试技术。在超大型相控阵雷达中，综合应用固定设备的内监测、外监测或利用移动探头的平面近场监测，可同时获得在线快速故障定位、性能评估，精确性能测试、系统校准、标定的功能，对于固态有源雷达此项意义重大。要建立这样的综合监测、校准系统，关键技术包括时-时操作系统应用，高速信号控制与采集系统，“多任务”近场计算机辅助测试，高速网络及设备交连，介入雷达工作波形的在线监测时序，内、外监测数据与校准数据融合、数据容错策略。

外监测对故障单元的监测成果在文献中多次被提到，而用于评估天线系统性能的工作涉及很少，外监测的测量精度一旦提高，完全可以借用平面近场监测“多任务”控制、通信、处理平台，获得完整的监测信息，而且只需花费极少的测量时间，即可实现在线阵列监测。

在目前和未来的有源相控阵天线系统的建造中，开展监测研究，综合应用内监测、外监测或利用移动探头的平面近场监测设备，同时提高外监测的测量精度，实现在线阵列监测，可以全面提高有源相控阵的监测技术水平。

11.2　典型有源相控阵天线系统的监测方案

11.2.1　典型有源相控阵天线系统模型

第 10 章已介绍了相控阵馈线系统多种模型，馈线和阵面接收、放大及电源、控制等相结合，进而得到有源相控阵系统。典型的有源相控阵系统如图 11.8 所示，馈电网络、收发子阵和阵列为主通道。图 11.8 中的监测通道为外监测方式的天线阵面监测。

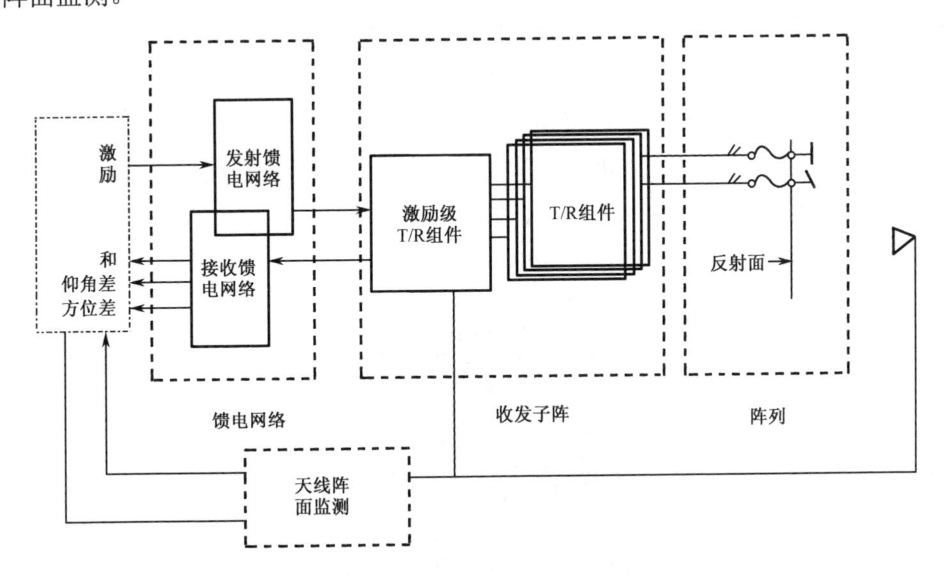

图 11.8　典型的有源相控阵天线系统

具体选择的典型有源相控阵天线系统是一个 C 波段多波束天线系统[15-18]，该天线采用二维相扫体制。天线阵面由数千个有源 T/R 单元构成，系统主要由天线阵列、收发子阵、收发馈电网络组成。各部分的设计均有其特点。

（1）天线阵列采用单元三角格阵状分布，收发组件矩形规则布置，通过电缆交叉连接辐射单元和收发组件，这样可以兼顾较好的天线宽带性能和合理的收发组件结构布局。

（2）收发子阵采用模块化、组合化方案，将收发组件组合成多组收发单元，激励发射组件、接收组件、补偿移相器、幅度均衡器、环流器、1/4 功率分配器、波控运算单元等组成激励收发单元，两类组件单元采用统一的结构方式和接口，阶梯形组合成收发子阵。这样，阵面中全部有源、控制设备都集合在这一级内。

（3）收发馈电网络包括功分器、和差器及高频电缆等组合的发射、接收和、仰角差、方位差馈电网络，器件系列化、系统全无源、可靠性高。

发射时，激励信号经由发射馈电网络、收发子阵、辐射单元在空间形成发射波瓣；接收时信号经由辐射单元、收发子阵、功分器网络、和差网络分别送至和、方位差、仰角差三个接收通道，形成和、方位差、仰角差波瓣。主要参数如下：

（1）工作频率：　C 波段
（2）天线型式：　固态有源平面二维相扫阵
（3）电扫范围：　方位±45°，俯仰（0°～50°）
（4）旁瓣电平：　小于−30dB
（5）差零深：　小于−30dB、单脉冲比幅
（6）移相器：　5 位移相器
（7）子阵内单元数：　16 单元
（8）单元：　准八边形布局（如图 11.9 所示天线单元布局）
（9）发射频谱：　杂散、谐波小于−35dB
（10）系统噪声系数：　小于 4dB

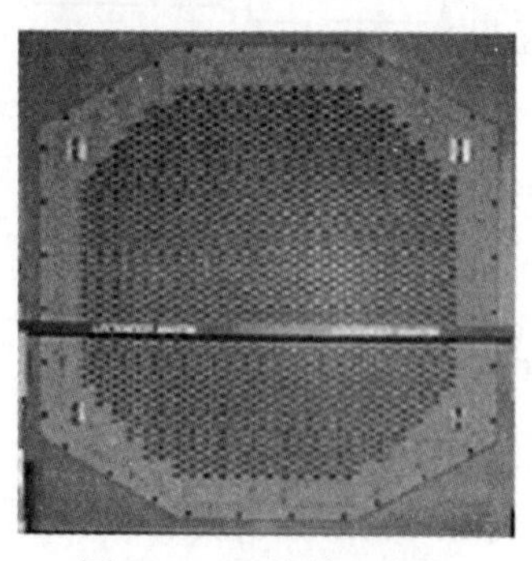

图 11.9　天线单元布局

该阵列所采用的设计方案简述如下：

（1）辐射单元采用微带贴片。

（2）阵列均匀发射，接收时在子阵级对和、方位差、仰角差幅度分别加权，平面加权如图 11.10 所示。

（3）收发子阵主要由 T/R 组件和激励 T/R 组件组成，如图 11.11 所示，激励收发单元包括收发组件、延时单元、均衡器、环流器、功率分配器、波控和电源集线器、波控运算单元等。

T/R 组件如图 11.12 所示。通过 T/R 开关控制组件的收发转换，发射状态时，T/R 开关连接发射通道，输入信号由移相器进入功放放大，输出功率经极化器后由天线辐射出去。接收状态时，T/R 开关连接接收通道，回波信号经极化器后由低噪声高放放大后，通过移相器输出至下级接收通道。

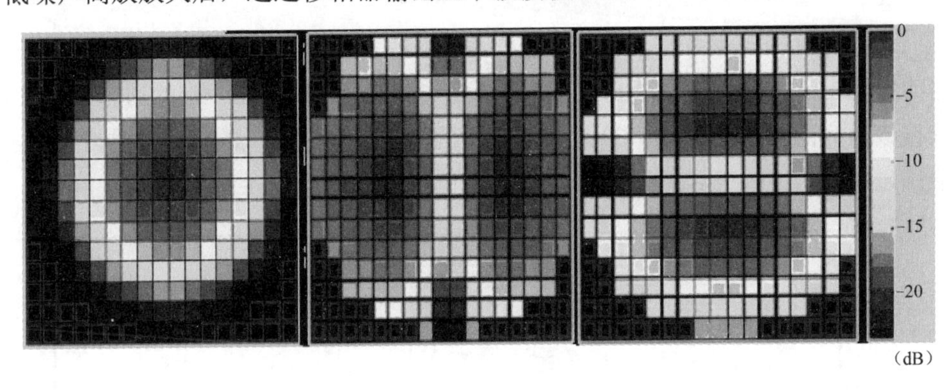

图 11.10　和、方位差、仰角差幅度加权（单位：dB）

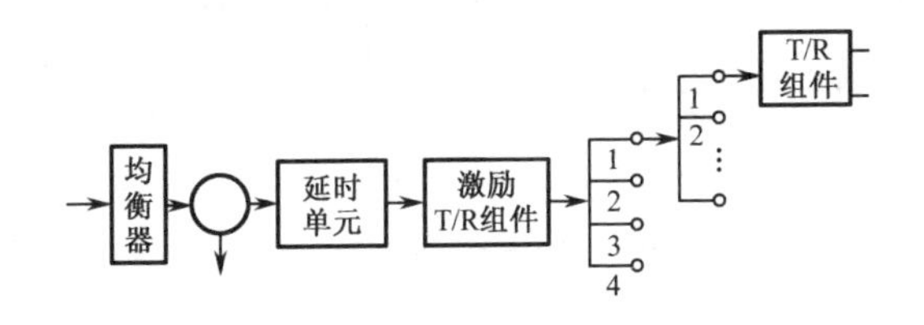

图 11.11　收发子阵

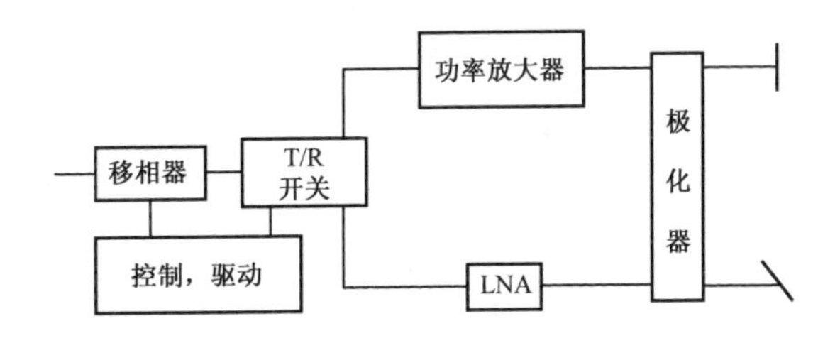

图 11.12　T/R 组件

11.2.2 天线系统性能分析

这里介绍有源相控阵天线系统的分析对象和要点，由此可得出对应的监测目标。

有源相控阵天线系统的工作频率、天线形式在方案确定后就已确定，而电扫能力根据参数要求，设计了辐射单元形式间距、单元阵中扫描匹配后也可保证。天线增益、波瓣宽度在确定了阵列幅度权值、馈电功分器与和差器网络结构后，系统的基本性能就确定了，同时由于阵面上的低噪声放大器有足够高的增益，考虑到天线方向性、馈电网络的损耗，系统能够达到天线增益指标。

天线系统性能的优劣，主要取决于收发子阵规模(造成较高的幅度量化副瓣)、各个收发通道的幅度、相位的一致性、稳定性（幅度、相位稳定性通常可以间接反映有源设备性能退化情况)、通道匹配水平，以及各个收发通道 5 位移相器的移相精度（直接影响天线指向精度)。

天线系统的主要硬件设备中，辐射单元、收发子阵、馈电功分器与和差器网络的性能由于受器件性能和加工成本、周期的限制，可能存在一定的通道故障率。依据该指标，在通道故障率 3%时，仿真出的性能与实际测量的指标较吻合，但未能满足有源相控阵天线系统的-30dB 旁瓣电平要求，如图 11.13 所示。

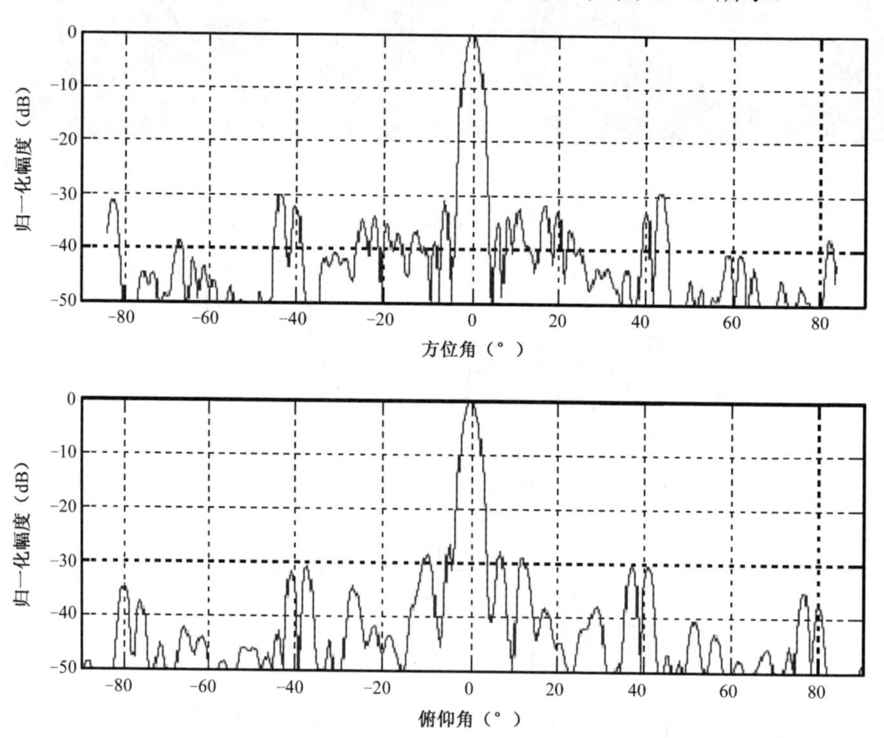

图 11.13 有源相控阵天线系统的典型测试旁瓣电平

此时统计有源相控阵天线系统的主要硬件设备（辐射单元、收发子阵、馈电功分器与和差器网络等）的幅度、相位误差，并将实际级联、失配引入的幅度、相位扰动作随机处理，可建立发射各层误差分布、接收和各层误差分布、接收差各层误差分布表。

接收、发射馈电网络级的幅、相误差是相似的，都是由于微波传输线的不连续点引起反射叠加及功率分配器的带通特性不平衡等带来的幅、相通带内起伏和端口不一致造成的。对微带电路而言，印制电路误差 0.05mm/cm^2，对一个 200～350 个端口具有补相措施的馈电网络而言，统计的幅度、相位误差如图 11.14 所示，可实现功率幅度误差 5%、相位误差 2%。

发射路的各级放大器均采用饱和放大方式，以保障各级推动功率范围合适（相对功率额定值，输入变化小于 2dB 内都可正常激励），而子阵、T/R 末级的功率输出起伏相对较小，如图 11.15 所示。

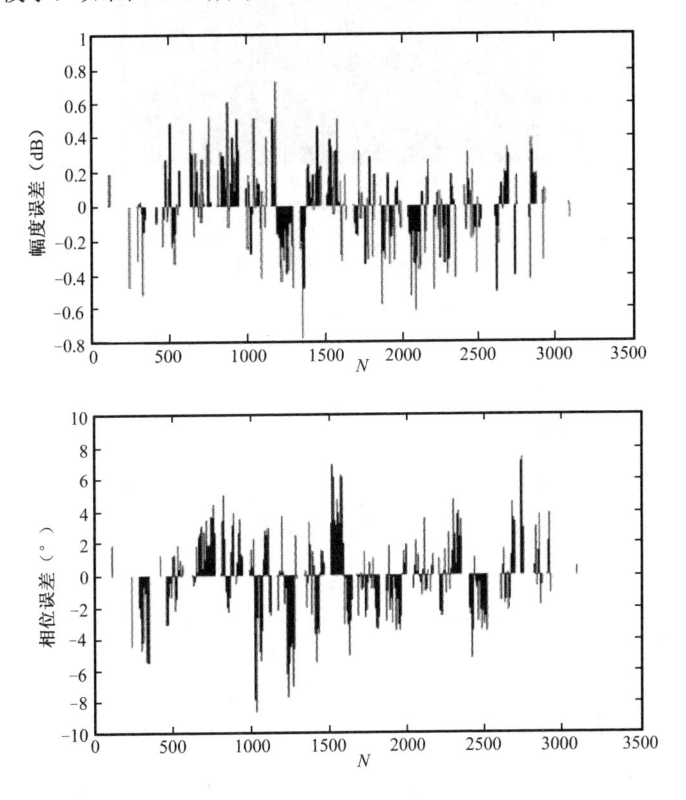

图 11.14　馈电网络级的幅度、相位误差

因此需要对有源相控阵天线系统进行通道校准，由于天线系统通道的幅度一致性已达到较高水平，同时天线扫描时阵中单元失配和移相器不同相移位时造成

的插入损耗变化较小，对有源相控阵天线系统通道的幅度校准意义不大。比较而言，测到的相位比测到的幅度变化量大些，相位比幅度容易控制，因此，确定通道的相位校准则更有意义，在测量精度接近移相器最小相移位（11.25°）误差水平时，就能满足有源相控阵天线系统-30dB 的旁瓣电平要求（见图 11.16）。使和差信号控制的幅度不一致<0.5dB，相位不一致<10°，有源相控阵天线系统差通道的零深等也能获得较好的校准结果，如图 11.17 所示。

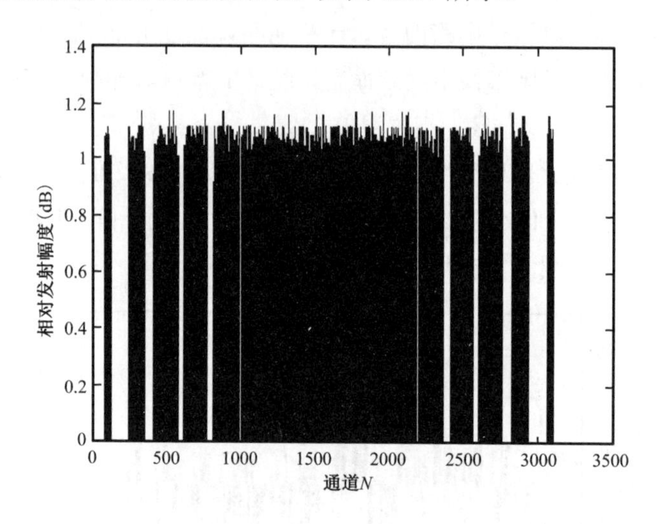

图 11.15　子阵组件功率输出端的幅度误差

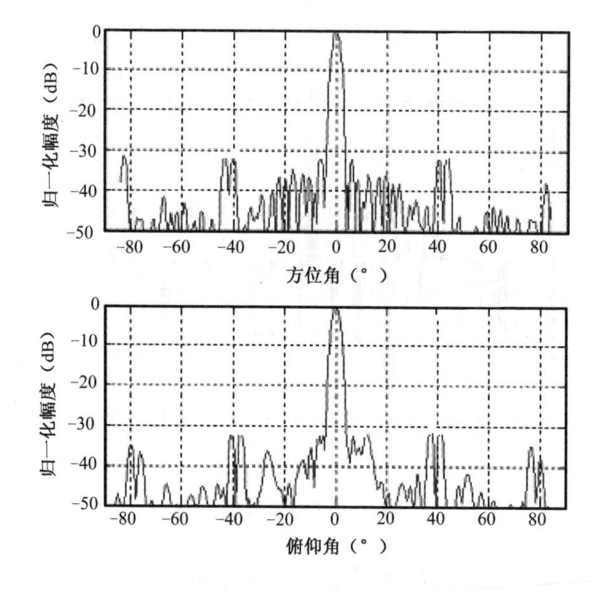

图 11.16　有源相控阵天线系统接收和波束相位校准后的典型测试旁瓣电平

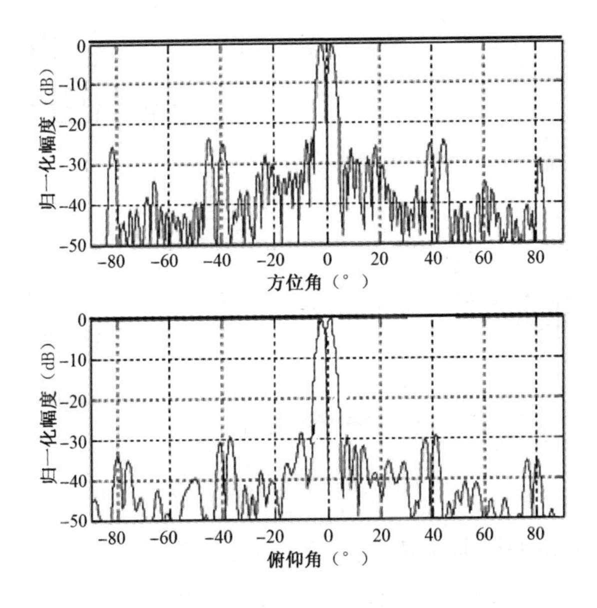

图 11.17　接收差波束的典型测试旁瓣电平

11.2.3　天线阵面监测系统

根据系统性能分析与经验，在天线系统日常工作中，需要保证通道故障率低于 3%，通道的电平不一致性可以接近±1.6dB，通道的相位不一致性可以接近±22°。在这样的条件下，该系统能在大于 90%的概率下有效工作。因此，需要设计的监测系统应能够满足以下要求：

（1）建立天线系统通道测量设备，对全阵面进行定期的检测、维护，诊断出故障点，给出组件失效率，通过其判断阵面是否要进行维修。

（2）通过监测系统对阵面收、发单元测试后的校准，保证天线有较低的副瓣电平。可见，重要的是建立合适的测量、校准系统，同时保障该系统可以提供适合的测量、校准精度。

下面具体介绍建立合适的测量、校准系统，而系统误差问题在第 11.3 节讨论。

首先，必须建立两套可以相互验证的测量系统，避免偶然错误带来的连锁问题。本方案采用子阵级内监测和阵面级外监测的混合监测系统，以完成子阵和 T/R 单元通道幅度、相位的监测修正，内、外监测可以相互验证，保证天线的工作性能。

内监测部分有监测收发馈电网络，它由系列开关、高频电缆等组成，达到对阵面每个子阵级进行幅、相内监测选通。子阵级内监测网络如图 11.18 所示。

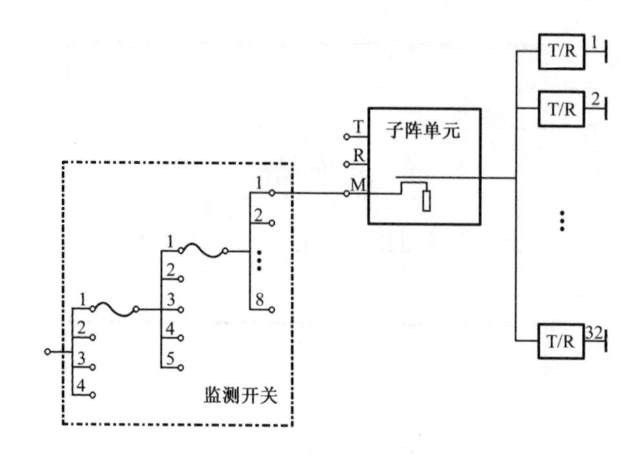

图 11.18　子阵级内监测网络

在子阵和 T/R 组件里都设置了 T、R、M 三态开关。天线接收监测时，通过监测开关网络的矩阵开关选通需要监测的子阵对应的通道，同时将对应的被监测子阵和 T/R 组件三态开关置于 R 状态（该通道接收打通），其他子阵和 T/R 组件三态开关置于 M 状态（即关断状态）。这时，从监测开关网络的公共端注入监测激励信号，通过选通通道和对应子阵的定向耦合器到该子阵的接收通道，子阵放大接收信号经馈电网络到达天线接收和、方位差、仰角差输出。天线发射监测时，通过监测开关网络选通需要监测的子阵对应的通道，同时将对应的被监测子阵和 T/R 组件三态开关置于 T 状态（该通道发射打通），其他子阵和 T/R 组件三态开关置于 M 状态。这时，从发射馈电网络到达各子阵的激励信号，非选通子阵的激励信号被关断，被选通的子阵经功率放大器放大后，通过子阵的定向耦合器到达监测网络对应选通通道。这样，发射、接收监测分别形成了微波两端口被测网络，只需要建立一套脉冲幅相测量系统即可实现监测测量。

脉冲幅相测量系统（见图 11.19）包括两个测试通路，每个通路都包括保护通道、滤波放大、相参混频放大通道、A/D 采样与数字正交通道和双通道比幅比相，还包括脉冲同步与接口电路。如上所述，发射、接收监测分别形成了微波两端口被测网络，一端口为发射或接收的输出信号作为被测输入信号，另一端口为从激励信号耦合出的参考信号，合理调整两路信号的电平，分别混频采样、正交后，双通道比幅比相获得相对的幅度相位值。

外监测需要在天线阵外面设置 4 个辅助天线，通过辅助天线收发阵面上选通的被测单元的高频信号，检测对应的收发通道故障并可作较粗略的幅相修正，如图 11.20 所示，与图 11.2 的外监测原理类似，只是用环行器代替了监测开关。采用外监测法的好处显而易见：监测设备量少、受检测的收发通道完整，还可以做

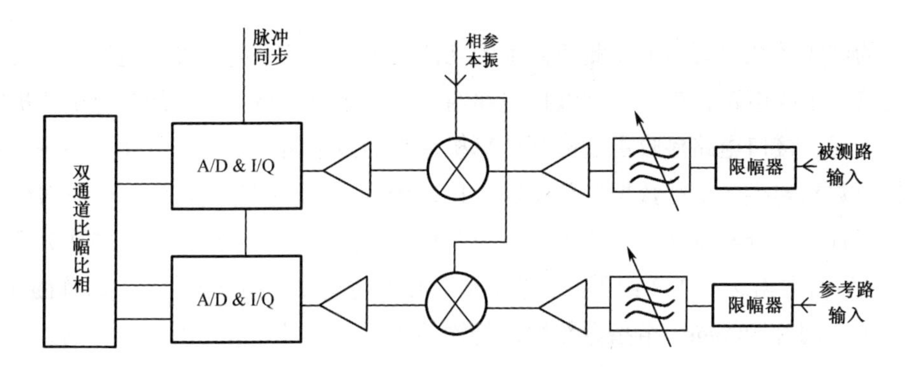

图 11.19　脉冲幅相测量系统

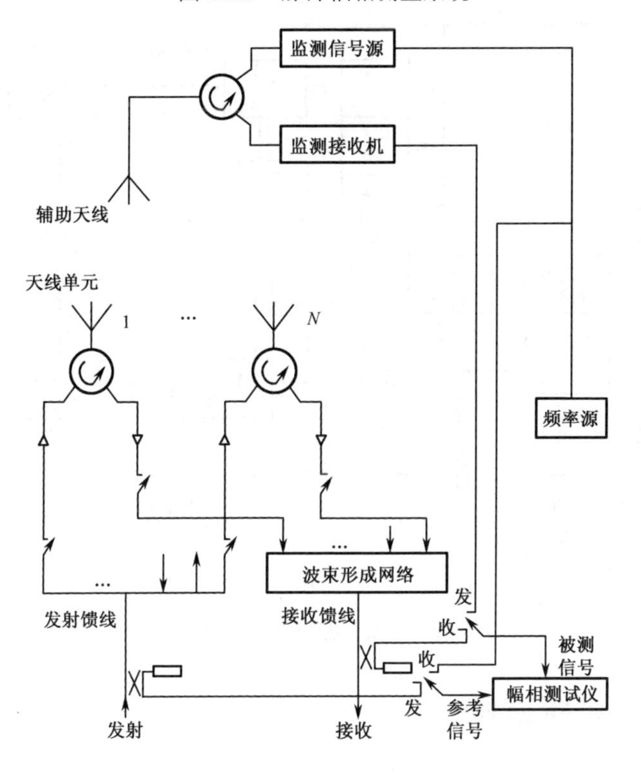

图 11.20　外监测网络

雷达整机试验和校准信号天线的信标。值得强调的是这个外监测系统在天线调试时可以充当中场调试系统。

完整的监测系统主要包括上述的内、外监测网络和幅相测试系统，对于某些监测系统可能还包括平面近场扫描系统作为实时监测的补充，可以开展定期监测。在雷达应用中，为节省系统开销，监测系统必须利用雷达提供的定时、控制和信号源单元[20,21]，同时只能占用较少的时间，这样就需要大量的自动控制和接口电路。图 11.21 的监测系统框图给出了比图 11.8 更详细的监测网络系统构成。另外，雷达的波控系统也要增加监测所需求的功能。雷达波控系统由接口电路、波控分机电路、子阵电路、T/R 组件波控电路组成，各部分电路单元均是含有单片机的智能单元。接口电路接收雷达控制计算机送来的波束指向指令、频率点指令，并将指令数据转换成串行数据经数据通信接口传至阵面波控分机，波控分机对传输数据进行信号分配驱动后，传至子阵控制板，子阵控制板对数据进行二次分配驱动，最后将数据送至 T/R 组件波控板，整个数据传输以广播方式进行，即阵面 T/R 组件单元同时接收同一组指令数据，传输的数据是不寻址的。为保障监测系统通道选通功能，必须增加阵面检测指令，并在此指令下进行寻址响应。

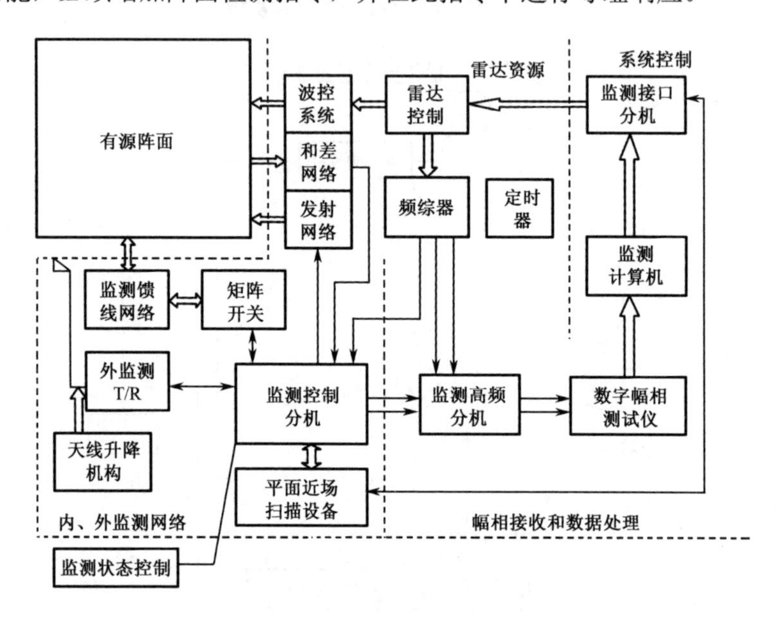

图 11.21　监测系统框图

11.3　监测系统误差

接收阵面的幅相测量误差源基本上有两种：设备上的误差和方法上的误差。属于设备的有测量设备的，对于外监测又有相控阵天线和测量扬声器的相互位置的和相控阵天线边缘的多路径，内、外监测共有的相控阵天线接收通道隔离和系统失配等引起的误差等；方法上的误差是由于对外监测近似的测量模型（用天线单元逐点通断测量来近似天线全通态测量）、阵中天线单元振幅的归一化近似处理。测量的对象是有源相控阵天线，较精确的相控阵天线模型是非线性的，对以上误差的估计是相当复杂的。利用现有的手段可采取数值结合实验的方法。下面对各个误差进行数值估计和实验验证，来确定误差的性质和大小。

11.3.1　测量设备误差

幅相测试系统负责控制被测目标，实现原始幅相数据的测量、测量结果的处理和记录，判定当前被测目标状态、输出幅相修正数据。自动幅相仪能够在短时间内控制大量的测试信息，这是一个控制通道切换、延迟、测试、查询状态、采集数据及数据处理的过程，该过程测量的是脉冲信号，是在系统定时同步下进行的快速测试，需要幅相仪在一个脉冲周期内精确测量被测物的幅相，这是一个相当有难度的工作。对照图 11.21 所示的监测系统框图，相控阵天线到监测扬声器之间传输系数的相对测量误差表达如下[19]：

$$\delta=\sqrt{\delta_t^2+\delta_{\mathrm{o}}^2+\delta_\alpha^2+\delta_r^2+\delta_d^2} \tag{11.1}$$

式中，δ_t 为微波系统的温度不稳定产生的误差。如果定义 α 为传输线电长度的温度变化系数，由于幅相仪幅相测试采用被测路与参考路比幅、比相方式测量，对于温度变化 ΔT 和被测路与参考路长度差 ΔL，往往出现温度不稳定产生的误差：

$$\delta_t=\frac{\alpha\times\Delta T\times\Delta L}{\lambda} \tag{11.2}$$

考虑到每一次阵面外监测测量只花费近场扫描近十分之一的时长，外监测相对近场监测而言，此项误差可忽略。

式（11.1）中，δ_{o} 为微波信号源锁相不稳定产生的误差：

$$\delta_{\mathrm{o}}=\frac{\Delta F\times\Delta L}{F\times\lambda} \tag{11.3}$$

在目前的阵面测试系统里，被测路与参考路相差 200～300 个波长，使用优于 10^{-6} 频率稳定度的信号源，此项误差可忽略，以上两种误差也可以通过均衡被测路和参考路电长度的办法解决。

式（11.1）中，δ_a 为幅相仪产生的误差。δ_a 由 $\delta_{a_{\mathrm{t}}}$ 和 $\delta_{a_{\mathrm{p}}}$ 二个分量构成，$\delta_{a_{\mathrm{t}}}$ 由幅相仪幅相比值误差产生，常规的经验值为 0.1～0.3dB 和 1°～3°，$\delta_{a_{\mathrm{p}}}$ 由幅相仪幅相比值非线性误差产生，它决定了幅相仪的动态范围。在幅相仪的动态范围可以覆盖被测物变化范围时，$\delta_{a_{\mathrm{t}}}$ 是主要误差，此时 $\delta_{a_{\mathrm{p}}}$ 虽然起次要作用，但对采用的测试方法起很重要的作用，如采用换相法时 $\delta_{a_{\mathrm{p}}}$ 决定给定误差条件下测量的阵面最大单元数。对于外监测，测量时经常面临故障单元，幅相仪经常工作在动态边缘，因此 δ_a 估计值为 0.3dB 和 3°。对于内监测，测量动态限制在 20dB 左右，因此 δ_a 估计值为 0.2dB 和 2°。

式（11.1）中，δ_r 为系统失配产生的误差，相对近场测试而言主要是内部测试通道失配的贡献（考虑测试和参考路为一个四端口网络，A 为测量端口的传递系数，通常很小）[19]：

$$\delta_r = 8.7\times\left(\Gamma_1\times\Gamma_2+\Gamma_3\times\Gamma_4+\Gamma_1\times\Gamma_4\times\left|A\right|^2\right) \quad (11.4)$$

各个通道加衰减器减弱反射到0.047（驻波小于1.10），$\delta_r = 0.038$。

式（11.1）中，δ_d 为采集数据及数据传输中的串扰误码误差，相控阵天线涉及多种信号类别和电平大小的信号，外监测测量的是脉冲信号，是在系统定时同步下进行的快速测试，可能出现信号串扰带来的误码，这点区别于近场测试。同时，由于误差是分布在离散的8个码位上，幅度误差0～10 lg（28）dB。在加了简单的滤波后，均匀分布下的误差估计为0.06dB。图11.22所示为滤波前后幅度分布比较。

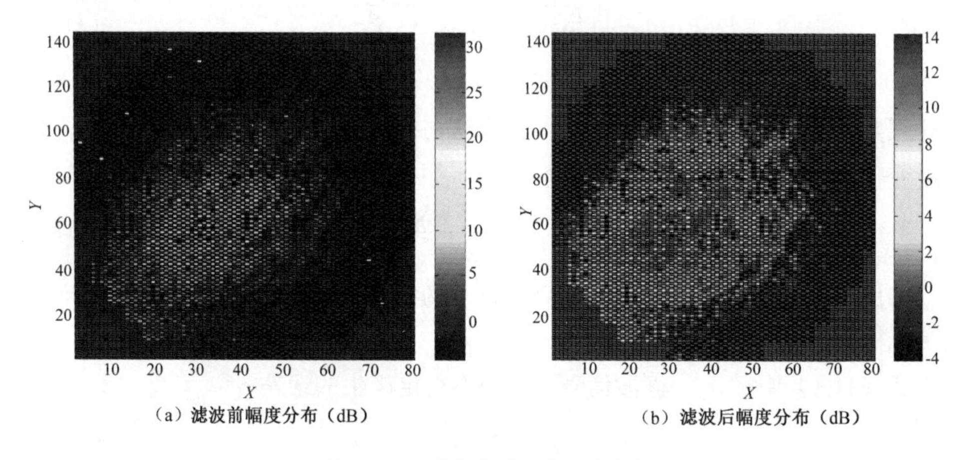

（a）滤波前幅度分布（dB）　　（b）滤波后幅度分布（dB）

图11.22　滤波前后幅度分布比较

统计以上误差，设备测量在外监测使用情形下，幅度精度约0.34dB，相位约3.6°；设备测量在内监测使用情形下，幅度精度约0.18dB，相位精度约2.3°。

11.3.2　相控阵天线和测量探头的相互位置引起的误差

在外监测复原天线方向图过程中，相控阵天线和测量扬声器的相互位置误差对精度影响很大，对相位的影响尤其大。

图11.23（a）所示为垂直向误差，它会导致阵面口径面的平方率相位误差：

$$\delta_{\perp}(r)\approx\frac{k\times\Delta R\times\left(r/R\right)^2}{2} \quad (11.5)$$

式中，$k=\dfrac{2\pi}{\lambda}$ 为空间波数。此类平方率相位误差会导致相位加权，改变波瓣宽度。限制该类误差，在仿真的基础上较合理的要求为口径边缘的相位误差归一到中心不超过 $\lambda/100$。频率为3.3GHz时，在4个测量扬声器的相位测量可以对中心单元归一的条件下，$\Delta R<\lambda/200$，约0.4mm。图11.24所示为 $\Delta R=40\text{mm}$ 时的相位

变化。在水平波瓣图[图 12.24（c）]中，实线为测量扬声器位移前的方向图，虚线为测量扬声器位移后的方向图，可以看出测量扬声器位移给方向图主瓣带来一定程度的展宽。

图 11.23（b）所示为水平向误差，它会导致阵面口径面的线性相位误差：

$$\delta_{11}(r) \approx \frac{r \times k \times \Delta r}{R} \tag{11.6}$$

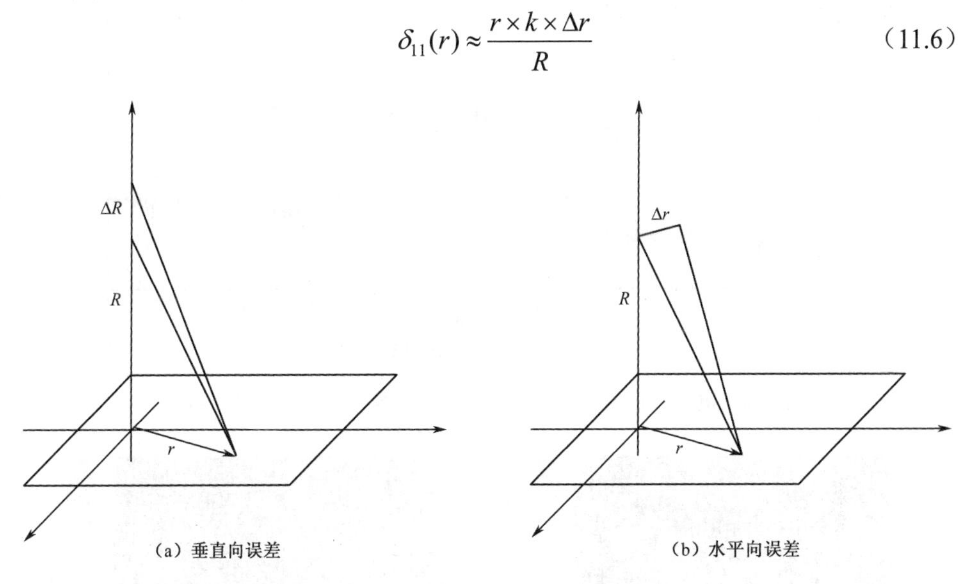

（a）垂直向误差　（b）水平向误差

图 11.23　测量扬声器的位置误差的两种示意

此类线性相位误差会导致复原方向图指向偏移，较合理的误差要求为偏移为波束宽度的 1/100，相应地，$\Delta r < R\lambda/(100r)$，在上述同样条件下，约为 0.4mm。

图 11.25 所示为 $\Delta r = 40\text{mm}$ 时的相位变化。比较测量扬声器位移前后的两条曲线可以看出方向图主瓣及整个图形向右侧移动。

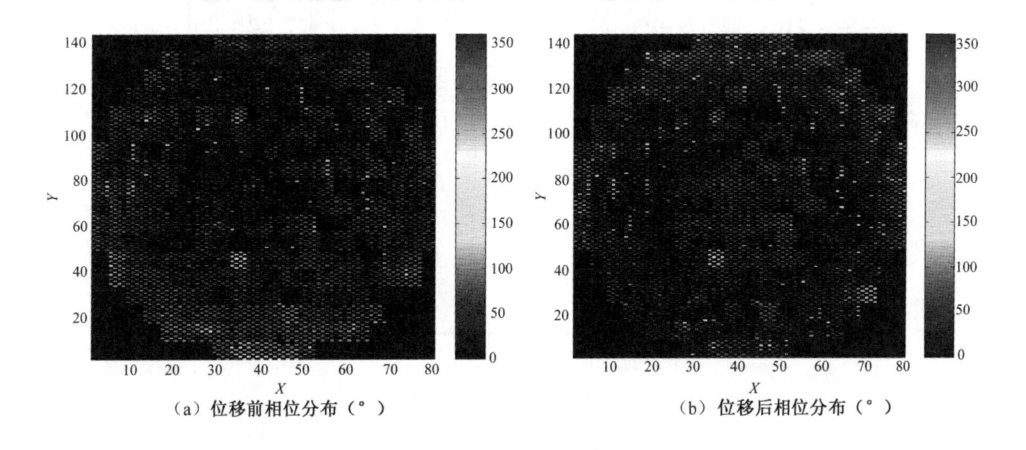

（a）位移前相位分布（°）　（b）位移后相位分布（°）

图 11.24　测量扬声器的垂直位置误差对相位分布影响示意

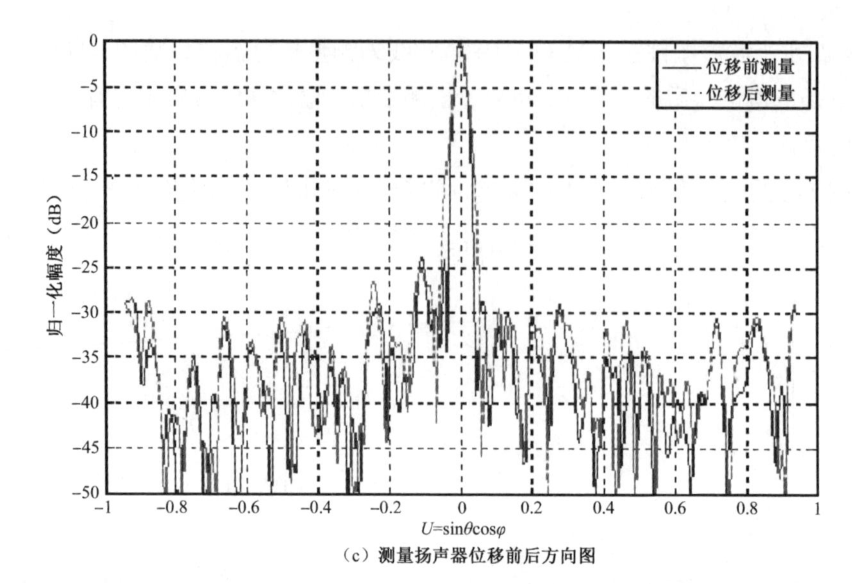

（c）测量扬声器位移前后方向图

图 11.24　测量扬声器的垂直位置误差对相位分布影响示意（续）

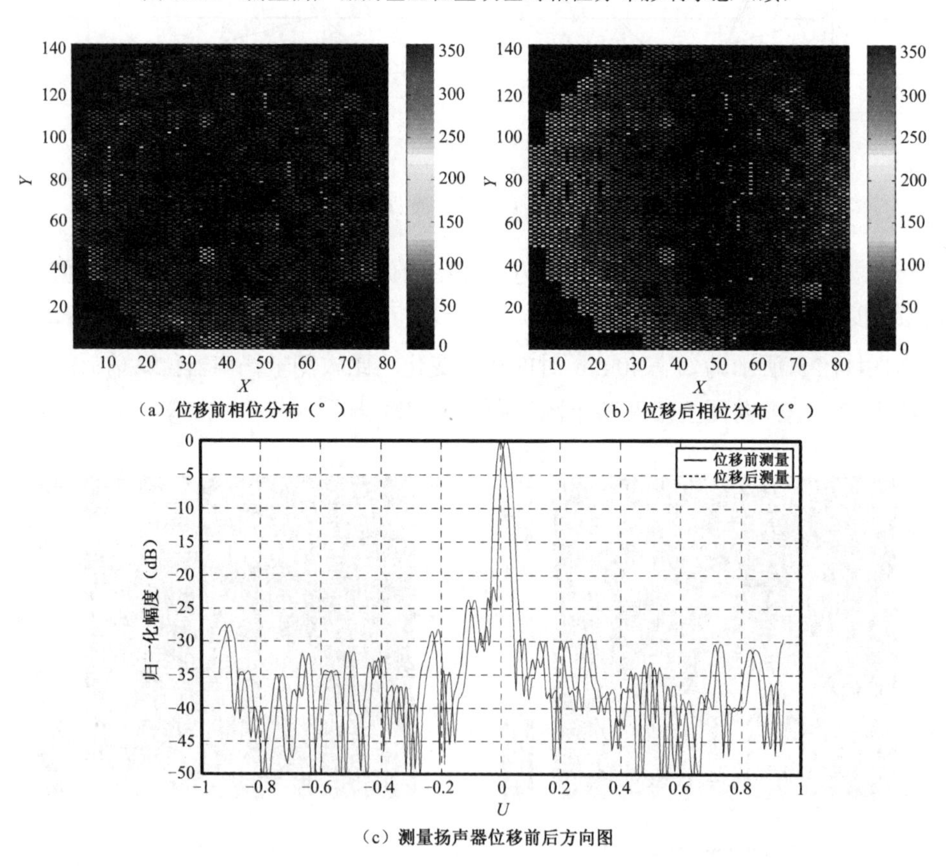

（a）位移前相位分布（°）

（b）位移后相位分布（°）

（c）测量扬声器位移前后方向图

图 11.25　$\Delta r = 40$mm 时的相位变化

11.3.3　相控阵天线接收通道信号泄漏引起的误差

在相控阵天线由 200～300 个 16 单元天线子阵组成时，简化的阵面模型如图 11.26 所示，包含单元级网络和子阵级网络，设定通路 1 打开，其他端口有限关闭。

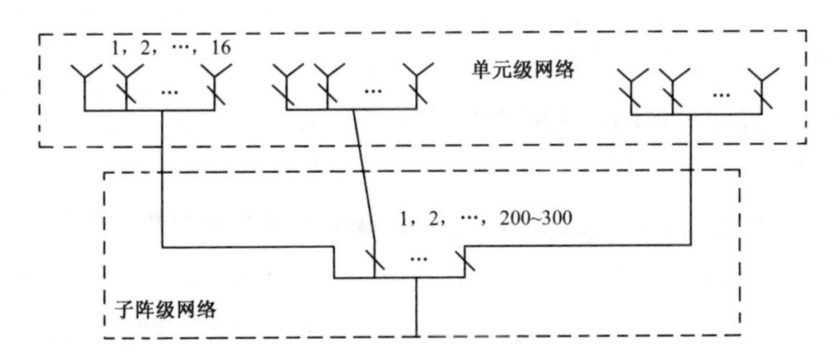

图 11.26　简化的阵面模型

目前的雷达中，网络隔离 20～30dB，内监测开关网络通路隔离 40dB 以上，在端口众多的情况下，其他通道信号泄漏之和对被测通道的测量精度不可忽略。

对于内监测模式下的情形，一般只监测到子阵级，通道信号泄漏影响只有子阵级网络和内监测开关网络通路隔离的影响。如图 11.27 所示，首先，原始注入信号 A 受到内监测网络其他通路泄漏信号 E 的干扰，输出单元级信号 B，然后受到其他子阵泄漏信号 S 的干扰，输出单元级信号 C。在多数条件下，可以通过对内监测网络事先校准，以消除内监测网络其他通路泄漏信号的干扰。一般情况下，对 200～300 个单元的子阵规模、幅度加权 15dB 的馈电网络而言，包含内监测网络校准剩余的幅度相位最大误差可控制为：幅度±0.16dB，相位±2°。

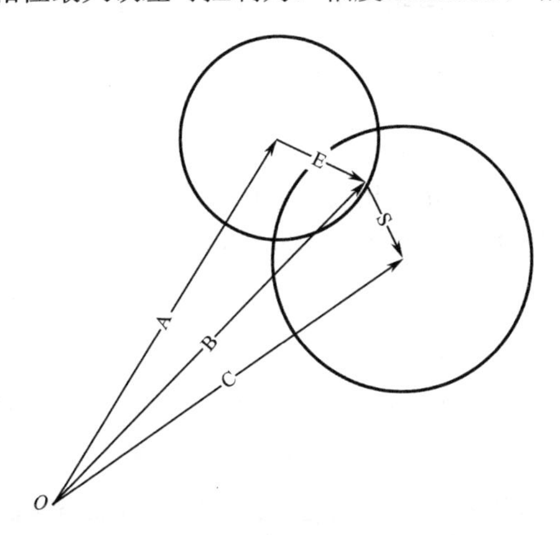

图 11.27　阵面网络有限隔离，泄漏信号矢量对测量矢量的影响示意

此外内监测网络通过定向耦合器将监测信号注入子阵，由于单元级相位扫描引起的驻波变化（1～2.5）对于定向耦合器定向性有一定的影响，当耦合器的定向性为15dB时，上述误差水平：幅度±0.19dB，相位±2.5°。

对于外监测模式下的情形，这个影响分别有单元级网络和子阵级网络的影响。如图11.27所示，原始注入信号A受到其他单元泄漏信号E的干扰，输出单元级信号B，然后受到其他子阵泄漏信号S的干扰，输出单元级信号C。由于网络隔离20～30dB，没有内监测开关网络的通路隔离度高，对200～300个单元的子阵规模、幅度加权15dB的馈电网络而言，阵面边缘单元的幅度相位最大误差可达：幅度±0.7dB，相位±10°，误差统计发现，幅度相位误差呈现沿照射中心小、边缘大且有一定周期性的盆地状分布。此类误差由于其规律性的分布特性对测量旁瓣电平和指向精度带来相当大的系统误差，同时系统误差与被测阵面存在相当的相互牵引，难以通过平均等方式简单校准。

11.3.4　换相测量法

最值得关注的误差是外监测泄漏信号引入的干扰误差。测量探头固定的条件下，调制法、换相法等都可以将干扰从测量信号中分离出来，在很大程度上改进了测量精度。对于现有的天线控制条件，换相法可以直接使用，如图11.28所示。

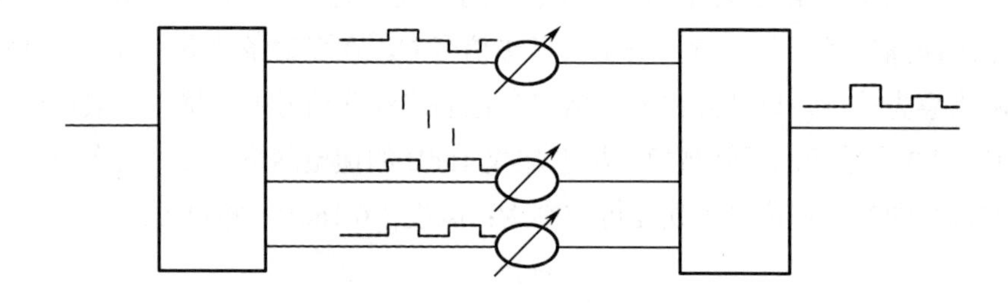

图11.28　换相法示意

最直接的换相法要求单元移相器独立可控。阵面在正常工作状态下所有通道均打开，对被测通路的移相器多次移相并分相位状态纪录测量结果，建立线性方程组，解析出各个移相状态共同的干扰分量，获得去除干扰后的真值。利用阵面扫描也可以获得相似的结果，但运算工作量大。当然上述过程是建立在几个假设的基础上的：移相器移相准确，同时可以移任意相位值，被测通路移相器多次移相时其他通路合成的干扰量稳定，幅相仪的线性测量动态足够大。

实际上数字移相器有相位量化问题，如4位是由22.5°、45°、90°、180°移相位构成的，同时幅相仪的幅相比值线性区域也是有限的，在容许的测量分辨率下，这几个参数决定给了可精确测量的阵面最大单元数[19]。

$$N \leqslant L \times D^2 \times \delta_{\max}^2 \tag{11.7}$$

当幅相仪动态 40dB（$D=10^2$）、移相器 4 位（$L=4$）、天线单元 3000 时，测量分辨率 $\delta_{\max}=0.27$，显然该结果不可接受，因此可采用对被测通路选通、对其他通路关断的办法进一步提升全测量系统的测量动态。另外，阵面幅度加权 15dB 及监测天线照射分布、极化损失等又缩减了全测量系统的测量动态。总的来说，全测量系统的自用线性测量动态可达 60dB。经过换相处理，外监测条件下通道泄漏引入的幅度相位测量误差将降到与内监测幅度相位测量误差相接近的水平，避免了幅度相位误差呈现周期性的盆地状分布。

11.4　监测和校准方法

对于一个典型的有源相控阵天线，使用外监测系统可以节省系统开销，可以实施在线实时监测且较实用，所以本节主要介绍外监测系统方法。

通过对影响监测测量精度的分析，发现测量设备自身的误差、相控阵天线和测量扬声器的相互位置影响及相控阵天线接收通道泄漏引起的误差是影响监测测量精度的主要因素，改善监测测量精度的方法如下：

（1）对于测量设备自身的误差，由于监测系统实施在线实时监测测量，对阵列单元采取的是单次测量，难以开展多次测量并平均来消减随机误差，只能通过改善系统测量设备的测量线性动态来提升测量置信度。另外，设备的接口多、供电端口多，设备的电磁兼容设计也是一个应重点关注的部分。

（2）对于相控阵天线和测量扬声器相互位置的影响属于系统误差，可以通过双向经纬仪精确定位后，用数值处理消除掉其影响。另外，安置测量扬声器的塔架短期稳定性必须好，以保障每个阵面测量周期内相控阵天线和测量扬声器的相互位置稳定。这需要一个工程折中，安置测量扬声器的塔架越高则照射阵列电平越均匀，安置测量扬声器的塔架越低则相控阵天线和测量扬声器的相互位置越稳定，应综合考虑最后确定一个合理的塔架设计。

（3）相控阵列单元数越多，相控阵天线接收通道泄漏引起的误差也越大。利用收发组件内的通道开关，采用开启选中的阵列单元、关闭其他单元的办法实施监测测量，可以大大抑制天线接收通道泄漏引起的误差。同时也可以使用换相测量方法抑制天线接收通道泄漏引起的误差。采用上述方法需要建立可寻址的阵面通路开关、移相控制机构。实施成果显示，只需要采用开启选中的阵列单元、关闭其他单元的办法，再加上 0–π两状态换相方法，就可以获得良好的误差抑制效果。

（4）对于外监测，整个测量链路很长。测量链路中包含阵列每个通路、监测空间路径和监测系统内部通路，其中有多个放大器件和控制器件，放大器件间的增益配合合理可以获得最大的全链路线性动态。同时外监测测量扬声器照射阵列的幅度分布及阵列自身的幅度加权也会牺牲掉部分全链路线性动态，且半失效单元的存在更加牺牲链路线性动态。仿真外监测扬声器照射阵列每个测量链路的线性动态，优化天线系统和监测系统设计，才能充分体现上述工作的成效。

（5）对天线性能更全面的评估是评估出远场方向图。用数值方法将误差处理过的每次监测测量转换成阵列各单元口径上的幅、相分布，然后用近远场变换程序评估出远场方向图。这样可以对天线阵列当前性能做出快速、直观的评估。

11.5 实施结果

利用本章方法开展内监测测量，在某试验雷达的外场实验过程中，利用内监测系统对阵面 128 路接收和发射通道的幅度和相位反复进行了测试，结果是：相位误差≤±3°，幅度误差≤0.8dB。通过内监测系统不仅能够准确地判断阵面上 128 个 T/R 组件的故障，而且能较准确地提供 128 路收发通道的补偿数据。

通过内监测系统提供的阵面单元的幅相数据可推算出天线阵面的波瓣，再与通过外场测试的天线波瓣比较，发现它们之间有较好的一致性，这证明了内监测系统所测阵面幅相数据的准确性，但由于设备量较大，所以在阵面通道很多时就很复杂，要考虑多方面的因素。

利用 11.4 节的方法开展外监测测量，下面着重介绍在某有源相控阵雷达天线上进行的实践、分析与结论。

（1）架设离开阵面的固定探头，天线测量标定后，已用冷射管定向到阵面中心的外监测天线采集阵面幅度、相位（采用选通被测单元的办法，逐个测量单元的幅度、相位），建立对应的阵面坐标的幅、相分布图。如图 11.29 所示，（a）图为对应阵面坐标的幅度（对最大信号归一）分布图，（b）图为对应阵面坐标的相位分布图。此时，对应阵面坐标的幅度分布包含监测扬声器照射阵面的照射分布和极化失配引入的幅度分布，对应阵面坐标的相位分布则包含监测扬声器照射阵面的路径程差。至此，监测系统已调校好，测量全链路线性动态已优化设置，利用此时的幅度分布测量结果可以对失效单元进行定位。

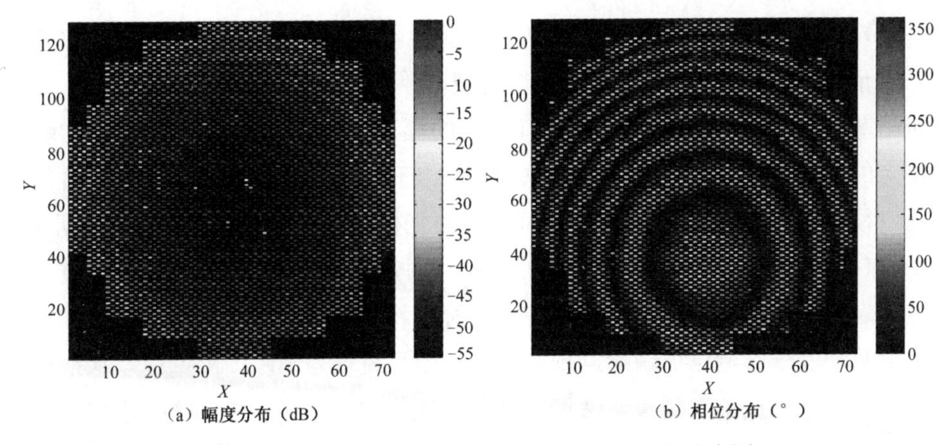

图 11.29　探头直接测量对应阵面坐标的幅、相分布图

（2）利用固定探头和阵面各个单元的对应几何关系，解算相位程差和照射幅度系数，复原阵面各个单元口径上的幅、相分布，建立对应阵面坐标的幅、相分布如图 11.30 所示：（a）图为对应阵面坐标的幅度（固定基底电平，显示绝对信号电平）分布图，（b）图为对应阵面坐标的相位分布图。此时，对应阵面坐标的幅度分布剔除了监测扬声器照射阵面的照射分布和极化失配引入的幅度分布，对应阵面坐标的相位分布则剔除了监测扬声器照射阵面的路径程差。此时的幅度分布结果已可以大致反映阵面的真实状态，对失效、半失效单元定位更加准确。此时，包括上一个阶段，相控阵天线和测量扬声器相互位置的影响，通过双向经纬仪精确定位后，用数值处理消除掉了，影响测量精度的主要是相控阵天线接收通道泄漏引起的误差。泄漏信号干扰输出单元级信号，误差由于其规律性的分布特性对测量旁瓣电平和指向精度带来相当大的系统误差。此时随机误差水平已小到一定范围，通过多次修正、测量、修正的循环迭代可以使修正阵列达到通道的电平不一致在±1.6dB 以内，通道的相位不一致在±22° 以内。

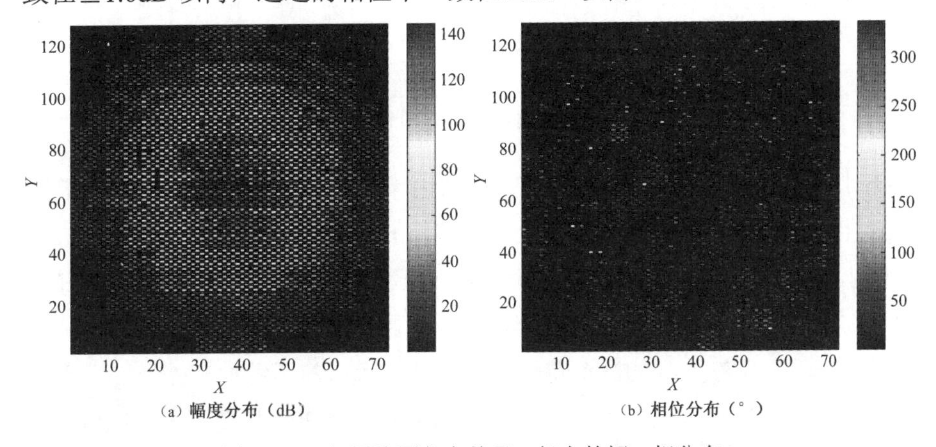

图 11.30　复原阵面各个单元口径上的幅、相分布

（3）对选通被测单元分别移相 90°，重复（1）、（2）的测量过程，复原阵面各个单元口径上的幅、相分布，再对选通被测单元分别移相 180°，重复（1）、（2）中的测量过程，复原阵面各个单元口径上的幅、相分布，对复原阵面各个单元口径上的幅、相分布，进行换相处理，剔除相干泄漏干扰后，获得最终阵面各个单元口径上的幅、相分布，建立的对应阵面坐标的幅、相分布如图 11.31 所示：图 11.31（a）所示为对应阵面坐标的幅度（固定基底电平，显示绝对信号电平）分布图，图 11.31（b）所示为对应阵面坐标的相位分布图。此时，泄漏信号干扰输出单元级信号影响已被剔除，规律性分布的系统误差消除，测量误差水平已小到一定范围，通过单次测量、修正、测量验证流程，即可使修正阵列达到通道的电平不一致±1.6dB 以内，通道的相位不一致在±22° 以内。换相测量可以利用移相器的各种组合状态（共计 32 状态）进行，试验表明 180°、90° 位的换相处理对相位和幅度误差的抑制效果最明显，当失效单元比例较大时也取得了较好的效果。利用此时的幅度分布测量结果已可以对失效单元、失效单元组合、失效子阵定位，对比内监测结果，子阵级的幅度、相位离散显现清晰。

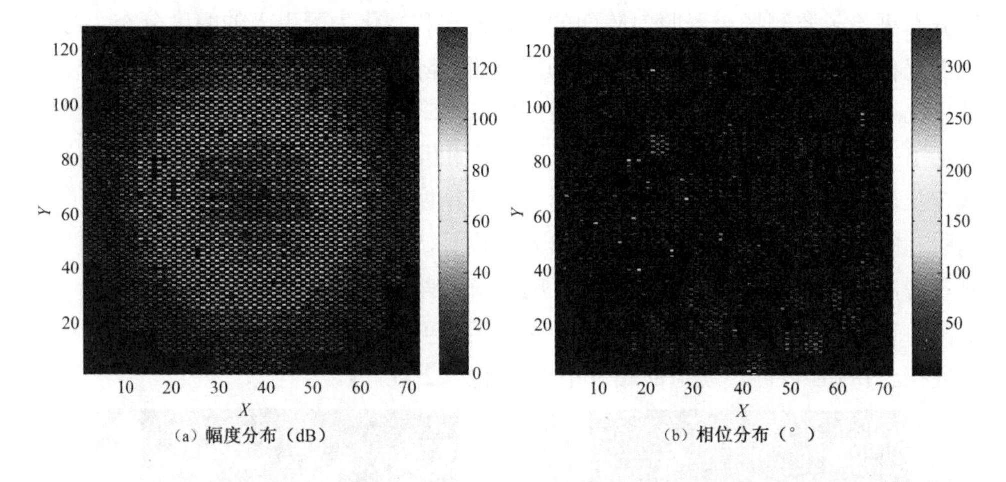

图 11.31　最终的阵面各个单元口径上的幅、相分布

统计以上误差，测量精度在外监测使用情形下采用换相处理后，幅度约 0.40dB，相位约 4.7°；测量在内监测使用情形下，精度幅度约 0.21dB，相位约 2.5°。依据以上测量过程获得的口径分布与近场口径测量的垂直主面波瓣比对特性，如图 11.32 所示。虚线为平面近场测量的方向图，实线为监测测量的方向图，通过曲线可以看出主瓣方向的波瓣特性符合得好，远区波瓣特性有差异。

（1）测量环境引入误差的差异，外监测天线可能引入强度更大的散射多路径影响，同时该影响随着被测单元位置而不同，而且不同于通道泄漏影响，换相法对此误差的平滑有限。相对而言对于大型阵面，可以认为近场口径测量引入的是强度较小、各个位置测量状态相似的多路径影响。

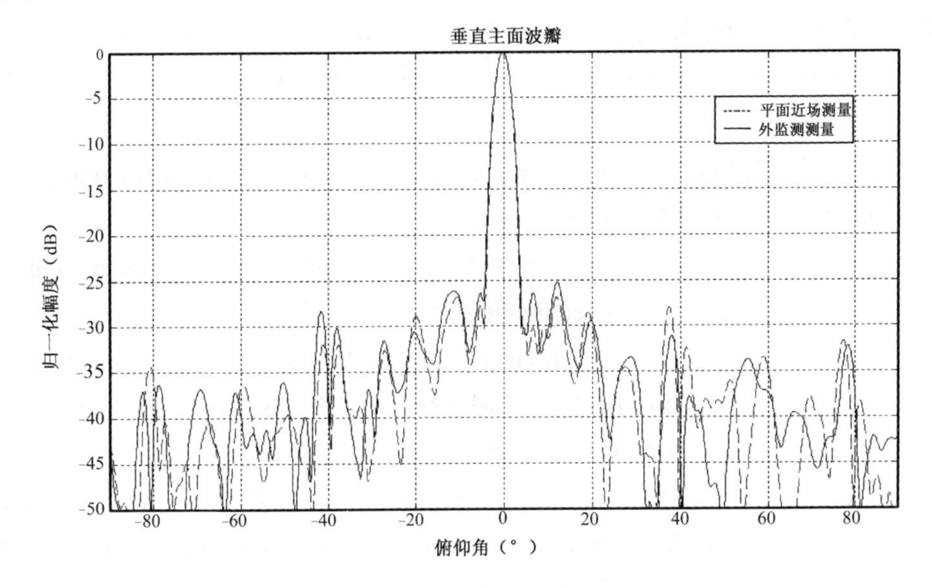

图 11.32　外监测测量与同近场口径测量的垂直主面波瓣特性结果比对

（2）相对而言，外监测天线对阵面测量引入的反射影响小，而近场口径测量为了最大限度地降低单元互耦、阵面散射的影响，探头较为接近阵面，引入的反射影响大。

（3）外监测测量，利用固定探头和阵面各个单元的对应几何关系，解算相位程差和照射幅度系数，复原阵面各个单元口径上的幅相，再利用换相法降低误差水平。上述工作都是建立在阵面单元相位中心、方向特性一致，选通单元或单元移相时对阵面不影响或影响是一致的。实际存在的各种差异，都是测量误差源。

基于上述对监测测量过程的描述和对测量精度分析比较，可以得出结论：监测测量是一种快速、设备精简、便于装载于雷达系统的雷达在线测量方法，不但可以提供故障判断功能，在应用各类误差消除方法后，还可以给出精度相当高的阵面性能评估。

本章参考文献

[1] SANDER W. Experimental phased-array radar ELRA: antenna system[J]. IEE proc. 1980, Vol.127(F): 285-289.

[2] HUNG, E. K. L. FINES N. R, TURNER R. M. The in-Situ calibration of

reciprocal space – fed phased – array antenna[J]. IEE Radar 82 conf. Proc., 1982, 365-369.

[3] LEE K. M, CHU R. S, LIN S. C. A built-in performance monitoring/fault isolation and correction (PM/FIC) system for active phased array antennas[J]. IEEE Trans. Antennas Prop. 1993, 1530-1540.

[4] JOSEPH K. Mulcahey and Michael G. Sarcione. Calibration and Diagnostics of the THAAD Solid State Phased Array in a Planar Near field Facility. IEEE, 1996.

[5] SAUERMAN R, STOFFELS CORNÉ. A compact antenna test range built to meet the unique testing requirements for active phased array antennas. from Microwave Instrumentation Technologies and Hollandse Signaalapparaten B.V.

[6] STEYSKAL H, HERD J. S. Mutual coupling compensation in small arrays[J]. IEEE Trans. On Antennas and Propagation, 1990, vol(AP-38): 1971-1975.

[7] AUMANN H. M, WILLWERTH F. G. Phased array calibrations using measured element patterns. International Symposium on Antennas and Propagation, (Long Beach, California), IEEE, 1995, 918-921.

[8] MAILLOUX J. Phased array antenna handbook[M]. Artech House, Inc., Norwood, MA, 1994.

[9] HOWELL J. M. Phased Array Alignment and Calibration Techniques. Proc. Workshop on Testing Phased Arrays and Diagnostics in conjunction with the IEEE Ant, Prop. Int.Symp., San Jose, CA, June 30, 1989.

[10] NGELAS B P, ERICH M. H, KOT C. Array gain/phase calibration techniques for adaptive beamforming and direction finding[J]. IEE Proc. Radar, Sonar Navig., 1994, 141(1): 25-29.

[11] GORIS M. J. Using matlab to debug software written for a digital signal processor[C]. Proceedings of the Benelux Matlab User Conference, October 1997.

[12] How to Use HP VEE. Hewlett Packard, 1 ed., 1995.

[13] Matlab Application Program Interface Guide. The MathWorks, Inc., 5.2 ed., January 1998.

[14] SMITH R. Photonic RF probe prognostics: phased array example[C]. DARPA Prognosis Bidder's Conference, September 26, 2002.

[15] Joint advanced strike technology program, Lt Col Chuck Pinney, August 9 1994.

[16] ZAGHLOUL A. I. et al. Active Phased Array Development at C-and Ku-Band[C].

AIAA 15th International Conference. 1994, 3.

[17] SMOLDERTS A. B. Design and construction of a broadband wide-scan angle phased-array antenna with 4096 radiating elements[C]. 1996 IEEE 相控阵技术会议, 1997, 266-273.

[18] LANG M, et al. A Monolithic C-Band Four-bit Phase Shifter and T/R Switch. 1984 GOMAC, Las Vegas. 1984, Nov(6-8).

[19] Г. Г. 布勃诺夫, 等. 相控阵天线特性换相测量法[M]. 南京十四所, 译. 北京：电子工业出版社，1996.

[20] DAVID S. Automating Near-field Antenna Testing for Phased Array Radars[J]. IEEE International Conference Radar. 1980, 248-252.

[21] JOSEPH K. M. Calibration and Diagnostics of the THAAD Solid State Phased Array in a Plannar Near-field Facility[C]. 1996 IEEE 相控阵技术会议. 1997, 179-182.

[22] 吴祖权. 有源相控阵雷达阵面监测方法及其实验研究[J]. 现代雷达，1998(5): 1-7.

[23] 牛宝君. 大型相控阵外监测系统[J]. 现代雷达，1999(1): 53-57.

第 12 章 毫米波雷达的微波馈线系统

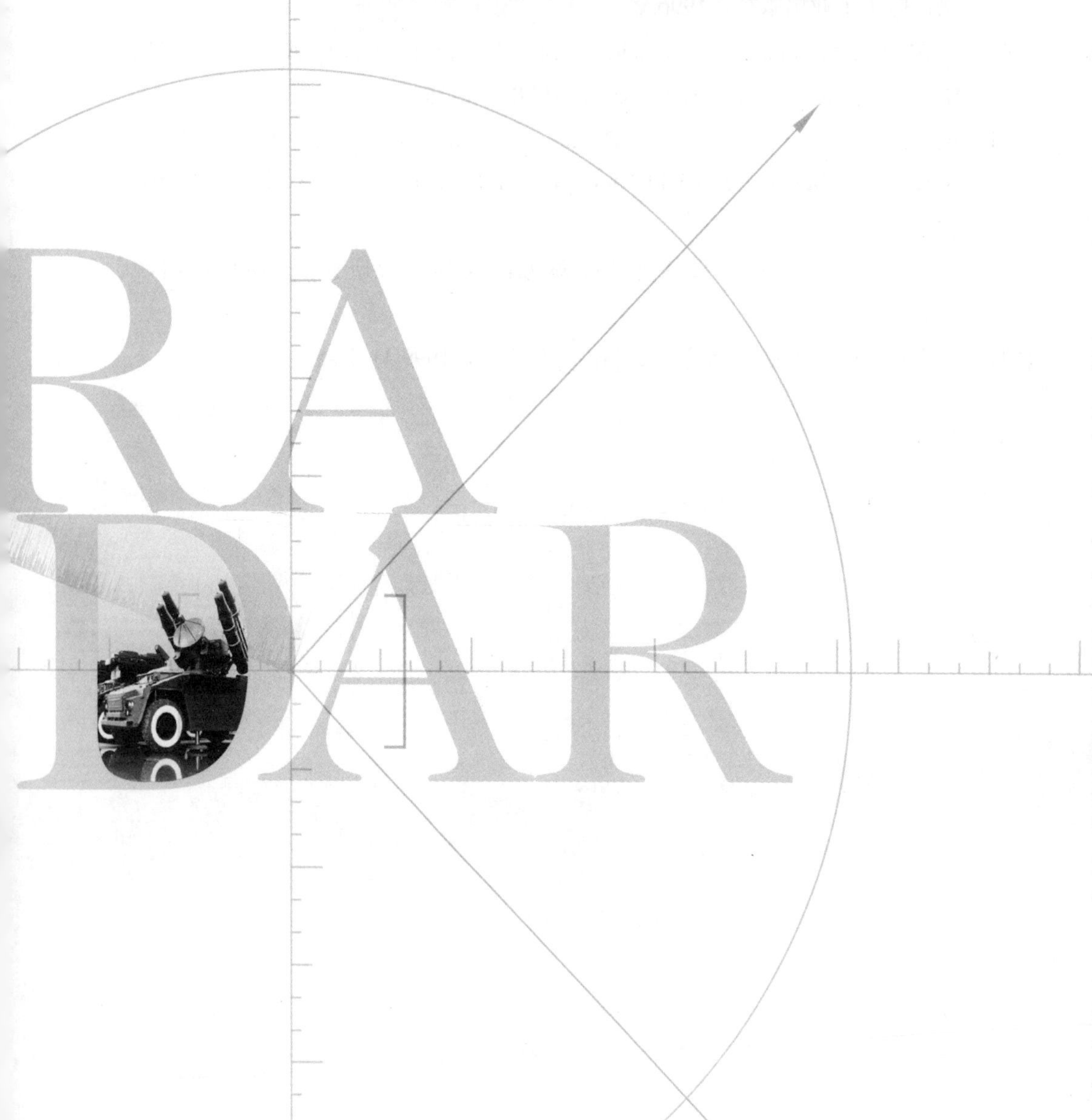

伴随着雷达工作频率的不断提高，毫米波雷达已经开始进入大范围实用状态。工作频段提高后，雷达中的馈线系统设计思路必须改变。本章主要讲解毫米波馈线系统的特点、应用及设计等内容，最后介绍几种典型的毫米波馈线系统及器件的应用实例。

12.1　概述

随着“远程打击，精确打击”技术在军事应用中的需求越来越强烈，人们利用毫米波的特性，开展了能够实现高精度、高分辨测量、精确制导和精确目标指示的各类毫米波雷达的研制。

与微波雷达相比，毫米波雷达的特点是：①在天线口径相同的情况下，毫米波雷达有更窄的波束（一般为毫弧度量级），可提高雷达的角分辨能力和测角精度，并且有利于抗电子干扰、杂波干扰和多径反射干扰等；②由于工作频率高，可能得到大的信号带宽和多普勒频移，有利于提高距离和速度的测量精度和分辨能力，并能分析目标特征；③天线口径和元件、器件体积小，宜于飞机、卫星或导弹载用。

毫米波雷达技术的研制起步很早，20 世纪 50 年代出现了用于机场交通管制和船用导航的毫米波雷达（工作波长约为 8mm），显示出高分辨率、高精度、小天线口径等优越性。20 世纪 70 年代中期以后，毫米波、太赫兹技术有了很大的进展，研制成功一些较好的功率源。20 世纪 70 年代后期以来，毫米波、太赫兹雷达已经应用于许多重要的民用和军用系统，如近程高分辨率防空系统、导弹制导系统、远程目标测量系统等。

1）末端制导

毫米波雷达的主要用途之一是战术导弹的末段制导。毫米波导引头具有体积小、电压低和全固态等特点，能满足弹载环境要求。当工作频率选在 35 GHz 或 94 GHz 时，天线口径一般为 10～20 cm。此外，毫米波雷达还用于波束制导系统，作为对近程导弹的控制。

2）目标监视和截获

毫米波雷达适用于近程、高分辨率的目标监视和目标截获，用于对低空飞行目标、地面目标和外空目标进行监测。

3）炮火控制和跟踪

毫米波雷达可用于对低空目标的炮火控制和跟踪，已研制成 94 GHz 的单脉冲跟踪雷达及毫米波反坦克炮等。

4）雷达测量

高分辨力和高精度的毫米波雷达可用于测量目标与杂波特性。这种雷达一般有多个工作频率、多种接收和发射极化形式和可变的信号波形。目标的雷达截面积测量采用频率比例的方法。利用毫米波雷达，对按比例缩小了的目标模型进行测量，可得到在较低频率上的雷达目标截面积。

此外，毫米波雷达在地形跟踪、导弹引信、船用导航、汽车防撞、机场车站安检等军民两用方面应用广泛。

毫米波雷达中的微波馈线网络与低频段雷达中的微波馈线网络的主要区别：同样材料的传输线路毫米波微波馈线网络的损耗显著增大，毫米波器件尺寸小、安装精度及结合面平整度等要求高。制作毫米波器件及电路时，加工工艺难度也提高了很多。

12.2 毫米波馈线技术

毫米波雷达馈线系统的主要传输手段与其他频段雷达类似，有波导、微带线、带状线、同轴线等，馈线系统常用器件包括毫米波功分器、耦合器、和差器、极化器、衰减器、移相器及各种变换接头等。图 12.1 和图 12.2 分别为一款俄罗斯大功率远程测控雷达站和雷达内部示意图。其馈线网络主要采用了波导功分器、波导耦合器及波导模式滤波器等器件。图 12.3 和图 12.4 分别为 APG-78 毫米波火控雷达和 LCCMD 导引头雷达。它们的馈线系统主要采用了带状线传输系统。

随着毫米波的应用越来越多，新型传输形式不断出现。科研人员开发了混合型、基片集成波导型、微同轴型及位系统型雷达阵面。

图 12.1 俄罗斯大功率远程测控雷达站

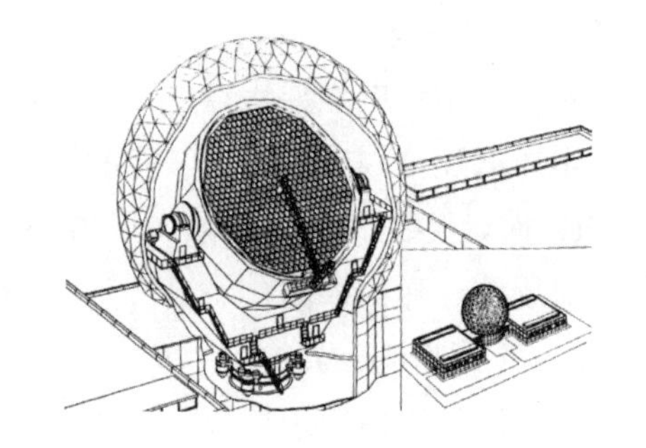

图 12.2 雷达内部示意图

中国工程物理研究院赵真涵等在 2019 年 5 月发表论文“W 波段基片集成波导裂缝阵天线的研究”，图 12.5 为其中的天线阵三维图。文章研究了一种 W 波段的 SIW 缝隙天线阵，采用双层结构，将缝隙结构同时应用在辐射层和馈电层。缝隙结构应用于辐射层，具有高增益、高效率的优点，应用于馈电层形成中央串联缝隙馈电网络，降低了馈电网络的复杂性，同时减小了天线的整体面积。

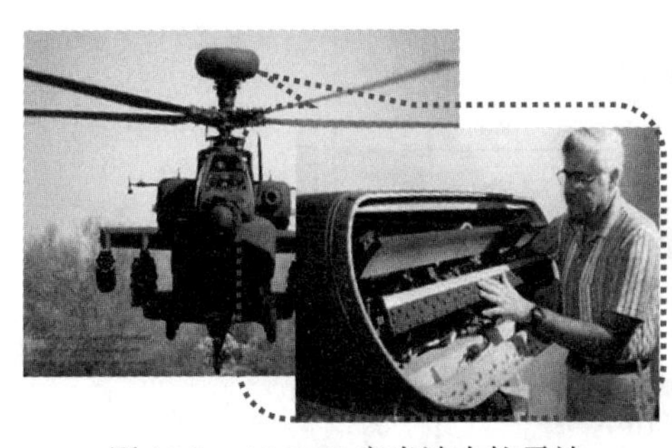

图 12.3　APG-78 毫米波火控雷达

图 12.4　LCCMD 导引头雷达

2012 年，程玉建在 IEEE 上发表 94 *GHz Substrate Integrated Monopulse Antenna Array*，论文介绍了基于 SIW 的 W 波段高增益缝隙天线阵面。

所有的系统单元集成在多层印制板内，制作简单、容易实现、成本低。试验表明，该形式（见图 12.6）性能满足设计需求。通过 SIW 合成器、耦合器可形成和差波束。

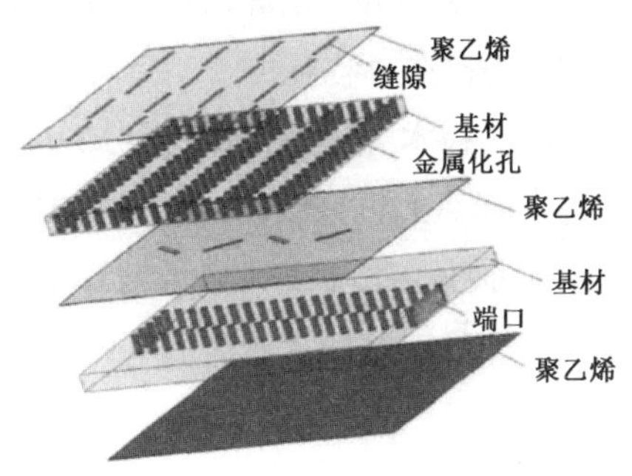

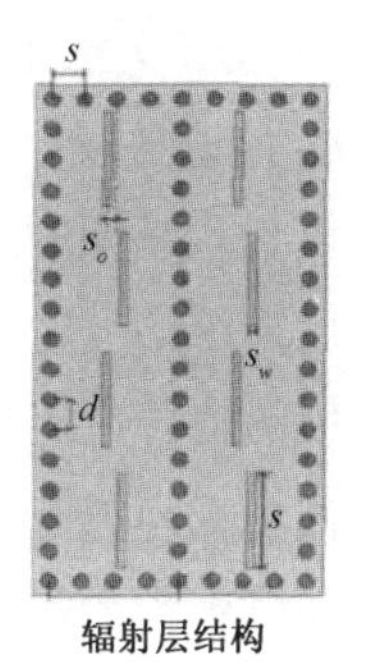

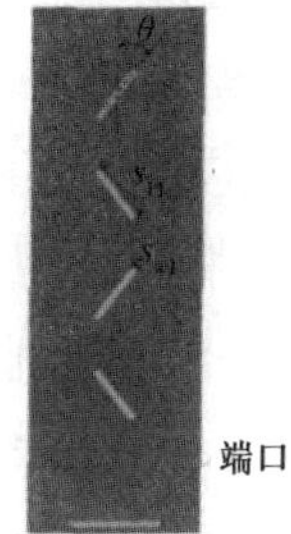

图 12.5　W 波段 SIW 缝隙天线阵三维图

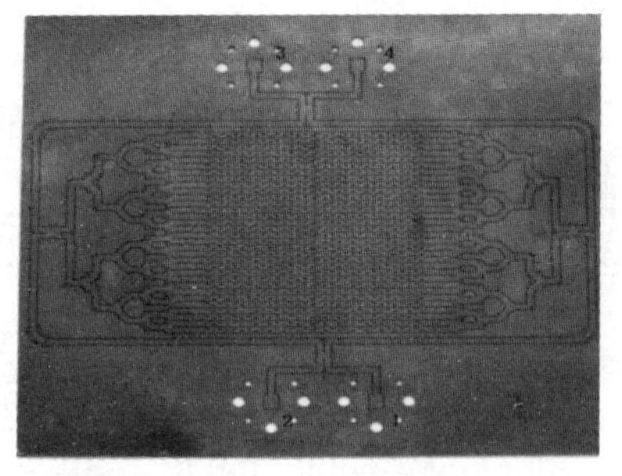

图 12.6　基片集成波导式单脉冲天线

图 12.7 所示为 16×32 缝隙阵列天线，同样是由 SIW 构成，主要馈电通道由 1 分 2 波导功分器实现，这样可以降低馈电网络的系统损耗。通过 1 分 8 功分器的不等功率加权分布，可以实现天线的超低副瓣。

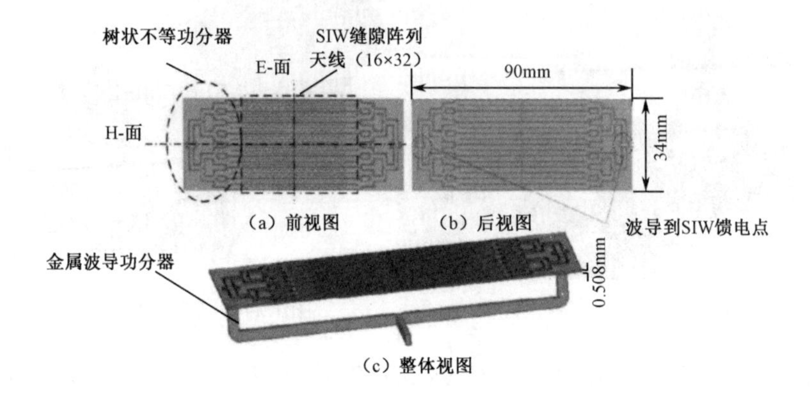

图 12.7　16×32 缝隙阵列天线

随着 LTCC 工艺的发展，基于低温共烧陶瓷（Low Temperature Co-fired Ceramic，LTCC）工艺的芯片化阵列设计技术不断进步。

曹宝林等在 IEEE 上发表文章 *A Novel Antenna-in-Package With LTCC Technology for W-Band Application*，该论文设计了基于 LTCC 基材的封装天线。

论文提出了一种 W 波段新型的封装天线（AiP）技术（见图 12.8 和图 12.9），该 LTCC 技术实现了天线系统的气密性封装，具有较高的机械结构强度及电磁兼容性，适合于高机械强度的特殊应用环境。该天线系统集成了 LTCC 天线、低损耗馈线网络及金属封装锥形扬声器孔，利用埋在 LTCC 中间的层积波导（LWG）腔来优化天线在整个工作频带内的阻抗特性。

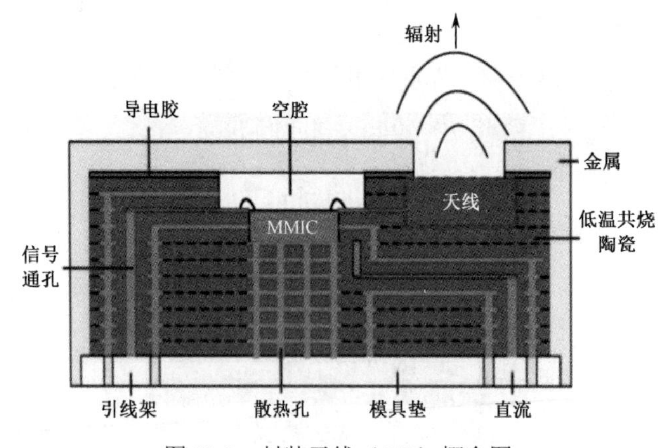

图 12.8　封装天线（AiP）概念图

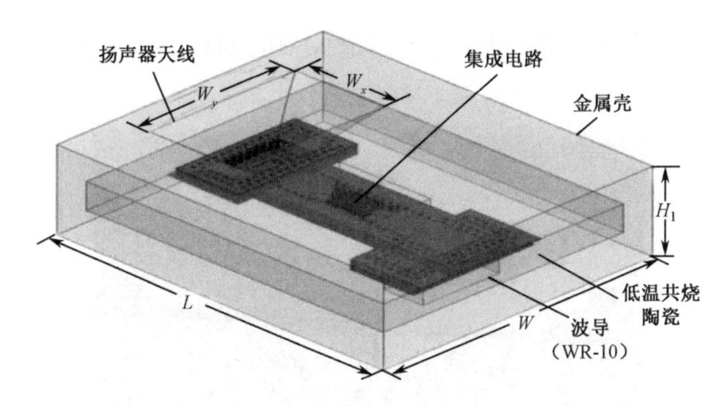

图 12.9　基于 LTCC 的封装天线结构图

这种 W 波段基于 LTCC 的 AiP 技术，有效提高了高频段集成前端效率、指向精度，并扩展了工作带宽。

基于微机电系统（Micro-Electro-Mechanical System，MEMS）技术的微同轴与传统的高频传输系统迥然不同，高频信号被约束在封闭的同轴结构中，在 DC～300GHz 范围内，均以近乎纯 TEM 模式传输，可以超宽带工作，损耗极低，在 40GHz 的损耗只有 0.08dB/cm，与波导处于同一个数量级，比微带线、共面波导等传输线低 1 个数量级以上。

传输信号近乎全封闭，相邻传输线通道之间的隔离度很大，可高于 60dB，比微带线、共面波导高，电磁兼容性好。

国外很多研究机构公开报道了微同轴传输结构的研究，图 12.10 是采用了铜基微同轴结构的毫米波阵面。

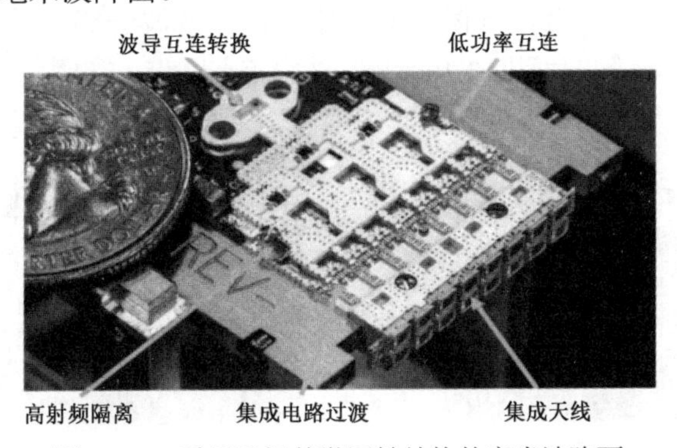

图 12.10　采用了铜基微同轴结构的毫米波阵面

在 2010 年 IEEE 国际相控阵技术系统会议中，美国科罗拉多大学 Zoya Popovic 发表了论文 *Micro-coaxial Micro-fabricated Feeds for Phased Array Antennas*，报道了一种采用铜基电铸工艺的 Polystrata 微同轴结构宽带功分网络、混合环、天线单元及首例微米级微同轴结构集成天线阵列。该天线阵列包含 4×4 天线单元、

16×16 Butler 矩阵及相位加权网络、多通道 MMIC GaN 有源芯片。图 12.11 为微同轴式 16 单元天线阵。

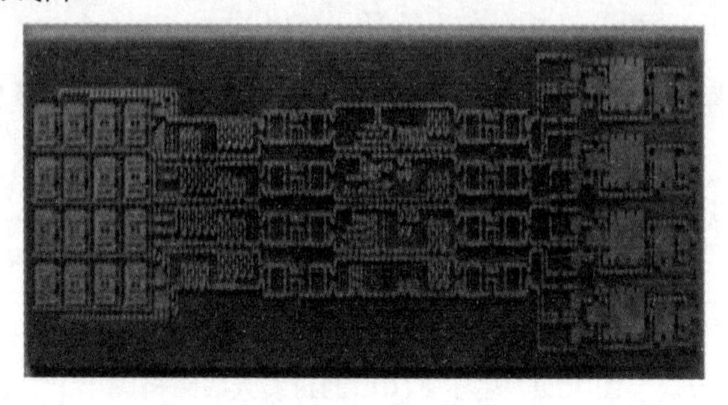

图 12.11　微同轴式 16 单元天线阵

12.2.1　毫米波馈线系统的特点

毫米波雷达种类繁多，按发射功率可分为大功率（兆瓦级）毫米波监视雷达、中等功率（千瓦、百瓦级）毫米波雷达、小功率（瓦级）毫米波雷达。按应用的传输线形式分类，毫米波雷达可以分为波导馈电雷达、混合馈电雷达、带线馈电雷达及综合母板式馈电雷达等。按不同的雷达功能可分为导引头、车载防撞、安检成像、深空探测、5G 通信等雷达。针对不同的应用背景，毫米波雷达的馈线系统呈现出不同的特点。

1）毫米波波导馈电系统的特点

首先大功率毫米波雷达阵面主要采用波导网络设计馈电系统，可耐高功率传输。馈电系统的大功率通道主要采用过模圆波导，通过传输高次模提高波导耐功率能力。波导网络中采用大量模式变换器、模式滤波器等，以实现过模波导向标准波导转换的功能，如图 12.12 和图 12.13 所示。

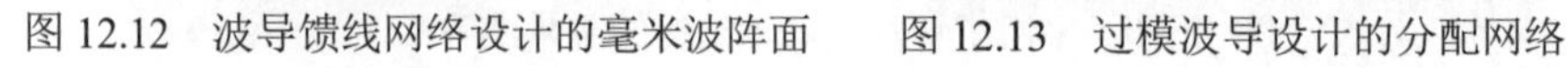

图 12.12　波导馈线网络设计的毫米波阵面　　图 12.13　过模波导设计的分配网络

另外，毫米波波导馈电系统的网络传输损耗低。在波导、微带线、带状线及同轴线几种常见的传输线中，波导的损耗是最低的，波导网络可以降低整个阵面的能耗。毫米波波导馈电系统的还有一个特点是相对于其他平面传输系统，波导馈电系统体积大。由于阵面主要网络采用波导设计，通道数量越多，占用的空间越大。当然，也可以将波导网络进行叠层式设计，这样设计可以减小毫米波波导网络的厚度，在机载火控雷达、导引头雷达中可以采用该形式。毫米波大功率波导馈电系统的工作带宽相对窄，由于功率容量的限制，波导网络很难进行大功率超宽带设计。毫米波波导馈电系统通常应用在抛物面天线单元构成的阵面中，此时雷达阵面通常采用大功率激励源、扬声器或波导裂缝天线。阵面也可以通过多单元构成子阵，电控多子阵的相位、幅度，以实现阵面电扫。

2）毫米波混合馈电系统的特点

毫米波混合馈电网络主要由波导、印制板电路混合进行设计。图 12.14 为毫米波雷达测试图，图 12.15 为雷达阵面内波导功分器及 T/R 组件内微带线功分器。此时馈电系统的特点是单通道功率不大，一般在瓦级。

图 12.14　毫米波雷达测试图

图 12.15　雷达阵面内波导功分器及 T/R 组件内微带线功分器

阵面通道数量相对多些，达到几百个。混合馈电系统通常应用在有源相控阵雷达阵面上，T/R 组件内部的功分网络采用微带电路或带线电路，其内部功放输出功率都是瓦级的。另外，混合馈线系统的网络损耗适中。混合馈电系统后端馈电网络通常采用波导结构，波导是毫米波传输损耗最小的传输线。由于组件内部空间狭小，与波导结构无法融合，只能采用带状线或微带线电路。因此，混合馈电系统的网络损耗大于波导馈电系统，但远小于带线馈电系统。最后，混合馈电网络的工作带宽比大功率波导馈电系统大。由于阵面后端功率相对小，此时波导网络没有耐功率要求，可以通过脊波导增加网络工作带宽。当然，脊波导与其他传输线的变换会限制其工作带宽。

3）毫米波带线馈电系统的特点

毫米波带线馈电系统主要由带状线、微带线等传输形式构成。带线作为射频电路的通用传输线，其应用十分广泛，各种器件的设计制造相对成熟。图 12.16 为毫米波星载 SAR 相控阵天线，其主要采用带线形式实现馈电系统；图 12.17 为毫米波微带线收发试验板。当带线应用于毫米波雷达时，其有很多特点。

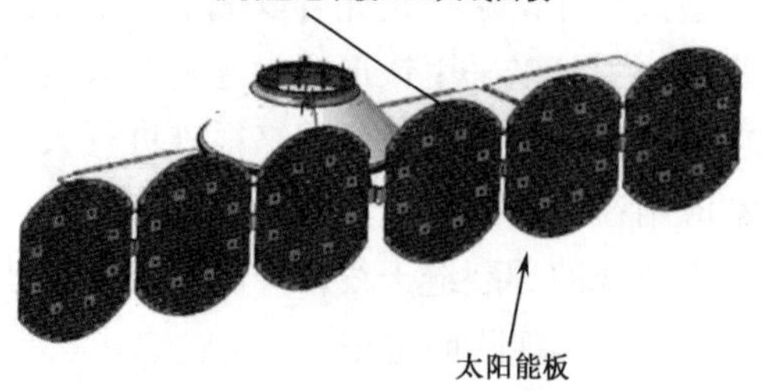

图 12.16　毫米波星载 SAR 相控阵天线

图 12.17　毫米波微带线收发试验板

首先相对于波导传输线，带线电路的损耗大，不能进行远距离传输。应用毫米波带线网络时，毫米波雷达的整体架构需要进行创新设计，尽量缩短带线的传输长度。此外，毫米波带线馈线系统的耐功率相对低。由于射频电路通常采用微波板来设计，考虑到毫米波波长比较短，通常采用厚度为 0.5mm 甚至更薄的微波板材，此时线宽较窄，耐平均功率通常低于 10W。毫米波带线馈电系统的体积、质量比波导馈电系统及混合馈电系统小。由于馈电网络可以通过多层电路进行机械压合或半固化片热压进行一体化设计制造，可以进一步降低阵面厚度，减少电缆组件、连接器及机械结构件的用量，从而达到压缩体积、减小质量的目的。带线馈电系统需要开发各种毫米波板间、板内垂直互连。其互连模式与低频段板间、板内垂直互连类似，只是结构尺寸更小。

图 12.18 为 2020 年中国电科集团公司研制的一款 W 频段无源天线阵面，其主要由单元层和馈电层构成，馈电层的信号通过耦合缝隙送到天线单元。馈电层网络主要由带状线设计组成，其中的 1 分 64 网络利用非隔离功分器实现，局部图如图 12.19 所示。三层板材采用松下公司 SF705S 型号的 LCP 柔性板材，厚度分别为 0.1mm、0.075mm、0.1mm，两层型号是 BM17 半固化片，厚度都是 0.025mm。天线总馈电口采用柔性互连，这样可以弯曲后连接到天线阵后端的收发系统。这种形式的带状线网络由于工作频率高达 96GHz，板材薄，网络端口多，因此总损耗较大、耐功率较小，适合小功率、小增益的天线系统。

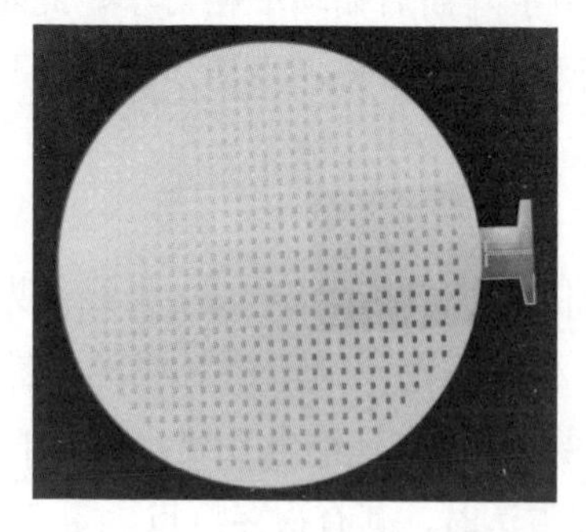

图 12.18　W 频段无源天线阵面

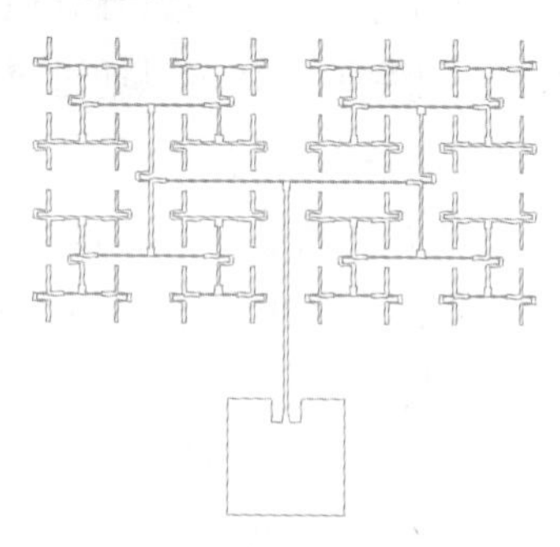

图 12.19　W 频段馈电网络（局部）

4）毫米波综合母板式馈电系统的特点

毫米波综合母板的作用同样是集成各种芯片、器件，甚至 T/R 组件、天线单元等功能性模块，其特点也比较明显。图 12.20 为中国电科集团公司研制的毫米波 SAR 天线阵面，它主要由综合母板构成，包含有 216 个天线单元。图 12.21 和图 12.22 分别为毫米波综合母板的背面、正面。首先，毫米波综合母板式馈电系统具有集成度高的特点。毫米波综合母板的多层微波板与低频板通过半固化片热压进行一体化设计制造，馈电系统的微波电路、波控电路、电源电路融合在一起。毫米波综合母板集成了波控芯片、电源芯片、芯片式 T/R 组件、天线单元及各种阻容器件，这些器件通过直接表贴或利用 BGA 实现与多层板的互连。其次，毫米波综合母板式馈电系统能够实现天线阵面轻薄化。馈电网络中的互连电缆、连接器用量大大降低，各种功能性整件通过一体化设计进行了整合，进一步减少了固定、支撑功能的结构件，有利于减小阵面厚度和降低阵面质量。毫米波综合母板式馈电系统具有组合化特点。毫米波综合母板设计制造时必须将尺寸控制在合理范围，这样可以提高成品率。将一定尺寸的毫米波综合母板规划为雷达阵面的子阵，通过子阵组合形成整个阵面。必要时可以设计多种尺寸的毫米波子阵综合母板。另外，毫米波综合母板式馈电系统适合单通道小功率的阵面。目前国内

图 12.20　毫米波 SAR 天线阵面

图 12.21　毫米波综合母板的背面

外芯片式封装的毫米波 T/R 组件的功率都是瓦级以下的，功率提高后芯片的尺寸变大，在毫米波天线阵面增大扫描角时，单元间距内放置不了一个组件。同时毫米波电路功耗大，效率相对低，功率提高后毫米波综合母板的散热问题还需要进一步研究。最后，毫米波综合母板式馈电系统具有调试难度高的特点。随着毫米波综合母板集成度越来越高，功能越来越强，测试参数更加多样化。由于毫

图 12.22　毫米波综合母板的正面

米波综合母板的尺寸限制，板上可设计测试点的位置有限，怎样有效测试综合母板的各种性能同样需要研究。采用的测试手段是设计各种测试工装。由于综合母板的品种不一样，信号接口也要根据需求调整，因此，工装的品种很多，设计成本高、周期长。自动化、多功能自动测试平台是未来的可选手段之一。

12.2.2 毫米波馈线系统的应用实例

毫米波工作频率介于微波和光之间，兼具两者优点。它的工作频带宽、波束窄，具有全天候特性、抗干扰、反隐身、反低空突防和对抗反辐射导弹的能力，系统容易实现小型化。虽然功率器件、大气条件会影响毫米波雷达的作用距离，但它依然广泛应用于军品、民品中。作为毫米波雷达的主要组成部分，毫米波馈电系统同样适用于多种场景。

1）大功率毫米波空间目标监视雷达馈电系统

其典型实例就是俄罗斯的 RUZA 相控阵雷达，RUZA 雷达是由苏联在 1989 年完成设计建造的，在哈萨克斯坦的萨雷沙甘试验场进行了试验，它可以跟踪大量的卫星和其他弹道目标。1990—1993 年，该雷达的硬件进行了进一步的改善，在很大程度上提高了雷达的灵敏度和精度。

该雷达观测的目标有卫星、空间飞行器、近地空间目标和空间碎片。该雷达为有限相位扫描雷达，相控阵天线由 120 个子天线（抛物面天线）组成，安装在方位、仰角可转动的天线座上，其天线及各分系统布置如图 12.23 所示。雷达主要包括底座、波导线、接收机、功率调节器、子阵、天线组件及天线罩等。图 12.24 是 RUZA 毫米波相控阵雷达的原理框图，图中正交模耦合器（OMT）、环形器、

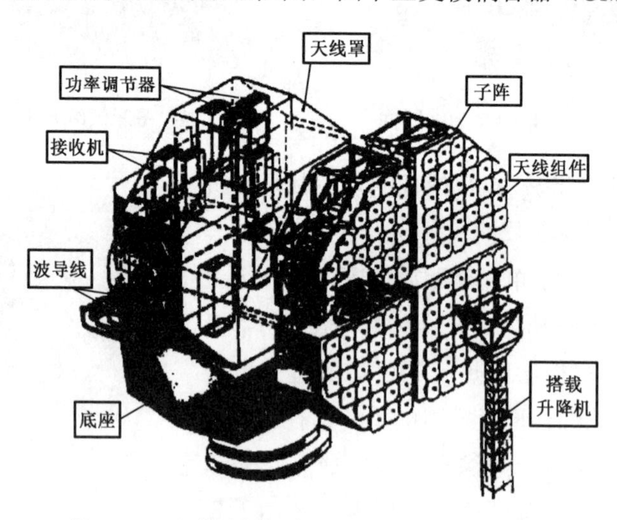

图 12.23　毫米波相控阵雷达天线及各分系统布置

波束形成网络（BFN）及移相器等都采用了大功率馈电器件。该雷达天线输入功率达到 1MW，功率非常大。

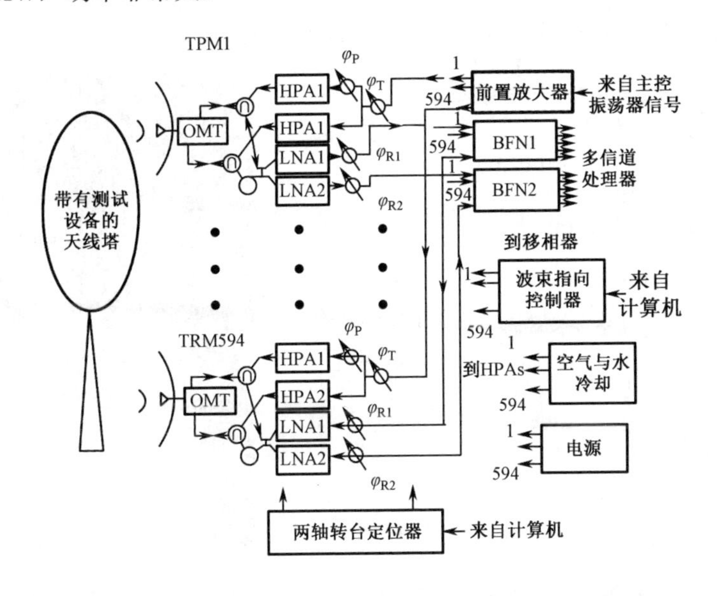

图 12.24　RUZA 毫米波相控阵雷达原理框图

该毫米波远程相控阵监视雷达的馈电系统发射路包含模式滤波器、1 分 2 功分器、1 分 31 功分器、移相器、正交模耦合器等器件，发射支路的波导长度为 40m，为了减少损耗必须用过模传输，该系统采用了直径为 80mm 的圆波导传输 H_{01} 模。为了将功率分配到 120 个收发模块上，设计了一个功率分配系统，利用两只 1 分 2 功分器和 4 只 1 分 31 功分器。为防止泄漏功率直接损坏放大器，采用两极保护：气体放电双工器（TR 转换开关）与可控二极管衰减器（其中一路输出用于校准监测）组合，用工作在 TE_{01} 模式下的截面为 16mm×8mm 的矩形波导进行信号输出，网络中采用了扭波导实现波导端口宽窄边的换位，1 分 31 功分器采用波导径向功分器，因为它的输出口是沿着直径方向分布的。为防止发射机相位偏差，通过设计系统和硬件，能够测量和补偿放大器中的相移。图 12.25 为该雷达阵面电路简图，图 12.26 为毫米波波束形成网络，通过该网络可以得到和、方位差、俯仰差等波束信号。波束形成网络采用了单脉冲雷达的通用形式，120 个收发模块的信号连接到固定位置，多扬声器馈源合成各种需要的信号。

2）毫米波弹载、机载雷达馈电系统

毫米波雷达可用于战术导弹的末段制导。毫米波导引头具有体积小、电压低和全固态等特点，能满足弹载环境要求。当工作频率选在 35GHz 时，天线口径一般为 20cm 左右。此外，毫米波雷达还用于波束制导系统，作为对近程导弹的控制。下面介绍一种毫米波馈电系统应用研究实例。

图 12.27 为毫米波雷达试验件，阵面由 12 个子阵（见图 12.28）组成，每个子阵有 8 个组件（见图 12.29），每个组件有 8 通道。

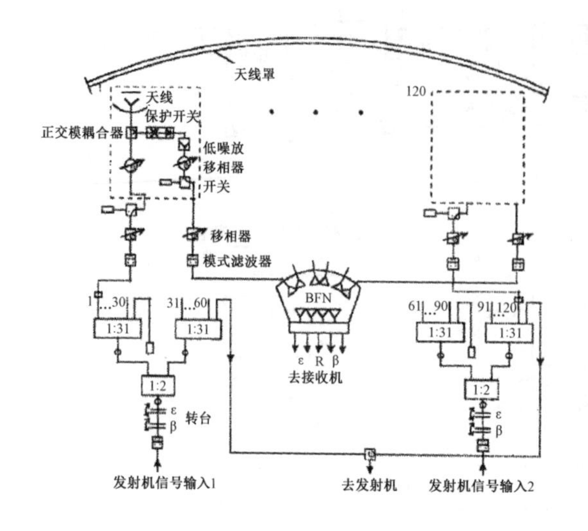

图 12.25 RUZA 毫米波相控阵雷达阵面电路简图

图 12.26 毫米波波束形成网络

图 12.27 毫米波雷达试验件

图 12.28 毫米波雷达子阵

图 12.29 组件内部图

该毫米波弹载雷达的 T/R 组件内部采用了微带电路设计 1 分 8 功分器，T/R 组件与后端馈电多层板采用金丝键合连接，微波信号与控制及电源信号都采用这种形式。多层板后端与毫米波子阵波导馈电网络互连，形成子阵。

为实现毫米波馈电系统的互连互通，提出了多种互连变换及子阵综合网络的设计。互连设计包括组件综合板中的共面波导电路与 T/R 组件中的共面波导电路的互连、共面波导电路与毫米波波导互连等。该设计可以将天线单元、T/R 组件及子阵综合网络进行一体化集成，有效降低了阵面占用空间。

由于毫米波 T/R 组件输出到通道的功率为 1W 左右，工作时间短且热耗不大，散热主要采用导体传热。将 T/R 组件、子阵综合网络、波导转接口及低频连接器等全部固定在钼铜板上。钼铜板除了散热还有支撑功能。

组件综合板采用环氧板与微波板混压的形式。最上层为单层微波板材，板材的两面分别为走线层和微波地层。走线层上表贴有 T/R 组件使用的电容、电阻等器件。环氧板主要用于波控电路及电源电路的布线。通过调整环氧板的厚度，使微波电路表面与 T/R 组件 LTCC 电路表面的高度相匹配，方便两者之间的金丝或金带键合。

微波板表层采用共面波导与微带混合形式的传输线。共面波导主要用在输入/输出端口处，有利于实现互连。微带传输线电路容易实现，可以传输毫米波信号，但损耗偏大，传输距离短是可以应用的。共面波导与微带线传输的转换及微带线与波导的传输转换，实现了不同传输形式之间的阻抗匹配。

为配合 T/R 组件的输出端口尺寸，综合层射频电路采用 ARLON 公司 0.254mm 厚度的 CLTE-XT 微波板材。此时共面波导的电路尺寸为传输线宽 0.54mm，主线与地铜的间隙为 0.18mm。微波板与环氧板压合后的总厚度为 1.4mm。

图 12.30 为微带线与共面波导传输线转换仿真模型。采用微波仿真软件 HFSS 进行建模、仿真及优化。传输线的特性阻抗为 50Ω。考虑到常用微波印制板的加工工艺水平，共面波导的间隙选择 0.14mm。共面波导的中心导体与微带线一样宽，通过地线的渐变实现两者的过渡。为提高各种信号之间的电磁兼容性，微带线的两旁布置了大量的金属化通孔。工作频率为 33～35GHz，仿真优化后微带线与共面波导转换的驻波性能优于−25dB。

为有效降低综合网络的传输损耗，子阵后端的馈线网络采用金属波导形式，传输 Ka 波段信号的标准波导型号为 BJ320，为了压缩波导网络的利用空间，采用半高波导。金属波导固定在子阵钼铜板上。微带线路与金属波导的过渡形式采用波导腔内带脊，金属脊压在微带线上，再通过波导脊及波导窄边宽度的阶梯变换，实现微带的场分布由准 TEM 形式向 TE_{10} 场分布的转换。多级阶梯变换是增加带宽的主要方法。与微带相连的波导采用非标波导，高度为 1.8mm。金属脊的宽度与微带线宽一致，为 0.7mm。脊再通过 4 段变换段进行阻抗匹配，同时波导的高度也一起变化，直至波导输出端的高度满足结构需求。脊高度及波导高度的变化参数通过优化可以得到最佳值。图 12.31 为微带线与半高波导转换仿真模型，左边为微带线，右边为半高波导，中间部分为脊及波导的阶梯变换。微带线插入波导内部，波导脊与微带线的铜层可靠接触。为加工方便，波导变换分为带脊盖板及波导底座两部分。波导底座利用钼铜板一体化加工完成，带脊盖板通过螺钉固定在波导底座上，可以保证脊与微带线充分压合。经过仿真软件参数优化，微带与波导的转换驻波可以小于 1.2。

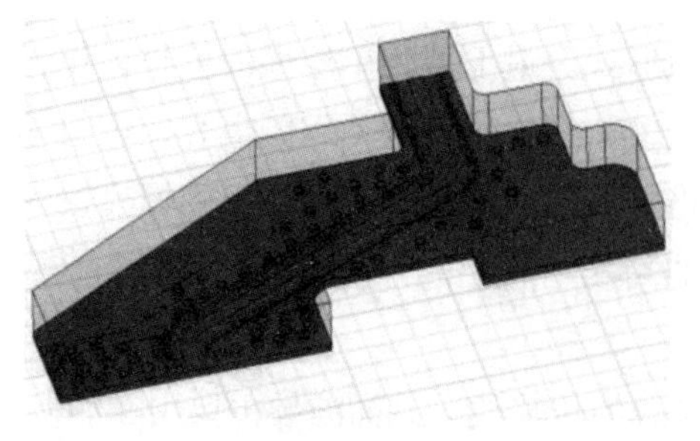

图 12.30 微带线与共面波导传输线转换仿真模型

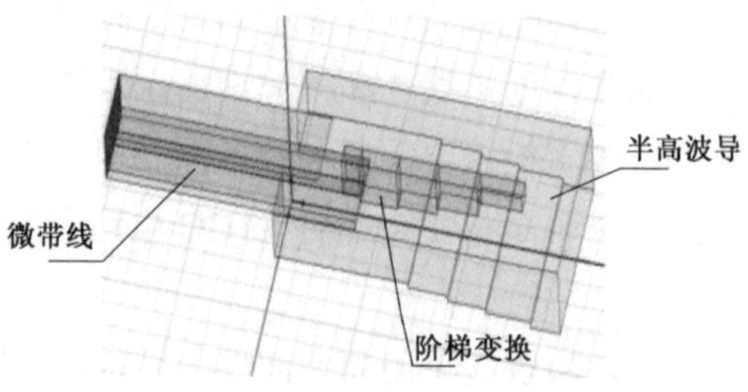

图 12.31 微带线与半高波导转换仿真模型

组件综合板的叠层结构为 8 层低频层及 2 层微波铜箔层。低频层放置在下面，上面为微波层。微波板有一段插入金属波导内。部分发射用储能电容及电源滤波电容也排布在微波电路板上。

利用 Candence 软件进行微波电路、波控及电源电路的布线，布线时必须采用以下几种增加电磁兼容性的措施：波控的高频率信号需要用地包裹；发射电源符合大面积铜箔单层走线的原则；发射电源地与接收电源地分开布线，在 T/R 组件内再共地。毫米波子阵综合板布线图如图 12.32 所示。

通过工装固定，可以将两块组件综合板的共面波导口通过金丝键合对接，微带输出端口通过变换波导连接，低频连接器没有安装，如图 12.33 所示。这样可以利用标准毫米波波导测试综合板的微波性能。图 12.34 和图 12.35 为测试件其中一个波导端的驻波及两块组件综合板的插入损耗。测试损耗时已经将两波导变换段对接，消除了测试变换段的损耗。由于两块测试板互连的金丝键合的损耗无法去除，因此单块测试件的损耗要小于图中值的一半。

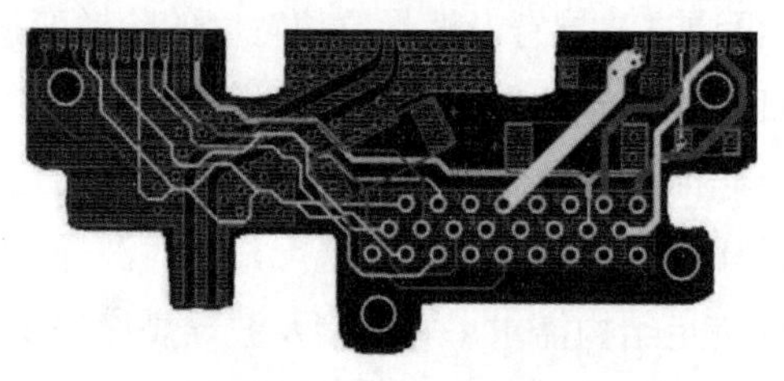

图 12.32 毫米波子阵综合板布线图

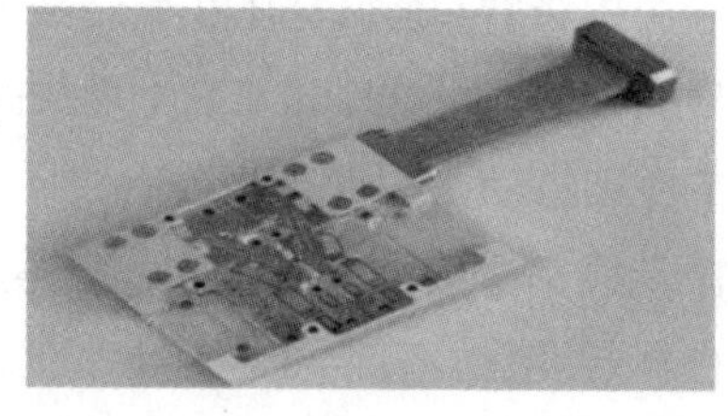

图 12.33 毫米波子阵综合板射频性能测试图

将 8 只装有综合板的组件装入子阵框架，子阵波导输出口后端连接图 12.36 中的 8 合 1 合成器。子阵后端的 8 个低频连接器与子阵低频转接板（见图 12.37）相连，子阵转接板后端两个连接器分别与阵面波控板及阵面电源板连接。子阵低频转接板与子阵电源板（见图 12.38）、子阵波控电路板组装成一个整件（见图 12.39），整件与子阵框架内的 8 个组件直接插拔。

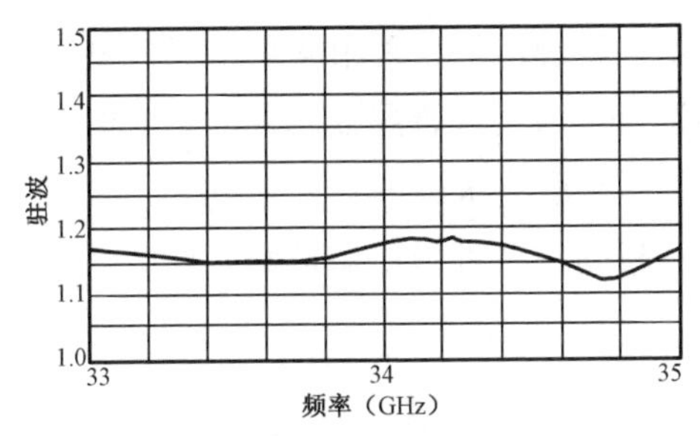

图 12.34　子阵综合板波导端口驻波曲线

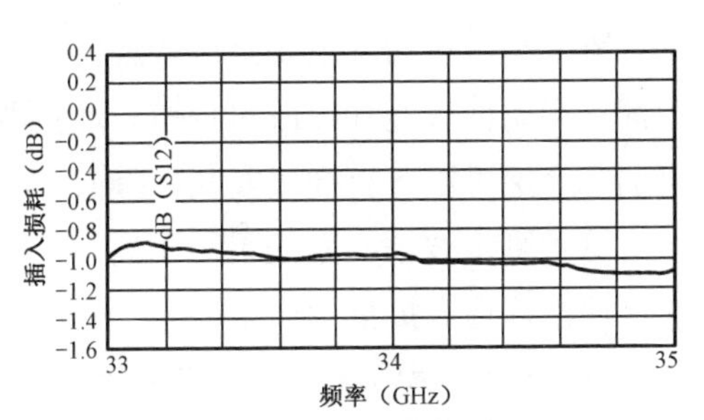

图 12.35　子阵综合板损耗测试曲线

图 12.36　8 合 1 合成器

图 12.37　子阵转接板

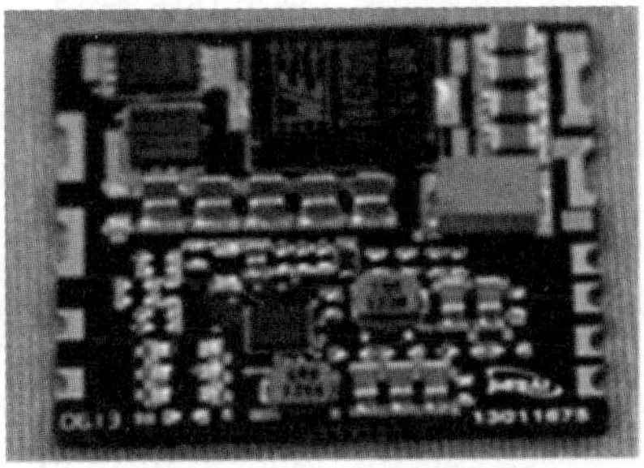

图 12.38　子阵电源板

12 个子阵组装在一起后，12 路子阵波导合成端口与图 12.40 的阵面波导网络连接，产生需要接收的和差信号，并将和差网络的差端口作为激励输入口。每个子阵的低频连接器与阵面综合层（见图 12.41）互连，如图 12.42 所示，最后与两块阵面电源板（见图 12.43 和图 12.44）连接。

图 12.39　转接板与波控板电源板总装图

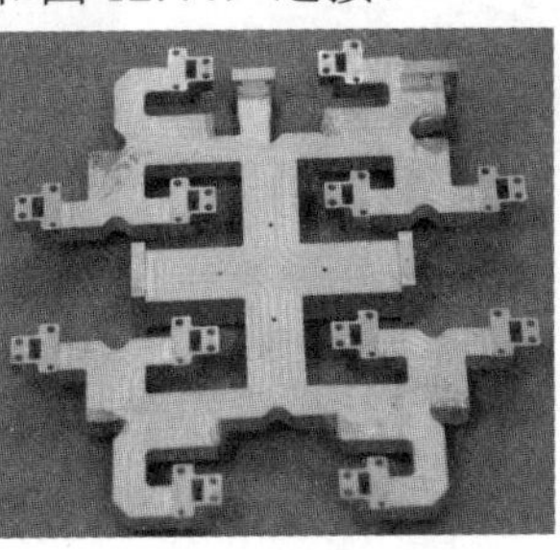

图 12.40　阵面波导网络

图 12.41　阵面综合层

图 12.42　阵面综合层的安装图

图 12.43　阵面电源板 1

图 12.44　阵面电源板 2

阵面综合层内部主要是进行波控信号及电源的分配，采用4块多层板设计，板间采用柔性板互连，既可以节省连接器也可以减小综合层的质量。4个象限的阵面综合层可以各自插拔安装，降低了阵面平整度要求。

这种毫米波馈电系统采用了模块式设计思路，各种模块调试好后直接组装，工序简洁，适合批量生产。

3）综合母板式毫米波馈电系统

综合母板式毫米波馈电系统在5G领域应用广泛。下面详细介绍一种5G毫米波天线的馈电网络。该天线系统提出的无引线、无连接器的射频前端集成方法，解决了高密度、低损耗和高效散热的集成技术难题，应用了可支持二维可扩展的5G毫米波大规模天线射频模组，如图12.45所示。该模组高度契合5G毫米波频段的应用需求，其指标体系、接口规范等与目标客户进行过详细对接，可以开展各种类型的细分市场产品开发，适用面特别广泛。同时，以低成本为目标的工艺优化和产品改进，实现了模组产品成本的显著降低，生产效率提升了近10倍。

馈线综合母板三维图如图12.46所示，实物如图12.47所示。

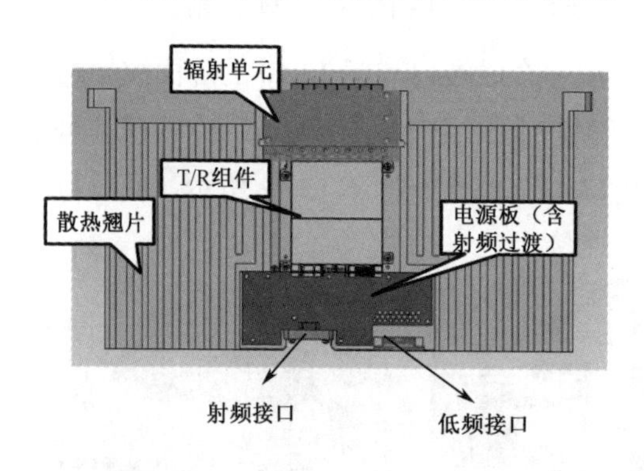

图12.45　5G天线系统射频模组架构图

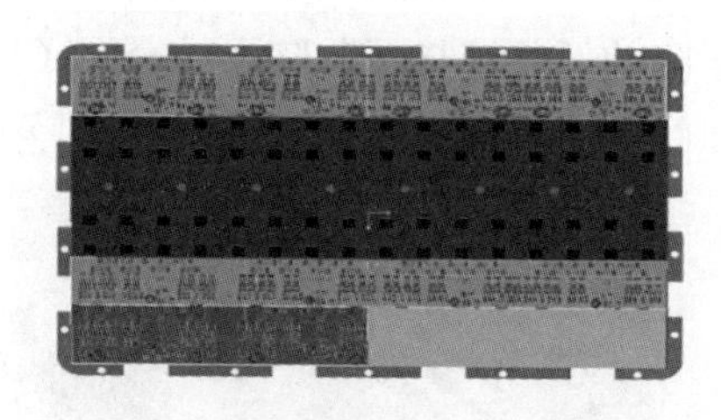

图12.46　馈线综合母板三维图

该馈线综合母板制作的5G毫米波大规模天线射频模组上集成了256个天线单元、8套1分8功分器、256条绕线线路、64个四通道T/R组件、1套波控网络、48个芯片电源及一些芯片外围器件。辐射单元在综合母板的正面，天线单元采用探针馈电，天线地与射频网络地之间无法用常规金属化孔工艺实现。该模板采用了铜浆烧结新工艺。

铜浆烧结工艺是一种颠覆传统PCB加工的工艺，通过将指定位置的粘接片（PP）开窗（激光打孔）后填入铜浆，实现将盲孔与盲孔直接对接的功能。加工后的综合母板通过切片（见图12.48）可以看出铜浆的连接比较可靠。采用铜浆烧结工艺可以减少综合母板的压合次数，大幅缩短整个综合母板的加工周期。另外，铜浆烧结设计方法很好地解决了垂直互联过孔空间不够的问题，大大降低了垂直互联加工的难度。层间交错孔不再采用背钻，解决了背钻残桩带来的多余损耗及背钻控深失败导致的制板良率低等问题。当然，该工艺加工成本较高，还需要大批量应用才能降低成本。

图 12.47　馈线综合母板实物

图 12.48　综合母板中用铜浆工艺的产品图切片

图 12.49 是 5G 毫米波综合母板的板间互连。图中深色水平线代表金属铜层，深色柱状线表示金属化孔，深色梯形表示铜浆烧结孔。从图中可以判断，铜浆烧结工艺引入后，可以很容易地实现多层板间任意层互连。图 12.50 为垂直过渡仿真模型。

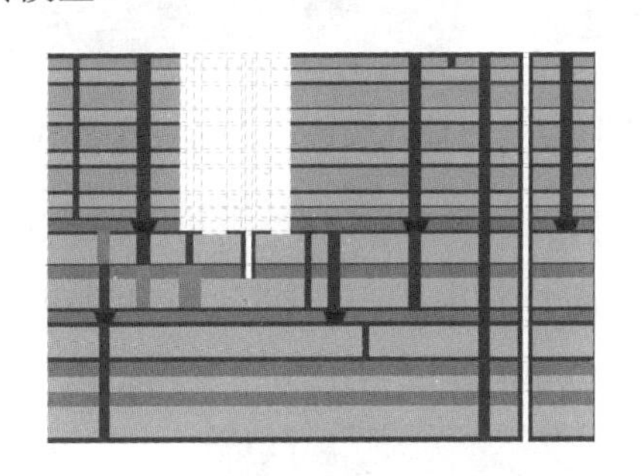

图 12.49　5G 毫米波综合母板的板间互连

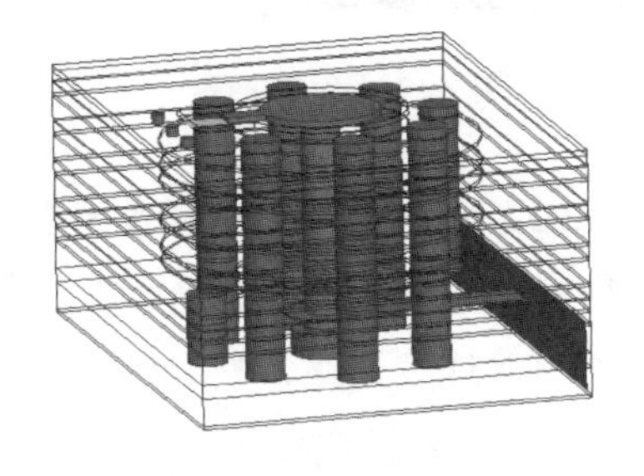

图 12.50　垂直过渡仿真模型

4）微同轴型毫米波馈电系统

由于采用 MEMS 技术，微同轴可轻易实现微米级别的结构细节，因此可集成高性能的无源器件，相比传统互连基板，集成密度更高，且与有源器件的连接寄生效应更低，易实现 3D 垂直互联。同时形成精确的互连和过渡结构，方便连接传统的连接器、电路板、波导、凸点元件及实现金丝焊接，减少装配工作量。

基于 MEMS 微同轴结构，可构建多种高性能的射频微波器件和前端子系统，如功率调制器、耦合器、功分器、高性能滤波器、高功率天线阵列等。该类器件性能指标可以达到很高，可广泛应用于军事领域的高性能雷达子系统、导引头、电子对抗系统等。

2009 年，美国 Colorado 大学研制了基于三维射频 MEMS 同轴器件制备的对数周期天线，如图 12.51 和图 12.52 所示，该天线工作频率范围 2～110GHz，驻波比小于 1.5。天线上采用三维射频 MEMS 技术集成了馈电线和阻抗变换器，中心导体通过周期分布的介电带支撑，所设计的结构能够在 DC～250GHz 频率范围内获得单 TEM 模传输特性。

K.Vanhille 等在 2014 年天线应用会议上发表如图 12.53 所示的 8～40GHz 双极化馈源的研究论文。馈源由 9 个小模块组成，每个模块大小为 0.5cm^3，内部包含 4 个巴伦、10 个功分器、24 路层与层的互连，微同轴传输线之间的隔离度为 100dB，4 个双极化单元采用了 16 路微同轴馈电，与 PCB 板混装，该馈源具有多倍频程特点。图 12.54 为微同轴堆叠分层图，图 12.55 为应用该馈源的反射器，图 12.56 给出了该反射器在 36.5GHz 频点的方向图。

图 12.51　对数周期天线

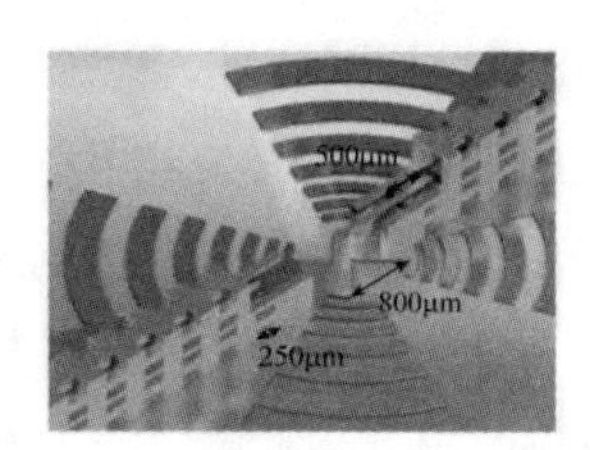

图 12.52　对数周期天线部分尺寸

图 12.53　8～40GHz 双极化馈源

图 12.57 为欧洲航天局 ESA 研发的微同轴馈电型毫米波导引头相控阵雷达。该相控阵模块集成了微同轴双工器、电容器、高 Q 值电感、谐振腔、混合环电桥、电阻、垂直互连及天线，整个模块只有 8mm×8mm。

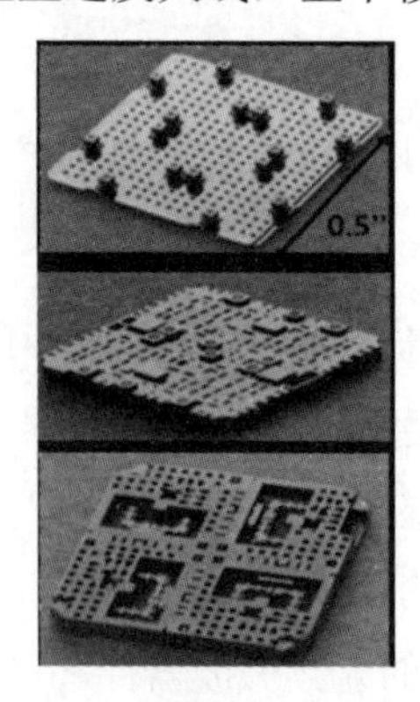

图 12.54　微同轴堆叠分层图

图 12.55　反射器

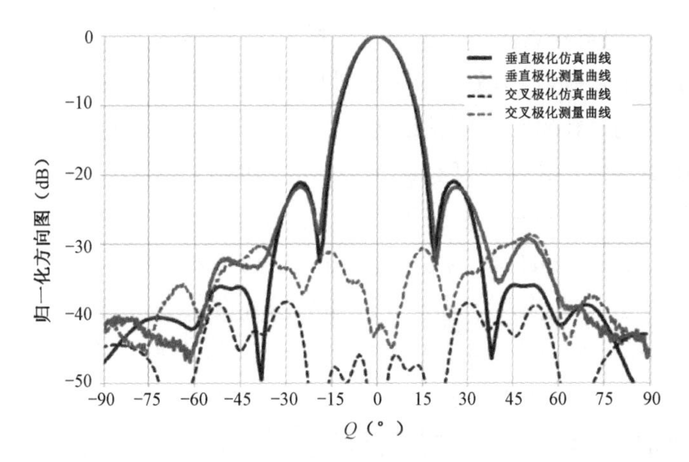

图 12.56　实测和仿真的方向图

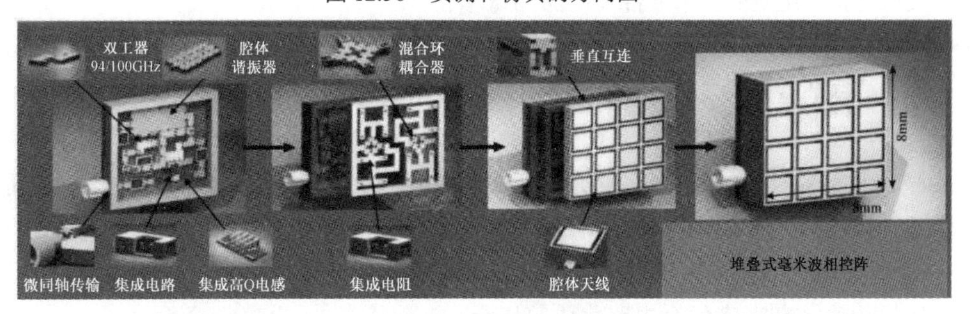

图 12.57　欧洲航天局 ESA 研发的微同轴馈电型毫米波导引头相控阵雷达

图 12.58 为 Nuvotronics 有限责任公司 2011 年研制的射频前端模块和子系统。射频前段集成了偏置电容、驱动放大器、直流电源、4W 砷化镓功率放大器及微同轴功率合成器等器件，底部装有散热铜基，输入/输出采用了快速插拔射频连接器。该研究采用了铜基微同轴馈电工艺，铜基微同轴的主体材料为电镀/电铸铜层，与基于硅基板制作的有源模块之间存在着较大的热失配问题，热膨胀系数差达到 15ppm 以上。为获得铜基微同轴低损耗和集成化的两方面优势，需要考虑如何消除或降低热应力，因此需要在装配结构上引入缓冲过渡层、柔性连接。在设计上需要一并考虑结构应力的优化。

图 12.58　射频前端模块和子系统

2009 年，中国电科集团公司创造性地提出了 MEMS 硅腔体滤波器技术，为微同轴技术奠定了基础。2015 年中国电科集团公司利用 MEMS 三维立体工艺，实现了空气填充的 MEMS 微同轴结构。测试结果显示，微同轴线传输频率可达 20GHz；在 10GHz 时，其损耗仅有 0.08dB/cm，20GHz 时损耗为 0.12dB/cm。2016 年中国电科集团公司通过进一步改善工艺、优化设计，实现微同轴线传输频率可达 100GHz，其损耗 40GHz 时为 0.08dB/cm，100GHz 时为 0.2dB/cm，其水平与国外相关报道相当，并实现了垂直互连和多层互联等关键技术。

2017 年中国电科集团公司基于 MEMS 微同轴技术研发了一系列微同轴延时单元，在 1cm^3 空间内集成 14.5m 高性能 TEM 传输模式的 50Ω 同轴电缆，且工作频率高达 100GHz。目前已建立完善的 MEMS 微同轴延迟线模型库和仿真流程，以及成熟的 MEMS 工艺平台及产品测试平台。

2019 年 6 月，中国电科集团公司利用铜基电铸工艺完成铜基空气微同轴结构的加工。铜基微同轴如图 12.59 和图 12.60 所示，铜基微同轴结构可以与基板流片成一体，适于用于高性能、高密度混合电路集成。2019 年年底已完成全高微同轴及双层半高微同轴的制作工艺的攻关。图 12.61 为全高、半高微同轴尺寸，全高微同轴插损约为半高微同轴的 1/2，适合用于传输功率高、传输效率要求苛刻的场合（如功率合成等）。而半高微同轴纵向布线密度是全高微同轴的两倍，适合用于小信号传输、高密度混合电路集成等场合。

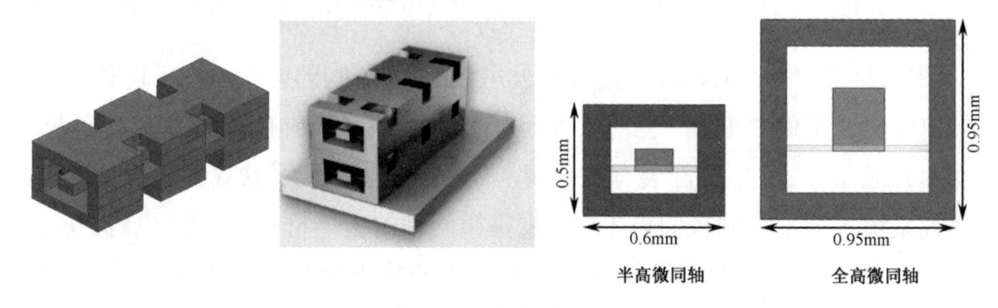

图 12.59　铜基微同轴

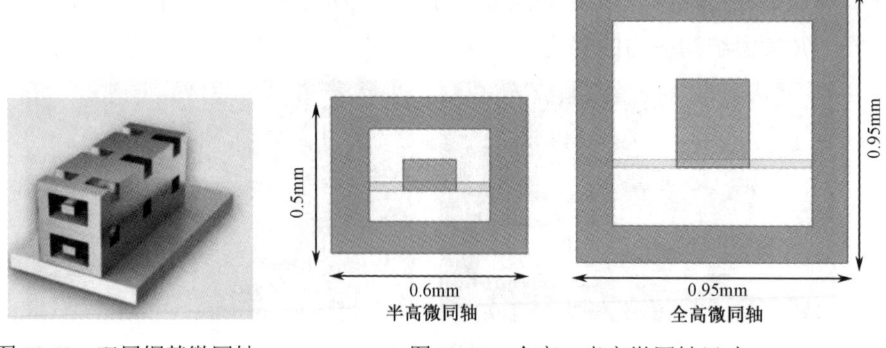

图 12.60　双层铜基微同轴

图 12.61　全高、半高微同轴尺寸

铜基微同轴无源电路、有源模块、子阵一体化集成工艺途径还需要攻克以下关键技术：铜基微同轴与有源模块 I/O 接口高精度互联技术、含缓冲层的多梯度立体装配技术、含铜基微同轴子阵的一体化集成结构可靠性设计，以及工作频段的进一步提升后需要研究的一系列工艺设计制造技术。

国内研究单位还开发了毫米波铜基微同轴网络馈电阵面系统、铜基毫米波微同轴和差网络等系列产品。

12.2.3　毫米波馈线系统设计原则

毫米波馈线系统的设计需要根据具体的应用场景具体分析，与馈电系统的工作频率、耐功率、系统要求损耗等相关。下面是设计毫米波馈电系统的常用原则。

（1）当系统功率比较大时，通常选用波导、空气板线等耐功率大的网络。

（2）中小功率的馈电系统网络，在损耗能够接受的情况下，尽量选用带状线或 SIW 传输线设计，这样利于集成其他器件，极大地减小了阵面的质量和体积。

（3）工作频率越高，系统的集成度越高，采用综合母板式馈电系统容易实现。当工作频率达到 100GHz 及以上时，微系统型馈电网络就要成为主要设计思路。通过异质异构集成设计实现雷达子阵或阵面的功能。

（4）设计馈电系统时，要进行电磁兼容性仿真分析，尽可能采取各种屏蔽、隔离手段，提高通道隔离度。

12.3　毫米波通用无源器件

针对波导、微带、带状线、基片集成波导、微同轴等不同毫米波传输线形式，科研人员开发了一系列的功率分配/合成器、魔 T、分支线耦合器、滤波器等无源器件。频率越高，各种器件的加工精度要求越高，工艺难度越大。

将各种毫米波无源器件互连可形成毫米波馈电系统，因此互连形式研究开发也是毫米波馈线系统的重要问题。国内外微波器件公司已经开发出了一系列毫米波连接器作为模块、系统之间的连接形式，科研院所也开发了一系列的板间、板内互连形式。

12.3.1　毫米波微带、带状线器件应用实例

微带线是平面传输结构，其加工简单，与有源电路容易集成设计，因此微带线平面传输线在微波集成电路中被广泛使用。微带线路是一种开放结构，电磁兼容性不好，容易引起信号的串扰等问题，将微带电路封装进壳体内，就可以提高

电磁兼容性。

2012 年英国 Glasgow 大学研制了一款芯片级的共面环形 Wilkinson 微带功分器，此功分器电路制作在 GaAs 衬底上，具有较好的隔离度。在 0MHz～110GHz 频带内，总口驻波 S_{11} 小于−15dB、损耗 S_{21} 大于−1.3dB、分口隔离度优于 20dB。在显微镜下结构显示如图 12.62 所示。

图 12.63 为 W 波段微带 1 分 2 非隔离功分器，它也是基于混合集成电路工艺，采用 ROGERS 公司的 5880 基片（介电常数为 2.2，厚度为 0.127mm），利用微波仿真软件 HFSS 设计、优化的一个 Wilkinson 功分器。为增大耦合间距，支臂长度均设计成 3/4 波长，便于形成圆弧形，考虑到功分器两支臂间薄膜电阻焊接方便，其首端间距加宽以减少耦合，末端间距变窄便于电阻焊接，因此设计成圆形。

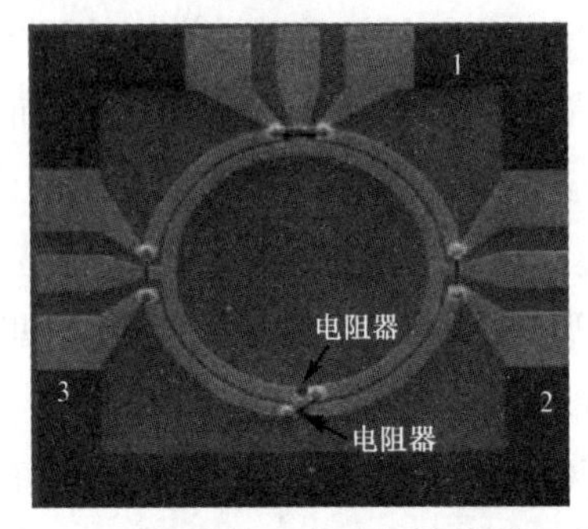

图 12.62　显微镜下芯片级的共面环形微带功分器的结构

图 12.63　W 波段微带 1 分 2 非隔离功分器

将差端口接负载或加吸波材料与衰减器的方式对该端口反射能量进行衰减从而达到匹配目的，环形器就可以用作功分器。这样可将图 12.63 的非隔离功分器改进为图 12.64 所示的隔离功分器。图 12.65 是该功分器在 75～110GHz 的损耗曲线（包括测试用转换连接器）。

图 12.64　W 波段微带 1 分 2 隔离功分器

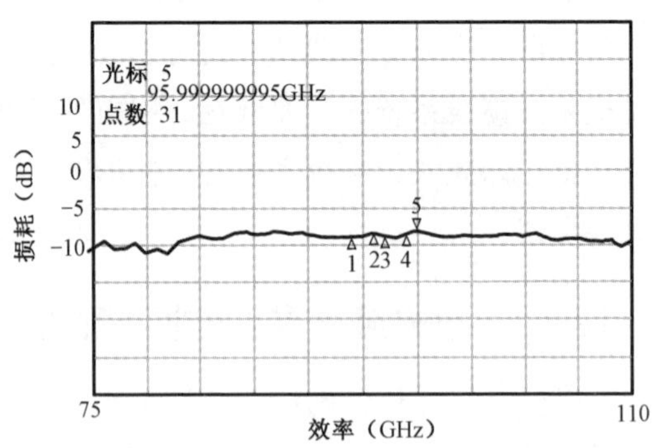

图 12.65　W 波段 1 分 2 功分器损耗曲线

测试结果表明：输出端口回波损耗大于 10dB；输出端口隔离度大于 13dB。

为了提高隔离度，可以采用带埋阻的高频印制板，通过蚀刻工艺制作 W 波段隔离电阻或吸收负载，提高功分器的隔离性能。

2022 年 4 月石城毓等研究了一种毫米波缺陷地精确调相的带状线网络（见图 12.66）。该毫米波网络采用了带状线结构，内部走线如图 12.67 所示。十路端口的输入信号经过 1 分 2 功分器后分别送到 16 合 1 的合成器中形成和差信号，利用缺陷地可以补偿每个端口的误差实现精准调相。测试结果显示，31.5～32.5GHz 时，差口驻波为 1.15～1.38，和口驻波为 1.10～1.29。

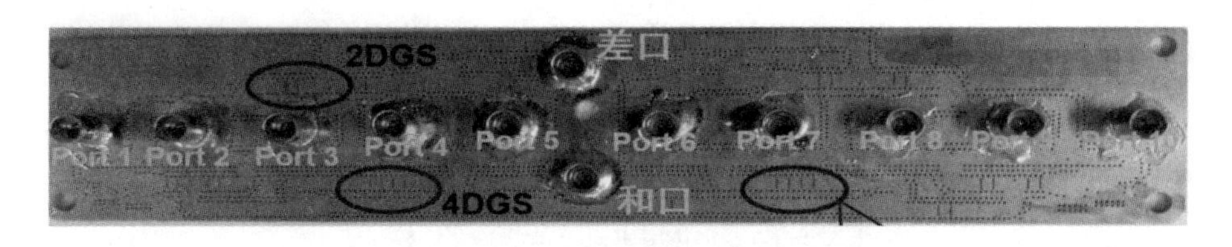

图 12.66　采用缺陷地调相的毫米波带状线网络

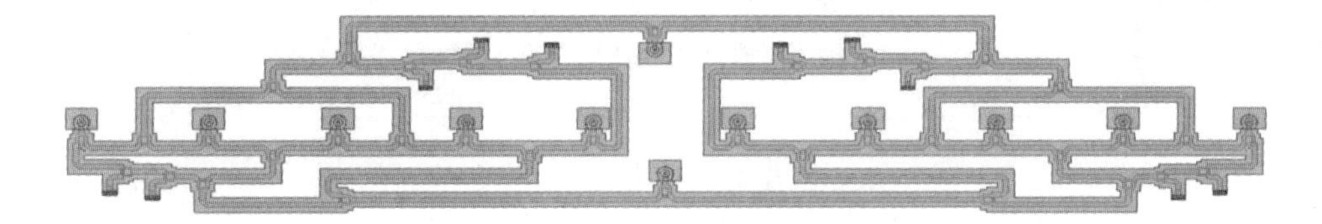

图 12.67　毫米波带状线网络内部走线

毫米波网络加工装配完成后，从各端口相位来看，和口输入信号经带线网络分配后的各输出信号与输出端口 1 相比，最大相位误差为 12.5°，与各对称端口相比最大相位误差为 6°。差口输入信号经带线网络分配后的各输出信号与输出端口 1 相比最大相位误差为 4°，与各对称端口相比最大相位误差为 4°。通过预设的缺陷地结构进行相位调整，使得加权功分网络最终的相位误差在 1°以内。

图 12.68 为毫米波带状线魔 T 仿真模型，工作频段为 28～38GHz。使用带状线作为传输结构，传输线介质板为 Arlon CLTE-XT（tm），其介电常数为 2.94。布线如图 12.69 所示，带状线魔 T 主体部分为 3 节，4 个端口是特性阻抗为 50Ω的标准带状线，端口处经过 3 段长度为 1/4 波长的阻抗变换段，与 50Ω同轴 SMP 接头垂直互连。整个带状线魔 T 周围打上一圈金属化过孔，其目的是防止同轴与带状线相连部分因为结构突变引起的能量泄漏。

按照理论计算所获得的各段传输线的参数来构建整个魔 T，在 HFSS 仿真软件中获得该尺寸下魔 T 的初步性能曲线，之后进行分析。仿真过程中为获得更好的性能，在上述理论值基础上进行了参数优化。仿真结果显示在整个工作频段内和口损耗都优于 0.2dB，幅度一致性保持在±0.04dB 以内；差口损耗优于 0.3dB，幅度一致性保持在±0.05dB 以内，带内幅度一致性十分优秀，且和口回波损耗优于−19.4dB，差口回波损耗优于−25dB，各端口驻波均小于 1.26，整个工作频段内都达到设计指标。和、差口之间的隔离度保持在−40dB 以下，两平分口之间的隔离度保持在−20dB 以下。和口到两平分口之间的相位差在±1.4° 以内，差口到两平分口之间的相位差在 178.6° ～180° 。

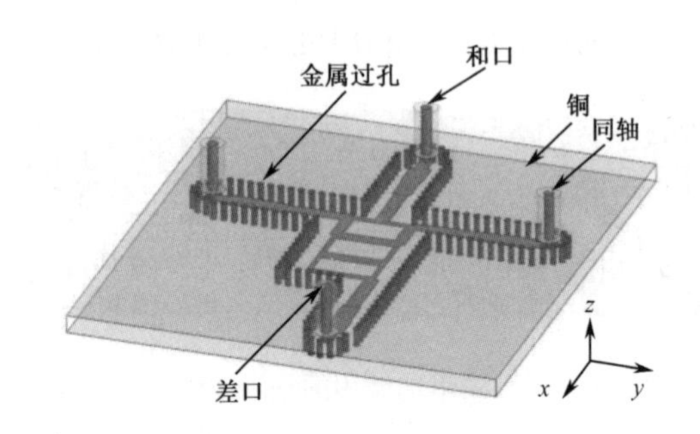

图 12.68　毫米波带状线魔 T 仿真模型

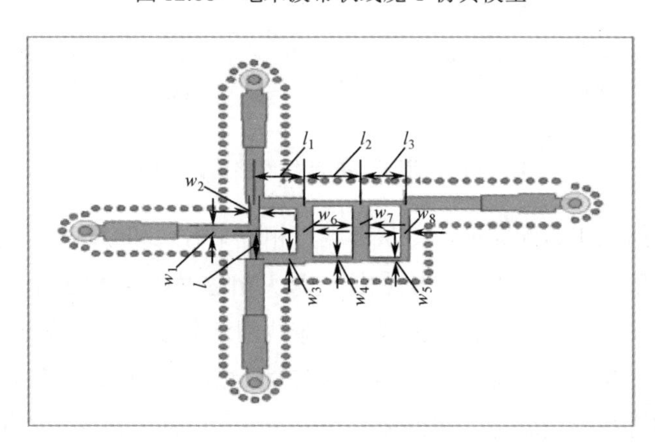

图 12.69　毫米波带状线魔 T 布线

图 12.70　毫米波带状线魔 T 实物

图 12.70 为毫米波带状线魔 T 实物，测试结果显示和口到分口的插入损耗在整个工作频段内都优于−4.1dB，差口都优于−4.4dB，如图12.71所示，和口到两平分口之间的相位一致性保持在±3.5° 以内，差口到两平分口之间的相位不平衡度保持在 180±3.5° 以内，如图 12.72 所示，与仿真结果基本一致。

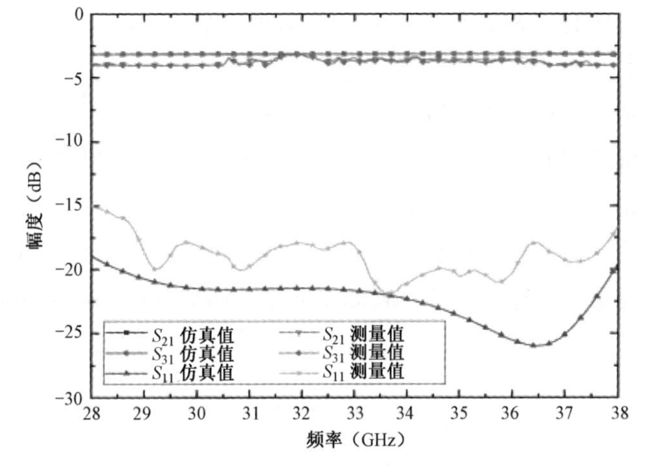

图 12.71　端口特性测试曲线

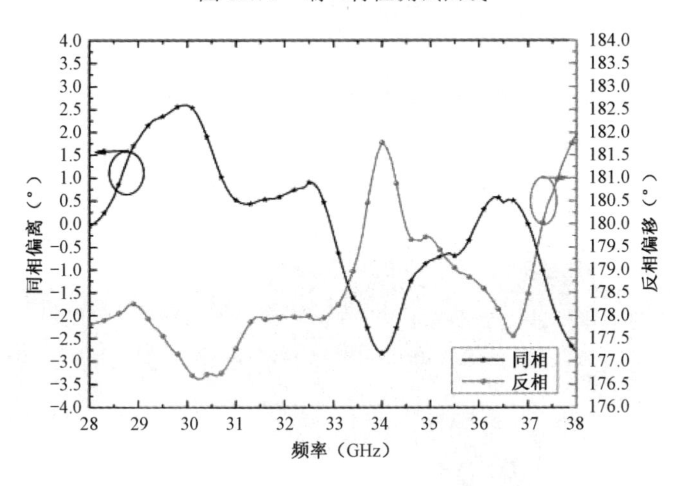

图 12.72　和差口相位一致性曲线

12.3.2　毫米波基片集成波导器件应用实例

SIW 作为一种微波传输线的后起之秀，是通过在基板上打一定间距的金属化孔阵列形成类波导腔，既有金属波导传输过程中低损耗、高功率容量的优点，又解决了金属波导结构尺寸大、不易加工的问题；同样具有易集成、电磁兼容性好的特点。SIW 可以采用印制板（PCB）加工工艺和低温共烧陶瓷（LTCC）加工工艺实现，更符合高频段综合网络集成化、一体化、轻薄化的发展趋势，因此广泛应用于太赫兹雷达馈线系统中。

多年来，经过大量技术人员的开发研究，SIW 形式的传输线已经基本实现常用传输线的功能，且性能满足不同场景的应用需求。等功率和不等功率分配器、耦合器、多波束网络及和差器等器件都可以采用 SIW 形式。

许多学者也研究了 SIW 结构与其他传输线的相互转换，从工程角度看都可以实现。

通过加脊基片集成波导可以设计超宽带器件，脊基片集成波导（RSIW）魔 T 的整体结构基础是双脊形基片集成波导，由上下层的结构对称性来实现功率的平分及良好的幅相一致性。RSIW 魔 T 立体结构如图 12.73 所示，RSIW 魔 T 平面结构如图 12.74 所示，由一个 E 面功分器和一个同轴线 H 面端口构成，包含两层镜像垂直堆叠的脊形介质层，整体结构的中间是一层公共地。微带线端口 1 和同轴线端口 4 分别是魔 T 的差口及和口，端口 2 和 3 是平分臂的两个端口，分别在顶层和底层。

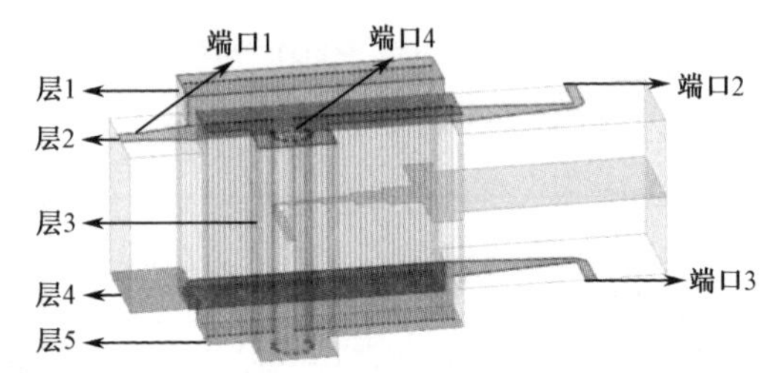

图 12.73　RSIW 魔 T 立体结构

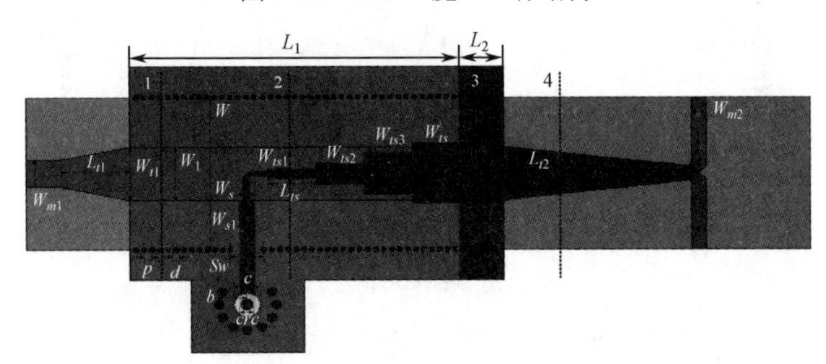

图 12.74　RSIW 魔 T 平面结构

图 12.75 为不同横截面的电场分布图，魔 T 的工作原理可以通过分析这些电场分布演变过程来清晰地呈现。当信号从端口 1 输入，微带模式信号通过微带-RSIW 过渡段转化为 TE_{10} 模式。接着中间的公共地层（平面 3）将其分成两列等幅反相的 TE_{10} 模式信号，并经由 RSIW-微带过渡段（平面 4），端口 2 和 3 会有两列等幅反相的微波信号输出，因此 E 面功分器端口 1 可看作魔 T 的差口，与此同时，端口 4 无输出被隔离；而当从端口 4 馈电时，TEM 模先从同轴线传输到带状线，然后通过一段带状线过渡段（平面 2），以矩形波导 TE_{10} 模式传输到垂直堆叠的 RSIW 中（平面 3′）。由于这种垂直堆叠结构的上下层相互对称、高度相等，输入信号可以被自然地分成两列同幅反相的 TE_{10} 模式信号，并经由 RSIW-微带过渡段演变成两列等幅同相的微带模式信号（平面 4′），端口 1 无输出被隔离。

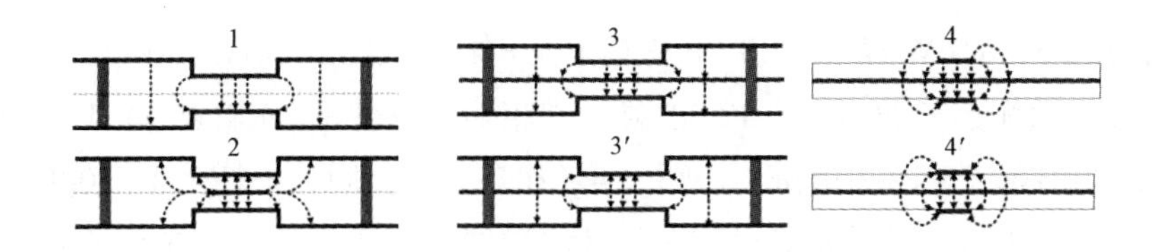

图 12.75　不同横截面的电场分布图

RSIW 魔 T 的设计分为以下四步：

（1）RSIW 的结构参数，参考 SIW 和 RSIW 的理论及设计规则，可知 RSIW 的宽度 W 和脊宽 W_1 由截止频率决定，W 初值参见第 11 章，W_1 则考虑微带结构适当优化。

（2）微带线与 RSIW 的过渡段参数，考虑脊波导场结构，脊附近电场相对积聚且与周围结构变化较大，为减少损耗，使微带线宽度和脊保持一致，线长取一个波长左右，以传输宽带为目标适当优化后确定。因为对后半段结构而言，微带结构可以看作 RSIW 匹配的负载，会影响与带状线匹配的整体 RSIW 结构阻抗，确定好过渡段的长度有利于后续设计。

（3）带状线阶梯过渡段参数 W_{ts}、W_{ts1}、W_{ts2}、W_{ts3}。每节阶梯采用 1/4 波长的设计，之后计算得到类切比雪夫阶梯参数，它由需要匹配的后半段结构阻抗决定。然后将类切比雪夫序列参数作为遗传算法的优化初值，并结合 HFSS 最终得到传输性能最佳的阶梯序列。和口出口处的带状线宽度为不同介质厚度的 50Ω特性阻抗的带线线宽。

（4）准同轴垂直互连参数，50Ω的带状线通过一段准同轴结构，最终以 50Ω 的同轴线为端口引出。周围圆柱围成的准同轴结构由同轴线演变而成，这种设计使和差端口不在同一层，即和口在顶层，而差口在中间层，因此和、差端口隔离度好。在 HFSS 全波仿真软件中按照这里设计的结构绘制模型，并以 $\varepsilon_r = 2.94$ 的介质板为结构基础加工成实物，如图 12.76 所示，图中除去 RSIW 与微带线的过渡段外的核心结构实际尺寸仅为 27.4mm×33mm，结构紧凑。

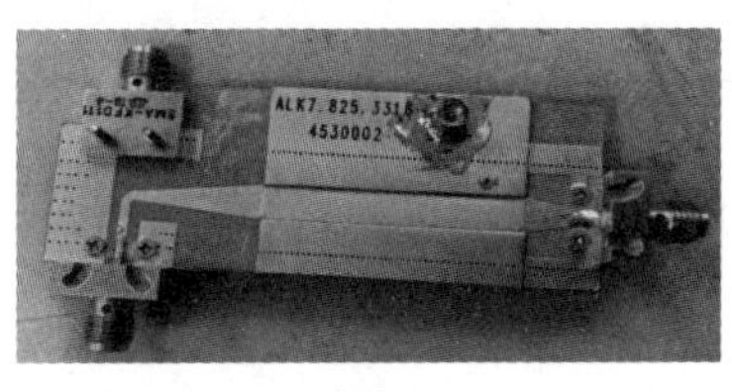

（a）正面

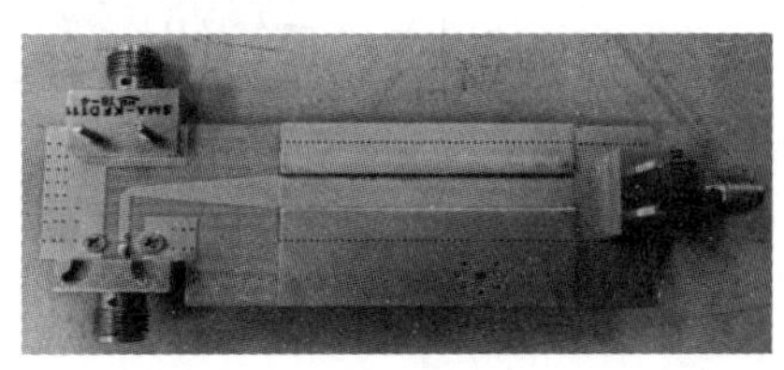

（b）反面

图 12.76　RSIW 魔 T 的实物加工图

RSIW 魔 T 的仿真与实测结果如图 12.77～图 12.81 所示，图 12.77 表明在反相模式输入下，RSIW 魔 T 端口 1（差口）在 6.4～15GHz（FBW>80.4%）范围内，仿真回波损耗优于−20dB。图 12.78 显示同相输入条件下，RSIW 魔 T 在 6.9～14.9GHz（FBW>73.4%）范围内，端口 4（和口）仿真回波损耗优于−20dB。这种超宽带和高性能综合的传输特性，在传统波导魔 T 和平面结构魔 T 中都是极具创新性的。实测时，反相和同相输入在仿真关注的相同频带（6.9～14.9GHz）内，端口 1 和端口 4 的回波损耗分别低于−18.1dB 和−18.5dB，且两种情况下带内插入损耗均小于 1dB。在幅度和相位方面，图 12.79 表明 RSIW 魔 T 在同相或反相输入条件下输出端口幅度差的测量结果在整个带宽范围内幅度差小于 0.2dB，在同相或反相输入条件下输出相位差的测量结果在频带内小于 3°，反相输入条件下输出相位差数据已进行减去 180° 处理，如图 12.80 所示。在整个带宽范围内，图 12.81 中显示出输入端口和输出端口之间隔离度的仿真与实测结果，在整个宽频带范围内，输入端口 1 和端口 4 之间的隔离度优于 44dB，输出端口 2 和 3 的隔离度优于 20dB。因端口 1、4 空间距离更远，且有屏蔽柱隔离，因此其隔离度更优，仿真与实测结果之间的误差来源于微带线与 RSIW 的辐射、铜厚和介质层厚误差、实物介质的介电常数不均匀等加工误差。

由以上仿真和测试结果可知，该 RSIW 魔 T 在 6.9～14.9GHz （FBW>73.4%）范围内，实现了低损耗、超宽带的传输特性。这里的测试结果均没有排除 SMA 接头、半固化片及其他加工工艺带来的损耗，图 12.77 和图 12.78 中传输的仿真和实测结果之间的误差主要来自于此。

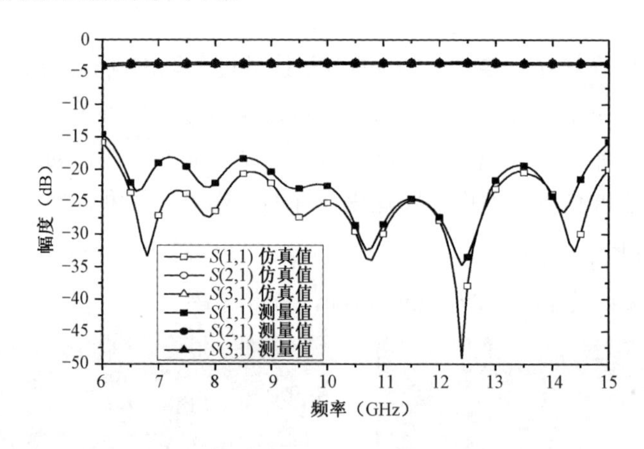

图 12.77　反相模式输入下的魔 T 的 S 参数

脊形基片集成波导魔 T 实现了更低的回波损耗、更宽的带宽和较为紧凑的结构。这种脊形基片集成波导魔 T 与微带、缝隙线或其他平面传输线魔 T 相比，有更优的传输特性。损耗下降，也减少了与其他结构整合时的电磁干扰。

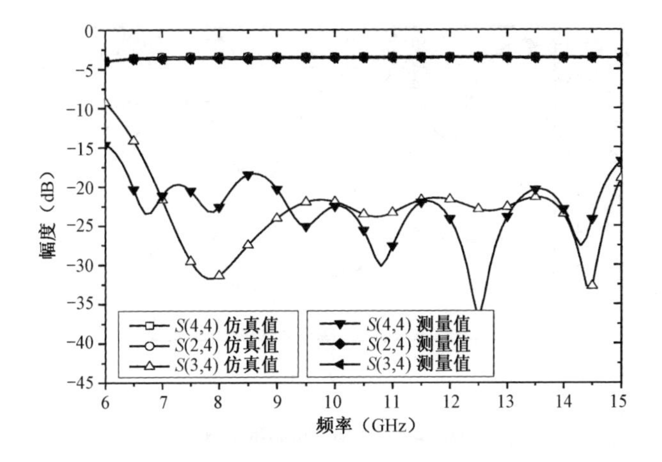

图 12.78　同相模式输入下魔 T 的 S 参数

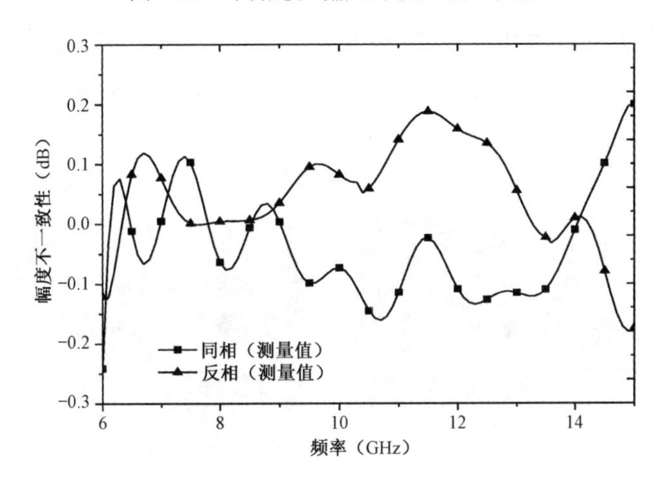

图 12.79　输出端口间的幅度差

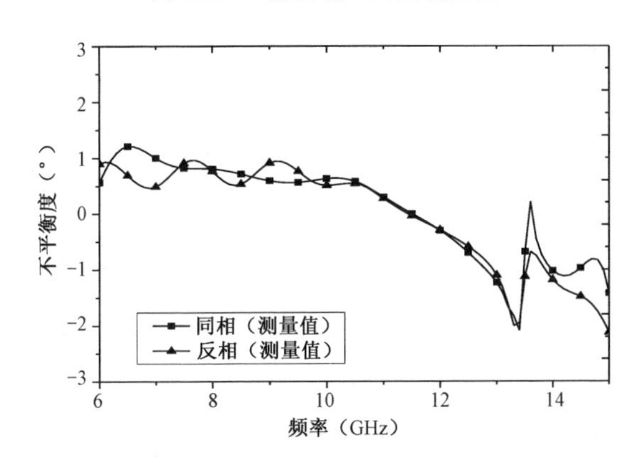

图 12.80　输出端口间的相位差

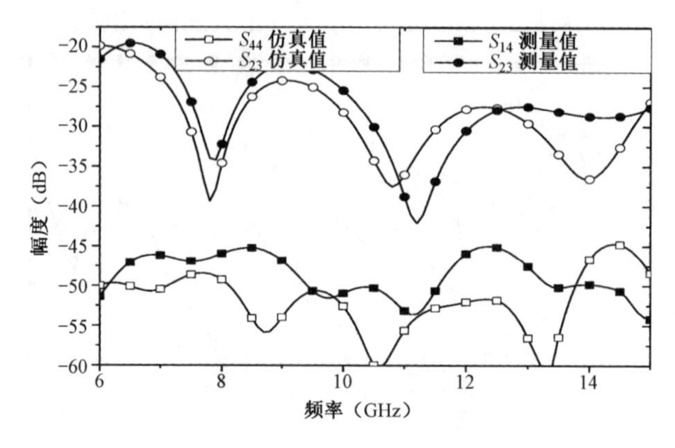

图 12.81　端口间的隔离度

图 12.82 和图 12.83 为东南大学郝张成研制的毫米波 SIW 定向耦合器，它们的耦合度分别为 3dB、10dB。图 12.84 给出了 3dB 毫米波 SIW 定向耦合器响应幅度的测试曲线，结果说明工作在 23～27GHz 的频率时，定向耦合器的直通幅度及耦合幅度在−4dB 左右，驻波小于−12dB，隔离度大于 15dB。图 12.85 给出了 3dB 毫米波 SIW 定向耦合器的直通端与耦合端的相位差，在工作带宽内约为 85°。

图 12.82　3dB SIW 耦合器

图 12.83　10dB SIW 耦合器

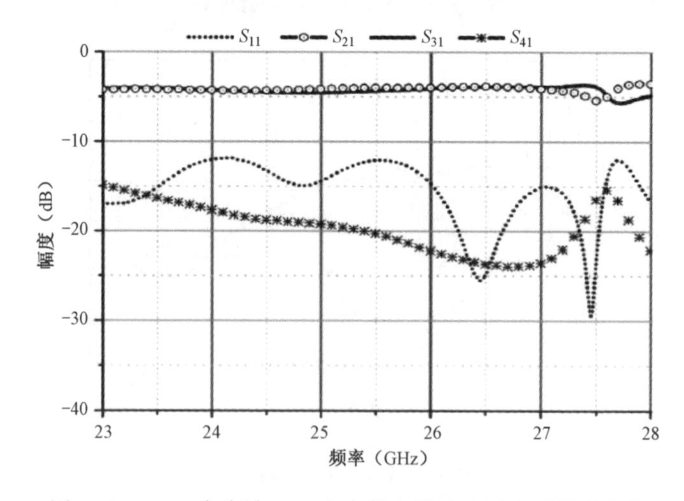

图 12.84　3dB 毫米波 SIW 定向耦合器响应幅度的测试曲线

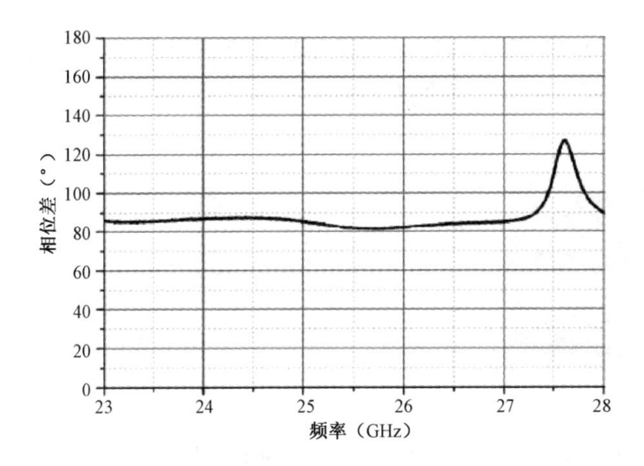

图 12.85　3dB 毫米波 SIW 定向耦合器的直通端与耦合端的相位差

图 12.86 给出了 10dB 毫米波 SIW 定向耦合器响应幅度的测试曲线，结果说明工作在 23～28GHz 的频率时，定向耦合器的耦合幅度在−6dB 左右，隔离度大于 17dB。

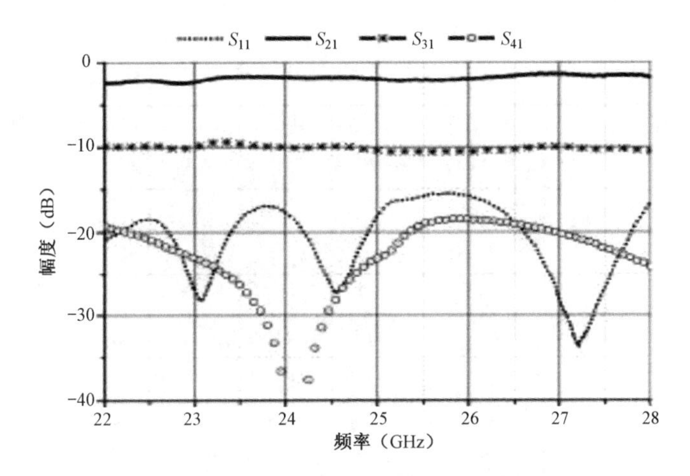

图 12.86　10dB 毫米波 SIW 定向耦合器响应幅度的测试曲线

12.3.3　毫米波微同轴器件应用实例

带线馈电系统是太赫兹频段常用的形式之一，它最大的优点是可以多层板集成加工设计、加工工艺成熟、成本低，缺点是损耗相对大些。目前有不少应用场景还是采用带线传输形式。

2005 年，杨天等作者在 IEEE 上发表了关于低损耗微同轴与共面波导（CPW）变换的研究论文。该论文详细描述了微同轴与 CPW 变换的设计及特性曲线，该微同轴与 CPW 结构形式的变换在 0.1～40GHz 频段损耗小于 0.25dB，驻波小于

−30dB。图 12.87 为微同轴与 CPW 变换结构及支撑结构图，图 12.88 为微同轴与 CPW 变换的信号线部分的俯视图及支撑结构剖面图。

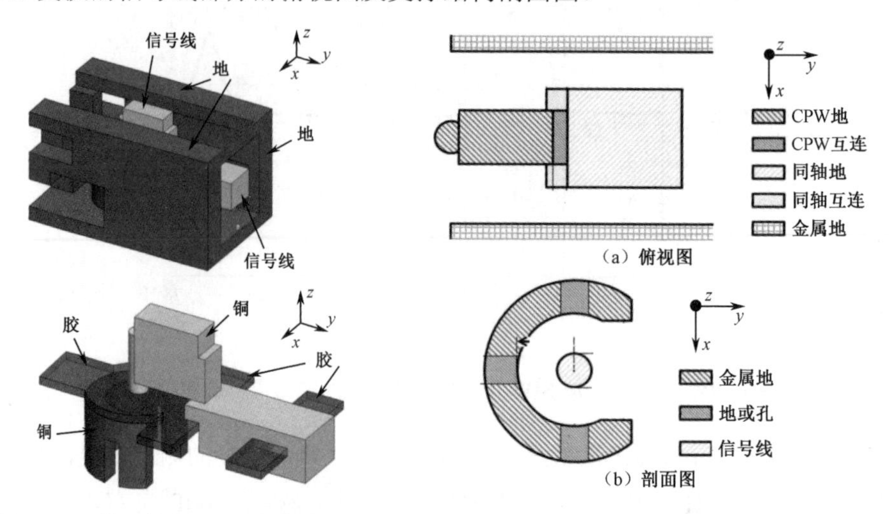

图 12.87　微同轴与 CPW 变换结构及支撑结构

图 12.88　微同轴与 CPW 变换的信号线部分的俯视图和支撑结构剖面图

图 12.89 为微同轴与 CPW 变换的实物照片，为方便测试，将两微同轴与 CPW 变换背靠背制作在一起。图 12.90 为变换的阻抗曲线仿真与实测对比图。

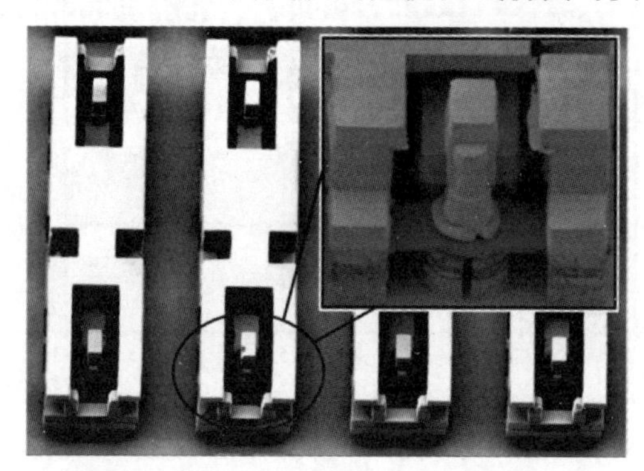

图 12.89　微同轴与 CPW 变换的实物照片

2008 年，K. Vanhille、Jean-Marc Rollin 等人设计出了一款基于 Ka 波段的 10dB 定向耦合器（见图 12.91），在 22～30GHz 内，耦合度控制在 11dB±0.25dB 范围内，隔离度超过 30dB，端口驻波都小于−25dB，性能指标非常优秀，如图 12.92 所示。

2017 年中电科技集团公司陈家明研究设计了一款毫米波微同轴魔 T。

他首先根据理论分析每段传输线的电长度及特性阻抗，在 HFSS 里构建微同轴传输线的 HFSS 模型，对于微同轴传输线的尺寸选择，具体参数如图 12.93 所示，采用优化算法可以选择到最优尺寸。然后基于仿真好的微同轴传输线结构设计一款毫米波微同轴宽带魔 T，结构如图 12.94 所示。

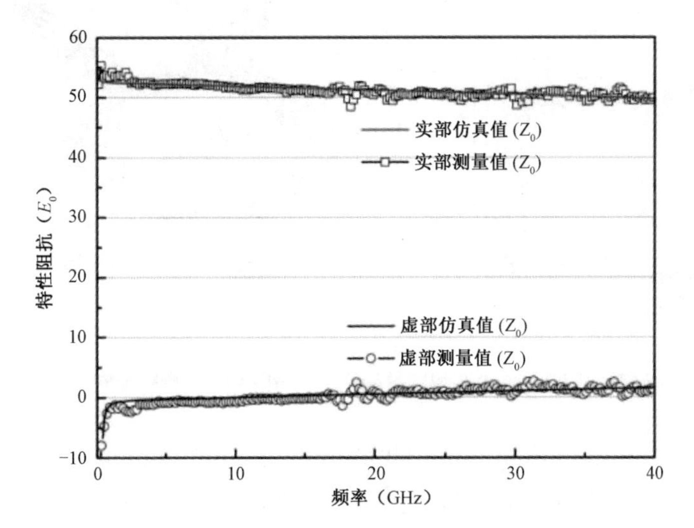

图 12.90 变换的阻抗曲线仿真与测试对比图

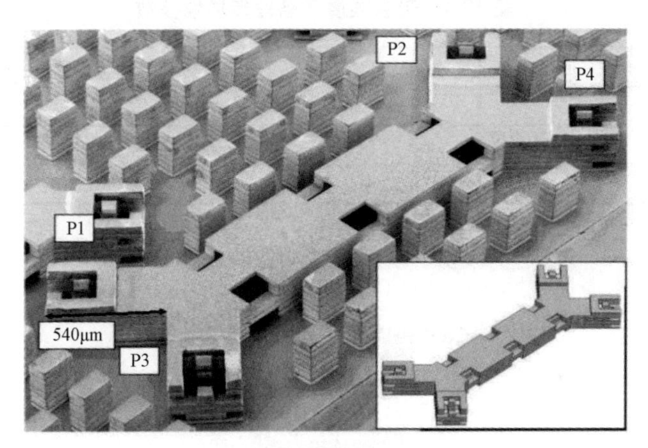

图 12.91 微同轴耦合器

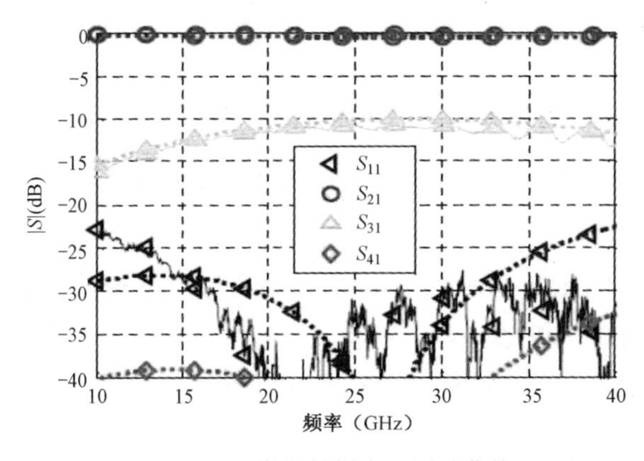

图 12.92 微同轴耦合器测试曲线

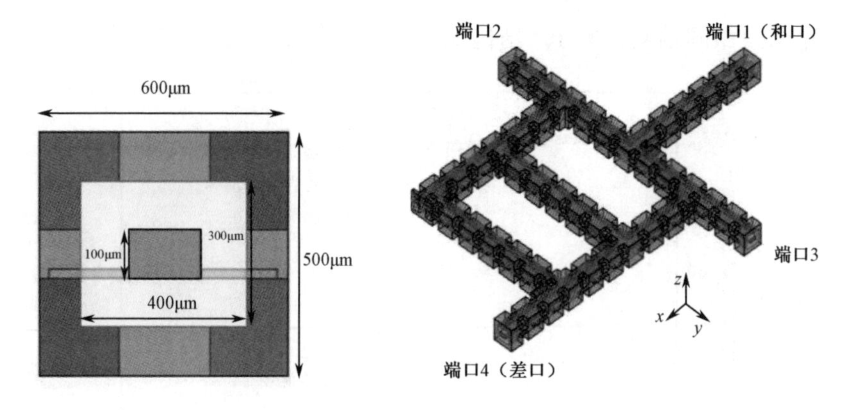

图 12.93　微同轴传输线横截面图

图 12.94　微同轴魔 T 的模型

在理论计算值的基础上，利用 HFSS 软件的优化功能对魔 T 进行进一步的优化，参数如表 12.1 所示，图 12.95 为魔 T 的 HFSS 尺寸标注示意图。

表 12.1　带状线魔 T 各段传输线参数

参数	长度（μm）	参数	长度（μm）	参数	长度（μm）
w_1	176	w_2	103	w_3	156
w_4	75	w_5	279	w_6	98
l	2240	l_1	2236	l_2	2336

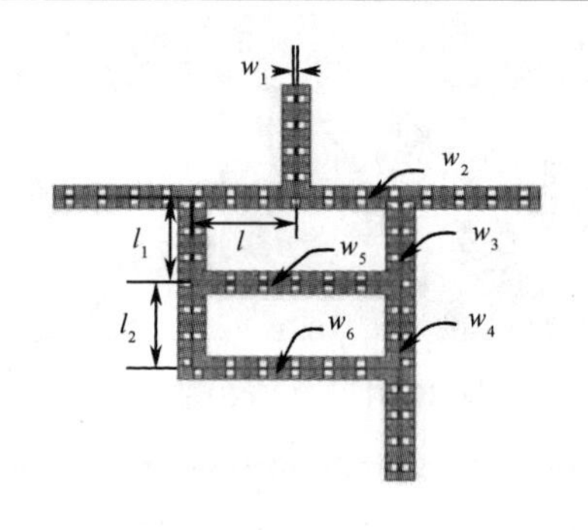

图 12.95　魔 T 的 HFSS 尺寸标注示意图

毫米波微同轴宽带魔 T 仿真设计频段为 28～40GHz。魔 T 的和、差口特性如图 12.96 和图 12.97 所示，其中，S_{21} 和 S_{31} 在整个工作频段内都优于−3.3dB，且幅度一致性保持在±0.04dB 以内；S_{24} 和 S_{34} 在整个工作频段内都优于−3.4dB，且幅度一致性保持在±0.13dB 以内，带内幅度一致性十分优秀，且和口回波损耗优于−19.4dB，差口回波损耗优于−25dB，整个工作频段内都达到设计指标的要求。

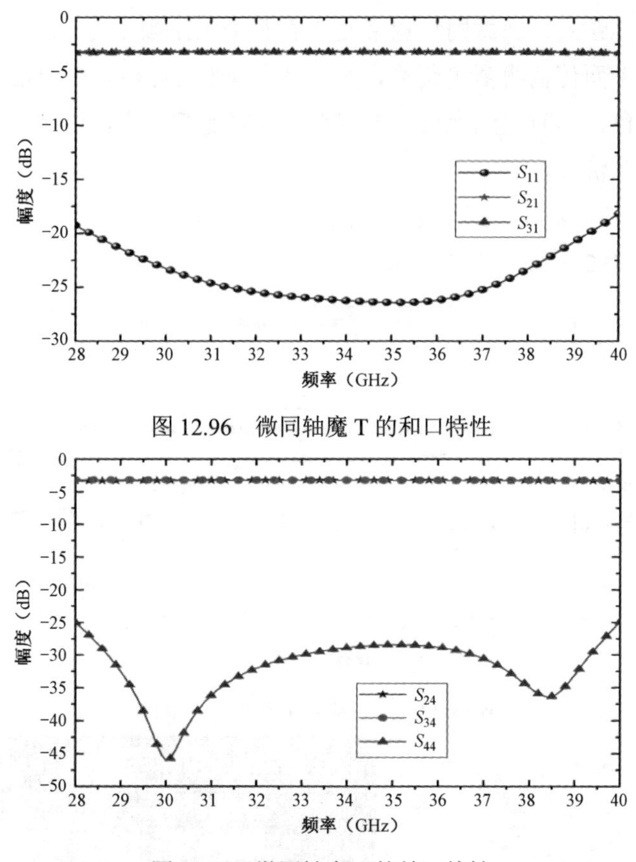

图 12.96　微同轴魔 T 的和口特性

图 12.97　微同轴魔 T 的差口特性

如图 12.98 所示，平分口之间的隔离度优于−20dB，和、差口之间的隔离度优于−35dB，在整个工作频段内，隔离度都满足设计指标；如图 12.99 所示，和口到两平分口之间的相位差在±2.5° 以内，差口到两平分口之间的相位差在 179.5° ～182.5° 。整个魔 T 的相位一致性十分优秀。

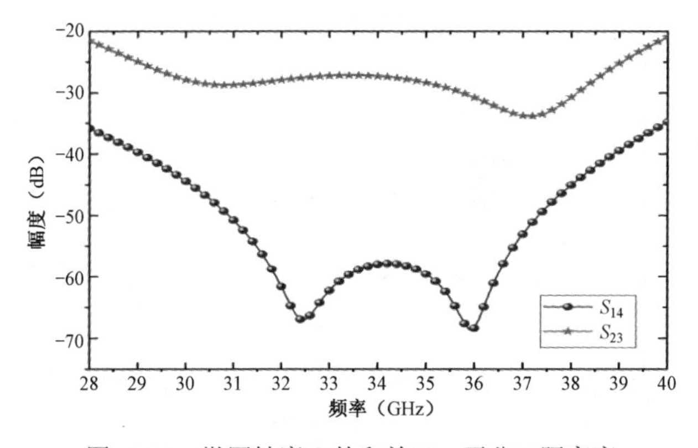

图 12.98　微同轴魔 T 的和差口、平分口隔离度

综上可得，该毫米波微同轴宽带魔 T 在整个工作频段内（28～40GHz）各项性能都比传统平面传输线魔 T 优秀，尤其是在毫米波频段，微同轴魔 T 的各项指标表现十分出色，具有高隔离度、低损耗、宽带宽等特点，说明微同轴微波器件具有很高的研究价值。

图 12.100 是毫米波微同轴魔 T 实物，图 12.101 为该魔 T 测试平台。设计测试曲线如图 12.102～图 12.105 所示。

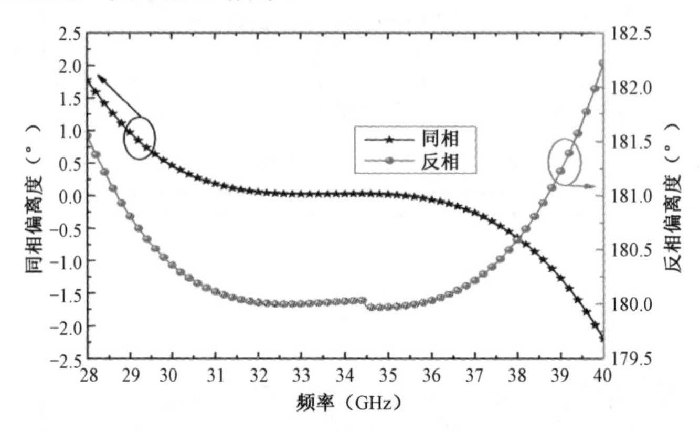

图 12.99　微同轴魔 T 的相位一致性

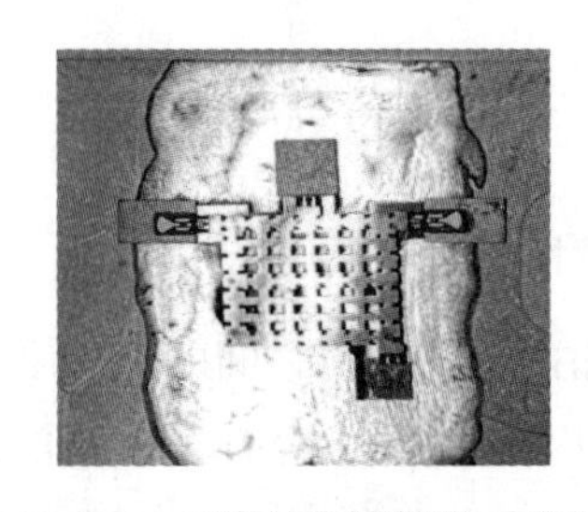

图 12.100　毫米波微同轴魔 T 实物

图 12.101　毫米波微同轴魔 T 测试平台

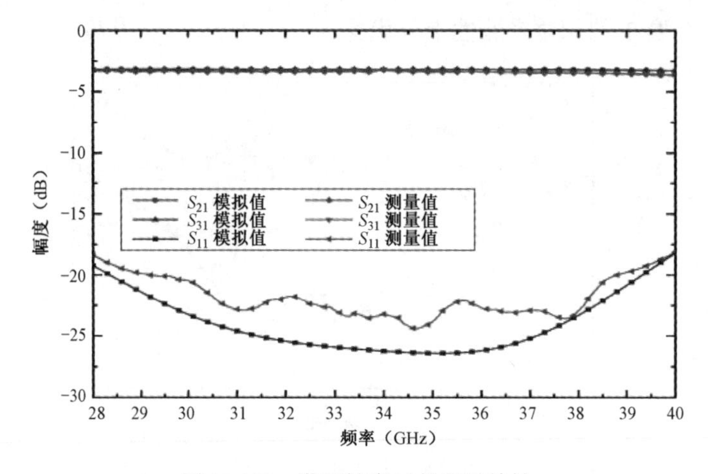

图 12.102　微同轴魔 T 的和口特性

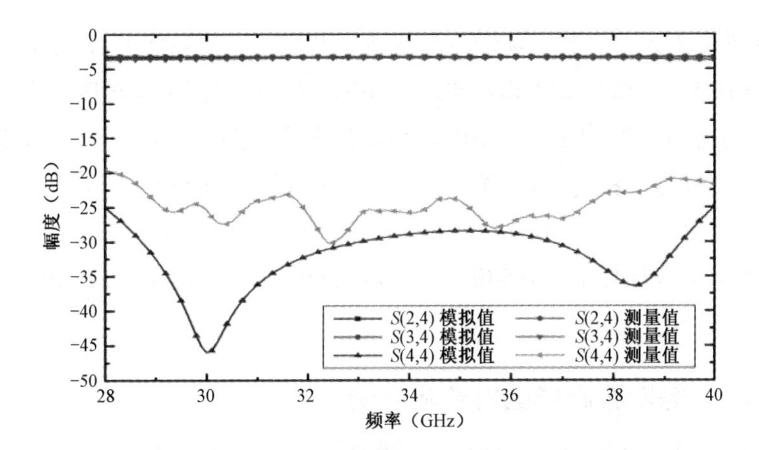

图 12.103　微同轴魔 T 的差口特性

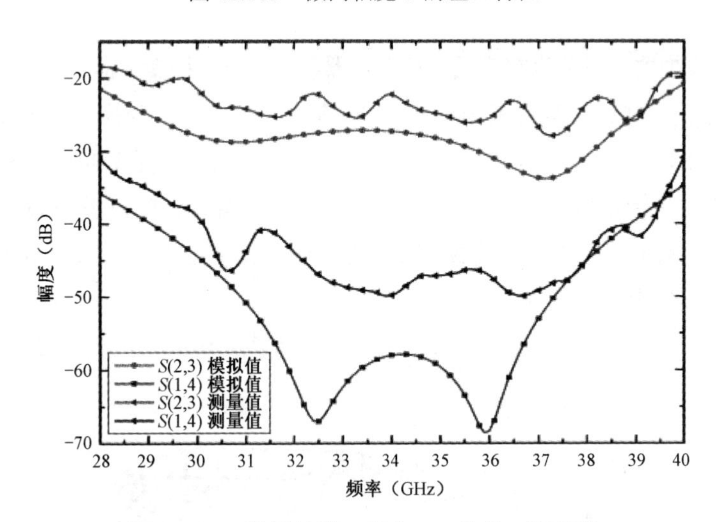

图 12.104　微同轴魔 T 平分口、和差口隔离度

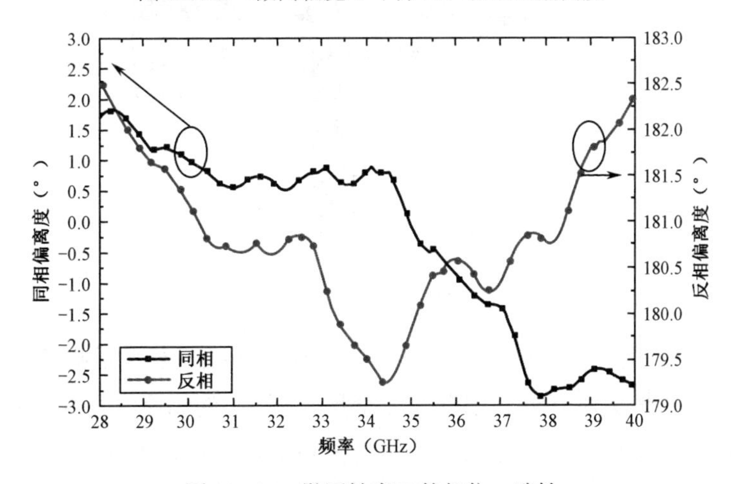

图 12.105　微同轴魔 T 的相位一致性

实测结果显示，在 28～40GHz 频带内，和口回波损耗优于−18dB，差口回波损耗优于−19.5dB，带内插入损耗小于 0.8dB，平分口之间的隔离度均小于−19dB，和差口之间的隔离度均小于−31dB，和口到两平分口之间的相位一致性保持在±3°以内，差口到两平分口之间的相位不平衡度保持在 180±3°，与仿真结果基本一致。在 30～38GHz 频段内，和口回波损耗优于−21dB，差口回波损耗优于−23dB，带内插入损耗小于 0.5dB，平分口之间的隔离度均小于−22dB，和差口之间的隔离度均小于−40dB。

12.3.4 毫米波波导器件应用实例

毫米波波导器件出现得比较早，各种形式的器件都有研究，下面简单介绍其应用。

正交模变换器可以分为窄带正交模变换器和宽带正交模变换器。如图 12.106 所示的毫米波正交模变换器的工作带宽为 3%左右，属于窄带变换器。此种变换器端口 4 到端口 1 的过渡段可以采用阶梯变换、曲面变换或斜面变换，此模型采用斜面变换，斜面初始长度为 1/2 导波长度。端口 3 到端口 2 的过渡可以采用电感窗口：矩形孔或椭圆形孔变换，此模型采用椭圆形孔，孔长也采用 1/2 导波长度，孔宽采用标准波导窄边的一半。

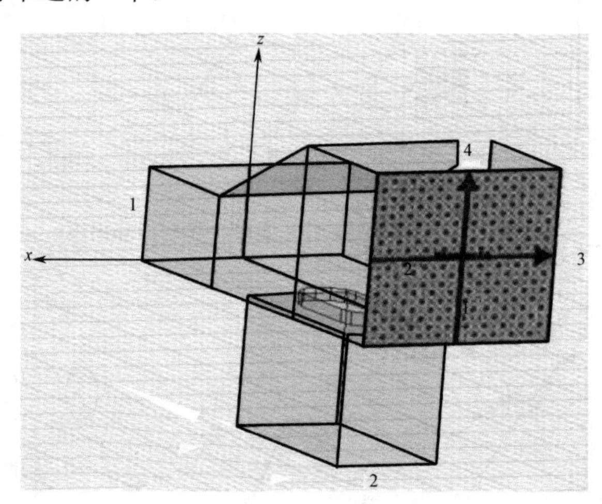

图 12.106　正交模变换器模型

为了系统应用方便，方形波导的边长设为 6.6mm，长度根据应用需要选用 5mm。由于波导壁厚为 1mm，根据工艺需要，椭圆孔的高度设为 0.5mm。标准矩形波导的长度值选取 5mm。中心频率设为 35GHz，带宽为 1GHz。

根据初步仿真模型，采用快速算法可以得出该模型的电性能曲线。由于主要尺寸都是根据低频段正交模变换器设计经验获取的，电性能不理想，必须通过优化计算。

图 12.107 给出了正交模变换器的电性能仿真曲线。从曲线中可以看出，通路损耗小于 0.1dB，端口驻波小于-22dB，端口信号隔离度大于 70dB。

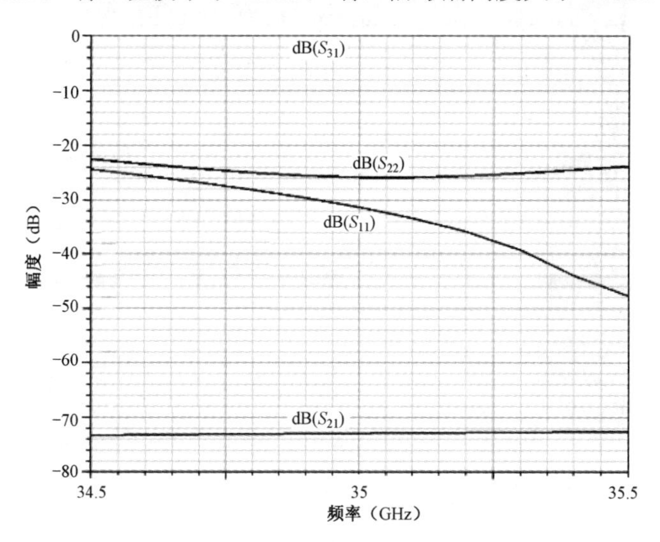

图 12.107　正交模变换器的电性能仿真曲线

毫米波正交模变换器实物如图 12.108 所示。利用毫米波矢量网络分析仪测量 Ka 波段正交模变换器实物，获得的测试曲线如图 12.109 和图 12.110 所示。从曲线图可以看出，在 34～35GHz 频段内，端口 1 到端口 3 之间的传输损耗小于 0.2dB，两端口驻波小于 1.2。端口 2 的驻波偏大，这是由加工误差引起的，可以通过在标准波导内加匹配块的方法将驻波调整到 1.2 以下。端口 1 和端口 2 的隔离度达到了 35dB 以上。

图 12.108　毫米波正交模变换器实物

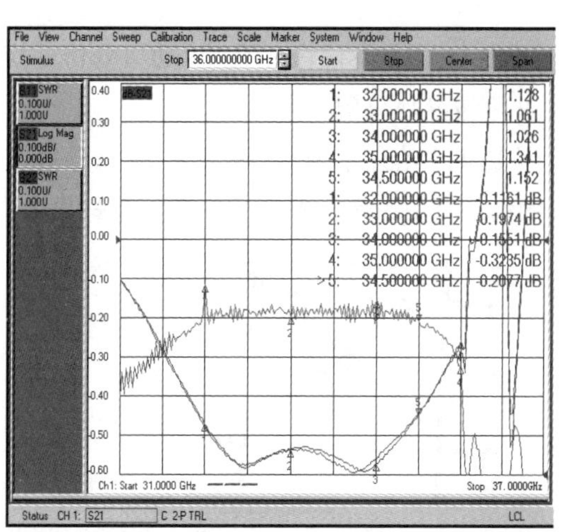

图 12.109　端口 3 与端口 1 的驻波及传输曲线

2018 年电子科大黄昭宇提出了波导 1 分 4 及 1 分 16 网络的设计思路，该网络用于 W 波段功率合成。

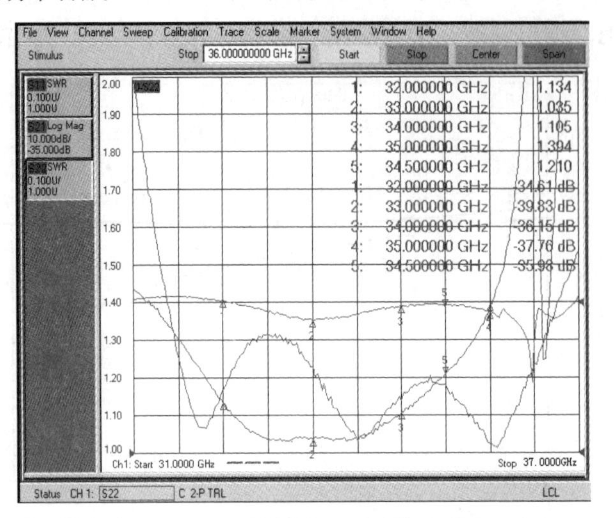

图 12.110　端口 1 与端口 2 的驻波及隔离度曲线

图 12.111 为 1 分 4 功分器实物图，中心波导口馈电，内部十字腔体结构将信号分为 4 路。输出口同样采用波导口。

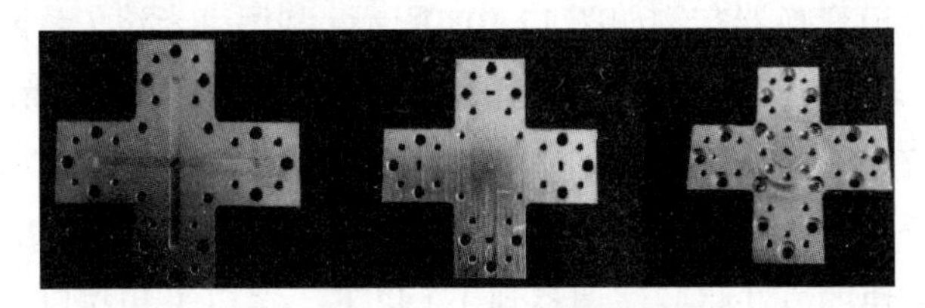

图 12.111　1 分 4 功分器实物图

图 12.112 为 W 波段 1 分 16 功分器仿真模型。5 只 1 分 4 功分器组成了 1 分 16W 波段波导功分器。

图 12.113 给出了 W 波段 1 分 16 功分器实物照片，中间 4 合 1 将会 4 个对角方向的信号合成，每个对角方向分别有一只 4 合 1 功分器合成信号。

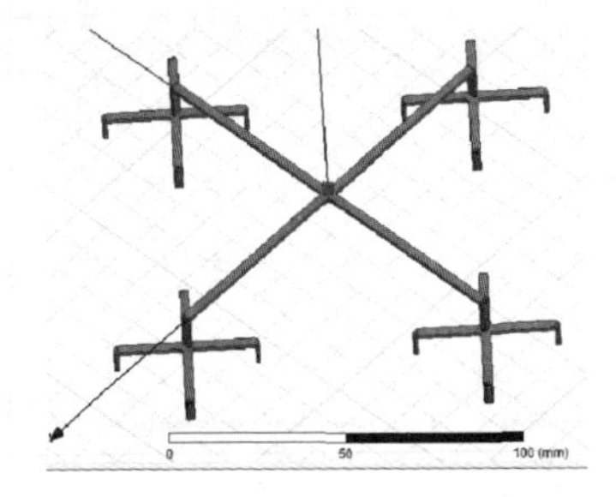

图 12.112　W 波段 1 分 16 功分器仿真模型

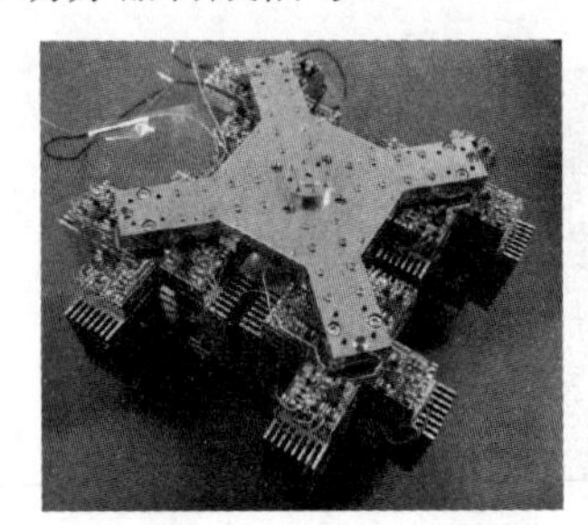

图 12.113　W 波段 1 分 16 功分器实物照片

孙洪铮研究了一种毫米波径向波导分配合成器。为了实现良好的性能，需引入阻抗匹配电路。馈电处采用了渐变式阶梯变换，可有效地在较宽的频带内实现场在不同传输结构中的变换。在毫米波径向波导向 12 路标准矩形波导变换时，采用毫米波单脊波导的形式来实现毫米波宽带信号传输。

图 12.114　12 路径向功分器模型

利用微波仿真软件 HFSS 对 12 路功率合成网络进行建模，设置模型的关键参数进行仿真优化，其模型如图 12.114 所示，仿真结果如图 12.115 所示。总口驻波 S_{11} 在−30dB 左右，且由于其结构对称，各端口之间的幅相一致性好，从而能够得到较高的合成效率。

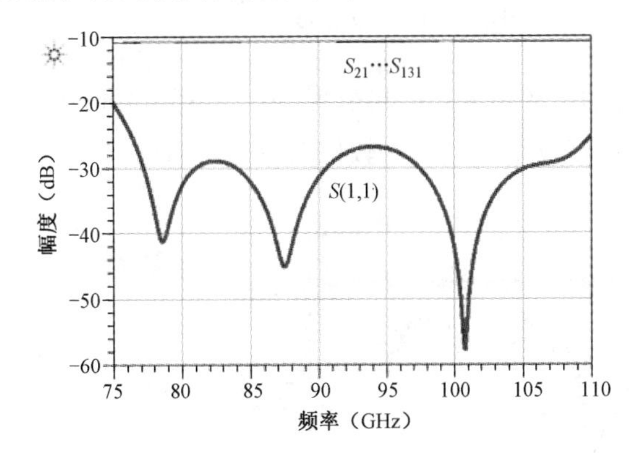

图 12.115　12 路径向功分器仿真结果

由于在 W 频段，常采用 WR10 标准波导接口，而径向功率合成网络采用同轴线波导的形式，因此需要对波导-同轴的过渡结构进行设计。这里采用阶梯变换形式来实现波导和同轴之间的阻抗变换，最终仿真模型和结果如图 12.116 所示，实现了 85～99GHz 频率范围内 S_{11} 小于−25dB。

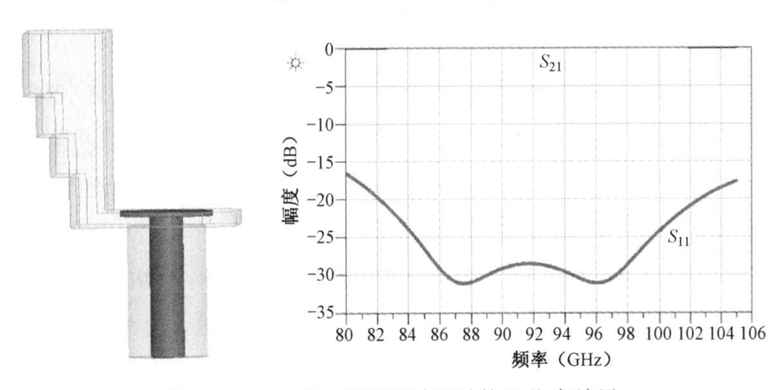

图 12.116　波导-同轴的过渡结构及仿真结果

根据 HFSS 中的模型，对 12 路功率合成网络及波导-同轴过渡模块进行了加工设计，采用硬铝镀金的材质进行加工，实物如图 12.117 所示，主要由波导-同轴过渡接头、径向功率分配/合成上腔体和下腔体三部分构成。

图 12.117　12 路径向功分器实物

如图 12.118 所示，从结果图中可以看到，在 85～100GHz 频率范围内，S_{11}<−15dB，且各端口具有较小的插损，较好的幅相一致性。

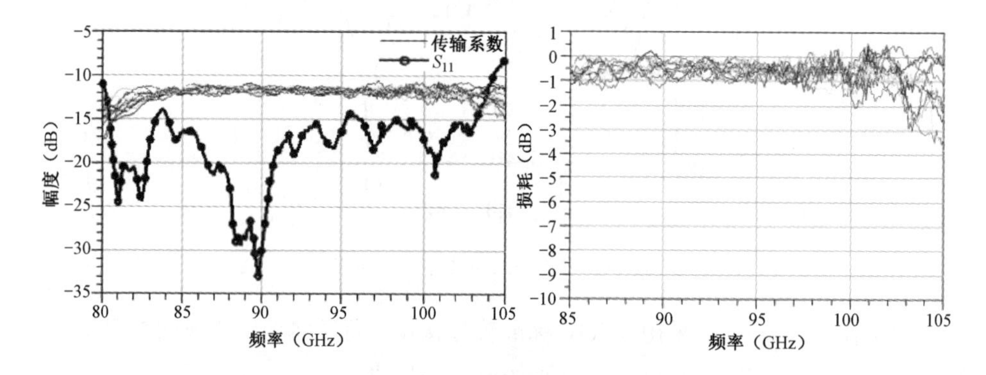

图 12.118　12 路径向功分器测试曲线

本章参考文献

[1] SKOLNIK M. I. Introduction to radar systems[M]. 2nd ed. NewYork: McGraw-Hill, 1980.

[2] BUTTON K. J., WILTSE J. C. Infrared and millimeter waves, Vol.4[M]. NewYork: Academic Press, 1981.

[3] RANGWALA M. Z. Analysis, design and fabrication of millimeter-wave radar for helicopter assisted landing system[D]. Michigan: University of Michigan, 2007.

[4] KAPAV C. RF MEMS technology for millimeter-Wave Radar Sensors[D].

Michigan: University of Michigan, 2007.

[5] THOMAS G. BRYANT, GERALD B. Morse, Leslie M. Novak, et al. Tactical radars for ground surveillance[J]. Lincoin Laboratory Journal, 2000, 12(2): 341-354.

[6] 张光义. 毫米波空间目标探测雷达[J]. 电子工程信息，2003(6): 1-7.

[7] GOSHI D. S., LIU Y., MAI K., et al. Recent advances in 94 GHz FMCW imaging radar development[C]. 2009 IEEE Radar Conference, 77-80.

[8] HANSEN John R C. Phased array antennas[M]. Wiley&Sons, INC, 1988.

[9] BROOKNER Dr Ell. Phased-array and radar breakthroughs[C]// Proceedings of 2007 IEEE RADAR Conference. IEEE, 2007.

[10] JOACMM H G ENDER, et al. Pr ness in phased-array radar applieation[C]//34th European Wierowave Conforence. Amsterd. 2004.

[11] WELDING John H. Muldfunction millimeter—wave systems for armored vehicle application[J]. IEEE Transaction on Microwave Theory and Techniques, 2005, 53(3).

[12] RUSSEII Mark E. Future of RF technology and radar[C]// Proceedings of 2007 IEEE RADAR Conferere. IEEE. 2007.

[13] ROSKER Mark J. Technologies for next generation T/R modules[C] //Proceedings of 2007 IEEE RADAR Conforence. IEEE, 2007.

[14] MILLIGAN J W, et a1. Sic and GaN wide bandgap device technology overview[C]// Proceedings of 2007 IEEE RA DAR Conference. IEEE, 2007.

[15] DARWISH A M, et a1. 4-watt Ka-band A1GaN/GaN power amplifler MMIC[C]// 2006 IEEE M1T-s In ternational Microwave Symposium Digest. IEEE, 2006.

[16] FISHER E., et a1. MIMO radar. an idea whose time has come[C]// Proceedings of 2004 IEEE Radar Conforence. IEEE, 2004.

[17] SHEIKHI Abbas, et a1. Coherent detection for MIMO radar[C]// Proecedings of 2007 IEEE RADAR Conference. IEEE, 2007.

[18] DCERRY A W, DUBHERT D F, THOMP N M, et al. A portfolio offine resolution Ka-band SAR images: part l[C]// Proceedings of SPIE 2005, Vol(5788).

[19] EDRICH M. Ultra—lightweight synthetic aperture radar based on a 35 GHz FMCW sensor concept and online raw data transmission[J]. IEE Proc. -Radar Sonar Navig. 2006. 153(2).

[20] 石星. 毫米波相控阵雷达及其应用发展[J]. 电讯技术, 2008, 48(1): 6-12.

[21] HUETTNER S. Transmission lines withstand vibration[J]. Microwaves and RF Magazine, 2011-3-13.

[22] HUETTNER S. High performance 3D micro-coax technology[J]. Microwave Journal, 2013-11-14.

[23] SAITO Y, FILIPOVIC' D S. Analysis and design of monolithic rectangular coaxial lines for minimum coupling[J]. IEEE Transactions on Microwave Theory and Techniques, 2007, Vol 55(12).

[24] [EB/OL]https://www.microwaves101.com/encyclopedias/rf-wirebonds.

[25] VANHILLE K., CANNON B. L., BORYSSENKO A. Microfabricated antennas for microwave and millimeter-wave frequencies[J]. IEEE International Workshop on Antenna Technology, Cocoa Beach, FL, USA, 2016.

[26] VANHILLE K., DURHAM T., STACY W., et al. A microfabricated 8～40 GHz dual-polarized reflector feed[J]. Applications Symposium, Monticello, IL, 2014.

[27] OLIVER M., et al. A W-band Micro Coaxial Passive Monopulse Comparator Network with Integrated Cavity–Backed Patch Antenna Array[J]. IEEE MTT-S IMS, 2011.

[28] KAZEMI H., et al. Ultra-compact G-band 16way Power Splitter/Combiner Module Fabricated Through a New Method of 3D-Copper Additive Manufacturing[J]. IEEE MTT-S IMS, 2013.

[29] HE F. F., WU K., HONG W., et al. A planar magic-T using substrate integrated circuits concept[J]. IEEE Microw.Wireless Compon. Lett., 2008, Vol 18(6): 386-388.

[30] HE F., WU K., HONG W., et al. Aplanar magic-T structure using substrate integrated circuits concept and itsmixer applications[J]. IEEE Trans. Microw. Theory Tech., 2011, Vol 59(1): 72-79.

[31] FENG W. J., CHE W. Q., DENG K.. Compact planar magic-T using E-plane substrate integrated waveguide (SIW) power divider and slotline transition[J]. IEEE Microw. Wireless Compon. Lett., 2010, Vol 20(6): 331-333.

[32] SUNTIVES A. ABHARI R., Dual-mode high-speed data transmission using substrate integrated waveguide interconnects, in Proc[C]//16th IEEE Elect. Perform. Electron. Packag., Atlanta, GA, 2007, 215-218.

[33] SUNTIVES A., ABHARI R. Ultra-high-speed multichannel data transmission using

hybrid substrate integrated waveguides[J]. IEEE Trans. Microw. Theory Tech., 2008, Vol 56(8): 1973-1984.

[34] YAN L., HONG W., WU K., et al. Investigations on the propagation characteristics of the substrate integrated waveguide based on the method of lines, Inst. Elect. Eng. Microw[J]. Antennas Propag., 2005, Vol(152): 35-42.

[35] 陈家明. 一种毫米波宽带魔 T 的设计[J]. 电子测量技术, 2019, 9.

[36] 陈家明. 一种毫米波微同轴魔 T 的研究与设计[D]. 南京电子技术研究所, 2019.

[37] 石城毓. 毫米波 EBG 带线网络[D]. 南京电子技术研究所, 2022.

[38] 王佳. 基于 RSIW 结构的超宽带魔 T 研究及应用[D]. 南京电子技术研究所, 2017.

第 13 章
馈线系统中的综合母板

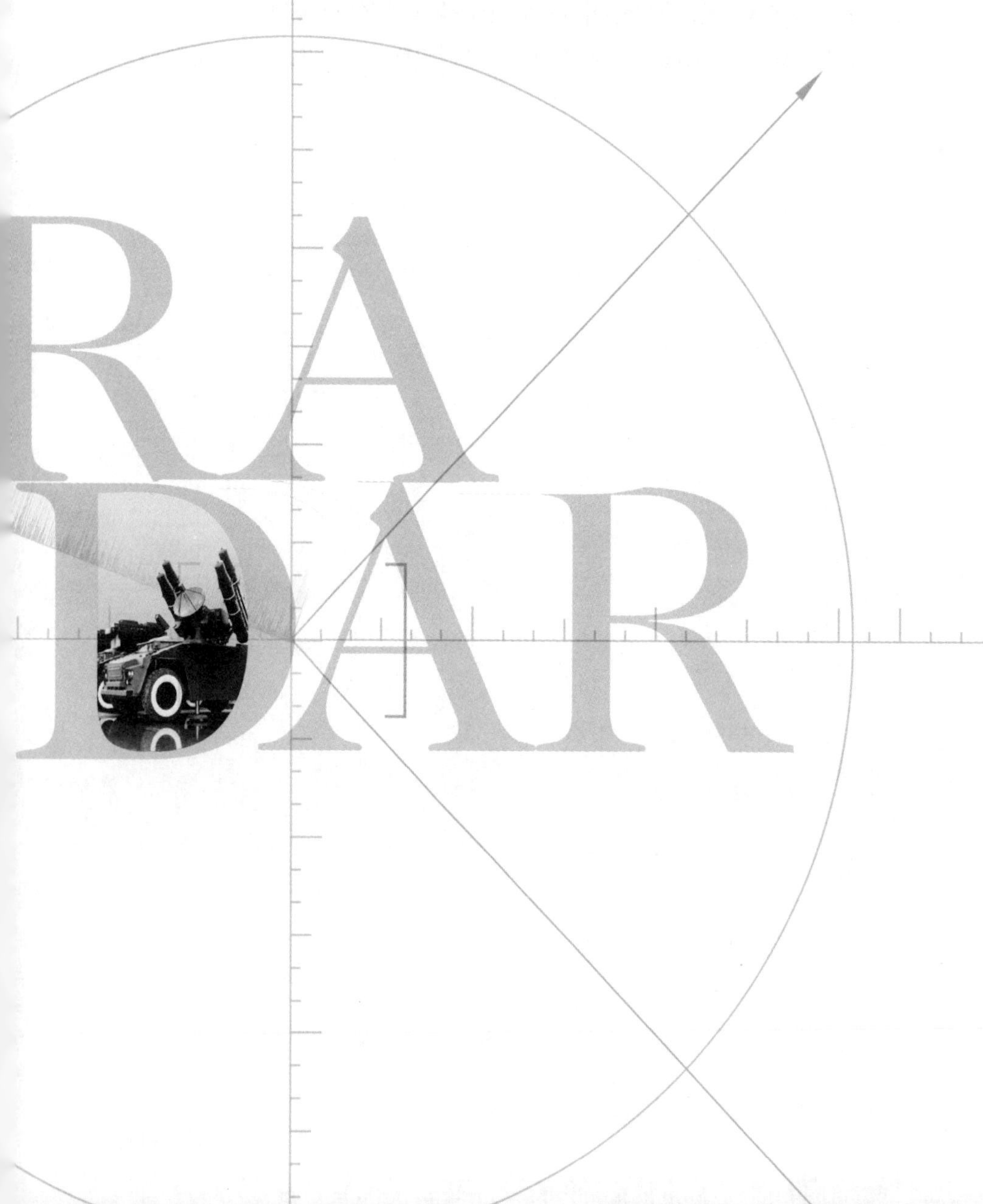

本章描述雷达馈线系统近几年发展起来的综合母板，讲述不同发展时期综合母板的特点、作用。总结雷达馈线系统中综合母板的设计原则，包括射频网络、波控网络、电源网络及模数转换、光电转换电路的设计原则，并给出部分设计实例。

13.1　概述

随着雷达工作的频率越来越高，雷达天线阵面的设计集成度也不断提高，为适应需求，雷达馈线系统的重量、体积不断减小。雷达馈线系统通过电路板集成设计了射频、波控、电源等电路，通常将该集成设计的电路板称为综合母板。目前有源相控阵雷达阵面广泛采用了综合母板设计馈线系统的思路，提高了产品的可靠性和稳定性。

13.2　综合母板的发展

当微带电路发展应用到宽带、高频段时，无源器件内部容易形成谐振，通过隔墙可以解决。但器件的结构尺寸大，重量也增大很多，同时焊接电阻的分布参数对器件的性能影响很大。采用带状线电路，用埋阻制作功分网络的隔离电阻，可以有效降低功分网络器件的重量、体积，同时提高网络的宽带性能。当然，功分网络的制作成本也会提高很多。

小型化、轻量化是器件的发展方向之一。当功分网络相对复杂时，单层带状线电路实现其功能时占用的面积较大，甚至会由于工艺能力而无法实现。此时通过多层带状线电路，增加网络的厚度可以缩小其面积，从而实现其功能。通常将此时的电路板称为微波多层板。图 13.1 和图 13.2 分别为中国电子科技集团公司第十四研究所 2007 年研发的 8 波束 91 单元馈电网络及 16 波束 91 单元馈电网络。如果采用常规功分网络实现馈电功能，其尺寸、重量都较大，通过微波多层板可以实现小型化、轻薄化。16 波束 91 单元馈电网络总厚 20mm、直径为 580mm，共有 64 层微波电路。图 13.3 为 16 波束 91 单元馈电网络原理图，图中的圆环为 1/91 径向分布式带状线功分网络，共有 16 层，对应 16 个波束的总口输入激励信号。16 层径向分布式功分网络的 91 个输出口通过 16 合 1 合成器将信号合成，共有 91 只 16 合 1 合成器。91 个合成器的输出与发射组件连接。图 13.4 为 16 波束 91 单元馈电网络多层板其中某一层的部分电路图，通过不同的垂直过渡实现 16 合 1 合成器的内部信号互连。

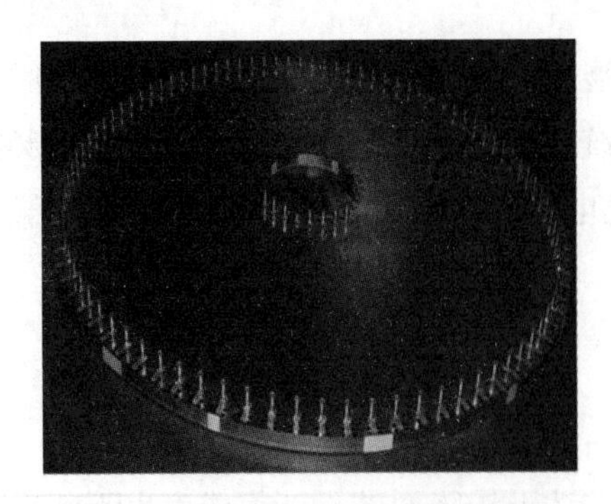

图 13.1　8 波束 91 单元馈电网络

图 13.2　16 波束 91 单元馈电网络

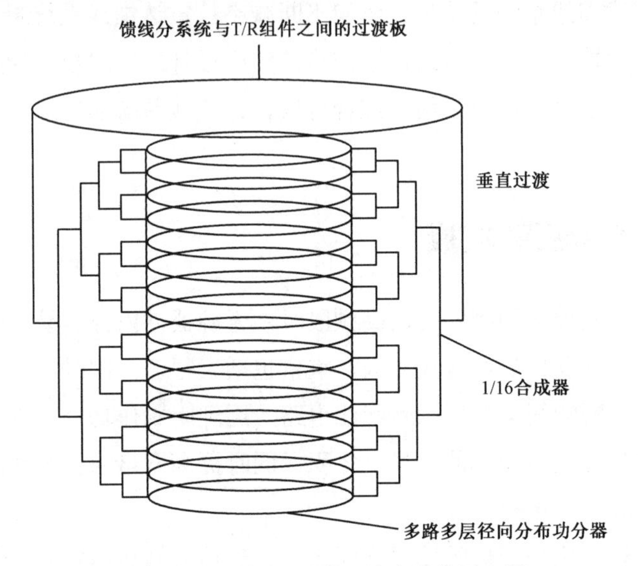

图 13.3　16 波束 91 单元馈电网络原理图

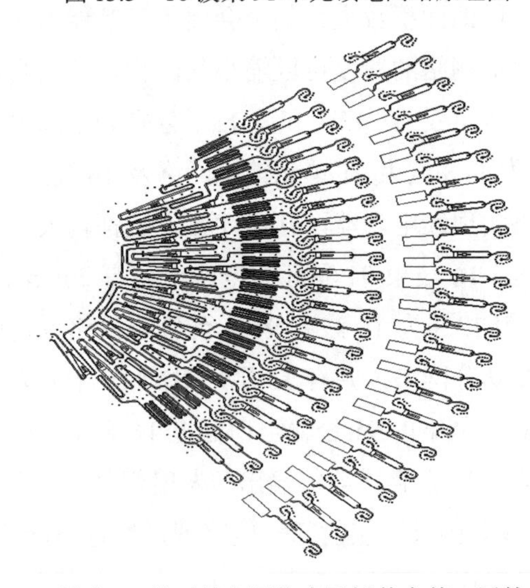

图 13.4　16 波束 91 单元馈电网络多层板其中某一层的部分电路图

随着多层射频电路的发展成熟及提高系统集成度需求的增加，主要由多层微波板、环氧板及汇流铜条混压而成的综合母板经历了以下几个发展阶段：机械压合式综合母板、热压式综合母板、集成芯片式综合母板等。

13.2.1　机械压合式综合母板的设计及应用

机械压合即通过螺钉将综合母板的微波多层板、波控板及电源汇流板固定在一起。该形式的综合母板的微波多层板、波控板及电源板各自独立设计，设计时必须充分考虑相互之间的结构兼容性，以保证机械压合后相互之间不干涉。

微波多层板独立设计即常规微波电路设计，设计多层电路时主要考虑埋阻与垂直过渡的设计。通常采用带电阻膜的微波板材设计功分网络，电阻膜的方阻可以选择 25Ω、50Ω、100Ω等，微波板的厚度选择与频率、损耗指标相关。垂直过渡可以采用准同轴形式。

准同轴垂直过渡可以采用常规同轴传输线来等效。同轴线特性阻抗公式如下：

$$Z_0 = \frac{60}{\sqrt{\varepsilon_r}} \ln \frac{b}{a} \tag{13.1}$$

式中，ε_r 表示同轴线内介质材料的介电常数；a 表示同轴线内导体的外径；b 表示同轴线外导体的内径。

在一定尺寸条件下，除 TEM 模外，同轴线中也会出现 TE 模和 TM 模。实际应用中必须将这些高次模截止，让它们只是在不连续处或激励源附近起到电抗作用。

在同轴线中，最低次 TM 和 TE 高次模波导模式分别为 TM_{01} 及 TE_{11}。只要将这两种模式截止，其他高次模也就被截止了。

用近似法求解同轴线的 TM 模、TE 模的本征值方程。

最低次模 TM_{01}、TE_{11} 模的截止波长分别近似为

$\lambda_{c\mathrm{TM}_{01}} \approx 2(b-a)$；$\lambda_{c\mathrm{TE}_{11}} \approx \pi(b-a)$。

因此，为保证多层板间过渡孔中只传输 TEM 模，必须满足以下条件：

$$\lambda_{\min} > \pi(a+b) \tag{13.2}$$

其中，$\lambda_{\min}$ 表示最小工作波长。

通常微波传输系统中特性阻抗为 50Ω。多层印制板制作时，工艺要求孔与印制板的径厚比小于 1∶10。为制作方便，初定内导体孔的外径为 0.6mm，根据最小截止波长的要求可以求得外导体的内径范围。

为制作方便，用在圆周上均匀分布的垂直通孔代替外导体。通孔的直径取 0.8mm，假如空间允许，通孔直径可以放大。

在仿真模型中，主要考虑两层厚度为1mm的带状线之间的孔过渡模型。采用4层厚0.5mm、介电常数为2.98的睿龙公司RA300B印制板。微带线的宽度为0.72mm，传输线的特性阻抗为50Ω。

计算可得传输的最高频率为：$f_{\max} < c/\lambda_{\min} = 3\times10^{11}/9.8 = 3.06\times10^{10}\text{Hz}$

带状传输线与过渡孔之间是两段不匹配的地方。通过调整孔与传输线之间的带线大小可以使得两者匹配。图13.5和图13.6分别为输入、输出在同端的仿真模型和输入、输出在相反端口的仿真模型。

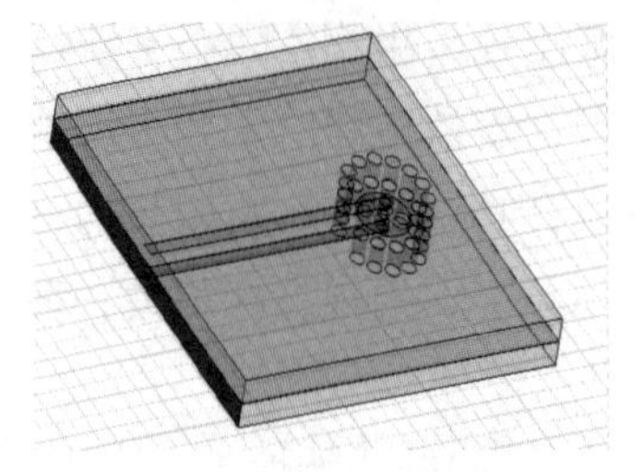

图13.5　输入、输出在同端的仿真模型

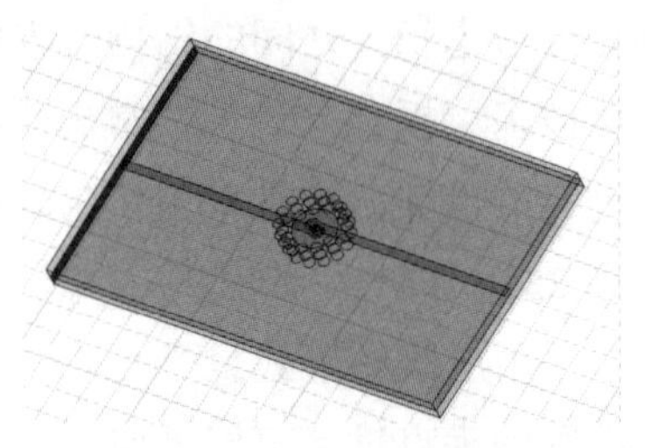

图13.6　输入、输出在相反端口的仿真模型

利用上述两种仿真模型进行计算，并优化外围通孔内切圆的直径、传输线与过孔间带线的大小等参数，可以使得两种形式的垂直过渡的端口驻波在0Hz～26.5GHz都大于20dB。

图13.7和图13.8分别是为输入、输出在同端和相反端口的端口驻波和插入损耗。

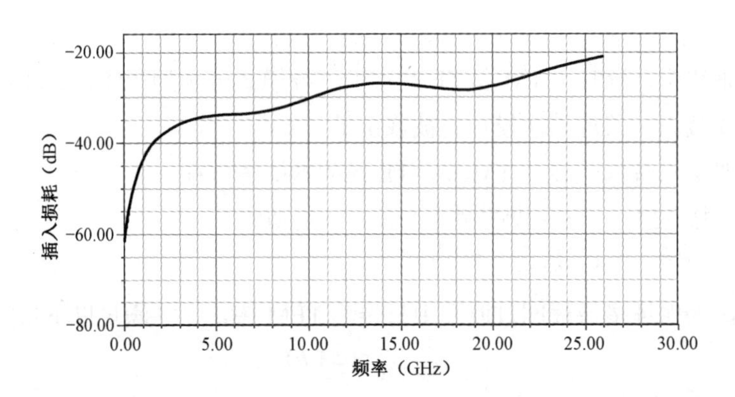

图13.7　输入、输出在同端的端口驻波和插入损耗

通过比较可以判断：输入、输出端口可以在任意方向上，这种模型是通用的。

在上述理论计算中，工作频率的上限可以达到30.6GHz，而仿真结果只能达到27GHz。原因是理论计算时，采用了近似（用通孔围成的形状来代替同轴线）的外导体。为满足加工工艺的需求，通孔之间必须留有间隙，这就会影响分析结果。当然，如果外围通孔的直径足够小、分布足够密，该垂直过渡孔的工作频率可以进一步提高。

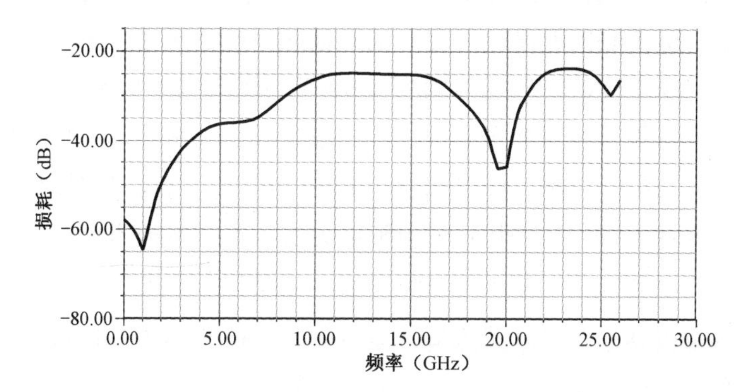

图 13.8　输入、输出在相反端口的端口驻波和插入损耗

小电流电源板主要采用环氧多层板设计，可以与波控板一体化设计。大电流电源板用汇流条实现，设计时应考虑汇流条的耐电流容量及压降。

连接至 T/R 组件的波控及电源信号的传输主要通过同一低频连接器实现，因此连接器与波控板、电源板的互连对电信设计提出了避让需求。设计时要充分考虑微波板、波控板及电源板三者之间的叠层关系、连接器引脚或电缆穿层设计及焊点避让。

通常是按照微波板、波控板及电源汇流板的顺序进行叠层。微波电路相对走线少，可避让空间多，因此放在最靠近 T/R 组件的一层。电源汇流板尽量避让少些，同样厚度的汇流板可以传输更多的电流，因此将它放置于 T/R 组件的远端。汇流板之间采用 0.3mm 厚的环氧板作为绝缘板。如果需要焊接，环氧板可增加厚度，在环氧板内开孔可以实现焊点避让。假如空间允许，微波多层板、波控板及汇流板的叠层顺序可以根据需要进行调整。

该种形式的综合母板主要应用在成本要求低、尺寸大的情况下。图 13.9 和图 13.10 为某雷达综合网络，其微波多层板、波控电源板是通过机械压合在一起的。该综合网络总电流较小，波控板与电源板是一体化设计的。

图 13.9　机械压合式综合网络的正面图

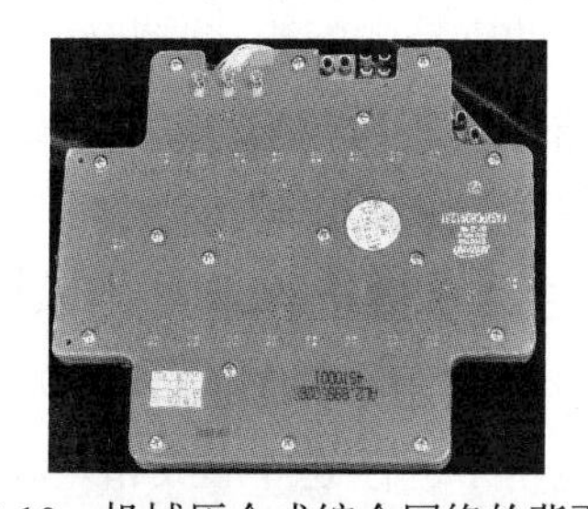

图 13.10　机械压合式综合网络的背面图

13.2.2 热压式综合母板的设计及应用

随着微波网络的工作频率越来越高，工作带宽越来越宽，需要进一步减小综合母板的质量，降低它的厚度，并提高汇流板的环境适应性。中国电子科技集团公司第十四研究所电信、工艺设计师联合印制板制作厂家研制了热压式综合母板。

热压式综合母板是将微波多层板、波控电源板通过热塑型或热固型半固化片热压在一起。如需要汇流板，则可以将汇流板压在一起再与多层板机械固定。目前，在多层板内埋入铜条，增加传输电流能力的设计制造技术已广泛应用。热压式综合母板对外互连的连接器采用分步焊接，必要时需采用不同的焊接温度。

热压式综合母板设计时主要考虑多层板的叠层分布结构、传输信号在异质材料中的各种垂直过渡及不同传输信号之间的屏蔽。

为了使综合母板能够适应各种应用环境，通常叠层结构采用对称分布（微波板夹环氧板或环氧板夹微波板），这样能够减少综合母板厚度方向的变形。在特殊情况下，可以采用不对称设计形式，但此时设计的综合母板必须进行各种环境条件考核后才能装配使用。

由于热压式综合母板通常由两种以上的材料混压而成，信号穿层时的垂直过渡需要进一步优化设计。在一种材料内部的垂直过渡通常不能使用不同介电常数的另一种材料，而需要重新仿真，并针对不同厚度进行优化。

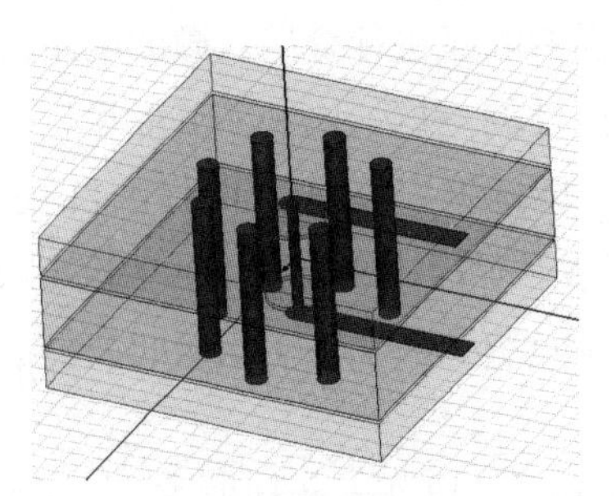

图 13.11 微波板与环氧板混压时微波信号垂直过渡仿真模型

图 13.11 为微波板与环氧板混压时微波信号垂直过渡仿真模型。上下层为两张厚 0.5mm 的睿龙公司 RA300B 印制板制作的带状线，中间夹有 1mm 厚的常规环氧板。当微波信号需要从上层带状线传输到下层带状线时，需要穿过中间的环氧板。此时环氧板内部准同轴设计的 50Ω传输线阻抗是失配的。通过优化中间金属化孔的直径、周边屏蔽孔的直径和间距、带状线末端的半圆直径等，可以实现垂直过渡的最优化设计。图 13.12 为异质材料垂直过渡损耗仿真曲线，进一步优化设计可以提高其工作带宽，降低其驻波。

图 13.13 和图 13.14 为热压式综合母板样品，其功能是控制 16 个组件并给它们供电；将激励信号通过 1 分 4 功分器送到 4 个发射组件；12 个接收组件的接收信号通过网络进行处理形成和差波束。该综合母板由上下 2 层带状线微波层夹多

层环氧板层热压而成。带状线微波层实现微波信号的分发、合成等功能；环氧板层主要是波控信号的分配及小电流电源信号的传输，通过环氧板间镀厚铜的方法实现电源稍大电流的分送。

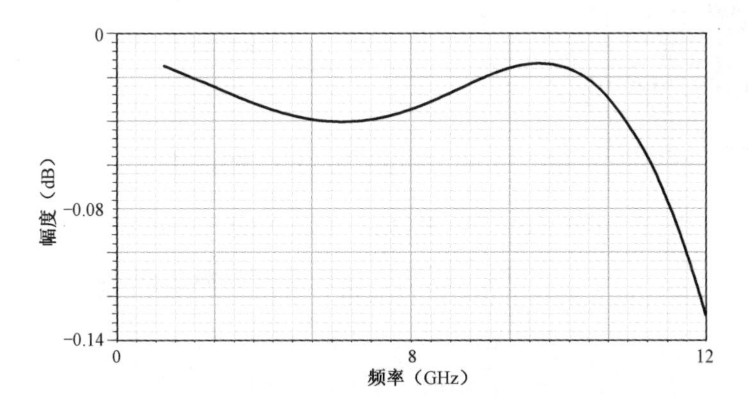

图 13.12　异质材料垂直过渡损耗仿真曲线

图 13.13　热压式综合母板样品正面

图 13.14　热压式综合母板样品背面

热压式综合母板样品正面上的高频连接器及对应的低频连接器直接与发射或接收组件相连，两侧的多芯连接器与波控主控板或电源连接。背面的射频连接器与激励源或信号处理单元相连。该综合母板的微波信号穿层设计时就经过了中间的环氧板层。

综合母板上下表面的射频连接器实现了微波信号与外部的互连，它们通常表贴在综合母板上。当综合母板空间较小时，一般采用 SMP 连接器。图 13.15 为该模型的仿真图。采用了国产型号 SMP-JHD1 连接器及厚度为 1mm 的 RA300B 微波板。带状线通过准同轴垂直过渡将信号送到表层的共面波导，为保证加工精度及可批产性，共面波导内外导体的间距取 0.2mm，共面波导与 SMP 的内外导体通过焊接连接。通过优化模型中对应的参数可以提高模型端口驻波，降低信号传输损耗。图 13.16 为该模型的驻波曲线，通过优化可以进一步拉宽该模型的工作带宽。

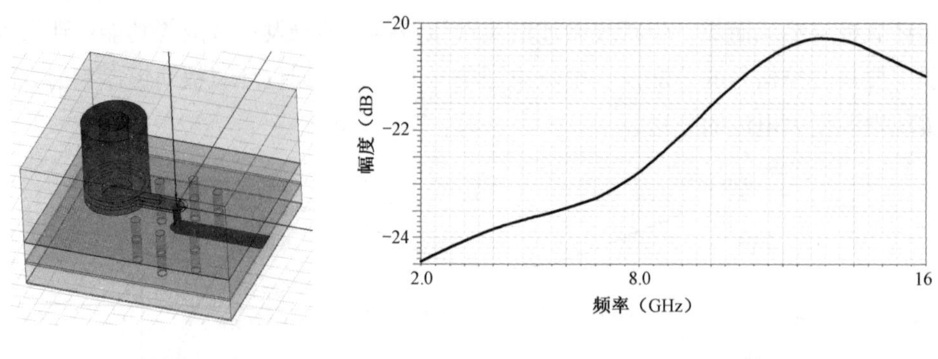

图 13.15　SMP 过渡到带状线的仿真图　图 13.16　SMP 过渡到带状线仿真模型的驻波曲线

热压式综合母板主要应用在对产品质量、体积要求严格，成本可以适当增加的条件下。因为混压工艺流程相对复杂，不同材料的 *X*、*Y*、*Z* 轴三个方向上的涨缩不同，需要通过样品试制来控制加工精度，提高产品良率。

为提高热压式综合母板的电磁兼容能力，在设计这种综合母板时需要采取多种措施。首先，在设计微波电路时，在电路两旁需要增加屏蔽金属化通孔，降低该电路的电磁泄漏及防止其他信号的干扰；其次，通过仿真去除微波电路的腔体效应引起的谐振；再次，波控信号也要采取高频信号线包地、地层隔离等手段；最后，电源需要增加滤波电容，减少相互之间的信号影响。具体设计在后续章节中详细论述。

13.2.3　集成芯片式综合母板的设计及应用

随着集成化、轻薄化产品需求的增长，微波器件应用日益广泛，综合母板发展得越来越像计算机主板一样，集成了各种各样的模块、器件，不仅仅是高低频连接器。在初始阶段，集成综合母板的原型为多层微波板集成器件的形式。

图 13.17 为 5G 天线上中的综合母板，它通过微波多层板实现，没有电源与波控电路。印制板上集成了环形器、滤波器及射频连接器。其原理如图 13.18 所示，16 路天线单元，每一路上有 1 个耦合器、1 个滤波器及 1 个环形器，最后连接到 T/R 组件上。多层微波板除提供收发信号通道外，还增加了 1 套 16 合 1 的监测网络，监测信号从主通道耦合而来。

该综合母板总布线效果如图 13.19 所示，它的叠层式由两层带状线电路组成。主通道电路如图 13.20 所示，某个天线单元接收到信号后，先进入耦合器的主路，然后经过滤波器，再传输到环形器的总口。耦合器孔耦合的信号送到 16 合 1 监测网络，如图 13.21 所示，耦合器主线布局如图 13.22 所示，各层之间的信号互连通过垂直过渡实现。

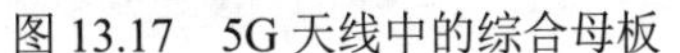

图 13.17 5G 天线中的综合母板

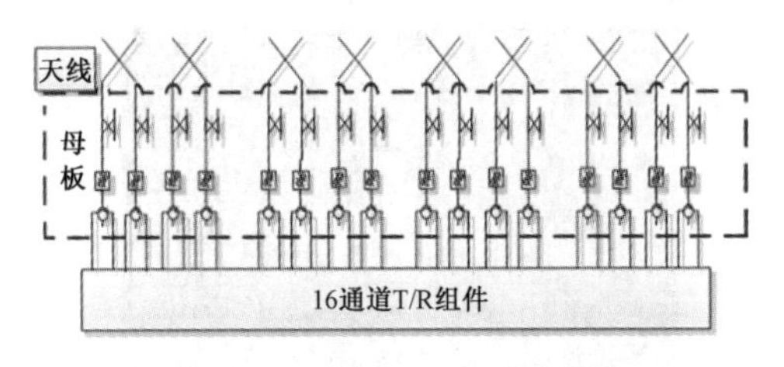

图 13.18 5G 天线原理（部分）

波控芯片、电源芯片、功分芯片、延迟线芯片及多功能芯片等器件集成到混压式多层板上就形成了集成芯片式综合母板。此时综合母板的表面布满了各种各样的器件，器件量大时，综合母板的上下两表面都可以放置。

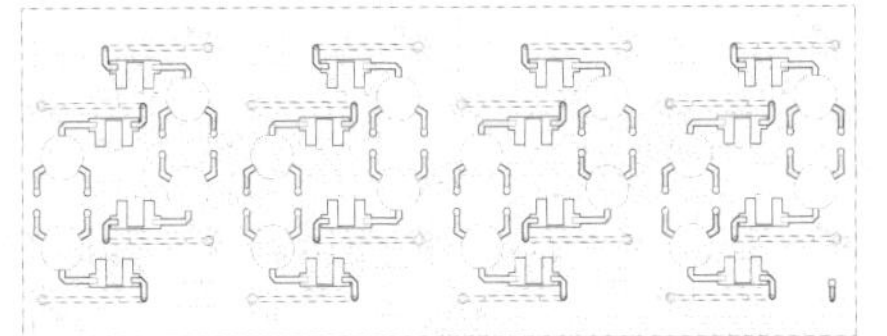

图 13.19 综合母板总布线效果

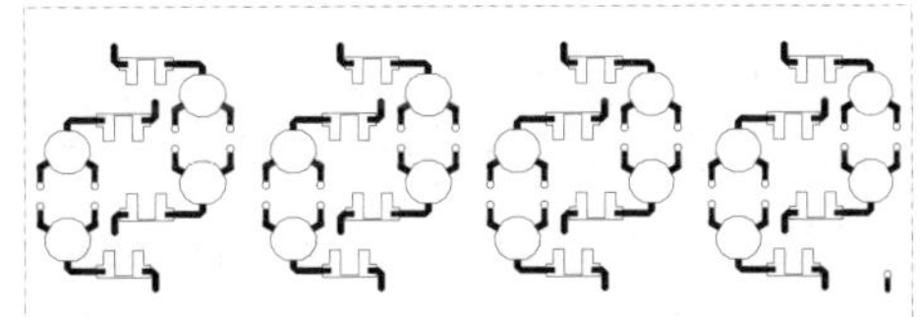

图 13.20 主通道电路

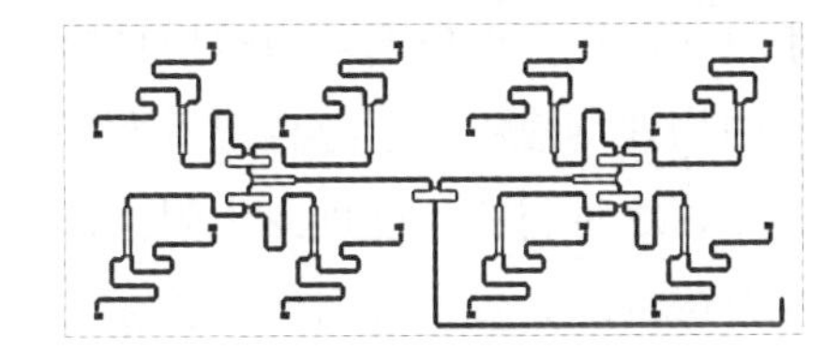

图 13.21 监测层 16 合 1 网络图

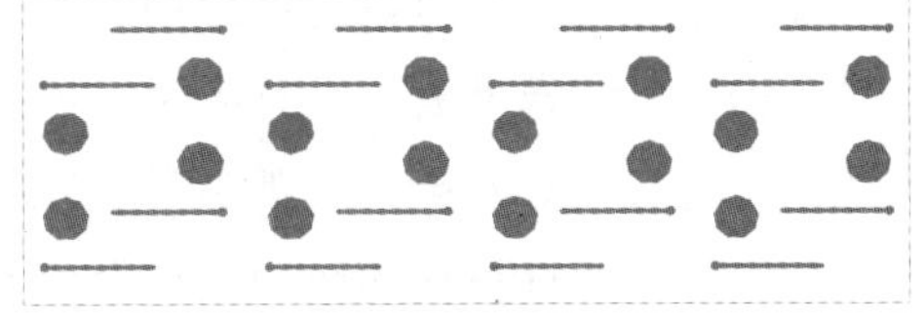

图 13.22 耦合器主线布局

在集成芯片式综合母板研制初期，研究人员开发出了集成电源芯片、波控多功能芯片、驱动芯片及各种阻容器件的子阵综合母板，如图 13.23 所示。该综合母板的射频电路为 1 分 16 功分网络；通过焊接在母板上的接线柱输入发射电源及数字电源，发射电源在板内通过厚铜传送到每个分口；控制信号通过多功能芯片实现差分单端转换后与每个分口相连。图 13.24 为综合母板背面，共与 16 个 T/R 组件通过触点实现连接。

该集成芯片式综合母板的微波层由两层 1mm 的板材压合而成，其他电路都由环氧板实现。整体叠层采用偏置模式，必须控制总板厚度及整板的面积，确保母板的环境适应性能够满足要求。

当芯片的功能越来越强大后，综合母板的作用将会越来越大，目前封装式数字 SIP、模拟 SIP 已经在综合母板上发挥着重要的作用，综合母板集成的芯片面积将会不断增大。

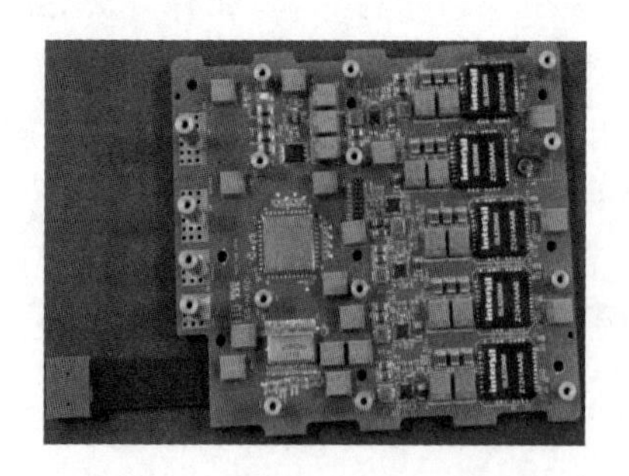

图 13.23　集成芯片式综合母板

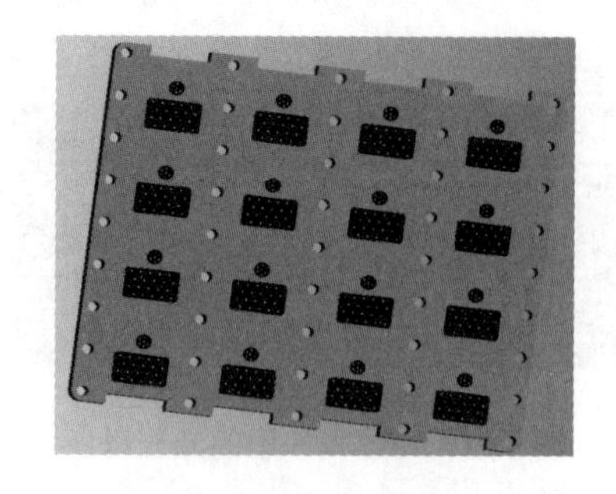

图 13.24　综合母板背面

13.2.4　综合母板的发展趋势

综合母板未来的发展主要集中在以下几个方向。

1）材料的变化

综合母板的叠层材料由微波材料、环氧板混压延伸为低温共烧陶瓷（LTCC）、高温共烧陶瓷（HTCC）、硅基及高速数字材料等。在大面积综合母板上可以将滤波器、混频器、模数转换器、数字信号处理器等功能性芯片集成在一起。此时，要用高速数字板代替环氧板与微波板进行压合。如果将来数字板材料的微波特性提高，那整个综合母板可以全部采用高速数字材料，综合母板的环境适应性将大大提高。LTCC 综合母板已经有应用，该材料的物理特性决定了综合母板面积不能过大。目前 HTCC 综合母板的试验正在进行中，这种材料不能埋入电阻，但刚性好、导热好。柔性材料的应用也已经引入综合母板的开发中，它通过柔板实现板间互连，可以降低多层板厚度及加工工艺难度。

2）埋入式器件的品种增加

目前综合母板内部主要埋入电阻(见图 13.25 中 1 分 2 功分器分叉处的方块)、电容等器件，图 13.26 给出了综合母板内埋阻的成型图，此时埋阻的制作方法是蚀刻法。埋阻还可以通过沉积法制作，即在需要电阻的位置沉积金属材料来制作埋阻。当综合母板上集成大功率器件时，散热是要重点解决的问题。覆铜板板内厚铜、带铜基或板内埋入铜块、铜板可以提高综合母板的散热能力，此项技术目前较为成熟。目前部分研究院所正在研制综合母板内部埋入冷却管路的技术，通过多层热压技术或埋铜管法在综合母板内部成型微流道，通过微流道提高综合母板的散热效率。随着技术的发展，芯片、光纤等器件都可以埋进多层板内，进一步提高综合母板的集成度。这些新技术从理论分析是可行的，需要通过实验解决可生产性、环境适应性、可靠性及生产制造成本等工程问题。

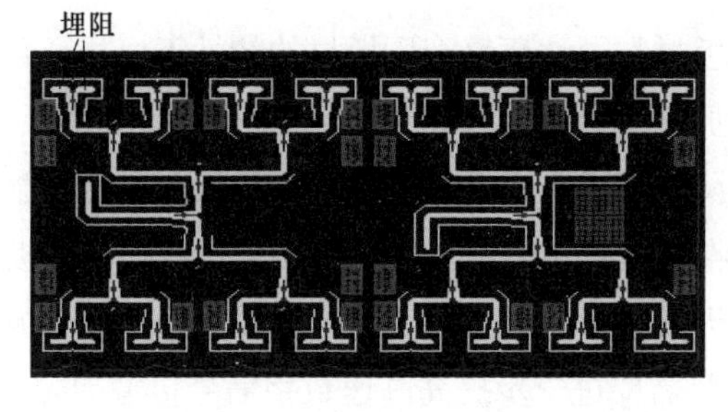

图 13.25　微波电路中的埋阻

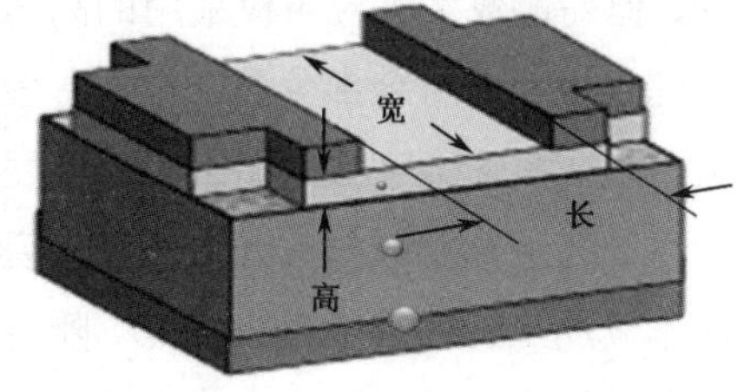

图 13.26　埋阻的成型图

3）综合母板的微系统化

当综合母板的集成度达到一定程度后，其功能增强很多，有时能够实现某一系统的所有功能。如雷达阵面中的子阵综合母板，可以集成天线单元、功率放大器、低噪放、收发隔离器、多功能模块、延迟线组件及数字化接收模块等器件，它基本上完成了一个系统化小型天线阵面的功能。图 13.27、图 13.28 所示为 64 单元微系统式子阵综合母板，它实现了控制信号的光电转换，多品种电源需求的布局及各种本振、中频、宽带信号的整合处理。发射用大电流电源通过多点输入，减小单点输入时对综合母板的耐电流要求。本振信号、时钟、中频信号、宽带信号可以单路输入也可以通过一体化连接器压接式互连。功率放大模块集成在多层板内部腔体里，天线单元采用微带贴片宽带形式。

图 13.27　64 单元微系统式综合母板（正面图）

图 13.28　64 单元微系统式综合母板（背视图）

4）综合母板的数字化趋势

将接收信号放大、混频、滤波、模数变换后进行数字处理并送出是目前接收通道数字化的主要实现方法。将信号的数字化处理功能集成到综合母板上是目前综合母板的主要研究工作，通过将数字信号电光转换可以实现阵面与后端处理中心的光纤连接，阵面输出信号可以简洁化，同时信号传输距离可以大大增加。在增加布板面积后，将接收通道使用的功能化模块集成进综合母板上是完全可以实现的，但高速数字信号布板采用的高速板材与微波环氧混压板材的特性不一样，必须在综合母板上压合部分高速板材，增加了综合母板的加工工艺难度。也可以将环氧板替换成高速数字板，加工工艺难度降低但成本上升了不少。随着具有高性能微波特性的高速数字板材的开发应用，接收通道数字化综合母板数字化子阵综合母板的成本及加工工艺难度也会降低。随着天线阵面向单元数字化方向发展，综合母板的高频模拟信号功能将进一步弱化，主要需要进一步提高高速数字信号传输能力。目前数字 SIP 芯片、模拟 SIP 芯片已经能够集成到综合母板上，随着 SIP 芯片集成度及综合母板散热能力、数字传输能力等的提高，全数字子阵综合母板指日可待。

5）综合母板与光电印制板的集成

光电印制板设计制造技术的发展是为了适应更高速、宽频信号的传输需求。综合母板与光电印制板集成设计制造可以引领新形态雷达阵面的发展。

13.3 综合母板的设计原则

这里主要介绍综合母板的设计原则，主要包括微波电路、波控电路、电源电路、数字电路及光电转化电路的设计注意事项。

印制板不仅仅是支撑电子元器件的平台，更将成为高性能的系统结构。由于综合母板包含多套相对独立的网络，在设计初期就要考虑多套网络之间的相互影响，需要借助先进的设计软件，经过多方面的仿真、分析和优化，避免大部分可能出现的问题，达到“设计即正确”的目的。综合母板设计主要包括：宽带微波网络设计：①包含功率分配合成器、和差器、均衡器、定向耦合器、巴伦、垂直互连、垂直表贴连接器、侧边表贴连接器等电路设计。②信号完整性设计：信号完整性是指信号在通过一定距离的传输路径后在特定接收端口相对指定发送端口信号的还原程度，这个还原程度是指在指定的收发参考端口，发送芯片输出处及接收芯片输入处的波形需要满足系统设计的要求。③电源完整性设计：电源完整性指的是系统内部电源模块为系统运行所提供的电源、地的波动情况及波形质量等。

综合母板的一般设计流程如下：①预先进行微波网络性能、SI、PI、EMI 分析与仿真；②确定设计方案和策略；③将获得的各信号解空间的边界值作为设计的约束条件，以此作为 PCB 布局布线的依据，确定叠层；④确定关键信号线的布线策略；⑤进行预布局和预布线；⑥确定 EMC 设计方案。在以上分析和仿真的基础上，只需要很少的反复，最终定稿，从而缩短设计周期。详细设计流程如图 13.29 所示。

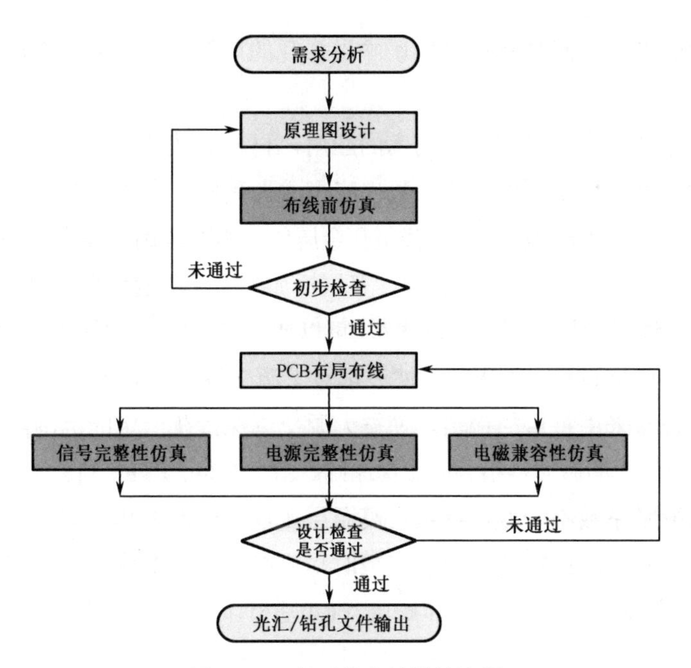

图 13.29　基于仿真的设计流程

13.3.1　综合母板中微波网络的设计原则

（1）设计综合母板中的微波电路首先要确定微波印制板的类型，包括微波板的介电常数、损耗因子、热膨胀系数、介质厚度、铜箔厚度及平面尺寸，还要考虑微波板的导热性、无源交调、耐功率、可制造性等因素。

介电常数（Dk，£，ε_r）决定了电信号在该介质中传播的速度。电信号传播的速度与介电常数平方根成反比。介电常数越低，信号传送速度越快。介电常数也会随温度的变化而变化，有些特殊的材料在开发中就要考虑到温度的因素。湿度也是影响介电常数的一个重要因素，因为水的介电常数是 70，很少的水分就会引起显著的变化。

损耗因子是影响材料电气特性的重要参数。损耗因数也称损耗正切、介电损耗等。有些材料的分子是非极性的，不会受电磁场的影响变化，损耗也就较小。损耗因子也跟频率有关，一般规律是频率越高，损耗越大。

热膨胀系数（CTE）是材料的重要热机械特性之一，指材料受热的情况下膨胀的情况。实际的材料膨胀是指体积变化，但由于基材的特性，我们往往分别考虑平面（*X*、*Y*）和垂直方向的膨胀（*Z*）。平面的热膨胀常常可以通过增强材料（如玻纤布、石英）加以控制，而纵向的膨胀总是在玻璃化温度以上，难以控制。平面的 CTE 对于安装高密度的封装至关重要，通过多次的热循环以后，可能造成焊点受力过度而老化。而 Z 轴的直接影响镀覆孔的可靠性，尤其对多层板而言影响最大。

在微波领域，有很多都是大功率的应用，材料的散热特性能在很大程度上影响整个系统的可靠性，所以导热系数也应当成为我们考虑的一个方面。

PTFE 材料比较难于加工，尤其是孔金属化，需要等离子体或萘钠处理，提高它的活性，而且 PTFE 是热塑性材料，多层板加工要求温度较高。现在已开发出新的低损耗热固性树脂材料用于高频线路，可以加工多层板，而不需要等离子体活化。

在射频的前端设计，如天线、滤波都对无源交调有所要求。这与 PCB 的基材相关。有些公司采用特定的铜箔，使得无源交调保持在一定的范围。

（2）综合母板的微波网络叠层布局原则。由于 FR4、PTFE 材料特性的差异，两种材料的热膨胀系数不一致，导致在高温层压过程中伸缩程度有差异，易导致金属化孔错位，容易造成报废。所以布板时尽可能采用“对称式”布局，一般情况下 PTFE 基材印制板放置于顶层和底层，FR4 基材印制板放置于中间层，如图 13.30 所示。

图 13.30　综合母板的微波网络叠层布局结构

（3）微波网络布板原则。布板之前所有电路都要利用微波软件仿真分析、性能优化，仿真指标满足系统要求方可。综合母板的视图方向必须明确，设计外形图、螺钉固定孔位要与结构要求一致。射频信号线必须用金属化孔进行隔离，信号线边缘与孔边距离要超过信号线宽 1 倍以上。

微波电路必须在理论计算的基础上进行仿真和优化。当需要仿真的准确度高时，建立仿真模型要充分考虑各种材料的特性。通常情况下，仿真出的网络损耗会优于实际测量值，部分原因是微波电路板铜箔表面的粗糙度、板材厚度一致性、介电常数的分布均匀性等要素无法在一些软件中体现出来。通过修正相关参数，参考多次测试数据可以拟合仿真曲线，使两者达到一致性，下次仿真时可以采用修正后的参数。

13.3.2　综合母板中波控网络的设计原则

（1）传输线长度控制。信号在源端和负载端传输线间传输时，会产生反射，造成信号波形的上冲、下冲和振铃。信号波形的畸变可能造成源端和负载端有源器件的损伤和信号传输的误码，因此需对传输线长度进行控制或施加终端匹配负载。

信号在传输线上传输时所产生的 T_D 小于信号脉冲边沿上升时间的 20%，可不进行终端匹配。当 PCB 电路中仅含有接收段电路时，计算传输时延应包含信号传输的完整链路。

以 16T245 总线驱动器为源端，PCB 板材 FR4 为例。电信号在真空中的传播速度是光速（3×10^8m/s 或 11.8inch/ns），FR4 相对介电常数约为 4，16T245 总线驱动器典型边沿时间为 10ns（具体以器件手册和实际情况为准）。电信号在介质中的传播速度为：$\varepsilon_r=11.8/\sqrt{\varepsilon_r}$ inch/ns；电信号在板材 FR4 的 PCB 中的传播速度为 $\varepsilon_r\approx$5.9inch/ns$\approx$150mm/ns；可不接终端匹配的最大传输线长度 T_D=10ns×20%×T_E=300mm。

（2）端接匹配。信号在传输线上传输时所产生的时延 T_D 大于信号脉冲边沿上升时间的 20%时，应通过端接匹配减少信号反射。

端接匹配分为源端匹配和终端匹配。源端匹配建议使用串行端接电路，终端匹配建议使用 RC 端接电路。在单端传输线中，源端串行端接电路和终端 RC 端接电路如图 13.31 和图 13.32 所示。

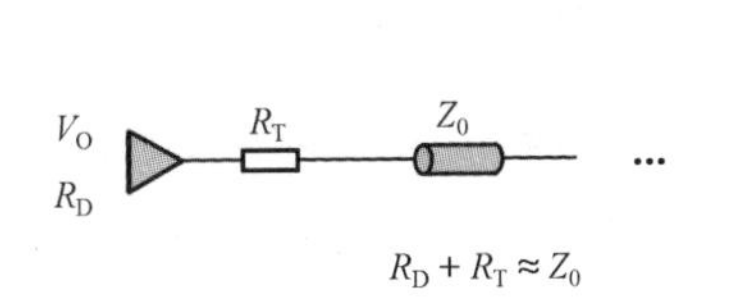

图 13.31　源端串行端接电路

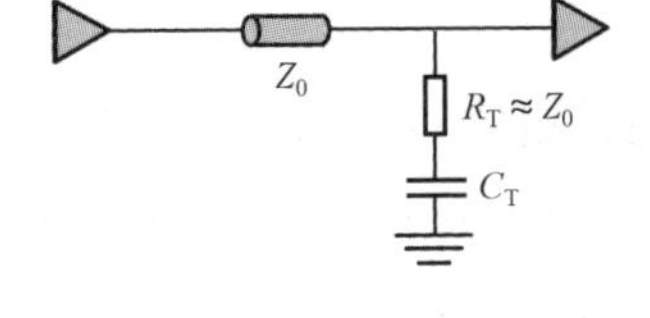

图 13.32　终端 RC 端接电路

图 13.31 和图 13.32 中电路仅适用于端接匹配电路部分，总线分支保护电路等其他电路应根据实际需要在此电路基础上增补。源端串行端接匹配电阻 R_T 取值范围为 10～75Ω。终端 RC 端接匹配电容 C_T 取值由信号线传输频率（时钟、数据）和信号边沿斜率（定时）决定，取值如表 13.1 所示，电阻电容的选值应根据实际应用场景和电路进行调整。匹配电路距离匹配端不能大于 5mm。

表 13.1　RC 端接匹配 C_T 取值

序号	信号频率（MHz）	C_T 取值（pF）	边沿斜率（ns）	C_T 取值（pF）
1	<0.1	1000	>100	1000
2	1	220	50	220
3	5	100	20	100
4	10	47	10	47
5	>20	不推荐 RC 匹配	<5	不推荐 RC 匹配

（3）RS-422 差分传输线。RS-422 差分传输线中，源端匹配电阻 R 取值 51～62Ω，终端匹配电阻取值 100～130Ω。图 13.33 中，二极管用于防止冷机时电压倒灌，若模块工作状态一直处于热机时，需要去除二极管。终端 1kΩ电阻为故障隔离电阻，可根据码速率选用其他阻值或不加此电阻。

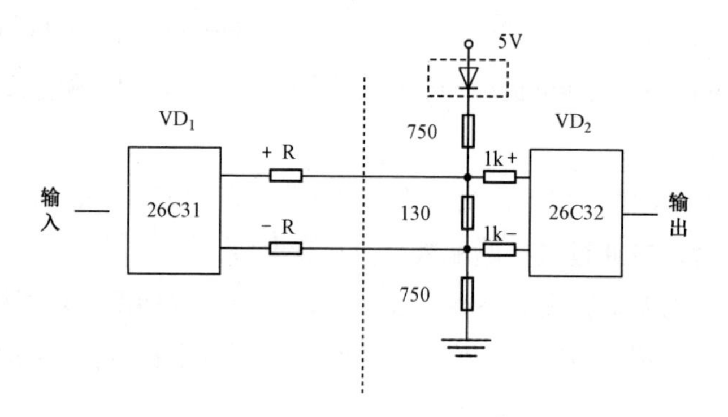

图 13.33　RS-422 匹配电路

（4）总线链路设计与匹配。在单一驱动源驱动多个负载的情况下，驱动源和负载构成了信号的拓扑。建议 50Mbps 码率以下使用菊花链拓总线拓扑结构。

在如图 13.34 所示的菊花链拓扑结构中，信号由发射端触发依次到达各接收端进行布线，连接每个接收端的短桩线 Stub 需要较短。该结构源端匹配电路靠近发送端，终端匹配电路靠近末端负载，具体要求同单端传输线的情况。

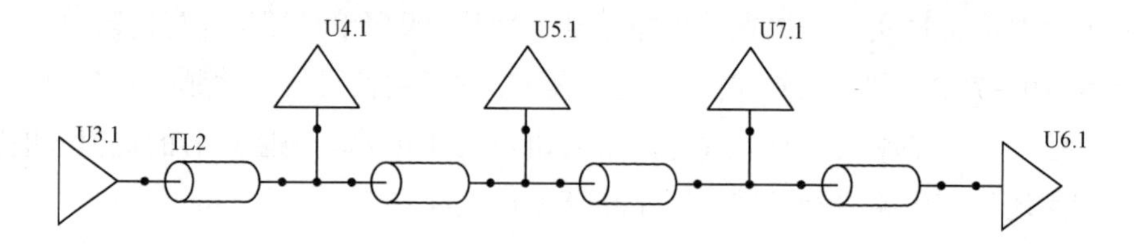

图 13.34　菊花链拓扑结构

（5）短桩线 Stub 的设计。短桩线 Stub 长度对信号质量影响较大（见图 13.35），Stub 越短越好。定时、控制信号 Stub 应控制在 10mm 以内，时钟、数据信号应控制在 5mm 以内。

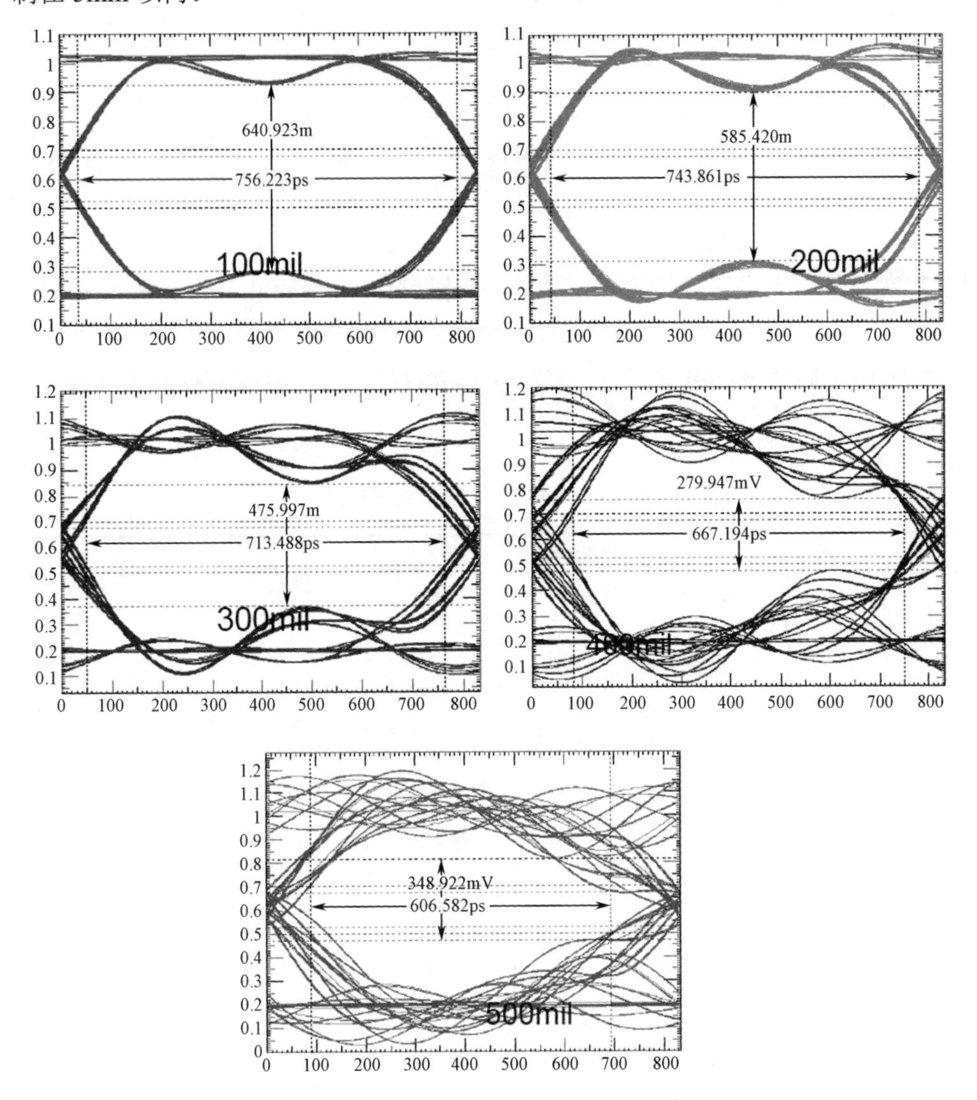

图 13.35　不同短桩线 Stub 长度远端眼图对比

（6）抗串扰设计。串扰是没有电气连接的信号线之间的感应电压和感应电流产生的电磁耦合现象。当信号在传输线上传播时，相邻信号线之间由于电磁场的相互耦合会产生不期望的噪声电压信号，即能量由一条线耦合到另一条线上。在 PCB 电路中，信号线串扰包括同层串扰和层间串扰。同层串扰应关注线、孔间距设计；层间串扰应关注叠层设计和跨分割线布线。

不同信号根据其时域、频域特性不同，在抗串扰设计时的关注重点特性也有所不同。结合不同信号关注的重点特性和电路设计实际情况实现优化设计，达到性能与资源利用的平衡。信号关注的重点特性等级如表 13.2 所示。

表 13.2　信号关注的重点特性等级

项目	信号名	信号特征
需特别关注	时钟	时域为周期性方波，频域谐波频谱分量丰富，被干扰时易造成误码，串扰危害严重
	数据	被干扰时易造成误码，线数较多时，同相叠加串扰危害严重
需重点关注	数据使能、地址	被干扰时易造成误码
需一般关注	开关控制信号	频率相对较低，设计时应符合 SI 一般规则

据不同信号关注的重点特性，同层与层间串扰设计约束规则如表 13.3 和表 13.4 所示。

表 13.3　同层串扰设计约束规则

<table>
<tr><th>项目</th><th>间距要求</th><th>其他规则</th></tr>
<tr><td>时钟</td><td>1. 时钟与其他信号间距：≥6W（线中心距大于 6 倍线宽）
2. 时钟信号间距：≥4W</td><td rowspan="4">1. 条件允许时，应用地线将 CLK 信号包裹；
2. 减小走线长度和平行线长度</td></tr>
<tr><td>数据</td><td>1. 数据与其他信号间距：≥6W
2. 数据信号间距：≥4W</td></tr>
<tr><td>数据使能、地址</td><td>1. 与其他信号或信号间距：≥3W</td></tr>
<tr><td>开关控制信号</td><td>1. 与其他信号或信号间距：≥3W</td></tr>
</table>

注：非高密度电路，信号线线宽 W 应≥8mil。

表 13.4　层间串扰设计约束规则

序号	设计规则
1	部分信号必须使用地平面或电源平面进行上下层隔离
2	所有信号布线时应保证参考地平面完整
3	不允许跨分割或沿电源平面分割线布线
4	相邻两层不建议同时布信号线，如不得不相邻时，必须采用垂直布线
5	必须进行阻抗控制，单端 50Ω，差分 100Ω

（7）电路及传输线接地设计。接地是电子设备和电路设计的重要环节，接地的目的：提供公共参考零电位、防止外界电磁干扰、保证使用安全工作和抑制噪声防止干扰等。电路接地设计约束规则如表 13.5 所示。

表 13.5　电路接地设计约束规则

序号	设计内容	设计规则
1	接地设计要求	电路设计中需确保有接地需求的器件外壳、所有信号、电源接口连接器外壳与系统金属壳体低阻抗接地
2	接地点选择	电路工作地直接与金属壳体相连时，连接点必须靠近各信号、电源连接器
3	接地方法	接地时应通过螺钉锁紧搭接、填充导电材料或直接焊接方式保证电路与金属壳体之间紧密电接触，不应使用细导线接地
4	多点接地	多点接地时需保证各点间等电位，确认等电位连接的可靠性是保证两点间导体长宽比小于 3
5	屏蔽电缆接地	屏蔽电缆的屏蔽层应该双端接地，接地点低阻抗连接产品的金属壳体，无金属壳体时应连接电路工作地

（8）印制板设计中控制线路应避免产生锐角和直角，产生不必要的辐射，同时工艺性能也不好。所有线与线的夹角应≥135°。

13.3.3　综合母板中电源网络的设计原则

综合网络中的电源电路主要作用是分配传输电流、直流电源变压处理等。其布线主要需要考虑以下的原则。

（1）遵照“先大后小、先难后易”的布置原则，即重要的单元电路、核心元器件应当优先布局。

（2）布局应尽量满足：总的连线尽可能短，关键信号线最短；高电压、大电流信号与小电流、低电压弱信号完全分开；模拟信号与数字信号分开；高频信号与低频信号分开。

（3）相同结构的电路部分，尽可能采用“对称式”标准布局。

（4）同类型插装元器件在 X 或 Y 方向上应朝一个方向放置。同一种类型的有极性分立元件也要力争在 X 或 Y 方向上保持一致，便于生产和检验。

（5）元器件的排列要便于调试和维修，即小元件周围不能放置大元件，需调试的元、器件周围要有足够的空间。

（6）元件布局时，应适当考虑使用同一种电源的器件尽量放在一起，以便于将来的电源分隔。

（7）数字网络和电源网络混合布线时，布线先后顺序为电源、高速信号、时钟信号和同步信号等关键信号。

（8）当信号平均电流比较大时，需要考虑线宽与电流的关系，具体情况可以参照表 13.6。

（9）当铜皮作导线通过较大电流时，铜皮宽度与载流量的关系应参考表 13.6

中的数据，降额 50%去选择使用。

（10）为减小线间串扰，应保证线间距足够大，当线中心间距大于 3 倍线宽时，可保证 70%的电场不互相干扰。

（11）电源层和地层之间的 EMC 环境较差，应避免布置对干扰敏感的信号。

表 13.6　不同厚度、不同宽度铜皮的载流表

宽度（mm）	铜皮厚度		
	35μm ΔT=10℃	50μm ΔT=10℃	70μm ΔT=10℃
0.15	0.20	0.50	0.70
0.20	0.55	0.70	0.90
0.30	0.80	1.10	1.30
0.40	1.10	1.35	1.70
0.50	1.35	1.70	2.00
0.60	1.60	1.90	2.30
0.80	2.00	2.40	2.80
1.00	2.30	2.60	3.20
1.20	2.70	3.00	3.60
1.50	3.20	3.50	4.20
2.00	4.00	4.30	5.10
2.50	4.50	5.10	6.00

注：在 PCB 设计加工中常用 OZ（盎司）作为铜皮的厚度单位。1 OZ 铜厚定义为一平方英寸面积内铜箔的质量为一盎司，对应的物理厚度为 35μm。

13.3.4　综合母板中数模混合电路的设计原则

对于数模混合电路，综合母板布线时重点关注的是电路电源与接地的设计。数模混合电路的布线原则如下。

（1）PCB 板将模拟电路与数字电路独立分区设计，条件允许时区域之间利用金属化孔进行隔离，在电路表层和底层设计有地线隔离。因为数字电路具有较大的电压噪声容限，模拟电路的电压噪声容限小。按照优先级别选择合适的器件进行布局。将模拟地平面单独连接到系统地连接端，或者将模拟电路放置在电路板的最远端，也就是线路的末端。这样可以保证信号路径受到的外部干扰信号最小。

（2）ADC 和 DAC 集成芯片跨区放置，芯片的模拟端尽量连接模拟电路区域，数字端连接数字电路区域。

（3）在 PCB 的模拟电路部分和数字电路部分下面设统一的地平面，不能将地平面进行分割。

（4）在电路板的所有层中，数字电路只能在数字部分布线，模拟电路只能在模拟部分布线，不能相互牵扯。

（5）模拟电源与数字电源独立供电，布线不能跨域分割电源面的间隙，必须跨域分割电源间隙的信号线要位于紧邻大面积地平面的信号层上。使用磁珠和去耦电容分别把模拟电源和数字电源滤波隔离；同时电源供电回路应先经过数字电路，后经过模拟电路，并通过接地降低数字电路地上的共模噪声，旁路数字电路上共模噪声电压产生并流向模拟电路的共模电流。

（6）要分析返回电流设计流过的路径和方式。

（7）尽量为时钟信号、高频信号、敏感信号等关键信号提供专门的布线层，并保证其有最小的回路面积。应采取手工优先布线、屏蔽和加大安全间距等方法，保证信号质量。

（8）将模拟电路与噪声 I/O 端口分开。

13.4　综合母板的信号完整性分析

综合母板设计完成后，需要进行各种信号的完整性分析。这里主要介绍波控信号仿真流程、电源完整性的概念及电源噪声的来源，同时对电容的实际阻抗特性、安装方式、实际谐振频率进行理论分析。最终通过 3 个仿真实例，分别对电源直流压降、印制板电源地谐振模式、电源地目标阻抗控制进行计算，从而为产品信号完整性、电源完整性设计提供参考。

13.4.1　波控信号完整性分析

13.4.1.1　高速信号的识别

高速信号是由信号的上升边沿决定的，T_r 为信号上升时间，T_{pd} 为信号线传输延时，BW 为信号的带宽。有效频率有时也称为截止频率，代表了数字电路中能量最集中的频率范围，超过 BW 的频率将对数字信号的能量传输没有影响。

目前在高速电路中，时钟信号是控制信号中频率最高的数字信号，且一般为总线形式，需要驱动十几片位于 T/R 组件内部的接收芯片。时钟信号质量的好坏关系到控制系统能否对系统进行有效控制，所以有必要对时钟信号的完整性进行单独分析。以 10MHz 时钟信号为例，上升沿 10ns。

带宽 BW 可由下式给出

$$\mathrm{BW} = \frac{0.5}{10\mathrm{ns}} = 50\mathrm{MHz} \tag{13.3}$$

当信号在走线上的传输时延：

$$t_{pd} > t_r / 6 \tag{13.4}$$

则该走线具有传输线效应，对应走线长度 l（以 FR4 板为例，上升沿 10ns）：

$$l > \frac{10 \times 10^{-9}}{6} \times \frac{3 \times 10^{8}}{\sqrt{4.4}} = 238\text{mm} \tag{13.5}$$

对于 10MHz 的时钟信号，当信号走线长度超过 238mm 时，该信号即为高速信号，需要进行仿真和端接设计。

13.4.1.2　信号完整性仿真流程

首先需要装下列软件：①Cadence；②Siwave（至少 4.0 版本）；③Nexxim；④Designer；⑤Ansoftlink（安装完成后在 Cadence 工具栏显示 Ansoft 工具条）。

下面选择一种综合母板为例进行仿真流程介绍。

（1）从 Cadence 软件中打开需要仿真的印制板，图 13.36 为 Cadence 软件界面，选择 Ansoft 工具条第 4 条：Export→ANF，输出印制板模型。

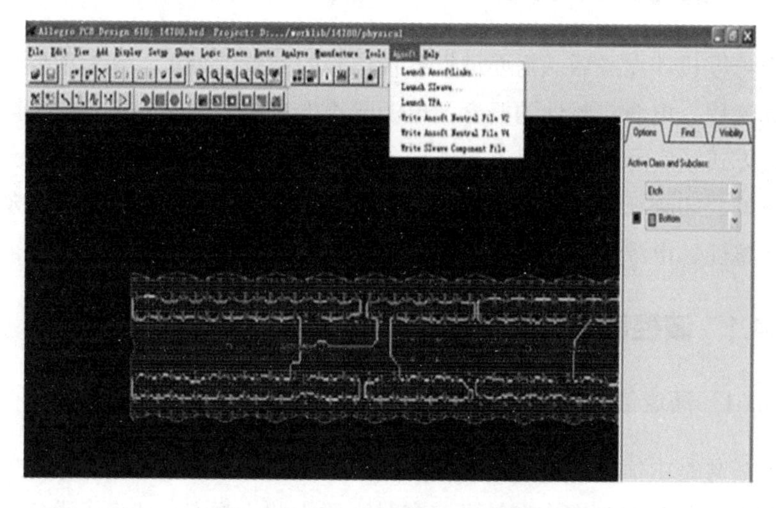

图 13.36　Cadence 软件界面

（2）打开 Siwave 软件，选择 File→Import→ANF，导入印制板模型，Siwave 软件界面见图 13.37。

（3）导入成功，打开向导 Simulation→Siwizard（Designer/Nexxim Link）。

（4）选择需要仿真的信号→Next，一般为速率较高的 CLK、CP、DATA 信号。

（5）对信号进行 ibis 模型分配：

激励源：SN54LS244J（由波控驱动芯片型号决定），模型选择三态；

接收源：nrt1107（由波控接收芯片决定），模型选择输入。

（6）设置元件电压，将 Supply Voltage 3.3V 改成 5V（根据实际电平设置）。

（7）瞬态仿真设置：Bit Rate：20Mbps。

（8）有可能启动 Designer 失败，信息窗口出现如下提示：

Launching Ansoft Designer; please wait...failed。

Error: could not get a handle to Ansoft Designer′s Desktop!

成功提示：Launching Ansoft Designer; please wait...done。

Designer 启动后，软件会自动建立模型，左边为 3 个激励源，右边若干个接收器。

（9）回到 Siwave，计算选定信号网络的 S 参数，Simulation→Compute S-,Y-,Z-parameters，截止频率设置 1GHz 即可（默认 5GHz 改成 1GHz），仿真完成后，导出 S 参数。

（10）Test 工程下→Definitions→Models→Add Model→Add Nport Model，替换工程内原有 S 参数模型，并添加接地端。

（11）Enable 与地断开，添加直流电源 DC=1V（选择 Componerts→Nexxim Circuit Elements→Independent Sources→V_DC）。

（12）删除原有随机脉冲波形，添加脉冲电压（选择 Componerts→Nexxim Circuit Elements→Independent Sources→V_PULSE），设置如表 13.7 所示。

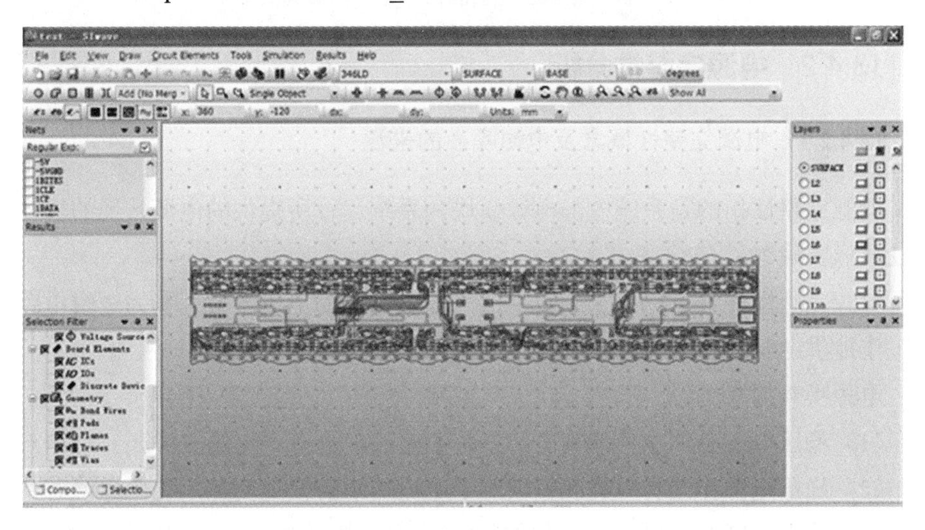

图 13.37　Siwave 软件界面

表 13.7　仿真参数设置（以 20MHz 时钟为例）

项目	CLK	CP	DATA
电压（V）	5	5	5
上升沿 T_r、下降沿 T_f（ns）	10	10	10
脉宽（ns）	25	50	100
周期（ns）	50	100	200

（13）仿真周期设置为 DATA 周期的 2 倍。Analysis→Transient1→Analyze。

图 13.38 为某综合母板的信号完整性仿真结果，主要针对控制信号。

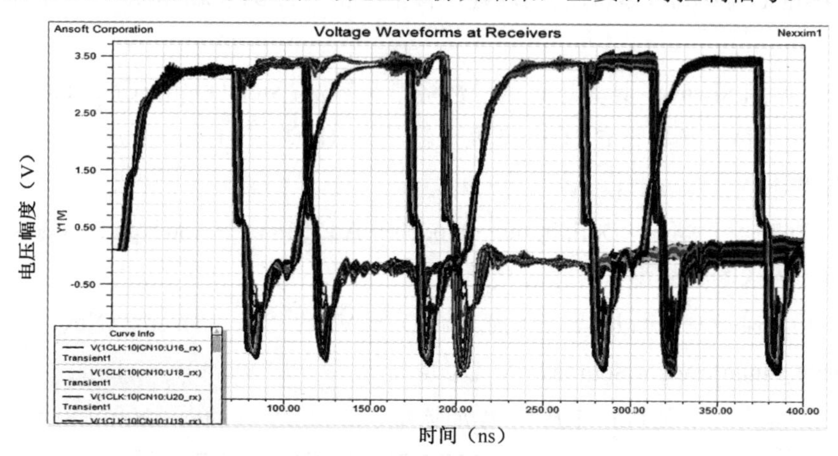

图 13.38　某综合母板的信号完整性仿真结果

13.4.2　电源完整性分析

13.4.2.1　电源完整性概念及电源噪声的来源

电源完整性指的是系统内部电源模块为系统运行所提供的电源、地的波动情况及波形质量等。

电源完整性设计目标：①为数字信号提供稳定的电压参考；②为逻辑电路正常工作提供电源。

电源噪声的来源：

（1）稳压电源芯片本身的输出并不是恒定的，会有一定的波纹。

（2）稳压电源无法实时响应负载对于电流需求的快速变化。稳压电源芯片通过感知其输出电压的变化，调整其输出电流，从而把输出电压调整回额定输出值。多数常用的稳压源调整电压的时间在毫秒到微秒量级。

（3）负载瞬态电流在电源路径阻抗和地路径阻抗上产生的压降。PCB 板上任何电气路径不可避免地都会存在阻抗，无论是完整的电源平面还是电源引线。对于多层板，通常提供一个完整的电源平面和地平面，稳压电源输出首先接入电源平面，供电电流流经电源平面，到达负载电源引脚。地路径和电源路径类似，只不过电流路径变成了地平面。

13.4.2.2　电源完整性研究的几个问题

1）直流压降计算、电流密度计算

在 PCB 设计中，由于平面层的分割，不理想的电流路径和各种过孔、信号线的分布，电源网络的直流供电常常受到影响。通过直流压降仿真可以更好地分析和控制直流供电网络的性能。

以某电路为例，由于综合母板负责给整个有源子阵供电（一般为二次电源），电流需求比较大，具体实现采用厚铜板形式，目前电源方案有两种：

（1）厚铜板与半固化片层压，再通过螺钉将厚铜板与包含微波网络、波控网络的多层板固定在一起，此种方案适用于电流大于 50A 的情况。

（2）将厚铜板直接与 FR4 材料、PTFE 材料一起压合，受限于印制板工艺水平，目前铜厚最厚能够加工到 10OZ（0.35mm），此方案适用于电流小于 50A 的情况。

综上所述，若发射电流需求约 60A，可采用方案（1）；若接收电流需求约 7A，可采用方案（2）来实现。

下面通过软件仿真铜板上的电流密度、电压分布。

假设发射电源设计汇流条铜厚度为 1.3mm。计算参数：电压输入 32V，电流输出 80A。

图 13.39 为发射电源电流密度分布，图 13.40 为发射电源电压分布。从仿真结果看，除个别位置外，大部分区域均满足电流密度≤5A/mm²，压降≤0.01V。

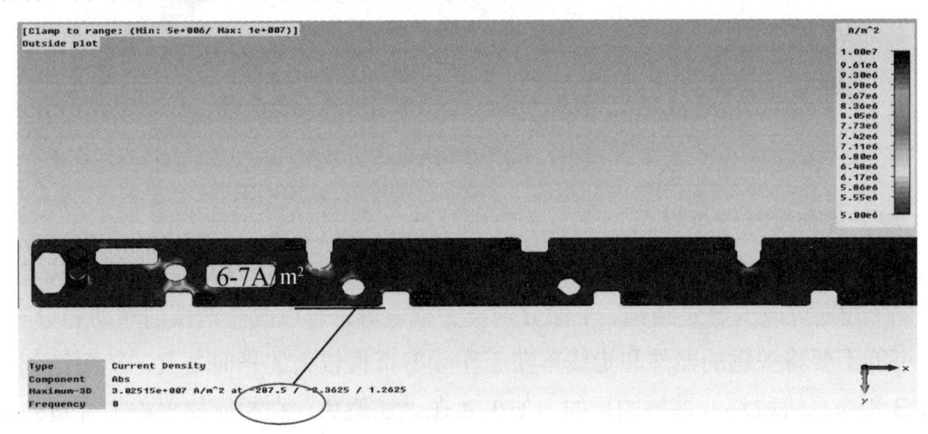

图 13.39　发射电源电流密度分布

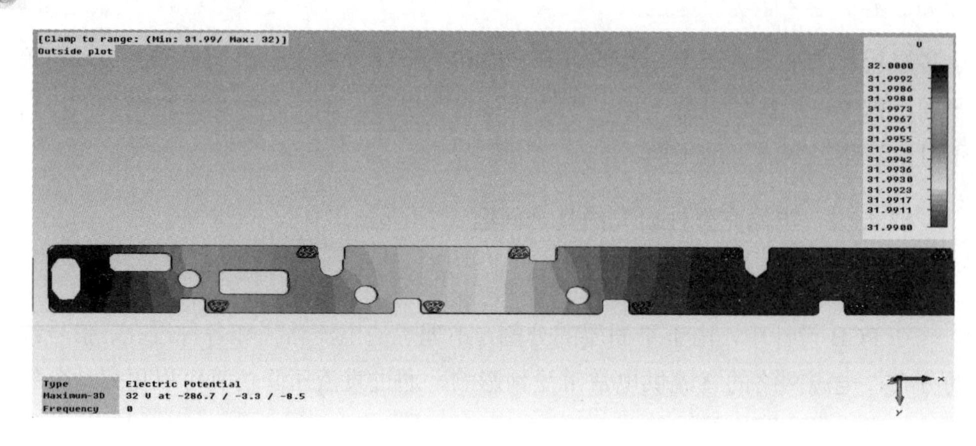

图 13.40　发射电源电压分布

假设接收电源设计汇流条铜厚度 4OZ（0.14mm）。计算参数：电压输入 32V，电流输出 10A。

图 13.41 为接收电源电流密度分布，图 13.42 为接收电源电压分布。从仿真结果看，所有区域均满足电流密度≤5A/mm^2，压降≤0.05V。

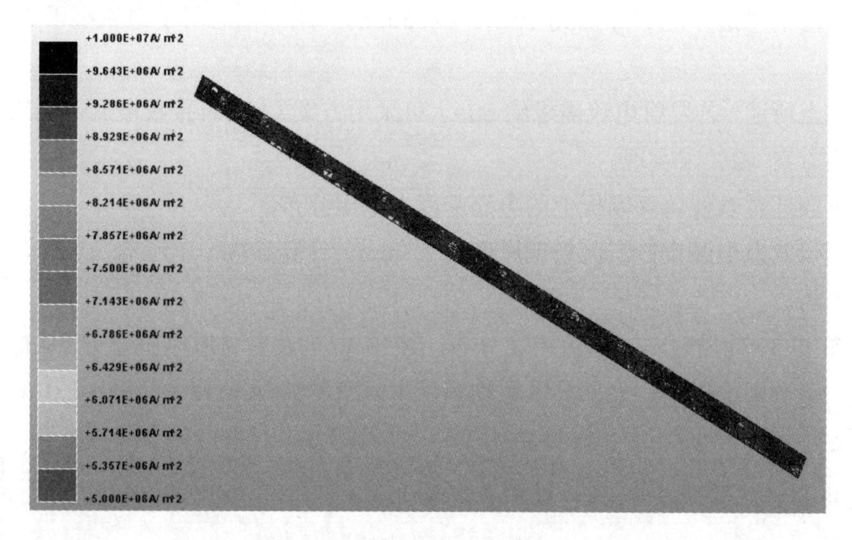

图 13.41　接收电源电流密度分布

2）综合母板谐振模式

随着数字信号工作频率的上升，当其波长与印制板尺寸相近时，就会发生谐振。一般通过改变叠层结构、平面分割及去耦电容，可以改变谐振的频率和分布，尽可能不要将关键的器件和走线落在工作频率谐振较大的平面之上，从而达到在 PCB 预布局阶段避开谐振的目的。如果实在无法避免，在相应位置添加合适的去耦电容，也可以改变谐振特性。

图 13.42　接收电源电压分布

这里计算了 10 种谐振模式，得出相应的谐振频率点，计算结果如图 13.43 所示。

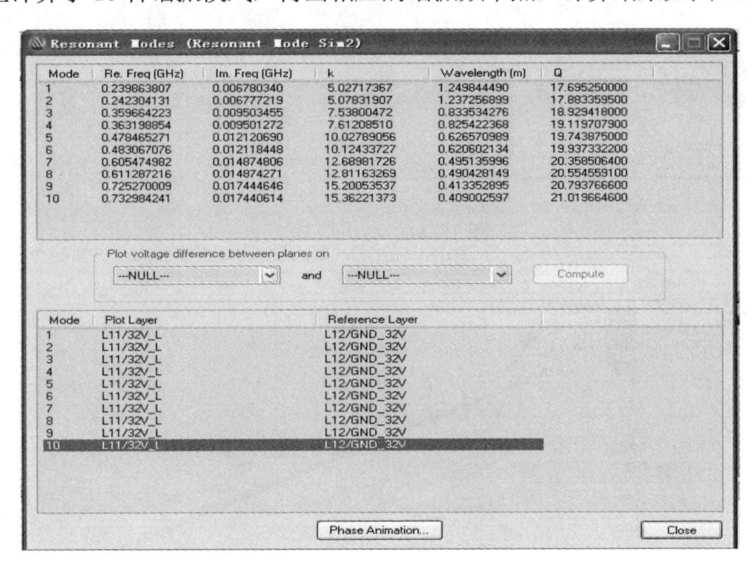
Resonant Modes (Resonant Mode Sim2)

Mode	Re. Freq (GHz)	Im. Freq (GHz)	k	Wavelength (m)	Q
1	0.239863807	0.006780340	5.02717367	1.249844490	17.695250000
2	0.242304131	0.006777219	5.07831907	1.237256899	17.883359500
3	0.359664223	0.009503455	7.53800472	0.833534276	18.929418000
4	0.363198854	0.009501272	7.61208510	0.825422368	19.119707900
5	0.478465271	0.012120690	10.02789056	0.626570989	19.743875000
6	0.483067076	0.012118448	10.12433727	0.620602134	19.937332200
7	0.605474982	0.014874806	12.68981726	0.495135996	20.358506400
8	0.611287216	0.014874271	12.81163269	0.490428149	20.554559100
9	0.725270009	0.017444646	15.20053537	0.413352895	20.793766600
10	0.732984241	0.017440614	15.36221373	0.409002597	21.019664600

Plot voltage difference between planes on

---NULL--- and ---NULL--- Compute

Mode	Plot Layer	Reference Layer
1	L11/32V_L	L12/GND_32V
2	L11/32V_L	L12/GND_32V
3	L11/32V_L	L12/GND_32V
4	L11/32V_L	L12/GND_32V
5	L11/32V_L	L12/GND_32V
6	L11/32V_L	L12/GND_32V
7	L11/32V_L	L12/GND_32V
8	L11/32V_L	L12/GND_32V
9	L11/32V_L	L12/GND_32V
10	L11/32V_L	L12/GND_32V

Phase Animation...　Close

图 13.43　10 种谐振模式的谐振频率点

由仿真结果（见图 13.44、图 13.45）可知，在 0.242GHz 与 0.611GHz 两个频率点容易引起印制板谐振，深色和浅色分别代表谐振的波峰与波谷，关键元器件的布局要避开该类区域。

通过电源滤波电路设计可以实现电源目标阻抗控制。在电路运行时，当多个器件同时进行开关转换，电源系统回路中就会产生与频率相关的波动电压，它们以噪声的形式在电源系统中传输，并对高速器件的电源环境进行干扰，电路工作在一种非预知的状态，严重时会造成器件的误触发，从而使电路不能正常运行。为保证电路在预期的速度下工作，电路板中的电源、地平面的供电阻抗就需要依据不同频率控制在一定的范围内。可以通过对电路电源分配系统进行仔细分析，综合使用不同型号的钽、陶瓷等电容，设计出合适的电源、地平面，以达到控制阻抗的目的。不同频率的目标阻抗控制如图 13.46 所示。

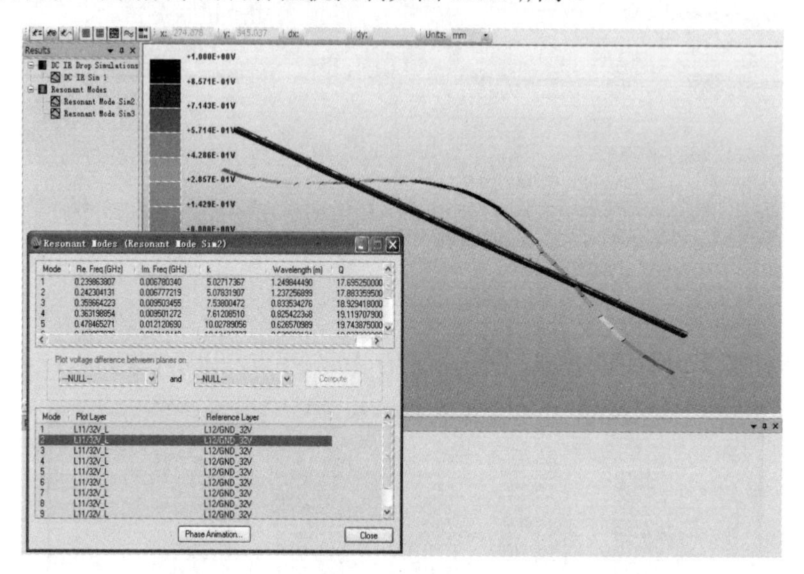

图 13.44　谐振模式 2

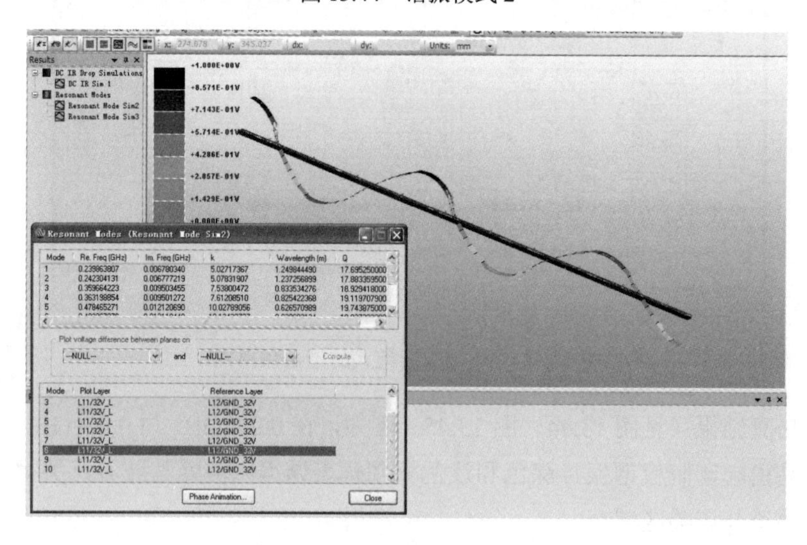

图 13.45　谐振模式 8

图 13.47 和图 13.48 分别为电容的等效电路及阻抗随频率变化曲线。式（13.6）是阻抗的计算方法。

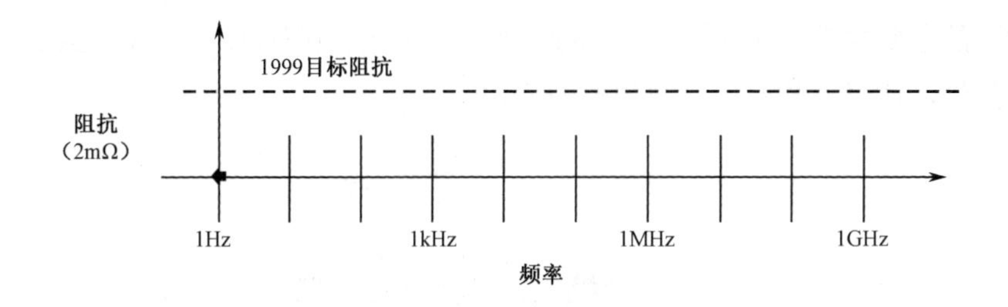

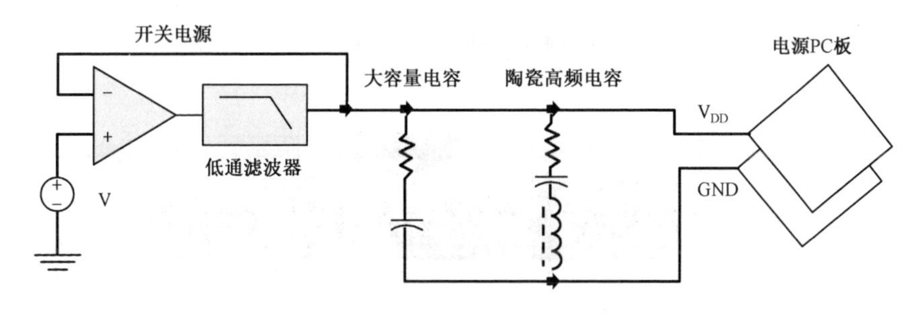

图 13.46 不同频率的目标阻抗控制

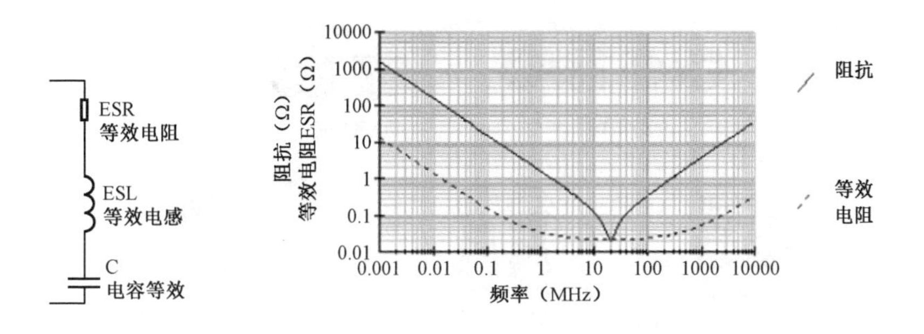

图 13.47 电容的等效电路

图 13.48 阻抗随频率变化曲线

$$Z = \text{ESR} + \text{j}2\pi f\text{ESL} + \frac{1}{\text{j}2\pi fC} = \text{ESR} + \text{j}\left(2\pi f\text{ESL} - \frac{1}{2\pi fC}\right) \tag{13.6}$$

当电容安装到电路板上后，还会引入额外的寄生参数，从而引起谐振频率的偏移。充分理解电容的自谐振频率和安装谐振频率非常重要，在计算系统参数时，实际使用的是安装谐振频率，而不是自谐振频率，因为我们关注的是电容安装到电路板上之后的表现。

在安装电容时，要从焊盘拉出一小段引出线，然后通过过孔和电源平面连接，接地端也是同样。这样流经电容的电流回路为：电源平面—过孔—引出线—焊盘—电容—焊盘—引出线—过孔—地平面，图 13.49 直观地显示了电流的回流路径。

电容在电路板上的安装通常包括一小段从焊盘拉出的引出线以及两个或更多的过孔，如图 13.50 所示。无论是引线还是过孔都存在寄生电感。寄生电感是我们关注的重要参数，因为它对电容的特性影响最大。下面以一个0805封装0.01μF电容为例，计算安装前后谐振频率的变化。

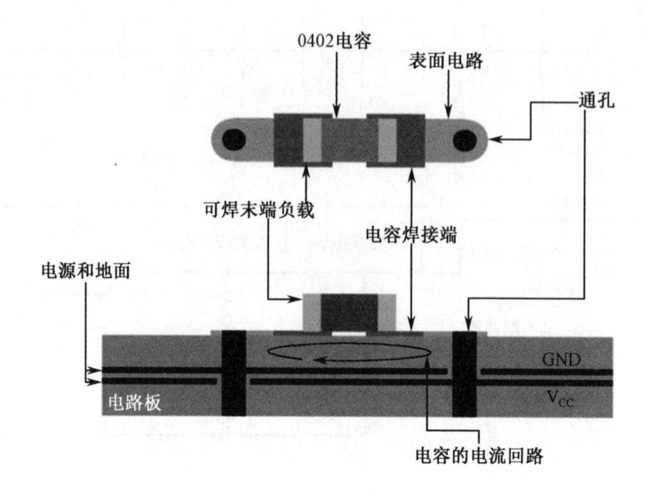

图 13.49　电流的回流路径

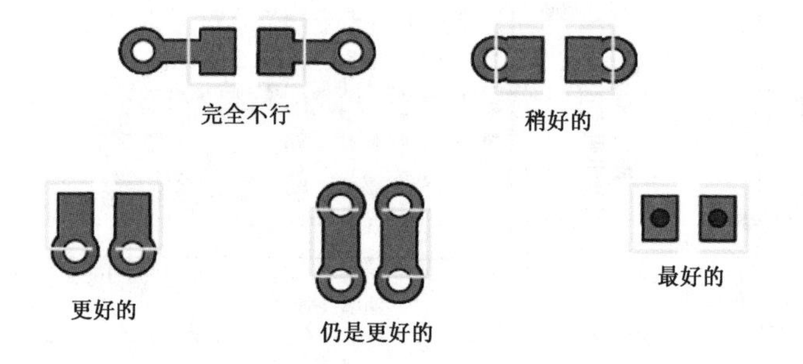

图 13.50　电容安装方式的选择

电容自身等效串联电感：0.6nH。安装后增加的寄生电感：$L_{\mathrm{mount}} = 1.5\mathrm{nH}$。电容的自谐振频率：

$$f_0 = \frac{1}{2\pi\sqrt{\mathrm{ESL}\times C}} = \frac{1}{2\pi\sqrt{0.6n\mathrm{H}\times 0.01\mu\mathrm{F}}} = 64.98\mathrm{MHz}$$

安装后的总寄生电感：0.6 +1.5 = 2.1nH。安装后的谐振频率为

$$f_0 = \frac{1}{2\pi\sqrt{\mathrm{ESL}\times C}} = \frac{1}{2\pi\sqrt{2.1n\mathrm{H}\times 0.01\mu\mathrm{F}}} = 34.73\mathrm{MHz}$$

可见，安装后电容的谐振频率发生了很大的偏移，使得小电容的高频去耦特性被削弱。在进行电路参数设计时，应按这个安装后的谐振频率计算。

图 13.51 是不同容值电容并联后的阻抗特性的例子，可以看出，在左边谐振点之前，两个电容都呈容性；在右边谐振点后，两个电容都呈感性。在两个谐振

点之间，阻抗曲线交叉，在交叉点处，左边曲线代表的电容呈感性，而右边曲线代表的电容呈容性，此时相当于 LC 并联电路。对 LC 并联电路来说，当 L 和 C 上的电抗相等时，发生并联谐振。因此，两条曲线的交叉点处会发生并联谐振，这就是反谐振效应，该频率点为反谐振点。

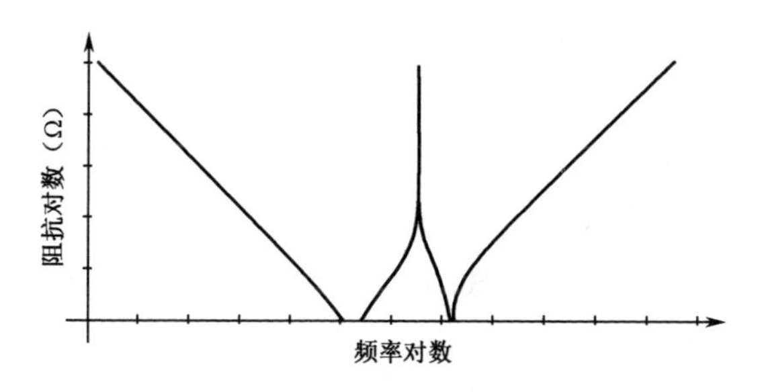

图 13.51　不同容值电容并联后的阻抗特性

两个容值不同的电容并联后，可以得出两个结论：

（1）不同容值的电容并联，其阻抗特性曲线的底部要比单个电容阻抗曲线的底部平坦得多，因而能更有效地在很宽的频率范围内减小阻抗。

（2）在反谐振（Anti-Resonance）点处，并联电容的阻抗值无限大，高于两个电容任何一个单独作用时的阻抗。并联谐振或反谐振现象是使用并联去耦方法的不足之处。

在并联电容去耦的电路中，虽然大多数频率值的噪声或信号都能在电源系统中找到低阻抗回流路径，但对于那些频率值接近反谐振点的，由于电源系统表现出的高阻抗，使得这部分噪声或信号能量无法在电源分配系统中找到回流路径，最终会从 PCB 上发射出去（空气也是一种介质，波阻抗只有几百欧姆），从而在反谐振频率点处产生严重的 EMI 问题。因此，并联电容去耦的电源分配系统一个重要的问题就是：合理地选择电容，尽可能压低反谐振点处的阻抗。

在实际电容设计选择中，需要 3～4 个容值等级。实际上，选择的容值等级越多，阻抗特性越平坦，但没必要用非常多的容值等级，阻抗越平坦当然越好，但我们的最终目标是总阻抗小于目标阻抗，只要能满足这个要求就行。

一般而言，容值的等级不要超过 10 倍。如可以选类似 0.1、0.01、0.001 这样的组合。因为这样可以有效控制反谐振点阻抗的幅度，间隔太大，会使反谐振点阻抗很大。得到最优组合是一个反复迭代寻找最优解的过程。最好的办法就是先粗略计算一下大致的组合，然后用电源完整性仿真软件进行仿真，再做局部调整，能满足目标阻抗要求即可。

图 13.52 为一个电容组合设计实例，这个组合中使用的电容为：13 个 0.22μF 陶瓷电容（0603 封装），2 个 680μF 钽电容，7 个 2.2μF，26 个 0.022μF 陶瓷电容 0402。图 13.53 中，上部平坦的曲线是 680μF 电容的阻抗曲线，其他 3 个容值的曲线为图中的 3 个 V 字形曲线，从左到右依次为 2.2μF、0.22μF、0.022μF。总的阻抗曲线为图中底部的粗包络线。

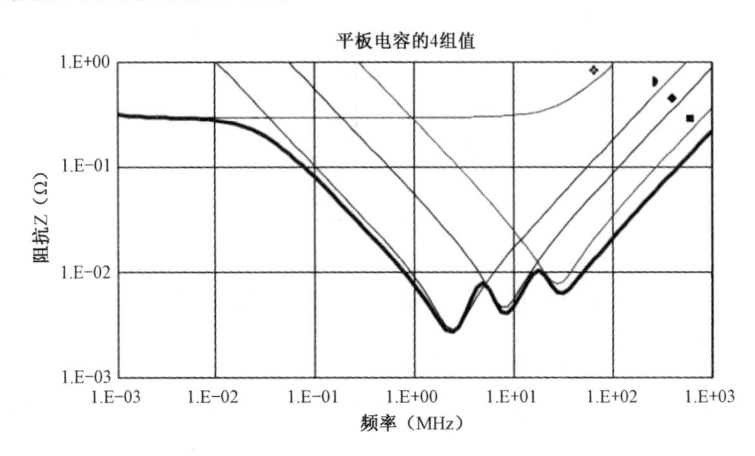

图 13.52　电容组合设计实例

这个组合实现了在 500KHz～150MHz 范围内保持电源阻抗在 33mΩ以下。频率点处，阻抗上升到 110mΩ。从图 15.53 中可以看出，反谐振点的阻抗控制得很低。

电源波动是因为电源分配系统总是存在着阻抗，这样，在瞬间电流通过时，就会产生一定的电压降和电压摆动。为保证每个器件始终都能得到正常的电源供应，就需要对电源分配系统的阻抗进行控制，尽可能降低其阻抗，使其在我们关心的整个频率范围（下限一般取直流，上限一般取信号的截止频率 $f_{\text{knee}} = 0.5/T_{\text{rise}}$，其中 T_{rise} 为信号上升时间）内的阻抗低于目标阻抗。

截止频率：$f_{\text{knee}} = 0.5/T_{\text{rise}} = 0.5/1\text{ns} = 500\text{MHz}$

目标阻抗：$Z_{\text{target}} = \dfrac{\text{电源电压}\times\text{纹波系数}}{\text{最大瞬态电流}} = \dfrac{32\times 0.05}{20} = 80\text{m}\Omega$

从阻抗曲线（见图 13.53）可以看出，32V 电地层阻抗远远大于目标阻抗值，需要通过添加电容的方式来降低阻抗。在电源的正负极之间添加两种电容，电容参数如图 13.54 所示。

加载电容重新进行仿真，得到的阻抗仿真曲线如图 13.55 所示。从图中可以看出，在 0～500MHz 范围内，32V 电地层阻抗曲线≤60mΩ，满足工程应用目标阻抗的设计要求。

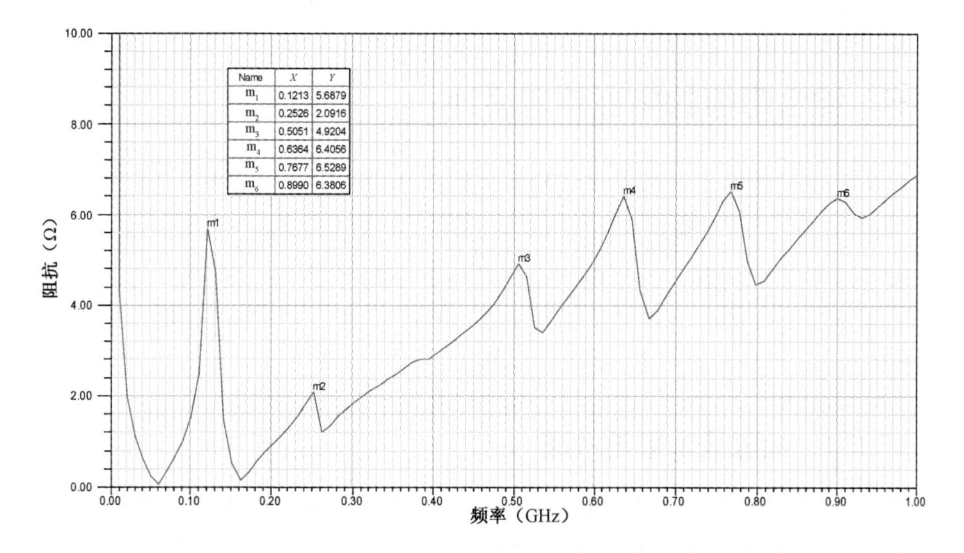

图 13.53　32V 电地层阻抗曲线（添加电容前）

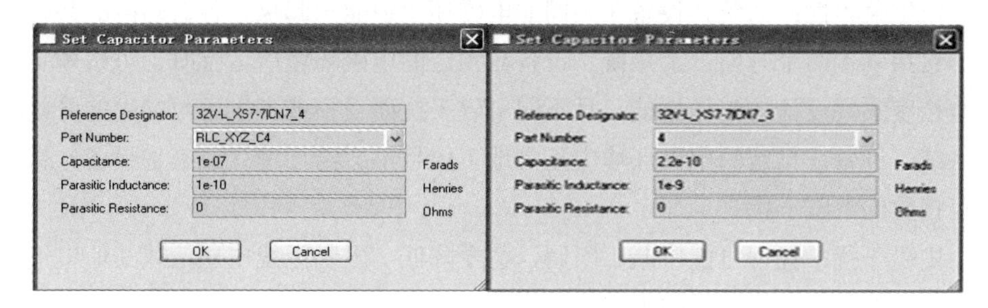

图 13.54　两种电容参数

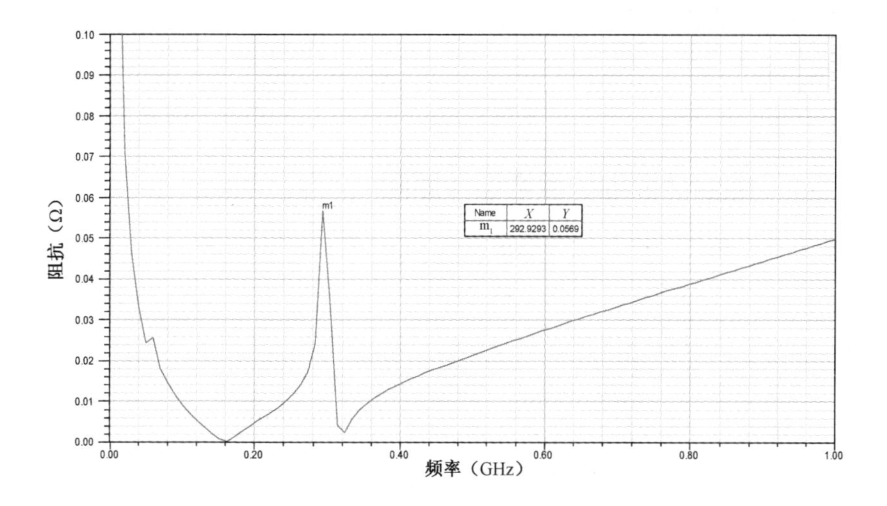

图 13.55　阻抗仿真曲线（添加电容后）

13.5 综合母板的电磁兼容设计

电路的电磁兼容设计对系统 EMC 性能有决定性作用。电路是系统工作频率最高的部分，也是电平最低、最为敏感的部分。一个良好的电路 EMC 设计可以解决大部分电磁干扰问题，如果电路设计只注重提高密度、追求美观，忽视线路和布局对电磁兼容性影响，将导致出现大量 EMC 问题，大大增加产品后续改进成本，降低了产品可靠性。

13.5.1 电磁兼容常用术语

分析电磁兼容问题时常用的术语有电磁兼容性（EMC）、电磁干扰（EMI）、电磁敏感性（EMS）、安全裕度及乱真发射等。

电磁兼容性：系统、设备在共同的电磁环境中能一起执行各自功能的共存状态。包括以下两个方面：①系统、设备在预定的电磁环境中运行时，可按规定的安全裕度实现设计的工作性能，且不因电磁干扰而受损或产生不可接受的降级。②系统、设备在预定的电磁环境中正常地工作且不会给环境（或其他设备）带来不可接受的电磁干扰。

电磁干扰：任何可能中断、阻碍，甚至降低、限制无线电通信或其他电气电子设备性能的传导或辐射的电磁能量。

电磁敏感性：设备、器件或系统因电磁干扰可能导致工作性能降级的特性。

安全裕度：敏感度门限与环境中的实际干扰信号电平之间的对数值之差，用分贝表示。

乱真发射：任何在必须发射带宽以外的一个或几个频率上的电磁发射。

13.5.2 综合母板电磁兼容设计原则

与常用电路设计一样，综合母板电路 EMC 设计原则如下：

（1）布线设计必须尽可能减少耦合；

（2）对各种信号走线进行合理布局，对输入的强、弱信号要进行隔离；

（3）尽量缩短各种引线，以减少干扰；

（4）电源线尽量靠近地线平行布线；

（5）接地线尤其是高频电路接地线要短；

（6）信号和交流电源线用屏蔽双绞线，直流电源用屏蔽线；

（7）有源器件，特别是周期开关性工作器件，其电源必须进行去耦处理，去耦电容应紧贴器件电源输入端，严格控制引线电感；

（8）使用磁珠实现器件电源与电路电源层干扰隔离时，必须在磁珠与器件电源输入端添加适当的储能电容和去耦电容，以增强抗电流跳变脉动能力；

（9）对于矩形方波信号，其频谱包含丰富的低次和高次谐波，边沿斜率越缓，高次谐波越早进入幅度衰减区。因此合理控制信号边沿的斜率，可从源头控制矩形方波信号在传输过程中高次谐波频点 EMI 指标；

（10）在电路设计中，应根据信号实际使用频率，选择匹配的驱动电路，或通过并联电容的方式，增大时钟等信号线边沿斜率，减小高次谐波幅度，降低 EMI 水平；

（11）高速信号和时钟信号在电路叠层中，应靠近完整的地平面，且信号流经路线周边应减少穿孔，减小地平面上的共模干扰电压；

（12）晶振等 EMI 敏感器件，在电路表层布局时应至少距边 1cm 以上，并在电路表层离器件 1cm 范围内接地，阻断容性耦合；

（13）时钟线等高频信号应布置在电路内层，并用地层隔离，阻断其对外辐射。

13.5.3 综合母板电磁兼容仿真案例

下面分析开关电源的传导发射（CE）和辐射发射（RE）仿真。

开关电源电磁兼容仿真模型（见图 13.56）中包含电源芯片、电阻、电容、二极管等电子器件。

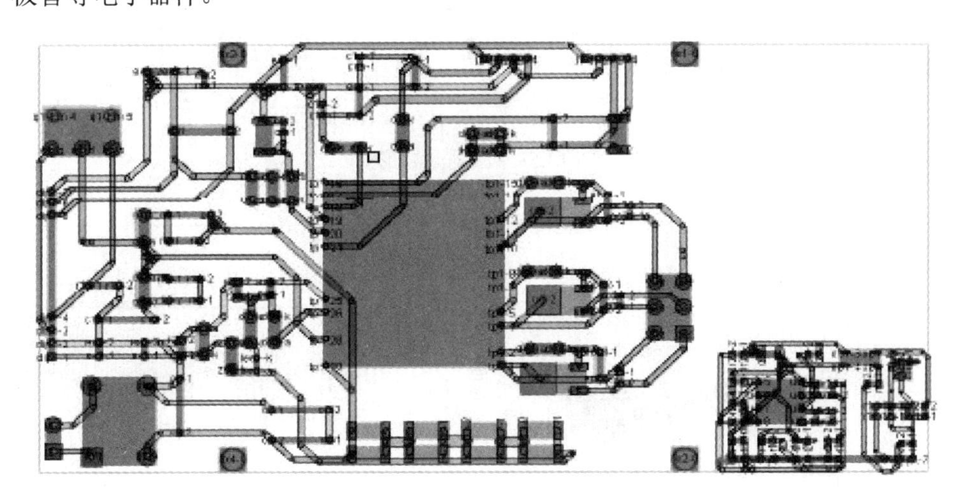

图 13.56 开关电源电磁兼容仿真模型

图 13.57 为开关电源电磁兼容仿真电路。图 13.58 为激励源波形。图 13.59 为开关电源电路传导与辐射仿真结果，根据仿真曲线可以对比指标需求，从而优化电路。

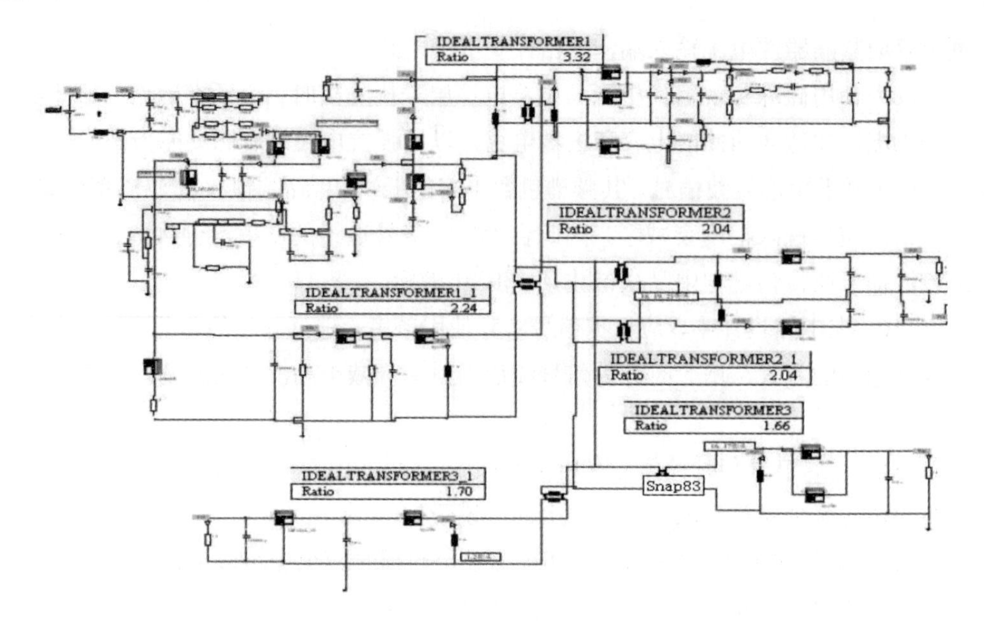

图 13.57　开关电源电磁兼容仿真电路

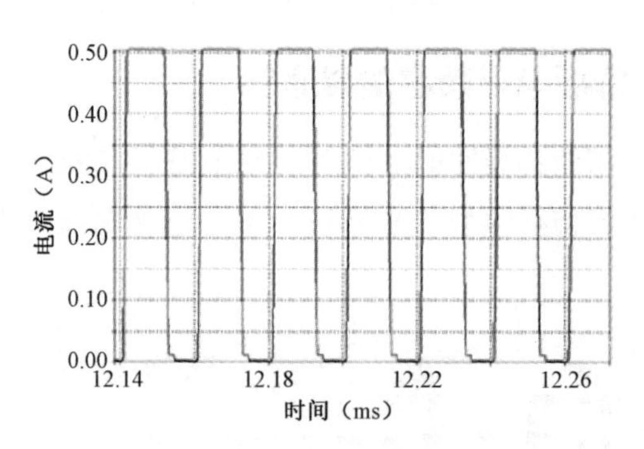

图 13.58　激励源波形

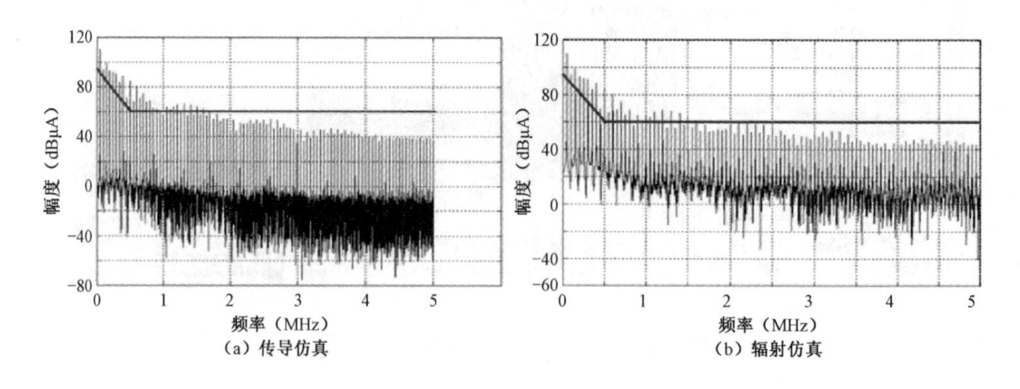

图 13.59　开关电源电路传导与辐射仿真结果

图 13.60 和图 13.61 为采用微波软件 ANLYSIS 对某电路板进行板级电磁兼容仿真、优化设计的对比图。图 13.60 为优化前的电路板的电磁泄漏示意图，图 13.61 为优化后的电路板的电磁泄漏示意图。比较两图可以看出，对信号泄漏比较大的电路图进行优化设计后，电路板的电磁兼容性提高了很多。

图 13.60　优化前的电路板的电磁泄漏示意图

图 13.61　优化后的电路板的电磁泄漏示意图

本章参考文献

[1] 刘垄. 机载雷达综合网络射频通道隔离度改进研究[J]. 现代雷达，2021(5): 85-89.

[2] 马惠. 一种高效率、高密度和高可靠子阵二次电源[J]. 现代雷达，2021(4): 77-82.

[3] HANSEN R. C., Phased Array Antennas[M]. NewYork: John Wiley&Sons, Inc. 1998.

[4] 凌天庆. 准带线式板间 UWB 垂直互连研究[J]. 现代雷达，2014(5): 82-85.
[5] JOSEPH K. Mulcahey and Michael G. Sarcione. Calibration and Diagnostics of the THAAD Solid State Phased Array in a Planar Near field Facility[J]. IEEE, 1996.
[6] 张光义. 相控阵雷达系统[M]. 北京：国防工业出版社，1994.
[7] 殷连生. 相控阵雷达馈线技术[M]. 北京：国防工业出版社，2007.
[8] 靳向阳. 相控阵雷达综合网络研究[D]. 南京：南京理工大学，2013.
[9] 张光义，赵玉洁. 相控阵雷达技术[M]. 北京：电子工业出版社，2006.
[10] 李迎林，高铁. 现代雷达复杂馈线系统设计与分析[J]. 微波学报，2014(S1): 154-157.
[11] 陈海东，万继伟，张德斌. 基于协同仿真技术的复杂行馈线设计[J]. 现代雷达，2011(12): 62-64.
[12] 殷连生. 馈电网络中的电磁干扰和电磁兼容[J]. 现代雷达，1992, 14(5): 90-95.
[13] 申伟，唐万明，王杨. 高速 PCB 的电源完整性分析[J]. 现代电子技术，2009, 32(24): 213-218.
[14] 冼志妙，朱雪花，袭著科. 高速 PCB 的信号完整性分析及应用[J]. 桂林工学院报，2006, 26(2): 286-290.
[15] 姚银华，范童修. 基于植球工艺的电路隔离度仿真设计[J]. 通信对抗，2016, 35(2): 37-41.
[16] 王佐. 电子产品在焊接过程中的可靠性探究[J]. 电子测试，2015(4): 128-130.
[17] POZAR D M. Microwave Engineering[M]. New York: John Wiley & Sons Inc. 2005.
[18] 赵洪涛，阴家龙. 现代电子产品焊接质量的检测技术[J]. 电子工程师，2004(6): 20-22.

第 14 章
馈线系统中的延迟线组件设计

14.1 概述

进入 21 世纪，雷达探测已成为军事侦察和战略预警的重要手段。随着应用需求的不断发展，高分辨率、宽覆盖、大瞬时带宽相控阵雷达的研制已被提上日程。在宽带相控阵天线中，为改善天线的频率响应以获得较好的波束指向特性，需要在天线射频链路中接入可调实时延迟线来补偿天线扫描孔径效应。天线延迟线的选用方案往往需要从天线整体性能的改善、系统的复杂度和成本等多个方面综合进行权衡。目前，在子阵级而非单元级接入以固定参考周期为步进的实时延迟线组件，是相控阵天线在工程实现上插入实时延迟所普遍采用的方案。

14.2 延迟线组件的特性

14.2.1 应用需求

相控阵天线（PAA）自 20 世纪 70 年代初开始使用，现在雷达和通信等领域已经越来越重要。这是因为 PAA 具有许多优点，如无物理运动的转向、高的二维扫描灵活性、极准确的波束指向，以及实现低的空间旁瓣所需的精密相位和幅度控制等。另外，随着雷达应用要求的提高，现代高性能雷达要求有大的扫描角和瞬时带宽，其在宽频带扫描时，需要补偿单元或子阵级别的孔径渡越时间。孔径渡越时间的存在，会造成不同天线单元辐射信号到达目标的时间不一致，或者在天线阵列上接收到的信号不能同时相加。造成接收机接收到的信号波形失真，且孔径渡越时间越长，失真越严重。解决这一问题需要用到延迟线技术，这是高性能雷达系统进行无偏斜宽瞬时带宽工作的关键，因为使用延迟线技术，才能实现与有效的单元矢量累加或分配。

如图 14.1 所示，扫描角为 θ 时，目标信息分别通过不同传输路径到达阵列天线的各个单元，因此各单元接收信号幅度及相位上存在差异。在理想情形下单元间的幅度差异可忽略，相邻两单元间存在 $d\sin\theta$ 大小的波程差，在实际中通过移相器或延迟线补偿该差值。

相控阵雷达在进行大扫描角、宽带工作时，需要对阵面进行延迟线配置。通常采用分级延迟即子阵延迟线组件技术以兼顾其性能与成本。由于延迟子阵级量化原因，天线阵元的每个 T/R 通道的剩余延迟误差会随着扫描角度发生变化。为在整个扫描区域内获得色散的最大改善，基于随机延迟分布的子阵延迟态位量化的优化方法通过随机组合延迟线组件修正位，以最小波束指向偏差及增益损失为优化目标，在保持天线硬件设备量不变的情况下，整个扫描区域内的色散获得明显改善；同时，在特定色散要求的情况下，也可进一步降低天线系统设计的复杂度。

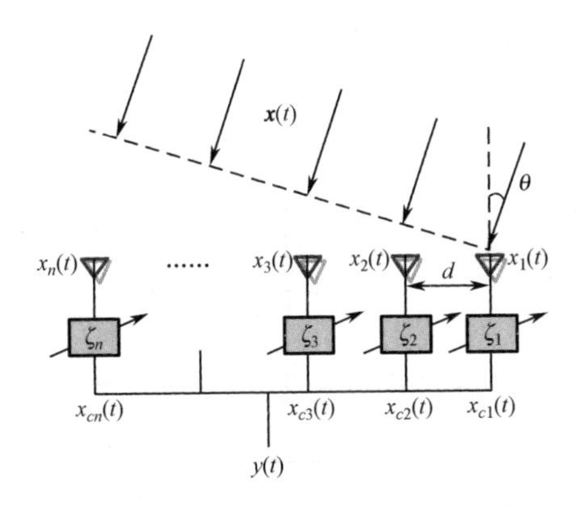

图 14.1　带补偿功能的雷达前端示意图

延迟线组件在天线阵面中的位置与功能如图 14.2 所示，由阵列天线接收到的信号经 T/R 通道放大后进入合成网络，然后通过延迟线组件进行增益补偿与延迟，一定数量的有源子阵接收信号合成后进入接收机。发射信号通过阵面网络分配至各个有源子阵，然后进入延迟线组件进行信号放大与延迟，再分配至每个 T/R 通道放大后由天线单元辐射出去。

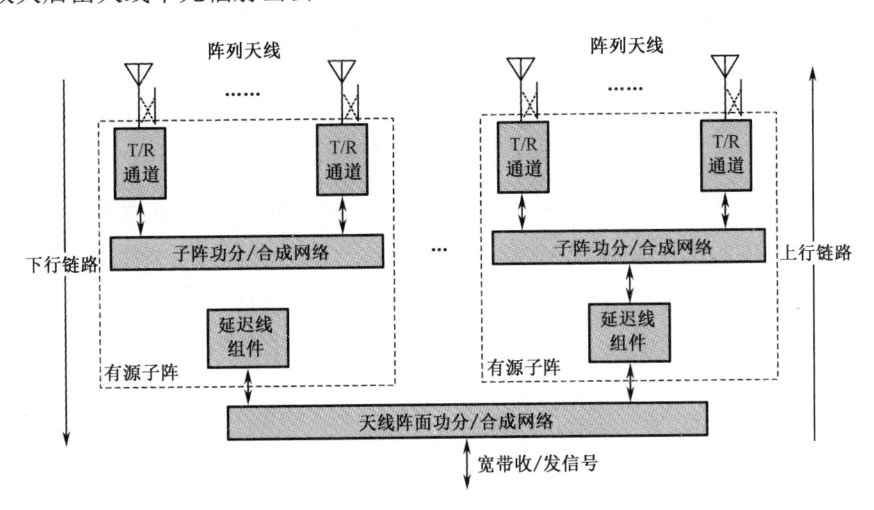

图 14.2　延迟线组件在天线阵面中的位置与功能

14.2.2　延迟线原理

延迟线由微波开关和微波传输线组成，微波开关选通不同长度的传输线，即实现延时功能。其延时拓扑图如图 14.3 所示，其中 N_1 和 $\hat{N}_1$ 为一对互补节点，P_0^m

为第 m 个互补节点的基态，从 P_1^m 到 $P_{K_m}^m$ 为第 m 对节点上的 K_m 条延时路径，$m=1,2,3,\cdots$。一般地，互补节点通过单刀多掷开关实现不同状态的切换，延迟路径则是基于上述各类导波结构实现的。

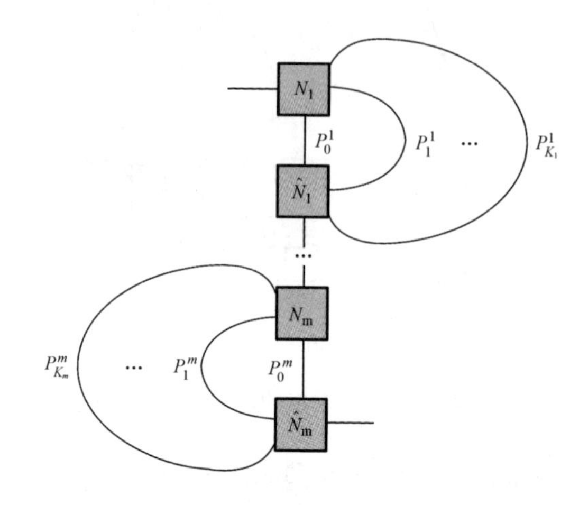

图 14.3　延时拓扑图

在如图 14.3 所示拓扑结构中，N_m 可实现 K_m+1 种独立的延时态，各延时路径的延时量互不相同，整个网络共可实现 $(K_1+1)\times(K_2+1)\times\cdots\times(K_m+1)$ 种不同的延时状态。若 $K_1+K_2+K_3+\cdots+K_m=M$，M 表征延时基本态位数目，则可以得到以下结论：

（1）为实现延时量的连续覆盖，共有式（14.1）所示的 K_t 种组合方式：

$$K_t=C_M^{K_1}\times C_{M-K_1}^{K_2}\times\cdots\times C_{M-K_1-K_2-\cdots-K_{m-1}}^{K_m} \tag{14.1}$$

（2）考虑上述组合中的特例，即同一节点中 P_1^m 到 $P_{K_m}^m$ 延时量为递增顺序，且从 $N_1 \sim N_m$ 的延时量也为递增顺序，$i=1,2,\cdots,m$，$k=1,2,\cdots,K_i$，则第 N_i 个节点中第 k 个延时路径的延时量 P_k^i 和拓扑结构可实现的总延时量 Y_t 分别为

$$P_k^i=k\left(K_1+1\right)\left(K_2+1\right)\cdots\left(K_{i-1}+1\right) \tag{14.2a}$$

$$\begin{aligned}Y_t=&K_1+K_2\left(K_1+1\right)+\cdots+\\&K_m\left(K_1+1\right)\left(K_2+1\right)\cdots\left(K_m+1\right)\end{aligned} \tag{14.2b}$$

（3）若总需求延时量 Y_t 固定，则节点上的延时路径数 K_i 越大，总节点数 m 越小。然而延时路径 K_i 决定了单刀 K_i 掷开关的规模、实现难度和损耗等，一般以一切二开关和一切三开关为主。

（4）若总需求延时量 Y_t 固定，并假设 $K_1=K_2=\cdots=K_m=q$，则延时基本态数目 $M(q)$ 可表示为式（14.3）。当 $q\geqslant1$ 时，$M(q)$ 的导数恒大于零，即 q 越大，延时基本态数目 M 越大。因此，实际设计中取 $q=1$ 进行设计，即单刀双掷开关为基

本结构实现的一条延时路径方案。

$$M(q)=\ln(Y_t+1)\frac{q}{\ln(q+1)} \tag{14.3}$$

因此，实际设计中较为常见的是如图 14.4 所示的延时基本单元（Time Delay Unit，TDU），其中 AFC/PFC（Amplitude/Phase Fine-tuning Circuits）分别指幅度和相位调节电路。AFC 主要是为了补偿基态与延时态路径差导致的插入损耗差异，PFC 则主要是为了补偿延时相位误差，提高延时精度。

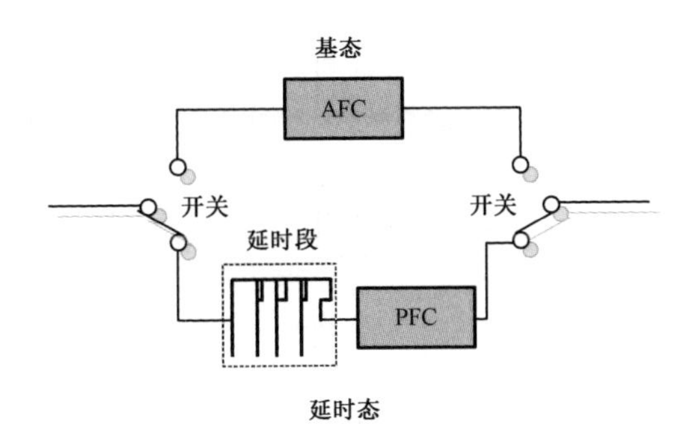

图 14.4　延时基本单元

由下式可知，自由空间中光速 c 为常数，延时量主要是通过传输线长度 L、介质相对介电常数 ε_r 或相对磁导率 μ_r 实现的。

$$\tau=\frac{L}{v_p}=\frac{L\sqrt{\varepsilon_r\mu_r}}{c} \tag{14.4}$$

因此，目前主要通过两种手段实现所需的延迟量：调整传输线长度 L 或改变介质相对介电常数与相对磁导率 ε_r、 μ_r。

14.2.3　延迟线组件的应用

在实际工程应用中，延迟线原理如图 14.5 所示，通过一切二开关（单刀双掷开关）K 的切换，实现 l_0、l_n 之间的路径差，起到延迟作用。采用二进制（2^n-1）λ（n 指延迟位数、λ指工作频段中心频点对应波长）的方式，实现以最小位为步进的延迟。如 5 位延迟线，其延迟基本单元分别是 1λ、2λ、4λ、8λ和 16λ，总延时量为 31λ。

相对于单一延时功能的延迟线，应用于系统子阵级的延迟线组件，不仅仅实现延时功能，还需要完成系统链路的发射驱动和增益补偿功能，以及相应的电源和波控功能。延迟线组件主要由延时基本单元、收发射频放大模块、电源和控制模块等组成，如图 14.6 所示。应用时根据具体任务指标要求，确定射频链路上各模块的位置关系和组合关系。

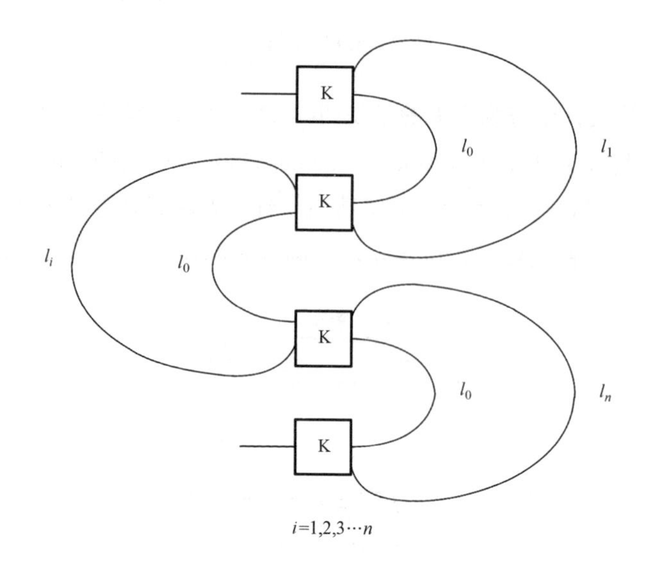

图 14.5　延迟线原理

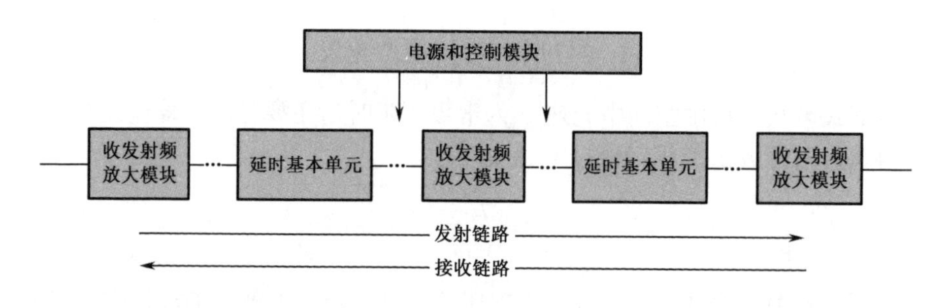

图 14.6　延迟线组件的组成

14.3　延迟线组件的设计

14.3.1　延时基本单元的设计

如图 14.4 所示，根据延时基本单元的组成，设计要素包括一切二开关、幅度调节电路和相位调节电路。

1）一切二开关

一切二开关可采用 MEMS 开关、PIN 管开关、电控环行器或砷化镓开关芯片等方式实现。MEMS 开关功率容量大于 1W，但切换时间为μs 级，且寿命及可靠性较差，一般不被选用；电控环形器尽管损耗低，但体积较大，且带宽较窄，一般不被选用；PIN 管开关为电流控制器件，对于多位延迟线累计功耗较大，一般不被选用。表 14.1 对各种开关进行了对比，砷化镓开关芯片各方面性能比较均衡，是目前延迟线组件中的首选。

表 14.1　微波一切二开关对比

项目	电控环行器	PIN 管开关	砷化镓开关	MEMS 开关
功率容量	大	中等	小	大
开关时间	大	小	小	中等
尺寸	大	小	小	小
功耗	小	大	小	小
工作带宽	小	大	大	大

国内砷化镓开关芯片技术已比较成熟，并研发生产了一系列砷化镓开关芯片，如图 14.7 所示，其尺寸小、频带宽、性能优异，已在工程产品中大量使用。另外，随着国内工艺水平的发展，氮化镓开关芯片也开始批量出现，其在保留砷化镓开关芯片优点的同时明显提高了耐功率性能，在可提供大电压的前提下，也可使用。

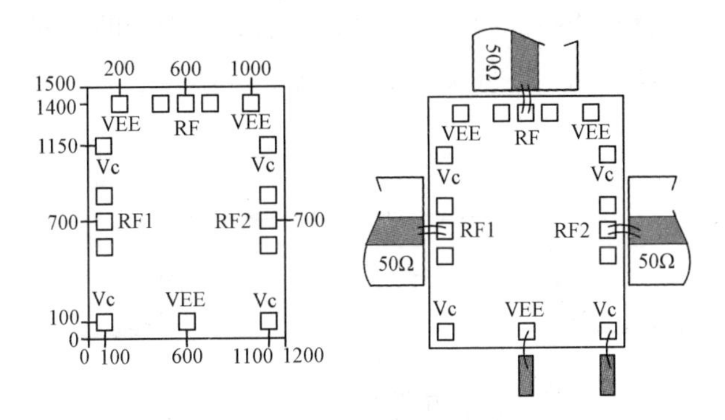

图 14.7　砷化镓开关芯片

2）幅度调节电路

根据延迟线实现原理、延时态与基态之间存在的固有幅度差，同时由于原材料、加工与装配的随机误差，不能很好地进行基态与延迟态之间的损耗配平，而且这种偏移值会随机出现。虽然这种偏移值较小，但在多位、多状态延迟线组件设计中，这种误差会进行累计，从而影响组件幅度一致性。因此需要设计幅度调节电路进行补偿，如图 14.8 所示。衰减电路一般采用固定衰减器和可调衰减器共用的方式实现。通过固定衰减器补偿延时态与基态之间存在的固有幅度差。通过可调衰减器补偿材料与加工等带来的随机误差。有时还需通过增加均衡器补偿延时态长线在频段内的幅度差，提高延迟线组件在整个工作频段内的幅度起伏特性。

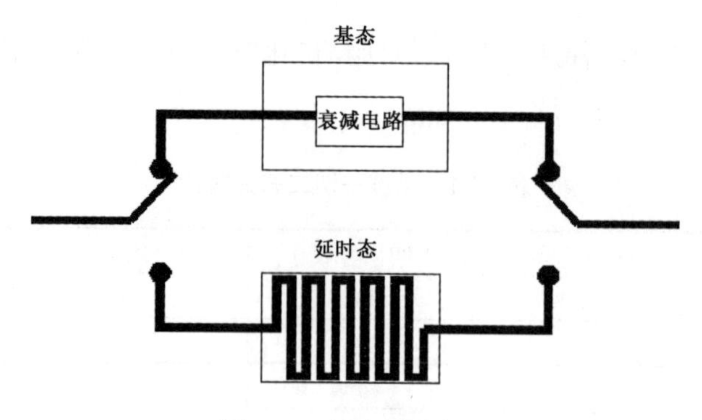

图 14.8 幅度调节电路

3）相位调节电路

理想状态下，延时状态切换时，延迟线组件应产生非常精准的延时量。但在实际中，由于延时电路中的时延是由延时态与基本态的路程差来实现的，因材料本身及加工等带来的误差，延时相位精度较难控制在一个较小的范围内，并不能直接满足指标要求。因此需要设计相位调节电路进行补偿，如图 14.9 所示。调相电路一般采用可调移相器芯片的方式实现，通过金丝键合的方式改变可调移相器芯片相位，补偿材料与加工等带来的随机误差。

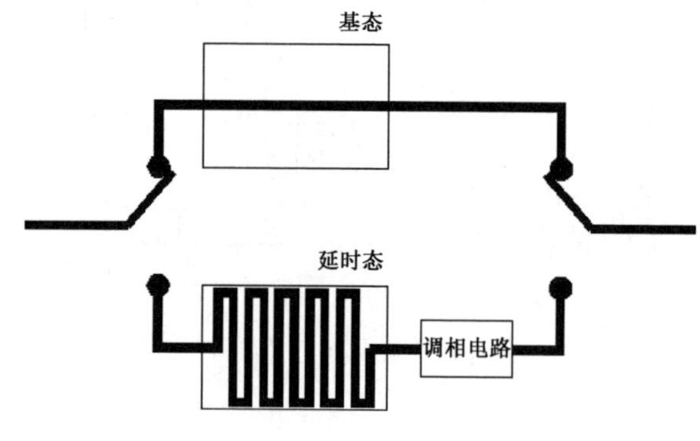

图 14.9 相位调节电路

14.3.2 延时段的实现

通常延时段采用 GaAs 延时芯片、电缆、印制板线和微同轴这四类延时结构形式实现，下面将分别对此四类结构进行描述。

1）GaAs 延时芯片

已有很多文献报道了基于高介电常数的 GaAs 介质以缩短传输路径，并集成开关切换、射频放大、宽带均衡和控制电路等的延时芯片，如图14.10 所示。受芯片工艺影响，GaAs 延时芯片实现大延时量时，损耗和尺寸偏大，因此在实际工程应用中，只适用于延时量较小的场合。

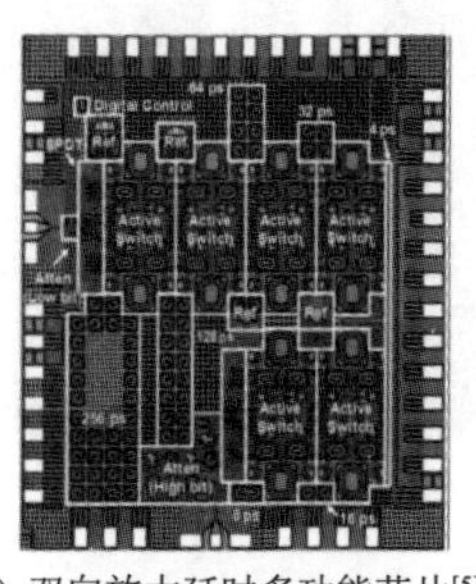

（a）双向放大延时多功能芯片[5]

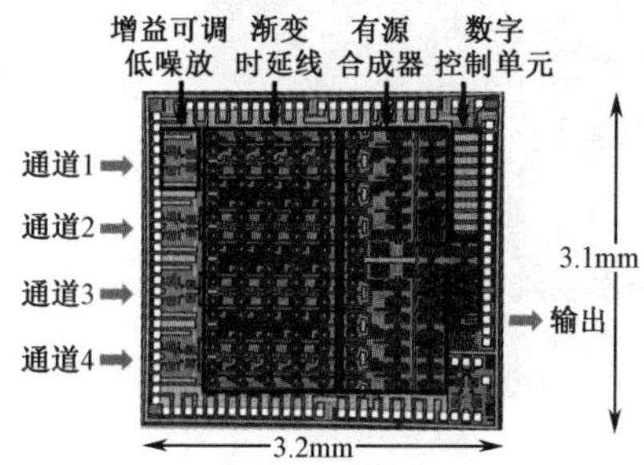

（b）路径复用延时芯片[6]

（c）全通滤波延时芯片[7]

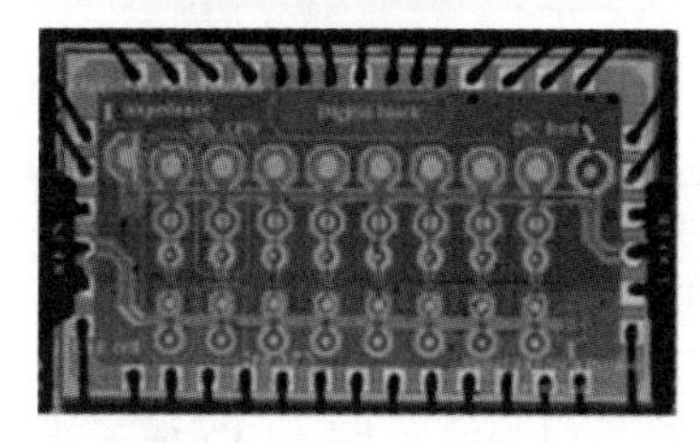

（d）喇叭形式延时芯片[8]

图 14.10　GaAs 延时芯片

2）电缆

同轴线作为导波结构时具有低损耗、TEM 模传输、无截止频率、可应用 DC～Ka 频段等特性，因此通常利用同轴传输电缆实现所需延时量。

通过将电缆单独封装在盒体中，外部使用射频连接器与延迟线组件本体互联的方式，可在保护电缆的同时实现模块间的连接。实际中通常采用盲插连接，利于减小尺寸和复杂度，但同时对互联接口位置精度要求较高，也需要考虑电缆盒的安装和定位等因素。

延时电缆设计优点在于结构形式简单，易于实现，但高精度、高稳定度电缆成本高昂，同时延迟量较大时需要很长的电缆，损耗大小又和电缆外径尺寸成正比，设计时不易兼顾性能和体积。另外，延时电缆在设计时需考虑其最小可扭曲半径、扭曲应力对延时精度的影响等问题。为兼顾损耗和实现难度，一般只适用于延时量较大且具备放大补偿能力的场合。

3）印制板线

微带线或共面波导形式的导波结构，其传输的准 TEM 波对信号色散特性较弱，同时该结构具有体积小、质量小、稳定性好，以及便于和微波固态器件互联的特点。国内外报道了许多基于平面导波结构实现的延迟线，如图 14.11 所示。

（a）CPW 延时线

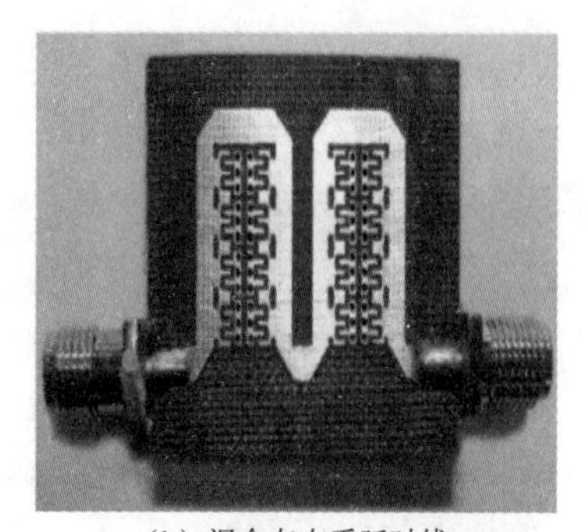

（b）混合左右手延时线

图 14.11　延时印制板线模型

基于调整传输线长度 L 的手段，利用微带线或共面波导构建延时路径，可实现所需延时量。或者基于调整相对介电常数和相对电导率的手段，利用混合左右手传输线实现延时特性。

带状线作为导波结构时具有低损耗、TEM 模传输的特点，因此通常利用带状线实现中等延时量，如图 14.12 所示为基于印制板实现的延时模块。

（a）基于 LTCC 的延时模块

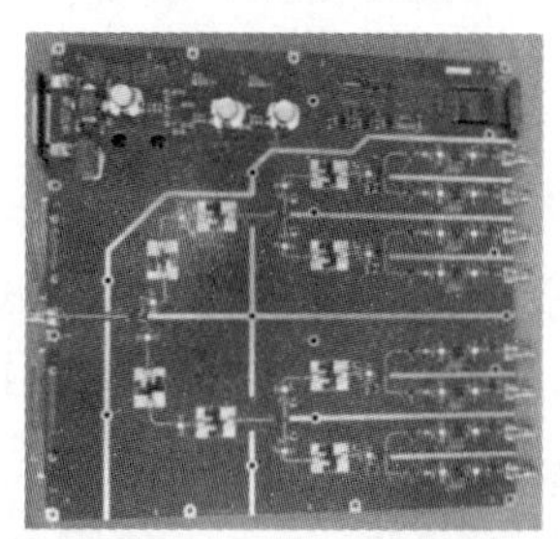

（b）基于 PCB 板的延时模块

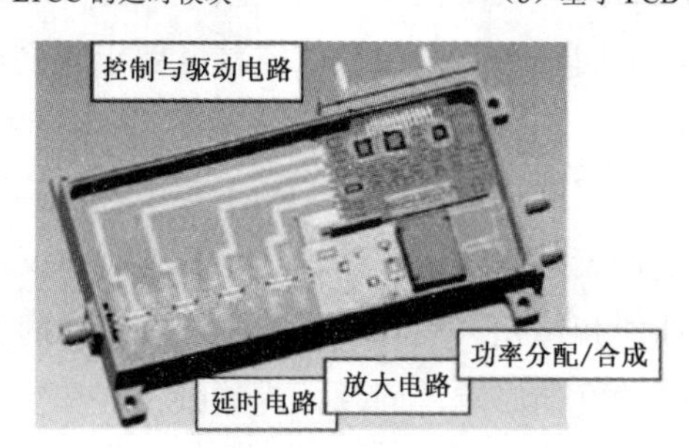

（c）基于微波多层板的延时模块

图 14.12　基于印制板实现的延时模块

基于带状线导波结构实现的延时线避免了绕线电缆的使用，同时可以和其他固态器件集成到一起进行微组装。在实际工程应用中，需要考虑多层板的介质板材的电特性、温度特性、机械特性和物理特性等参量，以满足产品的使用要求和环境要求。

4）微同轴

微同轴工艺既可以很好地与其他固态器件进行微波互联，又继承了同轴线低损耗的特点，是未来高频应用的重要选择之一。图 14.13 所示为微同轴工艺 390ps 延时量的延时芯片。

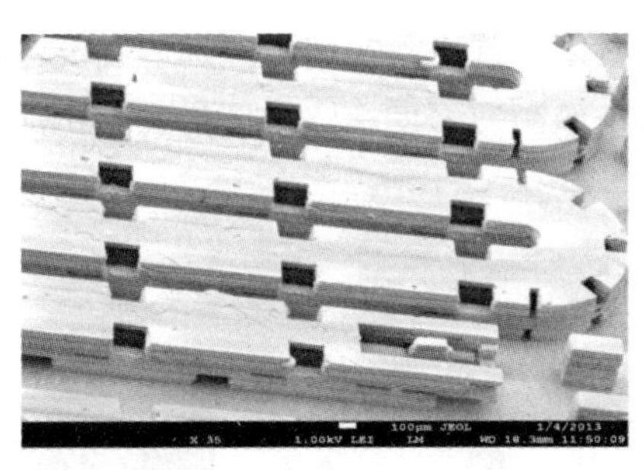

图 14.13　微同轴工艺 390ps 延时量的延时芯片

14.3.3　典型设计案例

设计一种 C 波段四位延迟线组件，四位延迟线分别是 1λ、2λ、2λ、4λ，实现以 1λ位步进，最大 9λ共 10 种延时状态，按照 $f = 4.5$GHz 计算，最大电延时量为 2ns。其中 1λ、2λ、4λ先实现 0～7λ，再叠加另一个 2λ后，实现 8λ和 9λ。根据需求，对延迟线组件提出要求如下：

（1）组件具备多功能特点，集成延迟线和收发放大的功能；

（2）组件需具备较小的幅相精度性能；

（3）组件需具备小型化、轻量化的特点。

根据要求，延时线组件原理如图 14.14 所示。延迟线组件集成了四位延时、收发放大及相应的电源与控制电路。

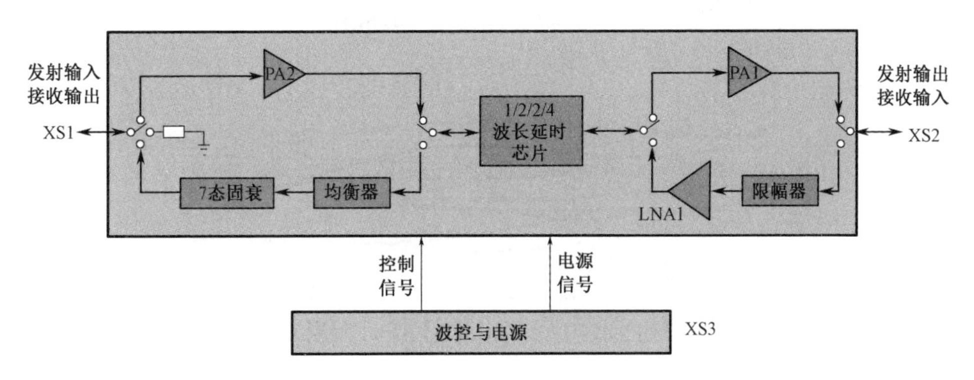

图 14.14　延迟线组件原理

延时基本单元延迟切换功能采用一切二砷化镓开关芯片实现。组件的幅相精度性能通过 14.3.1 节的调节电路实现。在接收链路设计中，将 7 态固定可调衰减器与均衡器相结合，实现组件的工作频段内增益平坦性和组件间的增益一致性。

延时段采用多层印制板构建带状线延时段走线，多层结构有效地减小了尺寸和质量。以相对介电常数为 2.94 的印制板为例，9λ带状线物理长度约 393mm。若要实现延迟线组件的小型化，首先需实现四位延迟线设计面积的小型化。因此，我们采用如图 14.15 所示的微波多层电路工艺形式来实现，通过多层层叠实现延迟线组件的小型化与轻量化。

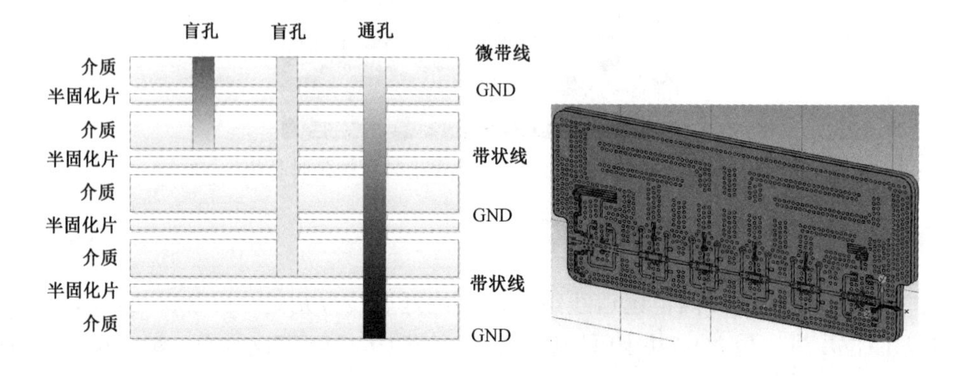

图 14.15　微波多层电路工艺形式

图 14.16　延迟线组件实物

延迟线组件实物如图 14.16 所示，最终实现的本体尺寸 90mm× 55mm×10mm，质量≤120g。我们对延迟线组件各状态的幅相精度进行了测试。如图 14.17 所示，组件延时状态切换时相位精度≤±5°；如图 14.18 所示，组件延时状态切换时幅度精度≤±0.5dB。

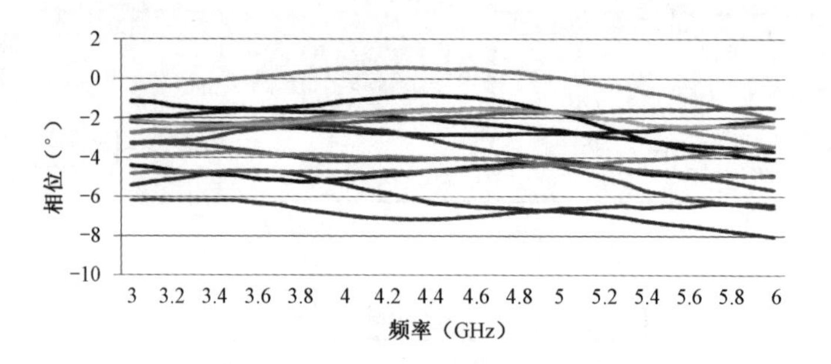

图 14.17　延时相位精度测试结果

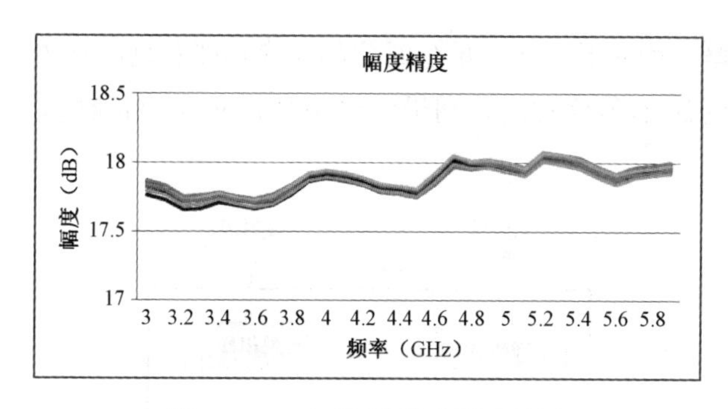

图 14.18　延时幅度精度测试结果

14.4　延迟线组件的发展

14.4.1　发现趋势

随着有源相控阵天线的发展，天线口径、组件通道数在逐步增大，单位面积质量在逐步减小。天线口径的增大，意味着天线方位向、距离向的增加，在进行宽带扫描时，对延迟线组件的延时量和延时布线密度要求越来越高，既需要实现大延时量补偿，同时对组件体积、质量提出严苛要求。因此从实际需求出发，延迟线组件的主要发展方向是高性能大带宽、高集成小型化和大延时量。

（1）高低位延迟线组合设计，通过不同延时段实现方式的组合，实现高集成延时布线密度，实现小型化。

（2）延时多功能芯片的研发，提高组件设计密度，在更小的空间内实现功能或增加功能。即在集成度进一步提高的基础上，同步实现多个功能，如极化选择、收发增益补偿量、功率分配、增益控制等。

（3）宽带高精度指标设计：在较宽的工作频带内，达到宽带延迟重要指标的要求。如通过设计精度更高的调相电路减小延时状态切换时的幅度误差，通过更高效的衰减配平方法减小幅度误差等。

（4）微同轴工艺良好的微波互联性和低损耗特点，在实现大延时量上具备明显的优势。推动其在延迟线组件上的应用发展，具有重大意义。

（5）随着系统构架的发展，组件片式结构将成为未来的一个重要方向。延迟线组件进行片式构架的研究，既可以实现小型化，又可以满足阵面系统新构架的应用需求。

14.4.2　延迟线组件小型化研究

1）延时基本单元芯片化

在工程应用中，延时基本单元芯片化包括一切二开关芯片、固定可调衰减器、固定可调移相器、均衡器，实现单延时位的切换功能和延时功能。将这些独立芯片集成设计，通过单芯片实现，利于组件小型化布线。延时基本单元单芯片如图 14.19 所示。

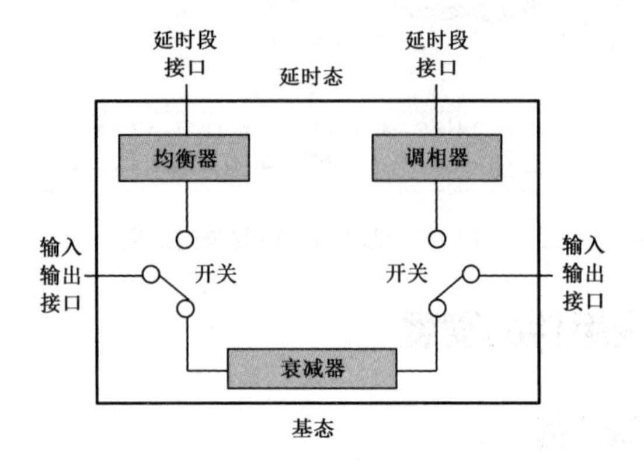

图 14.19 延时基本单元单芯片

2）高低位延迟线组合

以 X 波段八位延迟线组件为例，其单延时位分别是 1λ、2λ、4λ、8λ、16λ、32λ、64λ、128λ倍。根据延时量，定义 1λ、2λ、4λ为小位延时，定义 8λ、16λ、32λ为中位延时，定义 64λ、128λ为大位延时。小位延时采用 GaAs 芯片实现可以明显减小布线面积，额外引入的损耗通过放大器进行补偿。中位延时采用多层印制板的方式实现，在适当减小布线面积的同时，避免引入过大的损耗。大位延时采用电缆的方式实现，利用电缆绕线的方式缩小长线尺寸，同时兼顾损耗量级。延迟线组合示意如图 14.20 所示。

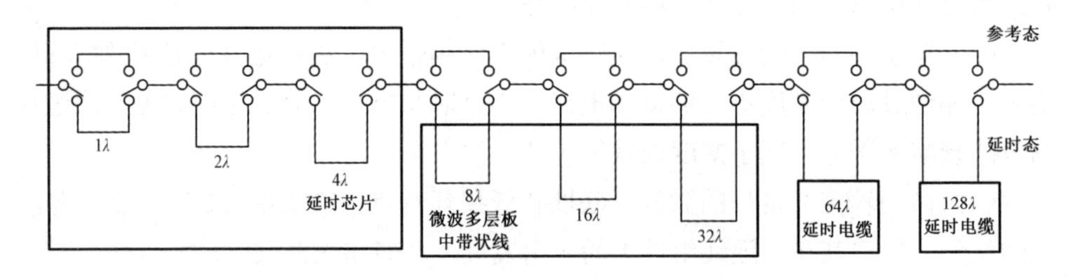

图 14.20 延迟线组合示意图

3）片式构架延迟线组件

片式构架延迟线组件需建立在特殊工艺的基础上，如以 HTCC 工艺基板为主体，将芯片和微同轴等部分三维向堆叠实现组件的高集成和小型化，主要应用于延时量较小的场合。如图 14.21 所示，将电源和波控芯片、射频收/发放大、小位延时芯片置于 HTCC 腔体内，通过 HTCC 内部走线实现互联。将 8λ和 16λ微同轴延时线垂直堆叠在底层 HTCC 板上，通过边缘互联，实现片式构架高密度延迟线组件。整个组件可通过 BGA 接口与外部连接。

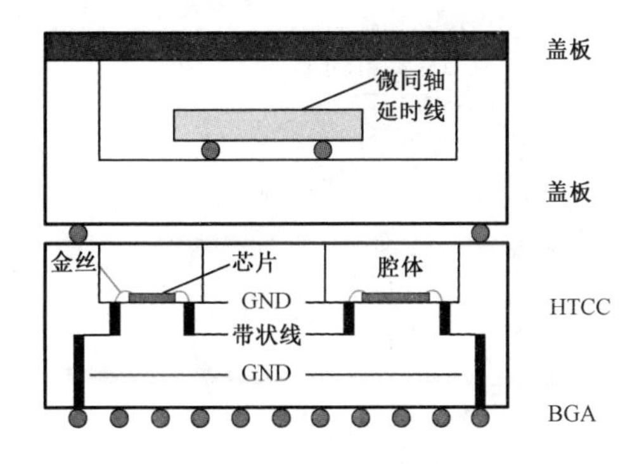

图 14.21　片式构架延迟线组件

14.4.3　微同轴延时的应用发展

近年来，国内外很多研究机构都积极开展了新型射频传输结构的研究。其中，采用三维微加工技术实现微型同轴线已进入工程应用阶段。与传统的高频传输系统不同，高频信号被约束在封闭的同轴结构中，主要传输介质为空气，因此在微波、毫米波频率范围内，均以近乎纯 TEM 模式传输。类比于传统的同轴线结构，微型同轴线采用方形导体结构替代圆形，在横截面≤1mm×1mm 的尺寸下实现 50Ω 射频传输线，如图 14.22 所示。微同轴与其他常规传输线性能对照见表 14.2。

表 14.2　微同轴与其他常规传输线性能对照

传输形式	微带线	带状线	波导	微同轴
传输模式	准 TEM 模	TEM 模	TE 或 TM 模	TEM
色散	高	低	很高	极低
特性阻抗范围（Ω）	15～100	25～100	固定	5～140
元件尺寸	小	小	大	极小
隔离度	优于−25dB	优于−40dB	非常高	优于−60dB
制造成本	低	低	高	中

14.4.3.1　微同轴结构的特点

1）宽频带的传输特性

在微同轴结构中，高频信号被约束在封闭的同轴腔体内，在 DC～300GHz 范围内，以近乎纯 TEM 模式传输，可以实现超宽带工作。与微带线、带状线等平面电路相比，微同轴结构射频传输信号近乎全封闭，相邻传输线之间的隔离度很高，可高达 60dB；传输频率高，在毫米波频段损耗有着明显的优势。与波导相比，微同轴结构几乎无相位色散、物理尺寸小、电路不同阻抗设计更为灵活。

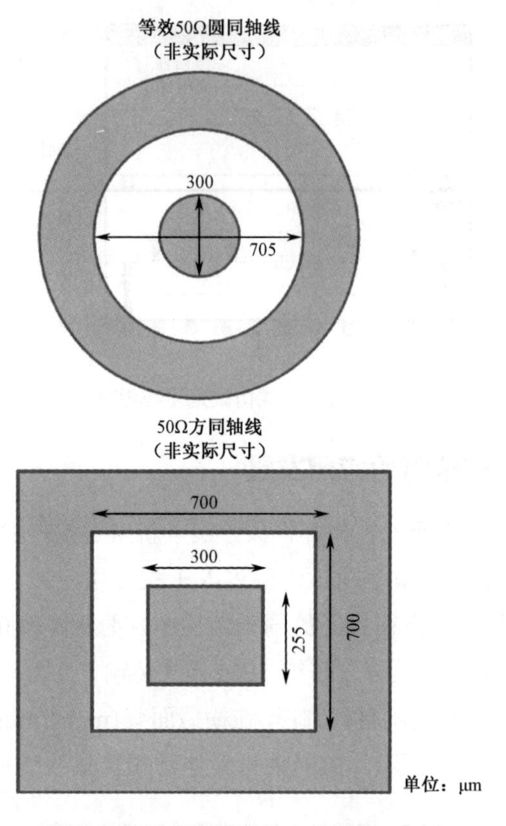

图 14.22　圆形同轴与方形同轴结构

2）高密度 3D 互联特性

由于采用微同轴技术，可实现 μm 级的结构细节，因此可集成高性能的无源器件。相比传统互联基板，集成密度更高，且与有源器件的连接寄生效应更低，易实现 3D 垂直互联，如图 14.23 所示。同时形成精确的互联和过渡结构，方便连接传统的连接器、电路板、波导、凸点元件及实现金丝焊接，减少装配工作量。

3）良好的导热特性

微同轴结构主要由硅和铜材料组成，热导率远高于常用 CLTE-XT、LTCC 等平面电路介质，达到了 HTCC，甚至部分金属材料的导热率量级。

14.4.3.2　微同轴的典型工艺

目前微同轴工艺路线有两种：基于 MEMS 工艺的硅基微同轴加工技术与基于电铸工艺的铜基微同轴加工技术，二者工艺路线完全不同。

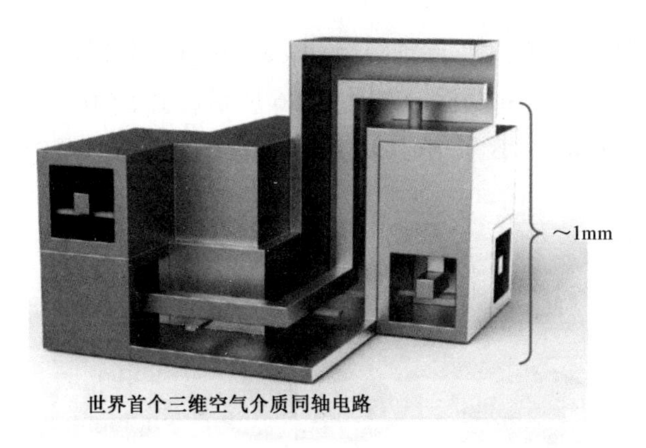

图 14.23　微同轴结构 3D 互联模型

1）硅基微同轴方案的工艺路线

硅基微同轴方案的工艺路线如图 14.24 所示。首先用紫外线光刻形成刻蚀的图形窗口，再用 ICP 干法刻蚀形成侧壁硅槽，接着用溅射和电镀工艺完成上、下层大小一样硅片的金属化，最后用金金热压键合技术将两个硅片键合。

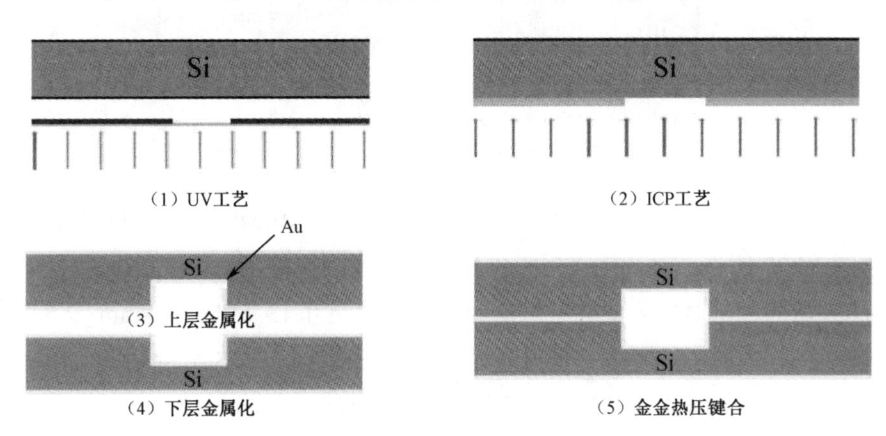

图 14.24　硅基微同轴方案的工艺路线

2）铜基微同轴方案的工艺路线

铜基微同轴方案的工艺路线如图 14.25 所示。

3）微同轴延迟线

微同轴结构具有优异的电气特性，将数个甚至数百上千个此类结构集成，即可构建出各种新型三维高频微互联器件及基板，实现器件级及系统级功能。此外，微同轴技术能够实现垂直互连、平面信号高隔离匹配传输，以实现机、电、热一体化的射频微系统基本框架的搭建。空气填充微型同轴传输线是一种完全屏蔽的传输结构，具有优异的电气特性。在传统薄膜电路工艺基础上，结合 MEMS 工艺，可制作出尺寸微细的空气矩形同轴结构，形成 MEMS 微同轴传输线。MEMS 微同轴传输线结构采用 3 层 Si 基板，如图 14.26 所示，上下两层（A、C 层）为屏蔽层，B 层为中心导体层，B 层信号线由未金属化的硅支架（虚线处）支撑。

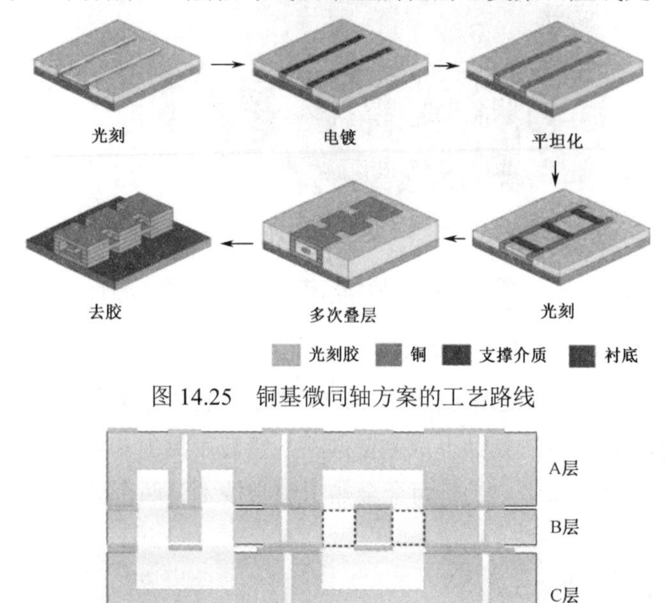

图 14.25　铜基微同轴方案的工艺路线

图 14.26　微同轴延迟线叠层结构图

2017 年，中国电子科技集团公司开发了键合型 MEMS 微同轴硅基延时单元，如图 14.27 所示。微同轴采用三层硅介质，最底层硅为介质基板，用于同轴/微带转接。微同轴延时单元实际延时量为 1.222ns，尺寸 13.9mm×12.8mm× 2.6mm。2018 年，中国电子科技集团公司开发了 BGA 表贴型 MEMS 微同轴延时单元，如图 14.28 所示，其延时量 580ps，芯片尺寸≤9.8mm×10.5mm×2.6mm。

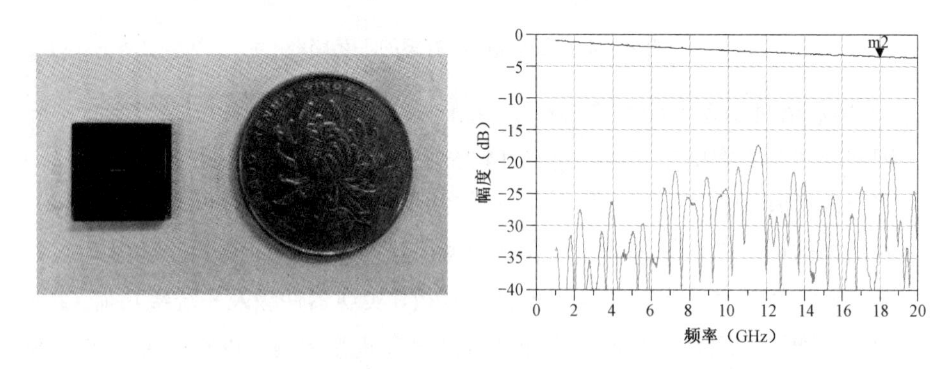

图 14.27　键合型 MEMS 微同轴硅基延时单元

图 14.28　BGA 表贴型 MEMS 微同轴延时单元

14.5　其他类型延迟线

除上述延迟线实现方式外，还存在其他类的延迟方式，如表面声波延时、光延时和数字延时等。这几种方式是通过声-电转换、光-电转换及模拟-数字转换将微波信号变换为声、光或数字信号，从而对这些信号进行延时的。

1）声表面波延时

声表面波（Surface Acoustic Wave，SAW）延时是利用声表面波在基材中传播速度远比电磁波慢的原理，可以在较小的尺寸下实现较大的延时量。声表面波延时器原理如图 14.29 所示，由基片和 2 个叉指换能器（Inter Digital Transducer，IDT）组成。左端的 IDT 将输入电信号转变成声信号，通过声介质表面传播后，由右端的 IDT 将声信号还原成电信号输出。由于受到声/电转换器件的频带与带宽的限制，声表面波延时线主要涉及的频率为 10MHz～1GHz。

2）光延时

光延时方式是采用光信号作为微波信号的载波，通过光信号在两路有光程差的光通路之间切换，来实现实时延迟功能。光延时原理如图 14.30 所示，主要由直接调制激光器、高速光电探测器、光开关、电源电路和控制电路组成。射频信号输入后采用调制激光器转换为光信号，采用光纤或其他光路与光开关实现光信号的延时，再通过高速光电探测器将其转换为电信号后输出。

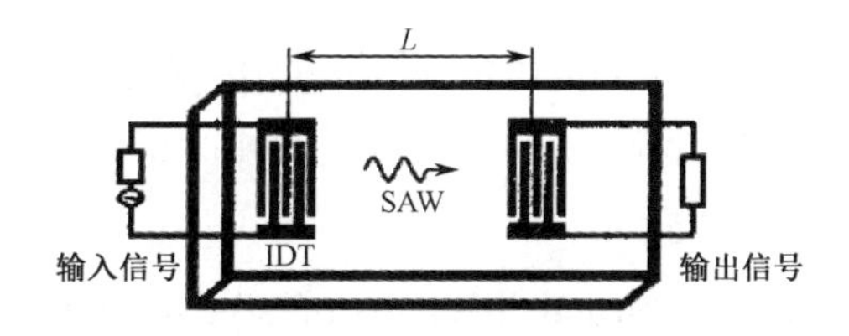

图 14.29　声表面波延时器原理

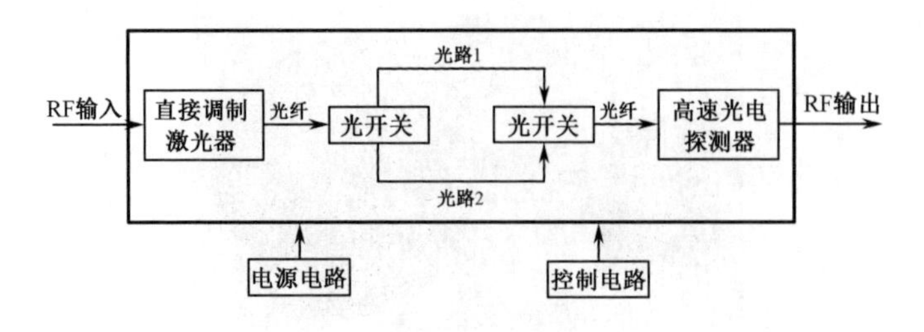

图 14.30　光延时原理

3）数字延时

随着计算机技术、微电子技术及信息处理技术的发展，采用 A/D 与 D/A 变换实现射频与数字信号的相互切换，用 CMOS 集成电路来实现数字信号的时延也成为可能，如图 14.31 所示为数字延时示意图。理论上，对于任何频谱的模拟信号，经过符合采样定理要求的速率进行采样和模数转换，均可变成脉冲序列，将此脉冲序列经过数字式延时电路后，再经低通滤波器还原，便可获得所需要的、经过一定延时的模拟信号。但由于延时精度取决于时钟信号的精度，较难做到高精度的延时。

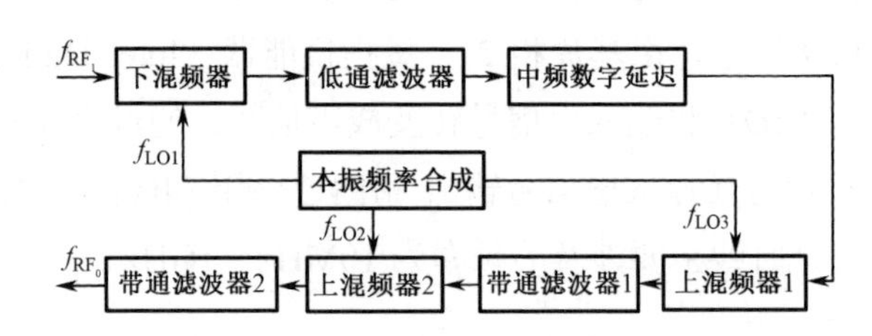

图 14.31　数字延时示意图

本章参考文献

[1] 李青，林幼权，武楠. 美国天基预警雷达发展历程及现状分析[J]. 现代雷达, 2018, 40(1): 7-10.

[2] 王建明. 面向下一代战争的雷达系统与技术[J]. 现代雷达, 2018, 39(12): 1-11.

[3] 张金平，李建新，孙红兵. 宽带相控阵天线实时延时器分级应用研究[J]. 现代雷达, 2010, 32(7): 75-78.

[4] ELLIOTT R S. Beamwidth and directivity of large scanning arrays[J]. Microwave Journal, 1964, 2(7): 74-82.

[5] MOON K C, LCKHYUN S, JOHN D C. A true time delay-based SiGe bi-directional T/R chipset for large-scale wideband timed array antennas[J]. IEEE

International Symposium on RF Integration Technology, Philadelphia, PA, 2018, 272-275.

[6] TA S C, JONATHAN R, HOSSEIN H. An integrated ultra-wideband timed array receiver in 0.13μm CMOS using a path-sharing true time delay architecture[J]. IEEE Journal of Solid-State Circuits, 2007, 42(12): 2834-2850.

[7] SEYED K G, ERIC A M, BRAM N, et al. Compact cascadable gm-C all-pass true time delay cell with reduced delay variation over frequency[J]. IEEE Journal of Solid-State Circuits, 2015, 50(3): 693-703.

[8] MOHAMMAD H G, ALI M. Novel trombone topology for wideband true-time-delay implementation[J]. IEEE Transaction Microwave Theory Technology, 2019.

[9] JOYDEB M, MRINAL K M. Computer aided design of a switchable true time delay (TTD) line with shunt open-stubs[J]. IEEE Transaction on Computer-Aided Design of Integrated Circuits and Systems, 2018, 1-9.

[10] LI J D, PENG F Y, SHAN X H, et al. Design of true time delay circuits based on thin-film coplanar waveguide[J]. IEEE MTT-S International Microwave Symposium, 2016.

[11] ZHANG J, CHEUNG S W, YUK T I. A compact and UWB time-delay line inspired by CRLH TL unit cell[J]. IEEE MTT-S International Microwave Symposium, 2010, 868-872.

[12] ROBERTA B, SIMONE C, GIORGIO D A, et al. Alumina and LTCC Technology for RF MEMS Switches and True Time Delay Lines[C]//Proceedings of the third edition European Microwave Integrated Circuits Conference, Waltham, 2008, 366-369.

[13] MARAT S A, KAAN T, BILGIN K, et al. A systematic approach for design and realization of multichannel wideband analog beamformers with true-time delays involving multifunctional PCB design[J]. IEEE MTT-S International Microwave Symposium, 2016.

[14] 李树良，王绪存，王琦. C 波段小型化高精度驱动延时组件的研制[J]. 微波学报, 2016, 32(4): 78-81.

[15] YANG T, KOKYAN L, HONG W. A 390ps on-wafer true-time-delay line developed by a novel micro-coax technology[J]. IEEE Microwave and Wireless Components Letters, 2014, 24(4): 233-235.

[16] 史光华，徐达，等. 基于 MEMS 的矩形微同轴技术研究现状[J]. MEMS 与传感器, 2019, 56(4): 303-313.